Peter Welzel

Datenübertragung

Aus dem Programm
Nachrichtentechnik/Kommunikationstechnik

Datenkommunikation
von D. Conrads

Digitale Kommunikationstechnik I
von F. Kaderali

Kommunikationstechnik
von M. Meyer

Übertragungstechnik
von O. Mildenberger

Informationstechnik kompakt
herausgegeben von O. Mildenberger

Datenübertragung
von P. Welzel

Signale und Systeme
von M. Werner

Nachrichtentechnik
von M. Werner

vieweg

Peter Welzel

Datenübertragung

LAN und Internet-Protokolle für IT-Berufe

4., überarbeitete und erweiterte Auflage

Mit 210 Abbildungen und 48 Tabellen

Herausgegeben von Harald Schumny

Die Deutsche Bibliothek – CIP-Einheitsaufnahme
Ein Titeldatensatz für diese Publikation ist bei
Der Deutschen Bibliothek erhältlich.

Das Buch erschien bis zur 3. Auflage einschließlich unter dem Titel „Datenfernübertragung".

1. Auflage 1986
2., völlig neubearbeitete und erweiterte Auflage 1991
3., überarbeitete und erweiterte Auflage 1993
4., überarbeitete und erweiterte Auflage April 2001

Der Verlag Vieweg ist ein Unternehmen der Fachverlagsgruppe BertelsmannSpringer.

www.vieweg.de

Konzeption und Layout des Umschlags: Ulrike Weigel, www.CorporateDesignGroup.de
Druck und buchbinderische Verarbeitung: Lengericher Handelsdruckerei, Lengerich
Gedruckt auf säurefreiem Papier

ISBN 978-3-528-34369-9 ISBN 978-3-322-90904-6 (eBook)
DOI 10.1007/978-3-322-90904-6

Inhaltsverzeichnis

1 Einführung

1.1 Aufgaben der Datenübertragung und der Datenfernverarbeitung

Datenübertragung (*data transmission*), im Folgenden mit **DÜ** abgekürzt, bedeutet die Übertragung von Daten zwischen unabhängig voneinander betriebenen informationsverarbeitenden Systemen. Merkmale der DÜ sind:

- Übertragung der Signale mit annähernd Lichtgeschwindigkeit
- Für die Darstellung der Daten stehen nur elektrische bzw. elektromagnetische und optische Signale zur Verfügung.
- Die Datenübertragung ist grundsätzlich zwischen Systemen verschiedener Hersteller und Betreiber möglich.
- Zur Datenübertragung werden auch Medien genutzt, die nicht ausschließlich der Datenübertragung dienen.
- Die Daten liegen in digitaler Form vor.
- Die Daten werden seriell übertragen.

Datenübertragung findet auch innerhalb der informationsverarbeitenden Systeme statt, z.B. beim Datenaustausch zwischen Prozessor und Speicher in einem EDV-System. Dieses Thema wird im Folgenden nicht behandelt. Der Austausch von Daten zwischen Zentraleinheit und Peripheriegeräten erfolgt aber oft nach den Regeln der DÜ, so dass dieses Thema in einigen Abschnitten des Buchs behandelt wird.

Datenfernverarbeitung (**DFV**, *teleprocessing*), oft auch als verteilte Verarbeitung (*distributed processing*) bezeichnet, bedeutet, dass die Daten nicht an dem Ort verarbeitet werden, an dem sie entstehen oder benötigt werden. Heute verteilt sich auch die Verarbeitung der Daten auf mehrere Systeme, z.B. Bearbeitung der Geschäftsvorgänge auf einem Rechner (*application server*), Erlangung der Information und Abspeicherung der Ergebnisse von einem anderen Rechner, dem Datenbank-Server (*data base server*). Die DÜ ist eine Voraussetzung für die Datenfernverarbeitung.

Die Formen der Datenübertragung und der dabei verwendeten Systeme sind sehr mannigfaltig; der folgende Überblick beschreibt einige von ihnen:

a. „Klassische“ Datenfernübertragung (DFÜ), gekennzeichnet durch:

- Grundsätzlich unbegrenzte Entfernung zwischen den Systemen, die Daten austauschen.
- Benutzung öffentlicher Übertragungseinrichtungen (*public carriers*) aus technischen, früher auch oft aus juristischen Gründen (siehe Abschnitt 1.8).
- Es werden auch Netze verwendet, die nicht für die DÜ geschaffen wurden, z.B. das Telephonnetz.
- Aus Computersicht niedrige Datenübertragungsraten.
- Modulation der digitalen Signale.
- Starke internationale Normung.

Die Netze der Datenfernübertragung mit unbegrenzten Entfernungen werden im Gegensatz zu den unter d. erwähnten LANs als WANs (*wide area networks*) bezeichnet.

b. Anschluss von Peripheriegeräten über Schnittstellen, die für die DÜ geschaffen wurden.
Es werden sowohl Hardware-Schnittstellen wie auch Software-Schnittstellen (Prozeduren) verwendet, um Daten mit Peripheriegeräten auszutauschen, die sich in räumlicher Nähe der Zentraleinheit befinden. Die Gründe dafür können sein:

- Verwendung erprobter Verfahren beim Austausch der Informationen (Fehlererkennung, Quittierung).
- Verwendung hochintegrierter Bauteile, die für diese Schnittstellen entwickelt wurden.
- Erreichung der Kompatibilität zwischen Geräten verschiedener Hersteller.

c. In-House-Netze, gekennzeichnet durch:

- Begrenzte Entfernung zwischen den Systemen, z.B. maximal 2 km.
- Keine Benutzung eines öffentlichen Trägers, aber Verwendung von Fernsprechleitungen.
- Keine Modulation der digitalen Signale.
- Keine oder nur firmeninterne Normung.

Durch die Entwicklung leistungsfähiger lokaler Netze (siehe d.) haben die In-House-Netze stark an Bedeutung verloren.

d. Lokale Netze (LANs, *Local Area Networks*), gekennzeichnet durch:

- Begrenzte Entfernung zwischen den Datenstationen.
- Die Datenübertragungsrate ist, verglichen besonders mit a. hoch (beginnend bei 4 Mbit/s); es gibt keine LANs mit Datenübertragungsraten unter 1 Mbit/s.
- Keine Modulation der digitalen Signale.
- Genau spezifizierte Übertragungsleitungen, teilweise Lichtleiter.
- Jede Station kann mit jeder Station verkehren, ohne dass dazu Leitungen geschaltet oder vermittelt werden; es besteht zu jeder Zeit zwischen allen Stationen eine physikalische Verbindung.
- Mittlerweile liegt auch hier eine starke internationale Normung vor.

e. Digitalübertragung.
Von Natur aus analoge Informationen, z.B. Telephongespräche, werden in digitaler Form übertragen, die Informationen werden vor der Übertragung digitalisiert.

f. Integrierte Dienstleistungsnetze, diese werden auch als Value Added Networks (VANs) bezeichnet. Dem Benutzer wird nicht nur die Übertragungsleistung für Daten zur Verfügung gestellt, sondern auch Dienstleistungen im Sinne der Informationsverarbeitung, z.B. die Vermittlung von Informationsseiten im Internet.

g. Anwendungsorientierte Netze, gekennzeichnet durch:

- Im Vordergrund steht die Datenfernverarbeitung, nicht die Datenübertragung zwischen den Stationen.
- Es werden Rechner verschiedener Herstellung und Anwender verbunden.
- Hinter dem Netzwerkkonzept steht ein bestimmter Anwenderbereich,. z.B. der Bankenbereich bei dem Netzwerkkonzept SWIFT.

h. Firmenorientierte Rechnerverbundkonzepte, gekennzeichnet durch:
- Im Vordergrund steht die Datenfernverarbeitung, nicht die Übertragung zwischen den Stationen.
- Vom Entwurf her dient das Konzept der Verbindung zwischen Systemen einer Firma, z.B. das Netzwerkkonzept SNA (*System Network Architecture*) Systemen von der Firma IBM.
- Die Netzwerke bestehen innerhalb einer Firma oder Organisation, können aber weit voneinander entfernt sein.

i. Virtuelle Private Netzwerke (VPN), gekennzeichnet durch:
- Die Netze werden von einer Organisation oder Firma betrieben und benutzt.
- Sie bestehen aus Teilnetzen, die rein privat betrieben werden und aus Verbindungen, die im Besitz eines öffentlichen Trägers sind und auf längere Zeit gemietet sind (*leased lines*).
- Es können auch Wählverbindungen benutzt werden, z.B. um Spitzenlasten im Verkehr aufzufangen.
- Die Vermittlungseinrichtungen sind im privaten Besitz.

Da sich die VPNs weltweit erstrecken können, werden sie auch als GAN (*global area networks*) bezeichnet.

j. Intranet
Dabei handelt es sich um Netzwerke, die nach den Regeln des Internet-Protokolls (siehe Kapitel 6) verwaltet werden. Die Netze können aus unterschiedlichen LANs und WANs bestehen. Sie werden aber im Rahmen einer Firma oder Organisation betrieben, sie gestatten nur sehr begrenzt Zugriff von und nach außen. Sie stellen also keinen Teil des weltweiten Internets dar.

Eine weitere Einteilung, die besonders im Bereich der VPN verwendet wird, unterscheidet nach:
1. Bereiche, die voll im privaten Betrieb sind, dieser Bereich wird als CPE (*customer premised equipment*) bezeichnet. Dabei handelt es sich meist um die LANs, es können aber auch Einrichtungen im WAN-Bereich sein.
2. Bereiche, die von öffentlichen Trägern zur Verfügung gestellt werden, bei denen der Anwender nur Teilnehmer ist. Diese Bereiche werden als WAN bezeichnet.

Zweck der DÜ und verteilten Verarbeitung kann in fünf Stichworten zusammengefasst werden:
- Anwendungsverbund
- Datenverbund
- Lastverbund
- Schaffung ausfallsicherer Systeme
- Geräteverbund

Anwendungsverbund:
Bestimmte Computer eignen sich für bestimmte Anwendungen, für andere weniger. So können Computer umfangreiche Programmsysteme zur Verfügung haben, die sich nicht auf andere Computer übertragen lassen, weil deren Speicherkapazität nicht ausreicht. Ebenso ist es möglich, dass ein umfangreiches Programm von einem Anwender so selten benötigt wird, dass es nicht sinnvoll ist, dieses Programm zu laden. Es bietet sich an, solche Programme vom Anwendungssystem her über DÜ auf einem anderen System zu aktivieren, die zu verarbeitenden Daten zu übertragen und die Ergebnisse über DÜ abzurufen.

Datenverbund:
Ein bestimmter Bestand an Informationen steht mehreren Anwendern, die räumlich weit voneinander entfernt sein können, zur Verfügung. Die Anwender können diese Daten lesen oder verändern, dabei soll jedem Anwender zu jedem Zeitpunkt die gleiche aktuelle Information zur Verfügung stehen. Z.B. soll bei einem Buchungsvorgang in einer Bank allen Zweigstellen sofort der neue Kontostand zur Verfügung stehen. Datenverbund ist besonders wichtig bei Einrichtungen, die nur begrenzt zur Verfügung stehende Güter oder Dienstleistungen an mehreren räumlich entfernten Orten verkaufen, z.B. bei Reisebüros oder Platzreservierungen.

Datenverbund kann auch darin bestehen, dass Informationen, die an vielen Orten benötigt werden, dort aber nicht immer verfügbar sind, zentral gespeichert werden und auf Abruf zum Interessenten übertragen werden, z.B. bei WWW (*world wide web*).

Die bei weitem häufigste Form der verteilten Verarbeitung ist der Zugriff vieler Anwender auf zentrale Rechner, welche Datenbanksysteme unterhalten. Dabei handelt es sich sowohl um Daten- wie Anwendungsverbund.

Lastverbund:
Systeme sind unterschiedlich ausgelastet. Ein Ausgleich kann geschaffen werden, wenn Belastungen verteilt werden können. Dies setzt voraus, dass Aufgaben und Daten zwischen den Systemen übertragen werden können.

Ausfallsicherheit:
Bei vielen Anwendungen, z.B. bei der Prozessdatenverarbeitung oder der medizinischen Datenverarbeitung muss das System „ausfallsicher" sein. Absolut ausfallsicher kann ein System nicht werden, deshalb werden sie besser als „Systeme mit sehr hoher Verfügbarkeit" bezeichnet. Die Verfügbarkeit kann dadurch erhöht werden, dass bei Ausfall eines Systems dessen Aufgaben auf ein anderes System übertragen werden. Bei Zusammenfassung mehrerer Systeme über ein Netzwerk wird in der Regel nur ein Reservesystem benötigt. Auf die Schaffung solcher Systeme wird ausführlicher im Abschnitt 9.5 eingegangen.

Geräteverbund (*device sharing*):
EDV-Systeme verfügen nicht nur über ihre eigenen Peripheriegeräte (lokale Peripherie), sondern greifen über DÜ auf spezielle Peripheriegeräte, die von mehreren Systemen genutzt werden, zu. Dabei kann es sich um teure, relativ selten genutzte Geräte wie einen Plotter bei CAD-Systemen handeln, aber auch um zentrale Drucker, die die Druckaufträge mehrerer Workstations ausführen. Geräteverbund erfolgt in der Regel räumlich begrenzt unter Verwendung von LANs.

Wenn mehrere Systeme auf ein gemeinsam genutztes großes Plattenspeichersystem (Platten-Pool) zugreifen, liegt sowohl Datenverbund wie Geräteverbund vor.

DÜ und DFV gestatten es, informationsverarbeitende Systeme weltweit miteinander zu vernetzen. Dabei befindet man sich immer noch in einer starken Entwicklung, die nicht sicher vorausgesehen werden kann. So gingen die meisten Schätzungen, die am Beginn der 90iger Jahre vorgenommen wurden, davon aus, dass im Bereich der WAN der Datenverkehr etwa im Jahr 2030 den Umfang des Sprachverkehrs annehmen würde. Besonders die Verbreitung des Internet hat dazu geführt, dass dieser Zustand heute bereits eingetreten ist.

1.2 Probleme der Datenfernverarbeitung und Datenübertragung

Die Probleme, die bei der DÜ und DFV auftreten, sind typisch für komplexe und ausgedehnte Systeme, die sich noch in der Entwicklung befinden. Sie träten nicht in dieser Form auf, wenn es sich bei diesen Systemen um abgeschlossene handelte, die in einem Zug entworfen und realisiert würden und die von einer Organisation betrieben würden. Schon aus wirtschaftlichen Gründen ist es nicht möglich, ausgedehnte Systeme wie das Fernsprechnetz bei der DÜ zu übergehen und innerhalb weniger Jahre ein völlig neues Netz zu schaffen, was der Informationsverarbeitung angepasst ist.

1.2.1 Anpassungsprobleme

Die Anpassungsprobleme sind dadurch entstanden, dass zwei Entwicklungen, die lange Zeit parallel gelaufen sind, zu einem System zusammengefasst werden müssen: die Übertragung von Information und die Verarbeitung von Information. Dabei treten u.a. folgende Schwierigkeiten auf:

a. Verwendung eines analogen Netzes für digitale Daten und umgekehrt.
Da bei der Einführung der DÜ das Telefonnetz das einzige weltweit verbreitete Netz war, fand Datenübertragung im WAN-Bereich über dieses Netz statt. Entworfen für die Übertragung analoger Signale im Frequenzbereich 300 bis 3400 Hz, kann das Telefonnetz für die Übertragung digitaler Daten nur bei Anpassung der Signale verwendet werden. Es sind dazu besondere Einrichtungen, die Modulatoren und Demodulatoren (Modems) notwendig. Diese Art Datenübertragung findet auch heute noch statt.

Umgekehrt besteht die Tendenz, analog vorliegende Signale, besonders Telefongespräche oder Videofilme, auf den digitalen Netzen zu übertragen. Die analogen Signale müssen digitalisiert werden; nach der Übertragung wieder analogisiert werden. Wenn die Vermittlung der Information in den digitalen Netzen durch Paketvermittlung erfolgt (siehe Abschnitt 1.6) müssen besondere Maßnahmen ergriffen werden, um einen stetig fließenden Datenstrom, wie er für ein Telefongespräch notwendig ist, zu erzeugen.

b. Übertragungsqualität.
Die menschliche Sprache hat ein hohes Maß an Redundanz. Damit kann bei ihrer Übertragung eine gewisse Verzerrung hingenommen werden. Eine „Silbenverständlichkeit" von 70 % kann im Telefonnetz noch als tolerierbar gelten.

Bei der Übertragung digitaler Daten wird eine „unendlich" hohe Genauigkeit verlangt. Diese kann grundsätzlich erreicht werden durch:

- Eine Verfälschung der Signale, die digitale Information tragen, führt, wenn sie in Grenzen bleibt, nicht zu einer Verfälschung dieser digitalen Information.
- Durch mathematische Verfahren ist es möglich, digitale Daten unabhängig von ihrem Inhalt auf korrekte Übertragung zu überprüfen, wobei eine Verfälschung der Information mit hoher Wahrscheinlichkeit erkannt wird.

Bei Verwendung eines einheitlichen digitalen Netzes für diese unterschiedlichen Informationen muss ein Kompromiss beim Fehlerverhalten gefunden werden.

c. Übertragungsgeschwindigkeiten.
EDV-Anlagen verarbeiten Daten mit hoher Geschwindigkeit. Sie lesen und schreiben Daten auf Hintergrundspeicher mit mehreren Mbits/s. Dagegen ist die Übertragung besonders im WAN-Bereich langsam. Dies gilt auch für die modernen digitalen Übertragungssysteme wie ISDN.

1.2.2 Probleme der Zusammenarbeit

Aufbau und Betrieb eines Netzwerks liegt oft in den Händen mehrerer Organisationen. Dabei können u.a. folgende Probleme der Zusammenarbeit auftreten:

a. privater Bereich/öffentlicher Bereich
In den meisten Ländern ist der Nachrichtenverkehr nicht völlig privat, sondern staatlich oder an bestimmte Organisationen übertragen. Die Zahl der Betreiber öffentlicher Netze ist allerdings in Europa durch die Deregulierung gestiegen. Diese Organisationen müssen verbindliche Normen setzen, die der Anwender nicht übergehen kann.

b. Privatfirma/Privatfirma
Untereinander kommunizierende EDV-Systeme können von verschiedenen Herstellern stammen und von verschiedenen Anwendern betrieben werden; auch das Netzwerk, das die Kommunikation ermöglicht, kann von mehreren Lieferanten zusammengestellt sein (*multivendor network*).

Damit sich ein funktionierendes System ergibt, ist nicht nur die Anschlussmöglichkeit der Hardware-Komponenten notwendig (Hardware-Kompatibilität, Steckerkompatibilität), sondern auch die der Software (Software-Kompatibilität). Deshalb ist die für alle Firmen verbindliche Normung besonders notwendig (siehe Abschnitt 1.3).

c. Internationale Zusammenarbeit
Die unterschiedliche Struktur der Übertragungsnetze in den einzelnen Ländern erfordert die Definition von Schnittstellen für den internationalen Datenverkehr. Unterschiedliche Vorschriften erlauben den Einsatz von Geräten nur nach Modifizierungen. Bei der Datenübertragung durch Funkverkehr stehen nur begrenzt Frequenzen zur Verfügung, deshalb muss es internationale Vereinbarungen über die Nutzung der Frequenzen geben. Nationale Vorschriften über die nichttechnischen Bedingungen der Datenverarbeitung, z.B. im Bereich Datenschutz, können den freien Datenverkehr in verschiedenen Ländern unterschiedlich stark einschränken.

Die Normung (siehe Abschnitt 1.3) erfolgt grundsätzlich international; weitgehend weltweit, aber auch im Rahmen der EG. Da die neuen Netze aber oft auf den Strukturen älterer Netze beruhen, gibt es auch heute noch Unterschiede in den Kommunikationssystemen, dies macht sich besonders bemerkbar bei ISDN und SDH (siehe Abschnitt 4.4.2/3).

d. Fehlerbestimmung
Bei Netzwerken mit mehreren Herstellern und Betreibern ist es bei der Fehlersuche schwer, den Verantwortlichen zu finden (*finger point problem*). Nur saubere Definition der Schnittstellenbedingungen zwischen den Komponenten kann dieses Problem lösen. Außerdem müssen Mess- und Prüfmittel vorhanden sein, die Einhaltung dieser Schnittstellenbedingungen zu überprüfen.

1.3 Normung

Normung (*standardization*) ist wegen der Anpassprobleme und der internationalen Verflechtung in der IT-Welt besonders wichtig. Zu unterscheiden ist dabei die Normung, die von öffentlich-rechtlichen Institutionen (*standard bodies*) durchgeführt wird, und eine privatwirtschaftliche Normung.

Mit der „öffentlich-rechtlichen Normung" befassen sich eine Reihe von Körperschaften im nationalen und internationalen Bereich. Im Folgenden werden einige mit ihren Aufgabengebieten genannt. Zu beachten ist, dass die Normung der unterschiedlichen Körperschaften oft nicht voneinander unabhängig ist. Angegeben sich auch die Adressen, unter denen die Organisationen im Internet erreichbar sind.

ISO International Organization for Standardization (URL=www.iso.ch):
Der Zusammenschluss von Normungskörperschaften der einzelnen Staaten. Die Normen werden als Internationale Normen (*international standards*) bezeichnet. Die Normen umfassen alle Bereiche, besonders bekannt ist die Serie ISO 9000 für die Qualitätssicherung. Im Bereich der Informationstechnik ist besonders wichtig das Referenzmodell für offene Systeme (OSI), welches in Abschnitt 1.4 besprochen wird. Daneben gibt es eine Reihe von Normen über einzelne Prozeduren, Codierung von Zeichen usw.

ITU (URL=www.itu.int):
ist eine internationale Organisation der UNO, welche sich mit der Nachrichtenübertragung befasst. Eine Unterorganisation ist:

ITU-T ITU - Telcommunications Sector:
Diese Organisation wurde jahrzehntelang als CCITT (*Comitè Consultatif International* Telegraphique et Telephonique) bezeichnet. Die Regeln, die diese Organisation herausgibt, werden als Empfehlungen (*recommendations*) bezeichnet; in ihrer Bedeutung entsprechen sie aber internationalen Normen. Sie werden in Serien veröffentlicht, welche mit einem Buchstaben gekennzeichnet werden. Die einzelnen Empfehlungen innerhalb der Serie werden dann mit einer Nummer gekennzeichnet, z.B. X.25.

Die für die DÜ wichtigsten Serien sind:

X: Datenübertragung über öffentliche Datennetze (*series X recommendations; data transfer over public data networks*).
Die Serie beschreibt alle Aspekte der Datenübertragung und Datenfernverarbeitung. Sie ist in Unterserien gegliedert, z.B.

- X.200 OSI-Referenz-Modell
- X.400 Nachrichtenübermittlungssysteme, Electronic Mail
- X.500 Directory-Systeme und Aspekte der Sicherheit
- X.700 Netzwerk-Verwaltungssysteme

Jede der Unterserien besteht aus mehreren Empfehlungen.

V: Datenübertragung über das Telefonnetzwerk (*series V recommendations; data transfer over the telephon networks*).
Die Serie befasst sich unter anderem mit dem Verhalten von Modems, der Schnittstelle zwischen Modems und Datenendgeräten, den elektrischen Kennwerten von Signalen und Wählverfahren.

I: Verwendung des ISDN (*I-series recommendations; integrated services digital network*). Die Empfehlungen befassen sich mit dem ISDN (siehe Abschnitt 4.4.3), welches nicht nur der Datenübertragung, sondern u.a. auch als Telefonnetz dient, sowie dem universell einsetzbaren ATM (*asynchroous transfer mode*), welches im Abschnitt 4.4.4 besprochen wird.

IETF *Internet Engineering Task Force* (URL = www.ietf.org)
Sie befasst sich mit den Regeln für das Internet-Protokoll und den damit verbundenen Protokollen. Im Gegensatz zu den vorher genannten Organisationen ist die IETF keine staatliche oder internationale Einrichtung, sondern ein internationaler Zusammenschluss von am Internet interessierten Personen, Instituten und Firmen.

Sie veröffentlicht RFCs (*Request for Comments*), welche fortlaufend nummeriert werden. Die RFCs sind nicht nur Normen, es kommen auch Erfahrungsberichte u.a. vor. Sie sind in Kategorien eingeteilt, dabei stellt die Kategorie Standard die eigentlichen Normen dar. Die Standards werden mit einer weiteren Nummer versehen, z.B.
rfc1350 (STD33) The TFTP Protocol (Revision 2).

Die RFCs unterscheiden sich von Normen anderer Organisationen in mehreren Punkten:
a. Alle RFCs sind mit Verfassernamen und -adressen versehen, dabei wird auch die Firma oder die Behörde oder Universität, bei der der Verfasser beschäftigt ist, angegeben.

b. Wenn sie, wie es auch bei anderen Normen notwendig ist, der technischen Entwicklung angepasst werden, wird nicht eine neue Version des RFCs veröffentlicht, sondern es wird ein neuer RFC mit neuer Nummer veröffentlicht. Dazu werden in der Liste der RFCs die entsprechenden Angaben gemacht. Wird z.B. der RFC777 durch den RFC 888, dieser später durch den RFC 999 ersetzt, so lauten die Angaben:

- RFC777 obsoleted by RFC888
- RFC888 obsoletes RFC777, obsoleted by RFC999
- RFC999 obsoletes RFC777, RFC888

Auch die RFCs, welche durch neuere ersetzt wurden, sind in der Regel noch über das Internet abrufbar.

c. Auch in den als Standard ausgewiesenen RFCs werden nicht nur Regeln gesetzt, sondern es werden diese Regeln auch begründet. Dies führt teilweise zu recht langen Texten.

Eine wichtige Unterorganisation der IETF ist die IANA (*Internet Assigned Numbers Authority*). Wie der Name sagt, ist sie für Nummern zuständig. Dabei handelt es sich um die Adressen für die Internet-Stationen, welche weltweit einmalig sein müssen und daher zentral verwaltet werden müssen. Weiterhin geht es um die Nummern, mit denen die einzelnen Protokolle gekennzeichnet werden. Diese sind notwendig, da innerhalb des Internet unterschiedliche Protokolle für die Transportvorgänge, aber auch die Anwendungen verwendet werden. Die IANA ist auch für die Organisation der Namensvergabe im Internet zuständig. Die eigentliche Adress- und Namensvergabe erfolgt regional über weitere Organisationen, die als NICs (*network information center*) bezeichnet werden.

Ebenfalls für die Namensvergabe im Internet zuständig ist die 1998 gegründete ICANN (*Internet Corporation for Assigned Names and Numbers*), welche nicht der IETF untersteht, in der die IETF aber vertreten ist (www.icann.org).

IEEE *Institute of Electrical and Electronic Engineers* (URL= www.ieee.org)
Wie der Name bereits andeutet, hat die Organisation eine große Anzahl von Aufgabengebieten im Bereich der Elektrotechnik und Elektronik, aber auch der Informatik; so gibt es IEEE-Normen für das Format von Gleitkommazahlen. Im Bereich der Netzwerktechnik befassen sich die IEEE-Normen besonders mit den LANs.

ANSI *American National Standard Institute* (URL = www.ansi.org)
Es handelt sich um die Nationale Normungsbehörde der USA, ihre Wirkung reicht aber über die USA hinaus. So beruht die Datenbankabfragesprache SQL auf einer ANSI-Norm. Das verbreitete Lokale Netz FDDI beruht ebenfalls auf einer ANSI-Norm. ANSI ist Mitglied der ISO.

DIN
Deutsches Institut für Normung (URL = www.din.de)
DIN ist ebenfalls Mitglied der ISO. Es gibt die DIN-Normblätter heraus. Eine besondere Rolle spielt dabei DIN 44300 (Begriffe der Informationsverarbeitung), wie auch Normungen für die DÜ, z.B. DIN 66020 für die V.24-Schnittstelle. Die letztgenannte Norm ist ein Beispiel für eine DIN-Norm, die auch als Norm der ITU-T und der EIA vorliegt, wobei in Einzelheiten unterschiedliche Bezeichnungen verwendet werden. Die gibt auch Übersetzungen der ISO-Normen heraus, diese werden dann als DIN ISO ... bezeichnet.

ETSI *European Telecommunications Standard Institute* (URL = www.etsi.org)
ETSI ist das Normungsinstitut innerhalb der Europäischen Gemeinschaft für die DÜ. Die europäischen Normen werden allgemein als EN, die der ETSI als ETS (*European Telecommunications Standards*) bezeichnet. Besondere Bedeutung haben die ETNs im Bereich der Mobilen Kommunikation und des ISDN.

EIA *Electronics Industries Association*
EIA ist ein Zusammenschluss von Herstellern von elektronischen Geräten in den USA. Normen liegen besonders für das Gebiet der physikalischen Schnittstellen vor, wobei z.B. die Norm RS 232C der ITU-T-Empfehlung V.24 entspricht.

ECMA *European Computer Manufacturer Association* (URL = www.ecma.ch)
Befasst sich mit Normungen aus dem Bereich der allgemeinen EDV, aber auch der Netzwerktechnik, z.B. dem Aufbau von Privaten Breitbandnetzen, also Netzen hoher Übertragungsrate.

Die Aufzählung der Organisationen ist nicht vollständig; die in diesem Buch erwähnten Normungen stammen von den genannten Organisationen.

Wie bei der Aufzählung der Organisationen bereits zu erkennen war, überlappen sich die Arbeitsgebiete der Organisationen in vielerlei Weise. Teilweise sind die gleichen Normen unter unterschiedlichen Namen von unterschiedlichen Organisationen veröffentlicht. Bei der ITU-T können Listen abgerufen werden, welche den Zusammenhang zwischen ITU-T-Empfehlungen und ISO-Normen beschreiben.

Normen, die nicht von öffentlich-rechtlichen Körperschaften geschaffen werden, werden als De-Facto-Normen (*de facto standards*) oder Industrie-Normen bezeichnet. Sie entstehen dadurch, dass große Firmen oder Firmenzusammenschlüsse Konzepte für die Zusammenarbeit von Rechnern erarbeiten. Besitzen diese Firmen einen erheblichen Marktanteil, so sehen sich andere Firmen veranlasst, sich diesen Regeln zu unterwerfen, damit sie ihre Geräte oder Komponenten an nach diesen Konzepten geschaffene Netzwerke anschließen können. Aus De-Facto-Normen können sich öffentliche Normen entwickeln.

Dazu seien zwei Beispiele genannt:

- Das von den Firmen Xerox, Intel und Digital Equipment Corp. entworfene Konzept „Ethernet“ für ein lokales Netzwerk ist von der IEEE als Norm (802.3) übernommen worden.
- Die Prozedur HDLC (*High-Level Data Link Control*), die unter anderem von ITU-T und ISO genormt ist, beruht im wesentlichen auf der von der Firma IBM entwickelten Prozedur SDLC (*Synchronous Data Link Control*).

Die Erarbeitung von Regeln für neue Konzepte erfolgt auch über Foren. Dies sind Arbeitsgruppen, die von mehreren Firmen gebildet werden. Sie entwickeln Konzepte, für die öffentliche Normen bereits vorliegen, weiter. Ihre Regeln werden nicht als Normen, sondern meist als Spezifikationen (*specifications*) bezeichnet. Ein Beispiel ist das ATM-Forum.

1.4 Das OSI-Modell

Das ISO/OSI-Modell, auch als Referenz-Modell oder als ISO-Architekturmodell bezeichnet, ist keine Norm im technischen Sinne, sondern ein Schema für die Zusammenarbeit zweier Rechner über ein Netz. OSI bedeutet „*Open System Interconnection*“. Auf Grund des Referenz-Modells können dann Normen entwickelt werden, welche die in den einzelnen Ebenen des Modells geforderten Funktionen erfüllen können. Das Modell umfasst sowohl die Datenübertragung wie die Datenverarbeitung, allerdings nur die Aspekte der Datenverarbeitung, die mit dem Netzwerkbetrieb zusammenhängen. Bild 1-1 zeigt den Aufbau des Modells, das Bild orientiert sich an DIN ISO 7498. Das Referenzmodell ist auch beschrieben in der ITU-T-Empfehlung X.200 Referenzmodell für die Kommunikation offener Systeme von CCITT-Anwendungen - OSI Referenzmodell.

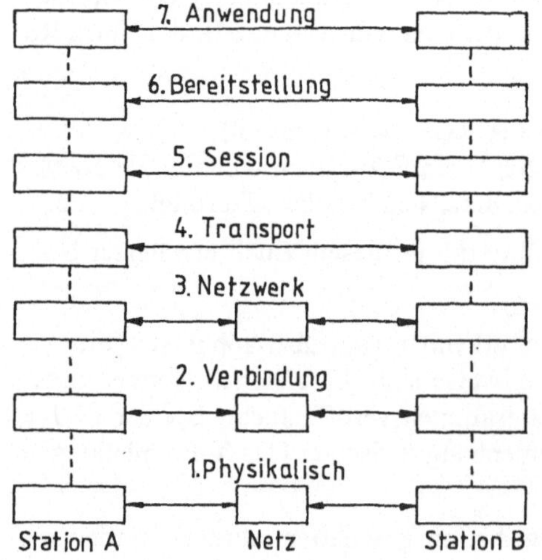

Bild 1-1
OSI-Referenzmodell nach ISO (gestrichelte Linien geben den Datenweg in der Station an, durchgezogene Linien die logische Verbindung der Ebenen)

Drei Prinzipien des Modells sind:

- Gliederung in Schichten oder Ebenen (*layers, levels*)
- Dateneinkleidung (*encapsulation*)
- Verwendung von SAPs (*Service Access Points*) zur Kennzeichnung des Protokollstapels.

Das Referenzmodell gliedert sich in Schichten. Zwischen den Kommunikationspartnern, z.B. zwei Computern, besteht auf jeder Ebene eine Verbindung (*peer-to-peer protocol*). In zwei unterschiedlichen Ebenen besteht keine Verbindung zwischen den Partnern. Eine tatsächliche physikalische Verbindung zur Signalübertragung besteht nur auf der untersten Ebene. Übergänge zwischen den Ebenen bestehen innerhalb der Stationen. In der Sendestation laufen die Daten von der Anwendung über die Ebenen von 7-1, bis sie gesendet werden. In der Empfangsstation laufen sie von der Ebene 1 bis zur Ebene 7 und dann zur Anwendung.

Grundsätzlich müssen die Kommunikationspartner auf der gleichen Ebene das gleiche Protokoll verwenden. Zu beachten ist dabei allerdings (siehe Bild 1-1), dass auf den unteren Ebenen die Verbindung über vermittelnde Geräte erfolgt, die Protokollumsetzungen vornehmen können.

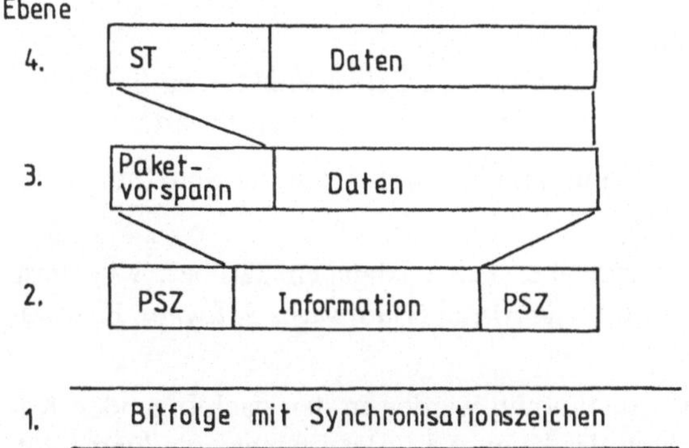

Bild 1-2
Prinzip des Datenverkehrs im OSI-Referenzmodell (PSZ: Prozedursteuerzeichen, ST: Steuerinformation für Transportebene)

Das Prinzip des Datenverkehrs in den Endsystemen ist in Bild 1-2 dargestellt. In der sendenden Station übergibt die Anwendung die zu übertragenden Daten einer oberen Schicht. Diese fügt Steuerungsdaten, die meist als Header bezeichnet werden, hinzu und übergibt die Nachricht an die nächstuntere Ebene. Diese betrachtet die übergebene Nachricht als eine zu sendende Datenmenge, ohne die Trennung in Header und Inhalt auf der oberen Ebene zu beachten. Der Vorgang setzt sich im Prinzip bis zur Ebene 1 fort. Die Ergänzung der Daten durch immer weitere Informationen in der Sendestation wird als Dateneinkleidung (*data encapsulation*) bezeichnet.

Auf der Empfängerseite, wo die Daten von der Ebene 1 bis zur Ebene 7 laufen, findet die Entfernung der Steuerungsdaten statt (*data decapsulation*), so dass der Ebene 7 wieder die ursprüngliche Nachricht zur Verfügung steht.

Die hinzugefügten Daten werden auch als Overhead bezeichnet. Die Nachricht für eine bestimmte Ebene wird als PDU (*protocol data unit*) bezeichnet. Jede PDU einer Ebene besteht aus dem Overhead dieser Ebene und der Nachricht der Ebene darüber, wobei deren Einteilung in Overhead und Inhalt nicht beachtet wird. Die PDUs können nach ihren Schichten bezeichnet werden, insbesondere für:

Schicht 2	DLS-PDU	Data Link Service PDU
Schicht 3	NS-PDU	Network Service PDU
Schicht 4	TS-PDU	Transport Service PDU.

Beispiele für diese PDUs wären:

Schicht 2	Ethernet-Frame
Schicht 3	IP-Paket
Schicht 4	TCP-Segment.

Da in einem System unterschiedliche Protokolle und Anwendungen verwendet werden, muss der empfangenden Station klargemacht werden, nach welchen Regeln eine Nachricht der Ebene x gebildet wurde, damit sie richtig interpretiert werden kann. Dies geschieht durch Eintrag einer Kennung in den Header der Ebene x-1. Die Eintragungen werden als SAPs (*Service Access Point*) bezeichnet. Die SAPs werden in Form von Nummern eingetragen (in der Regel 8 oder 16 Bits). Es liegen genormte Listen für die Zuweisung der Nummern für die einzelnen Protokolle vor. Im Bereich des IP werden sie von der IANA Internet Assigned Numbers Authority (URL = www.iana.org) festgelegt, dies ist eine Unterorganisation der IETF.

Als Vorteile des Referenzmodells werden gesehen:

- Es handelt sich um ein umfassendes Modell, das alle erforderlichen Funktionen beinhaltet. Auch bei technischen Veränderungen ist ein Wechsel des Modells nicht zu erwarten.
- Das Modell ist von allen Firmen anwendbar. Damit ist die Möglichkeit zur Schaffung offener Systeme gegeben.
- Das Modell gliedert sich in Funktionen, macht aber keine Angaben darüber, wie diese Funktionen auszuführen sind. Damit können optimale Mittel (Hardware, Software, Firmware) frei gewählt werden.

Die Funktionen der einzelnen Ebenen und ihre Ausführung werden in den nachfolgenden Kapiteln im einzelnen erläutert, wobei die Einteilung der Kapitel 3-7 der Ebeneneinteilung folgt. Daher seien hier zu den einzelnen Ebenen nur einige Stichworte angegeben. Einige Ebenen sind unter mehreren Namen bekannt, es wird zuerst immer der in DIN ISO 7498 verwendete Name, dann der englische Originalname genannt.

Ebene 1: Bitübertragungsschicht (*physical layer*), Physikalische Ebene. Bildung elektrischer oder optischer Signale je nach vorhandenem Übertragungsmedium, Steuersignale, Datenübertragungsraten, Steckerformen und -belegung, Codierung von Bits, Synchronisierung von Bits.

Ebene 2: Sicherungsschicht (*data link layer*), Verbindungsebene, Prozedurebene. Leitungsprotokoll, Zeichensynchronisierung, Datensicherung, Fehlerbehandlung. Die Ebene 2 wird heute auch als MAC-Ebene; die Adressen der Ebene 2 als MAC-Adressen bezeichnet. MAC (Media Access Control) ist aber nur eine Funktion der Ebene 2.

Ebene 3: Vermittlungsschicht (*network layer*), Paketebene. Transportprotokoll durch das gesamte Netzwerk, Vermittlung von Nachrichten, Wegefindung.

Ebene 4: Transportschicht (*transport layer*), Ende-zu-Ende-Kontrolle. Verantwortung für den Transport der gesamten Datenmenge, nicht einzelner Blöcke oder Pakete, Paketeinteilung, Flusskontrolle, End-zu-End-Bestätigungen

Ebene 5: Kommunikationssteuerungsschicht (*session layer*), Sitzungsebene. Verbindung mit dem Anwenderprozess, Pufferspeicherverwaltung, Austausch von Kennungen.

Ebene 6: Darstellungsschicht (*presentation layer*), Datenbereitstellungsebene. Datenformatumsetzungen, Aufbau von Bildschirmen (virtuelles Terminal), Datenkompression, Datenverschlüsselung.

Ebene 7: Verarbeitungsschicht (*application layer*), Anwendungsschicht. Sie wird im Allgemeinen vom Benutzer frei definiert. Anpassungen zwischen den einzelnen Stationen liegen nur im Ausnahmefall vor, z.B. bei Verwendung gemeinsamer Datenbanken mit einer gemeinsamen Abfragesprache.

Die Aufgaben der sieben Ebenen können zusammengefasst werden in:

- Ebenen 1+2: Gesicherter Transport der Daten zwischen benachbarten Knoten, also Geräten, die nur durch eine Leitung (evt. mit Verstärkern) verbunden sind.
- Ebenen 3+4: Gesicherter Transport der Daten vom Absender zum Empfänger über vermittelnde Geräte.
- Ebenen 5-7: Bearbeitung der Daten in der Sendestation zur Übertragung, in der Empfangstation zur Verarbeitung.

Für jede Ebene gibt es unterschiedliche Regelwerke (Protokolle), allerdings ist es üblich, dabei die drei oberen Ebenen zusammenfassend zu behandeln, z.B. durch Angabe des Dienstes File-Transfer (FTP, *File Transfer Protocol*), welcher Funktionen der Ebenen 5-7 wahrnimmt.

Neben dem OSI-Referenzmodell hat die ISO auch Protokolle für die einzelnen Ebenen entwickelt, diese werden als OSI-Protokolle bezeichnet, sie haben keine weite Verbreitung.

1.5 Auf der Suche nach universellen Lösungen

Im Lauf der historischen Entwicklung kann oft eine zyklische Tendenz festgestellt werden, dies trifft auch auf die Entwicklung der Nachrichtenübertragungsnetze zu. Als öffentlich nutzbares Netz im WAN-Bereich stand jahrzehntelang nur das Telefonnetz zur Verfügung. Dieses wurde vor dem zweiten Weltkrieg ergänzt durch das Telex-Netz (Fernschreiben), welches als digitales Netz zur Übertragung von Zeichen konzipiert war. Als die Einführung von Computern Bedarf an Datenaustausch hervorrief, standen nur diese beiden Netze zur Verfügung. Die Verwendung des Telex-Netzes als digitales Computernetzwerk scheiterte an den niedrigen Datenübertragungsraten, so dass die Übertragung über das Telefonnetz die größere Rolle spielte (und noch spielt). Damit sich das Telefonnetz zur Übertragung digitaler Daten eignet, sind Anpassvorrichtungen (Modems) notwendig.

In den 70er Jahren des vorigen Jahrhunderts wurden dann Konzepte für echte digitale Netzwerke zur Datenübertragung geschaffen, diese wurden dann in den frühen 80er Jahren realisiert, in der Bundesrepublik unter dem Namen Datex-P (Paketvermittlung) und Datex-L (Leitungsvermittlung). Parallel dazu liefen Überlegungen zu einer Digitalisierung der Signalisierung (Übertragung von Steuerinformationen zur Vermittlung) im Telefonnetz, etwa unter dem Begriff EWS (Elektronisches Wählsystem).

Für die Übertragung von großen digitalen Datenströmen im Fernbereich, welche auch die Telefongespräche enthalten, wurde eine Hierarchie von Übertragungsraten entwickelt, die als

- PDH Plesiochrone Digitale Hierarchie und
- SDH Synchrone Digitale Hierarchie

bezeichnet werden.

Auf diesen unterschiedlichen Trägernetzen baut sich eine Reihe von Diensten auf, z.B. Fernkopieren (Telefax).

In den 80er Jahren entwickelte sich das Konzept eines einheitlichen, digitalen Netzes, welches allen Formen der Nachrichtenübertragung, sowohl der Datenübertragung wie der Übertragung von Telephongesprächen, dienen soll. Dieses System wird als

- ISDN Integrated Services Digital Network

bezeichnet.

Sowohl PDH wie auch SDH und ISDN bauen auf Kanälen mit je 64000 bit/s auf, dieses ist die erforderliche Datenübertragungsrate für ein digitalisiertes Telefongespräch. Auf einer Leitung, auch an einem Teilnehmeranschluss können mehrere solche Kanäle vorhanden sein, es bleiben aber logisch getrennte Kanäle. Die Zusammenfassung mehrerer Kanäle, um eine höhere Datenübertragungsrate zu erhalten, ist grundsätzlich möglich, erfordert aber zusätzliche Maßnahmen zur Synchronisierung. Als Teilnehmeranschluss stehen im ISDN maximal 30 Kanäle zur Verfügung, was etwa 2 Mbit/s entspricht.

Die gesteigerten Ansprüche an Datenübertragungsraten, aber auch neuartige Anwendungsformen, führten zu einer Erweiterung des ISDN-Konzepts, welche auch als Breitband-ISDN oder B-ISDN bezeichnet wird. Realisiert werden soll dies durch

- ATM Asynchroner Transfer Mode.

Im Gegensatz zu ISDN vermittelt ATM nicht Kanäle (Leitungsvermittlung), sondern transportiert die digitalen Nachrichten in Einheiten von 48 Bytes oder Oktetten, welche als Zellen bezeichnet werden. Aus Sicht des Anwenders stellt ATM Verbindungen mit festen oder variablen Bitraten zur Verfügung. ATM ist noch universeller einsetzbar als ISDN, weil

- der Einsatz nicht nur im WAN-, sondern auch im LAN-Bereich erfolgt
- die Technologie nicht nur von den Betreibern öffentlicher Netzwerke, sondern auch von privaten Betreibern eingesetzt werden soll.

Auf SDH, ISDN und ATM wird im Kapitel 4 näher eingegangen.

1.6 Prinzipien der Informationsübertragung

Wenn Nachrichten von einem System zu einem anderen System übertragen werden sollen, kann grundsätzlich eingesetzt werden:

- Leitungsvermittlung
- Paketvermittlung

Bei der Leitungsvermittlung (*circuit switching*) wird eine Leitung zwischen den beiden Systemen geschaltet. Diese Leitung steht nur diesen beiden Systemen zur Verfügung. Dabei muss es sich nicht um eine physikalische Leitung handeln, sondern es kann auch ein Kanal sein, der im Multiplex neben weiteren Kanälen auf einer Leitung geführt wird. Die „Leitung“ stellt immer eine bestimmte Datenübertragungsrate zur Verfügung. Daher müssen bei der Leitungsvermittlung das sendende und das empfangende Gerät mit der gleichen Datenübertragungsrate arbeiten.

Bei der Paketvermittlung (*packet switching*) werden die Nachrichten in größeren Einheiten, die als Pakete bezeichnet werden, zusammengefasst. Sie werden mit Steuerinformationen versehen, die als Header bezeichnet werden. Zwischen Sender und Empfänger befinden sich Netzwerkknoten, welche die Pakete zwischenspeichern können, aus dem Header erkennen können, zu welchem Netzwerkknoten oder Endgerät die Nachrichten weitergesendet werden müssen und diese weitersenden. Die Funktion der Netzwerkknoten wird im Begriff

- store and forward (Speichern und Vorwärtstransportieren)

zusammengefasst.

Da die Nachrichten in jedem Knoten zwischengespeichert werden, kann das sendende Gerät eine andere Datenübertragungsrate als das empfangende Gerät haben.

Leitungs- und Paketvermittlung haben unterschiedliche Merkmale, die sich bei verschiedenen Anwendungen unterschiedlich auswirken. Grundsätzlich eignet sich die Leitungsvermittlung gut für kontinuierliche Informationsstrome, wie sie z.B. bei Telefonübertragungen oder der Übertragung nicht komprimierter Videos vorliegen.

Die Paketvermittlung eignet sich gut, wenn die Informationen unregelmäßig anfallen (sporadische Datenquellen), wie es z.B. beim Zugriff auf einen Datenbankserver der Fall ist.

Die Tabelle stellt einige Merkmale der beiden Verbindungsarten zusammen:

Tabelle 1-1 Merkmale von Leitungsvermittlung und Paketvermittlung

Merkmal	Leitungsvermittlung	Paketvermittlung
Verbindbarkeit	nur Geräte gleicher Datenübertragungsrate	Geräte mit unterschiedlicher Datenübertragungsrate
Art der Information	analog oder digital	nur digital
Zeitverzögerung Quelle/Ziel	entfernungsabhängig konstant	entfernungs- und belastungsabhängig, variabel

Ein Nachteil der Leitungsvermittlung besteht darin, dass der Aufwand für die Leitung, z.B. die Gebühr, die einem öffentlichen Träger gezahlt werden muss, von der Ausnutzung unabhängig ist. Da die Leitung, wenn sie nicht benutzt wird, keinem anderen Nutzer zur Verfügung gestellt werden kann, muss sie auch bei Nichtbenutzung bezahlt werden. Bei der Paketvermittlung wird dagegen eine Leitung nur dann belegt, wenn ein Paket gesendet wird. Leitungskapazitäten, die ein Benutzer nicht benötigt, können einem anderen Benutzer zur Verfügung gestellt werden. Bei der Paketvermittlung liegt immer ein statistisches Multiplexing vor (vergl. Abschnitt 2.2.2.2). Auf die Realisierung der Paketvermittlung wird im Kapitel 5 eingegangen.

1.7 Elemente von Netzwerken

Obwohl der Aufbau von Systemen der DÜ und der verteilten Verarbeitung sehr komplex und von System zu System verschieden sein kann. lassen sich doch einige Grundelemente bestimmen, die in vielen Systemen vorkommen. Dabei geht es sowohl um die verwendeten Komponenten wie um die Verbindung der Komponenten untereinander. Da die Terminologie der Datenverarbeitung sich anders entwickelt hat als die Terminologie der Nachrichtentechnik, soll die Verbindung von informationsverarbeitenden Systemen zuerst aus der Sicht der Datenverarbeitung, dann aus der Sicht der Nachrichtentechnik betrachtet werden. Im dritten Teil dieses Abschnitts geht es dann um den Aufbau von Netzen.

1.7.1 Verbindung von informationsverarbeitenden Systemen zu einem Rechnerverbund

Verbindet man Rechner so miteinander, dass ein Informationsaustausch stattfinden kann, so kann dies auf verschiedene Art geschehen. Dies soll unter zwei Gesichtspunkten betrachtet werden.

Struktur des Systems

1. Dicht gekoppelte Systeme (*tightly coupled systems*)

Die Rechner oder Prozessoren verkehren miteinander auf den Wegen, auf denen sie auch mit ihren Speicher- und Peripheriebausteinen verkehren. Dazu benutzen sie meist einen gemeinsamen Adress- und Datenbus, zwischen den Rechnern befinden sich keine Schnittstellbausteine (siehe Bild 1-3). Da auf einem Bussystem zu einer Zeit immer nur eine Nachricht vorhanden sein kann, behindern sich die Systeme gegenseitig; es muss eine Prioritätensteuerung für die Belegung des Bussystems vorhanden sein. Der Datentransport erfolgt meist nicht direkt von Rechner zu Rechner, sondern durch den Zugriff auf einen gemeinsamen Speicher. Bei dicht gekoppelten Systemen müssen sich die Rechner (Prozessoren) räumlich nah beieinander befinden.

Obwohl durch die Verwendung großer Cache-Systeme (Zwischenspeicher), die den einzelnen Prozessoren zugeordnet sind, die Bussystems entlastet werden können, kann auf diese Weise doch nur eine geringe Anzahl von Prozessoren verbunden werden. Auf das Prinzip der Cache-Speicher unter Netzwerkgesichtspunkten wird in Abschnitt 9.5.2 eingegangen.

Bei den dicht gekoppelten Systemen wird unterschieden nach

SMP Symmetric Multiprocessing, alle Prozessoren sind gleichberechtigt

UMP Unsymmetric Multiprocessing, es gibt einen Hauptprozessor und ihm untergeordnete Prozessoren (Coprozessoren).

Auf die dicht gekoppelten Systeme wird im Buch nicht eingegangen.

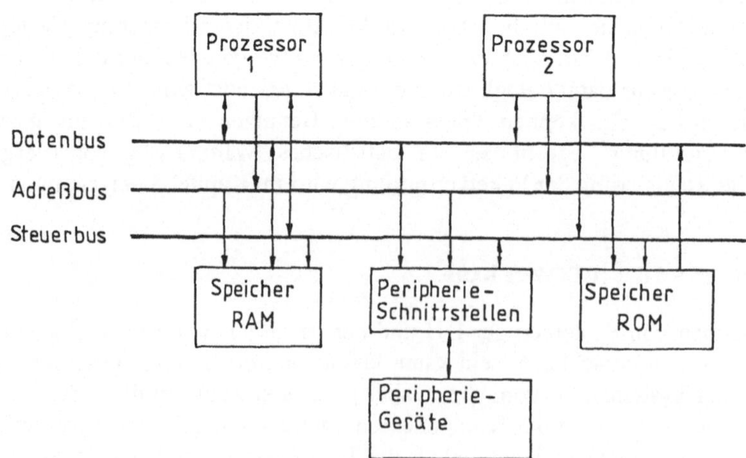

Bild 1-3 Dicht gekoppeltes System (ROM: Festwertspeicher, RAM: Lese-Schreibspeicher)

2. Lose gekoppelte Systeme (*loosely coupled systems*)
Die Rechner (hierbei handelt es sich in der Regel nicht um Prozessoren, sondern um vollständige Zentraleinheiten einschließlich Speicher) sind über Schnittstellenbausteine miteinander verbunden (siehe Bild 1-4). Datenübertragung zwischen den Rechnern wirkt für den Sender wie eine Ausgabeoperation, für den Empfänger wie eine Eingabeoperation.

Eine Sonderform der lose gekoppelten Systeme stellt die Zusammenfassung vieler (mehrerer 100) Zentraleinheiten zu einem EDV-System dar; dies wird als MPP (*massive parallel processing*) bezeichnet. Nachrichten zwischen den Zentraleinheiten werden über Netzwerke ausgetauscht, wobei die Zentraleinheiten auch als Nachrichtenvermittler arbeiten. Auf MPP wird im Buch nicht näher eingegangen.

Lose gekoppelte Systeme können beliebig voneinander entfernt sein, bei den Systemen der DÜ sowohl im LAN- wie im WAN-Bereich handelt es sich um lose gekoppelte Systeme.

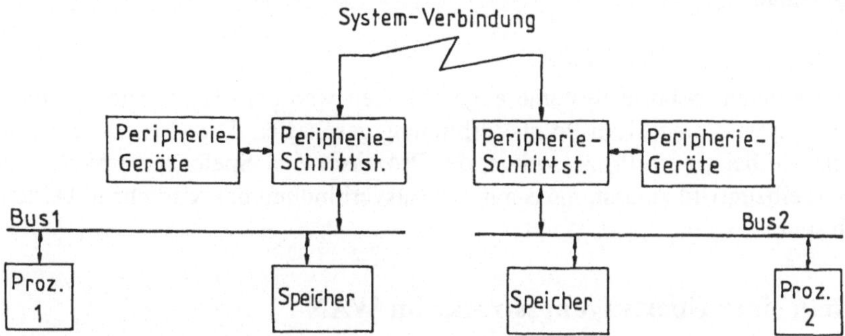

Bild 1-4 Lose gekoppeltes System

Art des Informationsaustauschs

1. Gemeinsam benutzter Speicher (*shared memory*)
Der gemeinsame Hauptspeicher besitzt zwei oder mehr Zugriffskanäle. Der Informationsaustausch erfolgt über das Einschreiben und Auslesen im gemeinsamen Speicher. Durch getrennte Zugriffskanäle, Abtrennung lokaler Speicher vom gemeinsamen Speicher (globaler Speicher), Cache-Speicher lässt sich die gegenseitige Behinderung vermindern. Vorteil einer solchen Kopplung ist die hohe zu erreichende Datenrate beim Informationsaustausch.

2. Gemeinsam benutzter Extern-Speicher (*shared disk*)
Ähnlich wie bei dem gemeinsam benutzten Hauptspeicher erfolgt der Informationsaustausch durch Lesen und Schreiben auf einen gemeinsamen externen Speicher, oft als Plattenpool bezeichnet. Der Nachteil gegenüber einem gemeinsamen Hauptspeicher liegt in der größeren Zugriffszeit, die im Bereich über 10 ms liegt. Die Zugriffszeit ist die Zeit, die von der Anforderung eines Lese- oder Schreibvorgangs bis zum Beginn von dessen Ausführung vergeht. Die eigentliche Datenübertragungsrate ist vergleichbar der beim Zugriff auf den Hauptspeicher. Systeme mit gemeinsamen Plattenspeicher werden in vielen Anwendungen (File-Server, Datenbanken usw.) angewendet.

Die durchschnittliche Zugriffszeit kann dadurch vermindert werden, dass der Hauptspeicher eines Systems als Cache-Speicher für den Plattenspeicher dient. Zum Zugriff auf gemeinsame Plattenspeicher wurde ein Netzwerkkonzept SAN (*storage area network*) entwickelt.

3. Kabelverbindung (*cable*)
Die Rechner sind mit einem Kabel verbunden, auf dem die Daten bitseriell übertragen werden. Die Kabelverbindung ist die in der DÜ übliche Verbindung zweier Rechner. Die mögliche Entfernung ist dabei prinzipiell unbegrenzt, da in das Kabel Verstärker, Regeneratoren usw. eingeschaltet werden können. In der Regel besteht die Datenübertragung darin, dass die Daten aus dem Hauptspeicher des Senders in den Hauptspeicher des Empfängers gelangen. An Stelle elektrischer Kabel können auch optische Kabel oder Funkverbindungen vorliegen. Für die bitserielle Übertragung müssen entsprechende Schnittstellen vorliegen, die aus dem Hauptspeicher gelesenen Daten müssen serialisiert und in der Regel umcodiert werden. Eine Kabelverbindung zwischen zwei Systemen wird als Punkt-zu-Punkt-Verbindungen (*point-to-point connection*) bezeichnet.

4. Bus-Verbindung (*bus connection*)
An ein Kabel können mehrere Systeme angeschlossen werden, dies bezeichnet man als Bus-Topologie. Damit wird eine Multi-Point-Verbindung geschaffen. Die Übertragung erfolgt bitseriell. Ähnlich wie bei einem Prozessorbus, der Prozessor und Speicher verbindet und sowohl Lese- wie Schreibzugriffe zulässt, muss auf der Busverbindung der Verkehr in beiden Richtungen möglich sein.

1.7.2 Aufbau einer Übertragungsstrecke im WAN

Ein Grundelement bei jeder Art von Datenübertragung ist die Nachrichtenstrecke, die den Verkehr von einem System zu einem anderen System ermöglicht, ohne dass weitere Systeme eingeschaltet werden. Eine solche Nachrichtenstrecke im WAN (siehe Bild 1-5) zeichnet sich aus durch:

- Sie verbindet zwei Datenendeinrichtungen. Die werden im Deutschen mit DEE abgekürzt, im englischen mit DTE (*data termination equipment*). Der Begriff ist aus Sicht des WAN zu verstehen, auch ein Gerät, welches ein lokales Netzwerk an das WAN anschließt, ist aus Sicht des WAN eine DEE, obwohl es aus Sicht des Gesamtnetzwerks ein vermittelndes System ist.
- Aus Sicht der DEEs bildet die Verbindung durch das Netz eine Leitung. Einrichtungen innerhalb des Netzes wie Vermittlungsknoten, Verstärker sind nicht sichtbar.
- Aus Sicht des WAN ist die Art der DEE uninteressant, ob es sich um einen Computer, ein Terminal oder ein Peripheriegerät handelt, ist gleichgültig, solange die Schnittstellenbedingungen eingehalten werden.
- Eine DEE, die Daten in das WAN abgibt, wird als Datenquelle (*data source*), eine DEE, die Daten vom WAN empfängt, als Datensenke (*data sink*) bezeichnet. Der Begriff Daten muss dabei nicht nur die Benutzerdaten umfassen, sondern auch Steuerinformationen, Statusmeldungen usw. Die meisten DEEs sind sowohl Datensenke wie Datenquelle.
- Das Gerät im WAN, an welches die DEE unmittelbar angeschlossen ist, wird als Datenübertragungseinrichtung (DÜE), auf englisch als *Data circuit-termination equipment* (DCE) bezeichnet.

- Zwischen der DEE und der DÜE befindet sich eine genormte Schnittstelle, z.B. V.24 oder X.21, Die DEE muss die Schnittstelle so mit Informationen versorgen, wie es in der Schnittstellendefinition vorgesehen ist. Die DEE muss auf die Informationen von der Schnittstelle richtig reagieren.

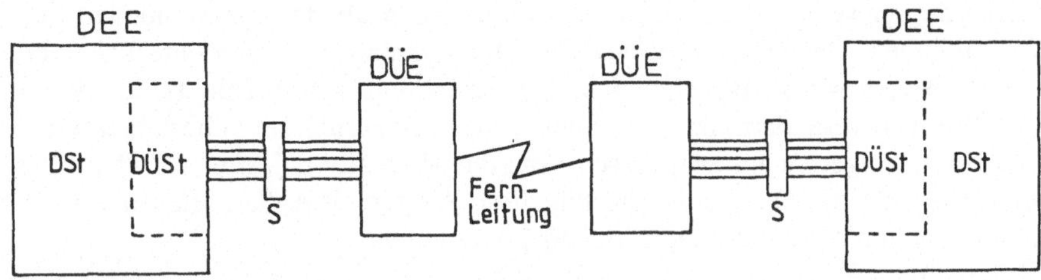

Bild 1-5 Nachrichtenstrecke (S: Schnittstelle, DEE: Datenendeinrichtung, DÜE: Datenübertragungseinrichtung, DÜSt: Datenübertragungssteuerungseinrichtung, DSt: Datenstation)

Auf die Schnittstellen wird in Kapitel 3 näher eingegangen. Intern ist die DEE in die Datenstation DSt und die Datenübertragungssteuerungseinrichtung DÜSt (Bezeichnung nach DIN) gegliedert. Die DÜSt nimmt die Aufgaben wahr, die mit der DÜ zusammenhängen.

a. **Pufferung** (*buffering*)
Diese dient zwei Zielen. Es muss ein Geschwindigkeitsausgleich zwischen der Datenübertragungsgeschwindigkeit und der internen Geschwindigkeit der DEE stattfinden. Meist ist die interne Verarbeitungsgeschwindigkeit der DEE höher, es kann aber auch umgekehrt sein. Pufferung kann auch wegen der verwendeten Prozedur notwendig sein. So werden bei der Prozedur HDLC die Prüfzeichen daran erkannt, dass es die letzten 16 Bits vor der Ende-Flag sind. Es müssen also mindestens 24 Bits zwischengespeichert werden (die Ende-Flag umfasst 8 Bits), um die Information auswerten zu können.

b. **Parallel-Serien-Wandlung** (*parallel serial conversion*)
An der Schnittstelle werden die Daten zeitlich nacheinander (bitseriell) übertragen. Da innerhalb der DEE eine parallele Übertragung über den Datenbus stattfindet, muss eine Wandlung in die serielle Form, z.B. über ein Schieberegister, vorgenommen werden.

c. **Serien-Parallel-Wandlung** (*serial parallel conversion*)
Sie ist beim Empfangen der Daten notwendig und kann ebenfalls über ein Schieberegister vorgenommen werden.

d. **Fehlerkontrolle** (*error detection*)
Sie erfolgt durch Senden zusätzlicher Informationen, die nach einem bestimmten mathematischen Verfahren ermittelt werden (verg. Abschnitt 2.7). Die empfangende DEE überprüft diese Information und kann Übertragungsfehler feststellen.

e. **Zusammenstellung der Nachrichten** (*formatting*)
Die übertragene Nachricht besteht nicht nur aus den eigentlichen Daten, sondern auch aus zusätzlichen Informationen zur Steuerung und Kontrolle der Übertragung (*overhead*). Für die Abfolge der verschiedenen Informationen bestehen die vom Protokoll festgesetzten Regeln. Die

DEE muss die zu übertragende Nachricht aus Daten und Overhead zusammenstellen, beim Empfang müssen sie wieder getrennt werden.

In welcher Weise die Aufgaben der DEE wahrgenommen werden, ist von System zu System verschieden. An der Schnittstelle muss aber das von der Norm vorgeschriebene Verhalten vorliegen.

Die Datenübertragungseinrichtung (DÜE, DCE) hat je nach dem verwendeten Netz unterschiedliche Aufgaben. Das Gerät wird auch als DÜE bezeichnet, wenn eine Paketvermittlung im öffentlichen Netz vorliegt. Bei einer Leitungsverbindung, wie in Bild 1-5 dargestellt, muss sie die Signalform so verändern, dass die Signale von der Fernleitung übertragen werden können. Für Telefonleitungen nennt man diesen Vorgang Modulation (vergl. Abschnitt 2.3.2), den umgekehrten Vorgang die Demodulation. Für diese Art von WAN-Anschluss wird daher die DÜE auch als Modem (Modulator/Demodulator) bezeichnet.

Eine DÜE kann enthalten:

- Einrichtungen für Modulation und Demodulation
- Einrichtungen für den Verbindungsaufbau (manuell oder automatisch)
- Einrichtungen zur Identifikation

Die Übertragungsleitungen zwischen den DÜEs können:

- simplex — nur eine Richtung möglich
- halbduplex — zu einer Zeit nur eine Richtung möglich, die Richtung kann aber umgekehrt werden
- duplex — zur gleichen Zeit Verkehr in beiden Richtung möglich

sein. Im Telefonnetz stehen nur Leitungen mit einem Signalträger (Zwei-Draht-Leitungen) zur Verfügung. Während diese früher im Halbduplex-Verkehr betrieben werden mussten, stehen heute auch für diese Leitungen Modems zur Verfügung, die den Duplexverkehr ermöglichen.

Während früher der Gebrauch von DEEs und DÜEs an öffentlichen Netzwerken in vieler Hinsicht eingeschränkt war (Endgerätemonopol im Telefondienst, Verbot privater Modems usw.), ist dies heute nicht mehr der Fall. Die Geräte müssen allerdings technisch geprüft sein, wenn sie an öffentliche Netze angeschlossen werden sollen.

1.7.3 Netzwerke

Zur Datenübertragung dienen meist nicht einzelne Übertragungsstrecken, wie sie in Bild 1-5 dargestellt sind, sondern es werden Netzwerke gebildet. Diese zeichnen sich aus durch:

a. Es gibt mehr als zwei Stationen, die als Datenquelle oder -senke arbeiten können.

b. Das Netzwerk verfügt über eine bestimmte Topologie (*topology*). Es liegen Regeln vor, in welcher „geometrischen" Anordnung die Stationen untereinander zu verbinden sind, z.B. in Form eines Ringes.

c. In einem Netzwerk können auch speichernde Elemente vorhanden sein. Daten, die nicht unmittelbar von einer Station weitergereicht werden können, müssen in Stationen, die sich zwischen Datenquelle und -senke befinden, zwischengespeichert werden.

d. Zwischen zwei Stationen sind oft mehrere Verbindungen möglich, diese werden als alternative Pfade oder Routen bezeichnet (*alternate path*). Dies gilt aber nicht für alle Netzwerke, so zeigt Bild 1-6 eine Netzwerktopologie ohne alternative Pfade.

e. Zu einem Netzwerk gehören neben Datenendeinrichtungen und den sie verbindenden Leitungen auch Einrichtungen, die der Kommunikation der Benutzer untereinander dienen.

f. Ein Netzwerk kann dem Benutzer nicht nur Leitungen zur Verfügung stellen, sondern auch Dienstleistungen (*services*). Diese können von unterschiedlichem Niveau sein, vom Zuschalten von Leitungen bis zur Bereitstellung strukturierter Informationen (*world wide web*). Netzwerke, die Dienstleistungen zur Verfügung stellen, werden als VAN (*value added network*) bezeichnet.

Geräte in Netzwerken werden allgemein als Knoten oder Netzwerkknoten (*nodes*) bezeichnet. Unterschieden werden dabei:

- Endsysteme (*end systems*), die als Datenquelle und -senke arbeiten
- Vermittelnde Systeme (*intermediate systems*), die Daten nur empfangen und weiterleiten.

Bei dieser Einteilung ist aber zu beachten:

- während die Trennung zwischen Endsystemen und vermittelnden Systemen im WAN-Bereich strikt ist (der Anwender verfügt über Endsysteme, der Netzwerkbetreiber über die vermittelnden Systeme), dienen Geräte in privaten Netzwerken oft beiden Zwecken.
- auch Geräte, die aus Sicht der Anwender nur vermitteln, unterliegen oft der Netzwerkverwaltung. Für diese müssen sie Nachrichten empfangen und senden können, damit auch adressierbar sein.

Bild 1-6 zeigt ein hierarchisches Netz, die Verarbeitung von Daten finden im Host statt, die anderen Endgeräte *(terminals)* dienen nur als Ein- oder Ausgabestationen. Der Host kann aber auch Daten vermitteln, z.B. Mails zwischen den Terminals. Die Terminal-Controller dienen ausschließlich der Datenvermittlung.

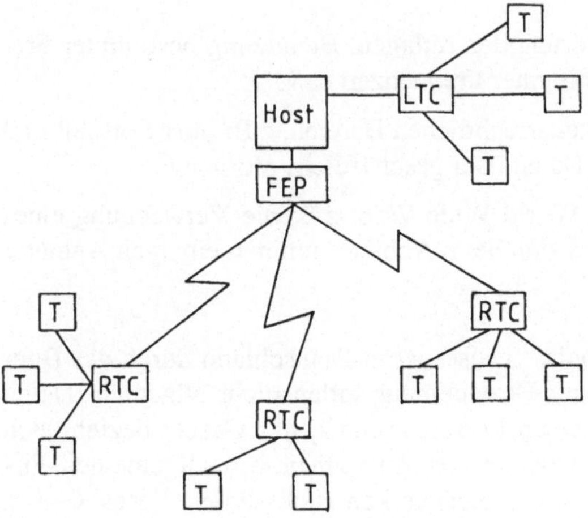

Bild 1-6
Aufbau eines Netzwerks (Host: Zentralrechner, T: Terminal FEP: Front End processor, LTC: Lokaler Terminal-Controller, RTC: Entfernter Terminal Controller)

Netzwerke können unterschieden werden nach:

- Offene Netze (*open networks, open systems*). Diese stehen grundsätzlich jedem Anwender zur Verfügung. Der Teilnehmer kann sich direkt anschließen oder ein Teilnetzwerk, auf das nur er Zugriff hat, wird an ein größeres Netzwerk angeschlossen. Als offene Netze werden auch Netze bezeichnet, in denen Systeme aller Hersteller anzuschließen sind. Das OSI-Referenzmodell (Abschnitt 1.4) dient ausdrücklich der Schaffung offener Netze.
- Geschlossene Netze (*closed networks*). Sie zeichnen sich dadurch aus, dass die Gesamtverantwortung in einer Hand liegt und die Netze nicht beliebig erweiterbar sind. Sie sind oft um einen Zentralcomputer herum strukturiert. Als geschlossene Netze werden oft auch Netze bezeichnet, die Systeme nur einer Firma nach deren Regeln verbinden.

Besonders die Kapitel 5 - 9 befassen sich mit dem Aufbau und dem Betrieb von Netzwerken.

1.8 Juristische Grundlagen

Während der Betrieb von lokalen Netzen im Wesentlichen immer schon durch die Betreiber dieser Netze frei gestaltet werden konnte, lagen für den Bereich der WANs umfangreiche Regelungen vor, die als Nachrichtenmonopol bezeichnet wurden. Der Betrieb von WANs war in Europa in der Regel in jedem Land nur einem Betreiber gestattet. In den 90er Jahren wurden diese Regelungen im Bereich der EG fast vollständig aufgehoben (Liberalisierung, Deregulierung).

Damit sind auch im WAN-Bereich konkurrierende Anbieter möglich. Es gibt mehrere Betreiber, die ihre Netzwerkleistungen grundsätzlich für jeden anbieten, der Ausdruck „öffentlicher Träger" (*public carrier*) bleibt damit sinnvoll, auch wenn keine staatliche Monopolregelung vorliegt.

Es gibt eine Reihe weiterer Rechtgebiete, welche den Netzwerkbetrieb tangieren, z.B.:

- Sicherheitsvorschriften, wie sie bei elektrischen Anlagen immer zu beachten sind, z.B. in Form der VDE-Vorschriften
- Technische Vorschriften über die Funkentstörung der Anlagen, Benutzung bestimmter Frequenzen bzw. das Verbot zur Benutzung bestimmter Frequenzen usw.
- Vorschriften aus dem kaufmännischen und steuerrechtlichen Bereich, z.B. über Sorgfalt und Einhalten von Fristen beim Archivieren von Daten über geschäftliche Vorgänge.
- Regelungen über irreführende Namen beim World Wide Web, z.B. die Verwendung eines Namens, der den Eindruck hervorruft, dass es sich beim Anbieter um den einzigen Anbieter auf diesem Geschäftsfeld handelt.

Ein weiteres wichtiges Gebiet ist der „Datenschutz". Dieser ist in Deutschland durch das Bundesdatenschutzgesetz (BDSG) geregelt. Trotz der Bezeichnung sollen nicht allgemein Daten geschützt werden, sondern es handelt sich um einen Personenschutz, das Gesetz bezieht sich ausschließlich auf personenbezogene Daten. So würde das Ausspähen von allgemeinen Firmenunterlagen (Industriespionage) in elektronischen Netzwerken nicht unter dieses Gesetz fallen. Das BDSG befasst sich nicht nur mit der elektronischen Datenverarbeitung und -übertragung. Es dient dem Schutz von Persönlichkeitsrechten, die durch Missbrauch oder Verfälschung personenbezogener Daten verletzt werden können.

Das BDSG räumt dem Bürger das Recht ein, Auskunft über seine personenbezogenen Daten zu bekommen. Diese Auskunft kann er aber nur von einer bestimmten Institution verlangen, d.h. er muss wissen oder vermuten, wo Daten über ihn gespeichert sind. Eine allgemeine Auskunft über alle in der Bundesrepublik über ihn gespeicherten Daten ist nicht vorgesehen, sie wäre auch technisch nur schwer zu verwirklichen.

Das BDSG schützt den Bürger gegen unberechtigte Weitergabe von Daten an andere; sie dürfen nur mit seinem Einverständnis oder in Wahrung berechtigter Interessen weitergegeben werden. Dieser Gesichtspunkt ist bei vielen Anwendungen der Datenfernverarbeitung (Auskunftssysteme, Datenbanken usw.) besonders zu beachten.

Bei bestimmten Voraussetzungen hat der Bürger das Recht, eine Berichtigung, Sperrung oder Löschung der auf ihn bezogenen Daten zu verlangen. Der Datenschutz wird von Datenschutzbeauftragten überwacht. Neben den Datenschutzbeauftragten von Bund und Ländern ist in allen Betrieben, bei denen mindestens 5 Mitarbeiter automatisiert oder 20 Mitarbeiter nicht automatisiert personenbezogene Daten verarbeiten, ein Datenschutzbeauftragter einzusetzen, der nicht Leiter der Datenverarbeitung in diesem Betrieb sein darf.

Neben dem Datenschutz gilt für die Nachrichtenübertragung auch das Fernmeldegeheimnis.

Aufgabe der Technik ist es, der Datenverarbeitung und -übertragung solche Einrichtungen und Methoden zur Verfügung zu stellen, dass die Anforderungen des Datenschutzes erfüllt werden. Es muss sichergestellt sein, dass nur berechtigte Personen Daten lesen, ändern oder löschen können (Zugriffskontrolle). Dies ist umso schwieriger zu verwirklichen, je komplexer die Netzwerke, die den Zugriff auf die Daten gestatten, werden. Weiter dürfen Daten nicht unbeabsichtigt gelöscht oder verändert werden (Datensicherung, *data integrity*). Dazu müssen Verfahren der Fehlererkennung, Fehlerkorrektur, Fehlertoleranz entwickelt werden.

1.9 Realisierung neuer Konzepte

Bei der Realisierung von Netzwerken, die auf neuen Konzepten beruhen, treten einige Probleme auf, die gelöst werden müssen. Meist müssen auch Aktivitäten außerhalb der technischen Konzeption und Realisierung vorgenommen werden. Dazu seien einige Stichworte genannt, ohne dass es sich um eine vollständige Aufzählung handelt:

a. **Akzeptanzprobleme**
Ein Netzwerkkonzept kann nur dann Erfolg haben, wenn sich der Anwender einen Gewinn davon verspricht. Bei der Realisierung umfangreicher Konzepte kann es dabei zu einem Teufelskreis kommen:

Das Netz bietet dem Anwender erst dann Nutzen, wenn es viele Teilnehmer gibt. Der Nutzen ist gering, wenn es wenige Teilnehmer gibt. Solange es wenige Teilnehmer und damit nur einen geringen Nutzen gibt, ist die Motivation, sich als Teilnehmer anzuschließen, gering. Damit kommt das Netz nie in eine Größenordnung, bei der es auf neue Teilnehmer anziehend wirkt.

Der Kreis kann unterbrochen werden durch:

- Eine Teilnahmepflicht direkt oder indirekt (etwa durch die Abschaffung älterer Netze) eingeführt wird.
- Durch Gewährung von Anreizen, etwa kostenloser Benutzung in der Anlaufphase, eine große Motivation zum Anschluss gegeben wird.

- Da das Netz so große Vorteile bietet, dass eine Umstellung von alt auf neu trotz des damit verbundenen Aufwands unbedingt lohnend ist.

b. **Realisierung mit billigen Bauteilen**

Bauteile der Elektronik können dank der heutigen Halbleitertechnik billig produziert werden, wenn sie in Massenproduktion hergestellt werden. Die hohen Entwicklungskosten können dann auf eine große Zahl von Produkten umgelegt werden (*economy of scale*). Die Entwicklung solcher Bauteile ist ein langwieriger Prozess, eine rechtzeitige Ankündigung von Netzwerkkonzepten mit den dazu geschaffenen Normen muss erfolgen. Die Normen dürfen nicht zu oft geändert werden, obwohl dies in der Anfangsphase eines Netzwerkkonzepts oft nötig ist. Durch neue Hilfsmittel bei der Entwicklung (*silicon compiler*) und das Zusammenstellen von Grundmustern zu anwendungsspezifischen Halbleiterschaltungen (ASIC, *Application Specific Integrated Circuit*) ist es allerdings gelungen, die Entwicklungszeiten komplexer Halbleiterschaltungen zu reduzieren.

c. **Verdrängung älterer Netze**

Ein neues Netzwerk kann nicht in einem kurzen Zeitraum ein anderes Netz verdrängen, die heutige Industriegesellschaft verlangt, dass die Fähigkeit zur Kommunikation ununterbrochen zur Verfügung gestellt werden kann. Auch aus wirtschaftlichen Gründen kann ein neues Netz nicht im erforderlichen Umfang in kurzer Zeit realisiert werden. Damit bestehen über einen längeren Zeitraum „moderne Netze" neben „veralteten Netzen". Dies macht das Betreiben der Netzwerke für den Anwender schwieriger. Das Bestehen mehrerer Netze nebeneinander vermindert auch die Verbindbarkeit (*connectivity*) mit anderen Teilnehmern. Verschärft wird das Problem durch:

1. Auch „veraltete" Systeme können sich weiterentwickeln. So werden z.B. bei der Datenübertragung über das Telefonnetz, obwohl mittlerweile digitale Netze zur Verfügung stehen, neue Modems entwickelt, die neben dem Modulieren und Demodulieren der Signale weitere Funktionen erfüllen. Es werden auch weitere Empfehlungen der ITU-T für diese Art der Datenübertragung entwickelt. Ein weiteres Beispiel ist das lokale Netzwerk Ethernet, dessen Konzept etwa 1980 entwickelt wurde, als die Anforderungen an Datenübertragung noch relativ gering waren. Durch eine Vielzahl von Entwicklungen innerhalb des bestehenden Konzepts, z.B. die Erhöhung der Datenübertragungsrate von 10 auf 100 und dann auf 1000 Mbit/s konnte das Konzept immer neuen Anforderungen angepasst werden.

2. Der Teilnehmer an einem Netz betreibt eine Anwendung, welche nicht nur auf das eigentliche Anschlussgerät an das Netz zugeschnitten ist, sondern sich auf Datenendeinrichtungen, Software für die DÜ, Organisationsform der Verarbeitung, Organisationsform des Betriebs erstreckt. Dieses komplexe System kann nicht ohne weiteres geändert werden, wenn eine neue Form der Datenübertragung angeboten wird. Auch dies führt dazu, dass „veraltete" Netze oft noch sehr lange im Betrieb sind, obwohl sie bei isolierter Betrachtung nur dieses Netzes nicht mehr zeitgemäß sind.

d. **Internationale und nationale Übereinstimmung**

Grundsätzlich sind die umfassenden Netzwerkkonzeptionen von internationalen Gremien (siehe Abschnitt 1.3) geschaffen worden, so dass Geräte und Systeme, die mit den Normen konform sind, weltweit einzusetzen sein müssten. In der Realität ergeben sich aber oft Abweichungen von diesem Prinzip, z.B.:

Der Primärratenanschluss bei ISDN wird in einer Version von 30 Basiskanälen angeboten, die in Europa verwendet wird, und in einer Version von 23 Basiskanälen in den USA. Dies liegt daran, dass das ISDN-Netz zum Teil unter Benutzung bereits vorhandener Übertragungssysteme (T1-Carrier) realisiert wird.

In vielen Empfehlungen der ITU-T ist vorgesehen, dass bestimmte Einzelheiten durch nationale Körperschaften geregelt werden sollen. Z.B. beträgt die maximale Länge der Pakete im Paketnetz nach der ITU-T-Empfehlung X.25 128 Oktette. Es wird aber vorgesehen, dass Verwaltungen auch andere Längenbegrenzungen einführen können („*Additionally some Administrations may support other maximum data field lengths from the following list of powers of two, i.e. 16, 32, 64, 256, 512 or 1024 octetts or exceptionally 255 oktetts*").

Die von den nationalen Trägern angebotenen Netzwerkleistungen sind oft nur Untermengen der in den internationalen Empfehlungen festgelegten Netzwerkeigenschaften. So gibt die Empfehlung für die Paketschnittstelle X.25 an, dass an einer solchen Schnittstelle bis zu 4095 virtuelle Verbindungen bestehen können, die Telekom lässt aber in Deutschland nur 127 zu.

e. **Schaffung von Messgeräten**

Ein technisches System, z.B. ein auf der Grundlage eines neuen Konzepts geschaffenes Netzwerk, muss beherrschbar sein; der erste Schritt dazu ist die Fähigkeit zur Beobachtung. Wegen der komplexen Vorgänge, die sich in einem Netzwerk abspielen, kann sich die Beobachtung nicht auf die Messung elektrischer oder optischer Signale beschränken, sondern es muss eine Aufbereitung der Daten so erfolgen, dass sie nach den Regeln der Vorschrift für die Datenübertragung interpretiert und für den menschlichen Beobachter verständlich gemacht werden. Werden neue physikalische Schnittstellen oder neue Protokollvorschriften konzipiert, so müssen neue Messgeräte entwickelt werden oder die alten durch Hard- und Softwareumstellung daran angepasst werden. Auch hier lohnt sich die Entwicklung neuer Messgeräte umso eher, je schneller sich das Netzwerkkonzept verbreitet.

2 Technische Grundlagen

Die Gesetzmäßigkeiten der Datenübertragung und der Datenfernverarbeitung beruhen auf einer Reihe von Grundlagenwissenschaften, u.a. seien genannt: Elektrizitätslehre, Elektronik, Optik, Informatik, Wahrscheinlichkeitsrechnung, Mathematik stochastischer Prozesse, Automatentheorie, Linguistik. In diesem Kapitel sollen die Grundlagen der Datenübertragung so gedrängt wie möglich dargestellt werden; auf physikalische und mathematische Herleitungen wird dabei meist verzichtet. Grundbegriffe der Informatik werden teilweise vorausgesetzt.

Der erste Abschnitt beschreibt Leitermedien, die in der DÜ eingesetzt werden. Im zweiten Abschnitt geht es um die Ausnutzung der Übertragungsstrecken, die oft mehreren Datenströmen dienen müssen, den Multiplextechniken.

Der dritte Abschnitt beschreibt die Darstellung der Daten einschließlich der Modulation. Im vierten Abschnitt werden die Merkmale der Leistung von Übertragungsstrecken besprochen, die oft mit dem Begriff Geschwindigkeit bezeichnet werden. Der fünfte Abschnitt befasst sich mit der Herstellung des gemeinsamen Zeitrahmens zwischen Sender und Empfänger, der Synchronisierung.

Im fünften Abschnitt geht es um die Darstellung analog vorliegender Information in der digitalen Form, die Digitalisierung. Er ist knapp gehalten, da es sich um ein allgemeines Thema in der Informatik handelt. Im letzten Abschnitt sollen die Möglichkeiten, bei einem technischen Prozess, der Störungen unterworfen ist, ein einwandfreies Ergebnis zu erzielen, untersucht werden (Fehlererkennung, Fehlerkorrektur).

2.1 Leitermedien

Die Übertragungsmedien der DÜ dienen der Übertragung elektromagnetischer Wellen. Nach der Frequenz der Signale unterscheidet man allerdings die elektrischen bzw. Funksignale von den optischen Signalen. Beide Arten von Signalen können leitungsgeführt oder durch den freien Raum übertragen werden. Die Übertragung mit Schallwellen kommt nur bei einer speziellen Anwendung, den Akustikkopplern (*acoustic couplers*), auf eine sehr geringe Entfernung vor. Sie wird nicht untersucht.

2.1.1 Arten von Übertragungsstrecken

Bei den Arten von Übertragungsstrecken wird nach der möglichen Richtung der Übertragung unterschieden:

simplex: die Übertragung kann immer nur in einer Richtung erfolgen. Bei der Datenübertragung sind Simplex-Strecken unüblich. Auch wenn aus Sicht des Benutzers ein Datenfluss nur in eine Richtung stattfindet, z.B. von der Zentraleinheit zum Drucker, muss doch die Möglichkeit der Rückmeldung gegeben sein, etwa um die Geschwindigkeit des Datenflusses an die des Druckers anzupassen.

Simplexstrecken liegen in der Regel bei den Verteildiensten vor, z.B. bei Rundfunk und Fernsehen. Die Weiterentwicklung zu interaktiven Diensten, z.B. interaktivem Fernsehen, wird hier Duplex-Strecken erfordern.

Simplex-Übertragungsstrecken können eingesetzt werden, wenn die Ringtopologie verwendet wird (vergl. Abschnitt 4.3.2).

duplex (vollduplex, *full duplex*): Die Nachrichten können gleichzeitig in beiden Richtungen übertragen werden. Bei elektrischen Leitern kann der Duplex-Verkehr auch bei Vorliegen nur einer Signalleitung (mit Rückleiter), im Telefonnetz als Zwei-Draht-Leitung bezeichnet, eingerichtet werden. Wenn Lichtleiterkabel vorliegen, muss der Vollduplex-Verkehr mit zwei Lichtleitern realisiert werden.

halbduplex (*half duplex, semiduplex*): die Übertragung kann in beiden Richtungen erfolgen, aber zu einer Zeit immer nur in einer Richtung. Diese Art Übertragungsstrecken werden in LANs bei der Stern- und Bustopologie eingesetzt.

Bei Bus-Systemen wird halbduplex auch als bidirektional bezeichnet.

Aus Sicht der Anwendungen ist der Duplexverkehr nicht unbedingt sinnvoll. Viele Anwendungen erfolgen in der Art eines Dialogs, bei dem auf eine Anfrage eine Antwort gegeben wird. Damit findet zu einer Zeit immer nur eine Übertragung in einer Richtung statt, es genügt also eine Halbduplexübertragung. Aus Sicht eines Servers, der viele Dialoge scheinbar gleichzeitig zu führen hat, kann der Vollduplexverkehr Sinn machen. Zur gleichen Zeit empfängt er die Anfrage einer Workstation und gibt die Antwort auf die Anfrage einer anderen Workstation.

Auch bei den Merkmalen von Protokollen höherer Ebenen können die Begriffe duplex und halbduplex verwendet werden (simplex kommt nicht vor). Die Protokolle beruhen in der Regel auf dem Austausch von Nachrichten, die sich aufeinander beziehen (Quittierung). Jede Aktion, z.B. das Senden einer Nachricht, muss quittiert werden. Bei einigen Protokollen muss jede Aktion quittiert werden, eine weitere Aktion kann immer erst dann erfolgen, wenn die Quittierung vorliegt. Diese Protokolle werden als halbduplex bezeichnet, sie sind natürlich besonders für Halbduplex-Verbindungen geeignet.

2.1.2 Kriterien für die Beurteilung von Leitermedien

Leitermedien für die Übertragung digitaler (oder auch analoger) Informationen können nach verschiedenen Kriterien beurteilt werden:

a. **Kosten**. Bei den Kosten sind nicht nur die Kosten des Leitungsmediums, sondern auch die der Komponenten für Bildung, Empfang und Auswertung, Verstärkung und Regeneration der Signale zu betrachten.

b. **Verluste** (*loss*). Jedes Signal erleidet auf einer Übertragungsstrecke Verluste, das Empfangssignal ist also schwächer als das ausgesendete Signal. Verluste in der Signalübertragung (anders als bei der Energieübertragung) sind als solche kein Problem, jedes Signal kann auch wieder verstärkt werden. Zu beachten ist aber:

Ein Signal setzt sich aus unterschiedlichen Frequenzen zusammen. Ein Signal, welches immer die gleiche Frequenz hätte, könnte keine Informationen übertragen. Die Verluste sind bei den unterschiedlichen Frequenzen unterschiedlich, da sie nicht nur durch Wirkwiderstände, sondern auch durch kapazitive und induktive Widerstände entstehen. Damit erleiden die unterschiedlichen Frequenzanteile des Signals eine unterschiedliche Dämpfung (*attenuation*), das Signal wird verformt.

Bei der Übertragung treten, besonders bei elektrischen Leitern Störsignale (*noise*) auf, die nicht gänzlich abgeschirmt werden können. Das Verhältnis zwischen Nutz- und Störsignal (*S/N-Ratio*) darf nicht zu klein werden, daher darf das Nutzsignal nicht zu stark gedämpft werden.

Die Verluste steigen mit zunehmender Länge der Leitung. Die Dämpfung wird in dB gemessen (vergl. Abschnitt 10.2), die Dämpfung eines Leitungsmediums kann dann mit dB/km angegeben werden.

c. **Übertragungskapazität**. Diese wird in digitalen Systemen in bit/sekunde (bps, *bits per second*) angegeben. Die maximale Übertragungskapazität einer Leitung gibt an, wieviele Bits je Sekunde maximal übertragen werden können, wobei eine festgelegte Fehlerquote nicht überschritten werden darf. Die Übertragungskapazität ist natürlich von der Länge des Leitungsmediums abhängig, je weiter die Entfernung ist, um so geringer die maximale Kapazität. Das Produkt

Kapazität * Entfernung

ist eine Konstante.

Durch Einbau von Verstärkern und Regeneratoren in den Leitungsweg (vergl. Abschnitt 8.3) können Verluste und Verzerrungen immer wieder ausgeglichen werden, damit kann „mit jedem Medium jede Entfernung" bewältigt werden.

d. **Sicherheit gegen Störspannungen**. Da Störspannungen, welche durch elektromagnetische Wellen auf die Leiter induziert werden, zu Verfälschungen des Signals führen können, müssen die Leiter gegen sie abgeschirmt werden. Für elektrische Leiter sind dafür verschiedene Kabeltypen entwickelt worden. Optische Leiter gelten als absolut störungssicher gegenüber Störspannungen. Die Einwirkung von Störspannungen wird als EMI (*electro magnetic influence*) bezeichnet.

Zu berücksichtigen ist dabei auch, dass das Kabel nicht nur von Störspannungen gestört wird, sondern auch selbst stört. Kabel, welche Signale hoher Frequenz tragen, strahlen elektromagnetische Wellen ab, welche andere Systeme stören können. Bei Leitern, die dicht beieinander liegen, wird die gegenseitige Beeinflussung als Übersprechen bezeichnet.

e. **Sicherheit**. Unter Sicherheit *(security)* wird hier die Sicherheit gegenüber Missbrauch durch den Menschen verstanden. Die Sicherheit kann auf mannigfache Weise gefährdet sein. Bei Leitern steht die Sicherheit gegenüber Abhören (Lauschangriff) im Vordergrund. Auch hier gelten optische Leiter als praktisch abhörsicher. Bei den elektrischen Leitern sind besonders die gefährdet, die elektromagnetische Wellen abstrahlen, da hier ein Abhören von außen möglich ist. Das Abhören von Funkübertragungen ist schwer zu verhindern.

Grundsätzlich gilt natürlich, dass eine Verschlüsselung der Daten zwar nicht das Abhören verhindern kann, wohl aber die richtige Interpretation der abgehörten Information verhindert (siehe Abschnitt 2.3.4).

f. **Laufzeitdifferenzen**. die unterschiedlichen Frequenzanteile eines Signals breiten sich unterschiedlich schnell aus, dies führt zu einer Verformung der Signale ähnlich der durch unterschiedliche Verluste hervorgerufenen (siehe b.). Mit zunehmender Entfernung wirken sich dabei die Unterschiede stärker aus, die Verformung nimmt zu. Bei optischen Leitern versucht man dem dadurch zu begegnen, dass man nur Licht einer Frequenz verwendet (monochromes Licht).

Besonders im Bereich der WANs bemüht man sich, die durch frequenzabhängige Verluste und unterschiedliche Laufzeit hervorgerufenen Verzerrungen mit Entzerrern wieder auszugleichen (siehe Abschnitt 3.2.1.2).

2.1.3 Elektrische Leiter

Elektrische Leiter oder Kabel (*cables*) sind die am häufigsten verwendeten Übertragungsmedien. Unter der Vielzahl von Formen elektrischer Leiter kann hervorgehoben werden:

Koaxial-Kabel (*coax cable*)

Verdrillte Leitung (*twisted pair*).

In beiden Fällen soll die Kabelform der Abwehr von Störspannungen dienen. Beim Koaxial-Kabel ist der eigentliche Signalleiter von einem elektrisch leitenden Mantel umgeben, der als Rückleiter dient. Dieser wirkt auch als Abschirmung gegenüber Störspannungen (Faraday`scher Käfig). Zwischen dem Signalleiter und dem Mantel befindet sich ein isolierendes Material.

Koaxialkabel, die häufig in LANs verwendet wurden (und werden), gibt es in unterschiedlichen Qualitätsstufen. Die elektrischen Eigenschaften des Kabels, welche die Signalverzerrungen bewirken, hängen stark davon ab, wie genau der Signalleiter im Mittelpunkt des durch den Mantel gebildeten Kreises liegt. Je stärkere Abweichungen auftreten, umso stärker wird das Signal verzerrt. Koaxialkabel, bei denen der Signalleiter sehr genau im Mittelpunkt liegt, sind aufwendig in der Fertigung und damit sehr teuer. Beim LAN nach 802.3 (Ethernet) werden zwei unterschiedliche Arten von Koaxialkabeln verwendet, welche als Thick-Wire und Thin-Wire bezeichnet werden (vergl. Abschnitt 4.3.3).

Die Verwendung von verdrillten Leitungen (*twisted pair*) hat im Bereich LAN stark zugenommen. So werden sie bei Netzwerken nach 802.3 (Ethernet) bei einer Datenübertragungsrate von 10 Mbit/s neben den Koaxialkabeln eingesetzt. Bei Übertragungsgeschwindigkeiten von 100 Mbit/s oder 1000 Mbit/s sind sie neben Lichtleiterkabeln die einzigen zugelassenen elektrischen Kabel. Für das Netzwerk nach Ethernet mit einer Übertragungsrate von 10 Gbit/s sind allerdings ausschließlich Lichtwellenleiter vorgesehen. Im Netzwerk FDDI, welches für die Verwendung optischer Kabel konzipiert war, ersetzen sie teilweise die Lichtleiter (siehe Abschnitt 4.3.5.2).

Verdrillte Leitungen bestehen aus zwei Drähten, die so verdrillt sind, dass sich Störspannungen auf beide Leiter gleich auswirken. Da als Signal die Spannungsdifferenz zwischen den beiden Leitern verwendet wird, bleibt das Signal erhalten, auch wenn es von Störspannungen überlagert wird. Unterschieden wird weiter nach:

unabgeschirmte verdrillte Leitung, UTP (*unshielded twisted pair*)

abgeschirmte verdrillte Leitung, STP (*shielded twisted pair*).

Bei STP sind die Signalleiter von einer metallischen Abschirmung umgeben, was die Störsicherheit weiter erhöht.

Die Anforderungen an verdrillte Leitungen sollen an einem Beispiel dargestellt werden. Für das Lokale Netzwerk Ethernet (bzw. 802.3), vergleiche Abschnitt 4.3.3) findet im ursprünglichen Konzept die Übertragung der Information von der Station zum Koaxialkabel über ein „Transceiver-Kabel“ statt, welches maximal 50 m lang sein darf. Die Datenübertragungsrate ist 10 Mbit/s.

Es besteht aus vier Paaren von verdrillten Leitungen, einer Gesamtabschirmung (*overall shield*) und einer umhüllenden Isolation (*insulated jacket*). Die Isolierung der Leiter und die umhüllende Isolation soll aus Polyäthylen oder einem anderen Material mit dessen Eigenschaften bestehen.

Der Wellenwiderstand der Paare (*differential mode characteristic impedance*) soll 78 Ohm ±5 Ohm betragen. Die Dämpfung (*signal attenuation*) darf für die Gesamtlänge, die auf 50 m festgelegt ist, nicht 3 dB übersteigen, gemessen bei 10 MHz. Die Ausbreitungsgeschwindigkeit der Signale (*propagation velocity*) soll mindestens 65 % der Lichtgeschwindigkeit betragen. Bei der hier verwendeten Art von Netzwerk ist die Ausbreitungsgeschwindigkeit ein wichtiger Faktor, da der einwandfreie Betrieb des Netzwerks davon abhängt, dass bestimmte Betriebszustände (Kollisionen) rechtzeitig signalisiert werden. Die Pulsverzerrung (*pulse distortion*) darf nicht den Wert von ± 1 ns übersteigen.

Bild 2-1 zeigt die vom Transceiver-Kabel geforderte Übertragungsimpedanz. Es handelt sich nicht um das tatsächliche Verhalten des Kabels, sondern um Grenzwerte, die nicht überschritten werden dürfen. Da die Übertragung mit 10 MHz stattfindet, ist besonders dieser Frequenzbereich interessant.

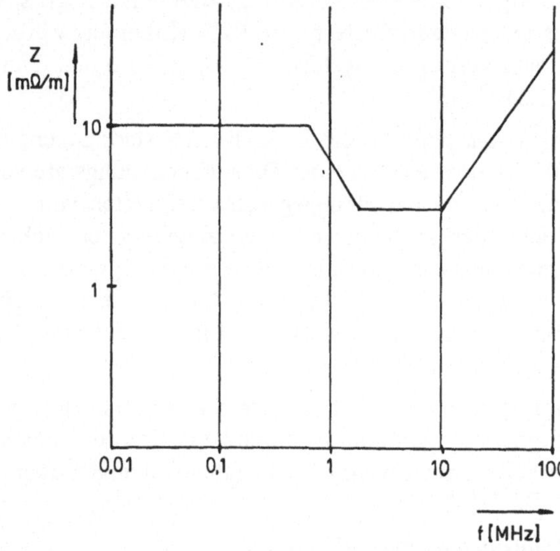

Bild 2-1
Anforderungen an den Impedanz-Verlauf über die Frequenz bei verdrillten Leitungen im Ethernet-system

Verdrillte Leitungen sind von der IEEE nach Qualitätsmerkmalen in Kategorien eingeteilt, z.B. CAT 5 UTP (*unshielded twisted pair*). Die Qualität der Leitungen steigt mit steigender Kategoriebezeichnung.

Da das Signal auf einem elektrischen Leiter die Spannung ist, Spannung aber eine Potentialdifferenz darstellt, benötigen elektrische Leiter immer zwei Leiter, die zweite Leitung wird auch als Masse oder Rückleiter bezeichnet. Bei parallelen Leitungssystemen genügt allerdings ein Rückleiter für alle Signalleiter. Bei verdrillten Leitungen besteht jede Signalleitung aus zwei Leitern, auch wenn mehrere Signalleitungen in einem Kabel zusammengefasst werden.

Im WAN-Bereich wird eine solche Signalleitung als Zweidraht-Leitung bezeichnet. Im Telefonwählnetz stehen nur solche Leitungen zur Verfügung, während Standleitungen auch als Vierdrahtleitungen für den Vollduplexverkehr zur Verfügung stehen. Auf Zweidrahtleitungen kann Halbduplexverkehr durchgeführt werden, Protokolle mit Halbduplexverhalten waren bei Benutzung des Telefonnetzes sehr verbreitet.

Ein Vollduplexverkehr auf einer Leitung kann sinnvoll nur bei einer Punkt-zu-Punkt-Verbindung hergestellt werden. Die Herstellung des Duplexverkehrs auf einem elektrischen Leiter mit Rückleiter (Zweidrahtleitung) kann auf zwei Arten erfolgen:

1. Frequenzmultiplex (siehe Abschnitt 2.2.1)

2. Echo-Unterdrückung. Bei der Echo-Unterdrückung (*echo cancellation*) benutzen beide Stationen das gleiche Frequenzband. Beide senden zur gleichen Zeit, damit befindet sich auf der Leitung ein Signal, welches durch die Überlagerung der beiden gesendeten Signale gebildet wurde. Jedes der beiden Geräte empfängt dieses Gesamtsignal und subtrahiert davon das eigene gesendete Signal; damit bleibt das Empfangssignal für dieses Gerät übrig. Diese verblüffend einfache Methode ist technisch allerdings schwer zu implementieren. Beide Signale werden durch die Leitungsübertragung verzerrt, es bilden sich durch Reflexionen Echo-Signale, die ein unterschiedliches Zeitverhalten haben. Sie werden auch als nahes (*near*) und entferntes (*far*) Echo bezeichnet.

2.1.4 Funkübertragung

Datenübertragung über Funk wird in WANs über Richtfunkstrecken oder über Satellit angewendet, Funkübertragung gibt es auch im LAN-Bereich. Netzwerke, die mit Funk im lokalen Bereich arbeiten, werden auch als WIN (*wireless inhouse network*) bezeichnet. In Tabelle 2-1 sind die Wellenbereiche dargestellt, die zur Nachrichtenübertragung benutzt werden.

Tabelle 2-1 Wellenbereiche

Wellenbereich	**Frequenzbereich**	**Deutsche Bezeichnung**	**Englische Bezeichnung**
Längstwelle	10 – 100 kHz	LstW	VLF
Langwelle	100 – 300 kHz	LW	LF
Mittelwelle	300 – 1500 kHz	MW	MF
Kurzwelle	1,5 – 30 MHz	KW	HF
Ultrakurzwelle	30 – 300 MHz	UKW	VHF
Dezimeterwelle	300 – 3000 MHz	dmW	UHF
Zentimeterwelle	3 – 30 GHz	cmW	SHF
Millimeterwelle	30 – 300 GHz	mmW	EHF

Die Funkübertragung wird durch Schwund (*fading*) und Störsignale (*noise*) beeinträchtigt und muss daher mit technischen Maßnahmen abgesichert werden. Die durch Schwund entstehenden Störungen neigen dazu, in Bündeln (*bursts*) aufzutreten, d.h. es treten in kurzen Abständen mehrere Fehler auf, dann wieder über längere Zeitspannen kein Fehler. Fehler auf Grund von Störsignalen sind dagegen eher gleichmäßig (statistisch) über die Zeit verteilt.

Die mittlere Zeichenfehlerhäufigkeit bei einer ungesicherten Kurzwellenverbindung wird mit 10^{-2} bis 10^{-3} angegeben. Ein Wert von 10^{-2} bedeutet, dass durchschnittlich jedes hunderste Zeichen fehlerhaft übertragen wird. Als Modulationsart bei der Funkübertragung kann die Amplituden- oder Frequenzmodulation verwendet werden. Das Frequenzband wird in mehrere Kanäle aufgeteilt.

Bild 2-2 zeigt die Aufteilung des Frequenzbandes für das WTK-System FM340 (WTK = Wechselstrom-Telegraphensystem). Der Kanalabstand beträgt für alle Kanäle 340 Hz, es stehen 8 Kanäle zur Verfügung. Die Zahlenangaben des Frequenzrasters geben die Mittelfrequenz des Kanals an, die Übertragung der digitalen Werte 1 und 0 erfolgt mit Frequenzen, die mit dem Frequenzhub (im Beispiel ± 85 Hz) von der Mittelfrequenz abweichen. Die Schrittgeschwindigkeit beträgt 150 Baud für die asynchrone Übertragung, 200 Baud für die synchrone Übertragung (vergl. Abschnitt 2.4).

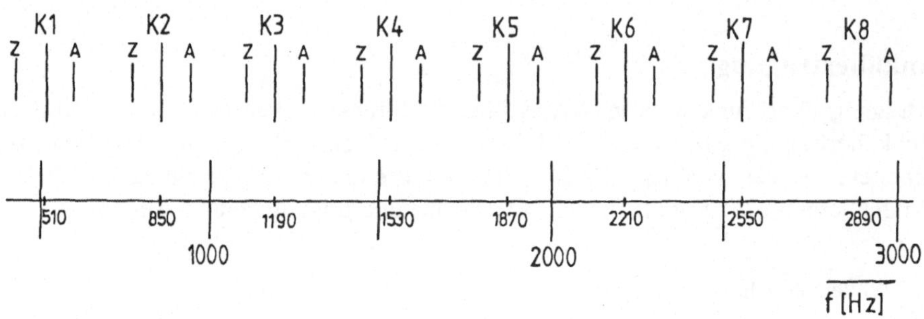

Bild 2-2 Frequenzaufteilung beim WTK-System FM 340 (K1 bis K7 kennzeichnen die Mittelfrequenz des Kanals; Z: Startpolarität, A: Stopppolarität)

Die Tabelle 2-2 zeigt die verwendeten Frequenzen im von der ETSI genormten Mobilfunksystem GSM. Unterschieden werden jeweils die Frequenzen, die die mobilen Geräte verwenden, von den Frequenzen, welche die Basisstationen einsetzen dürfen. Es werden vier Frequenzbereiche (Bänder) definiert. Für die Bänder werden die englischen Bezeichnungen verwendet.

Die Übertragungsgüte einer Funkverbindung kann gesteigert werden durch:

Frequenzdiversity: es werden zwei Kanäle unterschiedlicher Frequenz mit der gleichen Nachricht belegt.

Raumdiversity: die Nachricht auf einem Kanal wird von zwei Empfängern aufgenommen.

Bei beiden Methoden werden zwei Signale empfangen. Sind sie in ihrem Pegel etwa gleich, werden sie addiert. Der damit erreichte Gewinn an Störabstand ist besonders bei kleinen Empfangspegeln wichtig. Besteht bei beiden Signalen ein Unterschied von >8dB, so wird nur das größere ausgewertet.

Bei Anwendung der Frequenzdiversity soll der Frequenzabstand der beiden Kanäle mindestens 400 Hz betragen (Empfehlung der ITU-R). Die Wirksamkeit der Raumdiversity ist vom Abstand der beiden Empfangsantennen abhängig; er soll mindestens 2 l betragen (l: Wellenlänge).

Diversity-Verfahren sollen die Fehlerhäufigkeit um den Faktor 10 bis 100 vermindern.

Tabelle 2-2 Frequenzbereiche für GSM

Bereich	**mobiles Senden** mobil transmit, base receive	**Senden der Basisstation** base transmit, mobile receive
Standard or Primary GSM 900 Band, P-GSM	890 - 915 MHz	935 - 960 MHz
Extended GSM 900 Band, E-GSM (includes Standard GSM 900 Band	880 - 915 MHz	925 - 960 MHz
Railways GSM 900 Band, R-GSM (includes Standard and Extended GSM 900 Band	876 - 915 MHz	921 - 960 MHz
DCS 1 800 Band	1710 - 1785 MHz	1805 - 1888 MHz

Bei der Datenübertragung mit Funk können drei Sicherungsverfahren eingesetzt werden, die die korrekte Übertragung auch bei auftretenden Fehlern sicherstellen sollen (vergl. Abschnitt 2.7).

1. ARQ (*Automatic Request*). In einer Duplex-Verbindung steht ein Rückkanal ständig zur Verfügung, der zur automatischen Rückfrage und Anforderung von Wiederholungen dient. Es muss ein fehlererkennender Code verwendet werden.

2. Verwendung eines fehlererkennenden Codes bei Halbduplexverbindungen, die Senderichtung wird zyklisch umgekehrt, um Rückmeldungen zu ermöglichen.

3. Fehlerkorrektur (*FEC, Forward Error Correction*). Auf einer Simplexstrecke werden Fehler automatisch korrigiert, was die Verwendung eines fehlerkorrigierenden Codes voraussetzt. Da keine Rückmeldungen nötig sind, eignet sich das Verfahren auch gut für Verbindungen mit mehreren Empfängern, z.B. Polizeifunk oder Wetterfunk.

Bei der Datenübertragung über Funk kann eine Verschlüsselung wichtig sein, auf diese wird später eingegangen. Geht während der Übertragung ein Zeichen verloren oder wird falsch empfangen, schaltet das Entschlüsselungsgerät falsch weiter, die Nachricht wird völlig unverständlich. Für verschlüsselte Übertragung muss daher eine besonders hohe Übertragungsgüte vorliegen.

2.1.5 Optische Leiter

Lichtleiter (LWL, Lichtwellenleiter, *fiber optic cable*) besitzen eine große Anzahl von Vorzügen, so dass sie sowohl im WAN- wie im LAN-Bereich eingesetzt werden.

Als Vorteile der Lichtleiter gelten:

- Es gibt keine Erdungsprobleme
- Es besteht eine Potentialtrennung zwischen Sender und Empfänger (vergleichbar den Optokopplern der Digitalelektronik).

- Gegenüber Kupferkabeln der gleichen Übertragungskapazität besteht geringeres Gewicht und Volumen.
- Übersprechen, Abhören und Stören der Signale sind nicht möglich
- Störspannungen elektrischer Art sind ohne Einfluss, unabhängig von ihrer Frequenz. Damit besteht in absoluter Schutz gegen elektromagnetische Emission (EMI, *electro magnetic influence)*.
- Es besteht nur eine geringe Temperaturabhängigkeit.
- Auch bei der Übertragung von Signalen besteht nur eine niedrige, frequenzunabhängige Grunddämpfung. Der Leiter ist damit für die Übertragung von Signalen geeignet, die hohe Frequenzen enthalten, z.B. Rechtecksignale. Es besteht kein Bedarf an aufwendigen Schaltungen für Modulation, Demodulation, Entzerrung usw.

Wenn es gelingt, Lichtimpulse sehr kurzer Dauer in den Lichtleiter einzuspeisen, tritt keine Dämpfung ein. Die Impulse werden auch für sehr große Strecken nicht gedämpft oder verzerrt, es handelt sich um einen quantentheoretischen Effekt. Diese Impulse werden als Solitrone bezeichnet.

Lichtleiter können im Einfachmodus (*single mode, monomode*) oder im Mehrfachmodus (*multimode*) betrieben werden, abhängig vom Aufbau des Lichtleiters. Der Verlauf des Lichtstrahles innerhalb der Glasfaser hängt vom Verlauf des Brechungszahlenindex über den Faserquerschnitt (*index profile*) ab. Bild 2-3 zeigt zwei verschiedene typische Profile. Durch die plötzliche Änderung der Brechzahl beim Stufenprofil tritt eine Totalreflexion an der Trennfläche der beiden Glassorten ein.

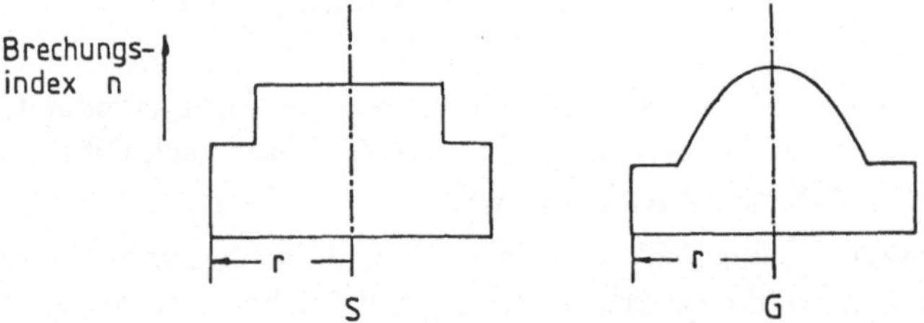

Bild 2-3 Lichtleiterprofile (Verlauf des Brechungszahlindex über den Leitungsquerschnitt). S: Stufenprofil, G: Gradientenprofil

Beim Gradientenprofil mit der gleitenden Änderung der Brechzahl tritt eine Reflexion und eine Rückführung des Strahls auf einer gekrümmten Bahn in Richtung des Fasermittelpunkts ein (Bild 2-4). Dadurch, dass der Strahl im optisch dichteren Medium einen kürzeren Weg zurücklegt, im optisch dünneren Medium einen längeren Weg zurücklegt, bleibt die Ausbreitungsgeschwindigkeit der Strahlen längs der Faser bei richtig bestimmten Gradientenprofil gleich.

Der Einfachmodus wird in einer Faser mit Stufenprofil und geringem inneren Faserquerschnitt betrieben. Damit läuft der Lichtstrahl zentral längs der Faserachse. Das Verfahren führt zu nur geringen Verzerrungen und damit zu potenziell hohen Datenübertragungskapazitäten, hat aber zwei Nachteile:

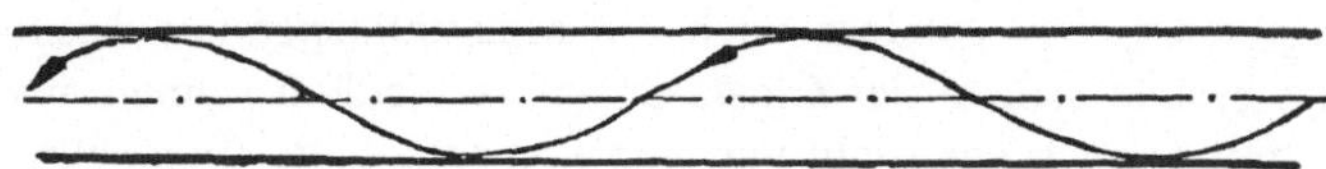

Bild 2-4 Strahlverlauf in einem Lichtwellenleiter mit Gradientenprofil

Der Faserradius muss in der Größenordnung der Wellenlänge des verwendeten Lichts liegen, damit muss er kleiner als 10 µm sein, dies macht die Herstellung der Fasern schwierig.

Die Einkopplung der Signale muss genau in Richtung der Faserachse erfolgen, dazu sind nur Laser-Sende-Dioden geeignet.

Bei der Mehrfachmodusfaser werden die Strahlen nicht genau in Richtung der Faserachse eingekoppelt. Bild 2-5 zeigt den Verlauf des Strahls in einer Faser mit Stufenprofil. Dabei legt Strahl a einen kürzeren Weg zum Faserende zurück als der Strahl b. Damit treten Probleme der Impulsverbreiterung und damit Impulsverwischung (*dispersion*) auf.

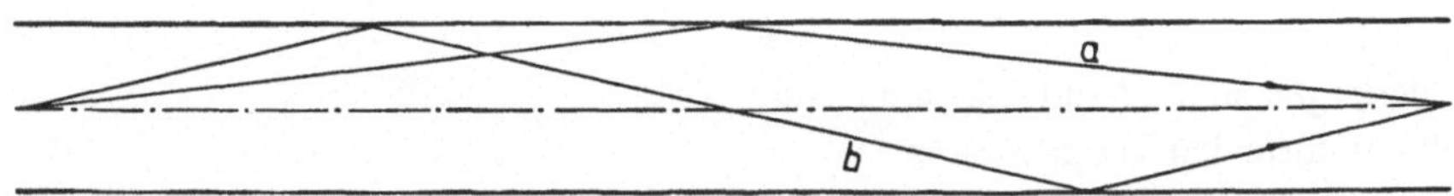

Bild 2-5 Strahlverlauf in einem Lichtleiter mit Stufenprofil

Obwohl bei der optischen Übertragungstechnik auch eine analoge Übertragung möglich ist, ist doch die Übertragung digitaler Signale üblich. Bild 2-6 zeigt die Codierung von Signalen im SDH-System für elektrische und optische Signale. Die Impulse bleiben beim Empfänger nur dann erkennbar, wenn sie sich nicht so überlagern oder „verschmieren“, dass sie nicht mehr unterscheidbar sind. Die Impulsverbreiterung darf nicht den halben Abstand zwischen den Impulsen erreichen oder überschreiten.

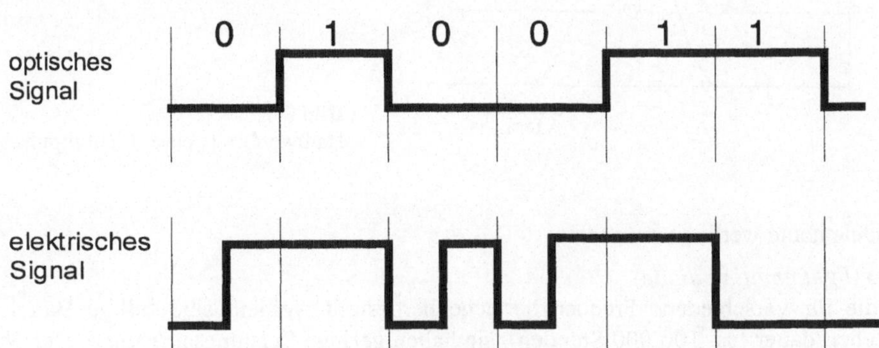

Bild 2-6 Optische und elektrische Signale im SDH-System (der Code für die elektrischen Signale wird als CMI (Code Mark Inversion) bezeichnet.

Zur Impulsverbreiterung trägt nicht nur die verschiedene Länge des Strahlverlaufs bei einer Mehrfach-Modus-Faser (Modendispersion) bei, sondern auch die Materialdispersion. Lichtstrahlen unterschiedlicher Frequenz breiten sich in der Glasfaser unterschiedlich schnell aus. Materialdispersion würde nicht eintreten, wenn das Licht nur eine Frequenz hätte (monochromatisch).

Die Leistungsfähigkeit einer Übertragungsstrecke hängt davon ab, wie viel Impulse in der Zeiteinheit übertragen werden können. Sie errechnet sich:

$K = v_l / 2\, b{*}l$

K: Übertragungskapazität bit/s
v_l: Ausbreitungsgeschwindigkeit im Lichtleiter cm/s
l: Länge des Übertragungsabschnittes km
b: Impulsverbreiterung je Längeneinheit cm/km

Bei einer Ausbreitungsgeschwindigkeit von 240 000 km/s, einer Impulsverbreiterung von 20 cm/km und einer Strecke von 2 km errechnet sich eine maximale Übertragungskapazität von 300 Mbit/s.

Die Anforderungen an die Sendeelemente sind:

- Betrieb bei normalen Temperaturen
- Ansteuerung über Halbleiterschaltungen
- Modulationsfähigkeit bei hohen Frequenzen
- große Lebensdauer
- schmale spektrale Emission, geringe Halbwertsbreite (siehe Bild 2-7)

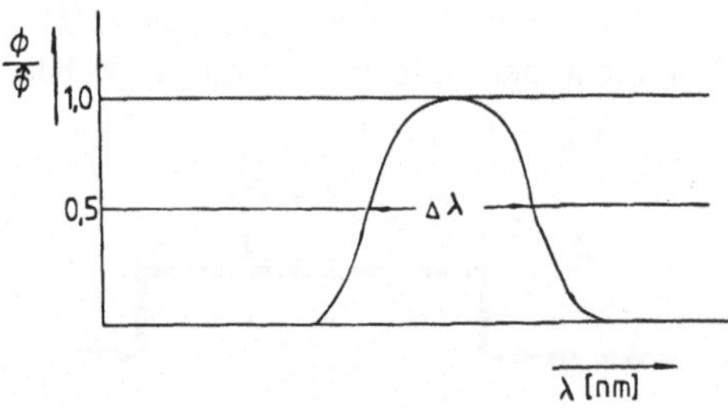

Bild 2-7
Halbwertbreite eines Lichtimpulses

Als Sendelemente werden verwendet:

1. **LED** (*light emitting diode*)

LEDs, die für verschiedene Frequenzbereiche hergestellt werden, sind billige Bauelemente hoher Lebensdauer (ca. 100 000 Stunden), sie haben geringe Leistungsaufnahme. Der Nachteil besteht darin, dass sie das Licht nicht gebündelt abstrahlen (Rundstrahler), damit kann nur ein Bruchteil des Lichtes in die Glasfaser eingekoppelt werden, z.B. bei einer abgestrahlten Leistung von 2 mW etwa 100 µW, damit etwa 5 % Ausnutzung. Wegen der hohen Frequenzstreuung (Halbwertbreite etwa 40 nm) findet eine hohe Materialdispersion statt.

2. **Laserdiode, Halbleiterlaser**

Bild 2-8 zeigt den Aufbau einer Laserdiode. Sie strahlt das Licht gebündelt in eine Richtung, das Verhältnis von eingekoppeltem Licht zu abgestrahltem Licht ist viel günstiger als bei einer LED. Durch ein engbegrenztes Frequenzband (Halbwertbreite etwa 2 nm) verringert sich die Materialdispersion. Laserdioden haben einen höheren Preis als LEDs und eine geringere Lebensdauer (etwa 10 000 Stunden).

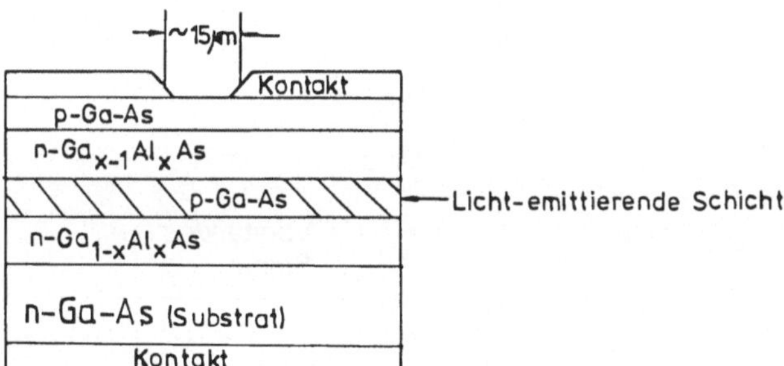

Bild 2-8
Aufbau einer Laserdiode

Die LEDs eignen sich gleich gut für Modulation im digitalen wie im analogen Bereich, die Laserdiode mehr für die digitale Modulation. Eine LED ist als Sendeelement vorzuziehen, wenn keine hohen Anforderungen an die Übertragungsleistung gestellt werden.

Als Empfangselemente eignen sich Fototransistoren und Fotodioden. Beide nutzen die Eigenschaft aus, dass Halbleiter durch Bestrahlung mit Licht eine erhöhte Leitfähigkeit erhalten. Abwandlungen der Fotodiode sind die Pin-Fotodiode und die Lawinen-Fotodiode. Der Vorteil des Fototransistors liegt in der hohen Verstärkung, an den Anschlüssen können höhere Ströme zur Verfügung gestellt werden. Die Schaltgeschwindigkeit des Fototransistors ist aber geringer als die einer Fotodiode, so dass sich Fototransistoren für Anwendungen mit niedriger Übertragungsgeschwindigkeit eignen.

Bild 2-9 zeigt den Aufbau einer Übertragungsstrecke mit Lichtleiter. Wie das Bild zeigt, besteht eine solche Übertragungsstrecke aus optischen und elektronischen Bauelementen. Während die Übertragung optisch erfolgt, werden Vermittlungsvorgänge, Verstärkung und Regenerierung der Signale elektronisch vorgenommen. Ziel der Entwicklung muss es sein, auch diese Vorgänge optisch durchzuführen. Eine Methode der Signalverstärkung ist die Verwendung Erbium-dotierter Fasern. Wenn in diese Fasern Licht eingespeist wird, verstärkt es auf Grund eines quantentheoretischen Effekts die vorhandenen Lichtimpulse. Der Verstärkungsvorgang erfordert also nicht das Lesen des zu verstärkenden Signals. Bild 2-10 zeigt den Aufbau einer solchen Verstärkungsschleife, die Verstärkung erfolgt ohne Unterbrechung der optischen Übertragung.

Die Frequenzmodulation auf optischen Kabeln wird als WDM (*Wavelength Division Multiplexing*) bezeichnet, auf sie wird im Abschnitt 2.2 näher eingegangen.

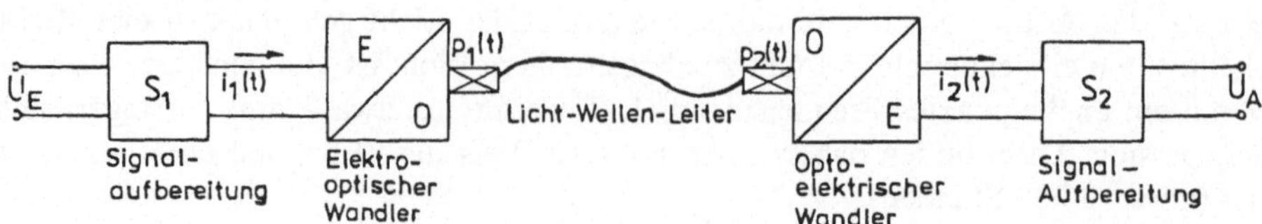

Bild 2-9 Aufbau einer Nachrichtenübertragungsstrecke mit Lichtleiter

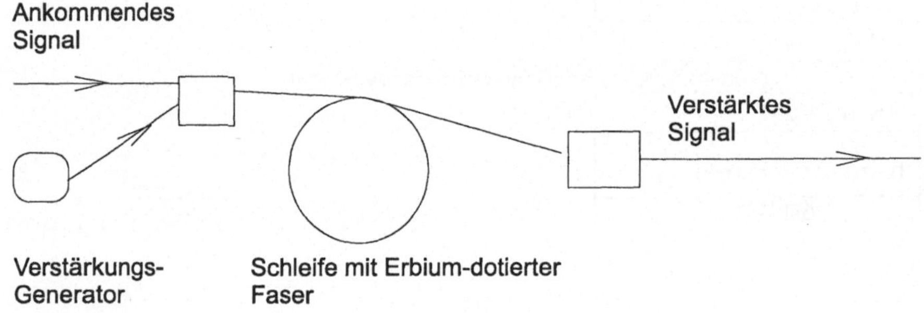

Bild 2-10 Optische Verstärkung des optischen Signals

2.1.6 Verhalten digitaler Übertragungsstrecken

Auf Übertragungsstrecken werden die Signale gedämpft und verzögert. Da beide Effekte in der Regel frequenzabhängig sind, werden die Signale verzerrt, d.h. in ihrer Form verändert. Da Information in digitaler Form übertragen wird, führt eine Signalverzerrung nicht zu einer Informationsverfälschung, solange die Signale noch so unterscheidbar sind, dass für den Empfänger die 0 und die 1 korrekt erkannt wird.

So können digitale Informationen ohne Informationsverlust auch auf Kanälen mit Signalverformung übertragen werden.

Durch die Verzerrung von Signalen, aber auch durch Störungen von außen können aber auch digitale Informationen verfälscht werden. Es muss überprüft werden, in welchem Maße diese Verfälschungen auftreten. Die Messung kann nur auf Grund von bekannten Nachrichten erfolgen, die sowohl dem Sender wie dem Empfänger bekannt sind. Es sind verschiedene Messverfahren entwickelt worden.

a. **Bitfehlermessung**: ermittelt wird die Anzahl der fehlerhaft übertragenen Bits, diese wird in das Verhältnis zu den insgesamt übertragenen Bits gesetzt. Das Verhältnis wird als Bitfehlerrate (BER, *bit error rate*) bezeichnet; die Messung als Bitfehlerratentest (BERT, BER-Test).

b. **Blockfehlermessung**: es wird die Zahl der fehlerhaft übertragenen Blöcke ermittelt, diese wird in das Verhältnis zu den insgesamt übertragenen Blöcken gesetzt. Ein Block wird als fehlerhaft übertragen betrachtet, wenn ein oder mehrere Fehler auftreten. Die Blockfehlerrate ist höher als die Bitfehlerrate.

Dabei ist zu beachten:

Das Ergebnis der Messung hängt von der Größe der übertragenen Blöcke ab. Tritt z.B. bei der Übertragung von 10000 Bit ein Fehler auf, so ist die Bitfehlerrate 10^{-4}. Die Blockfehlerrate würde betragen bei

Blockgröße	von 100 Bit	10^{-2}
	von 1000 Bit	10^{-1}.

Die Bitfehlerrate kann nicht direkt in die Blockfehlerrate umgerechnet werden, da sie stark von der zeitlichen Verteilung der Fehler abhängt. Treten z.B. in der Zeitspanne, in der 10 Blöcke übertragen werden, 10 Bitfehler auf, so kann die Blockfehlerrate zwischen 10% (alle Fehler treten im gleichen Block auf) und 100% (in jedem Block tritt 1 Fehler auf) liegen.

c. **Fehlersekunden** (*error seconds*). Wie aus b. hervorgeht, ist bei einer blockweisen Übertragung die Zahl der Bitfehler nicht die entscheidende Größe. Entscheidend ist es, ob während der Zeitspannen der Übertragung eines Blocks Fehler auftreten oder nicht. Daher bestimmt man die Zeitabschnitte, welche eine ungestörte Übertragung gestatten (fehlerfreie Sekunden) und die, in welcher Fehler auftreten (Fehlersekunden), wobei die Zahl der Fehler innerhalb einer Sekunde nicht bestimmt wird. Die Fehlersekundenmessung kann für die Bestimmung der zu erwartenden Blockfehlerrate nur dann direkt eingesetzt werden, wenn die Zeitdauer der Übertragung eines Blockes 1 Sekunde dauert.

d. **Gestörte Zeitabschnitte**: In der Datenübertragung kann ein gestörtes Bit die Information völlig verfälschen, daher wird zwischen fehlerfreien und fehlerhaften Zeitabschnitten unterschieden, ohne die Zahl der Fehler zu berücksichtigen. Wenn digitale Übertragungskanäle für die Sprachübertragung genutzt werden, muss das Fehlerverhalten anders beurteilt werden. Eine gewisse Anzahl von Fehlern kann toleriert werden, ohne dass die Sprachübertragung als gestört betrachtet wird. Damit wurden zwei neue Arten, Fehler zu erfassen, eingeführt. Diese sind in der ITU-T-Empfehlung G.821 dargestellt.

e. **Stark gestörte Sekunden** (*severely errored seconds*). Diese liegen vor, wenn innerhalb der Sekunde die Fehlerquote 10^{-3} überschreitet.

f. **Beeinträchtigte Minuten** (*degraded minutes*). Innerhalb einer Minute wird die Fehlerrate von 10^{-6} überschritten.

Da die Sprachübertragung mit Kanälen von 64 000 Bit/s erfolgt, entsprechen diese Fehlerschwellen

> 64 Fehler je Sekunde bzw.
> 4 Fehler je Minute.

Bei der Bestimmung der Fehlersekunden werden die Zeiten, in denen der Übertragungskanal nicht zur Verfügung steht, nicht berücksichtigt. Weiterhin werden Zeiten, in denen stark gestörte Sekunden festgestellt wurden, nicht als beeinträchtigte Minuten erfasst. Die ITU-T-Empfehlung legt Grenzen fest, innerhalb derer die gestörten Zeitabschnitte auftreten dürfen:

Fehlersekunden	< 8 %
stark gestörte Sekunden	< 0,2 %
beeinträchtigte Minuten	< 10 %

Auf die Durchführung der Messungen für die genannten Werte wird im Kapitel 10 eingegangen.

2.2 Multiplextechniken

Unter Multiplex versteht man die Führung mehrerer Verkehrsströme in einem Kanal, ein Gerät, welches mehrere Ströme in einen Kanal zusammenführt, wird Multiplexer genannt. Das Gerät, welches die Verkehrsströme wieder auf einzelne Kanäle verteilt, wird Demultiplexer genannt.

2.2.1 Frequenzmultiplex

Beim Frequenzmultiplex, welches auch als FDM (*frequency division multiplexing*) bezeichnet wird, wird das zur Verfügung stehende Frequenzspektrum in Frequenzbänder eingeteilt. Jedes Band stellt einen Kanal dar. Da die Information auf die Signale moduliert werden muss, muss ein Frequenzband zur Verfügung stehen. Weiterhin müssen zwischen den benutzten Frequenzen Bereiche von nicht benutzten Frequenzen vorhanden sein, damit keine Signalüberlappungen vorkommen können. Diese werden auch als Schutzband (*guard band*) bezeichnet.

Frequenzmultiplex mit optischen Leitern wird als Wellenlängen-Multiplex (WDM, *Wavelenght Division Multiplexing*) bezeichnet. Eine besondere Form des WDM ist das DWDM (*dense* WDM). Während bei WDM zwei bis vier Frequenzen ausgenutzt werden, handelt es sich bei DWDM um eine mehrstellige Anzahl von Frequenzen bzw. Kanälen. Die Verwendung von DWDM ermöglicht sehr hohe Datenübertragungskapazitäten, damit müssen auch die vermittelnden Geräte eine sehr hohe Leistung zeigen.

So wird für einen „Wavelength Router" angegeben, dass er bis zu 160 Terabits/s blockierungsfrei vermitteln kann. Dies entspricht der Datenmenge für 2,5 Milliarden Basiskanäle des ISDN von je 64 000 bit/s.

Frequenzmultiplex wird im LAN-Bereich in Breitbandnetzen (*broadband networks*) angewendet.

Frequenzmultiplex hat grundsätzlich zwei Nachteile:

1. Geräte, die auf einem Frequenzband senden und empfangen, können nicht mit Geräten verkehren, welche auf anderen Frequenzbändern senden und empfangen. Es entstehen auf einem Träger voneinander isolierte Netzwerke.
2. Kapazitäten, die auf einem Frequenzband freiwerden, können nicht von Geräten mit anderen Frequenzbändern genutzt werden, auch wenn diese mit ihrer Kapazität nicht auskommen.

Lokale Netze, die mit Frequenzmultiplex arbeiten, werden als Breitband-Netze (*broadband*) bezeichnet. Der Gegensatz sind die Netze, die nur Signale auf einer Frequenz übertragen, diese werden als Basisband-Netze (*baseband*) bezeichnet. Breitbandnetze sind nicht sehr verbreitet.

2.2.2 Zeitmultiplex

Zeitmultiplex wird auch als TDM (*time division multiplexing*) bezeichnet. Zu einer Zeit steht der Kanal nur einem Verkehrsstrom zur Verfügung; zu einer anderen Zeit steht er für einen anderen Verkehrsstrom zur Verfügung.

2.2.2.1 *Festes Zeitmultiplex*

Den einzelnen Kanälen werden feste Zeitabschnitte zugeteilt, diese werden als Zeitschlitze (*time slots*) bezeichnet. Die Länge dieser Zeitabschnitte ist immer gleich. Dies bedeutet nicht, dass alle Kanäle die gleiche Übertragungskapazität erhalten müssen. So werden beim ISDN-Basisanschluss Zeitscheiben von 250 µs gebildet (es werden 4000 Rahmen je Sekunde übertragen). In jedem Rahmen befinden sich

16 Bit für Kanal B1

16 Bit für Kanal B2

4 Bit für Kanal D.

Damit ergibt sich eine Übertragungskapazität von

64000 Bit/s für die Kanäle B1 und B2

16000 Bit/s für den Kanal D.

Ähnlich wie Frequenzmultiplex können nicht ausgenutzte Kapazitäten nicht von anderen Kanälen genutzt werden. Das feste Zeitmultiplex erfordert nur einen geringen Verwaltungsaufwand. Innerhalb des Rahmens haben die Bits der einzelnen Kanäle einen festen Platz. Wenn der Beginn eines Zeitabschnitts eindeutig erkannt wird, können die Bits eindeutig den einzelnen Kanälen zugeordnet werden.

2.2.2.2 *Statistisches Multiplex*

Das statistische Multiplex wird auch als „Bandbreite nach Bedarf" (*bandwidth on demand*) bezeichnet. Ziel ist es, den einzelnen Kanälen so viel Übertragungskapazität zur Verfügung zu stellen, wie sie aktuell benötigen. Geräte, die an eine Übertragungsstrecke angeschlossen werden, haben eine bestimmte Sendekapazität. Diese wird in der Datenübertragung aber nicht immer in Anspruch genommen (im Gegensatz etwa zur Sprachübertragung, für die ein kontinuierlicher Bitstrom zur Verfügung stehen muss). Die Übertragungskapazität K einer Leitung mit festem Zeitmultiplex, an die n Geräte mit der Kapazität k angeschlossen sind, muss sein

$K = n*k + v.$

Dabei stellt v den zusätzlichen Verwaltungsaufwand dar, der für die Erkennung der Rahmenstruktur notwendig ist. Dieser ist in der Regel gering, bei einem System im WAN-Bereich z.B. 1 Bit auf 192 Datenbits.

Beim statistischen Multiplex gilt

$K < n*k.$

Das statistische Multiplex erfordert einen hohen Verwaltungsaufwand, da die Nachrichtenanteile der einzelnen Kanäle gekennzeichnet werden müssen. Bei statistischem Multiplex kann es vorkommen, dass die summierten Sendewünsche der einzelnen Kanäle die Gesamtkapazität der Leitung überschreiten. Dann müssen Pufferspeicher vorhanden sein, um den Verkehr, der nicht sofort abgewickelt werden kann, aufzunehmen. Dies führt zur Verzögerung der Datenübertragung. Weiterhin kann es zu einem „Überlauf" der Pufferspeicher kommen, dann gehen Daten verloren. Dies kann allerdings durch eine Flusskontrolle verhindert werden, die den Geräten mitteilt, dass sie zum aktuellen Zeitpunkt nicht senden dürfen.

Die Verteilung der Sendekapazität bei LANs erfolgt meist mit Methoden des statistischen Multiplex, auch die paketvermittelnden Netze,. die in Kapitel 5 beschrieben werden, verwenden das statistische Multiplex, ebenso das in Abschnitt 4.5 beschriebene ATM.

Zeitmultiplex und Frequenzmultiplex wird oft kombiniert. Innerhalb eines Frequenzbandes, welches neben anderen betrieben wird, wird das Zeitmultiplex angewandt.

2.2.3 Inverses Multiplex

Während beim Multiplex ein Kanal auf mehrere Verkehrsströme aufgeteilt wird, kann es auch notwendig werden, für einen Strom mehrere Kanäle zu verwenden. Dies kommt besonders bei WAN-Übertragungen vor, da hier oft die für die Sprachübertragung geeigneten Kanäle von je 64000 bit/s vorliegen. Auch wenn auf einer physikalischen Leitung mehrere dieser Kanäle geführt werden, werden sie doch getrennt verwaltet. Wenn z.B. im ISDN-Netzwerk zwischen zwei Endgeräten zwei Verbindungen aufgebaut werden, stehen nicht 128000 bit/s zur Verfügung, sondern 2*64000 bit/s. Da die beiden Verbindungen nicht immer über die gleichen Knoten vermittelt werden, führt die parallele Benutzung beider Kanäle zu Synchronisationsproblemen.

Für diese Technik gibt es mehrere Bezeichnungen:

- Inverses Multiplexing
- Bonding
- Zusammenfassung von Wählleitungen (*dial-in channel aggregation*).

Ein Signal hoher Bandbreite wird aufgeteilt für den Transport auf mehreren Kanälen niedriger Bandbreite und nach der Übertragung rekombiniert in das ursprüngliche Signal hoher Bandbreite. Dazu gibt es verschiedene Normungen, z.B. ISO 13871.

2.3 Codierung

Codierung (*encoding*) kann die Umwandlung von Daten, die in einer dem Menschen verständlichen Form vorliegen, in eine Form, die sich zu einer technischen Verarbeitung eignet, oder aus anderen Gründen notwendig ist. Der umgekehrte Vorgang wird als Decodierung (*decoding*) bezeichnet. In technischen Systemen ist oft auch eine Umcodierung der Daten notwendig, z.B. aus der Form, in der sie übertragen wurden, in die Form, in der sie gespeichert werden. Nichttechnische Gründe für eine Codierung oder Umcodierung sind vor allem in der Geheimhaltung zu sehen. Diese wird bei digitalen Daten als Data-Encryption bezeichnet (siehe Abschnitt 2.3.4), bei analogen Daten, z.B. Telephongesprächen, als Scrambling. Scrambling (Verwürfelung) wird auch bei digitalen Daten angewendet, dann meist aus technischen Gründen.

Dieser Abschnitt befasst sich mit der Codierung der digitalen Daten. Die Umsetzung von analogen in digitale Daten wird in Abschnitt 2.6 erläutert. .

In diesem Abschnitt wird nach Klärung einiger grundlegender Begriffe die Darstellung der Bits erläutert; dann geht es um die Modulation und Demodulation von Signalen. Anschließend wird der Aufbau von Zeichen mit den dabei verwendeten Codes sowie die Schaffung der Transparenz besprochen. Unter Transparenz (*transparency*) versteht man die Fähigkeit, jede beliebige Kombination von Bits als Daten übertragen zu können, dabei aber Daten und Steuerzeichen unterscheidbar zu halten.

Daten in digitaler Form bestehen immer aus Bits, diese werden meist zu Zeichen (*characters*) zusammengefasst. Zeichen sind 5 - 8 Bits lang; Zeichen mit der Länge von 8 Bits werden in der Netzwerktechnik als Oktette (*octetts*) bezeichnet.

Daten können parallel oder seriell übertragen werden.

Bei der seriellen Übertragung kann weiter unterschieden werden:

Bitserielle Übertragung. Es befindet sich zu einer Zeit nur ein Bit auf der Leitung; die Bits werden zeitlich nacheinander übertragen.

Zeichenserielle Übertragung. Sie wird auch als Byte-seriell oder bitparallel bezeichnet. Alle Bits eines Zeichens befinden sich zur gleichen Zeit auf der Leitung, die Zeichen werden zeitlich nacheinander übertragen.

Wenn in diesem Buch der Ausdruck seriell verwendet wird, ist immer bitseriell gemeint.

Die bitparallele Übertragung wird in der DÜ nur selten angewendet, da sie zwei Nachteile hat:

Es werden mehrere Übertragungsleitungen benötigt, dies ist besonders bei längeren Verbindungen wirtschaftlich nicht tragbar.

Bei längeren Übertragungsstrecken kann es zwischen den einzelnen Bits eines Zeichens zu zeitlichen Verschiebungen kommen (*skew*), die durch aufwendige Schaltungen ausgeglichen werden müssen.

Eine bitparallele Übertragung hätte den Vorteil, dass die Übertragungskapazität wegen der größeren Anzahl von Leitungen höher als bei serieller Übertragung wäre. Auch wäre es möglich, ähnlich wie innerhalb eines Computersystems neben den Datenleitungen Steuerleitungen zu benutzen, was einige Probleme der DÜ vereinfachen würde.

2.3.1 Bitcodierung

In diesem Abschnitt geht es um die Codierung von Bits mit rechteckförmigen Signalen, wie sie in der Informationsverarbeitung üblich sind.

Die Bitcodierung muss zwei Forderungen erfüllen:

- Das Signal soll möglichst selten seinen Spannungszustand umschalten. Die physikalischen Verhältnisse einer Leitung gestatten nur eine bestimmte Anzahl von Signalumschaltungen.
- Das Signal soll so umschalten, dass der Empfänger den zeitlichen Verlauf des Bitstroms erkennen kann (verg. Abschnitt 2.4).

Die beiden Forderungen widersprechen sich. Um die erste Forderung zu erfüllen, muss das Signal möglichst selten wechseln, um die zweite zu erfüllen, muss es möglichst oft wechseln. Viele Codes versuchen einen Kompromiss zwischen den beiden Forderungen zu finden.

Bei der Codierung von Bits können drei Arten unterschieden werden. Grundsätzlich werden Signale mit digitalen Signalparametern verwendet, d.h. es gibt immer eine endliche Anzahl von möglichen Signalparametern. Mindestens müssen zwei Signalparameter unterscheidbar sein, dann bezeichnet man die Signale als binäre Signale.

Nach der Anzahl der Bits und der Signale können unterschieden werden:

Zahl der Bits	Zahl der Signale	Bezeichnung
1	1	binärer Code
>1	1	mehrwertige Signale
>1	>1	Gruppencodierung

Beispiele zu den mehrwertigen Signalen finden sich auch im Bereich der Modulation (siehe 2.3.2).

Werden Daten mit Rechtecksignalen dargestellt, so ergeben sich bei der Bildung dieser Signale mehrere Alternativen, wobei der Spannungshöhe eine wichtige Funktion zukommt.

Unipolar/bipolar
Bei unipolaren Codes nimmt die Spannung nur eine Polarität an, z.B. wird eine „0“ mit etwa 0 V, eine „1“ mit etwa +3,3 V dargestellt. Bei bipolaren Codes nimmt die Spannung beide Polaritäten ein, z.B. ist bei der V.24-Schnittstelle (siehe Abschnitt 3.2.1) die „1“ mit einer Spannung <= -3 V; die „0“ mit einer Spannung >= +3 V dargestellt.

NRZ/RZ (*Nonreturn to Zero/Return to Zero*)
Bei NRZ-Codes ist die Spannungshöhe immer unterschiedlich von 0 V, meist werden positive und negative Spannungen verwendet. Bei RZ-Codes kann die Spannung auch den Wert 0 V annehmen. NRZ-Codes haben den Vorteil, dass der Zustand, in dem keine Signale auf der Leitung sind, sicher von dem Zustand, bei dem Signale auf der Leitung sind, unterschieden werden kann.

Positive Logik/negative Logik
Kennzeichnet die Spannungshöhe den Signalwert, so liegt positive Logik vor, wenn die „1“ mit einer Spannung dargestellt ist, die näher an + „unendlich“ liegt als die Spannung, welche die „0“ darstellt; bei der negativen Logik ist es umgekehrt. Ist z.B. vereinbart, dass die „1“ mit 0 V, die „0“ mit -10 V dargestellt wird, so liegt die positive Logik vor. An der V.24-Schnittstelle ist für die Datenleitungen die negative Logik vorgeschrieben.

Einphasen-Code/Biphasen-Code
Bei den Einphasen-Codes werden die Daten durch die Spannungshöhe dargestellt, damit ist in einer Datenzelle (*data cell*), die den zeitlichen Rahmen für ein Bit darstellt, nur eine Spannungshöhe vorhanden. Einphasen-Codes haben den Nachteil, dass bei einer Folge von gleichen Bits die Spannungshöhe über einen längeren Zeitraum konstant bleibt, dies erschwert die Synchronisation. Biphasen-Codes kennzeichnen den Signalwert nicht durch die Spannungshöhe, sondern durch Spannungswechsel. Sie sind auch bei magnetischen Aufzeichnungen üblich. Biphasen-Codes lassen sich vom Prinzip der Informationsdarstellung unterscheiden nach:

Frequenzmodulation oder Wechseltaktschrift.
Die 0 und 1 werden dadurch unterschieden, dass ein oder zwei Spannungswechsel in einer Datenzelle auftreten. Von der in Abschnitt 2.3.2 beschriebenen Frequenzmodulation unterscheidet sich die Wechseltaktschrift dadurch, dass die Signale nicht sinusförmig, sondern rechteckig verlaufen.

Richtungstaktschrift (*phase encoding*).
Die Richtung des Spannungswechsels unterscheidet die 0 von der 1. Auch hierbei entstehen wechselnde Frequenzen; die niedrigste Frequenz tritt dann auf, wenn sich 0 und 1 fortlaufend abwechseln. Zu den Codes mit Wechseltaktschrift gehört der Manchester-Code, der in lokalen Netzen angewandt wird.

Bild 2-11 zeigt einige Signalformen, die bei der Datenübertragung angewandt werden. Dabei kann grundsätzlich immer die Codierung der 0 mit Codierung der 1 vertauscht werden, so wird im ISDN (siehe Abschnitt 4.4.3) ein modifizierter AMI-Code verwendet, bei dem die Ruhelage die 1 darstellt.

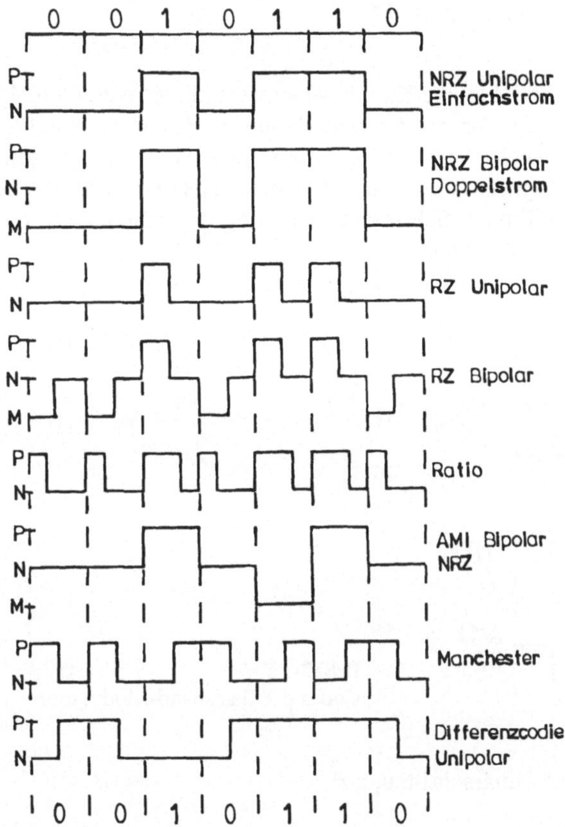

Bild 2-11
Beispiele für Codes für die bitserielle Übertragung

In Inhouse-Netzen, welche die Telephonleitungen zur Datenübertragung nutzen, werden Codierungen verwendet, welche besonders auf die Unterdrückung des Gleichstromanteils achten. Die Codierung wird fälschlicherweise auch als „Basisband-Modulation" bezeichnet. Bild 2-12 zeigt zwei mögliche Codierungen. Der AMI-Code unterscheidet sich von dem im Bild 2-11 dargestellten AMI-Code dadurch, dass die Impulse nur die halbe Datenzelle einnehmen, er wird auch als AMI 1/2 bezeichnet.

Neben den Verfahren der Codierung, welche für jedes Bit eine bestimmte Signalform festlegen, gibt es auch Verfahren, welche mehrere Bits zu einer Gruppe zusammenfassen und diese mit einem Signal oder einer Folge von Signalen verschlüsseln. Dies wird auch als Gruppencodierung bezeichnet. Ziel ist es allgemein, mit weniger Flusswechseln des Signals auszukommen, als dies bei einer Einzelcodierung notwendig ist, dabei aber eine Taktung sicherzustellen. Weiterhin soll die Gleichstromfreiheit angestrebt werden, d.h. die arithmetische Summe der positiven und negativen Anteile möglichst zu 0 werden. Bei Aufzeichnung auf magnetischen Datenträgern werden diese Verfahren als GCR (*group code recording*) bezeichnet.

Die Gruppencodierung sei an zwei Beispielen dargestellt:

1. Beispiel: 4B/5B-Code

Dieser Code wird im Lokalen Netzwerk FDDI (siehe Kapitel 4) angewandt. Es werden je 4 Bits zu einer Gruppe zusammengefasst, diese werden mit 5 zweiwertigen Signalen dargestellt. Damit treten bei 4 Bits maximal 5 Signalwechsel auf, während beim ebenfalls selbsttaktenden Manchestercode bei 4 Bits maximal 8 Signalwechsel auftreten können. Die Schrittgeschwindigkeit des FDDI beträgt 125 Mbaud (Millionen Schritte je Sekunde), die Datenübertragungsrate 100 Mbit/s. Die Bezeichnung des Codes bedeutet:

4B 4 Bits

5B 5 binäre Schritte

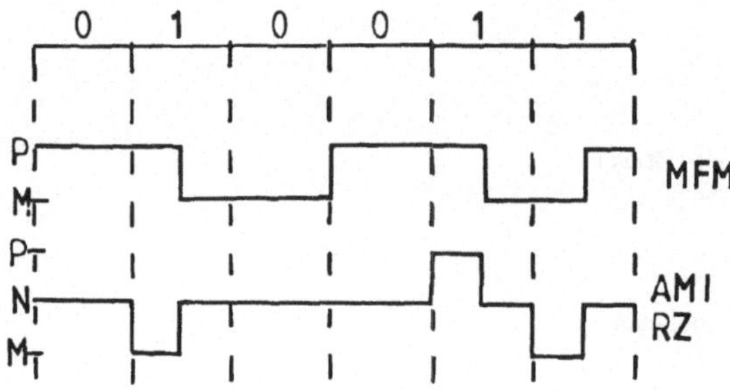

Bild 2-12
Codes der Basisband-Modulation

Es wird eine 4 Bit-Gruppe umcodiert zu 5 Binärschritten, z.B.

Bitfolge	**Schrittfolge**
0000	11110
0001	01011
..	
1110	11100
1111	11101

Da für 4 Bits 16 Bitfolgen vorliegen, bei 5 binären Schritten 32 Schrittfolgen gebildet werden können, gibt es Schrittfolgen, die keiner Bitfolge entsprechen. Die davon verwendeten werden als „nondata symbols“ bezeichnet. Definiert sind

Schrittfolge	**Bedeutung**
11111	Idle-Zustand, nicht belegte Leitung
11000	J (Symbolbezeichnung, nicht der Buchstabe J)
10001	K

J und K bilden zusammen das Zeichen, welches den Beginn des Frames (Rahmens) ankündigt (*start delimiter*).

Bei diesem Code soll mindestens nach 3 Schritten ein Flusswechsel auftreten, um die Selbsttaktung zu sichern, damit sind bestimmte Schrittfolgen aus physikalischen Gründen nicht zulässig, z.B. 10000.

2. Beispiel: MMS43 Modified Monitored Sum

Der Code wird an der U-Schnittstelle des ISDN eingesetzt, es handelt sich um einen Ternär-Code, da drei Spannungswerte verwendet werden, diese werden als + (positive Spannung), - (negative Spannung), 0 (Nullspannung) bezeichnet. Der Code wird auch als 4B/3T-Code bezeichnet:

4 B 4 Bits

3T 3 ternäre Schritte

Der Zahlenwert der Schrittgeschwindigkeit beträgt 0,75 der Bitübertragungsrate, z.B. an der U-Schnittstelle des ISDN-Basis-Anschlusses 108 kbaud bei einer Datenübertragungsrate von 144 kbit/s. Die Zahl der Signalwechsel für 4 Bits beträgt maximal 3, ist also erheblich niedriger als bei Beispiel 1.

Ein bestimmter Signalzustand darf wegen der Taktung nur für maximal 5 Schritte aufrechterhalten werden. Dies wird durch ein System mehrerer Alphabete erreicht, bei jeder Bitfolge wird nicht nur die Codierung, sondern auch das Nachfolgealphabet angegeben. Tabelle 2-3 zeigt die Codierung nach dem MMS43-Code. Die Tabelle ist so angeordnet, dass über der Trennungslinie die Codierungen stehen, die nicht zu einem Wechsel im Alphabet führen. Die Codierung führt dazu, dass Folgen von + oder - maximal für 5 Schritte bestehen, Folgen von 0 sind immer kürzer.

Tabelle 2-3 MMS43-Code (aufgeführt sind die drei aufeinander folgenden Signalschritte, gefolgt vom Nachfolgealphabet)

Alphabet		**1**	**2**	**3**	**4**
Bitfolge	0001	0-+1	0-+2	0-+3	0-+4
	0111	-0+1	-0+2	-0+3	-0+4
	0100	-+01	-+02	-+03	-+04
	0010	+-01	+-02	+-03	+-04
	1011	+0-1	+0-2	+0-3	+0-4
	1110	0+-1	0+-2	0+-3	0+-4
	1001	+-+2	+-+3	+-+4	---1
	0011	00+2	00+3	00+4	--02
	1101	0+02	0+03	0+04	-0-2
	1000	+002	+003	+004	0--2
	0110	-++2	-++3	--+2	--+3
	1010	++-2	++-3	+--2	+--3
	1111	++03	00-1	00-2	00-3
	0000	+0+3	0-01	0-02	0-03
	0101	0++4	-001	-002	-003
	1100	+++4	-+-1	-+-2	-+-3

2.3.2 Modulation

Modulation ist die Veränderung eines Signals durch ein anderes Signal, hier die Beeinflussung einer sinusförmigen Schwingung in einem ihrer Parameter. Bei der DÜ ist das Signal, welches auf die sinusförmige Schwingung aufmoduliert wird, ein digitales Signal, nicht immer ein binäres. Die Aussage, durch die Modulation entstehe ein analoges Signal, ist nicht richtig. Die Spannungshöhe des modulierten Signals nimmt zwar zwischen dem positiven und dem negativen Spitzenwert „unendlich" viele Zwischenwerte an, die Spannungshöhe ist aber nicht der Signalparameter. Der je nach dem Modulationsverfahren verwendete Signalparameter nimmt nur endlich viele Werte an.

Die Modulation dient dazu, ein Signal zu erzeugen, welches für die Übertragung auf einem Träger geeignet ist, der für die analoge Nachrichtenübertragung geschaffen wurde (Fernsprechnetz, im Bereich der LANs die Breitbandnetze). Die Modulationsverfahren für das Fernsprechnetz sind nach der V.-Serie der ITU-T-Empfehlungen festgelegt. Für unterschiedliche Datenübertragungsraten gelten unterschiedliche Modulationsverfahren. Da das Signal nach der Modulation über das Fernsprechnetz mit einer Bandbreite von 3400 Hz übertragen wird, muss die Modulation die Frequenz der Sinusschwingung innerhalb dieses Bereichs halten.

Die bekanntesten Modulationsverfahren sind:

Amplitudenmodulation, AM
Die Frequenz des Signals ist konstant, die Amplitude der Schwingung wird moduliert (Bild 2-13). Die Amplitudenmodulation wird in der DFÜ nur in Verbindung mit der Phasendifferenzmodulation angewendet.

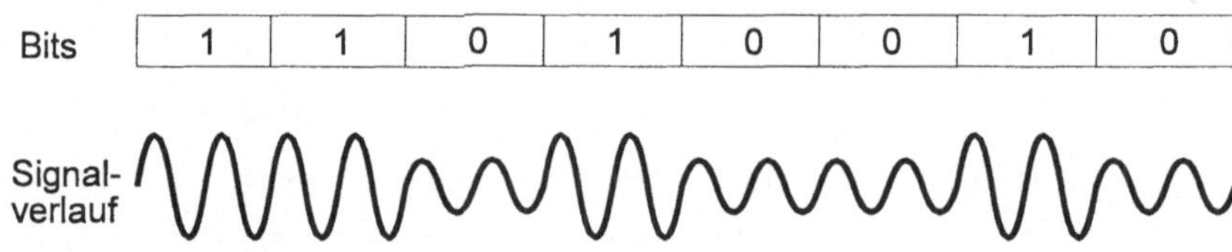

Bild 2-13 Amplitudenmodulation

Frequenzmodulation, FM
Die Amplitude des Signals bleibt konstant, die Frequenz wird verändert. Damit die Frequenz vom Empfänger erkannt werden kann, muss sie so gewählt sein, dass bei der niedrigen Frequenz mindestens eine Schwingung durchlaufen wird (Bild 2-14)- Frequenzmodulation wird bei Datenübertragungsraten bis 1200 bit/s angewandt. Es werden zwei verschiedene Frequenzen verwendet, um die 1 und die 0 darzustellen (zweistufige Verschlüsselung).

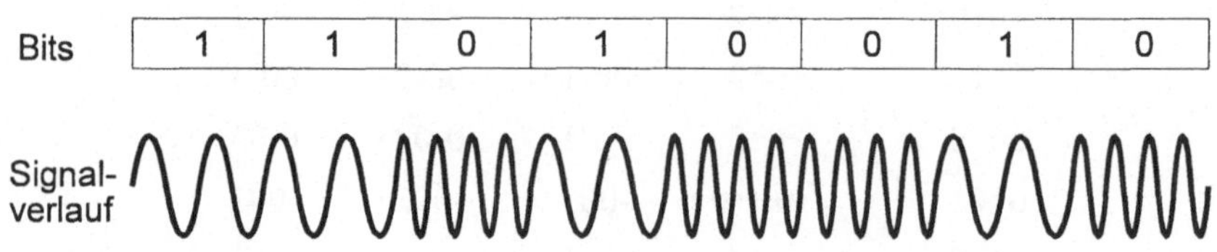

Bild 2-14 Frequenzmodulation

Phasendifferenzmodulation, PM
Amplitude und Frequenz des Signals bleiben gleich, der Signalparameter besteht aus einem Phasensprung (*phase change*), aus einer plötzlichen Veränderung der Phasenlage. Angewendet wird:

- Vierstufige Verschlüsselung (V.26 der ITU-T-Empfehlungen); Es werden vier verschiedene Phasensprünge zugelassen (Bild 2-15). Damit können mit einem Phasensprung 2 Bits übertragen werden. Das Modem fasst zwei aufeinander folgende Bits zusammen (Dibit) und erzeugt daraus einen Phasensprung. Das Verfahren, angewandt bei 2400 bit/s, wird auch als „quarternäre Verschlüsselung“ bezeichnet.

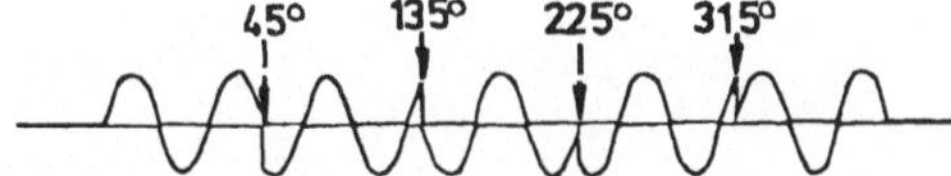

Bild 2-15
Phasendifferenzmodulation

- Achtstufige Verschlüsselung (V.27 der ITU-T-Empfehlungen); Es werden 8 verschiedene Phasensprünge zugelassen (Bild 2-16), damit mit jedem Phasensprung 3 Bits übertragen (Tribit). Das Verfahren, bei 4800 bit/s angewandt, wird auch als oktonäre Verschlüsselung bezeichnet.

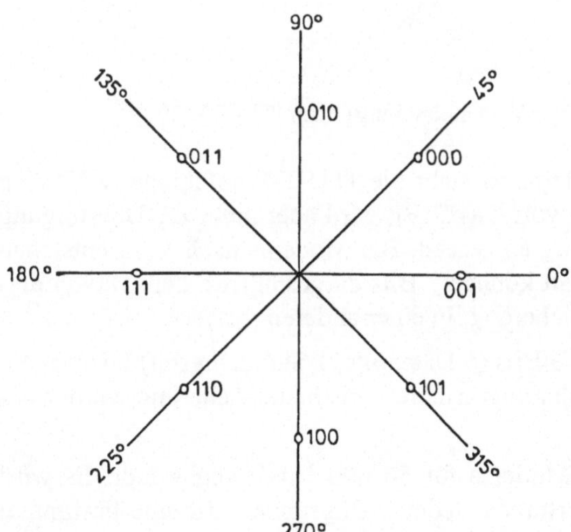

Bild 2-16
Phasenmodulation (8-stufige Verschlüsselung)

Werden mit einem Modulationsvorgang mehrere Bits aufmoduliert, so handelt es sich um Multi-Level-Modulation, die von Multi-Level-Modems durchgeführt wird. Durch Einführung immer neuer Phasensprünge lässt sich die Anzahl der Bits je Phasensprung weiter erhöhen. Wegen der Störanfälligkeit wird das Verfahren aber nur bis zu 8-stufigen Verschlüsselung angewandt.

Amplituden-Phasen-Modulation, AMP

Das Verfahren, das nach ITU-T V.29 für 9600 bit/s genormt ist, kombiniert die Phasendifferenzmodulation mit der Amplituden-Modulation. Je Modulationsvorgang werden 4 Bits übertragen, diese werden als Quadbits oder Quadribits bezeichnet. Die Trägerfrequenz des Sinussignals beträgt nach V.29 1700 Hz. Das Modem fasst beim Senden vier aufeinander folgende Bits zusammen (Q1 bis Q4). Das zeitlich erste Bit Q1 entscheidet über die Amplitude des Signals, die drei nachfolgenden Bits über den Phasensprung. Die Codierung der 16 möglichen Signalzustandskombinationen lässt sich in einem Signalzustandsdiagramm (*signal space diagram*) darstellen (siehe Bild 2-17).

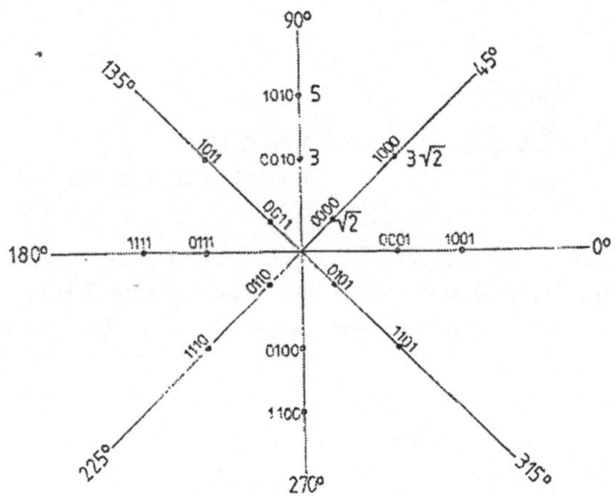

Bild 2-17 Amplituden-Phasen-Modulation (16-stufige Verschlüsselung) nach ITU-T V.29

Auch dieses Verfahren lässt sich noch erweitern, so sieht die ITU-T-Empfehlung V.32 eine Modulation von 5 Bits nach diesem Verfahren vor. Das 5. Bit wird aber nicht zur Übertragung von Benutzerdaten, sondern zur Fehlersicherung eingesetzt. Bei Modems nach V.33 entstehen 128 verschiedene Signalwerte, mit jedem Schritt können 7 Bits dargestellt werden. Davon dienen 6 Bits als Benutzerdaten, 1 Bit der Fehlersicherung. In einer anderen

Version werden mit 64 Signalwerten je Schritt 6 Bits (5 Datenbits, 1 Sicherungsbit) übertragen. Die in diesem Abschnitt beschriebenen Modulationsverfahren mit Fehlersicherung werden als Trellis-Codierung bezeichnet.

Eine weitere „Modulationsart" wird bei den Modems für 56 000 Bits/s angewandt. Es wird jeweils eine 7-Bitgruppe in einem Schritt übertragen. Jeder 8-Bitgruppe wird eine bestimmte Spannungshöhe zugeordnet. Das Verfahren ist nach der ITU-T-Empfehlung V.90 genormt. Zur Verschlüsselung der Daten wird eine Digital-Analog-Wandlung vorgenommen. Diese Wandlung erfolgt nicht linear. Die Spannungsdifferenz zwischen zwei benachbarten Werten steigt mit der Höhe der Spannung, da kleine Unterschiede bei kleiner Spannungshöhe besser erkannt werden als bei großer Spannungshöhe. Es liegt ein ähnliches Prinzip vor wie bei der Digitalisierung von Telefonsignalen, wie sie in Abschnitt 2.6 beschrieben ist (Kompressionskurve).

Bei der Verwendung des Frequenzmultiplex in lokalen Netzen (Breitbandnetzen) werden die digitalen Signale auf eine sehr hohe Grundfrequenz aufmoduliert. Die dazu verwendeten Modems werden als Hochfrequenzmodems oder RF-Modems (*Radio Frequency*) bezeichnet.

Für das empfangende Modem muss sich das Signal innerhalb der „Entscheidungsgrenzen“ befinden, um identifiziert zu werden. Bei unverzerrter Übertragung würden die empfangenen Signale im Signalzustandsdiagramm Punkte bilden. Eine Abweichung von der Idealposition führt solange nicht zum Fehler, solange der Punkt sich innerhalb eines bestimmten, den Punkt umgebenden Bereich befindet. Je mehr mögliche Signale auftreten, umso kleiner werden diese Bereiche. Je kleiner diese Bereiche sind, umso höher ist die Wahrscheinlichkeit, das Empfangssignal einem anderen Bereich zuzuordnen. Störungen entstehen insbesondere durch:

- **Phasenjitter** (*phase jitters*). Es handelt sich um eine Phasenschwankung des Leitungssignals, die ständig anhält. Dies führt zu der in Bild 2-18 dargestellten Veränderung im Signalzustandsdiagramm. Phasenjitter können entstehen, wenn das Trägersignal von einer Störspannung, z.B. aus der Netzfrequenz, überlagert ist. Auch eine Geräuschspannung kann zur Änderung der Phasenlage führen, die als Störphasenhub bezeichnet wird. Der Störphasenhub soll 10° nicht übersteigen.
- **Phasensprünge** (*phase hits*). Es kommt zu einer spontanen Phasenänderung des Signals. Bei der Phasendifferenzmodulation und der Amplituden-Phasen-Modulation führt dies mit hoher Wahrscheinlichkeit zu Fehlern. Phasensprünge können durch eine Trägerumschaltung in einem Trägerfrequenzsystem entstehen.

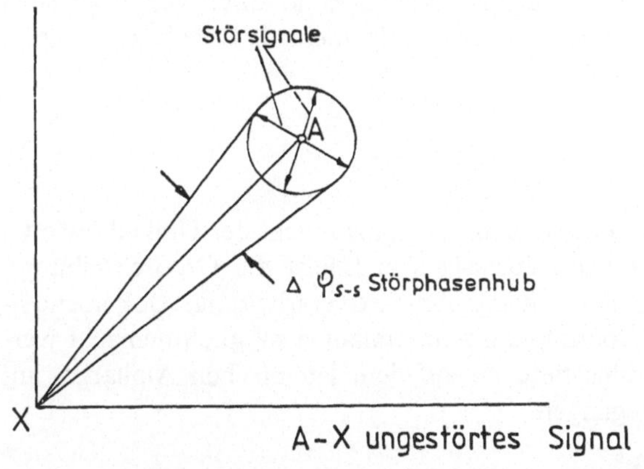

Bild 2-18
Störphasenhub bei einem Signal mit Phasenmodulation

Auf den Aufbau der Modems, die Modulation und Demodulation vornehmen, wird in Abschnitt 3.2.1.2 eingegangen.

2.3.3 Zeichencodierung

Sinnvolle Nachrichten und Informationen bestehen aus Zeichen (*characters*), die aus mehreren Bits zusammengesetzt sind. Dabei ist möglich:

1. Alle Zeichen bestehen aus der gleichen Anzahl von Bits
2. Verschiedene Zeichen können aus verschieden vielen Bits bestehen. Diese Methode hat den Vorteil, dass durch eine Codierung von häufig vorkommenden Zeichen mit wenigen Bits die gesamte Nachricht mit weniger Bits übertragen werden kann, als wenn alle Zeichen die gleiche Anzahl von Bits haben. Solche Codes werden als Optimalcodes bezeichnet. Ein Beispiel für einen Optimalcode ist das Morse-Alphabet. Auf die Optimalcodes wird näher in Abschnitt 2.3.5 unter Kompression eingegangen.

Bei gleicher Anzahl von Bits je Zeichen gilt für die Anzahl der möglichen Zeichen:

$N = 2^n$

N: Anzahl der möglichen Zeichen
n: Anzahl der Bits je Zeichen

Die Formel gilt nur dann, wenn in den Zeichen keine Redundanz vorhanden ist. Redundanz (*redundancy*) tritt z.B. bei Verwendung von Paritätsbits, die zur Fehlererkennung verwendet werden, auf. Die Paritätsbits werden den codierten Zeichen hinzugefügt, um die Anzahl der auf „1" gesetzten Stellen zu einer ungeraden (*odd parity*) oder geraden Zahl (*even parity*) zu ergänzen. Welche Art von Parität verwendet wird, muss zwischen Sender und Empfänger vereinbart sein.

Es sei ein Zeichen mit 7 Bit verschlüsselt, z.B. „A" = 41H, 1000001B (H: Hexadezimale Darstellung, B: Binäre Darstellung). Für die Parität wird ein 8. Bit vorgesetzt, bei ungrader Parität ergibt sich „A" = C1H, 11000001B. Das 8. Bit trägt aber nicht zu der Zahl n bei, es erhöht nicht die Zahl möglicher Zeichen. Es kann aus den übrigen sieben Bits bestimmt werden, stellt also keine Information dar. Nicht alle 256 Kombinationen, die sich mit 8 Bits darstellen lassen, sind zulässig. Bei einer als ungrade vereinbarten Parität wäre 41H, 01000001B nicht zulässig.

Die am Häufigsten verwendete Zeichengröße, die auch in vielen Protokollen vorgeschrieben ist, ist 8 Bits. Ein Zeichen dieser Größe wird in der Informatik allgemein als Byte bezeichnet, in der DÜ ist die Bezeichnung Oktett (*octett*) üblich.

Zeichen können sein:

Buchstaben
Üblich ist meist nur die Verschlüsselung von Grundbuchstaben, also nicht der Umlaute wie Ö, Ä und Ü. Weiterhin kann nur eine Schreibweise zulässig sein (meist die Großschreibung). Durch den zunehmenden Einsatz der Datenübertragung für Textverarbeitung, Dokumentenübertragung u.ä. muss heute aber auch die Übertragung von Umlauten möglich gemacht werden. Die verbreiteten genormten Zeichencodes beruhen auf dem lateinischen Alphabet; auf andere Alphabete wird unter Multicode eingegangen.

Ziffern, z.B. die Ziffern des Dezimalsystems
Buchstaben und Ziffern bilden gemeinsam die alphanumerischen Zeichen. Mit der Darstellung von Ziffern darf nicht die Darstellung von Zahlen verwechselt werden. Bei der Codierung der numerischen Zeichen wird jeweils eine Ziffer mit einem Zeichen dargestellt (ungepackte Darstellung). Auf die Übertragung von Zahlen, wie sie computerintern verwendet werden, wird unter Codetransparenz (siehe Abschnitt 2.3.4) eingegangen.

Sonderzeichen
Satzzeichen, arithmetische Zeichen

Steuerzeichen (control characters)
Sie stellen keine Anwenderdaten dar, sondern dienen der Steuerung von Geräten oder des Ablaufs der Übertragung. Auf die Funktion der Steuerzeichen in der DÜ wird an Hand des ASCII-Codes eingegangen. Zeichen, die für die DÜ Daten sind, können auf einer höheren Ebene Steuerzeichen sein, z.B. Zeilenvorschub (*line feed*) als Steuerzeichen für einen Drucker.

Reicht die Zahl der Bits je Zeichen nicht zur Erzeugung aller benötigten Zeichen aus, so kann mit Umschaltzeichen gearbeitet werden, die die Bedeutung der nachfolgenden Zeichen definieren. Der Fernschreibcode, der auch in der Lochstreifentechnik verwendet wird, hat 5

Bits/Zeichen. damit sind 32 Zeichen möglich. Der Code unterstützt nicht die Groß- und Kleinschreibung, trotzdem reichen 32 Zeichen nicht zur Darstellung von Alphabet und Ziffern. Jede Bitkombination kann in diesem Code, der von der ITU-T als Internationales Alphabet Nr. 2 bezeichnet wird, zwei Bedeutungen haben. So kann 01010 (binär) sowohl den Buchstaben R wie die Ziffer 4 bedeuten. Welche Bedeutung gilt, wird durch ein vorhergehendes Umschaltzeichen definiert. Alle Zeichen nach dem Umschaltzeichen A... (11111) werden als Buchstaben, alle Zeichen nach dem Umschaltzeichen 1... (11011) werden als Ziffern oder Sonderzeichen interpretiert. Die Umschaltzeichen selbst haben nur diese eine Bedeutung.

Tabelle 2-4 Fernschreibcode (Internationales Alphabet Nr. 2)

Nr	**Schritt 12345**	**Buchstabe**	**Zahl**
1	11000	A	-
2	10011	B	?
3	01110	C	:
4	10010	D	Wer da ?
5	10000	E	3
6	10110	F	frei für Sonderzeichen
7	01011	G	frei für Sonderzeichen
8	00101	H	frei für Sonderzeichen
9	01100	I	8
10	11010	J	Klingel
11	11110	K	(
12	01001	L	)
13	00111	M	.
14	00110	N	,
15	00011	O	9
16	01101	P	0
17	11101	Q	1
18	01010	R	4
19	10100	S	'
20	00001	T	5
21	11100	U	7
22	01111	V	=
23	1100	W	2
24	10111	X	/
25	10101	Y	6
26	10001	Z	+
27	00010	Wagenrücklauf	
28	01000	Zeilenvorschub	
29	11111	Umschaltung auf Buchstaben	
30	11011	Umschaltung auf Zahlen	
31	00100	Zwischenraum	
32	00000	frei für Sonderzeichen	

In den Tabellen 2-4 bis 2-8 sind einige der in der DÜ verwendeten Zeichencodes dargestellt. Tabelle 2-4 zeigt den Fernschreibcode (Telegraphencode, Baudot-Code, Internationales Alphabet Nr. 2), der bei der Benutzung des Telex-Netzes Verwendung findet. Er verfügt nur über wenige Steuerzeichen, für den Telexverkehr im asynchronen Betrieb sind diese ausreichend.

Tabelle 2-5 zeigt den BCD-Interchange-Code, der auch als Six-Bit-Transcode bezeichnet wird. Es gibt auch einen 6-Bit-Code mit der Bezeichnung IPARS (International Passenger Reservation System), welche bei Fluggesellschaften eingesetzt wird. Der BCD-Interchnange-Code verfügt über eine Reihe von Steuerzeichen zur DÜ, deren Bedeutung beim ASCII-Code erläutert wird.

Tabelle 2-5 BCD-Interchange-Code (Six-Bit-Transcode)

	Höherwertige Hexaziffer (bit 4-5)			
Bit 0-3	**0**	**1**	**2**	**3**
0	SOH	&	-	0
1	A	J	/	1
2	B	K	S	2
3	C	L	T	3
4	D	M	U	4
5	E	N	V	5
6	F	O	W	6
7	G	P	X	7
8	H	Q	Y	8
9	I	R	Z	9
A	STX	Space	ESC	SYN
B	.	$	,	#
C		*	%	&
D	BEL	US	ENQ	NAK
E	SUB	EOT	ETX	EM
F	ETB	DLE	HT	DEL

In der DÜ häufig verwendete Codes sind der ASCII- und der EBCDIC-Code. Besonders der ASCII-Code wird in vielen Empfehlungen der ITU-T und anderer Organisationen für die Übergabe von Steuerungs- oder Signalisierungsinformationen vorgeschrieben (vergl. Abschnitt 3.4 über den Aufbau von Wählverbindungen). Er ist in mehreren Normen unter verschiedenen Namen definiert, z.B.

ITU-T T.50 Internationales Referenz-Alphabet (IRA), die Bezeichnung Internationales Alphabet Nr. 5 (IA5) soll nicht mehr verwendet werden.

ISO 646 7 bit coded character set for information interchange

ANSI X 3.4 Code für information interchange

Er bildet auch eine Untermenge des Unicodes, der später besprochen wird.

Er ist in der Tabelle 2-6 dargestellt.

Tabelle 2-6 ASCII-Code (Internationales Referenz-Alphabet, IRA)

<table>
<tr><th></th><th colspan="8">Höherwertiges Halbbyte (Bit 4-6)</th></tr>
<tr><th>Bit 0-3</th><th>0</th><th>1</th><th>2</th><th>3</th><th>4</th><th>5</th><th>6</th><th>7</th></tr>
<tr><td>0</td><td>NUL</td><td>TC7
DLE</td><td>SP</td><td>0</td><td>@</td><td>P</td><td>`</td><td>p</td></tr>
<tr><td>1</td><td>TC1
SOH</td><td>DC1</td><td>!</td><td>1</td><td>A</td><td>Q</td><td>a</td><td>q</td></tr>
<tr><td>2</td><td>TC2
STX</td><td>DC2</td><td>„</td><td>2</td><td>B</td><td>R</td><td>b</td><td>r</td></tr>
<tr><td>3</td><td>TC3
ETX</td><td>DC3</td><td>#</td><td>3</td><td>C</td><td>S</td><td>c</td><td>s</td></tr>
<tr><td>4</td><td>TC4
EOT</td><td>DC4</td><td></td><td>4</td><td>D</td><td>T</td><td>D</td><td>t</td></tr>
<tr><td>5</td><td>TC5
ENQ</td><td>TC8
NAK</td><td>%</td><td>5</td><td>E</td><td>U</td><td>e</td><td>u</td></tr>
<tr><td>6</td><td>TC6
ACK</td><td>TC9
SYN</td><td>&</td><td>6</td><td>F</td><td>V</td><td>f</td><td>v</td></tr>
<tr><td>7</td><td>BEL</td><td>TC10
ETB</td><td>`</td><td>7</td><td>G</td><td>W</td><td>g</td><td>w</td></tr>
<tr><td>8</td><td>FE0
BS</td><td>CAN</td><td>(</td><td>8</td><td>H</td><td>X</td><td>h</td><td>x</td></tr>
<tr><td>9</td><td>FE1
HT</td><td>EM</td><td>)</td><td>9</td><td>I</td><td>Y</td><td>i</td><td>y</td></tr>
<tr><td>A</td><td>FE2
LF</td><td>SUB</td><td>*</td><td>:</td><td>J</td><td>Z</td><td>j</td><td>z</td></tr>
<tr><td>B</td><td>FE3
VT</td><td>ESC</td><td>+</td><td>;</td><td>K</td><td>[</td><td>k</td><td>{</td></tr>
<tr><td>C</td><td>FE4
FF</td><td>IS4
FS</td><td>,</td><td><</td><td>L</td><td>\</td><td>l</td><td>|</td></tr>
<tr><td>D</td><td>FE5
CR</td><td>IS3
GS</td><td>-</td><td>=</td><td>M</td><td>]</td><td>m</td><td>}</td></tr>
<tr><td>E</td><td>SO</td><td>IS2
RS</td><td>.</td><td>></td><td>N</td><td>^</td><td>n</td><td>~</td></tr>
<tr><td>F</td><td>SI</td><td>IS1
US</td><td>/</td><td>?</td><td>O</td><td>_</td><td>o</td><td>DEL</td></tr>
</table>

Die Bits werden, wie in der DÜ üblich, von 1-7 numeriert, nicht von 0 - 6. Die drei höherwertigen Bits (7 - 5) geben die Spaltenposition (*column*) an, die niederwertigen Bits (4 - 1) definieren die einzelnen Zeichen innerhalb einer Spalte. Nimmt man Bit 7 als MSB (höchstwertiges Bit, *most significant bit*) und Bit 1 als LSB (niederwertigstes Bit, *least significant bit*), so lassen sich die Code-Elemente durch die Zahlen 00 - 7F (hexadezimal) bzw. 0 - 127 (dezimal) kennzeichnen.

Die Spalten 0 - 1 sind nur mit Steuerzeichen belegt. Die Steuerzeichen können unterteilt werden in:

Übertragungssteuerzeichen (*transmission control characters*)
Die Zeichen dienen der Steuerung der Übertragung bei zeichenorientierten Protokollen. Sie werden im ASCII-Code als TC (*transmission control*) mit einer Nummer bezeichnet, haben aber auch einen Namen, der auf ihren Verwendungszweck hinweist.

ACK	acknowledgement	positive Quittierung
DLE	data link escape	Escape-Zeichen für die Datenübertragung, wird weiter unten im Abschnitt 2.3.4 bei der Schaffung der Transparenz erläutert
ENQ	enquiry	als einzelnen Steuerzeichen eine Abfrage der Gegenstation, in einem Datenblock Abbruch
EOT	end of trans-mission	Beendigung der Prozedur
ETB	end of transmission block	Ende eines Blockes, aber nicht der gesamten Nachricht
ETX	end of text	Ende des Textes, der gesamten Nachricht
NAK	negative ack	negative Quittierung, der Block wurde gestört empfangen
SOH	start of header	Beginn des Headers
STX	start of text	Beginn des Textes, bei vorhandenem Header Ende des Headers
SYN	synch	Synchronisationszeichen

Das Zeichen SYN ist kein eigentliches Steuerzeichen, sondern dient der Zeichensynchronisation.

Formatssteuerzeichen (*format effectors*)
Sie dienen der Formatierung der Daten bei einer Ausgabe auf Bildschirm oder Drucker. Sie werden im ASCII-Code als FE (*format effector*) mit einer Nummer bezeichnet, haben aber auch eine bestimmte Wirkung, die durch den Namen ausgedrückt wird, z.B. CR = Wagenrücklauf (*carriage return*). Formatsteuerzeichen werden auch zu anderen Funktionen verwendet, so dient CR oft als Zeichen für den logischen Abschluss der Daten, z.B. bei der Übergabe einer Wählsequenz nach V.25bis oder bei den AT-Wählsequenzen.

Geräte-Steuerzeichen (*device control characters*)
Sie dienen dazu, bestimmte Geräte in der Empfangsstation an- oder auszuschalten oder bestimmte Funktionen in den Geräten aufzurufen. Die Bedeutung der Gerätesteuerzeichen ist in der ITU-T-Empfehlung nicht festgelegt, sondern kann vom Anwender bestimmt werden. Die Gerätesteuerzeichen werden bei der asynchronen Übertragung auch zur Steuerung des Datenflusses eingesetzt (X-On, X-Off).

Zeichen zur Trennung von Information (*information separators*)
Übertragene Daten haben oft eine logische Gliederung, die unabhängig von der Aufteilung in Übertragungsblöcke ist, da diese nach Netzwerkgesichtspunkten erfolgt. Die logische Gliederung der Daten ist eine Aufgabe für die höheren Schichten des OSI-Referenzmodells. Die vier Zeichen zur Informationstrennung sollen hierarchisch eingesetzt werden. Bild 2-19 zeigt die Einteilung eines Datenblocks, d.h. einer von der DÜ als Einheit betrachteten Datenmenge in Datei (*file*), Datengruppe (*group*), Satz (*record*) und Dateneinheit (*unit*). Damit gibt es die Bezeichnungen:

IS4 = FS (*file separator*)
IS3 = GS (*group separator*)
IS2 = RS (*record separator*)
IS1 = US (*unit separator*)

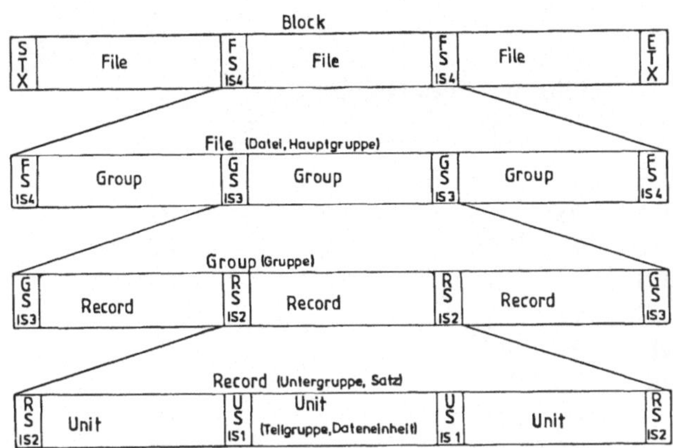

Bild 2-19 Einteilung eines Datenblocks durch Steuerzeichen (STX Start of Text, ETX End of Text)

Das Steuerzeichen IS1 wird auch als ITB (*intermediate text block*) bezeichnet, es kann bei zeichenorientierten Prozeduren zur Nachsynchronisierung innerhalb eines Datenblocks verwendet werden.

Tabelle 2-7 zeigt den EBCDIC-Code, der ebenfalls in der DÜ verwendet wird. Die Bezeichnung steht für „Extended Binary Coded Decimal Interchange Code", etwa „Erweiterter binär codierter Dezimal-Austausch-Code". Es handelt sich um einen 8-Bit-Code, es sind aber nicht alle 256 Bit-Kombinationen mit Zeichen besetzt.

Wie die Tabelle zeigt, sind einige Steuerzeichen im ASCII-Code und im EBCDIC-Code mit den gleichen Bitmustern im Bereich der Bits 1 - 7 codiert.

Zwischen Stationen, die miteinander kommunizieren wollen, muss vor Aufnahme des Verkehrs eine Vereinbarung über den verwendeten Code bestehen. Es kann eine Code-Umsetzung notwendig werden, wenn beide Stationen mit unterschiedlichen Codes arbeiten. Diese kann über Code-Umwandlungstabellen erfolgen.

Protokoll-Analyse-Geräte (*protocol analyzer*), wie in Kapitel 10 beschrieben, lassen sich durch Programmierung auf mehrere Codes einstellen. Damit können sowohl Steuerzeichen wie Daten in einer dem Menschen verständlichen Form dargestellt werden.

Auf der physikalischen Ebene (Bitübertragungsebene) werden zwischen den Stationen seriell Bits übertragen. Soll dieser Bitstrom ohne Decodierung dargestellt werden, so ist die Zusammenfassung von je 4 Bits zu einer Hexadezimalziffer üblich. Tabelle 2-8 zeigt die Hexadezimalziffern. Ein Byte oder Oktett wird mit 2 Hexadezimalziffern dargestellt, es umfasst den Zahlenbereich 00 - FF (0 - 255 dezimal).

Übertragung digitaler Information bedeutet nicht immer Übertragung von Computerdaten, für die die genannten Zeichencodes ausreichen. Mit der zunehmenden Anwendung des Internets muss es möglich gemacht werden, auch andere Schriftsysteme, die nicht dem lateinischen Alphabet entnommen sind, darzustellen und zu übertragen. Diese verfügen oft über einen sehr grossen Zeichensatz. Damit sind Zeichen nicht mehr mit einem Oktett darstellbar.

Tabelle 2-7 EBCDIC-Code

Niederwertiges Halbbyte	**Höherwertiges Halbbyte** 0	1	2	3	4	5	6	7
0	NUL	DLE	DS		SPA	&	-	
1	SOH	DC1	SOS				/	F1
2	STX	DC2	FS	SYN				F2
3	ETX	DC3						F3
4	PF	RES	BYP	PN				F4
5	HT	NL	LF	RS				F5
6	LC	BS	ETB	UC				F6
7	DEL	IL	ESC	EOT				F7
8		CAN						F8
9	RLF	EM						
A	SMM	CC	SM		ç	|		:
B	VT	CU1	CU2	CU3	.	$	,	#
C	FF	IFS		DS4	<	*	%	@
D	CR	IGS	ENQ	NAK	(	)	_	
E	SO	IRS	ACK		+	;	>	=
F	SI	IUS	BEL	SUB	!		?	„

	8	9	A	B	C	D	E	F
0					:			0
1	a	j			A	J		1
2	b	k	s		B	K	S	2
3	c	l	t		C	L	T	3
4	d	m	u		D	M	U	4
5	e	n	v		E	N	V	5
6	f	o	w		F	O	W	6
7	g	p	x		G	P	X	7
8	h	q	y		H	Q	Y	8
9	I	r	z		I	R	Z	9
A								
B								
C								
D								
E								
F								

Tabelle 2-8 Hexadezimalziffern

Hexadezimalziffer	**Dezimalwert**	**Bitfolge** **4 3 2 1**
0	0	0 0 0 0
1	1	0 0 0 1
2	2	0 0 1 0
3	3	0 0 1 1
4	4	0 1 0 0
5	5	0 1 0 1
6	6	0 1 1 0
7	7	0 1 1 1
8	8	1 0 0 0
9	9	1 0 0 1
A	10	1 0 1 0
B	11	1 0 1 1
C	12	1 1 0 0
D	13	1 1 0 1
E	14	1 1 1 0
F	15	1 1 1 1

Die Norm ISO/IEC 10646-1 definiert einen Multi-Oktett-Zeichensatz, der als Universal Character Set (UCS) bezeichnet wird. Dabei wird unterschieden nach

USC-2, dieser verwendet 2 Oktette je Zeichen

USC-4, dieser verwendet 4 Okettte je Zeichen.

Die Tabelle zeigt einige der definierten Zeichensätze (die Tabelle ist stark gekürzt) im USC-2.

Tabelle 2-9 Liste der Alphabete nach ISO 10646 (stark gekürzt)

Zahlenbereich **Beginn**	**Ende**	**Alphabet**
0020	007E	Lateinisches Alphabet
00A0	00FF	Ergänzung zum lateinischen Alphabet
0370	03CF	Griechisches Alphabet
03D0	03FF	Griechische Symbole und Koptisch
0400	04FF	Kyrillisch
0530	058F	Armenisch
0980	09FF	Bengali
0E00	0E7F	Thai
1100	11FF	Hangul Jamo
1F00	1FFF	Griechisch erweitert

Codes dieser Art werden auch als Unicodes bezeichnet.

Wenn Zeichen übertragen werden, muss festgelegt werden, in welcher Reihenfolge die Bits gesendet werden. Unterschieden wird dabei:

MSB first (*most significant bit first*)

LSB first (*least significant bit first*)

Bei MSB first wird das höchstwertige Bit des Zeichens oder Oktetts zuerst auf die Sendeleitung gelegt. Dieses wird innerhalb von Computeresystemen bei Oktetten als b7, in der Netzwerktechnik als b8 bezeichnet.

Das bei LSB first zuerst gesendete Bit wird in Computeresystemen als b0, in der Netzwerktechnik meist als b1 bezeichnet.

Bei vielen Verfahren ist vorgeschrieben, welche der beiden Arten anzuwenden ist, dabei überwiegt LSB first.

Zur Codierung gehört auch die Schaffung der „fehlerkorrigierenden Codes", welche zur Fehlersicherung auf Übertragungsstrecken eingesetzt werden, diese sind in Abschnitt 2.7 beschrieben.

2.3.4 Schaffung der Code-Transparenz

Unter Transparenz (*transparency*) versteht man die Fähigkeit, Daten in einer beliebigen Form zu übertragen (Code-unabhängig). Da der Begriff „Transparenz" in der Informatik auch in einer anderen Bedeutung verwendet wird, sei darauf hingewiesen, dass es in diesem Abschnitt um die „Code-Transparenz" geht.

Die Schaffung der Transparenz ist nicht notwendig, wenn Daten in einem Code, z.B. dem ASCII-Code, vorliegen, da die Decodierung Daten und Steuerzeichen unterscheiden kann. Die Darstellung aller Daten im ASCII-Code oder einem vergleichbaren Code ist aber nicht immer sinnvoll.

Als Beispiel sei angenommen, dass die Zahl 21253 (dezimal) übertragen werden soll. Es wären im ASCII-Code 5 Zeichen mit je 7 Bits zu übertragen, bei Einfügen eines Paritätsbits 5 Oktette. Eine Darstellung als gepackte Dezimalzahl ergibt 21 25 C3 (hexadezimal), damit sind 3 Oktette zu übertragen. Eine rein binäre Verschlüsselung ergibt 53 05 (hexadezimal). Die rein binäre Verschlüsselung erfordert also für Speicherung, Verarbeitung und Übertragung den geringsten Aufwand, nämlich 2 Oktette. Die dabei auftretende Hexzahl 05 ist aber nach dem ASCII-Code das Steuerzeichen ENQ, welches in einem Datenstrom den Block abbrechen würde (*abort*).

Für den Empfänger muss ein Kriterium vorhanden sein, welches aussagt, ob ein Steuerzeichen oder ein Datum vorliegt. Dies gilt besonders für die Steuerzeichen, welche als Textabschluss dienen.

Ein weiteres Problem kann dadurch auftreten, dass zur Einhaltung bestimmter Formate Zeichen ohne Bedeutung eingefügt werden müssen. Diesen Vorgang bezeichnet man als Padding (etwa Ausstopfen). Ein Beispiel ist der Frame-Aufbau im Ethernet, bei dem das Datenfeld mindestens 46 Oktette umfassen muss. Soll eine Nachricht von 40 Oktetten gesendet werden, müssen diesen 40 Oktetten also 6 Oktette, die keine Bedeutung haben, angehängt werden. Für den Empfänger muss erkennbar sein, dass er nur 40 Oktette auszuwerten hat.

Die Schaffung der Transparenz kann erfolgen durch:

a. **Einschränkung des Zeichenvorrats**

Übertragung nur von Daten, die nach einem bestimmten Zeichencode codiert sind, z.B. dem ASCII-Code. Da hier nicht alle Bitkombinationen als Daten auftreten dürfen, nennt man solche Übertragungen allerdings „nichttransparent".

b. **Feste Blocklänge**
Jeder Nachrichtenblock verfügt über eine feste Länge, damit kann das Ende des Datenblocks durch Abzählen gefunden werden, Steuerzeichen zum Abschluss sind nicht notwendig. Das Verfahren hat den Nachteil, dass die Länge der Nachricht nicht an die Länge des Blocks angepasst ist, damit müssen lange Nachrichten auf viele Blöcke verteilt werden, es entsteht ein umfangreicher Overhead bei kurzen Nachrichten müssen die Blöcke aufgefüllt werden (*padding*).

Das Auffüllen der Nachrichten hat nicht nur den Nachteil, dass mehr Bits übertragen werden, als Informationen vorhanden sind, sondern bringt auch das Problem, dass dem Empfänger klargemacht werden muss, welcher Teil der empfangenen Information „echte" Daten sind und welcher nicht.

Feste Blocklängen liegen u.a. vor bei:

- asynchroner Übertragung, wobei die Blocklänge 1 Zeichen beträgt.
- ATM-System, alle Nachrichten werden in Zellen von 45 Oktetten Inhalt übertragen.

c. **Wortzählung** (*word count*)
In Bild 2-20 ist der Aufbau einer Nachricht nach der Prozedur DDCMP dargestellt. Durch den Zähler (*counter*) wird festgelegt, wieviel Oktette der Datenblock umfasst. Eine Begrenzung durch ein abschließendes Steuerzeichen ist damit nicht mehr notwendig. Durch Abzählung werden die Zeichen zur Fehlererkennung (CRC) identifiziert. Durch die Größe des Zählerfeldes ist die Blocklänge auf 16 kByte = 16 383 Bytes begrenzt.

Die Wort- oder Bytezählung wird auch in mehreren anderen Protokollen angewandt, besonders auch, um bei Auffüllung (*padding*) den Teil der Nachricht zu erkennen, der als Daten zu lesen ist.

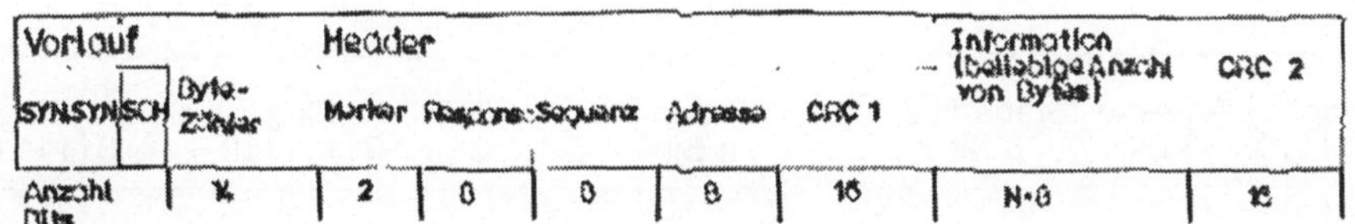

Bild 2-20 Aufbau eines Nachrichtenblockes mit Wortzählung (CRC: Blockprüfzeichen, SYN: Synchronisationszeichen, SOH: Start of Header)

d. **Zeicheneinschub**
Das Verfahren kann nur bei zeichenorientierten Protokollen eingesetzt werden. Bei diesen wird das Ende des Datenblocks durch Steuerzeichen wie ETX (*end of text*) oder ETB (*end of transmission block*) angezeigt, dann folgen die Blockprüfzeichen. Wenn Daten übertragen werden sollen, deren Bitfolge der Bitfolge von Steuerzeichen entsprechen kann, muss der „transparente Modus" verwendet werden. Dieser schreibt vor:

Vor das Steuerzeichen STX (*start of text*) muss das Steuerzeichen DLE (*data link escape*) gesetzt werden.

Vor jedes Steuerzeichen im Datenblock muss das Steuerzeichen DLE gesetzt werden.

Wenn die Bitkombination von DLE als Datum übertragen werden soll, muss sie doppelt gesendet werden.

Mit diesen drei Regeln lassen sich alle Bitfolgen übertragen, ohne dass der Empfänger diese falsch interpretieren kann. Soll z.B. ein String von drei Oktetten übertragen werden (ASCII-Code, auf 8 Bit erweitert):

41 entspricht A
03 würde „End of Text" entsprechen
10 würde „Data Link Escape" entsprechen

so würde der zu übertragende Zeichenstrom bestehen aus:

10 DLE
02 STX beide Zeichen zusammen eröffnen den „transparenten" Text
41 A
03 wird nicht als „End of Text" interpretiert, da kein DLE vorgestellt ist
10
10 Es wird einmal 10 übertragen, nicht als DLE interpretiert
10
03 End of Text, durch das vorgestellte DLE erkannt
02
03 Blockprüfzeichen, diese werden grundsätzlich nicht interpretiert.

e. **Biteinschub** (*bitstuffing*)

Dieses Verfahren wird bei dem im WAN sehr verbreiteten Protokoll HDLC (vergl. 4.2.1) verwendet. HDLC ist ein bitorientiertes Protokoll, das Datenfeld (auch I-Feld genannt) kann mit einer beliebigen Anzahl von Bits belegt sein. Bild 2-21 zeigt den Grundaufbau des Rahmens (*frame*). Das Adress- und das Steuerfeld sowie die Blockprüfzeichen (FCS, *Frame Check Sequence*) werden nur an ihrer Stellung zu der Anfangs- und Endeflag erkannt. Zwischen dem I-Feld und den Blockprüfzeichen befindet sich kein Steuerzeichen.

Flag 01111110	Adresse 8 Bit	Steuerfeld 8 Bit	Daten n Bit	Flag 01111110	Flag 01111110

Bild 2-21 Aufbau eines Rahmens mit Verwendung von Anfangs- und Ende-Flag

Die Bitfolge der Flag ist 0111 1110 (7E hexadezimal). Diese darf in dem gesamten Rahmen zwischen den Flags nicht auftreten. Das Bitstuffing verhindert dies durch die Regel, dass

nach 5 aufeinanderfolgenden „1" eine „0" eingeschoben wird.

Diese Regel wird angewandt, unabhängig davon, ob nach den 5 Einsen eine 1 oder eine 0 folgt. Damit kann der Empfänger diese 0 wieder entfernen, wenn er 6 aufeinander folgende Einsen liest, weiß der Empfänger, dass die Ende-Flag vorliegt (oder Abbruch).

Einschieben der Null (*zero insertion*) beim Sender und Entfernen der eingeschobenen Null (*zero deletion*) beim Empfänger können von einfachen Hardwareschaltungen vorgenommen werden.

f. **Beendigung des Blocks durch Beendigung der Signale**

Diese Methode, bei der keine Steuerzeichen notwendig sind, kann nur dann angewandt werden, wenn das Übertragungsmedium plötzliche Signaländerungen unverzerrt übertragen kann. Dies ist bei der Basisbandmodulation, in der mit Rechtecksignalen gearbeitet wird, möglich. So wird bei LAN Ethernet der Rahmen mit einer Sequenz zur Synchronisierung eingeleitet. Dann folgt der Header mit einer festen Länge, das Datenfeld und 4 Oktette zur Fehlerprüfung. Das Datenfeld kann aus einer beliebigen Anzahl von Oktetten zwischen 46 und 1500 bestehen. Wenn der Rahmen beendet ist, folgt kein Signal mehr, während jedes Bit in dem Rahmen mindestens einen Signalwechsel aufweist. Der Empfänger kann damit das letzte Bit erkennen und wertet die letzten 32 Bits als Prüfzeichen aus.

Das Verfahren kann bei modulierten Signalen nicht verwendet werden. Ein plötzliches „Abschalten“ des Signals würde zu starken Verzerrungen führen. Es werden daher dem letzten Teil der Nachricht noch weitere Zeichen (*trailing pads*) angehängt, die dann oft verzerrt empfangen werden. Der Empfänger kann das Ende des Blocks nicht exakt am Aufhören der Signale feststellen.

2.3.5 Verschlüsselung

Verschlüsselung von Daten (*data encryption*) ist besonders wichtig bei Netzen, die jedem Teilnehmer das Abhören von Nachrichten möglich machen oder es notwendig machen, z.B. in Lokalen Netzen. Bild 2-22 zeigt eine Schaltung, wie sie zur Verschlüsselung verwendet werden kann. Die beiden Tabellen im Bild zeigen den zu übertragenden Datenstrom. Bei gleicher Schaltung werden durch unterschiedliche Schlüssel, mit denen die Schaltung bei Beginn initialisiert wird, unterschiedliche Datenströme erzeugt.

Das Ausspähen der Schlüssel ist, da die Verschlüsselungsalgorithmen in der Regel veröffentlicht sind, eine Gefährdung. Bei Übertragung einer verschlüsselten Nachricht müssen der Verschlüsselungsalgorithmus und die Schlüssel bei Sender und Empfänger bekannt sein. Damit muss eine Ausspähung der Schlüssel verhindert werden.

Unterschieden werden:

- symmetrische Verschlüsselungsverfahren, genormt u.a. nach ANSI als DES (Data Encryption Standard). Die Ver- und Entschlüsselung erfolgt mit dem gleichen geheimen Schlüssel. Die Schlüssel müssen geheimgehalten werden. Bei der Datenkommunikation müssen sie ausgetauscht werden, was zu einer Gefährdung bei der Ausspähung der Schlüssel führt. Es wird bei wechselnden Kommunikationspartnern eine große Anzahl von Schlüsseln benötigt. Diese Zahl würde bei 1000 Teilnehmern 50000 Schlüssel sein, wenn jeder mit jedem verkehren müsste. Das Verfahren wird auch als „shard key encryption“ bezeichnet.
- asymmetrische Verschlüsselung (*public key cryptography*). Das Verfahren beruht auf dem Einsatz von Schlüsselpaaren. Unterschieden wird ein öffentlicher Schlüssel (*public key*) und eine privater Schlüssel (*private key*). Bild 2-23 zeigt den Umgang mit diesen Schlüsseln.

Mit dem Einsatz der Public Keys befasst sich auch die ITU-T-Empfehlung X,509 „The Directory: Authentication Framework“ sowie der RFC 2585 Internet X.509 Public Key Infrastructure. Operational Protocols: FTP and HTTP.

Die Sicherheit der Schlüssel ist von ihrer Größe abhängig, die Tabelle 2-10 zeigt die Anzahl der möglichen Schlüssel.

Da der Verschlüsselungsalgorithmus in der Regel bekannt ist, könnte eine Entschlüsselung durch einen Unbefugten durch ein „Durchprobieren“ der Schüssel erfolgen, dies wird als „brute-force“-Methode bezeichnet. Als „Spitzenleistung“ bei dieser Methode werden 245 Milliarden Versuche je Sekunde angegeben, bei einem Schlüssel 56 Bits würde die Methode maximal 81 Stunden benötigen, im Durchschnitt 40,5 Stunden. Bei einem 112-Bit-Schlüssel wären aber bereits Billionen Jahre notwendig.

Tabelle 2-10 Anzahl der möglichen Schlüssel bei gegebener Schlüsselgröße

Größe des Schlüssels Bits	**Anzahl der möglichen Schlüssel**
32	$4{,}3 * 10^{9}$
56	$7{,}2 * 10^{16}$
112	$5{,}2 * 10^{33}$
128	$3{,}4 * 10^{38}$
168	$3{,}7 * 10^{57}$

Verschlüsselung und Entschlüsselung können die CPU stark belasten; dabei bringt das Verfahren der Public-Key-Kryptographie eine höhere Belastung als die symmetrische Verschlüsselung. Zur Entlastung der CPU kann die Aufgabe auf Firmware oder Hardware übertragen werden, z.B. auf Coprozessoren in den Netzwerkkarten.

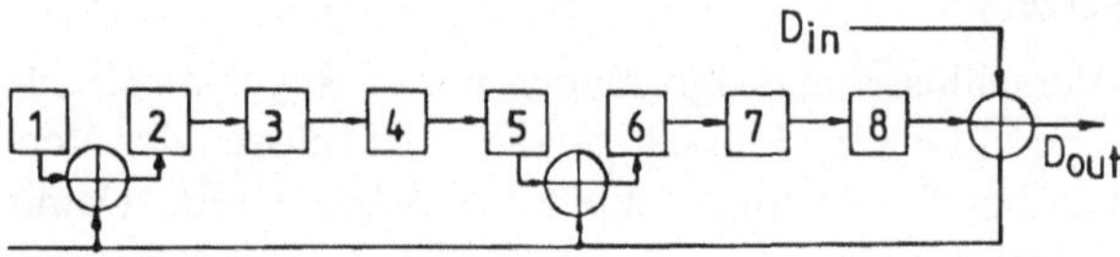

	D_{in}	1	2	3	4	5	6	7	8	D_{out}	
		0	1	0	1	0	1	0	1	Initialisierung 55	
	0	1	1	1	0	1	1	1	0	1	
7	1	1	0	1	1	0	1	1	1	1	C
	1	0	1	0	1	1	1	1	1	0	
	1	0	0	1	0	1	1	1	1	0	
	1	0	0	0	1	0	1	1	1	0	
E	1	0	0	0	0	1	0	1	1	0	1
	1	0	0	0	0	0	1	0	1	0	
	0	1	1	0	0	0	1	1	0	1	
	0	0	1	1	0	0	0	1	1	0	
0	0	1	1	1	1	0	1	0	1	1	6
	0	1	0	1	1	1	1	1	0	1	
	0	0	1	0	1	1	1	1	1	0	
	1	0	0	1	0	1	1	1	1	0	
F	1	0	0	0	1	0	0	1	1	0	0
	1	0	0	0	0	1	0	0	1	0	
	1	0	0	0	0	0	1	0	0	0	

	D_{in}	1	2	3	4	5	6	7	8	D_{out}	
		0	0	0	0	1	1	1	1	Initialisierung 0F	
	0	1	1	0	0	0	0	1	1	1	
7	1	0	1	1	0	0	0	0	1	0	9
	1	0	0	1	1	0	0	0	0	0	
	1	1	1	0	1	1	1	0	0	1	
	1	1	0	1	0	1	0	1	0	1	
E	1	1	0	0	1	0	1	0	1	1	C
	1	0	1	0	0	1	1	1	0	0	
	0	0	0	1	0	0	0	1	1	0	
	0	1	1	0	1	0	1	0	1	1	
0	0	1	0	1	0	1	0	1	0	1	D
	0	0	1	0	1	0	1	0	1	0	
	0	1	1	1	0	1	1	1	0	1	
	1	1	0	1	1	0	0	1	1	1	
F	1	0	1	0	1	1	0	0	1	0	9
	1	0	0	1	0	1	1	0	0	0	
	1	1	1	0	1	0	0	1	0	1	

Bild 2-22 Verschlüsselung von Daten mit Scrambler

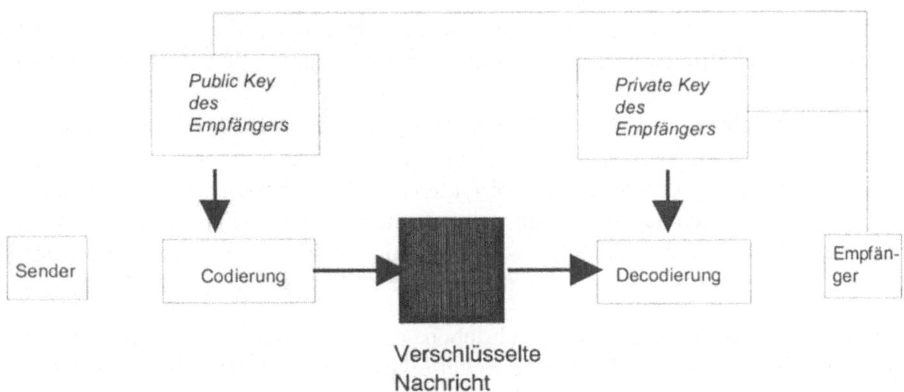

Bild 2-23 Public Key - Kryptographie

2.3.6 Kompression

Die Datenkompression dient der Verminderung des Verkehraufkommens (oder der Menge der zu speichernden Daten), bei vorhandener Übertragungskapazität können mehr Informationen übertragen werden. Dabei muss unterschieden werden:

Kompression mit Informationsverlust. Kompression mit Informationsverlust kann bei der eigentlichen Datenübertragung nicht angewandt werden. Sie kann in der Multimediatechnik verwendet werden, z.B. bei einer Videokonferenz. Bei dieser ist es nicht notwendig, dass alle Lippenbewegungen des Gesprächspartners übertragen werden, wenn anstatt eines kontinuierlichen Films eher eine Reihe von schnell sich ändernden Standbildern übertragen wird. Bei Daten oder Texten sind zwar oft Redundanzen vorhanden, die Systeme können diese aber nicht erkennen. So kann zwar bei der Übertragung von Telefongesprächen dadurch eine Kompression stattfinden, dass man das niederwertigste Bit zu anderen Zwecken verwendet (Signalisierung), was die Amplitude des wieder analogisierten Sprachsignals nur wenig verändert. Ein grundsätzliches Einsparen der LSBs wäre aber fatal, so entscheidet das LSB bei lokalen Netzen darüber, ob eine Adresse als Rundspruch- oder Einzeladresse zu lesen ist.

Kompression ohne Informationsverlust. Bei klar erkennbaren Redundanzen kann die Zahl der Bits vermindert werden, ohne dass ein Informationsverlust eintritt. Ein Beispiel aus der Multimedia-Technik wäre die Übertragung eines Videofilms, bei denen Bilder, die sich nicht ändern, oder Teile von Bildern, die sich nicht ändern, nicht 25 mal in der Sekunde übertragen werden, sondern nur einmal. Die nachfolgend beschriebenen Verfahren, die in der Datenübertragung angewandt werden, arbeiten ohne Informationsverlust.

1. **Nachrichtenreduktion**

Der vorhandene Text wird reduziert, ohne dass Informationsverluste auftreten, die Reduzierung erfolgt auf Grund formaler Kriterien, also nicht des Inhalts (Semantik). Angewendet werden können z.B.

- Wiederholungscodierung (*run length coding*). Werden im Text Zeichen mehr als dreimal wiederholt, erfolgt die Übermittlung durch Senden von drei Codierungen (Wiederholungsanzeige/Zeichen/Anzahl, *run flag/character identifier/length of run*). Ein bekanntes Beispiel für die Anwendung dieser Methode ist Telefax Gruppe 3, bei dem die weißen Punkte in dieser Art codiert werden. Damit wird eine Seite mit wenig Text schneller übertragen als eine Seite mit viel Text. Da die Methode für die schwarzen Punkte nicht angewandt wird, erfordern schwarze Flächen sehr lange Übertragungszeiten, sie kommen in normalen Dokumenten aber auch kaum vor.

- Verwandlung alphanumerischer dargestellter Zahlen in gepackte Dezimalzahlen.
- Umcodierung von alphanumerischen Zeichen. Eine Darstellung von Buchstaben, Ziffern, Sonderzeichen erfordert nicht unbedingt ein Oktett, sondern es besteht die Möglichkeit, auch mit kürzeren Darstellungen auszukommen, wie es unter Zeichencodierung beschrieben wurde. Wenn für Texte keine Unterscheidung zwischen Groß- und Kleinschreibung erforderlich ist, genügt eine 6-Bit-Zeichencodierung, auch der verbreitete ASCII-Code ist ein 7-Bit-Code.

Für viele Verfahren ist allerdings vorgeschrieben, dass die Nachricht aus Oktetten bestehen muss, auch die ITU-T hat eine allgemeine Regel erlassen, die Oktett-Orientierung aller Nachrichten vorsieht. Es muss dann eine Aufteilung auf Oktette vorgenommen werden, wie sie Bild 2-24 für einen 6-Bit-Code zeigt. Eine Verarbeitung der Daten, z.B. als Textverarbeitung, ist in dieser Form nicht möglich, sie eignet sich nur für Übertragung oder Speicherung.

Einen höheren Aufwand erfordert die Verwendung von Optimal-Codes. Bei diesen werden häufig vorkommende Zeichen mit wenigen Bits, selten vorkommende Zeichen mit vielen Bits codiert. Dies bringt einen hohen Gewinn bei Texten in natürlichen Sprachen. Auch bei Programmen im Maschinencode wurde noch ein Gewinn von etwa 15 % ermittelt. Vor Aufstellung der Codierungsregel muss die Häufigkeitsverteilung der Zeichen ermittelt werden. Bei Texten in einer bestimmten Sprache ist diese aber bekannt.

Bit 7 6 5 4 3 2 1 0

Byte		
1	01=A	02
2	=B	03=C
3		04=D
4	09=I	0A
5	=STX	OF =
6	ETB	1F = DLE

Bild 2-24
Datenkompression durch Verwendung eines 6-Bit-Codes bei 8-Bit-Zeichen (die Codierung entspricht dem 6-Bit-BCD-Interchange-Code)

Die Verwendung der Optimalcodes ist die am Häufigsten angewandte Art der Nachrichtenreduzierung. Wie viel Ersparnis sie bringt, hängt von der Art des Textes ab. Für einen automatischen Datenkompressor (*compression processor*), der die Daten vor der Übertragung auf einer Leitung mit 9600 bit/s bearbeitet, wird angegeben:

Art des Textes	Daten-Reduzierung %	Durchsatz-verbesserung	Effektive Bitrate bit/s
BASIC-Programm	35	53	14 688
Cobol-Programm	40	67	16037
Englischer Text	36	56	14926
Buchführungsdatei	39	64	15744

Die effektive Bitrate gibt an, welche Kapazität eine Leitung haben müsste, die in der gleichen Zeit die nicht komprimierten Daten übertragen würde.

2. **Datenvorverarbeitung**

Diese kann bei der Verwendung von intelligenten Terminals stattfinden, wobei es im Gegensatz zu 1. auf eine Interpretation der Daten ankommt. Es sollen nicht alle am Terminal eingegebenen Daten übertragen werden, die Reduzierung kann z.B. erfolgen durch:

- Abprüfung von Eingaben. Bei der Datenverarbeitung werden oft formale Kriterien bei der Eingabe verwendet, z.B. bestimmte Anzahl von Stellen, bestimmte Abfolge von Ziffern und Buchstaben, Verwendung von Prüfziffern. Damit kann bereits bei der Eingabe erkannt werden, ob diese korrekt erfolgt ist. Wenn dies nicht der Fall ist, erfolgt eine Fehlermeldung bereits vom Terminal, ohne dass es zu einer Datenübertragung zum Zentralcomputer kommt. Auch Eingabefehler, die durch die Betätigung der Rücktaste korrigiert werden, werden nicht übertragen.
- Umsetzung von Eingaben. Datenbestände werden oft auf Grund numerischer Schlüssel verwaltet. Erfolgt die Abfrage der Datenbestände an Hand von Namen, kann dieser bereits im Terminal in eine Kennziffer o.ä. umgesetzt werden. Diese verkürzten Nachrichten werden übertragen.
- Zusammenfassung. Es werden nicht alle eingegebenen Daten übertragen, sondern bereits zusammengesetzte Werte, bei einem Kassensystem nicht jeder Betrag, sondern nach Warengruppen aufgeteilte Summen.
- Blockbildung. Zeichenweise Übertragung mit Remote-Echo, wie sie z.B. Telnet vorsieht, führt zu hohem Verkehrsaufkommen, da mit dem Zeichen ein umfangreicher Overhead übertragen werden muss. Mit der Verwendung eines lokalen Echos kann das Terminal mehrere Zeichen zu einem Block zusammenfassen, der den Overhead nur einmal benötigt.

3. **Messwertreduzierung**

Bei der Übertragung von Messwerten werden nicht alle Werte übertragen, sondern z.B. nur Werte, die sich gegenüber der letzten Messung verändert haben, oder nur Werte, die bestimmte Maximal- oder Minimalwerte über- bzw. unterschreiten.

4. **Arbeit mit Strukturen**

Bei der interpretativen Abarbeitung von Programmen kann mit Typenangaben gearbeitet werden. Jede Variable im Programm wird dann mit einer indirekten Adressierung angesprochen. Die im Programm angegebene Adresse verweist nicht auf den Speicherplatz der Variablen, sondern auf eine Typ-Angabe. Innerhalb der Typ-Angabe ist der Variablentyp näher gekennzeichnet sowie angegeben, ab welchem Speicherplatz die Variable gespeichert ist (siehe Bild 2-25).

Diese Art der Variablenverwaltung hat bei der Programminterpretation Vorteile, führt aber dazu, dass viel Speicherplatz benötigt wird. Wird zum Beispiel eine Integer-Variable eingeführt, so werden nicht nur die 2 Bytes für die Zahl benötigt, sondern auch 4 weitere Bytes für die Typ-Angabe, also insgesamt 6 Bytes. Bei einer Übertragung müssten also 6 Bytes übertragen werden.

Die Datenkompression erfolgt

Die Datenkompression wird durch die Deklaration von Strukturen vorbereitet, z.B.:

```
DCL  1 LIST,
       2 NAME CHAR(20)
       2 ZAHL BIN FIXED,
       2 MAKI DEC FIXED (5,1);
```

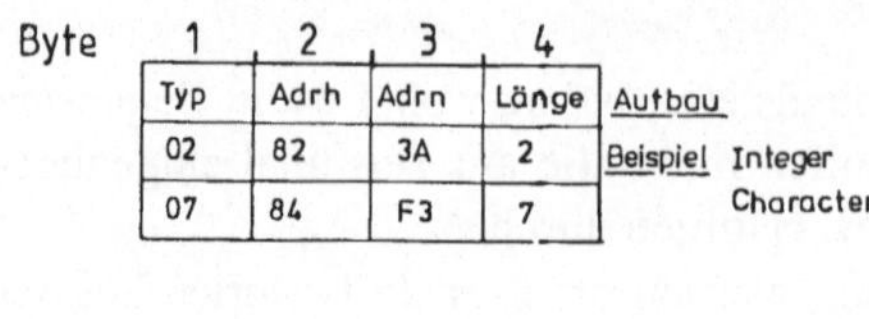

823A	823B
01	02

84F3	84F4	84F5	84F6	84F7	84F8	84F9
A	B	C	D	E	F	G

Bild 2-25
Verwaltung von Variablen über Typ-Angaben

07	67 30	14	
02	67 44	02	Typ-Angaben
03	67 46	51	

6730	D A S I S T	
6738	E I N N A M E	Variable
6740	N X Y Z | 2123 | 01 23	
6748	+1	

Bild 2-26
Speicherbelegung bei einer Struktur-Deklaration

Auf Grund der Deklaration werden im Speicher drei Typenangaben (12 Bytes) und drei Variablen (25 Bytes) angelegt. Wie im Bild 2-26 gezeigt ist, werden die eigentlichen Variablen auf Grund der Strukturdeklaration nacheinander folgend im Speicher abgelegt. Bei einer Übertragung werden nur die eigentlichen Variablen, nicht aber die Typenbezeichnungen übertragen. Es muss natürlich beim Empfänger der Nachricht eine Struktur angelegt sein, welche gleich eingeteilt ist wie die Struktur beim Sender, da die Daten sonst nicht verständlich sind.

2.4 Geschwindigkeiten bei der Datenübertragung

In diesem Abschnitt geht es nicht um die Ausbreitungsgeschwindigkeit der Signale, sondern darum, wieviele Informationseinheiten innerhalb eines Zeitraums übertragen werden können.

Datenübertragungsrate (*transmission rate, bit rate*)
Sie gibt an, wieviele Bits innerhalb eines Zeitraums übertragen werden, ihre Maßeinheit ist bit/s (bps, *bits per second*). Sie ist immer eine Maximalangabe, die gibt den Wert an, der bei einer pausenlosen Übertragung erreicht würde, unabhängig davon, ob dies bei dem verwendeten Verfahren möglich oder üblich ist. Bei der Bestimmung der Datenübertragungsrate wird nicht unterschieden, ob die übertragenen Bits Datenbits, Steuerbits, Prüfbits oder aus physikalischen Gründen notwendige Bits sind.

Datenübertragungsraten sind nach der ITU-T als Benutzerklassen (*user classes*) genormt, siehe Tabelle 2-11. Die Benutzerklassen definieren neben der Datenübertragungsrate weitere Merkmale, z.B. ob synchron oder asynchron gearbeitet wird. Auch in der V.-Serie der ITU-T-Empfehlungen sind Datenübertragungsraten genormt.

Die Benutzerklasse 2 stellt eine Zusammenfassung mehrerer asynchroner Übertragungsarten dar, die heute nur noch selten im Einsatz sind. Jede dieser „Unterklassen" hat eine feste Datenübertragungsrate und einen festgelegten Zeichenrahmen.

Tabelle 2-11 Benutzerklassen nach X.1

Benutzer-klasse	**Datenübertragungsgeschwindigkeit und Zeichenrahmen (bit/s**	**bits/Zeichen)**	**Geschwindigkeit und Alphabet für Wähl- und Dienstsignale (bit/s)**	
1	300	11	300	IRA
2	50 - 200	7,5 - 11	200	IRA
3	600			
4	2400		2400	IRA
5	4800		4800	IRA
6	9600		9600	IRA
7	48000		48000	IRA
19	64000		64000	IRA
8	2400		Spezielle Empfehlung X.25	
9	4800			
10	9600		Benutzerpaketformate	
11	48000			
12	1200			
13	64 000			
20	50 - 300	10-11		
21	75/1200	10		
22	1200	10		
23	2400	10		
30	64 000		Festlegungen des ISDN	

1 - 2	Datenstationen im Start-Stopp-Betrieb
3 - 7 + 19	Datenstationen im Synchronbetrieb (Leitungsvermittlung)
9 - 13	Datenstationen im Synchronbetrieb (Paketvermittlung)
20 - 23	Datenstationen im Start-Stop-Betrieb für paketvermittelnden Datenübertragungsdienst nach X.28
30	Benutzer, die in ISDN vorgesehen sind
IRA	Internationales Referenz-Alphabet (ASCII-Code)

Schrittgeschwindigkeit (*baud rate, step rate, signalling rate*)
Die Schrittgeschwindigkeit ist der Kehrwert der Schrittdauer, ihre Maßeinheit ist Baud. Ein Baud entspricht einem Schritt pro Sekunde. Die Schrittdauer ist der kürzest mögliche Zeitraum, in dem ein Signal den gleichen Signalwert zeigt. Die Schrittgeschwindigkeit ist kein Maß für die übertragene Information, sie wird aber oft mit der Datenübertragungsrate verwechselt. Der Zusammenhang ist:

$$V_d = V_s * n$$

n: Anzahl der mit einem Schritt übertragenen Bits
V_d: Datenübertragungsrate (bit/s)
V_s: Schrittgeschwindigkeit (Baud, Schritte je Sekunde)

Bei einer zweistufigen Verschlüsselung, wie sie z.B. bei Modems mit Frequenzmodulation durchgeführt wird, entspricht der Zahlenwert der Schittgeschwindigkeit dem der Datenübertragungsrate. Bei einer 8-stufigen Verschlüsselung würde gelten:

$$V_d = V_s * 3 \qquad \text{z.B.}$$

$$V_d = 1600 * 3 = 4800 \text{ bit/s}$$

In LANs treten auch Codierungen auf, bei denen die Schrittgeschwindigkeit höher ist als die Datenübertragungsrate.

Zeichengeschwindigkeit (*character rate*)
Sie gibt an, wieviel Zeichen in der Zeiteinheit übertragen werden, ihre Maßeinheit ist Zeichen/s (*character per seconds*). Es ergibt sich:

$$Z = V_d / n$$

Z: Zeichengeschwindigkeit
n: Anzahl der Bits je Zeichen
V_d: Datenübertragungsrate

Zu n müssen auch evt. vorhandene Paritätsbits gerechnet werden. Bei der asynchronen Übertragung ist auch die Anzahl von Start- und Stoppbits mitzurechnen. Die errechnete Zeichengeschwindigkeit ergibt sich bei der asynchronen Übertragung aber nur dann, wenn auf die Stopbits unmittelbar das Startbit folgt, also keine Pausen zwischen den Zeiten auftreten.

Effektive Datenübertragungsrate, Durchsatzrate (*throughput*)
Sie gibt die Menge der Benutzerdaten an, die in der Zeiteinheit übertragen werden. Als Maßeinheit wird meist Zeichen/Sekunde, seltener bit/s gewählt. Die Durchsatzrate ist niedriger als die Zeichengeschwindigkeit, da neben den Benutzerdaten der Overhead übertragen werden muss.

Was als Benutzerdaten betrachtet wird, muss festgelegt werden. Meist wird aus Sicht der Ebene x angenommen, dass die Nachricht der Ebene x+1 die Benutzerdaten darstellt.

Im WAN-Bereich wird oft mit dem Begriff „Payload" (etwa: Zu bezahlender Verkehr) gearbeitet, die Nachricht besteht dann aus Overhead und Payload. Bei vielen Systemen besteht aber auch die Payload nicht nur aus Benutzerdaten, z.B. wird bei ATM (siehe Abschnitt 4.4.4 der Inhalt einer Zelle immer als Payload aufgefasst, dies gilt auch für Zellen, die den Verbindungsaufbau regeln.

Das Verhältnis zwischen Durchsatzrate und Zeichengeschwindigkeit hängt nicht nur vom gewählten Übertragungsverfahren ab, sondern auch von der Länge der Datenblöcke. In der Regel ist die Anzahl der Oktette für den Overhead eines Rahmens gleich, unabhängig von der Länge des Rahmens, sein Anteil am Rahmen wird umso geringer, je mehr Nutzdaten im Rahmen enthalten sind.

Tabelle 2-12 Durchsatzrate bei unterschiedlichen Blocklängen

Blocklänge (Zeichen)	**td (ms)**	**tq + tm1 + tm2 (ms)**	**tb (ms)**	**Durchsatzrate (Zeichen/Sekunde)**
10	66,6	86,6	153,3	66,2
50	200	86,6	286,6	174,1
200	700	86,6	786,6	254,2
300	1033,3	86,6	1120	267

Der Zusammenhang soll an zwei Beispielen dargestellt werden. In beiden Beispielen wird die Ebene-3-Nachricht als die Nutzdaten aufgefasst.

1. Beispiel: Zeichenorientierte Übertragung im WAN
Die Übertragung erfolgt halbduplex, es wird ein Datenblock übertragen; dann wird die Quittierung abgewartet, dann erfolgt die Übertragung eines neuen Datenblocks usw. Bei Vernachlässigung der Eröffnungs- und Abschlusssequenz für die Verbindung der Ebene 2 ergibt sich für die Übertragung eines Blocks:

$t_b = t_d + t_{m1} + t_q + t_{m2}$

t_b: Zeitbedarf für die gesicherte Übertragung eines Datenblocks

t_d: Übertragungsdauer für den eigentlichen Datenblock. Der Block besteht aus den Nutzdaten und einem Overhead von 10 Oktetten (2 Pads zur Bitsynchronisation, 2 Synchronisationszeichen, 2 Steuerzeichen, 2 Prüfzeichen und 2 abschließende Pads). Bei einer Datenblocklänge von n Nutzzeichen ergibt sich $t_d = (n + 10) / Z$

t_{m1}, t_{m2} Modemumschaltzeiten, sie werden mit 30 ms angenommen

t_q Zeit für die Übertragung der Quittierung, eine Quittierung erfordert die Übertragung von 8 Zeichen (2 Pads, 2 Synchronisationszeichen, 2 Steuerzeichen, 2 abschließende Pads); damit ist $t_q = 8/Z$

Als Zeichengeschwindigkeit wird 300 Zeichen/s (2400 bit/s) angenommen.

2. Beispiel: Übertragung im LAN mit 10 Mbit/s
Eine Rechnung aus dem Bereich der lokalen Netze würde lauten:

Datenübertragungsrate 10 Mbit/s

Zeichengeschwindigkeit 1,25 MZeichen/s (Zeichenlänge 8 Bits)

Der Nachrichtenblock (*frame*) setzt sich zusammen aus:

64 bit Preamble (zur Synchronisierung)
96 bit Adressen
16 bit Typangaben
46 - 1500 Oktette Daten
32 bit Prüfzeichen

Zeit für die Übertragung eines Frames:

$t_f = (26 + n) / Z$

Für den kürzestmöglichen Frame:

$t_f = (26 + 46) / 10\,000000 = 57{,}6\ \mu s$

Durchsatzrate = 0,798 MByte/s

Für den längstmöglichen Frame:

$t_f = (26 + 1500) / 10\,000000 = 1220{,}8\ \mu s$

Durchsatzrate = 1,228 MByte/s

Nicht berücksichtigt im Beispiel 2 sind die Wartezeiten auf freie Leitungen, die vom Verfahren vorgeschrieben sind. Beide Beispiele gehen von einer fehlerfreien Übertragung aus; es sind keine Wiederholungen notwendig.

Wie aus beiden Beispielen zu sehen ist, steigt die Durchsatzrate mit größer werdenden Blöcken, bei unendlich langen Blöcken würde sie die Zeichengeschwindigkeit erreichen. Gegen die daraus ableitbare Regel, Blöcke immer sehr lang zu machen, spricht aber:

- Bei einer Wiederholung im Fehlerfalle muss ein langer Block wiederholt werden, was zeitaufwendig ist.
- Bei gleicher Bitfehlerrate (BER, *bit error rate*) ist die Wahrscheinlichkeit der Störung eines Blocks umso höher, je länger der Block ist. Wenn in einer Zeitspanne ein Fehler auftritt, beträgt die Fehlerrate, wenn in dieser Zeit übertragen werden:

  1 Block 100 %
  10 Blöcke 10 %
  100 Blöcke 1 % usw.

- Bei längeren Blöcken kann eine Nachsynchronisierung notwendig werden, was weitere Steuer- und Synchronisationszeichen erfordert.
- Das Sammeln größerer Datenmengen erfordert, besonders bei manueller Eingabe, viel Zeit. Bei interaktiven Anwendungen (Dialogverkehr) ist aber auch die Zeit für ein Frage-Antwort-Spiel (*inquiry - response*) wichtig. Die Reaktionszeit darf nicht durch das Sammeln von Daten zur Bildung größerer Datenblöcke verlängert werden. Kurze Reaktionszeit und hohe Durchsatzrate sind gegensätzliche Forderungen.
- Besonders bei LANs ist aus Gründen der Zugriffskontrolle eine maximale Länge der Frames vorgeschrieben.

2.5 Synchronisierung

Ein Empfänger kann die Signale nur dann interpretieren, wenn ihm die Datenübertragungsrate bzw. die Schrittgeschwindigkeit bekannt ist. Er muss aber auch das Zeitraster der Übertragung kennen, also wissen, wann ein Bit bzw. ein Zeichen beginnt. Dazu muss eine Synchronisierung (*synchronization*) zwischen Sender und Empfänger stattfinden. Diese erstreckt sich auf:

- Bitsynchronisation: der zeitliche Rahmen für die Bits oder Datenzellen (*data cells*) muss vom Empfänger gefunden werden.

- Zeichensynchronisation: der zeitliche Rahmen für die bitseriell übertragenen Zeichen muss gefunden werden. Die Zeichensynchronisation kann erst nach der Bitsynchronisation stattfinden.

Bei beiden Arten der Synchronisation muss unterschieden werden:

- Beginn der Übertragung: die Synchronisation muss den Beginn eines Bits oder eines Zeichens exakt erkennen.
- Laufende Übertragung: da die Taktung des Senders und des Empfängers nie exakt gleiche Frequenz aufweist, kann es auch in der laufenden Sendung zur Notwendigkeit der weiteren Synchronisierung kommen.

Im Prinzip ist während der laufenden Sendung eine Zeichensynchronisierung nicht erforderlich, bei funktionierender Bitsynchronisierung kann die Zuordnung der Bits zu den Zeichen durch Mitzählen erfolgen (nachdem die Zeichengrenze erstmals korrekt festgelegt wurde). Bei einigen Verfahren werden aber „Rahmenkennungs-Zeichen" verwendet. Sie treten besonders dann auf, wenn die Nachrichteneinheiten (Rahmen) von fester Länge sind. Diese Zeichen haben ein bestimmtes, immer gleiches Bitmuster, tragen also nicht zur Information bei. Sie müssen in ganz bestimmten Abständen auftreten; wenn dies nicht der Fall ist, ist die Synchronität zwischen Sender und Empfänger gestört.

Für die Synchronisierung sind zu unterscheiden:

- Übertragungsstrecken, die nicht dauernd mit Signalen belegt sind. Dies ist z.B. bei LANs vom Typ Ethernet der Fall. Wenn eine Sendung beendet ist, geht die Leitung in den unbelegten Zustand über solange, bis eine Station einen weiteren Nachrichtenblock sendet.
- Übertragungsstrecken, die dauernd mit Signalen belegt sind, dabei werden oft feste Rahmenlängen eingehalten. Ein Beispiel sind ATM-Strecken, auf denen pausenlos Zellen von je 53 Oktetten übertragen werden. Wenn keine Nachrichten zu senden sind, werden „leere" Zellen versandt. Die oben genannte Synchronisation zu Beginn der Sendung muss bei solchen Systemen im Betrieb nie vorgenommen werden, es wird allerdings mit Rahmenkennungs-Zeichen gearbeitet. Dies sind feste Bitmuster, die in jedem Rahmen an der gleichen Stelle angebracht sind; mit ihnen kann überprüft werden, ob das empfangende Gerät noch synchron mit dem Sender arbeitet.

Methoden für die Synchronisierung sind:

1. **Direkttaktung**

Parallel zur Datenleitung wird auf einem getrennten Kanal (Taktleitung) ein Takt übertragen, der den zeitlichen Rahmen für den Datenstrom schafft (Bild 2-27). Der empfangene Takt kann direkt zur Steuerung des Empfangsvorgangs verwendet werden, z.B. zum Takten des Schieberegisters bei der Serien-Parallel-Wandlung. Der Nachteil des Verfahrens liegt darin, dass für den Takt (*clock*) eine zweite Leitung verlegt werden muss. Bei längeren Verbindungen kann es zu einer zeitlichen Verschiebung zwischen Takt- und Datensignalen kommen (*skew*). Das Verfahren eignet sich daher nicht für längere Verbindungen, wird aber für kürzere Verbindungen, z.B. den Anschluss eines Computers an ein Peripheriegerät über die V.24-Schnittstelle genutzt.

Aus Sicht des Anwenders liegt die Direkttaktung auch dann vor, wenn er Datenfernübertragung mit einem selbsttaktenden Modem (V.24-Schnittstelle) oder mit der Schnittstelle X.21 betreibt (siehe Kapitel 3). Die Bitsynchronisierung wird durch die Datenübertragungseinrichtung durchgeführt, der Anwender erhält neben den seriellen Empfangsdaten den Empfangstakt (received clock).

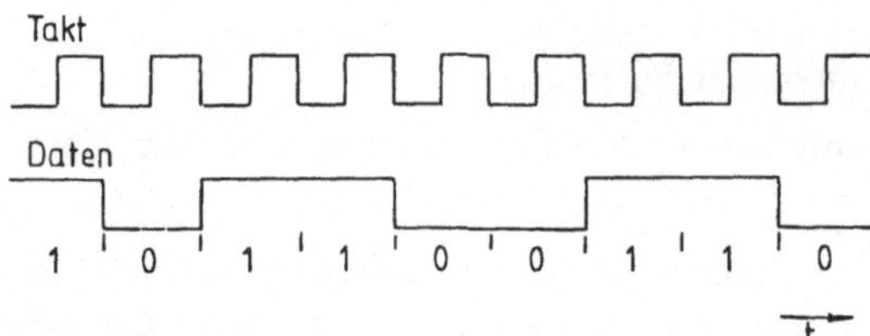

Bild 2-27
Direkttaktung einer seriellen Datenübertragung. Die ansteigende Flanke des Taktsignals definiert die Mitte der Datenzelle

Das Verfahren eignet sich sowohl für die Bitsynchronisierung wie die Zeichensynchronisierung. Sowohl die Schnittstelle V.24 wie X.21 sehen einen Zeichentakt vor; in beiden Fällen handelt es sich aber um eine Option, die z.Zt. nicht genutzt wird.

2. **Selbsttaktender Code**
Selbsttaktende Codes (siehe Abschnitt 2.2) weisen regelmäßig Flusswechsel auf. Dies muss nicht, wie beim Biphasencode, mit jedem Bit geschehen, aber innerhalb weniger Bits, unabhängig von der zu übertragenden Information. Treffen die Daten mit der vorgesehenen Datenübertragungsrate ein, so kann im zeitlichen Verhalten eine Toleranz vorliegen. Der Empfänger kann auf Grund der regelmäßigen Signalwechsel immer wieder sein zeitliches Verhalten auf den Sender abstimmen. Ein „aus dem Takt kommen“ ist nicht möglich.

Da in selbsttaktenden Codes auch Signalwechsel auftreten können, die nicht der Bitcodierung dienen, setzt das Verfahren voraus, dass mindestens ein Signalwechsel mit Sicherheit als für den Takt zuständig erkannt wird. Der Block muss daher mit einem Bitmuster beginnen, welches einen regelmäßigen Signalwechsel hat. Bei der Wechseltaktschrift ist dies eine Folge von Nullen (Vornullen); bei der Wechselrichtungsschrift (Manchester-Code) eine abwechselnde Folge von Null und Eins (siehe Bild 2-28). Die Bitfolge, die zur Einstellung des Taktes benötigt wird, wird auch als Preamble (Vorwort) bezeichnet.

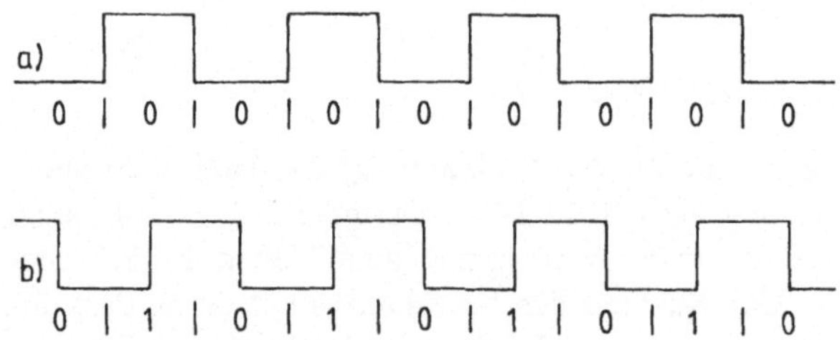

Bild 2-28
Signalverlauf zur Einstellung der Bitsynchronisation (a Wechseltaktschrift; b Wechselrichtungsschrift

3. **Start-Stopp-Verfahren**
Bei der asynchronen Übertragung (Bild 2-29) besteht zwischen den einzelnen Zeichen kein zeitlicher Zusammenhang, zwischen zwei Zeichen kann eine beliebig lange Pause liegen. Für ein Zeichen hält der Taktgenerator des Empfängers den zeitlichen Rahmen aufrecht; für den Empfang des nächsten Zeichens wird er neu synchronisiert. Dies geschieht durch eine positive Flanke der Spannung (Übergang von 1 auf 0).
Daraus ergibt sich:

- Der erste Signalzustand eines Zeichens ist immer logisch 0 (*space*), damit hat er keine Informationsaussage. Dieser Zustand wird für die Dauer einer Bitübertragung aufrecht erhalten, er wird als Startbit bezeichnet.
- Das Zeichen muss mit einem Signalzustand 1 (*mark*) enden, damit für ein neues Zeichen wieder ein Übergang von 1 auf 0 gebildet werden kann. Der Zustand wird als Stoppbit bezeichnet. Es kann vereinbart sein, dass dieser Zustand für die Dauer der Übertragung von

    1 Bit (1 Stoppbit)

    1,5 mal diese Dauer (1,5 Stoppbits)

    2 Bit (2 Stoppbits)

  anhalten muss.

Auch die Stoppbits haben keine Informationsaussage, sie werden auch als Stoppschritt (*stop element*) bezeichnet.

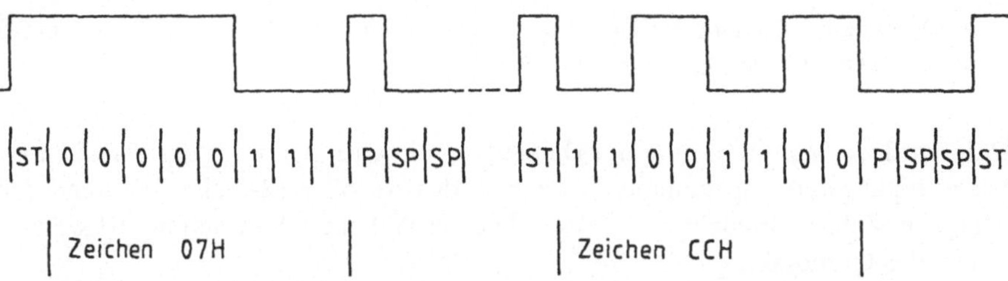

Bild 2-29 Asynchrone Übertragung (ST: Startbit, SP: Stoppbit, P: Paritätsbit)

4. **Synchronisationszeichen**

Bei der synchronen Übertragung arbeiten in Sender und Empfänger voneinander unabhängige Taktgeneratoren mit der gleichen Nennfrequenz. Die Frequenzgenauigkeit der Generatoren darf einen gewissen Wert nicht unterschreiten. Während der Übertragung schafft der Taktgenerator den zeitlichen Rahmen für die empfangenen Bits und Zeichen. Er muss dazu vorher durch von Sender kommende Zeichen in einen Gleichlauf mit dem Taktgenerator des Senders kommen.

Zuerst müssen Zeichen kommen, die den zeitlichen Rahmen für die Bits schaffen, diese werden als Pads, in lokalen Netzen auch als Preamble bezeichnet. Sie müssen eine Bitfolge übertragen, welche den zeitlichen Verlauf der Datenzellen erkennen lässt. Wie diese Bitfolge aussieht, hängt von der Codierung der Bits ab. Dazu seien drei Beispiele genannt:

a. NRZ-Code, die 0 wird durch ein High-Signal, die 1 durch ein Low-Signal dargestellt. Das Bitmuster lautet:

   010101010101...... (55555... hexadezimal).

b. Manchester-Code, Wechseltaktschrift, die 0 wird durch einen negativen Signalwechsel, die 1 durch einen positiven Signalwechsel dargestellt. Die Bitfolge lautet:

   101010101010101 .... (AAAAAA... hexadezimal).

c. Frequenzmodulation, Wechselrichtungsschrift, die 0 wird durch 1 Signalwechsel, die 1 durch 2 Signalwechsel dargestellt. Die Bitfolge lautet:

   000000000000....... (000000... hexadezimal).

Die Synchronisierung erfolgt meist in der Art, dass der Empfänger einen schnelleren Takt, z.B. mit der 16-fachen Frequenz zur Verfügung hat. Er setzt ihn im Verhältnis 1 : 16 herunter (Frequenzteilung), vergleicht mit dem einkommenden Bitmuster und lässt solange Takte aus, bis die Phasenlage des erzeugten Taktes sich der Phasenlage des empfangenen Bitmusters bis auf 1/16 der Periodendauer angenähert hat. Dies ist in Bild 2-30 prinzipiell dargestellt.

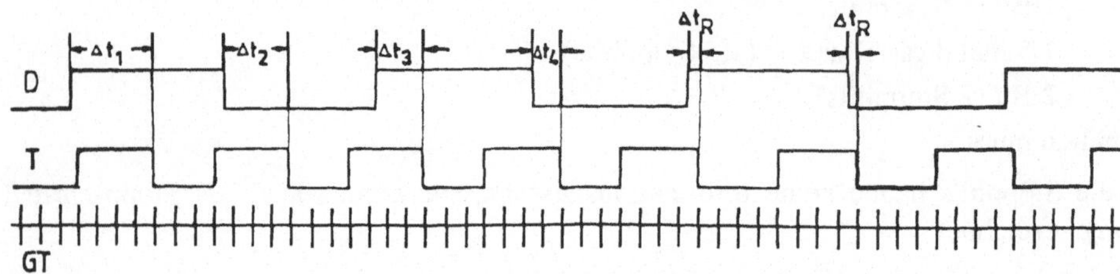

Bild 2-30 Annäherung der Taktung auf Grund der empfangenen Daten (D Daten, T Taktung, GT Zeitraster des Grundtaktes, t_R verbleibende Abweichung)

Im Bild 2-30 wird zur Vereinfachung der Darstellung ein Grundtakt mit der 8-fachen Frequenz der Datenübertragungsrate angenommen. Üblich ist das 16- oder 32-fache. Während der Annäherung erfolgt ein Zählerdurchlauf in 7 Takten. Die verbleibende Abweichung ist kleiner als die Periodendauer des Grundtaktes.

Die Zeichensynchronisierung muss mit einem Bitmuster erfolgen, welches den zeitlichen Verlauf eines Zeichens eindeutig erkennen lässt. Diese Zeichen werden als Synch-Zeichen, aber auch als Start-Field-Delimiter (SFD) bezeichnet. Der EBCDIC-Code sieht dafür das Zeichen 32 Hexadezimal vor, siehe Bild 2-31. Der ASCII-Code verwendet 16, welches eine ähnliche Struktur hat. Im Bild 2-32 ist erkennbar, dass die Zuordnung zu den Zeichengrenzen leicht zu finden ist, so kommt nur eine einzelstehende 1 vor, welche Bit 2 kennzeichnet, weiter kommt nur einmal die Abfolge von 2 Einsen vor (Bit 5 und 6).

Die im Bild 2-31 dargestellten Pads dienen der Bit-Synchronisation. Diese muss vor der Zeichen-Synchronisation erfolgen.

In lokalen Netzen wird das Zeichen AB (10101011) verwendet, die zwei aufeinander folgenden Einsen zeigen die Zeichengrenze an.

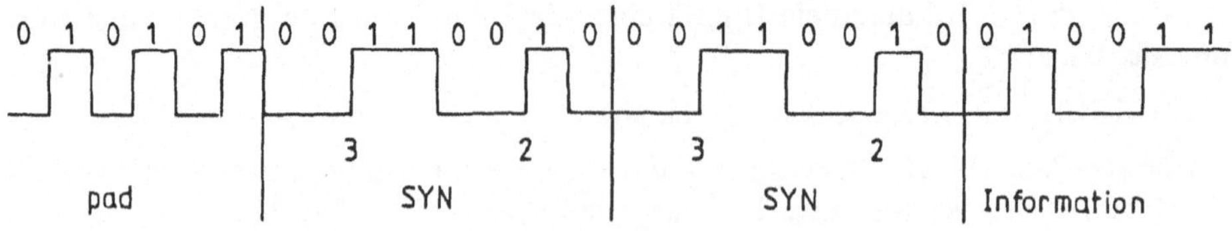

Bild 2-31 Synchronisations-Zeichen zur Zeichen-Synchronisierung

Wenn die Zeichengrenzen gefunden sind, können die Zeichen durch Mitzählen der Bits ermittelt werden, Voraussetzung dafür ist allerdings, dass die Bitsynchronisierung bestehen bleibt.

Abweichungen vom vorgegebenen zeitlichen Rahmen bei der seriellen Übertragung werden als Schrittverzerrung bezeichnet. Ihre Ursache kann in einer Ungenauigkeit des Sendegenerators liegen, aber auch durch den Übertragungsweg bestimmt sein (Eigenverzerrung). Die Schrittverzerrung kann bestimmt werden als:

- Individuelle Verzerrung. Bild 2-32 zeigt die Bestimmung der individuellen Verzerrung. Zu ihrer Bestimmung muss ein Bitmuster gesendet werden, welches regelmäßige Umschaltungen von „0" nach „1" bringt (Schrittumschlag).

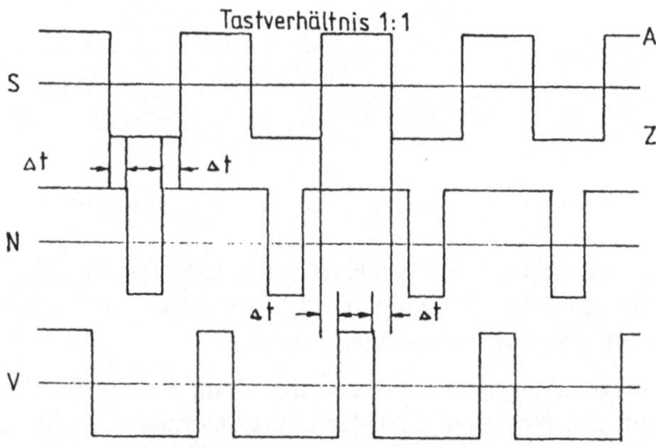

Bild 2-32
Bestimmung der individuellen Verzerrung

- Isochrone Verzerrung. Sie kann bei synchroner Übertragung, bei der das Zeitraster längere Zeit hintereinander aufrecht erhalten werden soll, bestimmt werden (Bild 2-33). Es gilt:

  $ß_{is} = ß_{indmax} - (d_{tmax} - d_{tmin}) / T$

  $ß_{is}$: Isochronverzerrungsgrad
  $ß_{indmax}$: Maximaler individueller Verzerrungsgrad
  d_{tmin}, d_{tmax}: Abweichungen vom maximalen Verzerrungsgrad
  T: Sollschrittdauer

- Start-Stopp-Verzerrung. Sie wird bei der asynchronen Übertragung durch Messung der Abweichung des Zeitpunkts des Schrittumschlags vom Sollzeitpunkt bestimmt, wobei sich die Sollzeitpunkte auf den Einsatz des Startschritts (Start-Bit) beziehen. Es gilt:

  $ß_{st} = |t' - t|_{max} / T$

  $ß_{st}$: Start-Stopp-Verzerrungsgrad
  t: Sollzeit vom Startschritt-Einsatz bis zum Schrittumschlag
  t': Zeit von Startschritt-Einsatz bis zum Schrittumschlag
  T: Sollschrittdauer

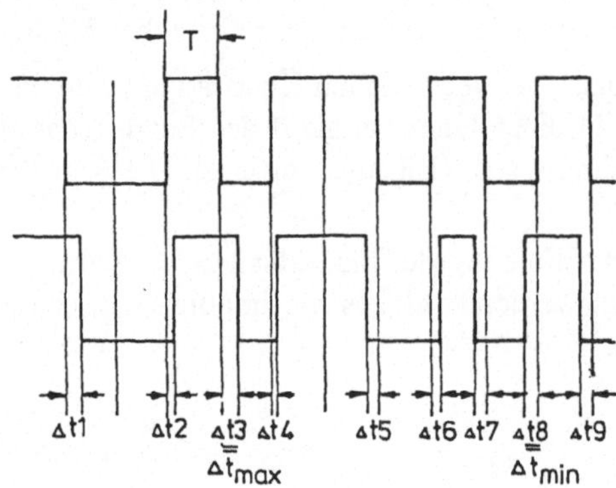

Bild 2-33
Bestimmung der isochronen Verzerrung

2.6 Digitalisierung

Unter Digitalisierung (*digitalization*) oder Analog/Digital-Wandlung (*analog-to-digital conversion*) versteht man man die Umsetzung einer Information, die in analoger Form vorliegt, in die digitale Form. In der Messtechnik ist eine Reihe von Verfahren entwickelt worden, die sich bewährt haben und zu einer weitgehenden Digitalisierung der Messtechnik geführt haben. Probleme treten auf, wenn sich die analogen Signale sehr schnell ändern.

Für die DÜ ist keine Digitalisierung vorzunehmen, da die Daten des Computers (Digitalrechner) bereits in digitaler Form vorliegen. Die Notwendigkeit der Digitalisierung tritt aber z.B. dann auf, wenn die digitalen Übertragungsnetze zur Übertragung von Telefongesprächen genutzt werden.

Es seien einige Vorteile der Digitalisierung genannt:

- Signaländerungen, die während der Übertragung grundsätzlich nicht zu vermeiden sind (Abschwächungen, Verzerrungen), führen nicht zu einer Verfälschung der Information, wenn sie in Grenzen bleiben.
- Die Verschlüsselung von Daten (*data encryption*) zur Verhinderung unbefugter Zugriffe ist bei digitalen Daten leichter als bei analogen Daten, obwohl auch dafür Methoden vorliegen (*scrambling*).
- Die Verarbeitung von Daten erfolgt meist in digitaler Form; Analogrechner findet man nur in ganz besonderen Anwendungsfällen.
- Durch mathematische Verfahren kann bei Übertragung (und Speicherung) digitaler Informationen das Auftreten von Fehlern erkannt werden.
- Für die Speicherung digitaler Daten steht eine Reihe bewährter Speichermedien, z.B. Plattenspeicher (*disk storage*) zur Verfügung. Geräte in Netzwerken, wie sie bei der Paketvermittlung eingesetzt werden, benötigen auch speichernde Funktionen.
- Zur digitalen Signalverarbeitung stehen viele hochintegrierte billige Bauteile zur Verfügung.

Zur Digitalisierung der Signale muss eine Abtastung stattfinden. Das analoge Signal wird in regelmäßigen Abständen erfasst und in einen digitalen Wert umgesetzt. Bild 2-34 zeigt den Aufbau eines digitalen Übertragungssystems für analoge Daten.

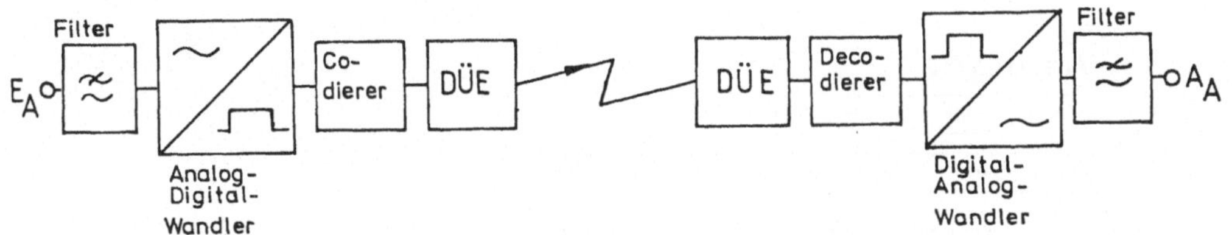

Bild 2-34 Aufbau eines Systems zur digitalen Übertragung analoger Daten (E_A: analoges Eingangssignal, A_A: analoges Ausgangssignal)

Für die Realisierung eines solchen Systems sind u.a. folgende Größen zu bestimmen:

a. **Abtastfrequenz** (*sampling rate*)
Nach dem Abtasttheorem von Shannon (*sampling theorem*) muss bei einem zeitkontinuierlichen Signal die Abtastfrequenz mindestens doppelt so hoch sein wie die Frequenz des abzutastenden Signals, wobei dessen Maximalfrequenz zugrunde zu legen ist.

$f_s >= 2*f_{sm}$

fs: Abtastfrequenz
f_{sm}: maximale Frequenz des abzutastenden Signals

Für die Übertragung von Telefongesprächen, die in ihrer Frequenz durch die menschliche Sprache begrenzt sind, wird eine Abtastfrequenz von 8 kHz verwendet.

b. **Anzahl der Bits zur Verschlüsselung eines Abtastwerts, Auflösung** (*resolution*)
Die Genauigkeit einer digitalen Verschlüsselung richtet sich nach der Auflösung des digitalen Wertes. Grundsätzlich ist die Umsetzung in einen digitalen Wert immer mit einem Informationsverlust verbunden. Ein Signalbereich umfasst „unendlich viele" analoge Werte, aber immer eine endliche Anzahl möglicher digitaler Werte. Wird z.B. eine Spannung im Bereich 0-10 V mit drei Bits verschlüsselt, so entstehen 8 mögliche digitale Werte, die Auflösung ist dann

$a = 10 \text{ V}/8 = 1{,}25 \text{ V}$

Eine Signaländerung des analogen Signals kann dann maximal 1,25 V betragen, ehe eine Änderung des digitalen Wertes eintritt. Wird das digitale Signal wieder in ein analoges umgesetzt (Digital-Analog-Wandlung), entsteht eine Abweichung vom ursprünglichen analogen Signal, die als Quantisierungsrauschen bezeichnet wird. Je geringer die Anzahl von Bits zur Verschlüsselung ist, desto höher ist die Auflösung, desto stärker auch das Quantisierungsrauschen (siehe Bild 2-35).

Erhöht sich die Anzahl der Bits, die zur Verschlüsselung des Wertes verwendet werden, so verringert sich das Quantisierungsrauschen, die benötigte Übertragungskapazität steigt aber. Für die Verschlüsselung der menschlichen Sprache gelten 8 Bits je Probe als ausreichend, bei einer Abtastrate von 8 kHz ergibt sich eine Übertragungskapazität von 64 000 bit/s. Ein Kanal dieser Kapazität wird im ISDN (siehe Kapitel 4) als Basiskanal bezeichnet.

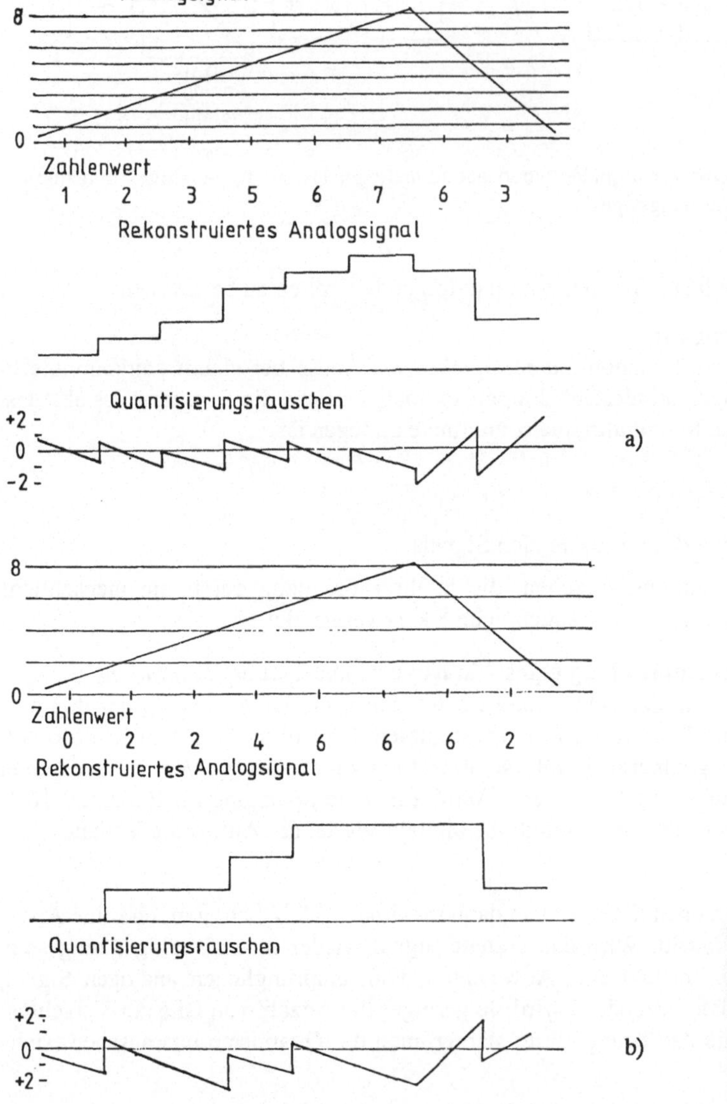

Bild 2-35
Quantisierungs-Rauschen
a. achtstufige Auflösung, 3 Bits;
b. vierstufige Auflösung, 2 Bits

Eine Reduzierung der Anzahl von Bits je Probe kann durch die Deltamodulation erreicht werden. Sie geht davon aus, dass plötzliche Signaländerungen nicht oder nur selten vorkommen.

Verschlüsselt wird der Wert der Differenz zu vorigen Probe, wozu weniger Bits erforderlich sind als für den absoluten Wert der Probe. Bild 2-36 zeigt, dass bei regelmäßigem Signalverlauf mit wenig Kanalkapazität mit annehmbarem Quantisierungsrauschen übertragen werden kann. Untersuchungen haben allerdings ergeben, dass bei der digitalen Übertragung von Telefongesprächen durch die Deltamodulation keine relevanten Einsparungen möglich sind.

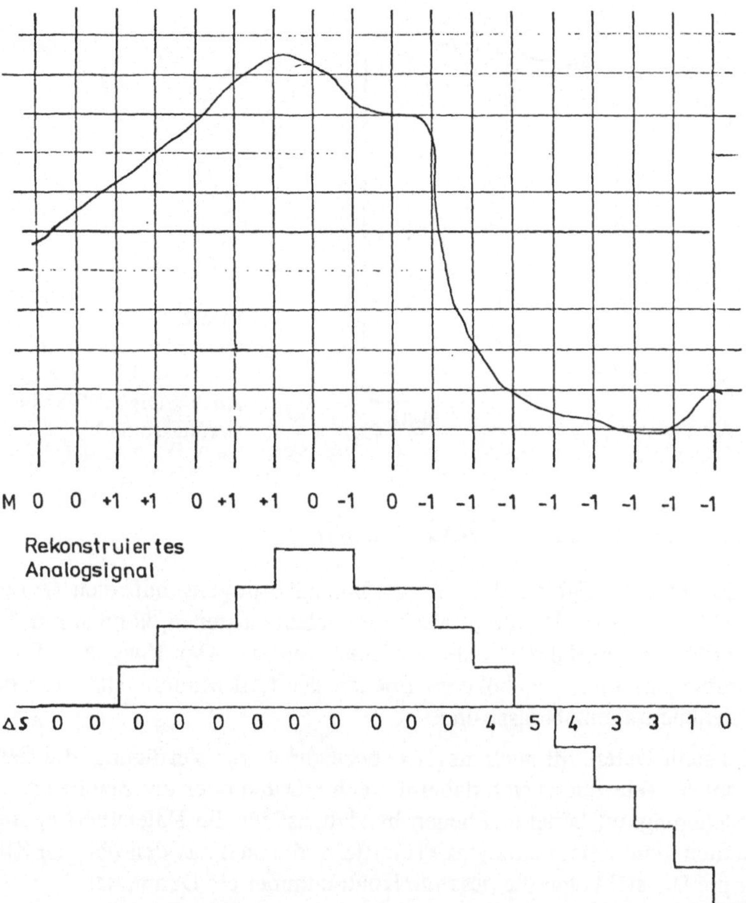

Bild 2-36 Delta-Modulation (M: übertragener Digitalwert, s: Abweichung des rekonstruierten Signals von dem ursprünglichen Signal)

Die Empfindlichkeit des menschlichen Ohres verläuft nicht linear, sondern logarithmisch. Damit ist es sinnvoll, das Quantisierungsrauschen bei kleiner Amplitude klein zu halten, bei größeren Amplitudenwerten ein größeres Quantisierungsrauschen zuzulassen. Die Analog/Digital-Wandlung erfolgt nicht linear, sondern nach einer Quantisierungs- oder Kompressions-Kennlinie. Bild 2-37 zeigt diese Kennlinie nach dem A-Gesetz; für diese Kennlinie bestehen mehrere Normen. Es werden für den positiven Bereich 128 Quantisierungsstufen angegeben, im Negativbereich verläuft die Kennlinie ebenso. Damit ergeben sich 256 Quantisierungsstufen, die mit 8 Bits verschlüsselt werden.

Die für die Übertragung von Telefongesprächen geschaffenen Kanäle von 64 000 bit/s, die auch für die Datenübertragung eingesetzt werden können, werden in den Trägersystemen der WANs nach Zeitmultiplexverfahren zusammengefasst, dies wird im Kapitel 4 beschrieben.

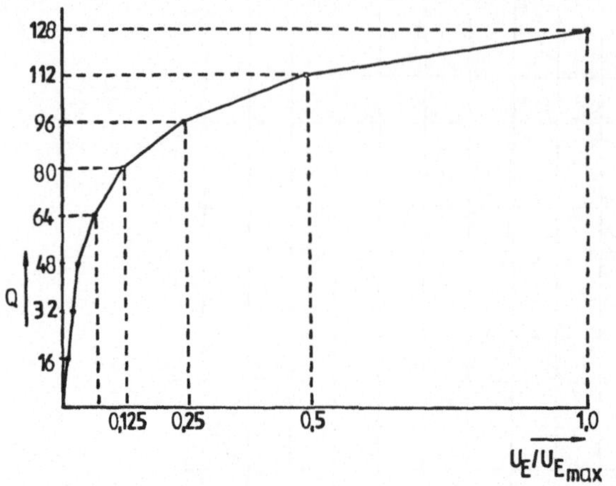

Bild 2-37
Quatisierungskennlinie nach dem A-Gesetz (U_E Eingangsspannung des Analog/Digital-Wandlers, Q Quantisierungsstufen)

2.7 Fehlerkontrolle und Fehlerbehandlung

Betrachtet werden hier die Fehler, die bei der Datenübertragung auftreten (*transmission errors*). Andere Fehler, wie sie z.B. durch falsche Eingaben entstehen, können mit den in diesem Abschnitt beschriebenen Verfahren nicht entdeckt werden. Abprüfungen auf solche Fehler (Plausibilitätsprüfungen) finden in höheren Ebenen des OSI-Modells statt, die nicht mit der eigentlichen Datenübertragung befasst sind.

Die Datenquelle stellt Daten, oft auch als Text bezeichnet, zur Verfügung, die fehlerfrei übertragen werden sollen. Wieweit es sich dabei um echte Daten oder um Zeichen zur Fehlerüberprüfung oder Steuerung auf höheren Ebenen handelt, ist für die Datenübertragung nicht relevant. Z.B. enthalten viele Kontonummern Prüfziffern, die sich aus den übrigen Ziffern errechnen lassen. Für die DÜ stellt aber die gesamte Kontonummer ein Datum dar.

Die Philosophie, die der Fehlerkorrektur zu Grunde liegt, kann in drei Sätzen zusammengefasst werden:

- Es gibt keine sichere Übertragung, man kann sich nicht darauf verlassen, dass die Daten unverfälscht übertragen werden.
- Fehlerquellen und Fehler sind intermittierend. Bei der Wiederholung eines fehlerhaften Vorgangs kann dieser korrekt verlaufen. Ein zweiter (oder weiterer) Versuch kann sich also lohnen.
- Nicht alle Fehlerquellen und Fehler sind intermittierend. Nach einer bestimmten Anzahl von fehlerhaften Versuchen kann davon ausgegangen werden, dass die Fehlerquelle nicht „von selbst" verschwindet. Die Wiederholungen müssen abgebrochen werden; es sind andere Maßnahmen zu ergreifen.

Bedingung einer Fehlerkorrektur ist die Erkennung der Fehler. Bild 2-38 zeigt den grundsätzlichen Ablauf einer Übertragung mit Behandlung von Fehlern.

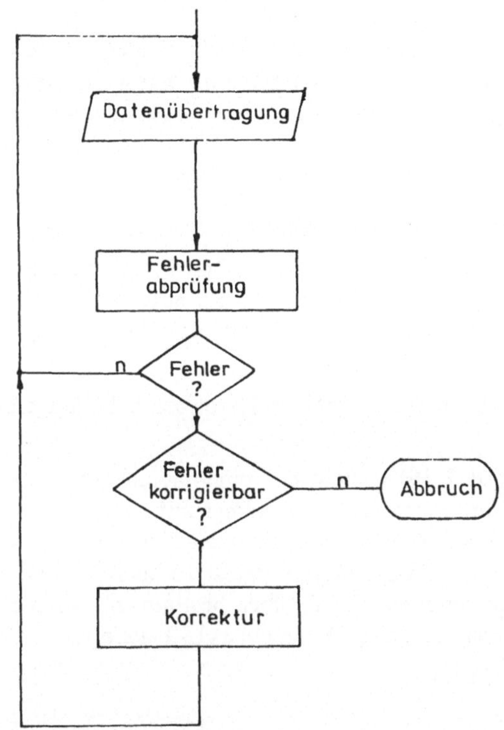

Bild 2-38
Grundsätzlicher Ablauf einer Datenübertragung mit Fehlerprüfung und -korrektur

Die Fehlererkennung (*error detection*) ist nur möglich, wenn den zu übertragenden Informationen weitere Informationen hinzugefügt werden, die eine Überprüfung möglich machen. Da diese aus den zu übertragenden Daten errechnet werden, steigt der Informationsgehalt der Nachricht dabei nicht. Die dafür üblichen Methoden sind:

a. **Querparität**, Abprüfung einzelner Zeichen, (VRC, *Vertical Redundancy Check*). Jedes Zeichen wird durch ein weiteres Bit, das Paritätsbit (*parity bit*) ergänzt, um die Paritätsbedingung zu erfüllen. Diese besteht darin, dass die Zahl der Einsen im Zeichen (einschließlich des Paritätsbits ungerade (*even*) oder gerade (*odd*) ist. Das Verfahren wird besonders in der asynchronen Übertragung angewandt.

b. **Blockprüfung**, Abprüfung ganzer Datenblöcke. Die Prüfzeichen ergeben sich aus dem gesamten Datenblock (PDU, *Protocol Data Unit*). Sie werden als Blockprüfzeichen (BCC, Block *Check Character*) oder Rahmenprüfsequenz (FCC, *Frame Check Sequence*) bezeichnet. Es findet sich auch die Bezeichnung Prüfsumme (*check sum*). Die Länge der Blockprüfzeichen ist unabhängig von der Länge des Datenblocks und durch das verwendete Protokoll festgelegt.

Für die Bildung der Prüfzeichen gibt es zwei Verfahren:

b1. **Längsparität** (LRC, *Longitudinal Redundancy Check*).
Das Paritätszeichen wird aus sämtlichen Zeichen des Datenblocks gebildet, wobei die einzelnen Bits innerhalb des Zeichens gesondert zur Bildung herangezogen werden. Z.B. wir das Paritätsbit 0 aus allen Bits 0 der Zeichen gebildet. LRCs werden innerhalb des SDH-Systems (siehe Abschnitt 4.4.2) eingesetzt.

b2. **CRC-Zeichen** (*Cyclic Redundancy Check*).
Die Bildung der CRC-Zeichen erfolgt fast immer über Hardware-Schaltungen (CRC-Generator). Die gleiche Schaltung wird auch in der empfangenden Station eingesetzt, diese errechnet die CRC-Zeichen auf Grund des empfangenen Datenblocks und vergleicht sie mit den empfangenen CRC-Zeichen. Ein korrekter Empfang wird angenommen, wenn die Zeichen übereinstimmen.

Das Verfahren, das bei blockweiser Übertragung sehr häufig verwendet wird, hat zwei Vorteile:

- Die Fehler werden mit einer sehr hohen Wahrscheinlichkeit erkannt. Dass Fehler sich gegenseitig aufheben, ist sehr unwahrscheinlich, auch wenn die Fehler dicht aufeinander folgen. Wenn auf einen Fehler sinnvoll reagiert wird, kann bei einer Größe der CRC-Zeichen von 16 Bit ein Verbesserungsfaktor von 10^5 angenommen werden.
- Die Bildung und Abprüfung der CRC-Zeichen kann durch einfache Hardware-Schaltungen erfolgen.

Die Schaltung zur Bildung der CRC-Zeichen (Bild 2-39) besteht aus einer Schieberegister-Anordnung mit zusätzlichen Exklusiv-Oder-Verknüpfungen (gekennzeichnet mit =1). Die gestrichelte Schalterstellung wird beim Senden der CRC-Zeichen angenommen. Die Länge des Schieberegisters entspricht der Länge des zu bildenden CRC-Zeichens (meist 16 oder 32 Bits). Die Anwendung der Schaltung erfolgt mit Prüfpolynomen, die darüber bestimmen, wo die Verknüpfungen stattfinden. Für den WAN-Bereich ist von der ISO und der ITU-T genormt:

$x^{16} + x^{12} + x^5 + 1$ (ITU-T X.25, ISO 2111, ISO 3309).

Als IBM-Polynom wird bezeichnet:

$x^{16} + x^{15} + x^2 + 1$

Die Fehlererkennung wird durchgeführt, indem mit der gleichen Schaltung (CRC-Generator) ein CRC-Zeichen mit den empfangenen Daten gebildet wird. Dieses wird mit dem empfangenen CRC-Zeichen verglichen. Wenn es damit Bit für Bit übereinstimmt, war die Übertragung mit hoher Wahrscheinlichkeit korrekt.

CRC-Zeichen geben keinen Aufschluss darüber, wie viele Fehler in einem Block aufgetreten sind und wo sich diese Fehler befinden. Eine direkte Korrektur ist damit nicht möglich. Welcher Teil der Nachricht zur Bildung der CRC-Zeichen verwendet wird, muss in den einzelnen Prozeduren eindeutig festgelegt werden.

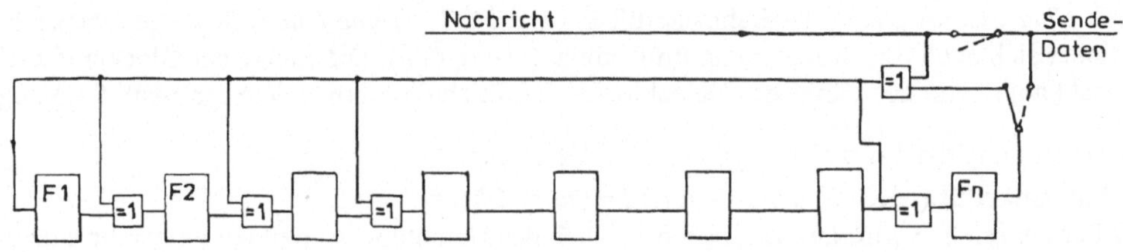

Bild 2-39 Schaltung zur Bildung von CRC-Zeichen

Ein weiteres Verfahren ist die **Echoprüfung** (*echo check*), sie wird auch als Schleifenprüfung (*loop check*) bezeichnet. Der Sender hält die gesendete Nachricht gespeichert. Der Empfänger sendet die Nachricht unverändert zurück. Damit kann der Sender vergleichen, ob die beiden Nachrichten übereinstimmen. Auch dieses Verfahren ist nicht absolut sicher; wenn das gleiche Bit auf dem Hin- und auf dem Rückweg gekippt wird, wird der Fehler nicht erkannt. Der Nachteil des Verfahrens liegt darin, dass für das Quittieren gleich viel Übertragungskapazität benötigt wird wie für das Senden. Die Durchsatzrate liegt immer unter 50 % der Zeichengeschwindigkeit. Das Verfahren wird daher nur in Ausnahmefällen verwendet, es seien drei Beispiele genannt:

1. Terminalverkehr.

Beim Anschluss eines Terminals an einen Zentralrechner (Bild 2-40) werden die eingelesenen Daten zum Zentralrechner übertragen, von diesem zurück auf den Bildschirm des Terminals. Der Bediener kann visuell überprüfen, ob die Daten korrekt übertragen wurden. Das Verfahren hat auch den Vorteil, dass eingegebene Daten (Passwörter) auf dem Bildschirm unterdrückt werden können. Bei asynchronen Terminals kann die Echoprüfung die einzige Fehlerkontrolle sein. Wird das Remote-Echo über Telnet (siehe Kapitel 7) ausgeführt, ist der Verkehr auf mehreren Ebenen über Prüfzeichen gesichert.

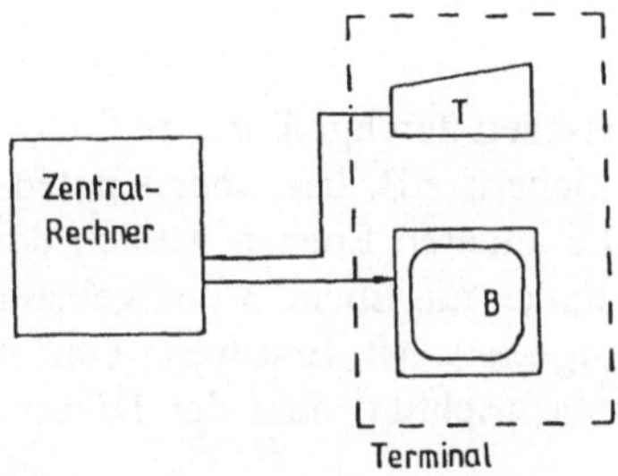

Bild 2-40
Echobildung beim Verkehr Terminal-Zentralrechner

2. Lokale Netze mit Ringstruktur.

Bei diesen Netzen (siehe Kapitel 4) laufen die Daten durch den ganzen Ring bis zum Absender, dieser kann dadurch die korrekte Übertragung prüfen.

3. Anwendung zur messtechnischen Überprüfung von Übertragungsstrecken (*loopback diagnostics*), sie wird im Kapitel 10 näher erläutert. Im Gegensatz zu den unter 1. und 2. genannten Anwendungen kann sie nur außerhalb der eigentlichen Datenübertragung stattfinden.

Bei der Fehlerbehandlung (*error handling*) kann nach drei Prinzipien verfahren werden:

1. Keine Fehlerbehandlung.

Wenn eine Fehlererkennung verwendet wird, werden die fehlerhaft empfangenen Daten nicht ausgewertet. Die Methode kann angewandt werden, wenn

- die Übertragung so sicher ist, also Fehler nie oder sehr selten auftreten, damit eine Fehlerbehandlung unwirtschaftlich wird.
- Fehler vorliegen, welche die Verständlichkeit der Nachricht nicht stark beeinflussen, wenn deren Häufigkeit gering bleibt. Dies liegt z.B. bei Texten in natürlicher Sprache vor. Diese bleiben auch dann verständlich, wenn ein Teil verstümmelt ist, dies gilt aber nicht für Namen, Postleitzahlen usw.

In der Datenübertragung ist die Übertragung ohne Fehlerbehandlung nicht üblich. Sie wird aber z.B. beim System SDH (siehe Abschnitt 4.4.2) angewandt. Es findet eine Fehlerprüfung mit LRC-Zeichen statt. Eine Fehlerkorrektur findet nicht statt, die Fehlerhäufigkeit wird aber erfasst und von der Netzwerkverwaltung ausgewertet. Wenn die Fehlerzahl zu hoch wird, wird das System technisch überprüft und die Fehlerquelle beseitigt. Dieses Vorgehen ist sinnvoll, denn eine Fehlerkorrektur könnte nur erfolgen:

- Über Wiederholung der falsch übertragenen Nachrichten. Da das System weitgehend kontinuierliche Datenströme wie Telefongespräche vermittelt, ist die Methode nicht anwendbar.
- Der Einsatz eines fehlerkorrigierenden Codes würde zu viel Bandbreite in Anspruch nehmen.

Wenn über das System Datenübertragung durchgeführt wird, muss eine Sicherung mit Protokollen höherer Ebenen erfolgen.

2. Abbruch bei Fehlererkennung.
Bei erkanntem Fehler wird die Übertragung abgebrochen, eine Fehlermeldung wird an die höhere Ebene des OSI-Referenzmodells gegeben. Dies führt zu einer Reaktion, die nicht mehr im „systemkonformen" Bereich liegt, z.B. Benachrichtigung des Systemadministrators. Das Verfahren wird meist im Zusammenhang mit den Wiederholungsprozeduren angewandt; wenn eine festgelegte Anzahl von Wiederholungen nicht zum Erfolg führt, wird abgebrochen.

3. Automatische Fehlerkorrektur.
Die automatische Fehlerkorrektur wird ohne Eingriff des Menschen durchgeführt, sie findet auf der Ebene des OSI-Modells statt, welche die Übertragung sichert, z.B. bei einer Knoten-zu-Knoten-Übertragung auf der Ebene 2 (Sicherungsebene). Die anderen Ebenen werden davon nicht direkt berührt, eine Nachricht der Ebene 3 wird erst dann an die Ebene 3 übergeben und verarbeitet, wenn die Ebene 2 eine korrekte Übertragung festgestellt hat. Erst wenn eine Korrektur nicht möglich war, wird die nächsthöhere Ebene benachrichtigt, dass der Dienst der gestörten Ebene nicht zur Verfügung steht.

In vielen Systemen wird registriert, wenn Fehler korrigiert werden müssen, die Nachrichten werden in Log-Dateien gesammelt und können vom Systemadministrator ausgewertet werden.

Es werden zwei Methoden der automatischen Fehlerkorrektur verwandt:

a. Verwendung eines fehlerkorrigierenden Codes (*error correction code*, ECC).
Die Nachricht wird durch redundante Bits oder Zeichen so ergänzt, dass Fehler erkannt werden und durch Schaltungen oder Rechenvorgänge die ursprüngliche Nachricht wieder hergestellt werden kann. Damit ist es nicht notwendig, eine Wiederholung der gestörten Sendung anzufordern. Diese Art der Fehlerkorrektur ist auch auf Simplexstrecken möglich, deshalb wird sie auch als Vorwärts-Korrektur (FEC, *Forward Error Correction*) bezeichnet.

Die Fähigkeit, Fehler zu erkennen und zu korrigieren, hängt von der Häufigkeit der Fehler und ihrer Verteilung ab. Bild 2-41 zeigt den Aufbau eines fehlerkorrigierenden Codes durch Kombination der Längs- und Querparität für Blöcke von 8 Oktetten. Es werden 2 Oktett für die Absicherung benötigt. Es wird die Parität ungerade (odd) verwendet. Der in Bild 2-41a dargestellte Fehler wird erkannt. Da er eindeutig lokalisierbar ist durch Feststellung der gestörten Spalte und Zeile, kann er korrigiert werden, da bei einem binären Wert, der als falsch erkannt wurde, der richtige Wert bekannt ist. Der 2-Bit-Fehler, der in Bild 2-41b dargestellt ist, wird mit Sicherheit erkannt. Dies würde auch geschehen, wenn die Fehler sich in der gleichen Spalte oder Zeile befinden. Da die Position der gestörten Bits aber nicht eindeutig erkennbar ist, kann der Fehler nicht korrigiert werden. In Bild 2-42 ist ein 4-Bit-Fehler dargestellt, der nicht erkannt und damit auch nicht korrigiert wird. Dies gilt nicht immer bei 4-Bit-Fehlern, sondern nur, wenn diese eine bestimmte Anordnung haben (Rechteckfehler).

Bei jedem fehlerkorrigierenden Code treten auf:

- Fehler, die erkannt werden und korrigierbar sind
- Fehler, die erkannt werden, aber nicht korrigierbar sind
- Fehler, die nicht erkannt werden.

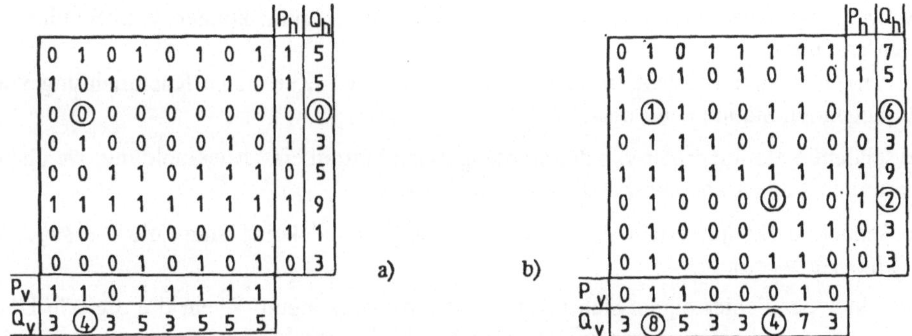

a)

									P_h	Q_h
	0	1	0	1	0	1	0	1	1	5
	1	0	1	0	1	0	1	0	1	5
	0	0	0	0	0	0	0	0	0	0
	0	1	0	0	0	0	1	0	1	3
	0	0	1	1	0	1	1	1	0	5
	1	1	1	1	1	1	1	1	1	9
	0	0	0	0	0	0	0	0	1	1
	0	0	0	1	0	1	0	1	0	3
P_v	1	1	0	1	1	1	1	1		
Q_v	3	4	3	5	3	5	5	5		

b)

									P_h	Q_h
	0	1	0	1	1	1	1	1	1	7
	1	0	1	0	1	0	1	0	1	5
	1	1	1	0	0	1	1	0	1	6
	0	1	1	1	0	0	0	0	0	3
	1	1	1	1	1	1	1	1	1	9
	0	1	0	0	0	0	0	0	1	2
	0	1	0	0	0	0	1	1	0	3
	0	1	0	0	0	1	1	0	0	3
P_v	0	1	1	0	0	0	1	0		
Q_v	3	8	5	3	3	4	7	3		

Bild 2-41 Fehlerkorrigierender Code durch Vertikal- und Horizontal-Paritätsprüfung

									P_h	Q_h
	0	1	0	1	0	1	0	1	1	5
	0	0	1	0	1	0	0	0	1	3
	1	0	1	0	1	0	1	0	1	5
	0	1	0	0	0	0	0	0	0	1
	1	1	0	1	0	1	1	1	1	7
	1	1	1	1	1	1	1	1	1	9
	1	0	0	1	0	1	1	0	1	5
	0	1	0	0	0	1	1	0	0	3
P_v	1	0	0	1	0	0	0	0		
Q_v	5	5	3	5	3	5	5	3		

Bild 2-42
Nicht erkannter Fehler bei Vertikal- und Horizontal-Paritätsprüfung

Durch Verwendung eines höheren Anteils von Prüfbits lässt sich der Anteil erkennbarer und korrigierbarer Fehler steigern. So kann bei Übertragung auf Funkverbindungen ein „gespreizter konvolutioneller" Code verwendet werden, der für jedes Nachrichtenbit ein Prüfbit benutzt.

Die ITU-T-Empfehlung V.32 sieht ein Modem vor, welches einen fehlerkorrigierenden Code verwendet (Trellis-Codierung). Es werden Signale mit 32 möglichen Werten übertragen, welche zur Codierung von 4 Datenbits dienen.

Eine besondere Form der Fehlerkorrektur liegt beim ATM-System vor (Abschnitt 4.4.4). Der Header besteht aus 5 Oktetten, das 5. Oktett enthält ein CRC-Zeichen, welches aus den 4 übrigen Oktetten errechnet wird. Ein 1-Bit-Fehler wird dadurch korrigiert, dass für alle 40 Bits der Reihe nach angenommen wird, dass der Fehler in diesem Bit ist. Wenn ein Kippen des Bits und die Berechnung des CRC-Zeichens das empfangene CRC-Zeichen ergibt, ist der Fehler korrigiert. Wenn das Verfahren für alle 40 Bits ohne Erfolg vorgenommen wird, muss ein Mehr-Bit-Fehler vorliegen. Da keine Fehlerkorrektur durchgeführt werden kann, wird die Zelle vernichtet. Das Verfahren ist bei ATM sinnvoll, da die Zahl der zu überprüfenden Bits immer auf 40 begrenzt ist.

b. Korrektur durch Wiederholung.
Bild 2-43 zeigt den Ablauf einer Datenübertragung mit Wiederholung. Die Methode wird auch als Wiederherstellung (*recovery*) oder „Go-Back-n"-Schema genannt. Sie geht davon aus, dass Fehler intermittierend auftreten, eine Wiederholung also zum Erfolg führen kann. Zur Vermeidung von „Endlos-Schleifen" werden Wiederholungszähler (*counter*) verwendet, deren Ablauf zum Abbruch der Übertragung führt. Fehler bei der Übertragung können vom Sender festgestellt werden durch:

- Die sendende Station erhält innerhalb einer festgelegten Zeit keine Rückmeldung von der empfangenden Station (*time out*).
- Die sendende Station erhält von der empfangenden Station eine Rückmeldung, welche einen Übertragungsfehler anzeigt (*negative acknowledgement*).
- Die sendende Station erhält eine Rückmeldung, welche keine sinnvolle Aussage macht (*invalide response*).

Die Korrektur der Fehler eignet sich nicht für alle Anwendungen. Wenn die digitale Übertragungssysteme einen kontinuierlichen Datenstrom aufrecht erhalten müssen, wie es bei Telefongesprächen oder Video-Übertragungen notwendig ist, können nicht sporadisch Nachrichteneinheiten verworfen, ihre Neuübertragung angefordert werden.

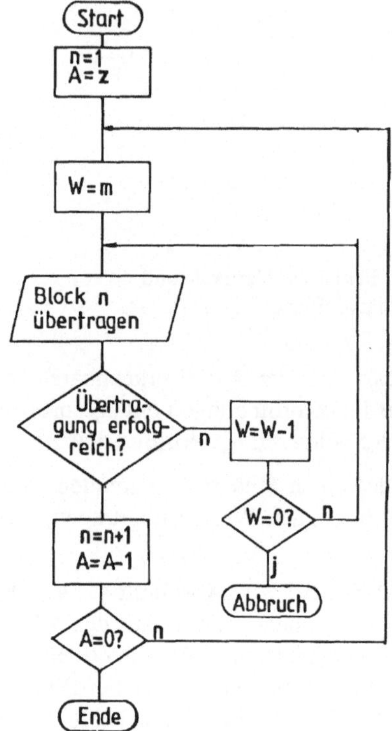

Bild 2-43
Prinzip der Fehlerkorrektur durch Blockwiederholung (W: Wiederholungszählerbegrenzung)

Die Prozeduren der DÜ sind so gestaltet, dass beide Stationen nach einer bestimmten Anzahl von Fehlern einen Abbruch durchführen können. Eine nicht korrekt arbeitende Station darf eine Verbindung nicht „ewig" aufrechterhalten und damit die andere Station blockieren.

Die Korrektur durch Wiederholung ist die in der DÜ am Häufigsten verwendete Art der Fehlerkorrektur.

Fehlerkontrolle ist im OSI-Referenz-Modell in mehreren Ebenen als Funktion genannt, da Fehler in mehreren Ebenen auftreten können. Mit Prüfzeichen der Ebene x können Fehler festgestellt werden, die in der Ebene x-1 nicht erkannt wurden. Wenn z.B. TCP-Segmente in IP-Paketen über das Lokale Netzwerk nach 802.3 übertragen werden, liegt vor:

Ebene 2	CRC-Zeichen von 32 Bits am Ende des Frames, welche den gesamten Frame (Header und Inhalt) sichern
Ebene 3	CRC-Zeichen von 16 Bits, welche nur den IP-Header sichern
Ebene 4	CRC-Zeichen von 16 Bits, welche das gesamte TCP-Segment (Header und Inhalt) und einen Teil des IP-Headers sichern.

Bei der neuen Version des IP (Version 6, siehe Abschnitt 5.4.4.10) wird allerdings auf die CRC-Zeichen der Ebene 3 verzichtet.

Fehler der unteren Ebenen sollen keine Auswirkungen auf die oberen Ebenen haben. Nichtkorrigierbare Fehler verhindern stets das Funktionieren der Vorgänge auf den darüber liegenden Ebenen, korrigierbare Fehler einer unteren Ebene sollen keine Auswirkungen auf das Funktionieren der oberen Ebene haben.

3 Die physikalische Ebene

Dieses Kapitel befasst sich mit der physikalischen Ebene (*physical layer*) des OSI-Referenzmodells, nach DIN ISO 7498 der Bitübertragungsschicht. Im Gegensatz zum vorigen Kapitel sollen hier die auf dieser Ebene tatsächlich vorhandenen Einrichtungen untersucht werden, wobei deren Normung besonders Bedeutung zukommt. Einrichtungen des ISDN, welche der physikalischen Ebene zuzurechnen sind, werden im Kapitel 4 dargestellt.

Die physikalische Ebene zeichnet sich durch folgende Merkmale aus:

a. Die Daten werden als Bitstrom betrachtet; es wird nicht unterschieden, ob es sich dabei um Daten im eigentlichen Sinne oder um Steuerinformationen (*control characters, overhead*) handelt.

b. Die Normung erstreckt sich nicht nur auf den Informationsaustausch, sondern auf die Darstellung durch konkrete Signale. Physikalische Größen wie Spannung und Stromstärke werden berücksichtigt.

c. Nicht nur elektrische oder optische Größen, sondern auch mechanische Größen, z.B. Steckerformen, sind genormt.

d. Es wird nicht das gesamte System betrachtet, sondern nur das Verhalten einer Übertragungsstrecke oder an einem bestimmten Punkt des Systems (Schnittstelle).

e. Es werden nicht nur die Signale bezeichnet und physikalische definiert, sondern Bedeutung und Zusammenarbeit dieser Signale werden beschrieben.

f. Eine große Rolle spielen Überlegungen zum Zeitverhalten der Signale (*timing*) und den dabei zulässigen Abweichungen.

3.1 Aufgaben der physikalischen Schnittstellen

Schnittstellen der physikalischen Ebene (*interfaces*) verbinden Systemteile miteinander; im WAN-Bereich verbinden sie oft den Bereich des Anwender (*subscriber*) mit dem des Netzwerkbetreibers (*carrier*). Die Normung erstreckt sich dabei auf:

- Mechanischer Aufbau der Stecker
- Zuordnung der Signale zu den Steckerpunkten
- Bedeutung und Funktion der Signale
- Elektrische oder optische Kennwerte der Signale
- Zusammenarbeit der Signale
- Zeitverhalten der Signale

Nur wenn die Vorschriften der Normen eingehalten werden, ist eine Zusammenarbeit von Systemen unterschiedlicher Organisationen möglich. Besonders bei den elektrischen und optischen Kennwerten, aber auch bei den Werten für das Zeitverhalten müssen auch die zulässigen Abweichungen definiert werden (Toleranz).

3.2 Beispiele

3.2.1 Schnittstelle zur Datenübertragung im Telefonnetz

Beim Anschluss eines Computers an das Telefonnetz zur Übertragung der Daten wird die Schnittstelle V.24 verwendet; sie verbindet den Computer mit einem Modem. Im ersten Unterabschnitt wird die Schnittstelle erläutert, während die nachfolgenden Unterabschnitte näher auf die Modems eingehen

3.2.1.1 Die Schnittstelle V.24

Für die Schnittstelle bestehen mehrere Normungen von unterschiedlichen Organisationen, die aber sachlich übereinstimmen:

- V.24 von der ITU-T: Liste von Definitionen für Austauschleitungen zwischen Datenendeinrichtung und Datenübertragungseinrichtung (*List of Definitions for interchange Circuits between Data Terminal Equipment and Data Circuit-TerminationEquipment*)
- DIN-Blatt 66020 von DIN
- RS232-C der EIA: "*Interface between Data Terminal Equipment and Data Communication Equipment employing serial binary Data interchange*". Diese Norm umfasst auch die Beschreibung des elektrischen Verhaltens der Signale, welche nach ITU-T nicht nach V.24, sondern nach V.28 genormt ist.
- V.28 von der ITU-T: *Electrical Characteristics for unbalanced double-current Interchange Circuits.*
- DIN-Blatt 66259, Teil 1: Elektrische Eigenschaften der Schnittstellenleitungen, Doppelstrom, unsymmetrisch bis 20 kbit/s. Diese Norm entspricht der V.28.

Durch diese mehrfache Normung bestehen mehrere Bezeichnungen für ein Signal. Dies soll am Beispiel des Signals, welches die Daten von der DEE zur DÜE überträgt, dargestellt werden:

ITU-T:	103
DIN:	D1 (alle Datenleitungen werden mit D bezeichnet)
RS232-C:	BA
Deutscher Name:	Sendedaten
Englischer Name:	Transmitting Data
Abkürzungen:	TD, TXD

Die V.24-Schnittstelle ist sowohl für die synchrone wie die asynchrone Übertragung geeignet; sie kann sowohl im Duplex-Betrieb wie im Halbduplex-Betrieb arbeiten. Alle Leitungen übertragen das Signal entweder von der DEE zur DÜE oder umgekehrt; es gibt keine bidirektionalen Leitungen.

Die Zuordnung der Spannungswerte zu den logischen Pegeln wird nach V.28 geregelt:

Datenleitungen:	1 (*mark*)	<= - 3 V
	0 (*space*)	>= + 3 V
Steuer- und Meldeleitungen:	ein (*on*)	>= + 3 V
	aus (*off*)	<= - 3 V

Für die Datenleitungen liegt also die negative Logik vor.

Die Angaben geben die Grenzwerte der Signale vor. Der Betrag der Spannungen soll 15 V nicht über- bzw. untersteigen; üblich liegen die Signale bei etwa – 10 V bzw. + 10 V.

Tabelle 3-1 zeigt die Leitungen der V.24 mit verschiedenen Bezeichnungen.

Datenleitungen (nach DIN mit D bezeichnet):

Die Bezeichnung der Datenleitungen geht von der DEE aus. Die Sendedaten werden von der DEE gesendet und von der DÜE empfangen; die Empfangsdaten von der DÜE gesendet, von der DEE empfangen. Auf der Leitung für die Sendedaten müssen die Daten in serieller Form vorliegen, ebenso werden sie auf der Leitung für die Empfangsdaten bitseriell an die DEE übergeben. Die übliche Abkürzung für die Sendedaten (D1) ist TXD, es wird aber auch TD verwendet; für die Empfangsdaten (D2) lautet sie RXD bzw. RD.

Steuer- und Meldeleitungen (nach DIN mit S und M bezeichnet):

S1.1 Übertragungsleitung anschalten (*connect data set to line*)
Das Signal veranlasst die DÜE, sich an die Wählleitung anzuschalten, bzw. vom Sprech- auf den Datenverkehr über zu gehen. Der Zustand wird solange beibehalten, wie S1.1 im Ein-Zustand ist. Ein Wechsel zu Aus führt erst dann zu einer Auflösung, wenn alle der DÜE übergebenen Daten gesendet sind.

S1.2 Datenendeinrichtung betriebsbereit (*data terminal ready*)
Dieses Signal zeigt einer DÜE an einer Standleitung an, dass die DEE bereit ist, Daten zu senden oder zu empfangen.

S1.1 und **S1.2** können nie zusammen vorkommen, je nach Typ der Verbindung tritt nur eines der beiden Signale auf. Als Abkürzung ist für beide Signale DTR (*data terminal ready*) üblich.

M1 Betriebsbereitschaft (*data set ready*)
Es zeigt an, dass die DÜE mit der Übertragungsleitung verbunden ist und bereit ist, auf weitere Steuersignale zu reagieren. Das Signal kann eine Quittierung von S1.1 oder S1.2 sein. Es wird mit DSR abgekürzt.

S2 Sendeteil einschalten (*request to send*)
Steuert den Sendebetrieb der DÜE, bei einem Ein-Zustand soll die DÜE in den Sendebetrieb (*data channel transmit mode*) gehen. Wenn S2 in den Aus-Zustand geht, wird der Sendebetrieb erst dann verlassen, wenn alle übergebenen Daten gesendet sind. Die Abkürzung ist RTS.

M2 Sendebereitschaft (*ready for sending*)
Zeigt als Quittungssignal für S2 die Sendebereitschaft der DÜE an. Die übliche Abkürzung, welche Verwechslungen mit RTS ausschließen soll, ist CTS (*clear to sending*).

Die Verwendung der Signale S2 und M2 ist besonders für den Halbduplexbetrieb wichtig, bei dem zwischen Senden und Empfangen abgewechselt werden muss. Wenn das S2-Signal auf Ein wechselt, vergeht eine Zeit von 20 bis 40 ms, bis M2 die Sendebereitschaft anzeigt. In der Zeit, in der S2 auf Ein, M2 aber noch auf Aus steht, sendet das Modem bereits Signale zur Überprüfung der Leitung, Einstellung von Entzerrern usw. Die Leitungsausnutzung wird umso besser, je seltener zwischen Sende- und Empfangsbetrieb umgeschaltet wird, bzw. je länger die Übertragungsblöcke sind.

Tabelle 3-1 Signale der V.24-Schnittstelle

DIN 66020	**ITU-T V.24**	**EIA RS232-C**	**Name**	**Richtung DEE DÜE**
E2	102	AB	Erdleitung	
E2	102°		DEE Rückleiter	
E2	102b		DÜE Rückleiter	
D1	103	BA	Sendedaten (transmitting data)	→
D2	104	BB	Empfangsdaten (received data)	←
S2	105	CA	Sendeteil einschalten (request to send)	→
M2	106	CB	Sendebereitschaft (ready for sending)	←
M1	107	CC	Betriebsbereitschaft (data set ready)	←
S1.1	108/1		Übertragungsleitung anschalten (data terminal ready)	→
S1.2	108/2	CD	DEE betriebsbereit (data terminal ready)	→
M5	109	CF	Empfangssignalepegel (data channel received line signal detector)	←
M6	110	CG	Empfangsgüte	←
S4	111	CH	Hohe Übertragungsgeschwindigkeit einschalten (data rate selector)	→
M4	112	CI	Hohe Übertragungsgeschwindigkeit	←
T1	113	DA	Sendeschritttakt (transmitter signal element timing)	→
T2	114	DB	Sendeschritttakt (transmitter signal element timing)	←
T4	115	DD	Empfangsschritttakt (receiver signal element timing)	←
HD1	116	SBA	Hilfskanal Sendedaten	→
HD2	119	SBB	Hilfskanal Empfangsdaten	←
HS2	120	SCA	Hilfskanal Sendeteil einschalten	→
HM2	121	SCB	Hilfskanal Sendebereitschaft	←
HM5	122	SCF	Hilfskanal Empfangssignalpegel	←
T3	128		Empfangsschritttakt (receiver signal element timing)	→
S3	124		Auswahl von Frequenzgruppen	→
M3	125		Ankommender Anruf	←
S10	132		Datenbetrieb ablösen	→
M7	133		Empfangsdaten abrufen	→

M5 Empfangssignalpegel, **CD** (*data channel received line signal detector*)
Das Signal soll der DEE anzeigen, dass die DÜE Signale auf der Fernsprechleitung empfängt, die sich in den vorgeschriebenen Grenzen befinden. Die Bildung des Signals liegt in der Verantwortung der DÜE, wird also nicht von der DEE gesteuert. Die Bedingungen für die Bildung des Signals sind in weiteren Empfehlungen der ITU-T enthalten. Als Beispiel sei V.26 (2400 bit/s-Modem zur Datenübertragung auf festgeschalteten Vierdrahtleitungen, 2400 *bits per second modem standardized for use on 4-wire leased Telefone-type circuits*) genannt. Nach dieser Empfehlung gilt für M5:

Ist das ankommende Signal größer als -43 dBm, dann ist M5 = Ein, ist es kleiner als -48 dBm, so ist M5 = Aus. V.26 gibt keine direkte Anweisung darüber, wie sich M5 verhalten soll, wenn sich das ankommende Signal zwischen -43 und -48 dBm bewegt. Die Schaltung zur Bildung des M5-Signals soll aber ein Hysterese-Verhalten (*hysteresis action*) zeigen, wobei die beiden Schwellwerte mindestens 2 dB auseinander liegen sollen. Bild 3-1 zeigt den Zusammenhang zwischen dem Empfangssignal und M5. Nach V.26 wird weiter vorgeschlagen, nach Klärung der Übertragungsbedingungen weniger empfindliche Grenzwerte zu verwenden, z.B. -33 dm und -38 dBm.

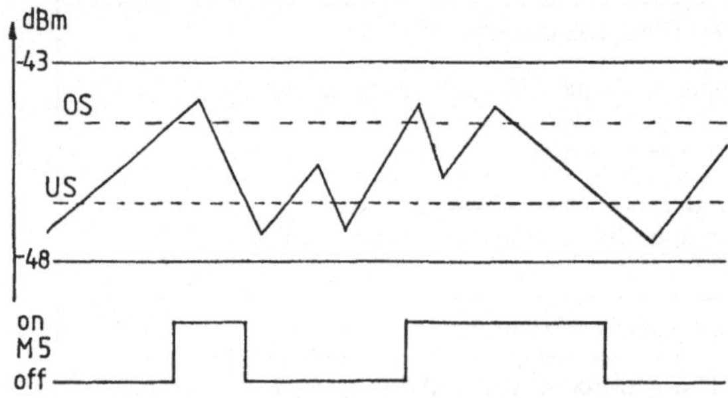

Bild 3-1
Zusammenhang zwischen dem Pegel des empfangenen Signals und dem Signal M5 (Empfangssignal-pegel) an der V.24-Schnittstelle

S4 Hohe Übertragungsgeschwindigkeit einschalten (*data signalling rate selector*)
Dieses Signal, welches von der DEE kommt, entspricht dem Signal M4 von der DÜE. Es darf immer nur eines der beiden Signale verwendet werden. Es dient der Auswahl der Datenübertragungsrate aus zwei verschiedenen Möglichkeiten, ist also nur sinnvoll, wenn die DÜE mit zwei verschiedenen Geschwindigkeiten arbeiten kann (*dual rate DCE*). Daher ist z.B. in V.26 keines der Signale vorgesehen, während Modems nach V.27ter (4800/2400 *bits per second modem*) den Anschluss von S4 vorsehen. Für beide Signale (S4, M4) gilt, dass bei Ein-Zustand die hohe Geschwindigkeit vorliegt. S4 wird mit DRS abgekürzt.

M3 Ankommender Ruf (*calling indicator*)
Der Ein-Zustand zeigt an, dass die DÜE ein Rufsignal erkannt hat. Bei einem intermittierenden Rufsignal (*pulse-modulated polling signal*) geht das M3-Signal in den Pausen in den Aus-Zustand. Als Abkürzung wird RI (*ring indicator*) verwendet.

Taktleitungen (nach DIN mit T bezeichnet)

Sie dienen der Synchronisation des Datenstroms zwischen DEE und DÜE.

T1, T2 Sendeschritttakt (*transmitter signal element timing*)
Beide Signale, von denen immer nur eins vorhanden sein kann, takten den Datenfluss der Sendedaten auf D1 (Bittakt). Sind beide Leitungen vorhanden, so ist die inaktive Leitung im Aus-

Zustand zu halten. Der Übergang vom Ein- in den Aus-Zustand (negative Flanke) kennzeichnet die Mitte er Schritte (*data cells*) auf der Leitung D1 (Bild 3-2). Das Signal soll ein Verhältnis der Ein- und Aus-Zustände von etwa 1:1 haben. Beide Signale werden mit TXC oder TC abgekürzt.

Damit T1 verwendet werden kann, muss die DEE über eine Takteinrichtung verfügen. Damit T2 verwendet werden kann, muss sie in der DÜE sein (selbsttaktendes Modem). V.24 und die Empfehlungen für einzelne Modems sehen beide Möglichkeiten vor. Wenn ein selbsttaktendes Modem vorliegt, ist keine Taktung durch die DEE erforderlich. Controller für die DFÜ werden daher teilweise in zwei Versionen angeboten, von denen nur eine die Takterzeugung vornehmen kann. Es überwiegt die Verwendung des Signals T2 (von der DÜE).

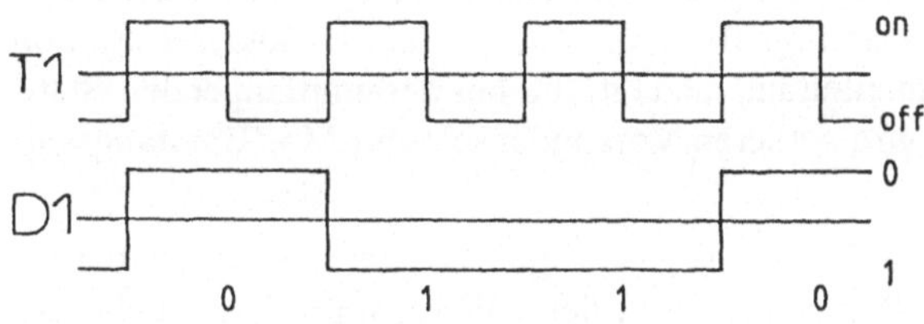

Bild 3-2
Zusammenhang zwischen T1 (Sendschritttakt von der DEE) und D1 (Sendedaten) an der V.24-Schnittstelle

T3, T4 Empfangsschritttakt (*receiver signal element timing*)
Die Signale, von denen immer nur eines aktiv sein kann, haben eine ähnliche Funktion wie T1 und T2, sind aber auf die Empfangsdaten (D2) bezogen. Abgeleitet werden muss der Empfangsschritttakt aus den empfangenen Daten (Bitsynchronisation), vergl. Abschnitt 2.5. Der Empfangsschritttakt von der DÜE (T4) wird nur gebildet, wenn das Signal M5 im Ein-Zustand ist.

In V.24 sind sowohl T3 (von DEE) wie auch T4 (von DÜE) vorgesehen, die beide mit RXC oder RC abgekürzt werden. Die Empfehlungen für die einzelnen Modems sehen im Gegensatz zu T1 und T2 nicht immer beide Leitungen vor, sondern teilweise nur die Verwendung von T4 (von DÜE).

Sendeschritt- und Empfangsschritttakt müssen bei der synchronen Übertragung immer gebildet werden.

T5 Empfangsseitige Abtastmarkierung (*receive character timing*)
Es soll dazu dienen, einen Zeitrahmen für die empfangenen Daten zu bilden (Zeichensynchronisation). Es soll nur verwendet werden, wenn die Empfehlung für ein bestimmtes Modem dies vorsieht. Die bestehenden ITU-T-Empfehlungen sehen das Signal nicht vor.

Hilfskanal-Leitungen (nach DIN mit H bezeichnet)
Sie sollen einen weiteren Kanal für die Datenübertragung bilden (*backward channel*). Dieser arbeitet mit einer niedrigeren Datenübertragungsrate als der Hauptkanal. Die Bedeutung der Signale ist die gleiche wie oben beschrieben, z.B. hat HS2 die Bedeutung „Hilfskanal Sendeteil einschalten (*transmit backward channel line signal*). Der Anschluss eines Hilfskanals ist z.B. in der Empfehlung V.23 für ein 600/1200 bit/s-Modem als Möglichkeit (*option*) vorgesehen, während V.29 (9600 bit/s-Modem für Standleitungen) keinen Hilfskanal vorsieht.

Die V.24-Schnittstelle wird nicht nur für den Anschluss von DEEs an das öffentliche Telefonnetz verwendet, sondern auch zur Verbindung von Geräten, die räumlich eng beieinander stehen. Eine Modulation der Signale und damit der Einsatz eines Modems ist nicht erforderlich.

Es wird auch meist nur ein Teil der in V.24 vorgesehenen Signale verwendet. Es seien dazu drei Beispiele genannt.

Beispiel 1:

Bild 3-3 zeigt einen Direktanschluss, bei dem zwei DEEs mit einem Kabel ohne Zwischenschaltung eines Modems verbunden sind. Die Controller der DEEs sollen dabei das gleiche Verhalten zeigen, das auch beim Anschluss über Modems vorliegen würde. Damit sind für die DEE keine Anpassungen bei Hard- oder Software notwendig. Es werden damit aber auch Signale gebildet und ausgewertet, die bei dieser Anschlussart keinen Sinn haben.

Die Datenleitungen werden gekreuzt, damit aus Sendedaten der einen Station die Empfangsdaten der anderen Station werden. Durch die Brückung der Signale S1 und M1 wird das Vorhandensein einer DÜE, welche S1 mit M1 quittiert, vorgetäuscht. Der gleiche Zweck wird durch die Brücke zwischen S2 und M2 erreicht. Das Signal S2 wird aber auch der anderen Station zugeführt. Da es die Daten auf der Sendedatenleitung anzeigt, die bei der empfangenden Station auf der Empfangsdatenleitung D2 sind, wird so deren Vorhandensein mit M5 (Empfangssignalpegel) angezeigt.

Die Taktung erfolgt direkt, bei der in Bild 3-2 gezeigten Konfiguration muss eine der beiden DEEs über eine Takteinrichtung verfügen. Wenn dies nicht der Fall ist, muss bei synchroner Übertragung ein zusätzlicher Frequenzgenerator eingeschaltet werden.

Kabelverbindungen, die der DEE das Vorhandensein eines Modems vortäuschen, werden als „Null-Modem“ bezeichnet. Besonders wenn das Null-Modem für die synchrone Übertragung über einen Taktgenerator verfügt, findet man auch die Bezeichnung „Modem-Eliminator“.

Während im Beispiel 1 das Vorhandensein eines Modems vorgetäuscht wird, sind auch oft Verbindungen in Gebrauch, welche speziell für den Anschluss peripherer Geräte geschaffen wurden. Diese könnten nicht ohne Abänderung mit einem Modem zusammenarbeiten, obwohl sie Signale der V.24 verwenden. Dabei wird unterschieden:

- Konfigurationen, bei denen beide Geräte als DEE arbeiten;
- Konfigurationen, bei denen ein Gerät als DEE, das andere als DÜE konzipiert ist.

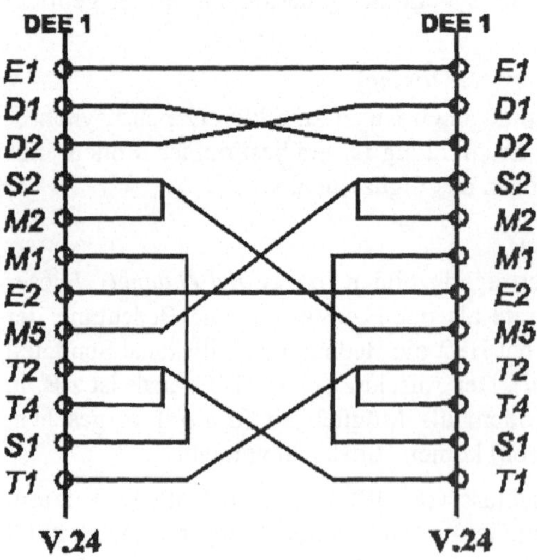

Bild 3-3
Direktverbindung zweier DEEs über V.24.

Beispiel 2:
Bild 3-4 zeigt eine Verbindung, bei der die Zentraleinheit als DÜE, das periphere Gerät als DEE konzipiert ist. Für die DÜE stellt die Leitung D1 eine Empfangsleitung dar (sie soll hier die Daten in digitaler Form empfangen, um sie dann moduliert ins Netz zu geben). Die Leitung D2 ist für die DÜE eine Sendeleitung, auf der sie Daten zur DEE gibt. Eine Kreuzung der Leitungen, wie sie Bild 3-3 zeigt, ist nicht notwendig. Die Signale behalten ihre Bezeichnungen. Da an dieser Verbindung immer asynchron übertragen wird, sind keine Taktsignale nötig. Die Synchronisierung der Zeichen erfolgt über die Start-Bits. Mit den Steuersignalen M2 und S2 kann der Datenfluss gesteuert werden.

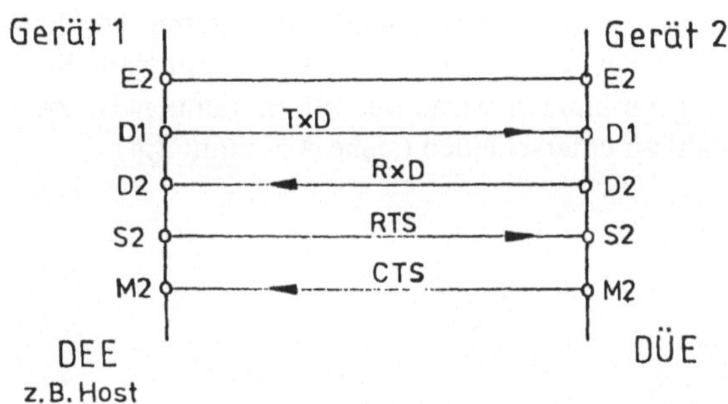

Bild 3-4
Verbindung zweier Geräte über V.24, wobei ein Gerät als DEE, das andere als DÜE konzipiert ist

Beispiel 3:
Bild 3-5 zeigt eine Verbindung für asynchrone Übertragung, bei der beide Geräte das Verhalten einer DEE aufweisen. Damit findet wieder die Kreuzung der Signalleitungen statt. Im Gegensatz zum Beispiel 1 sind hier aber alle Leitungen weggelassen, die nur bei der Zusammenarbeit mit einem Modem einen Sinn haben. Die Steuerung des Datenflusses kann nur über die Datenleitungen erfolgen, z.B. über die Verwendung der Zeichen X-On und X-Off.

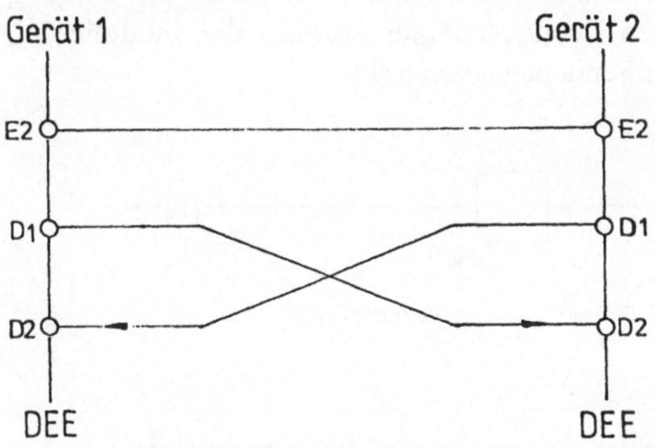

Bild 3-5
Verbindung zweier Geräte über V.24, wobei beide Geräte als DEE konzipiert sind

3.2.1.2 Modems

Die V.24-Schnittstelle verbindet DEE und DÜE für die Übertragung im Fernsprechnetz, dabei müssen die DÜEs als Modems (Modulator/Demodulator) ausgebildet sein. Die Modulationsverfahren wurden im Abschnitt 2.3.2 behandelt. Die Funktionen der Modems sind ebenfalls durch ITU-T-Empfehlungen der V.-Serie erfasst. Bild 3-6 zeigt den Aufbau eines Modems. Die Anschalteinheit ist bei Verwendung von Wähl- und Standleitungen unterschiedlich ausgeführt.

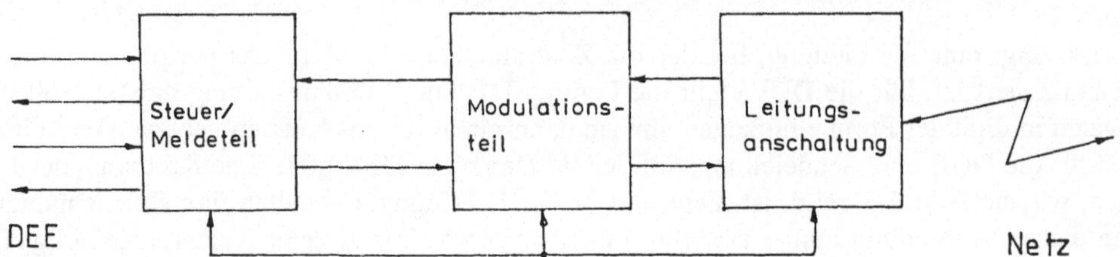

Bild 3-6 Aufbau eines Modems

Bild 3-7 zeigt ihren Aufbau bei Standleitungen (Datendirektverbindung). Die interne Anschaltung wird über S1 gesteuert. Das Signal entscheidet darüber, ob die Leitung mit dem Sende/Empfangsteil oder mit der Sprecheinrichtung verbunden wird. Bei Wählleitungen ist zwischen der automatischen und der manuellen Wahl zu unterscheiden (siehe Abschnitt 3.4).

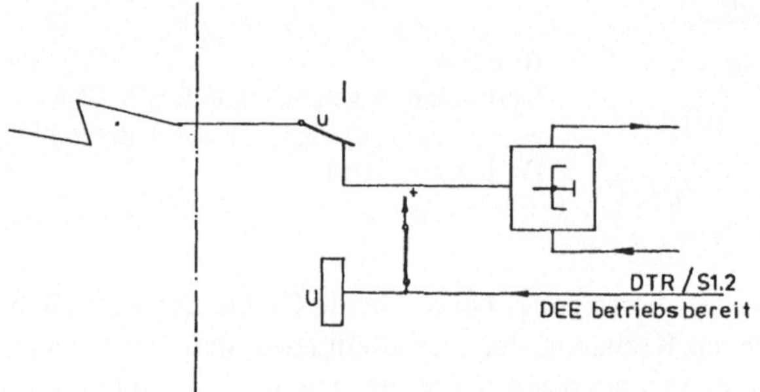

Bild 3-7
Anschaltung eines Modems
bei Standleitungen

Bild 3-8 zeigt den Aufbau von Sende- und Empfangsteil. Die Arbeitsweise des eigentlichen Modulators richtet sich nach dem Modulationsverfahren. Der Sendefilter dient der Beseitigung unerwünschter Modulationsprodukte. Durch den Sendeverstärker werden die modulierten, tonfrequenten Sendesignale auf den gewünschten Sendepegel verstärkt.

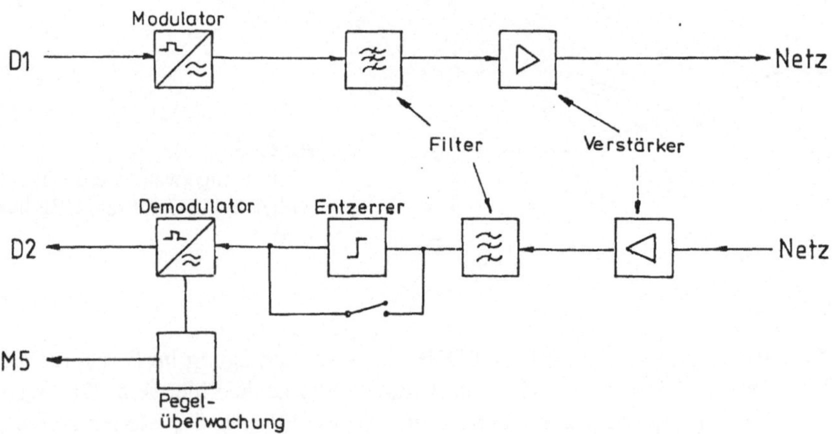

Bild 3-8 Sende- und Empfangsteil eines Modems (D1 Sendedaten, D2 Empfangsdaten, M5 Empfangsignalpegel)

Der **Entzerrer** (*equalizer*) im Empfangsteil hat die Aufgabe, frequenzabhängige Verzerrungen auszugleichen. Grundsätzlich können Verzerren auch im Sender untergebracht werden, dies ist aber nicht üblich. Der Entzerrer verstärkt Frequenzanteile, die auf der Leitung stark gedämpft werden, stärker als andere. Frequenzanteile, welche schneller als andere übertragen werden, werden verzögert, so dass alle Frequenzanteile scheinbar gleichzeitig ankommen. Dies wird als Ausgleich der Gruppenlaufzeit (*group delay*) bezeichnet.

Die Entzerrer können eingeteilt werden in:

- Kompromiss-Entzerrer (*compromise equalizer*)
- Manuell einstellbare Entzerrer (*manually adjustable equalizer*)
- Automatische adaptive Entzerrer (*automatic adaptive equalizer*).

Tabelle 3-2 zeigt für einige Empfehlungen der ITU-T den vorgesehenen Entzerrertyp.

Tabelle 3-2 ITU-T-Empfehlungen für Entzerrer

Empfehlung	Datenübertragungsrate bit/s	Entzerrer
V.21	200	Keine Empfehlung
V.22	1200 duplex*	Kompromiss-Entzerrer
V.22bis	2400 duplex*	Adaptiver Entzerrer oder Kompromiss-Entzerrer
V.23	600/1200	Keine Empfehlung
V.26	2400	Keine Empfehlung
V.26bis	2400/1200	Kompromiss-Entzerrer
V.26ter	2400 duplex	Adaptiver Entzerrer oder Kompromiss-Entzerrer
V.27	4800	Manuelle einstellbar
V.27bis	4800	Automatischer Entzerrer
V.27ter	4800/2400	Automatisch einstellbarer Entzerrer
V.29	9600	Automatisch einstellbarer Entzerrer
V.32	9600duplex*	Adaptiver Entzerrer

Der Begriff Duplex in der Tabelle bedeutet, dass der Verkehr in beiden Richtungen über eine Leitung (Zwei-Draht-Leitung) geführt wird. Die Empfehlung V.27 stellt als Alternativen auch die Verwendung anderer Entzerrungstechniken, z.B. manuell einstellbarer Sendeverzerrer, frei.

Der Kompromiss-Entzerrer geht von den „normalen" Eigenschaften einer Fernsprechleitung aus. Dämpfung und Gruppenlaufzeiten sind in Bild 3-9 dargestellt. Die Bilder 3-10 und 3-11 zeigen das Verhalten des Kompromiss-Entzerrers, der so ausgelegt ist, dass die optimale Entzerrung bei einem Ortskabel mittlerer Länge stattfindet. Bild 3-12 zeigt, dass die Verwendung eines Kompromiss-Entzerrers nicht für jede Leitung die optimale Entzerrung erreicht. Linie a zeigt die typische Verzerrung (Mittelwert), Linie b die Grenze für 90% aller verwendeten Übertragungsleitungen. Bei einer Einstellung des Kompromiss-Entzerrers auf Linie c ergibt sich die vollständige Entzerrung nur bei Leitungen, die dem typischen Verhalten entsprechen. Eine ideale Leitung, auf der keine Verzerrung auftritt (*clean line*) würde bei Verwendung des Kompromiss-Entzerrers das Signal verzerren.

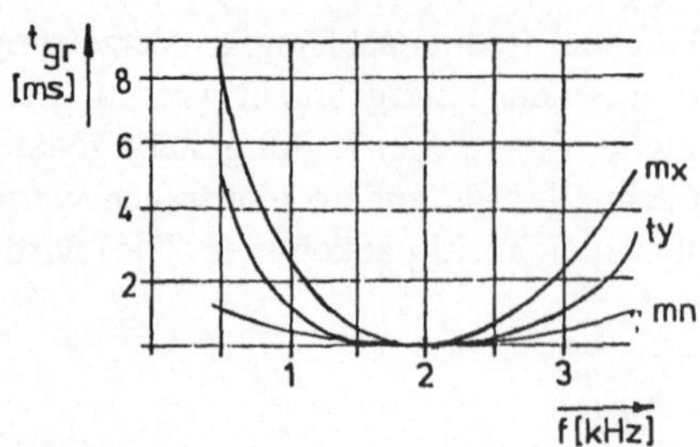

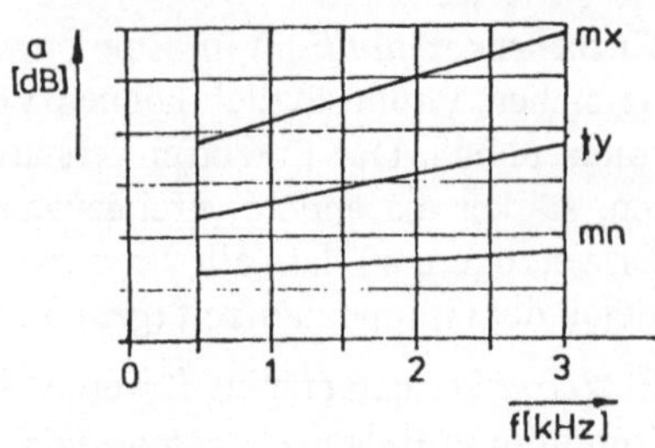

Bild 3-9 Verhalten von Gruppenlaufzeit und Dämpfung für verschiedene Frequenzen auf einer Telefonleitung (ty typischer Verlauf, mn minimaler Verlauf, mx maximaler Verlauf)

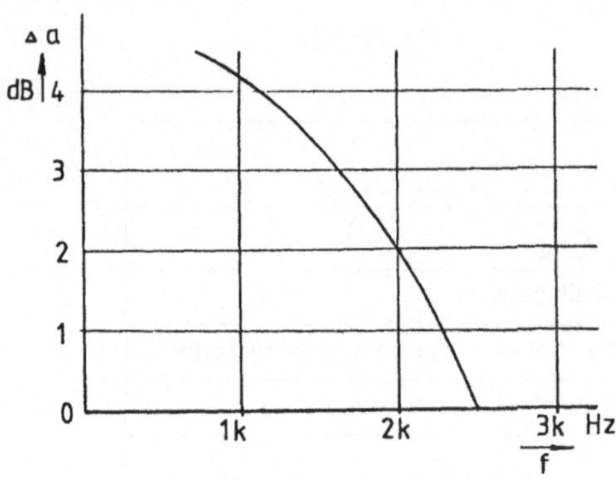

Bild 3-10
Kurvenverlauf eines Kompromiss-Entzerrers (Dämpfungs-Entzerrung)

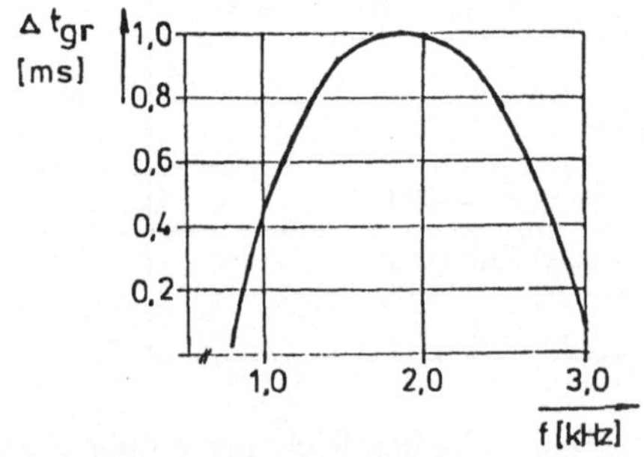

Bild 3-11
Kurvenverlauf eines Kompromiss-Entzerrers für die Laufzeitentzerrung

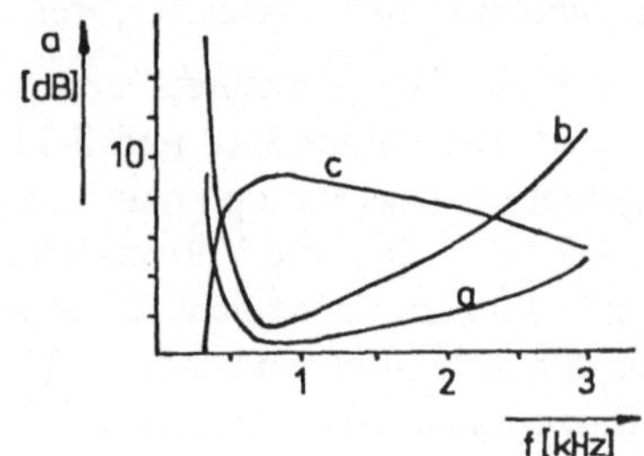

Bild 3-12
Wirkungsweise eines Kompromiss-Entzerrers für die Dämpfung
a) mittlerer Verzerrungsverlauf
b) 90%-Linie des Verzerrungsverlaufs (90 % aller Leitungen weisen geringere Verzerrungen auf
c) „Verzerrung durch den Kompromiss-Entzerrer zum Ausgleich der Leitungsverzerrung

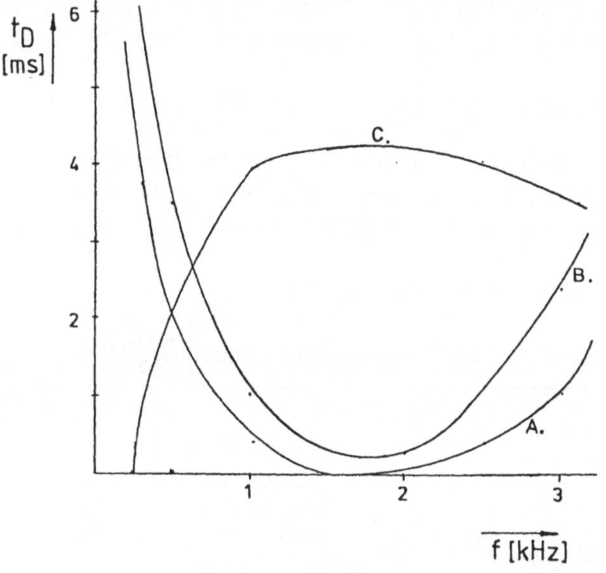

Bild 3-13
Wirkungsweise eines Kompromiss-Entzerrers für die Gruppenlaufzeit t_0
a: mittlerer Verzerungsverlauf;
b: 90 %- Linie des Verzerrungsverlaufs (90 % aller Leitungen weisen geringere Verzerrungen auf);
c: Verzerrung durch den Kompromiss-Entzerrer zum Ausgleich der Leitungsverzerrung

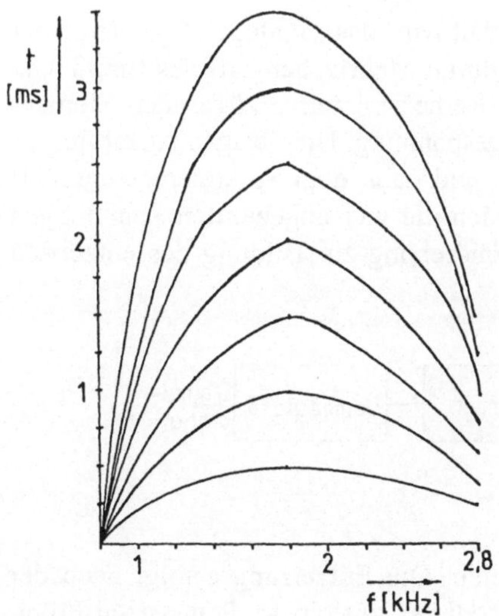

Bild 3-14
Kurvenverlauf bei manuell einstellbarem Entzerrer zur Laufzeit-Entzerrung

Manuell einstellbare Entzerrer geben die Möglichkeit, über Schalter eine von mehreren Entzerrungskurven auszuwählen, evt. kann auch über Potenziometer eine Feineinstellung vorgenommen werden. Bild 3-14 zeigt den Verlauf von Kurven zur Laufzeitentzerrung. Manuell einstellbare Entzerrer sind dann sinnvoll, wenn die physikalische Übertragungsleitung über einen längeren Zeitraum genutzt werden soll.

Bei den Entzerrern, die automatisch arbeiten, kann unterschieden werden:

- Entzerrer mit Voreinstellung (*preset*). Dieser braucht eine spezielle Folge von Signalen, die übertragen wird, ehe die Datenübertragung beginnt. Damit kann er sich auf die Leitungseigenschaften einstellen.
- Adaptive Entzerrer. Diese stellen sich während der Datenübertragung immer wieder nach.

Automatische oder adaptive Entzerrer können in drei Konfigurationen eingesetzt werden.

1. Entzerrung auf der Sendeseite durch Aussenden verzerrter Signale.(Bild 3-15). Wegen des zusätzlich notwendigen Übertragungsweges für das Einstellkriterium ist diese Anordnung nicht üblich.

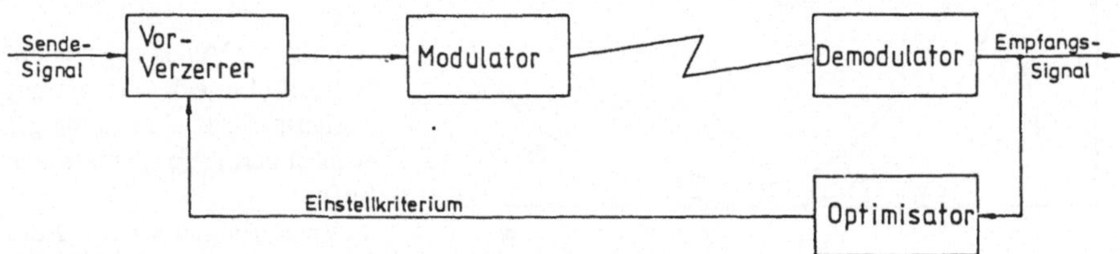

Bild 3-15 Vorentzerrung der Signale auf der Sendeseite

2. Automatischer Entzerrer im analogen Bereich. Behandelt wird das „analoge" Signal vor der Demodulation (Bild 3-16). Die Entzerrung geschieht durch Mehrfachabgriff des Empfangssignals (siehe Bild 3-17). Das Signal durchläuft eine Reihe von zeitverzögernden Elementen. Der Abgriff zwischen T2 und T3 liefert die Bezugsspannung. Die übrigen Anzapfungen liefern die Kompensations-Spannungen, die bewertet und dann dem Summierer zugeführt werden. Zur Amplituden- und Phasen-Korrektur werden die vier angezapften Spannungen zusammengefasst, bewertet und nach einer 90°-Phasendrehung zur Bildung des entzerrten Empfangssignals mitverwendet.

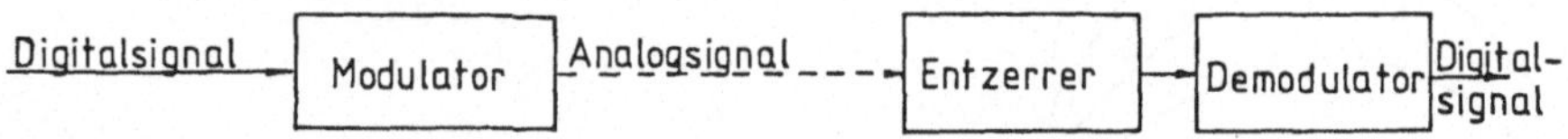

Bild 3-16 Anordnung des Analog-Entzerrers

3. Entzerrung auf der Empfangsseite im digitalen Bereich. Die Entzerrung erfolgt nach der Demodulation, aber noch vor dem Abtaster und Decodierer mit einem Transversal-Filter. Bild 3-18 zeigt die Anordnung des Entzerrers, Bild 3-19 die Grundschaltung. Die Verzögerungs-Leitungen schaffen den Abstand einer Modulationsstufe T. Die Einstellglieder können positive oder negative variable Verstärkung haben. Als Ausgang wird die Summe der bewerteten Teilspannungen gebildet. Die Verzerrungen (Vorschwinger) werden damit aus dem Signal beseitigt. Dem Beseitigen der Nachschwinger dient die in Bild 3-20 dargestellte rekursive Schaltung. Aus dem Ausgangssignal werden Korrektursignale gewonnen, die die Nachschwinger auslöschen. Die Gesamtschaltung für den adaptiven Entzerrer zeigt Bild 3-21.

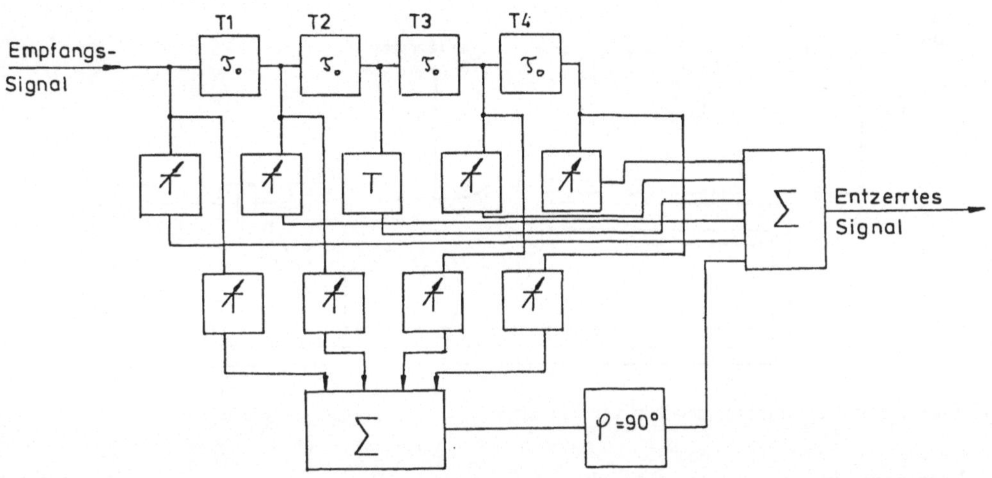

Bild 3-17 Aufbau eines Entzerrers im analogen Bereich (Entzerrung des Empfangssignals)

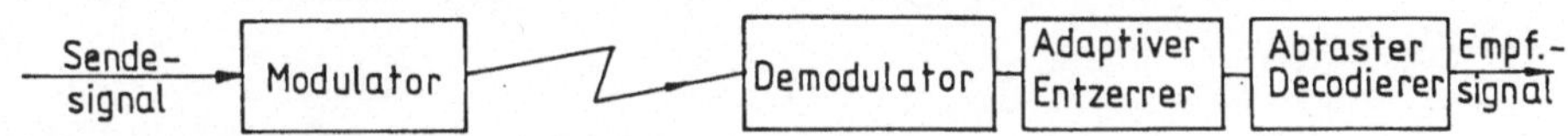

Bild 3-18 Anordnung eines adaptiven Entzerrers im Digitalbereich

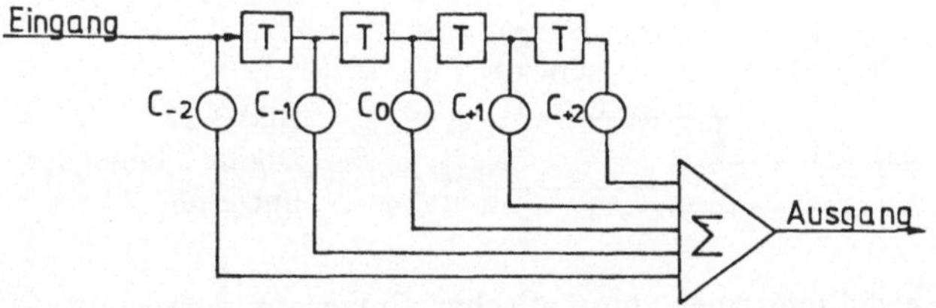

Bild 3-19
Grundschaltung eines adaptiven Entzerrers

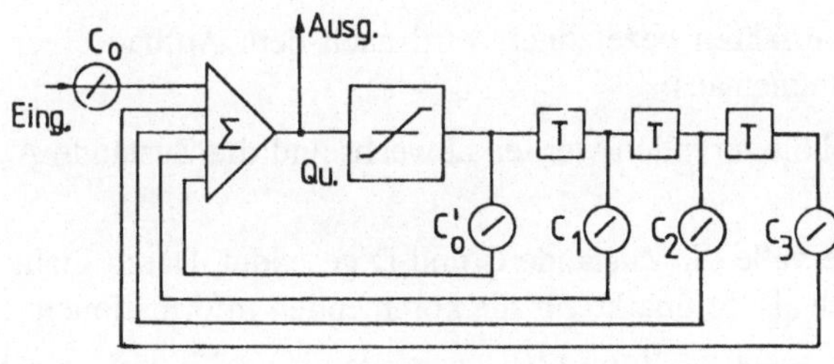

Bild 3-20
Rekursive Schaltung in einem adaptiven Entzerrer

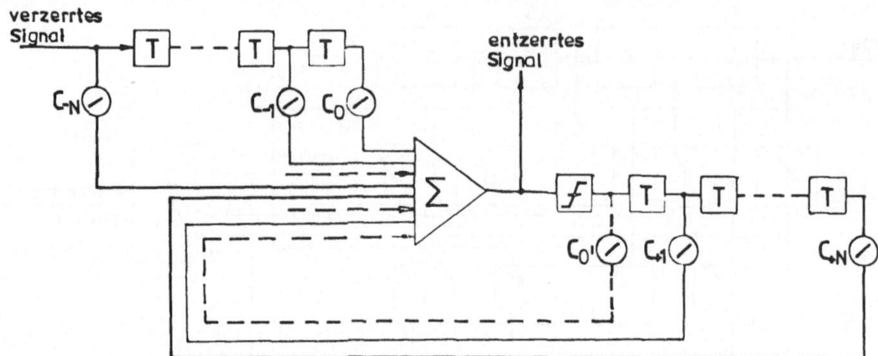

Bild 3-21 Gesamtschaltung eines adaptiven Entzerrers

Die Entzerrung kann auch auf rein rechnendem, digitale Wege vorgenommen werden. Bild 3-22 zeigt die Anordnung eines digitalen Transversalfilters. Die Zahl der Abzweigungen (*taps*) kann grundsätzlich frei gewählt werden, mit ihrer Anzahl steigt die Genauigkeit des Entzerrers. Das Bild stellt keine Hardware-Schaltung dar, alle Rechenvorgänge werden in Mikroprozessoren ausgeführt.

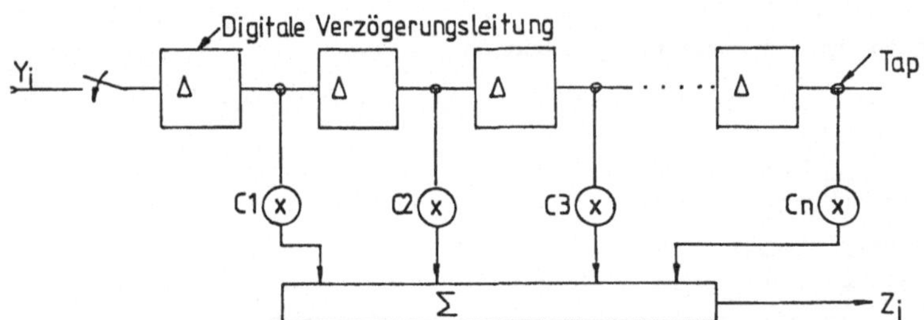

Bild 3-22
Digital arbeitender Entzerrer

In Bild 3-23 ist die Sequenz für die Einstellung eines automatischen Entzerrers dargestellt. Es bezieht sich auf die ITU-T-Empfehlung V.32. Das Modem verwendet, wenn es ohne Fehlersicherung verfährt, eine 16-stufige Verschlüsselung. Es überträgt bei einer Schrittgeschwindigkeit von 2400 Baud 9600 bit/s. Während der Trainings-Sequenz verwendet es eine 4-stufige Verschlüsselung, die vier Punkte im Signaldiagramm werden als A, B, C und D bezeichnet.

Das Einleitungsverfahren auch als Beginnverfahren bezeichnet, wird nach dem Aufbau einer Verbindung durchgeführt. Es setzt sich zusammen aus:

- Segment 1: für die Dauer von 256 Symbolintervallen werden abwechselnd die Zustände A und B übertragen.
- Segment 2: es werden für 16 Symbolintervalle die Zustände C und D gesendet. Damit dient der Übergang von Segment 1 nach 2 auch als Zeitmarke für die kommenden Informationen.
- Segment 3, auch als TRN bezeichnet. Es wird mit 4800 bit/s für die Dauer von mindestens 1280 Symbol-Intervallen eine verwürfelte 1-Folge gesendet, auch dies nicht mit der 16-stufigen Verschlüsselung, die das Modem eigentlich vorsieht, sondern mit der 4-stufigen Verschlüsselung.

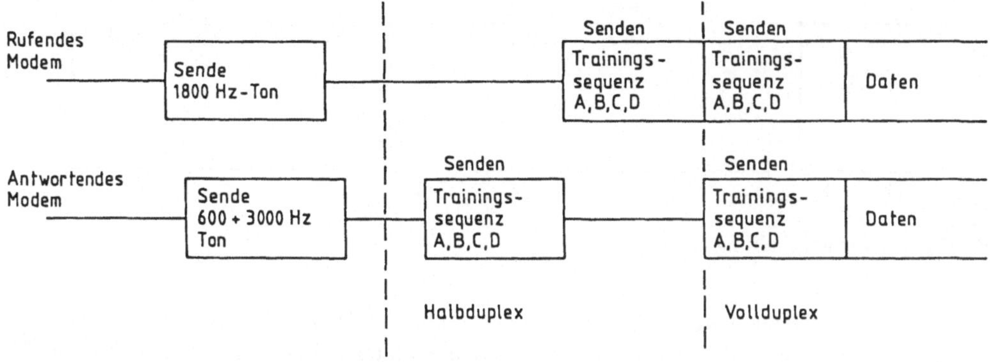

Bild 3-23 Einstell-Sequenz von Modems nach V.32

Dann kommt eine Nachricht, welche als Geschwindigkeits-Signal bezeichnet wird, sie setzt sich aus 16 Bits zusammen:

B 0 – 3	= 0	Synchronisierung
B 4	= 1	Fähigkeit, mit 2400 bit/s zu empfangen
B 5	= 1	4800 bit/s
B 6	= 1	9600 bit/s
B 7	= 1	Synchronisierung
B 8	= 1	zeigt die Fähigkeit zur Trellis-Codierung
B 11 – B15	= 1	Synchronisierung

Die nicht genannten Bits werden auf 0 geschaltet, sie sollen in späteren Empfehlungen weiteren Merkmalen zugeordnet werden.

Wenn die Bits 4 - 6, die die möglichen Geschwindigkeiten anzeigen, alle auf 0 gesetzt werden, wird die Auflösung der Verbindung verlangt.

Nachdem das Modem noch eine einzelne 16-Bit-Folge von verwürfelten Einsen gesendet hat, gibt es das Signal M2 (Sendebereitschaft) frei, die Datenübertragung kann beginnen.

Wenn die Modems in der Lage sind, unbefriedigende Empfangs-Signale zu erkennen, kann es zu einer Wiedereinstellung kommen. Die Modems schalten das Signal M2 (Sendebereitschaft), welches bei einem Duplex-Modem üblicherweise während des Betriebs immer auf „Ein" ist, auf „Aus" und tauschen ähnliche Sequenzen wie bei der Einleitungs-Sequenz aus.

Modems höherer Geschwindigkeit führen vor dem Senden eine Verwürfelung (*scrambling)* durch, nach dem Empfangen die Entwürfelung (*descrambling*)- Bild 3-24 zeigt dazu die Schaltung nach V.26ter „Duplex-Modem mit 2400 bit/s und Echobeseitigung zur Benutzung im öffentlichen Fernsprechwählnetz und auf festgeschalteten Zweidraht-Leitungen". Das Scrambling dient physikalischen Zwecken. Es verhindert, dass lange Folgen von 0 oder 1 übertragen werden, auch wenn die Sendedaten solche Bitfolgen aufweisen. Durch die Verwürfelung entsteht ein häufiger, zufällig verteilter Wechsel (*randomizing effect*) zwischen 1 und 0. Die Energie-Übertragung erfolgt über das volle Frequenz-Spektrum, die Entzerrung wird unterstützt.

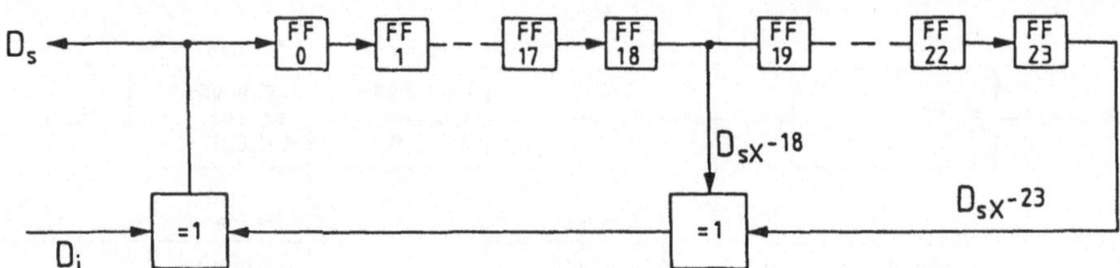

Bild 3-24 Verwürflerschaltung nach V26ter

Verwürfelung von Daten wird auch mit ähnlichen Schaltungen zur Geheimhaltung der Daten durchgeführt. Die in den Modems vorgesehenen Schaltungen erfüllen diesen Zweck nicht. Die Entwürfelung erfolgt mit ähnlichen Schaltungen wie die Verwürfelung (Bild 3-25). Wenn die Register vor dem Sende- oder Empfangs-Vorgang mit einem bekannten, nach der entsprechenden Empfehlung vorgesehenen Muster initialisiert werden, entsteht keine Geheimhaltung.

Scrambling wird auch bei der Übertragung im SDH und in lokalen Netzen angewandt.

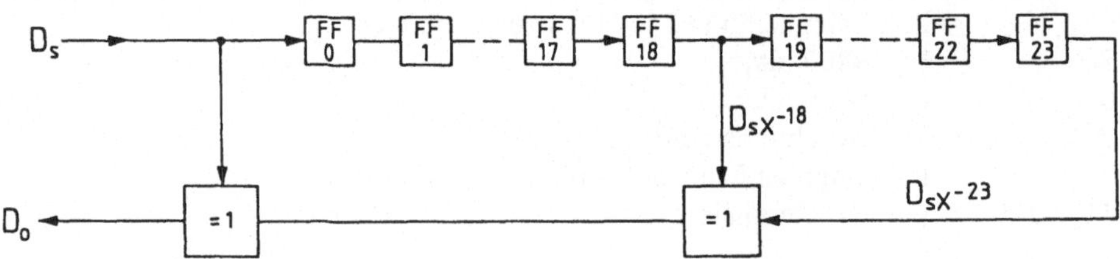

Bild 3-25 Entwürfler-Schaltung nach V.26ter

Duplex-Modems sind in der Lage, gleichzeitig Daten zu senden und zu empfangen. Wie bereits erwähnt, ist die Schnittstelle nach V.24 auf den Duplex-Verkehr ausgelegt, sie verfügt über getrennte Leitungen für Sende-.und Empfangsdaten. Der Duplex-Verkehr kann auf unterschiedliche Art durchgeführt werden.

1. Verwendung zweier getrennter Leitungspaare (Vierdraht-Leitung).

Diese Art ist nur bei Standleitungen möglich, das Wählnetz stellt keine Vierdraht-Leitungen zur Verfügung.

2. Verwendung von Frequenz-Multiplex.

Hin- und Rück-Kanal werden in unterschiedlichen Frequenzbändern (Trägerfrequenz) betrieben, die Modulationsart kann Frequenzmodulation oder Phasendifferenz-Modulation sein.

Ein Beispiel ist V.22 (Duplex-Modem mit 1200 bit/s zur Benutzung im öffentlichen Fernsprechwählnetz und auf festgeschalteten Zweidraht-Leitungen). Als Trägerfrequenzen werden 1200 Hz und 2400 Hz verwendet. Es findet eine vierstufige Phasendifferenz-Modulation statt.

Eine Besonderheit stellt V.23 (600/1200 bit/s Modem zur Benutzung im öffentlichen Fernsprechwählnetz) dar.

Die beiden Kanäle arbeiten mit unterschiedlichen Geschwindigkeiten:

Datenkanal 600/1200 bit/s. Es wird Frequenzmodulation verwendet, bei 1200 bit/s gilt:

1 = 1700 Hz
0 = 2100 Hz

Hilfskanal 75 bit/s

1 = 390 Hz
0 = 450 Hz

Das Modem war besonders für den Bildschirm-Text gedacht, der Hilfskanal überträgt die Kommandos des Benutzers, der Datenkanal die Informationen für den Benutzer.

3. Verwendung der Echo-Unterdrückung.

Das Modem sendet mit der gleichen Trägerfrequenz auf der gleichen Leitung, mit der es empfängt. Es subtrahiert sein eigenes Sendsignal vom Gesamtsignal auf der Leitung. Der verbleibende Rest ist das Empfangssignal. Ein Beispiel ist ein Modem nach V.32, welches eine Trägerfrequenz von 1800 Hz und eine Schrittgeschwindigkeit von 2400 Baud verwendet (Amplituden-Phasen-Modulation). Bild 3-26 zeigt das Prinzip der Echo-Beseitigung. Das Echo im Nahbereich (*near echo*) und das Echo im Fernbereich (*far echo*) unterscheiden sich voneinander durch ihr Zeitverhalten. Während das Near-Echo fast gleichzeitig mit dem Sendesignal auftritt, kann zwischen Sendesignal und Far-Echo eine Zeit von mehreren Sekunden vergehen, besonders wenn eine Übertragung über Satelliten vorliegt. Die genaue Zeitbestimmung erfolgt während der Einstellsequenzen. Bild 3-27 zeigt das Prinzip-Schaltbild der Echo-Unterdrückung.

Die technische Realisierung von Modems wird durch die Empfehlungen der ITU-T nicht vorgeschrieben. Heute werden meist hochintegrierte spezielle Prozessoren, die DSP (*digital signal processor*) innerhalb der Modems verwendet.

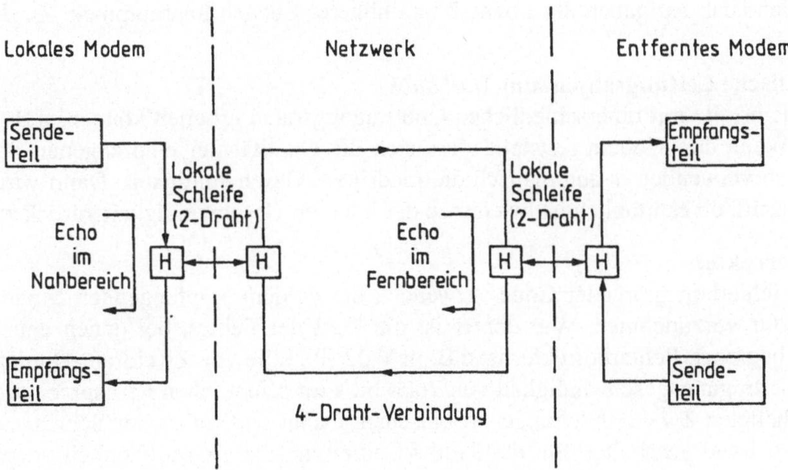

Bild 3-26 Echobildung bei Datenübertragung über das Telefonnetz

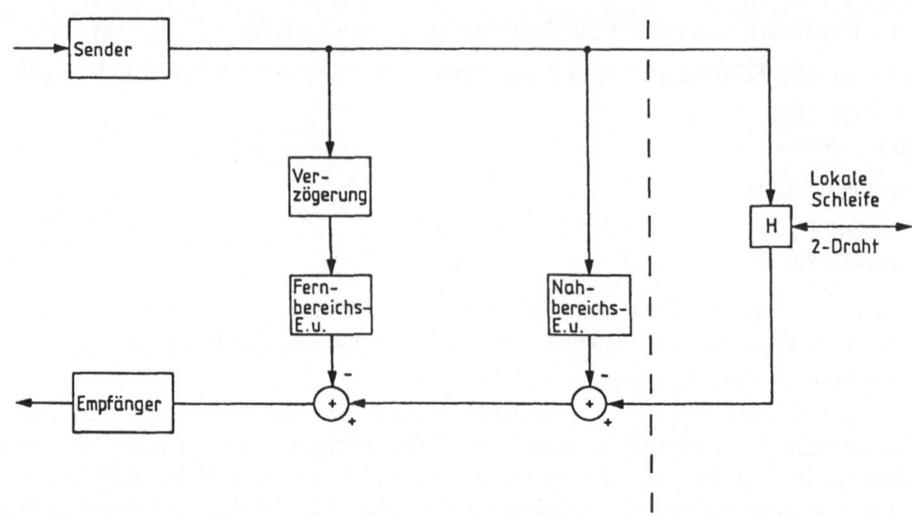

Bild 3-27 Prinzipschaltbild der Echo-Unterdrückung im Modem (E.u.: Echo-Unterdrückung)

3.2.1.3 Übernahme weiterer Funktionen durch Modems

Obwohl die Datenübertragung über das Telefonnetz unter Verwendung von Modems eine „Notlösung" darstellt, die durch moderne digitale Netze wie ISDN abgelöst werden soll, so findet auch auf dem Gebiet der Modems eine Weiterentwicklung statt. Diese bezieht sich nicht nur auf die technische Realisierung, sondern auch auf die Normung.

Die Funktion der Modulation und Demodulation ist eindeutig eine Aufgabe der Ebene 1 des OSI-Referenzmodells. Weitere Funktionen der Modems gehen zum Teil über diese Ebene hinaus, es werden auch Aufgaben der Ebene 2 und höherer Ebenen übernommen. Zu diesen Aufgaben gehören:

1. **Automatische Leitungsanpassung** (*fall back*)
Es gibt Modems, die mit unterschiedlichen Übertragungsraten arbeiten können, z.B. 9600 oder 4800 bit/s. Wenn das Modem feststellt, dass sich die Qualität der empfangenen Signale verschlechtert, so verwendet es automatisch die niedrigere Geschwindigkeit. Dann wird von Zeit zu Zeit überprüft, ob es möglich ist, wieder zu der höheren Geschwindigkeit zurück zu kehren.

2. **Fehlerkorrektur**
Es wird ein fehlerkorrigierender Code verwendet, der es dem empfangenden Modem erlaubt, Fehlerkorrektur vorzunehmen. Wie immer ist die Zahl der Fehler, bei denen eine Korrektur möglich ist, begrenzt. Fehlerkorrektur ist z.B. in V.32 (Familie von Zweidraht-Duplex-Modems mit einer Übertragungsgeschwindigkeit von 9600 bit/s im öffentlichen Fernsprechwählnetz und auf festgeschalteten Zweidrahtleitungen vorgesehen. Dabei wird mit einer Schrittgeschwindigkeit von 2400 Baud gearbeitet. Bei der Trellis-Codierung, die als Möglichkeit vorgesehen ist, erfolgt eine Verschlüsselung von je 5 Bits in einem Schritt nach der Phasen-Amplituden-Modulation. Die 5 Bits werden aus einer 4-Bit-Gruppe der zu übertragenden Daten abgeleitet. Nach der Gesamtzahl der übertragenen Bits ergibt sich eine Datenübertragungsrate von 12000 bit/s, die effektive Raten ist 9600 bit/s. Das empfangende Gerät kann eine fehlerhafte Übertra-

gung erkennen und mit Hilfe der folgenden Sequenz von 5 Bits korrigieren. Fehlerkorrektur kann auch dadurch erfolgen, dass die Daten von Modem zu Modem mit dem Protokoll HDLC übertragen werden, welches Fehlererkennung und Wiederholungen zur Korrektur durchführt (siehe Abschnitt 4.2.1). Die Betriebsart für diese Anwendung des HDLC wird als LAP-M bezeichnet.

3. **Datenkompression** (vergl. Abschnitt 2.3.6)
Es wird bevorzugt eine Umcodierung auf Optimalcode vorgenommen. Damit können Kompressions-Faktoren von 1:2 oder 1:3 erreicht werden.

4. **Protokollunterstützung**
Diese bezieht sich auf die formalen Regeln der Protokolle, z.B. das Einkleiden in Flags und die Durchführung des Bitstuffing bei HDLC.

5. **Multiplexing**
Die Modems fassen mehrere Datenströme zusammen. Ein Modem nach V.33 verfügt über eine Datenübertragungsrate von 14400 bit/s. Diese kann auf mehrere Kanäle mit niedrigeren Raten aufgeteilt werden. Die Kapazität dieser Kanäle muss ein Vielfaches von 2400 bit/s sein, also 2400/4800/7200/9600 oder 12000 bit/s.

Die Zusatzfunktionen der Modems können nach Klassen eingeteilt werden, dies geschieht durch MNP (*Microcom Networking Protocol*). Es handelt sich nicht um eine öffentliche Norm, sondern um einen De-Facto-Standard. Dabei gilt:

a. Ein Modem höherer Klasse muss in der Lage sein, mit jedem Modem niedrigerer Klasse zu kommunizieren.

b. Beim Aufbau einer Verbindung legen die beiden Modems die höchste beiden gemeinsam verfügbare Klasse fest.

Die Klassen sind:
Klasse 1: Halbduplex, BSC, asynchron
Klasse 2: Vollduplex, BSC, synchron
Klasse 3: Vollduplex, HDLC,. Asynchron
Klasse 4: wie Klasse 3, mit Optimierung der Paketgröße
Klasse 5: wie Klasse 4, mit Datenkompression 2:1
Klasse 6: Halbduplex, Datenkompression 2:1, synchron
Klasse 7: wie Klasse 4, Datenkompression 3:1
Klasse 8: wie Klasse 6, Datenkompression 3:1
Klasse 9: wie Klasse 7, alle Fähigkeiten nach V.32

Neben den nach ITU-T genormten Modems gibt es eine amerikanische Normenreihe, die als Bell-Standard bezeichnet wird. So ist nach Bell 200 ein Modem von 1200 bit/s halbduplex genormt, welches mit Frequenzmodulation arbeitet. Von dem Modem nach V.23 mit dem gleichen Verhalten unterscheidet es sich in Einzelheiten der Modulation.

	0 (space)	1 (mark)
ITU-T V.23 Betriebsart 2:	2100 Hz	1300 Hz
Bell 202	2200 Hz	1200 Hz

3.2.1.4 Breitband-Modems

Modems werden nicht nur zur Übertragung im Telefonnetz eingesetzt, sondern auch in lokalen Netzen, die nach der Breitbandmodulation arbeiten (vergl. Kapitel 4). Sie werden als Breitbandmodems, Hochfrequenzmodems oder Radio-Frequenz-Modems bezeichnet.

Modems, die in Breitbandnetzen mit immer gleicher Datenübertragungsrate, aber mit unterschiedlichen Trägerfrequenzen arbeiten, werden frequenzvariable Modems (FAM, *frequency agil modems*) genannt.

Breitbandnetze sind oft nach der Baum-Struktur geschaffen. Alle Daten laufen auf der Sendeleitung in einen Netzwerk-Kopf (*network headend*), von dort aus werden sie wieder als Empfangsdaten zu den Stationen geleitet und dabei verzweigt. Bei einigen Systemen sind Sende- und Empfangsleitung mit eigenen Kabeln realisiert, z.B. beim WangNet. Andere lokale Breitbandnetze verwenden nur ein Kabel; Sende-.und Empfangsleitung werden durch getrennte Frequenzbänder realisiert. Im Netzwerkkopf wird das Signal demoduliert, dann auf einer anderen Trägerfrequenz moduliert. Das dafür notwendige Gerät wird als Frequenz-Umsetzer (*frequency translator*) oder als Remodulator bezeichnet.

Bild 3-28 zeigt die Anordnung des Frequenz-Umsetzers.

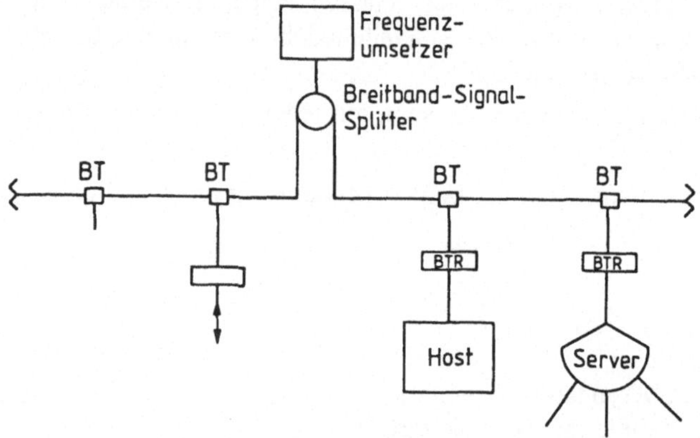

Bild 3-28 Einsatz eines Frequenzumsetzers (Remodulator) in einem lokalen Breitbandnetz (BTR: Breitband-Transceiver)

3.2.2 Schnittstellen in öffentlichen Datennetzen

Für den Anschluss von Datenendeinrichtungen an öffentliche Datennetze, sowohl leitungs- wie paketvermittelnd, sieht die ITU-T zwei physikalische Schnittstellen vor. Für den asynchronen Betrieb soll eingesetzt werden:

X.20 Schnittstelle zwischen DEE und DÜE für Start-Stop-Verfahren in öffentlichen Datennetzen (*interface between DTE and DCE for start-stop transmission services on public data networks*).

Auf diese Schnittstelle wird nicht näher eingegangen.

Für den synchronen Datenbetrieb gilt:

X.21: Schnittstelle zwischen Datenendeinrichtung und Datenübertragungseinrichtung für Synchronverfahren in öffentlichen Datennetzen (*general purpose interface between data terminal equipment and data circuit-terminating equipment for synchronous operation on public data networks*).

Diese Schnittstelle weist gegenüber der V.24-Schnittstelle mehrere Unterschiede auf:

- Sie dient nur der synchronen Übertragung (für die asynchrone Übertragung ist die X.20 vorgesehen).
- Die Taktung erfolgt immer aus dem Netz, nie durch die DEE.
- Die Schnittstelle umfasst auch Einrichtungen für den automatischen Verbindungsaufbau, während dafür in der V-Serie die Empfehlung V.25 bzw. V.25bis gelten.

Es gibt keine eigentlichen Steuer- oder Datenleitungen, sondern es werden alle Informationen über die Leitungen R und T (*receive, transmit*) ausgetauscht. Die Bedeutung der auf diesen Leitungen anliegenden Signale kann durch den Zustand der Leitung C (*control*) und I (*indicate*) definiert werden. Gegenüber der V.24 tritt eine Verminderung der Zahl der Signale ein.

Die elektrischen Eigenschaften der Schnittstelle werden durch X.27 bestimmt, diese verweist auf V.11 „*Electrical Characteristics for balanced double-current interchange circuits for general use with integrated circuit equipment in the field of data communications*". Die entsprechende deutsche Norm ist DIN 66259 Teil 3 „Elektrische Eigenschaften der Schnittstellenleitungen, Doppelstrom, symmetrisch bis 10 Mbit/s".

Die Spannungshöhen unterscheiden sich von denen der V.24, während die Polaritäten gleich sind. Es gilt:

Ein-Zustand/Datenwert 0 $>= + 0{,}3$ V
Aus-Zustand/Datenwert 1 $<= - 0{,}3$ V

Tabelle 3-3 zeigt die Leitungen der X.21. Es gibt auch hier keine bidirektionalen Leitungen. Das Zusammenwirken der Signale wird durch Zustandgraphen (*state diagrams*) beschrieben. Neben der Nummer des Zustands und seinem Namen wird die Belegung der vier Leitungen (*transmit, receive, control, indicate*) angegeben. Das Taktsignal S ist nicht angegeben, es wird davon ausgegangen, dass der Takt fortlaufend vorhanden ist. Der Datenverkehr über die X.21 findet grundsätzlich duplex statt.

Tabelle 3-3 Signale der Schnittstelle X.21

Leitung	**Bezeichnung**	**Richtung DEE DÜE**
G	Erdleitung (signal ground, common return)	
Ga	DEE Rückleiter (DTE common return)	
T	Sendedaten (transmit)	→
R	Empfangsdaten (receive)	←
C	Steuern (control)	→
I	Anzeigen/Melden (indicate)	←
S	Bittaktung (signal element timing)	←
B	Bytetaktung (byte timing)	←

Bild 3-29 zeigt das Verhalten der Schnittstelle beim Datenverkehr über eine Standleitung (*leased circuit services*). Der Bereitzustand von DEE und DÜE wird durch eine 1 an T und R sowie durch Aus an I und C angezeigt. Damit sind beide Einheiten für einen neuen Datenaustausch bereit. Der Wunsch nach Datenverkehr kann sowohl von der DEE (C geht auf den Ein-Zustand) wie von der DÜE (I geht auf den Ein-Zustand) kommen. Nachdem DÜE oder DEE das andere Signal (I bzw. C) auf Ein geschaltet haben (Zustand 2), kann der Datenverkehr in beiden Richtungen beginnen (T und R mit Daten belegt). Das Verhalten einer Standleitung liegt auch bei einem Anschluss an das paketvermittelnde Netzwerk nach X.25 vor (vergl. Abschnitt 5.2).

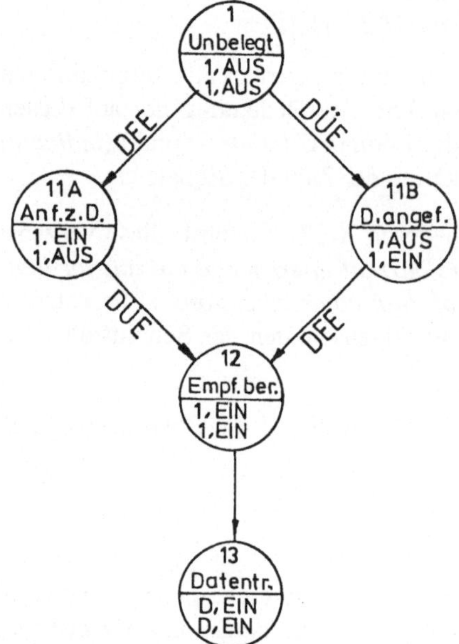

Bild 3-29
Herstellung des Datenverkehrs bei X.21 auf einer Standleitung
(11A Anforderung zum Datentransfer, 11B Datentransfer angefordert, 12 Empfangsbereit, 13 Datentransfer)

Komplizierter wird der Übergang zum Datenverkehr bei einer Wählleitung (*call establishment phase for circuit switching service*). Während des Aufbaus der Verbindung erfolgt ein wechselseitiger Austausch von Zeichen im IRA (ASCII-Code). Die Zeichen müssen von SYNC-Zeichen eingeleitet sein; Bereitschaft zum Empfang wird durch Übersenden des Zeichens Plus (+) angezeigt. Es kann dabei eine Rückmeldung über den gerufenen Anschluss stattfinden, ebenso für den „Angerufenen" die Kennung des rufenden Anschlusses.

Aufbau von Leitungsverbindungen erfolgte innerhalb des Datex-L (Datennetz mit Leitungsverbindung). Dieses wird seit der Einfühung des ISDN in der BRD nicht mehr angeboten. X.21-Schnittstellen werden aber auch im Datex-P (Paketnetz nach X.25, siehe Abschnitt 5.2) verwendet.

Bild 3-30 zeigt einen Adapter zur Umsetzung der Signale von X.21 auf die von V.24 beziehungsweise umgekehrt.

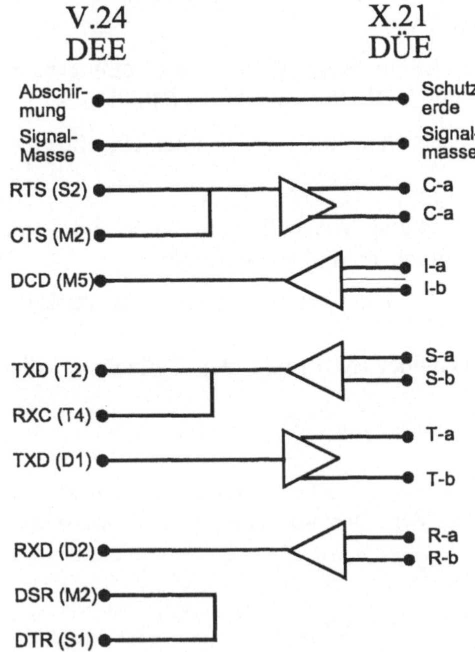

Bild 3-30
Adapter zur Verbindung X.21 und V.24

3.2.3 Digital Subscriber Line (DSL)

DSL (*Digital Subscriber Line*) ist die Bezeichnung für eine Reihe von Technologien, die digitale Informationen über bestehende metallische Leiter (*copper lines*) oder über Glasfaserleitungen über eine begrenzte Entfernung übertragen können. Wie der Name bereits sagt, geht es nicht um ein gesamtes Übertragungssystem, sondern nur um den konkreten Anschluss des Netzteilnehmers. Unter DSL kann man auch die Datenübertragungseinrichtung verstehen, die die Leitung abschließen, sie werden auch als Modems bezeichnet. Es wird auch die Bezeichnung XDSL verwendet, da es mehrere Varianten der Technik gibt. Formen der Technologie sind:

- ADSL Asymmetrische DSL: Über eine verdrillte Leitung werden zwei unterschiedliche Übertragungsraten (*bandwidth*) unterhalten. Die Übertragungsrate vom Netzwerk zum Teilnehmer (*downstream*) ist größer als die Datenübertragungsrate vom Teilnehmer zum Netzwerk (*upstream*). Damit soll das typische Verhalten eines Konsumenten von Information, der auf Grund kleiner Informationen (Seitennummern, URLs ...) große Informationsmengen (Web-Seiten, Videofilme) anfordert, unterstützt werden.
- IDSL ISDN-DSL. Entspricht in der Übertragungsrate dem Basisanschluss des ISDN (144 kbit/s). Es liegen die Verhältnisse der U-Schnittstelle vor, es wird über ein Leitungspaar übertragen (vergl. Abschnitt 4.4.3). Dabei kann eine 2B1Q-Codierung (2 Bit in einem quarternären Schritt) eingesetzt werden.
- VDSL Very High Bit-Rate DSL. Es handelt sich um eine Sonderform von ADSL, also ein asymmetrisches System. Der Verkehr wird über ein einzelnes Leiterpaar geführt. Die Datenübertragungsrate zum Teilnehmer beträgt 52 Mbit/s; die zum Netzwerk 2,3 Mbit/s.

VDSL soll für die gleichen Anwendungen eingesetzt werden wie ADSL, zusätzlich auch für die Übertragung von Video mit hoher Qualität (HDTV).

- HDSL, high bit rate DSL. Es wird eine symmetrische Übertragung über zwei Leitungspaare ermöglicht, z.B. über die 24 oder 30 Basiskanäle des ISDN-Systems von je 64000 bit/s.
- SDSL Single Pair DSL. Es liegt eine symmetrische Datenübertragung über ein einzelnes Leitungspaar vor.

Der Abschnitt befasst sich nur mit ADSL. Die Entwicklung von DSL bzw. ADSL wird von einem Forum geleitet (www.adsl.com). Es steht ein Referenzmodell zur Verfügung.

XDSL-Dienste können bestehen als Punkt-zu-Punkt-Verbindungen auf einem Paar verdrillte Leitungen als

- Verbindung zwischen einem Netzwerk-Service-Provider (NSP) und dem Teilnehmer, dies wird auch als „last mile" bezeichnet.
- Innerhalb des Teilnehmersystems (*local loop*).

Die mögliche Datenübertragungsrate orientiert sich an den Digitalen Hierarchien (vergl. Abschnitt 4.4.2). Tabelle 3-4 gibt mögliche Raten für den Verkehr zum Teilnehmer (*downstream*) an.

Tabelle 3-4 Übertragungsraten bei ADSL

USA N * 1,536 Mbit/s	1,536 Mbit/s 3,072 Mbit/s 4,608 Mbit/s 6,144 Mbit/s
Europa N * 2,048 Mbit/s	2,048 Mbit/s 4,096 Mbit/s

Die möglichen Datenübertragungsraten richten sich nach der Länge der Kupferleitung, Störspannungen, Zahl der Abzweigungen usw. Wenn die gewünschte Übertragungsrate mit Kupferkabeln nicht erreichbar ist, können Lichtwellenleiter eingesetzt werden. Tabelle 3-5 gibt einen Überblick über erreichbare Datenübertragungsraten. Die Werte sollen für 95 % der Systeme gültig sein.

Tabelle 3-5 Mögliche Datenübertragungsraten bei ADSL

Leitungsdurchmesser (mm)	**Entfernung (km)**	**Datenübertragungsrate (Mbit/s)**
0,5	5,5	1,5 oder 2
0,4	4,6	1,5 oder 2
0,5	3,7	6,1
0,4	2,7	6,1

Bild 3-31 zeigt das Referenzmodell des ADLS-Systems. Die gestrichtelten Linien definieren die genormten Schnittstellen.

ADSL ist eine paketorientierte Übertragung. Der Vorzug gegenüber anderen Anschlüssen wird auch darin gesehen, dass er immer in Betrieb ist, also nicht wie bei einer Wählleitung erst aufgebaut werden muss.

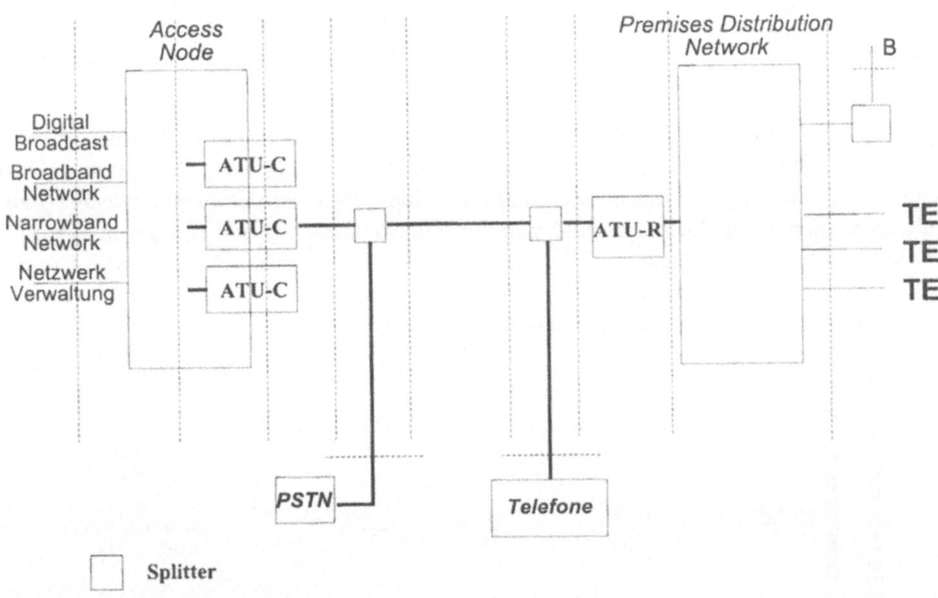

Bild 3-31 Referenzmodell des ADSL

3.2.4 Hinweis auf weitere physikalische Schnittstellen

Physikalische Schnittstellen müssen in allen Netzwerken gebildet werden. Die bisher genannten Schnittstellen sind für die Verwendung in WANs genormt. Weitere Schnittstellen im WAN-Bereich sind die für den ISDN-Anschluss, z.B. die Schnittstelle S0 für den Basisanschluss. Sie wird im Abschnitt 4.4.3.4 beschrieben.

Auch in LANs müssen Vorschriften für den physikalischen Anschluss vorliegen. Oft sind dabei bestimmte Steckerformen vorgeschrieben. Im Abschnitt 4.3.3 ist die Kabelbelegung für das Transceiver-Kabel bei Ethernet dargestellt. Bild 3-32 zeigt die Kabelanordnung für die Verbindung eines Ethernet-Geräts mit einem Switch. Es handelt sich um Twisted-Pair-Kabel ohne Abschirmung (UTP). Dabei ist grundsätzlich Duplex-Verkehr möglich. Als Kabellänge schreibt die Norm 803.3 maximal 100 m vor.

Beim Anschluss von Geräten an lokale Netzwerke findet oft eine Trennung zwischen den logischen und den physikalischen Funktionen statt. Bild 3-33 zeigt die Anordnung für einen Ethernet-Anschluss.

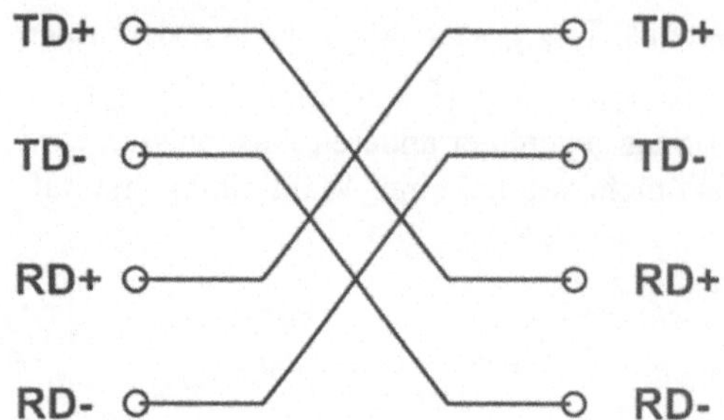

Bild 3-32
UTP Verkabelung für Ethernet (10BaseT)

Der LAN-Controller handhabt die logischen Funktionen wie Bildung und Auswertung von Prüfzeichen, Aufbau der Rahmen beim Senden, Adresserkennung beim Empfangen, Kollisionsbehandlung usw. Er greift auf die Zentraleinheit über DMA (*direct memory access*) zu. Er sendet und empfängt die Daten zum und vom Seriellen-Interface seriell mit der auf dem LAN verwendeten Datenübertragungsrate. Sie sind aber anders codiert als auf dem LAN. Durch den Einsatz unterschiedlicher Serieller Interfaces kann der Controller an unterschiedliche Typen des LANs, z.B. Basisband- oder Breitbandversionen angepasst werden.

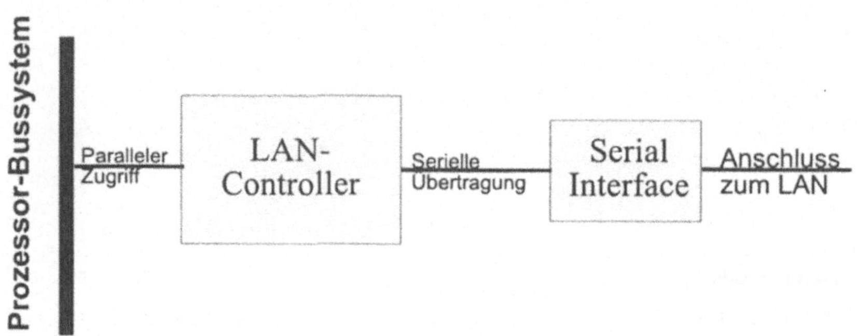

Bild 3-33 Anschluss für ein LAN

3.3 Standleitungen und Wählleitungen

Leitungen im WAN-Bereich müssen den Anwendern zur Verfügung gestellt werden. Sie werden von Netzwerkbetreibern, die allen Anwendern ihre Dienste zur Verfügung stellen (*public carriers*) betrieben und befinden sich in deren Besitz. Für den Anwender gibt es zwei Arten der Verwendung der Leitungen:

1. Wählleitungen (*dialed lines*)
2. Standleitungen (*leased lines*)

Standleitungen stehen dem Anwender über einen längeren Zeitraum dauernd und ausschließlich zur Verfügung.

Die Entscheidung für eine dieser beiden Arten kann durch die Kosten bestimmt werden. Während Wählleitungen nur während der Verbindungszeit bezahlt werden müssen, werden Standleitungen fortlaufend bezahlt. Wenn Verkehr gleichmäßig verteilt über den ganzen Tag anfällt, kann eine Standleitung kostengünstiger sein. Standleitungen bieten aber daneben weitere Vorteile, die zu ihrer Verwendung führen können, auch wenn dies nicht kostengünstiger als die Verwendung von Wählleitungen ist:

- Die Sicherheit ist höher, da ein Einwählen durch einen unbefugten Benutzer nicht mehr möglich ist.
- Die Leitung steht fortlaufend zur Verfügung, es kann also nicht vorkommen, dass eine Verbindung nicht zustande kommt, weil das Leitungsnetz überlastet ist.
- Die physikalischen Verhältnisse der Leitung ändern sich nicht, damit können Entzerrer sorgfältig an das Verhalten dieser Leitung angepasst werden. Der Aufwand lohnt sich, da die Leitung dann für einen langen Zeitraum benutzt wird.

Die bei der Paketvermittlung mit virtuellen Verbindungen verwendeten Permanenten Virtuellen Verbindungen (PVC) und gewählten Virtuellen Verbindungen (SVC) lassen sich nur bedingt mit den Stand- und Wählleitungen vergleichen.

3.4 Aufbau von Verbindungen

Die Verbindung von DEEs, die nicht ständig, z.B. über Standleitungen, miteinander verbunden sind, wird als Vermittlung (*switching*) bezeichnet. Übergabe von Informationen zwischen den DEEs und dem Netzwerk zu diesem Zweck nennt man Signalisierung (*signalling*).

Bei der Übergabe der Signalisierungsinformation zwischen den DEEs und dem Netzwerk kann man unterscheiden:

- Inband-Signalisierung: Die Übergabe erfolgt auf dem gleichen Kanal wie die Übergabe der zu übertragenden Daten.
- Outband-Signalisierung: Die Übergabe erfolgt auf einem eigenen Kanal, der nur der Signalisierung dient.

Ein Beispiel für die Outband-Signalisierung ist die Verwendung des D-Kanals bei ISDN (vergl. Abschnitt 4.4.3).

Das Wählverfahren für die Schnittstelle X.21 ist eine Inband-Signalisierung; es ist im Abschnitt 3.2.2 beschrieben.

In der V.-Serie sieht die Empfehlung V.25 ebenfalls eine Outband-Signalisierung vor; es werden Wählzeichen über vier Leitungen bitparallel übergeben.

Die neuere Empfehlung V.25bis „Automatische Wähl- und Anrufbeantwortungseinrichtungen im öffentlichen Fernsprechwählnetz unter Verwendung der Schnittstellenleitungen der 100er-Gruppe“ definiert eine Inband-Signalisierung.

Grundsätzlich kann der Wählvorgang auch manuell vorgenommen werden. Manuelle und automatische Wahl und Entgegennahme von Anrufen können kombiniert werden.

Bei V.25bis wird die Leitung D1 (Sendedaten) zur Übergabe der Information an das Netz, die Leitung D2 (Empfangsdaten) zur Übergabe der Information an die DEE verwendet. Die Information an das Netz wird als „Befehl“; die Information an die DEE als „Meldung“ bezeichnet. Gesteuert wird der Übergabevorgang mit den Signalen S1.2 (Übertragungsleitung anschalten), M1 (Betriebsbereitschaft), M2 (Sendebereitschaft) und M3 (Ankommender Ruf).

Die Übergabe von Befehlen und Meldungen kann mit drei unterschiedlichen Formaten erfolgen:

1. **Asynchroner Betrieb**
Nach dem Aus-Zustand folgen die Zeichen, die die Information enthalten, dann die Steuerzeichen Wagenrücklauf (CR, *carriage return*) und Zeilenvorschub (LF, *line feed*). Alle Zeichen sind nach dem Internationalen Referenzalphabet (ASCII-Code) mit 7 Bits verschlüsselt, es muss ein Paritätsbit (grade, *even*) mitgeführt werden.

2. **Synchroner zeichenorientierter Betrieb**
Dieser ist an das Protokoll BSC angelehnt, welches nur noch selten eingesetzt wird. Der Informationsblock setzt sich zusammen aus:
- SYNC-Zeichen
- Steuerzeichen STX (*start of text*)
- Befehl oder Meldung, verschlüsselt nach dem Internationalen Referenzalphabet mit ungrader Parität (*odd*)
- Steuerzeichen ETX (*end of text*).

3. **Synchroner bitorientierter Betrieb**
Der Aufbau von Befehlen und Meldungen entspricht dem Aufbau eines Frames vom Typ „Unnumbered Information“ des Protokolls HDLC, welches im Abschnitt 4.2.1 beschrieben ist. Der Frame besteht aus:
- Anfangsmerker (*flag*)
- Adressfeld (immer auf 1111 1111 gesetzt)
- Steuerfeld (immer 1100 1000)
- Befehl oder Meldung, verschlüsselt nach dem Internationalen Referenzalphabet mit ungrader Parität
- Blockprüfzeichen (FCS, *frame check sequence*)
- Endemerker (*flag*).

Bei dieser Betriebsart wird das HDLC-Protokoll nur für den Aufbau der Rahmen verwendet, eine Quittierung, Blockwiederholung usw. finden nicht statt.

Die Befehle und Meldungen bestehen immer aus:
- 3 Buchstaben nach dem Internationalen Referenzalphabet, welche den Befehl oder die Meldung definieren, z.B. CRN (Rufnummer) oder INC (Ankommender Anruf).
- Parametern. Wenn mehr als ein Parameter übergeben wird, werden zwischen die Parameter Semikolons gesetzt. Die Parameter können unterschiedlich lang sein; der Abschluss wird in allen drei Formaten durch den Formataufbau definiert, z.B. durch das Steuerzeichen ETX (*end of text*) beim synchronen zeichenorientierten Betrieb.

Ein Beispiel für ein Kommando mit einem Parameter ist:

CRN XXXXX...XXX Übergabe der Rufnummer

Ein Beispiel für eine Meldung mit mehreren Parametern ist:

LSN XXXX;YYYY...YY;ZZZZ

Dabei wird die Information über die in der DÜE gespeicherte Rufnummern übergeben.

Dabei ist	XXX	Speicheradresse innerhalb der DÜE
	YYYY..Y	Rufnummer
	ZZZZ	Status der Verbindung.

Wenn die DEE an die DÜE einen Befehl übergeben hat, muss diese grundsätzlich mit einer Meldung reagieren. Eine Ausnahme ist der Aufbau einer Verbindung. Nach erfolgreichem Aufbau wird das Signal M1 (Betriebsbereitschaft) auf Ein (*on*) geschaltet.

Neben den in der ITU-T-Empfehlung beschriebenen Methode nach V.25bis gibt es eine Reihe weitererer Verfahren für die Signalisierung an der V.24-Schnittstelle. Verbreitet sind die AT-Kommandos (AT *command set*). Sie werden besonders bei asynchronen Endgeräten, die Modems ansprechen, eingesetzt. Alle Kommandos beginnen mit der Zeichenfolge „AT". Ein Kommando für die Übergabe einer Wählzeichenfolge würde lauten:

AT DP nnnnnnn

Innerhalb der DÜE kann eine Reihe von Registern gesetzt und abgefragt werden, die Register werden mit Nummern bezeichnet. Das Kommando für das Abfragen eines Registers lautet:

ATSn?

wobei n die Nummer des Registers ist.

Ein Kommando für das Setzen eines Registers wäre

ATS7=150

womit das Register 7 auf den Wert 150 gesetzt wird.

Die Funktion der Register ist festgelegt, z.B.

- Register 3 (S3): Codierung des Zeichens CR (*carriage return*), der Default-Wert beträgt 13 (0D hexadezimal)
- Register 7 (S7): Wartezeit auf die Übertragungsleitung (*wait for carrier*), die Angabe erfolgt in Sekunden, der Default-Wert beträgt 45.

Die Default-Werte werden verwendet, wenn das Register nicht über ein Kommando auf einen anderen Wert gesetzt wird.
Das Kommando wird mit CR (Wagenrücklauf, *carriage return*) abgeschlossen.

4 Die Verbindungsebene

Die Verbindungsebene, nach DIN Sicherungsebene, muss für eine gegen Fehler gesicherte Übertragung der Nachrichten zwischen benachbarten Knoten sorgen.

Benachbarte Knoten sind Knoten, die nur durch eine physikalische Verbindung (*physical link*) verbunden sind. Dabei können sich in der Übertragungsstrecke durchaus aktive Elemente befinden, diese dürfen die Nachricht aber nicht in irgendeiner Weise verändern. Die Sicherungsebene zeichnet sich aus durch:

a. Sie ist stark softwareorientiert.

b. Die übertragenen Informationen werden nicht als Bitstrom aufgefasst, sondern als eine strukturierte Nachricht.

c. Es wird nicht nur die Übertragung eines Bits oder Zeichens betrachtet, sondern der gesamte Ablauf einer Nachrichtenübertragung, wozu mehrfacher Nachrichtenaustausch in beiden Richtungen gehören kann.

d. Es findet Fehlererkennung statt.

e. Bei Fehlererkennung wird auf der Verbindungsebene versucht, den Fehler zu korrigieren (*recovery*), ohne dass das Eingreifen höherer Ebenen oder des Bedieners erforderlich sein soll.

Aus den beiden letztgenannten Aufgaben leitet sich die Bezeichnung nach DIN (Sicherungsebene) ab, während sie im Englischen als Data Link Layer (Verbindungsebene) bezeichnet wird.

Im ersten Abschnitt des Kapitels werden die Aufgaben der Verbindungsebene geschildert, im zweiten werden zwei Beispiele für Protokolle dieser Ebene gegeben. Die nachfolgenden Abschnitte beschreiben Systeme zur Realisierung der Verbindungsebene.

4.1 Aufgaben und Prinzipien

a. **Knoten-zu Knoten-Flusskontrolle** (*node to node flow control*)
Es wird der Verkehr zwischen zwei Knoten überwacht, nicht der Verkehr im gesamten Netzwerk. Zu den Aufgaben der Verbindungsebene gehört auch nicht das Herstellen der Verbindung zwischen den Knoten. Zu den Aufgaben kann aber der Aufbau der Verbindung und das Aktivieren der Knoten gehören, wie es z.B. bei HDLC vorgesehen ist. Dabei handelt es sich aber um eine logische, nicht eine physikalische Aktivierung.

Zur Flusskontrolle gehört es auch, die Datenmenge, welche noch gesendet werden kann, zu begrenzen. Wenn ein Knoten Nachrichten empfängt, für die kein Pufferspeicher vorhanden ist, kommt es zum Datenverlust. Dies kann durch das Aussenden entsprechender Nachrichten, die den Datenfluss stoppen, verhindert werden.

b. **Zugriffssteuerung** (*access control*)
Die Zugriffssteuerung sorgt für eine geregelte Vergabe des Senderechts. Die Aufgabe tritt dann auf, wenn ein Medium von mehreren Stationen, die potentiell Sender sein können, benutzt wird. Die Regelung des Senderechts ist besonders wichtig bei den Lokalen Netzen (siehe 4.3.1), aber auch auf dem D-Kanal des ISDN (siehe 4.4.3).

c. **Adressierung** (*addressing*)
Adressierung ist immer dann notwendig, wenn an einer Knoten-Knoten-Verbindung mehr als zwei Stationen angeschlossen sind. Bei dem Verfahren HDLC wird immer eine Adressierung durchgeführt, auch wenn nur zwei Stationen miteinander verkehren.

d. **Fehlererkennung und -korrektur** (*error detection and error handling*)
Bei der Erkennung von Fehlern auf dieser Ebene handelt es sich um die Erkennung formaler Fehler, inhaltliche Fehler können nicht erkannt werden. Unterschieden werden muss dabei:

- Übertragungsfehler (*transmission error*). Der Sender sendet eine "richtige" Nachricht, die verfälscht beim Empfänger ankommt.
- Sequenzfehler (*sequential error*). Der Sender sendet eine Nachricht, die nicht den Vorschriften des Protokolls entspricht, z.B. er überspringt eine Sequenznummer bei der Nummerierung der Datenblöcke.

Die beiden Fehlerarten unterscheiden sich in der Korrektur. Während Übertragungsfehler durch eine Wiederholung des Sendevorgangs korrigiert werden können, ist dies bei Sequenzfehlern nicht möglich. Wie bereits im Abschnitt 2.7 erläutert, können Übertragungsfehler nie mit absoluter Sicherheit erkannt werden.

e. **Sequenzbildung** (*sequencing*)
Die Kommunikation geschieht nicht regellos durch das Aussenden und Empfangen von Nachrichten, sondern nach Regeln, die durch die Protokolle festgelegt werden. Diese Regeln legen einen bestimmten zeitlichen Ablauf beim Austausch von Daten und Steuerinformationen fest. Die Sequenzbildung umfasst nicht nur Regeln, wie beim korrekten Ablauf des Verfahrens vorgegangen wird, sondern auch darüber, wie zu verfahren ist, wenn der korrekte Ablauf nicht vorliegt oder nicht zu erkennen ist. Da die beteiligten Stationen unabhängig voneinander arbeiten,. muss für jede Station definiert werden, was sie in jeder Betriebssituation zu tun hat, damit nicht eine inkorrekt arbeitende Station die andere Station lahm legen kann.

Zur Sequenzbildung gehört auch die Verfahrensweise bei der Quittierung, insbesondere die Regeln dafür, nach wie viel Übertragungen eine Quittierung erfolgen muss (Fensterbildung, *Windowing*).

Ebenso zur Sequenzbildung gehört die Verwendung von Sequenz-Nummern, welche die einzelnen Nachrichten fortlaufend nummerieren. Bei einer Knoten-zu-Knoten-Verbindung kann damit überwacht werden, ob alle Nachrichten beim Empfänger eingetroffen sind.

f. **Formatierung** (*formatting*)
Der Aufbau der Informationen erfolgt nach bestimmten formalen Regeln, die Bestandteile der Nachricht und deren Reihenfolge festlegen. Neben den eigentlichen Daten werden Adressen, Steuerzeichen, Quittierungen, Prüfzeichen übertragen. Um welche Art der Nachricht es sich handelt, kann oft nur im Zusammenhang des ganzen Blocks erkannt werden.

Da bei einigen Verfahren, z.B. HDLC, die Nachrichten als Rahmen bezeichnet werden, wird die Formatierung auch als Rahmenbildung (*framing*) bezeichnet.

4.2 Protokolle

Grundsätzlich werden asynchrone und synchrone Prozeduren unterschieden. Bei asynchronen Prozeduren werden einzelne Zeichen mit Start- und Stoppbits übertragen. Obwohl auch hier Regeln eingehalten werden, liegen doch keine so genormten Protokolle vor wie bei den synchronen Prozeduren, so dass nur diese betrachtet werden.

Synchrone Prozeduren werden meist angewendet, wenn größere Datenmengen übertragen werden sollen, wobei höhere Geschwindigkeiten möglich sind. Moderne Anwendungen wie das öffentliche Paketnetz oder die Übertragung von Internet-Daten im WAN setzen synchrone Prozeduren voraus.

Die synchronen Prozeduren zeichnen sich aus durch:

a. Die Übertragung der Nachrichten erfolgt nicht in einzelnen Zeichen, sondern in größeren Mengen, die als Rahmen (*frame*) oder Block (*block*) bezeichnet werden. Im OSI-Referenzmodell handelt es sich um die DL-PDU (*Data Link Protocol Data Unit*).

b. Die Synchronisation zwischen Sender und Empfänger erfolgt am Beginn des Blocks, während der eigentlichen Übertragung erfolgt keine Synchronisierung.

c. Die Menge der Daten, die innerhalb eines Blocks übertragen werden können, ist nicht festgelegt, sondern kann variiert werden. Es können aber maximale Längen vereinbart sein. Bei einigen Prozeduren besteht die Vorschrift, dass das Datenfeld sich aus einer ganzzahligen Anzahl von

- Zeichen (6, 7 oder 8 Bit) oder
- Oktetten von je 8 Bits

zusammensetzen müssen. Die in diesem Kapitel beschriebene Prozedur HDLC ist bitorientiert, es kann jede beliebige Anzahl von Bits übertragen werden.

d. Die Nachricht wird nicht Zeichen für Zeichen auf Fehler überprüft, sondern der gesamte Block wird mit Prüfzeichen, die als Blockprüfzeichen (BCC, *Block Check Characters*) oder Rahmenprüfsequenz (FCS, *Frame Check Sequence*) bezeichnet werden, versehen. Damit ist eine Fehlererkennung möglich, die Fehlerkorrektur erfolgt durch Wiederholungen der Übertragung. Dafür sind in der Prozedur Regeln vereinbart.

Die Beseitigung der Fehler durch Wiederholung des als fehlerhaft erkannten Vorgangs wird als Wiederherstellung (*recovery*) bezeichnet.

e. Eine Datenübertragung ist in mehrere, zeitlich aufeinander folgende Phasen gegliedert, wobei die eigentliche Datenübertragung nur eine Phase darstellt.

f. Trotz der Regeln, die eine Prozedur setzt, können eine Reihe von Parametern durch den Anwender bestimmt werden, wobei dies nicht willkürlich geschieht, sondern meist durch die vorhandene technische Ausrüstung und die Art der Anwendungen bestimmt wird. Zu diesen Parametern können gehören:

- Datenübertragungsrate
- Anzahl der Zeichen je Block
- Anzahl der Wiederholungen im Fehlerfalle
- Anzahl der Blöcke, die beim Ablauf einer Datenübertragung mit allen dafür vorgesehenen Phasen übertragen werden.

- Bestimmung der Zeit für den Time-out-Fall. Unter Time-Out versteht man den Fall, dass auf eine Nachricht keine Reaktion der Gegenseite kommt. Der Fall ist eingetreten, wenn nach Aussenden der Nachricht eine bestimmte Zeit vergangen ist. Da es von technischen Gegebenheiten (Datenübertragungsrate, Entfernung, Modemumschalt-zeiten) abhängt, bis wann eine Reaktion zu erwarten ist, muss die Zeit für den Time-Out frei bestimmbar bleiben.

Dass die genannten Faktoren frei gewählt werden können, bedeutet nicht, dass jeder Anwender sie frei bestimmen darf. So muss die Datenübertragungsrate auf der Senderseite gleich der auf der Empfängerseite sein.

Zu den Merkmalen einer Prozedur gehört die Leitungsausnutzung (*line utilization*). Unter Leitungsausnutzung wird hierbei der Anteil der Zeit, in der sich Daten auf der Leitung befinden, bezogen auf die Zeit, in der die Leitung zur Verfügung steht, verstanden. Die Leitungsausnutzung wird von mehreren Faktoren bestimmt, die von der Prozedur abhängig sind.

a. Ausnutzung der Richtung:
Bei der Datenübertragungsrate n beträgt die Leitungskapazität einer Halbduplexleitung n, die einer Vollduplexleitung 2n. Bei Verwendung einer Prozedur, die halbduplex arbeitet, wird eine Vollduplexleitung schlecht ausgenutzt. Eine Prozedur arbeitet halbduplex, wenn sie nach jeder ausgesandten Nachricht eine Nachricht der Gegenseite abwartet.

Bei Verwendung einer Halbduplexleitung kann die Kapazität n nie ausgenutzt werden, da auch für die Richtungsumkehr Zeit erforderlich ist (z.B. die Modemumschaltzeit), in der keine Datenübertragung stattfindet. Wie stark sich dieser Verlust auswirkt, hängt von der Häufigkeit des Umschaltens, damit auch von der Länge der Datenblöcke ab.

b. Aufwand für die Steuerung:
Je größer der Anteil der Steuerzeichen an der Gesamtnachricht ist, desto schlechter wird die Leitungsausnutzung. Zu den Steuerzeichen müssen auch die Zeichen oder Bits gerechnet werden, die zur Erzielung der Transparenz erforderlich sind (siehe Abschnitt 2.3.3).

c. Art der Quittierung:
Auch die Art der Quittierung, die bei den einzelnen Prozeduren verschieden ist, wirkt sich aus. Der Aufwand ist höher, wenn Quittierung eigene Nachrichten erfordern, als wenn es möglich ist, bei der Übertragung von Datenblöcken zu quittieren. Dies kann allerdings nur ausgenutzt werden, wenn ein Datenverkehr in beiden Richtungen stattfindet. Der Aufwand ist höher, wenn jede Nachricht quittiert wird, als bei Verfahren, bei denen eine Sequenz von Nachrichten mit einer Meldung quittiert wird.

d. Anzahl der Stationen an der Leitung:
Wenn eine Leitung durch den Verkehr zwischen zwei Stationen nicht ausgelastet ist, kann durch Hinzufügen weiterer Stationen die Leitungsauslastung verbessert werden. Sind nur zwei Stationen vorhanden, so besteht eine Punkt-zu-Punkt-Verbindung (*point-to-point*), sind es mehrere, so spricht man von einer Mehrpunktverbindung (*multipoint, multidrop*). Der Steueraufwand bei einer Mehrpunkt-Verbindung ist höher als der bei einer Punkt-zu-Punkt-Verbindung.

Bei jeder synchronen Prozedur verbessert sich die Leitungsausnutzung, wenn die Datenblöcke größer werden (siehe auch Abschnitt 2.4.1).

4.2.1 HDLC (High-Level Data Link Control)

Die Prozedur HDLC ist aus der Prozedur SDLC (*synchronous data link control*) entstanden, welche von der Firma IBM entwickelt wurde. Für HDLC gibt es ISO-Normen:

Data Communication - High-Level Link Control-Procedure.

- Frame Structure ISO 3309
- Consolidation of Elements of Procedures ISO 4335

Außerdem ist HDLC in mehreren Empfehlungen der ITU-T beschrieben (z.B. X.25 Paketschnittstelle, siehe Kapitel 5). Wie aus der erstgenannten Norm hervorgeht, werden die PDUs bei HDLC immer als Rahmen (*frames*) bezeichnet; nachfolgend wird der englische Ausdruck verwandt.

Die Merkmale von HDLC sind:

- Das Verfahren ist bitorientiert. Die Nachricht kann aus beliebig vielen Bits bestehen, diese müssen nicht zu Zeichen zusammengefasst sein. Die meisten Protokolle der höheren Ebenen schreiben allerdings vor, dass die Nachricht der Ebene 3 aus einer ganzzahligen Anzahl von Oktetten bestehen muss.
- Das Verfahren ist für den Vollduplexverkehr angelegt. Es können zur gleichen Zeit Nachrichten in beiden Richtungen gesendet und auch quittiert werden. Da nicht auf eine Quittierung gewartet wird, ehe weitere Aktionen stattfinden, muss bei der Quittierung auch die Art der quittierten Nachricht angegeben werden, dies geschieht mit Hilfe von Zählern für die gesendeten Rahmen mit Sequenzzählern.
- Es muss nicht jeder Frame einzeln quittiert werden; durch die Verwendung der Zähler ist es möglich, mehrere Frames mit einer Quittung zu bestätigen.
- Jede übertragene Nachricht wird mit Prüfzeichen abgeprüft; gleichgültig, ob es sich um Daten-Frames oder Steuerinformationen handelt.
- Es gibt mehrere Betriebsarten Die an einer Leitung angeschlossenen Stationen haben dabei bestimmte Funktionen in einer Hierarchie. Auf die unterschiedlichen Betriebsarten wird im Anschluss an den Nachrichtenaufbau eingegangen.

Nachrichtenaufbau des HDLC:

Die Übertragung von Informationen erfolgt grundsätzlich in Rahmen (*frames*). Bild 4-1 zeigt den Aufbau des Frames. Jeder Frame wird mit einer Flag begonnen und mit einer Flag abgeschlossen. Dabei kann die Ende-Flag eines Frames gleichzeitig die Anfangsflag des folgenden Frames sein. Die Codierung der Flags ist 0111 1110, als Hexadezimalzahl 7E. Die übrigen im Frame enthaltenen Felder werden auf Grund ihrer Stellung zu den Flags bestimmt:

Flag	Adress-Feld	Steuerfeld (Control)	Informationsfeld	Prüfzeichen (FCS)	Flag

Bild 4-1 Aufbau des Frames nach HDLC

Nach der Anfangsflag folgt das Adressfeld. Wenn das zuerst gesendete Bit (LSB, *least significant bit*) des ersten Oktetts des Adressfeldes auf 0 steht, ist auch das nächste Oktett Teil des Adressfelds. Im letzten Oktett des Adressfeldes muss dieses Bit auf 1 stehen. Das Adressfeld kann also aus beliebig vielen Oktetten bestehen; verbreitet sind 1 Oktett, 2 Oktette, in Ausnahmefällen 4 Oktette.

Nach dem Adressfeld folgt das Steuerfeld. Dies ist 1 oder 2 Oktette groß. Dabei gilt:

- Das Steuerfeld von Frames, die keine Sequenznummern enthalten, ist immer 1 Oktett groß.
- Die Größe des Steuerfeldes von Frames, die Sequenznummern enthalten, kann 1 oder 2 Oktette betragen. Dies muss bei Eröffnung der Prozedur vereinbart werden.

Die letzten beiden Oktette vor der Endeflag sind die Prüfzeichen (CRC). diese werden als FCS (*frame check sequence*) bezeichnet.

Zwischen dem Ende des Steuerfeldes und dem Beginn der Prüfzeichen befindet sich das Informationsfeld.

Die Mindestlänge der Rahmen ist innerhalb der Flags 4 Oktette, sie tritt nur bei Rahmen ohne Informationsfeld auf.

Da die einzelnen Felder nur an ihrer Stellung zu den Flags unterschieden werden können, muss das bereits in Abschnitt 2.3.3 beschriebene Bit-Stuffing verwendet werden. Es wird nach 5 aufeinander folgenden Einsen eine Null eingeschoben und vom Empfänger wieder entfernt. Dies erstreckt sich auf alle Teile des Frames außer den Flags, also auch auf Steuer- und Adressteil.

Das Ende des Frames wird am Endeflag (0111 1110) erkannt; wenn eine Folge von mehr als 6 Einsen am Ende eines Frames erkannt wird, liegt ein Abbruch (*abort*) vor. Der Sender hat den Frame nicht mehr korrekt abschließen können, solche Frames werden vom Empfänger nicht ausgewertet.

Wenn keine Frames gesendet werden, kann eine Folge von Flags eingeschoben werden oder es wird der Idle-Zustand (Zustand der Untätigkeit) durch fortlaufendes Senden von Einsen angezeigt. Wenn HDLC im ISDN als Signalisierungs-Protokoll verwendet wird, ist nur die zweite Methode zugelassen.

Es gibt drei Arten von Frames:

- Informations-Frames (*I-Frames*)
- Überwachungs-Frames (*Supervisor-Frames*, *S-Frames*)
- Frames ohne Sequenzbildung (U-Frames, *Unnumbered Frames*).

Die U-Frames wurden früher auch als NS-Frames (*non sequenced*) bezeichnet.

Unterschieden werden die Frames an Hand des Steuerfeldes. Bild 4-2 zeigt den Aufbau des Steuerfeldes für die drei Frames für das 1-Oktett-Steuerfeld. Die I- und U-Frames verfügen über Zähler von je 3 Bit, welche von 0 - 7 zählen können (modulo 8). Bei der 2-Oktett-Version werden die Zähler auf 7 Bit erweitert, die Zählung erfolgt von 0 - 127 (modulo 128).

Alle Frames verfügen im Steuerfeld über das P/F-Bit. Bei einer Nachricht von einer Primärstation (Kommando, *command*) wird das Bit als Poll-Bit bezeichnet; bei einer Nachricht von einer Sekundärstation (Antwort, *response*) als Final-Bit. In beiden Fällen soll ein gesetztes Bit eine Reaktion der anderen Station veranlassen, z.B. die Quittierung eines Nachrichtenblocks. Bei Verwendung einer Halbduplexleitung zeigt das gesetzte Bit die Umkehrung der Senderichtung an. Bei einer Vollduplexleitung, die bei HDLC die Regel sein sollte, kann eine Quittierung o.ä. auch gesendet werden, wenn die andere Station das P/F-Bit nicht gesetzt hat.

1	2	3	4	5	6	7	8	
0	*N(S)*			*P/F*	*N(R)*			**I-Frame**
1	*0*	*S*		*P/F*	*N(R)*			**S-Frame**
1	*1*	*M*		*P/F*	*M*			**U-Frame**

Bild 4-2
Aufbau des Steuerfeldes bei HDLC (P/F Poll/Final-Bit; N(S) Sendefolgezähler; N(R) Empfangsfolgezähler; S Codierung der Meldung im S-Frame; M Codierung der Meldung im U-Frame

I-Frames: sie dienen der Übertragung der Ebene-3-Nachrichten. Das Steuerfeld des I-Frames enthält zwei Zähler:

- N(S) Sendefolgezähler. Dieser zählt die Informations-Frames, die eine Station auf einer Verbindung sendet, beginnend bei 0 nach Aufbau der Verbindung.
- N(R) Empfangszähler. Dieser zeigt die Nummer des Blockes, der als nächstes erwartet wird. Er quittiert den korrekten Empfang der Blöcke bis zur Zahl N(R) -1.

Erfolgt die Quittierung innerhalb eines I-Frames, so wird damit angezeigt, dass bisher kein Übertragungsfehler vorlag und dass weiter Empfangsbereitschaft besteht.

Quittierung von Informations-Frames erfolgt auch durch die Supervisor-Frames. Der Supervisor-Frame enthält nur den Zähler N(R), mit zwei weiteren Bits im Steuerfeld werden drei Arten von S-Frames angezeigt.

1. **RR-Frames** (*receive ready*):
   Der Frame zeigt an, dass bisher kein Übertragungsfehler erkannt wurde und dass weiter Empfangsbereitschaft besteht. Wenn Daten zum Senden vorhanden sind, kann diese Anzeige auch durch einen I-Frame erfolgen.
2. **RNR-Frames** (*receive not ready*):
   Mit dieser Nachricht wird angezeigt, dass kein I-Frame mehr empfangen werden kann (kein Frame, der Pufferspeicher benötigt). Der RNR-Frame zeigt aber auch an, dass die I-Frames bis Nr-1 korrekt empfangen wurden.
3. **REJ-Frames** (*reject*)
   Die Nachricht entspricht der Anforderung einer Neuübertragung von I-Frames, beginnend mit der mit N(R) angezeigten Nummer. Ein REJ-Frame mit N(R) = 6 bedeutet, dass I-Frames bis N(S) = 5 korrekt empfangen wurden. Er sagt aber auch aus, dass der I-Frame mit N(S) = 6 nicht korrekt empfangen wurde, sondern gestört war. Wegen des Duplexverkehrs und der mit der Quittierung verbundenen Verzögerungen kann es vorkommen, dass REJ erst dann beim Sender eintrifft, wenn er bereits weitere I-Frames gesendet hat. Auch wenn diese korrekt empfangen wurden, besteht keine Möglichkeit, dies dem Sender anzuzeigen, sie müssen erneut gesendet werden.

Da die Wiederholung der Sequenz besonders dann, wenn mit Modulo-128-Zählern gearbeitet wird, sehr aufwendig werden kann, wurden die S-Frames ergänzt durch:

SREJ-Frames (*selective reject*), auch als selektive Wiederübertragungsanforderung bezeichnet. Wenn SREJ empfangen wird, wird der Frame, welcher durch N(R) bezeichnet wird, wiederholt, aber nicht evt. bereits gesendete Frames, die ihm in der Sequenz folgen.

Die Quittierung erfolgt bei allen genannten Frames nicht für einen einzelnen I-Frame, sondern für eine Sequenz von Frames. Es wird immer der Empfang aller Frames bis zu dem mit der Sendefolgenummer, welche N(R)-1 entspricht, quittiert. Ebenso kann eine Quittierung mehrfach erfolgen. Wenn z.B. nur eine Station Daten sendet, muss sie mit den I-Frames auch die

Zahl N(R) übertragen. Solange keine I-Frames empfangen werden, bleibt die Zahl in N(R) unverändert.

Die Bedeutung der U-Frames (*unnumbered frames*) ist auch von der Betriebsart (*mode*) der Verbindung abhängig. Grundsätzlich wird unterschieden:

1. Verbindungen zwischen einer Primärstation (*primary station*) und einer oder mehrerer Sekundärstationen (*secondary station*), diese Verbindungen werden als unsymmetrische Konfigurationen (*unbalanced mode*) bezeichnet.

2. Verbindungen mit gleichberechtigten Stationen, diese werden als symmetrische Konfiguration (*balanced mode*) bezeichnet. Da bei einer solchen Verbindung die Stationen sowohl als Primär- wie als Sekundärstationen wirken, werden sie auch als kombinierte Stationen (*combined stations*) bezeichnet.

Das Bild 4-3 zeigt den Aufbau solcher Konfigurationen. Dabei gilt:

a. Bei jeder Sendung befindet sich die Station in einem bestimmten Zustand, ist also Primär- oder Sekundärstation. Bei unsymmetrischen Verbindungen gilt diese Zuweisung dauernd.

b. Verkehr findet nur zwischen Primär- und Sekundärstation statt, nie zwischen Sekundärstationen, auch wenn mehrere vorhanden sind.

c. Wenn eine Primärstation mit mehreren Sekundärstationen Informationen austauscht, unterhält sie mit jeder eine eigene Verbindung. Die Zähler N(R) und N(S) werden auf jeder Verbindung gesondert verwaltet.

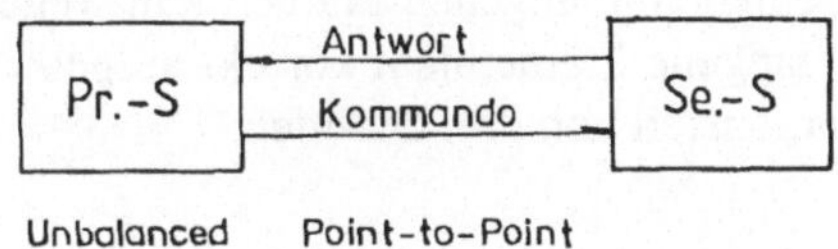

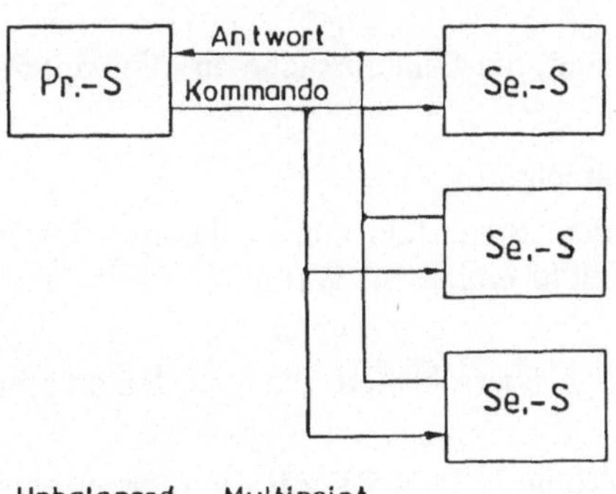

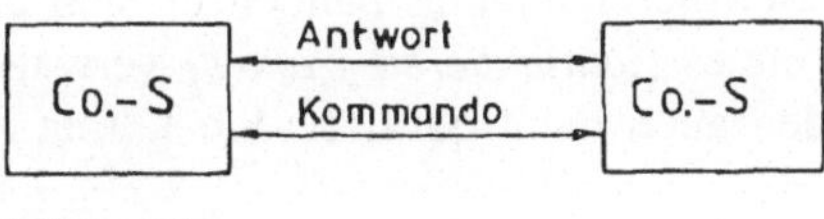

Bild 4-3
Konfigurationen bei HDLC (Pr.-S Primärstation; Se.-S Sekundärstation; Co.-S Kombinierte Station

Die Kommunikation zwischen den Stationen erfolgt in drei Betriebszuständen:

1. Initialisierung, Verbindungsaufbau (IS, *initialization state*)
2. Informationsaustausch (ITS, *information transfer state*)
3. Verbindungsauflösung (LDS, *logical disconnect state*)

Der Aufbau der Verbindung geht immer von der Primärstation aus. Bei unsymmetrischen Konfigurationen sendet sie den U-Frame SNRM (*set normal response mode*). Bei symmetrischen Konfigurationen kann sie senden:

- SABM (*set asynchronous balanced mode*)
- SABME (*set asynchronous balanced mode extended*).

Die beiden Meldungen unterscheiden den Aufbau des Steuerfeldes für die Verbindung, bei SABME werden die 7-Bit-Zahlen für N(R) und N(S) verwendet; bei SABM die 3-Bit-Zahlen.

Der Verbindungsaufbau muss in jedem Fall von der angesprochenen Station mit dem U-Frame UA (*unnumbered acknowledgement*) quittiert werden.

Nach dem Verbindungsaufbau stehen in beiden Stationen N(S) und N(R) auf 0.

Der Verbindungsabbau muss mit dem U-Frame DISC (*disconnect*) angefordert werden, er ist mit UA zu quittieren.

Der Datenaustausch erfolgt mit den I-Frames und den S-Frames, deren Bedeutung oben beschrieben wurde. In der Phase des Informationsaustauschs kann ein U-Frame auftreten.

- FRMREJ Frame-Reject

Dieser Frame weist im Gegensatz zu dem S-Frame REJ einen empfangenen Frame nicht wegen eines Übertragungsfehlers zurück, sondern weil der empfangene Frame nicht korrekt aufgebaut ist. Es handelt sich um einen U-Frame mit einem Informationsteil von drei Oktetten.

Das Informationsfeld ist aufgebaut:

Oktett 1. Steuerfeld des zurückgewiesenen Frames

Oktett 2. Status der Station, welche den Frame FRMREJ erzeugt hat, also ihre aktuellen N(R)- und N(S).Werte.

Oktett 3. Die ersten 4 Bits zeigen, wenn sie gesetzt sind, die Fehlerursache an, die weiteren 4 Bits sind auf 0 gesetzt.

- W = 1: Das Steuerfeld des empfangenden Frames ist ungültig
- X = 1: Der empfangene Frame enthielt ein nach dem Steuerfeld nicht zulässiges Datenfeld, z.B. war in einem S-Frame ein Datenfeld enthalten. Wenn X = 1 ist, muss auch W = 1 gesetzt sein.
- Y = 1: Das Datenfeld hat die höchstzulässige Länge überschritten, die von der empfangenden Station verarbeitet werden kann.
- Z = 1: Der empfangene Frame hat eine ungültige Nummer in N(R), z.B. quittiert er einen noch nicht gesendeten Frame.

Eine Sonderform der Frames stellt der UI Frame dar. Bei diesen Frames handelt es sich um Frames, welche einen Dateninhalt haben, aber als U-Frames (*unnumbered frames*) verwaltet werden. Sie tragen keine Sequenz-Nummern und werden auch nicht quittiert. Sie führen zu einem verbindungslosen Austausch der Information.

Der UI-Frame wird häufig angewandt in:

a. Übertragung in lokalen Netzen mit Benutzung des LLC1 nach 802.2 (siehe Abschnitt 4.4.2).

b. Bei ISDN im Protokoll für den Kanal D. Beim Initialisieren des Systems werden Rundspruchnachrichten ausgetauscht, die zur Vergabe von TEIs (*terminal endpoint identifiers*) führen. Diese Nachrichten sollen nicht quittiert werden. Der normale Nachrichtenaustausch an der ISDN-Schnittstelle erfolgt mit I-Frames.

Die Erweiterung der Adressfelder wird angewandt, wenn mit dem Adressfeld weitere Funktionen ausgeübt werden. Da das Adressfeld 128 gültige Adressen aufnehmen kann, wenn es 1 Oktett umfasst, die Adresse die Knoten-zu-Knoten-Adressierung durchführt, dürfte die Anzahl der möglichen Adressen diese Zahl nicht übersteigen.

Die Erweiterung der Steuerfelder soll die Bildung größerer Fenster (*windows*) ermöglichen. Unter Fenstergröße versteht man die Anzahl der I-Frames, die gesendet werden dürfen, ehe eine Quittierung kommen muss. Da die Zähler in einer sich wiederholenden Sequenz zählen, ist diese Zahl begrenzt. Da bei einem Modulo-8-Zähler sich der Zahlenwert eines gesendeten Blockes nach 8 Blöcken wiederholt, muss nach spätestens 7 Blöcken quittiert werden, um Verwechslungen zu vermeiden. Bei einer schnellen Übertragung über große Strecken würde dies zu langen Wartezeiten führen, mit dem erweiterten Steuerfeld kann die Fenstergröße auf 127 erhöht werden.

Die Bildung großer Fenster hat zwei Nachteile:

- Da eine Nachricht, die noch nicht quittiert worden ist, evt. wiederholt werden muss, müssen große Sendepuffer vorhanden sein, welche bis zu 127 zu wiederholende Frames speichern müssen.

- Da in einer Sequenz quittiert wird, kann es im Fehlerfalle zu langen unnötigen Wiederholungen kommen, da ab dem zurückgewiesenen Frame alle weiteren Frame wiederholt werden müssen. Eine Übertragung könnte verlaufen:

  1. Station A sendet Frame mit N(S) = 0
  2. Station A sendet Frame mit N(S) = 1

  ......

  112. Station A sendet Frame mit N(S) = 111
  113. Station A empfängt die Meldung REJ, N(R) = 1

Diese Meldung bedeutet:

Der Frame mit N(S) = 0 wurde korrekt empfangen
Der Frame mit N(S) = 1 hatte einen Übertragungsfehler

Ob die Frames mit N(S) = 2 bis N(S) = 111 korrekt übertragen wurden oder nicht, lässt sich nicht erkennen; alle diese Frames müssen wiederholt werden.

Symmetrische Konfigurationen sind nur an einer Punkt-zu-Punkt-Verbindung möglich. Eine Ausnahme kommt in ISDN vor, sie wird dort erläutert (Abschnitt 4.4.3). Bei symmetrischen Konfigurationen hat das Adressfeld die Aufgabe, Kommandos von Antworten (*responses*) zu unterscheiden. Dabei gilt:

Setzt die sendende Station ihre eigene Adresse ein, so betrachtet sie sich als Sekundärstation; die Nachricht ist eine Antwort.

Setzt die sendende Station die Adresse der anderen Station ein, so betrachtet sie die andere Station als Sekundärstation; die Nachricht ist ein Kommando.

Es sollen zwei Beispiele für den Ablauf einer HDLC-Übertragung dargestellt werden (dargestellt ist der Inhalt des Adressteils und der des Steuerungsfeldes sowie die Stellung des P- bzw. F-Bits):

1. Beispiel: unsymmetrische Konfiguration, Halbduplexverkehr

Station A, Primärstation		Station B, Sekundärstation
B, SNRM, P = 1	----->	
	<-----	B, UA, F = 0
B, I, N(S) = 0, N(R) = 0, P =1	----->	
	<-----	B, RR, N(R) = 1, F = 1
B, I, N(S) = 1, N(R) = 0, P =0	----->	
B, I, N(S) = 2, N(R) = 0, P =0	----->	
B, I, N(S) = 3, N(R) = 0, P =1	----->	
	<-----	B, I, N(S) = 0, N(R) = 4, F = 0
	<-----	B, I, N(S) = 1, N(R) = 4, F = 1
B, RR, N(R) = 2, P = 1	----->	
	<-----	B; RR, N(R) = 4, F = 1
B, DISC, P = 1	----->	
	<-----	B, UA, F = 1

Die Übertragung ist korrekt verlaufen, es sind 4 I-Frames von der Primärstation, 2 von der Sekundärstation gesendet worden, alle I-Frames sind quittiert, die Verbindung wurde aufgelöst.

2. Beispiel: symmetrische Konfiguration, Vollduplex

Station A		Station B
	<-----	A, SABM, P = 1
A, UA, F = 1	----->	
	<-----	A, i, N(S) = 0, N(R) = 1, P = 0
B, I, N(S) = 0, N(R) = 1, P =0	----->	
B, I, N(S) = 1, N(R) = 1, P =0	----->	
B, I, N(S) = 2, N(R) = 1, P =0	----->	
	<-----	A, I, N(S) = 1, N(R) = 1, P = 0
	<-----	A, I, N(S) = 2, N(R) = 1, P = 0
A, REJ, N(R) = 1, F = 1	----->	
	<-----	A, I, N(S) = 1, N(R) = 1, P = 0
	<-----	A, I, N(S) = 2, N(R) = 3, P = 0
A, RR, N(R) = 3, F = 0	----->	
B, I, N(S) = 3, N(R) = 3, P =0	----->	
B, I, N(S) = 4, N(R) = 3, P =0	----->	
	<-----	A, I, N(S) = 3, N(R) = 4, P = 0

Bei Betrachtung des Prozedurverlaufs in Beispiel 2 ist zu beachten:

- Quittierungen erfolgen auch dann, wenn sie nicht durch das Poll- oder Finalbit angefordert werden.
- Die Vorgänge, die hier zeitlich nacheinander dargestellt werden (wie dies auch in Protokollanalysatoren geschieht), überlappen sich, da ein Vollduplexverkehr vorliegt.

In diesem Beispiel wurden von Station A 5 I-Frames gesendet, von denen 4 quittiert sind; von Station B wurden 4 I-Frames gesendet, von denen 3 quittiert sind.

Die logische Verbindung wurde bisher nicht aufgelöst.

Das HDLC-Protokoll wird in verschiedenen Systemen genutzt bzw. ist als Protokoll für die Sicherungsebene vorgeschrieben, u.a. für:

Paketnetze nach X.25 (siehe 5.2). Dabei wird die Betriebsart LAP-B (*Link Access Procedure Balanced*) verwendet, bei der jede Station als Primär- oder als Sekundärstation arbeiten kann.

Übergabe der Signalisierungsinformation auf dem D-Kanal des ISDN (siehe Abschnitt 4.4.3.6), es wird hier die Betriebsart LAP-D (*Link Access Procedure D-Channel*) verwendet.

4.2.2 LLC

LLC (*logical link control*) ist nach IEEE802.2 genormt. Es hat einige Merkmale der HDLC-Prozedur übernommen.

Grundsätzlich wird die Prozedur in lokalen Netzen angewandt, besonders in den nach IEEE genormten Netzen (siehe Abschnitt 4.3). Es werden nicht alle Merkmale von übernommen, sondern

- Der Aufbau der Frames einschließlich Adressierung und Fehlerkontrolle richtet sich nach den Vorschriften des lokalen Netzwerks.
- Der Aufbau des Informationsfeldes richtet sich nach den Vorschriften des lokalen Netzwerks, dabei ist der Aufbau aus Oktetten vorgesehen, also nicht die Bitorientierung.
- Bitstuffing findet nicht statt.

Für LLC wird ein Header gebildet, dieser besteht aus:

- DSAP Destination Service Access Point 1 Oktett Ziel-SAP
- SSAP Source Service Access Point 1 Oktett Quell-SAP
- Control Steuerfeld.

Die SAPs dienen zur Kennzeichnung des Dienstes der Ebene 3, in der Regel sind DSAP und SSAP gleich, da es keinen Sinn macht, wenn bei den miteinander verkehrenden Stationen unterschiedliche Protokolle der Ebene 3 verwendet werden. So könnte ein Paket, welches der Absender nach den Regeln des Internet-Protokolls bildet, nicht vom Empfänger nach den Regeln des IPX interpretiert werden. Der Unterschied zwischen SSAP und DSAP liegt in der Bedeutung des letztwertigen Bits (LSB), dies kennzeichnet bei:

DSAP handelt es sich um einen individuellen oder einen Gruppen-SAP

SSAP wird der Frame als Kommando oder als Antwort (*response*) aufgefasst.

Das Steuerfeld wird nach den Regeln des HDLC gebildet, es ist 1 Oktett lang, wenn es keine Zähler enthält, 2 Oktette lang, wenn Zähler vorhanden sind, also bei den I- und S-Frames.

Bei LLC gibt es drei verschiedene Betriebsarten:

- LLC1 Verbindungsloser Dienst ohne Quittierungen
- LLC2 Verbindungsorientierter Dienst mit Quittierung
- LLC3 Verbindungsloser Dienst mit Quittierungen

Bei LLC1, der am Häufigsten angewandt wird, erfolgt der Nachrichtenaustausch mit UI-Frames (*unnumbered information frames*). Es findet kein Verbindungsaufbau, keine Sequenzbildung, keine Quittierung und keine Flusskontrolle statt. Die Codierung des S-Feldes ist 03 (hexadezimal). Neben dem UI-Frame wird auch der U-Frame XID eingesetzt, dieser dient dazu, die LLC-Stationen mit ihren Ebene-3-Adressen zu identifizieren (*Exchange of Identification*).

LLC2 wird besonders bei Verbindung mit SNA-Netzwerken der Fa. IBM mit anderen Netzwerken angewandt. Als LAN dienen dabei Token-Ring-Netzwerke. Die Techniken zur Verbindung der Netzwerke werden als

- Source-Route-Bridging (SRB) und
- Remote Source-Route-Bridging (RSRB)

bezeichnet.

Dabei wird auf der Sicherungsebene sowohl das Protokoll SDLC, aus dem das HDLC-Protokoll entwickelt wurde, wie LLC2 eingesetzt.

Wenn LLC2 verwendet wird, müssen die Regeln für maximale Zeiterhöhungen angepasst werden, da Quittierungen nicht nur im Knoten-Knoten-Verkehr, sondern auch über vermittelnde Geräte ausgetauscht werden.

Zu den Aufgaben bei der Konfiguration von LLC-Diensten gehören:

1. **Steuerung der Übertragung von I-Frames:**

- Bestimmung der maximalen Anzahl von Frames, die empfangen werden dürfen, ehe eine Quittierung gesendet wird (Fensterbildung).
- Bestimmung der maximalen Verzögerungszeit für Quittierungen. Dabei gilt, dass die Quittierung gesendet wird, wenn diese Zeit abgelaufen ist, auch wenn die maximale Anzahl empfangener Frames noch nicht erreicht ist. Umgekehrt wird bei Erreichung der maximalen Anzahl von empfangenen Frames quittiert, auch wenn die maximale Verzögerungszeit noch nicht erreicht ist.
- Bestimmung der zu sendenden maximalen Anzahl von Frames, ehe die Quittierung eintrifft. Der Wert ist grundsätzlich nicht gleich dem erstgenannten Wert. Er muss mit diesem aber abgestimmt sein, da die Prozedur auch der Flusskontrolle dient.
- Anzahl der erlaubten Wiederholungen. Nach Ablauf des Wiederholungszählers wird die laufende Verbindung beendet.
- Zeitbestimmung für das wiederholte Aussenden von Frames. Bestimmt wird die Zeit, die das System abwartet, ehe es Frames, auf die es keine Quittierung erhalten hat, erneut aussendet. Dies wird nach den Regeln des HDLC als T1 bezeichnet. Die Zeit wird in Millisekunden ausgedrückt. Als ein Standardwert für komplexe und belasteten Netzwerke wird 3000 ms (3 Sekunden) vorgeschlagen.
- Zeitbestimmung für die Aussendung von REJ-Frames. Da das Protokoll nicht nur für Knoten-zu-Knoten-Verbindungen verwendet wird, kann es zu Fehlern in der Sequenz kommen. Wenn eine Station einen I-Frame empfängt, der nicht der Sequenz entspricht, wartet sie auf

den korrekten I-Frame. Es handelt sich hier um eine von HDLC abweichende Verhaltensweise. Wenn bei HDLC die empfangenen I-Frames nicht in der korrekten Reihenfolge eintreffen, wird ein FRMREJ (*frame reject*) zurückgesandt. REJ wird verwendet, um fehlerhaft übertragene Framnes anzuzeigen. Bei LLC2 wird nach Ablauf der eingestellten Zeit ein REJ-Frame zurückgesendet, welcher mit N(R) den erwarteten I-Frame anzeigt. Es wird dann auch die laufende Verbindung abgebrochen.

2. **Einrichtung des Polling-Levels:**
   Im SRB senden die Router Polls (Aufrufe), um zu zeigen, dass sie empfangsbereit sind bzw. dass der Router verfügbar ist. Dazu dient der RR-Frame (*receive ready*). Bei der Konfiguration kann die Häufigkeit der Poll-Vorgänge (*polling frequency*) als Zeit eingestellt werden. Dabei sollen die Polling-Vorgänge während der Zeiten ausgeführt werden, in denen kein Verkehr auf dem Netzwerk ist (*idle time*). Die Intervalle zwischen den Polling-Vorgängen wird in Millisekunden angegeben. Weiterhin kann festgelegt werden, in welchem Zeitabstand erfolglose Aufrufe wiederholt werden.
3. **Einrichtung der XID-Übertragungen:**
   Die XID-Frames enthalten Informationen über die Stationen, die über die Ebene 2 hinausgehen. Es kann festgelegt werden, in welchen zeitlichen Abständen diese Nachrichten ausgetauscht werden.

4.3 Lokale Netze

Der Begriff Lokale Netze (LAN, *Local Area Network*) gibt bereits an, dass es sich um Netze in einem räumlich begrenzten Gebiet handelt. Ob der in der englischen Bezeichnung enthaltene Begriff "Netzwerk (*network*)" angemessen ist, ist umstritten, da innerhalb der LANs keine Datenvermittlung stattfindet, das LAN schafft immer eine Verbindung zwischen benachbarten Knoten. Dies gilt auch für Netze mit Ringstruktur.

Wie der Begriff Lokales Netz bereits aussagt, handelt es sich um Netzwerke in einem räumlich begrenzten Gebiet, weitere Merkmale sind:

- Es liegt eine Verbindung zwischen mehreren intelligenten Stationen über eine gemeinsame Leitung (*party line*) vor
- Die Datenübertragungsrate ist hoch, sie liegt zwischen 1 Mbit/s und 1000 Mbit/s. Es gibt auch WANs mit hohen Datenübertragungsraten, bei den LANs fehlen aber die niedrigen Datenübertragungsraten, wie sie z.B. im ISDN mit 64000 bit/s vorliegen.
- Die Daten werden in Rahmen (*frames*) übertragen, eine Übertragung einzelner Zeichen findet nicht statt.
- Jeder Rahmen enthält nicht nur die Zieladresse (*destination address*), sondern auch die Absenderadresse (*source address*).
- Es sind drei Arten von Adressierung (Angabe der Zieladresse) möglich:
  1. Einzeladressierung (*individual addressing*); eine Station soll die Nachricht empfangen
  2. Rundspruch (*broadcast*); sämtliche Stationen im LAN sollen die Nachricht empfangen
  3. Gruppenadressierung (*multicast*); eine Gruppe von Stationen soll die Nachricht empfangen.
- Es gibt keine zentrale Netzwerksteuerung oder Datenvermittlung.

Die Gruppenadressierung und der Rundspruch wird fast nur bei der Netzwerkverwaltung, von Routing-Protokollen usw. angewandt, in der Regel nicht für die Benutzerdaten. Bei Anwendungen aus dem Bereich Multimedia-Technik, bei denen bestimmte Informationen an mehrere Empfänger gesandt werden sollen, kann Gruppenadressierung auch für die Anwendungen auftreten.

Eine Definition der IEEE über lokale Netzwerke sagt:

"Ein Local Area Network ist ein Datenkommunikationssystem, welches es einer Anzahl von unabhängigen Datengeräten (*data devices*) erlaubt, mit jedem anderen zu kommunizieren. Ein LAN wird von anderen Typen von Datennetzen daran unterschieden, dass die Kommunikation üblicherweise auf einen geographischen Bereich mäßiger Größe beschränkt ist, wie etwa ein einzelnes Bürogebäude, ein Warenhaus oder einen Campus und abhängig sein kann von einem physikalischen Kommunikationskanal mit einer Datenrate, die mäßig bis hoch sein kann (*moderate-to-high data rate*), und der eine vereinbarte niedrige Fehlerrate hat. Dies ist ein Gegensatz zu Netzwerken über größere Entfernungen, welche Einrichtungen untereinander verbinden, die in unterschiedlichen Teilen des Landes sind, und von Netzwerken von Datengeräten im Rahmen einer Einzelausrüstung."

Die Normung der LANs begann mit Spezifikationen (*specifications*), die von Firmen oder Firmengruppen erarbeitet wurden. Aufbauend auf diesen Spezifikationen wurde ein umfassendes Normenwerk von der IEEE geschaffen. Die Normungen dieses Verbandes für die LANs trägt die Nummer 802. Bild 4-4 zeigt einen Überblick über die Normen, sie umfassen u.a.:

IEEE 802.1 High Layer Interface Standards

802.2 Logical Link Control (LLC), logische Verbindungssteuerung (siehe Abschnitt 4.2.2)

802.3 Netze mit dem Zugriffsverfahren CSMA/CD

802.4 Netze mit dem Zugriffsverfahren Token-passing und Busstruktur

802.5 Netze mit dem Zugriffsverfahren Token-passing und Ringstruktur

802.6 Metropolitan Area Networks (MAN)

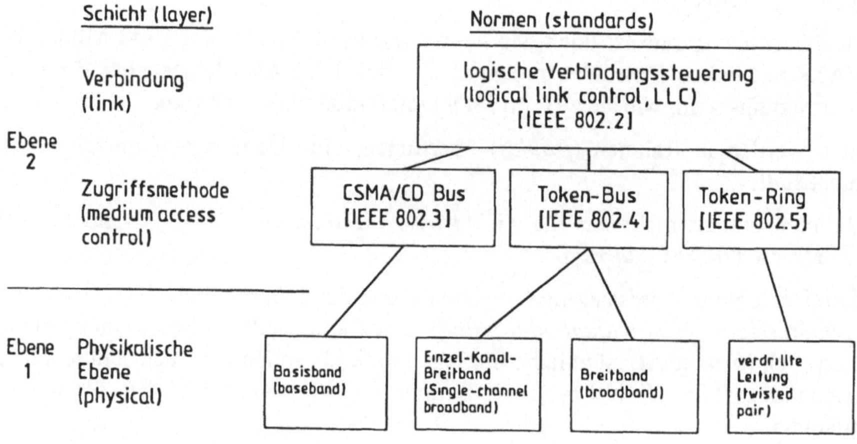

Bild 4-4 Normung der LAN nach IEEE802

Die Normen 802.1 befassen sich mit Aspekten des Internetworkings, aber auch der Zuordnung von Prioritäten bei der Vermittlung der Nachrichten.

Netze, die nach der Ethernetspezifikation aufgebaut sind, und solche, die nach IEEE802.3 konzipiert sind, arbeiten nach den gleichen Prinzipien, so dass die Begriffe oft als gleichartig angesehen werden. Es werden Bauteile angeboten, die für beide Netzwerktypen geeignet sind. Es gibt aber auch Unterschiede. So wird das Feld, welches auf die Adressen folgt und in beiden Fällen 2 Oktette groß ist, bei Ethernet als SAP (*service access point*) für das Protokoll der Ebene 3 verwendet, bei IEEE802.3 als Längenangabe für den Datenteil.

Eine weitere wichtige Norm ist die für das lokale Netzwerk FDDI (Abschnitt 4.3.5), welche von der ANSI entwickelt wurde.

LANs können nach ihrer Topologie und ihrem Zugriffsverfahren unterschieden werden.

4.3.1 Topologien

Die Topologie des Netzwerks beschreibt die Anordnung der Netzwerkknoten und ihre Verbindung untereinander, unabhängig von den Entfernungen.

Die Grundformen sind:

1. **Vermaschtes Netz** (*meshed network*).

In dieser Topologie bestehen zwischen den Knoten Verbindungen (siehe Bild 4-5). Diese gestatten es, dass eine Nachricht über unterschiedliche Wege ihr Ziel erreicht.

Vermaschte Netze, bei denen von jedem Knoten zu jedem Knoten eine Verbindung besteht, werden als vollvermaschtes Netzwerk bezeichnet. In vollvermaschten Netzwerken ist kein Routing erforderlich, daher werden sie auch als "nonrouted networks" bezeichnet. Vollvermaschte Netze treten in der Praxis nicht auf, da die Zahl der notwendigen Verbindungen exponential mit der Zahl der Knoten ansteigt.

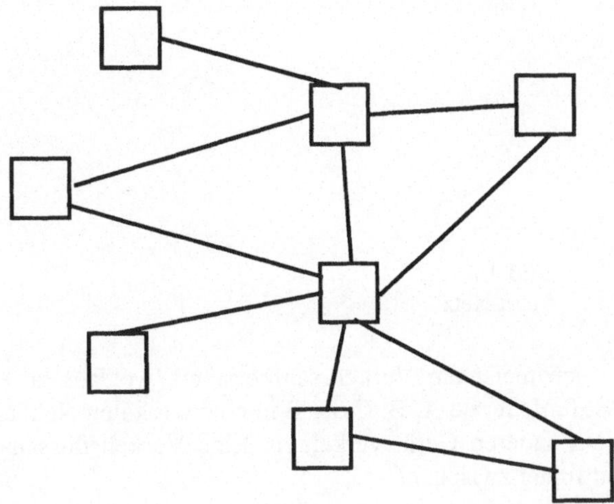

Bild 4-5
Vermaschtes Netz

Vermaschte Netze sind die Regel im WAN-Bereich; dies gilt auch bei den Versorgungsnetzen für Wasser, Energie usw. Da in der Regel mehrere Wege für die Nachrichtenübertragung zwischen zwei Stationen vorliegen, sind sie fehlertolerant. Im LAN-Bereich treten sie nicht auf, es können aber bei der Verbindung mehrerer lokaler Netzwerke (*internetworking*) vermaschte Strukturen auftreten.

2. **Stern** (*star*):
Diese Topologie (siehe Bild 4-6) war bei den Vorformen der lokalen Netze, etwa bei Datensammelsystemen, sehr verbreitet. Der Mittelpunkt des Sterns war die zentrale EDV-Anlage, welche in der Regel auch den Datenverkehr mit den angeschlossenen Stationen steuerte. Datenverkehr zwischen den Stationen erfolgt immer über die Zentralstation. Ein besonderes Zugriffsverfahren ist nicht notwendig, da an jeder Leitung nur eine Station angeschlossen ist. Lokale Netze mit Sterntopologie gibt es nicht, aber:

- Netze, die auf der Bustopologie beruhen, enthalten heute viele vermittelnde Geräte (*Hubs, Switchs*), von denen aus die Leitungen sternförmig abgehen, wobei an einer Leitung eine Station angeschlossen ist. Damit entsteht eine sternförmige Topologie, bei der der Mittelpunkt des Sterns allerdings kein Zentralcomputer, sondern ein Gerät zur Datenvermittlung ist.
- Bei einigen Ringnetzen ist es üblich, dass alle Leitungen immer wieder in einen zentralen Schrank zurückgeführt werden, die Struktur wird dann als logischer Ring, aber physikalischer Stern bezeichnet. Tatsächlich handelt es sich bei der Topologie dieser Netze aber um eine Ringstruktur.

Allgemein führen die modernen Verkabelungskonzepte mit ihren Schaltschränken zu sternförmigen Strukturen.

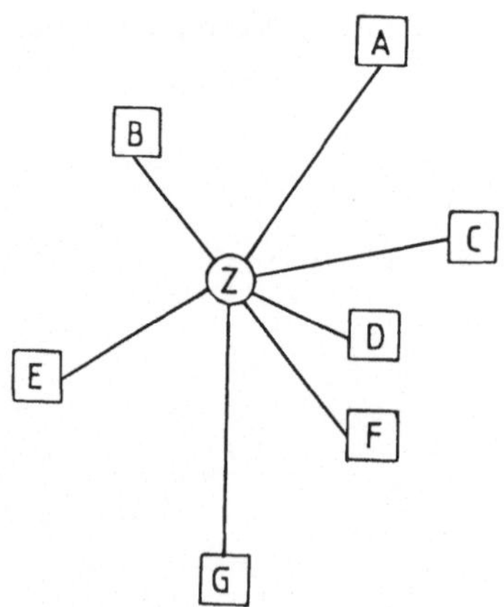

Bild 4-6
Stern-Netz

Aus der Sicht der Anwendung ergibt sich meist ein Verkehrsaufkommen, welches zu einer logischen Sternstruktur führt. Wenn z.B. fünf Geräte A, B, C, D, E in einem lokalen Netz angeordnet sind, kann jedes Gerät mit jedem anderen Gerät verkehren. Eine Verkehrflussanalyse wird aber ergeben, dass ein Verkehr stattfindet zwischen:

A -- B
C -- B
D -- B
E -- B

In diesem Fall ist B das Serversystem, die anderen Stationen das Clientsystem. Verkehr findet nie zwischen Clientsystemen statt. Selbst wenn z.B. aus Anwendersicht eine Nachricht (*message*) von einem Clientsystem zu einem anderen Clientsystem gesendet wird, geht die Nachricht erst zum Server, dieser stellt sie dem empfangenden Client zu.

3. **Bus** (*bus net*).
Mit der Busstruktur (siehe Bild 4-7) sind die Komponenten einer EDV-Anlage miteinander verbunden, dabei handelt es sich aber um Parallelbus-Systeme, während bei LANs ein serieller Bus vorliegt. Bei der Bustopologie ist immer eine Zugriffsmethode erforderlich. Die Adressierung erfolgt in der Art, dass alle Stationen jede Nachricht empfangen und die Zieladresse abprüfen, um festzustellen, ob die Nachricht für sie bestimmt ist.

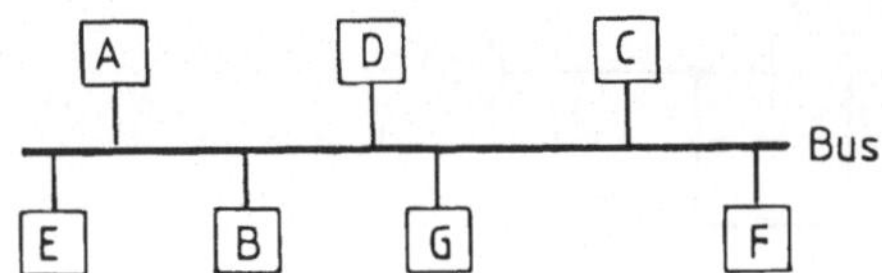

Bild 4-7
Netz mit Bustopologie

Bei einem Bussystem entspricht die maximal mögliche Entfernung zwischen zwei Stationen der maximalen Länge des Bus, da die angeschlossenen Systeme die Signale nicht verstärken.

Durch den Einbau von Wiederholern mit verstärkender Wirkung (*repeater, hub*), kann die Ausdehnung des Netzwerks erweitert werden. Es sind auch Abzweigungen (*splits*) möglich, z.B. durch die Verwendung von Repeatern mit mehr als zwei Anschlüssen (*multiport repeater*). Ein Vorteil der Bustopologie ist es, dass neue Stationen auch im laufenden Betrieb eingefügt werden können; ebenso stört das Abschalten einzelner Stationen nicht den Netzwerkbetrieb.

Die Bustopologie lässt sich nur mit elektrischen Leitern, nicht mit Lichtwellenleitern realisieren.

4. **Ring** (*ring net*).
Bei dieser Topologie (siehe Bild 4-8) wandern die Nachrichten in einer Richtung von Knoten zu Knoten. Jeder Knoten empfängt die Nachricht, wenn er der Empfänger ist, kopiert er sie in seinen Speicher, er schickt alle Nachrichten zum nächsten Knoten. Damit wirkt jeder Knoten wie ein Verstärker. Auch bei dieser Topologie ist ein Zugriffsverfahren notwendig.

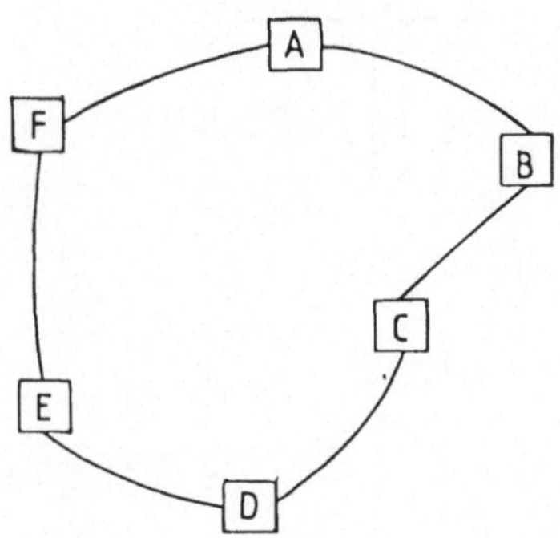

Bild 4-8
Ring-Netz

Der Nachteil der Ringtopologie ist es, dass der Ausfall eines Knotens oder einer Leitungsverbindung das gesamte Netzwerk stilllegt. Um dies zu verhindern, kann eine "Bypass-Einrichtung" verwendet werden (siehe Bild 4-9). Dabei sind Einrichtungen erforderlich, welche den Ausfall des Knotens erkennen.

Im LAN nach dem FDDI-Konzept wird ein Doppelring verwendet, welcher zu einer hohen Fehlertoleranz führt.

Ein weiterer Vorteil der Ringtopologie liegt darin, dass die einzelnen Leiter simplex betriebenen Punkt-zu-Punkt-Verbindungen darstellen. Damit eignet sie sich hervorragend für den Einsatz von Lichtwellenleitern.

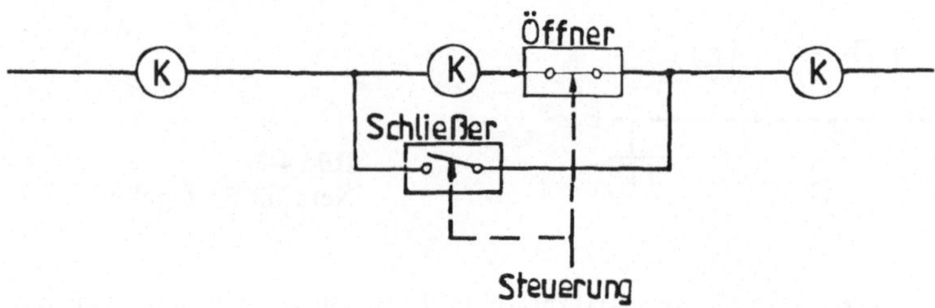

Bild 4-9 Bypass-Einrichtung für Ring-Netze

5. **Baum** (*tree*).

Die Baumtopologie wird besonders in Breitbandnetzen verwendet. Sie ist aus den Kabelfernsehsystemen entstanden, im Gegensatz zu diesen muss der Verkehr aber in beiden Richtungen möglich sein. Bei dieser Struktur (siehe Bild 4-10) laufen alle Nachrichten auf den Netzwerkkopf zu (*headend*), dann werden sie von dort aus wieder an alle Stationen verteilt. Die Nachricht gelangt also zu allen Stationen, ob sie an eine bestimmte Station gerichtet ist, muss an der Adresse erkannt werden.

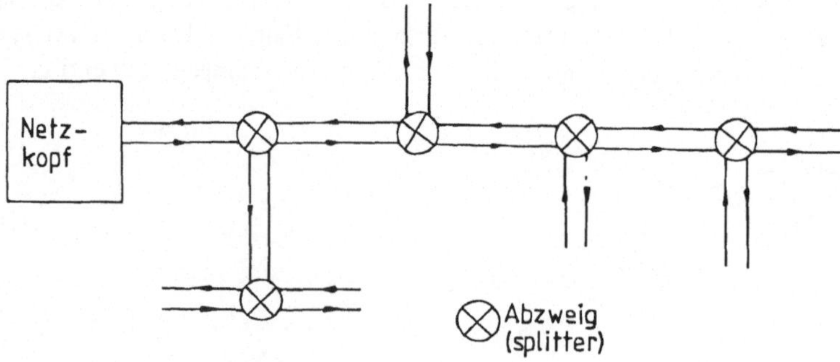

Bild 4-10 Netz mit Baumtopologie

Bei der Baumstruktur müssen Leitungen von jeder Station zum Headend und vom Headend zu jeder Station führen. Dies kann auf zwei Arten realisiert werden:

- Zwei getrennte Leitungssysteme: dies hat den Vorteil, dass die Verstärker nur in einer Richtung verstärken müssen, in der Gegenrichtung können Dämpfer eingebaut werden, um die Echos zu dämpfen.
- Ein Leitungssystem. Das gesamte Frequenzband wird geteilt in den Bereich der Sende- und der Empfangsfrequenzen. Der Headend muss die Nachrichten demodulieren und dann auf andere Frequenzen modulieren, er wird dann als "Remodulator" bezeichnet.

Bei der Ring-, der Bus- und der Baumtopologie muss jede Nachricht von jeder Station empfangen werden. Die Netzwerkkonzepte sehen keine Methoden zur Verhinderung der Auswertung fremder Nachrichten vor. Ein Schutz gegen unbefugtes Mithören muss von der Anwendung, etwa durch Verschlüsselung, implementiert werden.

4.3.2 Zugriffsverfahren

Zugriffsverfahren oder -methoden (*access methods*) sind notwendig, weil bei LANs auf einem Kanal mehr als ein potentieller Sender vorhanden ist. Da zu einer Zeit nur eine Nachricht auf dem Kanal liegen kann, muss entschieden werden, welche Station das Senderecht besitzt. Die Zugriffsmethode wird im OSI-Modell dem unteren Teil der Ebene 2 zugeordnet, dem oberen Teil wird die Verbindungssteuerung zugeordnet. Die Regelung des Zugangs zum Senden wird als

MAC (*Media Access Control*)

bezeichnet.

Bei der Vergabe des Senderechts an die einzelnen Stationen können faire und hierarchische Netzwerke unterschieden werden.

Faire Netzwerke.
Bei diesen Netzwerken hat grundsätzlich jede Station die gleiche Möglichkeit, das Senderecht zu erhalten. Das muss nicht bedeuten, dass jede Station den Träger gleich lang belegt, es bedeutet auch nicht unbedingt, dass jede Station das Senderecht gleich oft erhält. Da die Zugriffsmethode auch mit Zufallszahlen arbeiten kann, können auch bei fairen Netzwerken Stationen benachteiligt werden. Dies geschieht dann aber rein zufällig; auf längere Zeit gesehen soll jede Station gleich behandelt werden.

Hierarchische Netzwerke.
Bestimmte Stationen erhalten das Senderecht öfter als andere oder sie erhalten es mit einer höheren Wahrscheinlichkeit als andere.

Bild 4-11 zeigt eine weitere Einteilung der Zugriffsmethoden.

Festgelegte Zugriffsmethoden weisen einer Station das Senderecht zu, ohne zu berücksichtigen, ob diese Station tatsächlich senden will. Bei der Netzwerkplanung wird selbstverständlich von einem bestimmten Sendeaufkommen der Station ausgegangen, bei der tatsächlichen Vergabe des Senderechts wird aber die aktuelle Bedarfslage nicht berücksichtigt. Ein Anweisungs-Zuweisungs-Schema (*on demand*) erteilt der Station nur dann das Senderecht, wenn diese tatsächlich einen Sendewunsch hat.

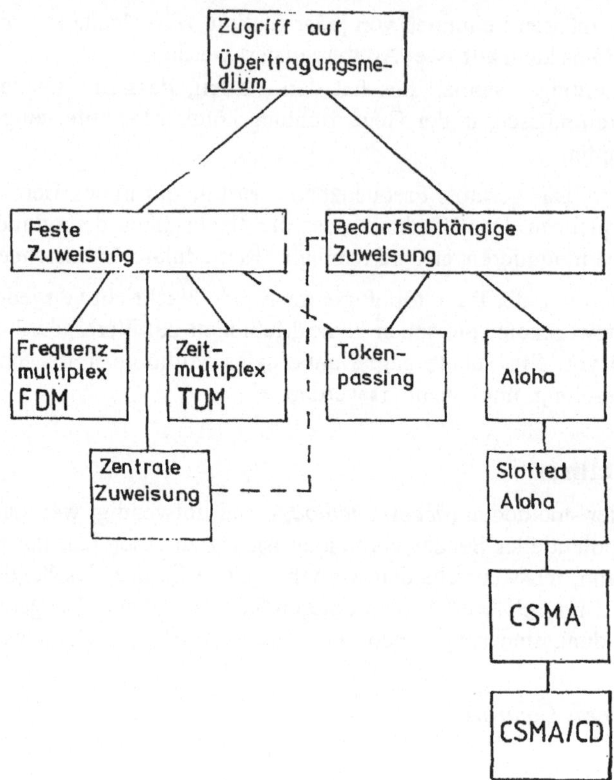

Bild 4-11 Einteilung der Zugriffs-Methoden

Festgelegte Zuweisungsverfahren sind gut geeignet für die Unterhaltung eines kontinuierlichen Bitstroms, wie es für das Übertragen von Telephongesprächen und nicht komprimierten Videofilmen erforderlich ist.

Der Vorteil der festgelegten Zuweisungsverfahren (*fixed assigment schemes*) besteht darin, dass

- beliebige Prioritäten geschaffen werden können,
- wenig Verwaltungsaufwand anfällt, d.h. die Datenübertragungskapazität weitgehend,
- für den eigentlichen Datenverkehr genutzt werden kann,
- die Systeme leicht zu implementieren sind,
- maximale Zugriffszeiten garantiert werden können,
- eine Abweichung im Netzwerkverhalten durch das unkorrekte Verhalten einer Station leicht zu lokalisieren ist, da das korrekte Netzwerkverhalten vorgeschrieben ist.

Der Nachteil liegt darin, dass jeder Station eine bestimmte Sendekapazität zur Verfügung gestellt wird, welche sich nach einem angenommenen Verhalten richtet. Liegen die tatsächlichen Sendwünsche niedriger, ist es nicht möglich, die freiwerdende Kapazität anderen Stationen zur Verfügung zu stellen. Die Methoden eignen sich daher nicht gut für Anwendungen, bei denen der Datenverkehr schwer vorherzubestimmen ist oder bei denen er unregelmäßig über die Zeit verteilt anfällt.

Die bekanntesten festgelegten Zuweisungsschemata sind:

Zuweisung durch zentralen Rechner.
Dieses Schema ist am besten durch die Sterntechnologie zu implementieren. Die Zentralstation gibt Nachrichten an die angeschlossenen Stationen ab; sie sendet Sendeaufrufe (*polls*) zu ihnen, um sie zum Senden zu veranlassen. Dabei werden die angeschlossenen Stationen der Reihe nach abgefragt (*scanning*). Das Verhalten ist im Bild 4-12 dargestellt.

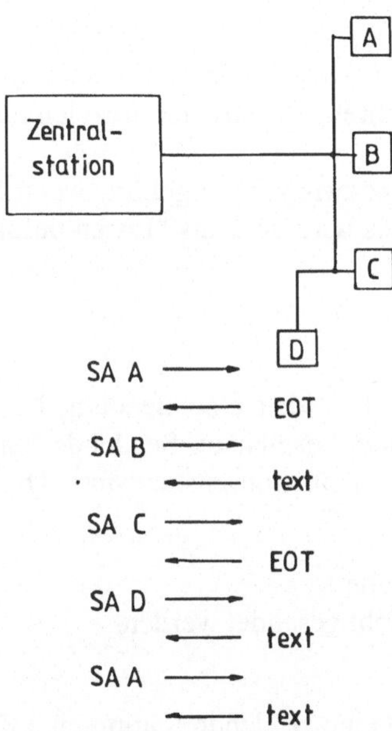

Bild 4-12
Ablauf der Übertragung bei zentraler Zuweisung (SA Sendeaufforderung; EOT es besteht kein Sendewunsch)

Frequenzmultiplex
Das Verfahren eignet sich für die Bus- und die Baumtopologie, weniger gut für die Ringtopologie. Innerhalb des dem Träger zur Verfügung stehenden Frequenzbandes werden den einzelnen Systeme Frequenzbänder zugewiesen, diese werden auch als Kanäle (*channels*) bezeichnet.

Zeitmultiplex
Der Träger wird mit seiner gesamten Bandbreite einer Station für eine bestimmte Zeit zur Verfügung gestellt, wobei die Zeitabschnitte (*time slots*) fest vergeben sind. Das Verfahren eignet sich sowohl für die Bus- wie die Ringtopologie.

Die LAN-Konzepte sehen keine festgelegten Zuweisungs-Schemata vor; davon gibt es aber Ausnahmen:

- beim Konzept FDDI (Abschnitt 4.3.5) können "synchrone" Daten übermittelt werden, es handelt sich dabei um eine Form des Zeitmultiplex.
- es gibt mehrere Vorschläge, im Gigabit-Ethernet (1000 Mbit/s) die Vermittlungsgeräte (*switches*) die einzelnen angeschlossenen Stationen auf ihre Sendewünsche abzufragen, also Poll-Zyklen auszuführen.

Bei den Anforderungs-Zuweisungs-Methoden (*demand access schemes*) handelt es sich im Prinzip um ein Zeitmultiplex-Verfahren, den Stationen wird aber kein fester Zeitabschnitt zur Verfügung gestellt, sondern die Vergabe erfolgt auf Grund des Bedarfs. Sendekapazität wird nur dann in Anspruch genommen, wenn sie benötigt wird, dies macht sich am besten bei ungleichmäßigem Sendeaufkommen bemerkbar. Der Nachteil liegt in einem höheren Verwaltungsaufwand, außerdem können unkorrekt arbeitende Station das ganze Netzwerk lahm legen. Unterschieden werden die Verfahren, die mit Kollisionen arbeiten, sowie das Token-Passing-Verfahren.

CSMA/CD (*carrier sense multiple access / collision detected*).
Das Verfahren wurde aus dem Aloha-Verfahren entwickelt, welches für die Verwaltung von Funkkanälen geeignet war. Die Wirkungsweise des Verfahrens ist aus der Bezeichnung gut erkennbar:
CS Carrier sense. Das Kabel wird bei Auftreten eines Sendewunschs abgehört, wenn bereits Verkehr auf der Leitung ist, darf nicht gesendet werden. Dies wird auch als "Listen before Talking" bezeichnet.

MA Multiple Access. Vielfacher Zugriff. Man geht davon aus, dass eine große Anzahl von Stationen auf die Leitung zugreifen können und wollen.

CD Collision detected. Wenn mehrere Stationen zur gleichen Zeit eine Sendung beginnen, überlagern sich die Signale; dieser Zustand wird als Kollision bezeichnet. Sendende Stationen hören während der Sendung die Leitung ab und stellen den Kollisionszustand fest. Dies wird auch als "Listen while Talking" bezeichnet.

Die Vorgehensweise einer Station, welche senden will, ist daher:
1. Die Leitung wird abgehorcht, wenn sie belegt ist, darf nicht gesendet werden.
2. Wenn die Leitung frei ist, beginnt die Sendung.
3. Während der Sendung wird die Leitung abgehört. Wenn eine sendende Station eine Kollision entdeckt, beendet sie die Sendung.
4. Da der Sendewunsch nicht ausgeführt werden durfte, muss er wiederholt werden. Da an einer Kollision mindestens 2 Stationen beteiligt sind, wird auch die andere Station die Sendung wiederholen wollen. Damit dies nicht zu einer Kette immer weiterer Kollisionen führt, werden Wartezeiten eingeführt. Damit die einzelnen Stationen die gleiche Chance, das Senderecht zu erhalten, bekommen, gilt dabei:
   - die Wartezeiten werden durch Zufallsgeneratoren bestimmt.
   - sie werden grundsätzlich mit jeder neuen Kollision vergrößert.

Bei CSMA/CD tritt ein Laufzeitproblem auf, die Kollisionen werden nicht unter allen Umständen entdeckt. Bild 4-13 zeigt eine mögliche Anordnung der drei Stationen A,B,C. Die Ausbreitungsgeschwindigkeit der Signale betrage 2/3 der Lichtgeschwindigkeit, also 200 m/µs. Zur Vereinfachung sei angenommen, dass keine aktiven Elemente, also Verstärker, in der Leitung angeordnet sind. Beginnt Station A zum Zeitpunkt t zu senden, so kann Station C bis zum Zeitpunkt t + 5 µs annehmen, dass die Leitung frei ist. Beginnt sie zum Zeitpunkt t + 5 µs zu senden, so bemerkt Station A die Kollision nicht bis zum Zeitpunkt t + 10 µs. Schließt A vor dieser Zeit die Sendung ab, so ist sie der Meinung, die Sendung erfolgreich durchgeführt zu haben, sie hat keine Veranlassung zu einer Wiederholung. Bei Station B als Empfänger wäre die Nachricht ab dem Zeitpunkt t + 7,5 µs gestört. Station C würde die Kollision fast unmittelbar nach Beginn der Sendung bemerken und die Sendung abbrechen.

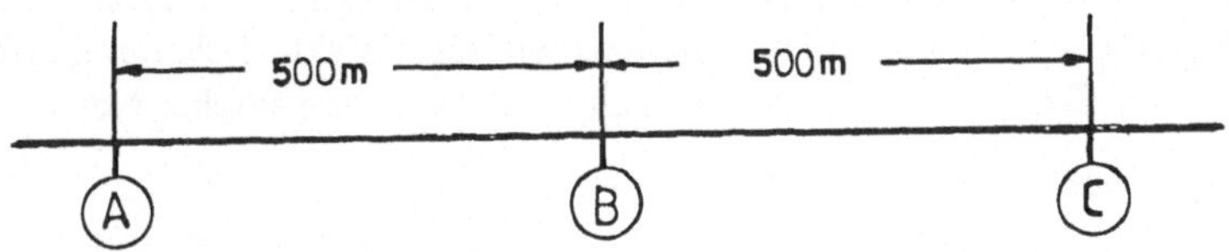

Bild 4-13 Laufzeitproblem bei CSMA/CD

Dass die Kollision von A nicht entdeckt wird, hängt mit der Länge der Nachricht zusammen. Wäre sie in diesem Beispiel länger als 10 µs gewesen, so hätte A die Kollision noch während der Sendung entdeckt.

Für die Mindestlänge der Dauer einer Sendung ergibt sich damit:

$t_s > 2*t_d$

t_s: Länge der Sendung = N/D
t_d: maximale Ausbreitungsverzögerungszeit zwischen zwei Stationen
N: Anzahl der Bits im Frame (Daten und Overhead)
D: Datenübertragungsrate

Zu der Ausbreitungsverzögerungszeit ist nicht nur die Laufzeit der Signale auf den Leitungen zu rechnen, sondern auch die Schaltverzögerungszeit von Verstärkern und anderen in der Leitung befindlichen aktiven Elementen.

Wie aus dem Beispiel hervorgeht, richtet sich diese Zeit nicht nach der Anordnung von sendender Station und Empfangsstation, sondern nach der Entfernung der beiden am meisten voneinander entfernt angeordneten Stationen im Netzwerk.

Wenn das zu sendende Paket nicht die Mindestlänge aufweist, so muss es durch Leerzeichen (*filler*) erweitert werden. Dies stellt einen Nachteil dar, da:

- die Filler Übertragungszeit beanspruchen, ohne dass sie Informationen transportieren
- dem Empfänger klargemacht werden muss, welcher Teil der Nachricht Information und welche Filler ist.

Das Auffüllen der Frames wird auch als Padding bezeichnet.

Wenn eine Sendung so lange andauert, dass die oben beschriebene Zeit ts ohne Kollision vergangen ist, kann keine Kollision mehr auftreten. Der Zeitpunkt vom Beginn der Sendung bis zum Ablauf von t_s wird als Kollisions-Fenster bezeichnet. Er entspricht der Zeit für das Senden des kürzesten zugelassenen Frames.

Kollisionen, die erst nach Ablauf des Kollisionsfensters auftreten, werden als verspätete Kollisionen (*late collisions*) bezeichnet. Sie weisen auf unkorrekt arbeitende Stationen hin.

Die Realisierung der Methode CSMA/CD wird in ihren Einzelheiten unter Ethernet besprochen.

CSMA/CD ist kein deterministisches Zugriffsverfahren. Die Zugriffszeit, die zwischen einem Sendewunsch und der tatsächlich ausgeführten Sendung liegt, ist eine statistische Größe. Es können zwar durchschnittliche Zugriffszeiten bestimmt werden, es kann aber keine Garantie für eine bestimmte Zugriffszeit in einem bestimmten Fall gegeben werden. Für zeitkritische Anwendungen, etwa in der Prozessdatenverarbeitung, ist CSMA/CD daher nicht geeignet.

Die Kollisionen, die bei diesem Zugriffsverfahren nicht zu vermeiden sind, führen zu Signalen auf der Leitung, die von fehlerhaften Signalen, wie sie defekte Schaltungen erzeugen, nicht unterscheidbar sind. Das kann die messtechnische Untersuchung solcher Netze erschweren.

Token passing (etwa Zeichenweitergabe).
Das Verfahren benutzt ein Zeichen (im Prinzip 1 Bit), welches der Station, die dieses Zeichen erhält, das Senderecht verleiht. Es darf nur einen Token im System geben. Wenn das Senderecht wahrgenommen wird, ist der Token belegt (*busy token*), wenn nicht, ist er frei (*free token*). Die Tokens werden wie die Daten übermittelt, sie sind Bestandteil der Frames.

Token Passing ist kein rein bedarfsorientiertes Zugriffsverfahren, da der Token nicht angefordert werden kann. Damit kann eine Station den Free-Token erhalten, welche nicht senden will. Sie kann ihn dann aber sofort weitergeben. Wenn sich das Verkehrsaufkommen gleichmäßig auf alle Stationen verteilt, wird die Weitergabe eines nicht benutzten Free-Tokens mit steigendem Verkehraufkommen immer seltener vorkommen.

Die Realisierung des Verfahrens ist von der Topologie des Netzes abhängig. Deshalb werden die entsprechenden Netze nach "Token Bus" und "Token Ring" unterschieden, z.Zt. überwiegen die Netze nach Token-Ring.

Bei Token Bus bilden die Stationen im einfachsten Falle einen logischen Ring. Die Ringstruktur hat nichts mit der räumlichen Anordnung der Stationen (siehe Bild 4-14) zu tun. Als physikalische Verbindung steht nur der Bus zur Verfügung. Jede Station hat bei der Bildung des logischen Rings einen Nachfolger (*successor*) und einen Vorgänger (*predecessor*). Die mit Pfeilen versehenen Linien im Bild 4-14 stellen keine Leitungen dar, sondern den Fluss des Tokens von Station zu Station.

Die Festlegung der Nachfolger im Senderecht erfolgt durch die Software der Stationen. Wenn eine neue Station in den Ring eingefügt wird, muss in einer anderen Station diese zur Nachfolgerin erklärt werden, da sonst die neue Station nie das Senderecht erhalten kann. Sie kann sich auch nicht selbst "anmelden".

Durch Festlegung in den einzelnen Stationen können auch Strukturen verwirklicht werden, die nicht dem logischen Ring entsprechen. Der logische Ring schafft ein faires Netzwerk, das allen Stationen die gleiche Chance beim Erlangen des Sendrechts gibt. Bei einigen Netzwerken kann aber davon ausgegangen werden, dass die Sendewünsche nicht gleichmäßig verteilt sind. So werden in einer Anordnung von vielen Workstations und einem Server bei diesem Server viel mehr Sendewünsche auftreten als bei den einzelnen Workstations. So könnte ein solches Verhalten dadurch unterstützt werden, dass der Server als Nachfolger in allen Workstations aufgeführt wird.

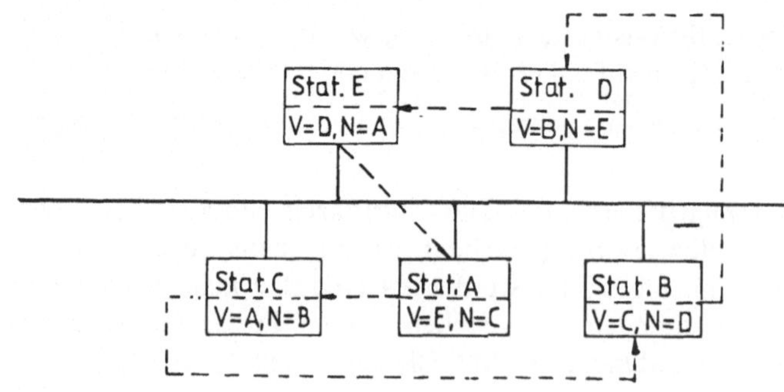

Bild 4-14
Token –Bus-System

Damit erhält diese Station nach jeder zweiten Sendung das Senderecht und kann bestimmen, wem sie dieses weitergibt (entspricht der Zentralen Zuweisung).

Zwischen den Extremen "logischer Ring" und "zentrale Zuweisung" sind auch Übergangsformen möglich. Bild 4-15 zeigt die beiden extremen Varianten und eine Zwischenlösung. Die genannten Anteile am Senderecht gehen davon aus, dass die Länge der gesendeten Nachrichten für alle Stationen gleich ist. Alle drei Varianten gehen von 5 Stationen aus.

a.

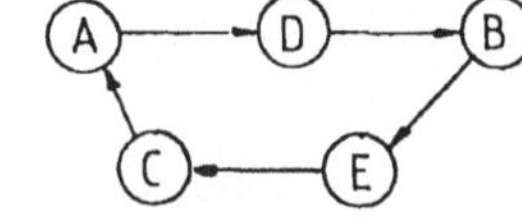

Stat.	Vorgänger	Nachfolger	SR %
A	C	D	20
B	D	E	20
C	E	A	20
D	A	B	20
E	B	C	20

b.

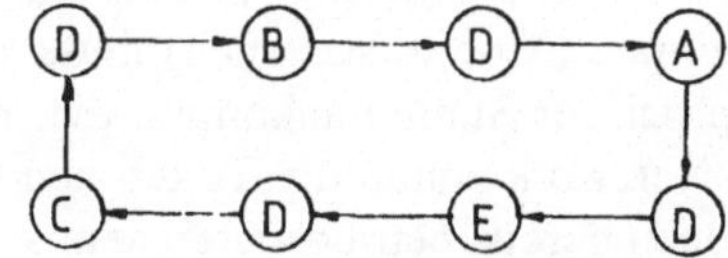

Stat.	Vorgänger	Nachfolger	SR %
A	D	D	12,5
B	D	D	12,5
C	D	D	12,5
D	A,B,C,E	A,B,C,E	50
E	D	D	12,5

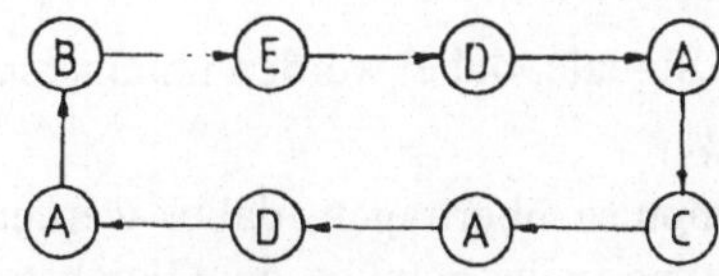

c.

Stat.	Vorgänger	Nachfolger	SR %
A	C,D	B,C,D	37,5
B	A	E	12,5
C	A	A	12,5
D	A,E	A	25
E	B	D	12,5

Bild 4-15
Zuordnung des Senderechts bei Token-Bus (SR %: Senderecht in % der Gesamtzeit)

Wenn der Absender des Frames diesen wieder empfängt, "entfernt" er ihn vom Ring, erzeugt den "Free-Token" und sendet ihn ab.

Bei diesem Verfahren können Prioritäten vergeben werden. Der Header des Frames enthält ein Feld für Priorität, den einzelnen Stationen werden Prioritätszahlen zugeteilt. Wenn der Frame mit dem belegten Token an einer Station vorbeikommt, welche den Sendewunsch hat, trägt sie ihre Prioritätszahl in das Feld ein. Diese Zahl wird vom Frame, der den Free-Token trägt, übernommen. Der Free-Token kann nur von einer Station, welche die eingetragene oder eine höhere Priorität hat, zur Ausführung des Sendewunsches verwendet werden. Eine Veränderung der Prioritätszahl im Free-Token darf nur von einer Station vorgenommen werden, welche eine höhere Priorität hat.

Als Vorteil des Verfahrens gilt, dass die Vergabe der Prioritäten nur von der Software der Stationen, nicht von ihrer Anordnung im Ringnetz abhängig ist. Eine Veränderung kann leicht über Software vorgenommen werden, damit kann sich das System leicht an wechselnde Betriebsbedingungen anpassen, etwa wechselnder Datenanfall der Stationen zu bestimmten Tageszeiten.

Ein Nachteil des Verfahrens besteht in beiden Versionen darin, dass bei einer Ringstruktur der Ausfall einer Station zu dem Ausfall des gesamten Netzes führt. Dabei kann Ausfall der Station einen Defekt bedeuten, aber auch einfach das Abschalten der Station. Während das Abschalten einer Station bei CSMA/CD keinerlei Auswirkungen auf die anderen Station hat, kann es bei Token-Passing den Netzwerkbetrieb verhindern, wenn nicht Vorbeugemaßnahmen getroffen werden. Auch ein einfaches Fehlverhalten, etwa die Nichtweitergabe des Tokens durch eine Station, legt das Netzwerk lahm. Durch bestimmte Stationen (Monitorstationen) muss kontrolliert werden, ob der Token in regelmäßigen Abständen bei der Station ankommt, evt. muss er neu erzeugt werden. Auch bei der Inbetriebnahme des Netzwerks muss der Token neu erzeugt werden, zu diesem Zeitpunkt müssen alle anderen Stationen bereits betriebsbereit sein.

Token-Passing gestattet grundsätzlich auch zeitkritische Anwendungen, da bestimmt werden kann, wie lange es nach Abgabe des Free-Token bei maximaler Ausnutzung des Senderechts durch alle anderen Stationen dauert, bis der Free-Token wiederkommt. Dabei müssen auch die Prioritäten berücksichtigt werden.

Bei beiden Verfahren kann einer Station mit Senderecht dieses nicht durch andere Stationen entzogen werden. Durch Begrenzung der Sendezeit muss sichergestellt werden, dass auch andere Stationen das Senderecht erhalten können. Dies geschieht durch die Festlegung einer Maximallänge der Frames. Die einzelnen Stationen müssen diese Grenze strikt einhalten, da es andernfalls zu schwer zu behebenden Fehlern im Netzwerkbetrieb kommt.

Ein weiteres Merkmal der LANs ist die Modulation der Signale, dabei werden unterschieden:

Schmalbandnetze, Basisbandnetze (*baseband networks*).
die elektrischen oder optischen Signale werden als Impulse übertragen, dabei werden meist selbsttaktende Codes verwendet. Man ist bei der Codierung meist bemüht, die Gleichstromfreiheit zu sichern, d.h. der arithmetische Mittelwert der Spannung soll 0 V betragen. Auf dem Träger wird nur ein Kanal unterhalten, auf den alle Geräte des lokalen Netzes zugreifen. Bei der Bezeichnung von IEEE für die verschiedenen Versionen des Netzes nach 802.3 werden die Basisbandnetze mit "Base" bezeichnet, z.B. 10Base5.

Breitbandnetze (*broadband networks*).
Die Signale werden auf eine Trägerfrequenz aufmoduliert. Es werden mehrere Frequenzbänder zur Datenübertragung genutzt (evt. werden auch Video-Übertragungen und Datenübertragungen auf dem gleichen Kabel durchgeführt). Es können nur die Geräte miteinander kommunizie-

ren, die auf das gleiche Frequenzband zugreifen. Bei der Bezeichnung von IEEE für verschiedene Versionen des Netzes nach 802.3 werden die Breitbandnetze mit "Broad" bezeichnet, z.B. 10Broad36.
Zwischen den Kriterien beim Konzept der Lokalen Netze bestehen Zusammenhänge, sie können nicht unabhängig voneinander für ein bestimmtes Netzwerk ausgewählt werden. Beispiele sind:

1. **Topologie - Zugriffsmethode**
Die Zugriffsmethode Token passing kann sowohl mit der Ring- wie der Bustopologie verwendet werden. CSMA/CD ist gut für die Bustopologie und auch die Baumtopologie geeignet, in Ringnetzen aber nicht anwendbar. Bei Sternnetzen kann der Mittelpunkt des Sterns gut für eine Vermittlung genutzt werden; wenn er als Hub ausgeführt ist, entspricht das Verhalten des Sternnetzes bei der Zugriffsmethode der des Busnetzes.

2. **Topologie-Medium**
Während sich metallische Leiter für alle Topologien eignen, sind Lichtleiterkabel nur für Punkt-zu-Punkt-Verbindungen geeignet. Damit können mit der Lichtleitertechnik nur Stern- oder Ringnetze aufgebaut werden, nicht aber Netze mit der Bustopologie. Lichtleiter werden als Simplexstrecken betrieben, wenn sie in der Sterntopologie eingesetzt werden, müssen 2 Leiter verlegt werden. In der Ringtopologie genügt ein Leiter.

3. **Modulation - Topologie**
Breitbandmodulation lässt sich grundsätzlich in allen Topologien anwenden. Sie wird besonders in der Baumtopologie angewendet.

4. **Modulation - Träger**
Obwohl das für Breitbandnetze erforderliche Frequenzmultiplex auch auf optischen Leitern angewandt werden kann, wird es meist nur bei elektrischen Leitern angewandt.

4.3.3 Ethernet

Das Konzept für diese Art von LANs wurde von der Firmengruppe DIX (Digital Equipment Corporation, Intel, Rank Xerox) entwickelt. Beschrieben werden in der Spezifikation nur die Bitübertragungsebene und ein Teil der Sicherungsebene. Das Konzept wurde von der IEEE unter der Nummer 802.3 genormt; die Norm wurde durch eine Vielzahl von damit in Verbindung stehenden Normen ergänzt (802.3a ...).

Für die Spezifikation wurden einige Ziele (*goals*), aber auch Ziele, die nicht angestrebt werden (*non goals*) festgelegt. Zu den Zielen, die nicht angestrebt werden, gehören:

- Voll-Duplex-Verkehr: Es kann immer nur Verkehr von einer Station aus zu einer Zeit gesendet werden, das Duplexverhalten wird durch schnellen Wechsel beim Senden der Frames erreicht.
- Fehlerkontrolle: Es wird zwar die Bildung von Blockprüfzeichen vorgeschrieben, aber nicht festgelegt, wie bei einem erkannten Übertragungsfehler reagiert werden soll.
- Sicherheit (*security*). Es wird keine Verschlüsselung vorgesehen. Wie bei allen LANs muss jede Station jede Nachricht empfangen, um festzustellen, ob diese Nachricht für sie bestimmt ist. Damit können sie auch Nachrichten empfangen und auswerten, die für andere Stationen bestimmt sind. Eine Verschlüsselung der Daten kann aber auf einer höheren Ebene, die nicht durch die Ethernet-Spezifikation festgelegt ist, vorgenommen werden.

- Wechselnde Datenübertragungsrate (*Speed Flexibility*). Die Datenübertragungsrate ist auf 10 Mbit/s festgelegt. Die Anpassung an ein niedrigeres Verkehrsaufkommen erfolgt dadurch, dass zwischen den Frames entsprechende Lücken (*gaps*) auftreten. Während der Lücken ist kein Signal auf der Leitung, jeder Frame muss neu ansynchronisiert werden. Auf Netzwerke nach dem Ethernetkonzept, welche mit höheren Geschwindigkeiten arbeiten, wird später eingegangen; sie waren in der ursprünglichen Spezifikation nicht vorgesehen.
- Priorität. Durch Verwendung des Zugriffsverfahrens CSMA/CD ist vom Netzwerk aus keine Prioritätenvergabe möglich.
- Schutz gegen unkorrekt arbeitende Stationen (*hostile users*). Das Netzwerk kann nicht gegen unkorrekt arbeitende Stationen, z.B. Stationen, die "ewig" senden und damit andere Stationen an der Sendung hindern, geschützt werden. Das Konzept sieht vor, dass alle Endgeräte, die angeschlossen sind, für den korrekten Netzwerkbetrieb verantwortlich sind. Es gibt keine "Monitorstationen", die den korrekten Betrieb überwachen.

Unter den Zielen, die man sich beim Entwurf des Ethernet gesetzt hat, werden besonders genannt:

- Einfachheit des Entwurfs, die zu niedrigen Kosten für die Netzwerkkomponenten führt
- Stabilität, diese wird definiert als Fähigkeit des Netzes, dass der stattfindende Verkehr eine stetige, nicht fallende Funktion des gewünschten Verkehrs unter allen Lastbedingung ist. Dieses Ziel wird durch die verwendete Zugriffsmethode erreicht, obwohl die Zahl der Kollisionen mit der Zahl der Sendewünsche ansteigt.

Bild 4-16 zeigt ein Netzwerk mit maximaler Ausdehnung nach der ursprünglichen Spezifikation.

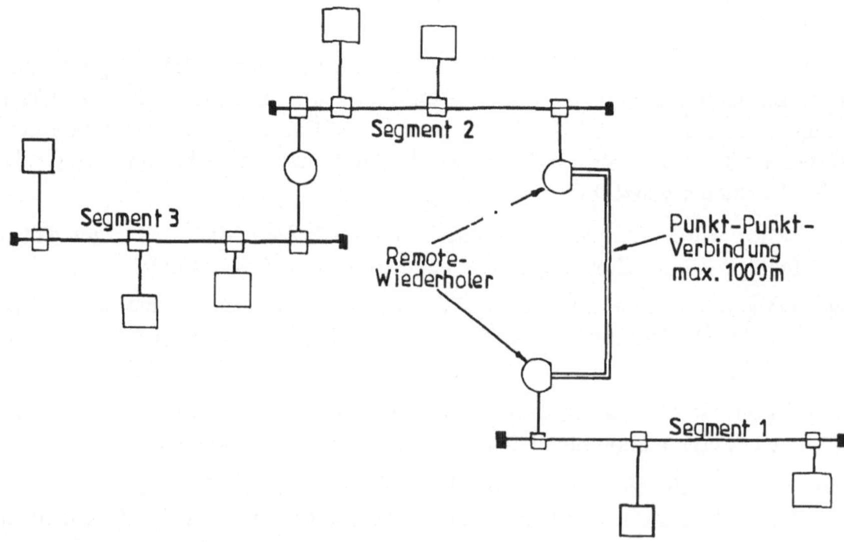

Bild 4-16 Ethernet mit maximaler Ausdehnung

Es besteht aus:

3 Kabeln oder Segmenten von maximal 500 m Länge: Es handelt sich um Koaxialkabel von 50 Ohm Wellenwiderstand, es wird auch als "Yellow Cable" oder Thick-Wire bezeichnet. Es muss auf beiden Seiten mit einem Abschlusswiderstand (*terminator*) versehen sein. Wenn kürzere Längen als 500 m benötigt werden, müssen diese 23,4 m, 70,2 m oder 117 m betragen; ein Kabel kann auch aus dem Mehrfachen dieser Längen bestehen. Die einzelnen Abschnitte können mit speziellen Steckern (*barrel connectors*) zusammengefügt werden. Die vorgeschriebenen Längen sollen dazu führen, dass Reflexionen zu stehenden Wellen führen; die Signale werden im Nulldurchgang der Wellen abgenommen.

2 Repeatern: Diese regenerieren die Signale, stellen also deren wieder deren vorgesehene Form her. Sie führen keine Adress-Filterung durch, auch Nachrichten, bei denen sich Sender und Empfänger am gleichen Segment befinden, werden auf alle Segmente verteilt. Die Repeater (Wiederholer) werden heute meist als Hubs bezeichnet.

1 Lichtleiterkabel von maximal 1 km Länge: An dieses Kabel können keine Stationen angeschlossen werden, es handelt sich um 2 Glasfasern. Gedacht ist dabei z.B. an die Verbindung zweier Gebäude auf einem Campus.

2 Remote-Repeatern: Diese setzen die elektrischen Signale in optische Signale um und umgekehrt. Sowohl die Repeater wie die Remote-Repeater müssen auch die Kollisionszustände übertragen können, damit das Zugriffsverfahren funktioniert.

Transceivern (Kunstwort aus Sender (*transmitter*) und Empfänger (*receiver*)): Transceiver stellen die Verbindung zwischen dem Koaxialkabel und dem Transceiver-Kabel her, es handelt sich um aktive elektronische Geräte. Transceiver werden heute oft als MAU (*Medium Attachment Unit*) bezeichnet. Sie sind mechanisch so konstruiert, dass sie angebracht werden können, ohne dass Koaxialkabel zu unterbrechen, sie können auch im laufenden Betrieb neu angebracht werden. Der Transceiver ist auch für die Erkennung der Kollisionen verantwortlich.

Transceiverkabel. Das Transceiver-Kabel kann maximal 50 m lang werden, es verbindet die Stationen, aber auch die Repeater, mit dem Koaxialkabel bzw. dem Transceiver. Es wird auch als AUI-Cable (*Attachment Unit Interface*) bezeichnet. Es besteht aus 3 verdrillten Leitungen für

Sendedaten,
Empfangsdaten ,
Kollisionsanzeige.

Auf dem Transceiverkabel werden die Daten im Manchester-Code übertragen, die Höhe der Spannungen ist + 0,7 V und -0,7 V, dies entspricht den Spannungspegeln der Logik-Familie ECTL (*emitter coupled transistor logic*). Das Kollisions-Anzeigesignal ist ein Taktsignal mit 10 MHz.

Mit einem LAN, wie es in Bild 4-16 dargestellt wird, ist die maximale Entfernung zwischen zwei Stationen mehr als 2,5 km, da auch die Länge der Transceiverkabel mitgerechnet werden muss. Nach der Ethernet-Spezifikation dürfen maximal 1024 Stationen angeschlossen werden. Ein so aufgebautes Netz stellt eine Kollisionsdomäne dar, d.h. Kollisionen verbreiten sich im gesamten Netzwerk. Die Datenübertragung erfolgt mit 10 Mbit/s, die Codierung der Signale mit dem Manchester-Code (siehe Abschnitt 2.3.1).

Bild 4-17 zeigt den Aufbau des Frames. Nicht dargestellt ist die Preamble, die der Bit- und Zeichensynchronisierung dient. Der Frame (Rahmen) muss aus ganzen Oktetten gebildet sein.

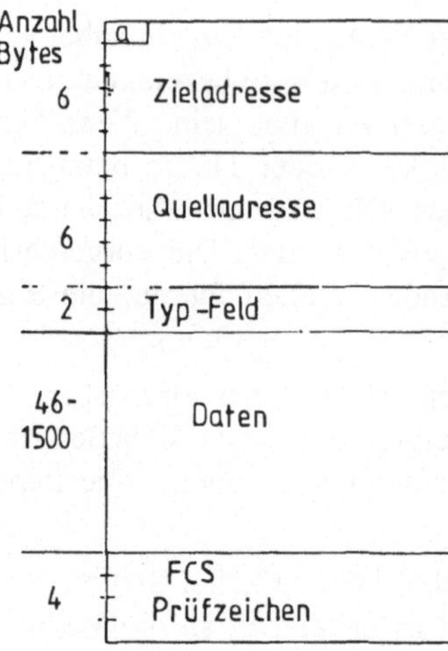

Bild 4-17
Frame-Aufbau bei Ethernet

Wenn ein Empfänger feststellt, dass die Zahl der empfangenen Bits nicht durch 8 teilbar ist, verwirft er den Frame und registriert einen "Frame-Misalligment-Fehler".

Der Frame beginnt mit der Ziel- und der Absenderadresse (*destination address, source address*) mit je 6 Oktetts. Für die Adressen gilt:

- alle Adressen sind weltweit einmalig, sie sind durch die Hardware der Netzwerkkarte festgelegt ("eingebrannt").
- die ersten drei Oktette werden an die Hersteller der Netzwerkkarten vergeben (*manufacturer code*), die letzten drei Oktette sind die laufende Nummer.
- das niederwertigste Bit (MSB) des ersten Oktetts definiert die Art der Zieladresse:

  0 Einzeladresse (*individual address*).

  1 wenn alle übrigen Bits der Adresse auch auf 1 stehen, handelt es sich um die Rundspruchadresse (*broadcast address*). Es werden alle Stationen innerhalb des LAN angesprochen.

  1 wenn nicht alle weiteren Bits auf 1 stehen, handelt es sich um eine Gruppenadresse (*multicast address*).

Absenderadressen sind natürlich immer Einzeladressen. Einzeladressen sind daran zu erkennen, dass der Hexadezimalcode des ersten Oktetts eine gerade Zahl ist.

Rundspruch- und Multicast-Adressen werden in der Regel nicht für die Anwendungsprozesse, sondern für die Netzwerkverwaltung eingesetzt. Z.B. arbeitet das Adress-Resolution-Protokoll (siehe 5.4.4.5) mit Rundspruchadressen.

Das Typfeld kann auf zwei Arten verwendet werden:

- es wird eine Zahl eingetragen, welche des Protokoll der höheren Ebene kennzeichnet, z.B. 0800hex bedeutet, dass auf der Ebene 3 das IP-Protokoll verwendet wird.
- es wird angegeben, wie viele gültige Daten-Oktette im Datenfeld des Frames sind. Dies wird dann angewandt, wenn nach 802.2 ein LLC-Header im Datenfeld vorhanden ist (siehe Abschnitt 4.2.2).

Um Verwechslungen zu vermeiden, werden für die Kennzeichnung der oberen Ebenen Zahlen verwendet, die größer sind als die maximale Länge des Frames (>1500). Die Längenangabe kann notwendig sein, da im Datenfeld Füllzeichen (*padding*) vorhanden sein können.

Das Datenfeld hat eine Minimallänge von 46 Oktetten (wegen der Kollisionserkennung notwendig) und eine Maximallänge von 1500 Oktetten. Die Maximallänge soll sicherstellen, dass eine Station, welche das Senderecht erhalten hat, dieses auch wieder aufgibt. Wenn die Minimallänge nicht erreicht wird, müssen zusätzliche Oktette eingeschoben werden (*padding*). Die Transparenz (siehe Abschnitt 2.3.4) erfordert keine besonderen Maßnahmen. Der Manchestercode lässt die Empfangsstation das Ende des Frames eindeutig erkennen, da jedes Bit einen Taktwechsel bringt. Wenn innerhalb von 100 ns kein Taktwechsel erfolgt, ist der Frame beendet, die letzten 4 Oktette werden als Prüfzeichen betrachtet, die davor liegenden Oktette als Datenzeichen.

Zu kurze oder zu lange Frames müssen verworfen werden, sie werden auch als Runt (Zwerg) oder Jabber bezeichnet.

Prüfzeichen.
Die Prüfzeichen umfassen 32 Bit, sie werden als CRC-Zeichen gebildet (vergl. Abschnitt 2.7). In den Regeln des Ethernet ist nicht vorgeschrieben, wie auf Übertragungsfehler reagiert werden soll.

Vor dem Frame wird zur Bit- und Zeichensynchronisation ein Feld von 8 Oktetten übertragen. Dieses wird nach Ethernet als Preamble bezeichnet; nach IEEE802.3 werden die ersten 7 Oktette als Preamble, das 8. Oktett als Start-Field-Delimiter (SFD) bezeichnet. Die Codierung ist in beiden Fällen

AA AA AA AA AA AB (hexadezimale Darstellung),

dies entspricht der binären Folge

1010101................1011.

Mit der Folge 10 kann sich der Empfänger auf den Bittakt einstellen, da er nur die Flusswechsel in der Mitte der Datenzelle enthält. Nach dem ersten Vorkommen der Folge 11 beginnt der eigentliche Frame.

Als Zugriffsmethode wird CSMA/CD (siehe Abschnitt 4.3.2) verwendet. Dabei gilt:

- Bevor eine Station mit der Sendung beginnen kann, muss sie das Empfangssignal beobachten; wenn dieses inaktiv wird, kann sie mit einer Verzögerungszeit (*interframe delay*) mit der Sendung beginnen.
- Wenn sie eine Sendung beendet hat, darf sie erst nach einer Pause von 51,2 µs wieder den Versuch zu einer Sendung machen, dabei muss sie wieder die Regeln des Zugriffsverfahrens beachten.
- Wenn eine Kollision festgestellt ist, beendet sie das Senden des Frames, sendet aber für 51,2 µs eine Folge von 111111111.... Dies soll erreichen, dass alle Stationen den Kollisionszustand erkennen können.
- Die Station hat einen "Kollisionszähler", dieser wird nach jeder erfolgreichen Sendung auf den Anfangswert 2 gestellt. Unter erfolgreicher Sendung wird dabei eine Sendung verstanden, die ohne Kollision stattgefunden hat, es wird also nicht etwa die Quittierung abgewartet.

- Wenn eine Kollision festgestellt wird, wird der Kollisionszähler verdoppelt. Die Zahl bildet den Rahmen eines Zufallsgenerators, es wird eine Zufallszahl ermittelt. Diese verkörpert die Wartezeit, in der die Station nicht mehr am Zugriffsverfahren teilnehmen kann. Dazu wird die Zahl mit 51,2 µs multipliziert.
- Nach der 10. aufeinander folgenden Kollision wird die Zahl nicht mehr erhöht (der Zahlenwert 1024 wird erreicht).
- Nach der 16. Kollision wird das Verfahren abgebrochen, es wird der höheren Ebene gemeldet, dass kein Verkehr stattfinden kann.

Das Verfahren kann bei einer Station zu sehr langen Wartezeiten führen, es sichert aber die Stabilität des Netzwerks, denn:

- mit der Bestimmung von Zufallszahlen stellen sich bei den einzelnen Stationen unterschiedliche Wartezeiten ein, die Wahrscheinlichkeit, dass zwei Stationen, welche eine Kollision ausgelöst haben, bei der Wiederholung des Sendeversuchs wieder eine Kollision auslösen, wird gering gehalten.
- je mehr Kollisionen auftreten, desto mehr Stationen geraten in den Wartezustand, damit wird die Zahl der Stationen, welche am Zugriffsverfahren teilnehmen, vermindert. Nur die Stationen, welche nicht im Wartezustand sind, nehmen am Verfahren teil und können damit Kollisionen auslösen.

Simulationen zeigen für dieses Verfahren:

1. Kollisionen treten bereits bei niedrigen Verkehrbelastungen auf.
2. Die Zahl der Kollisionen beginnt bei einer Verkehrsbelastung von etwa 40 % deutlich anzusteigen.
3. Bei einer Verkehrbelastung von etwa 60 % nimmt die Zahl der Kollisionen nicht mehr zu, sie bleibt aber groß.
4. Alle Simulationen weisen die unter 1.-3. beschriebenen Tendenzen auf, weichen aber im einzelnen auch bei gleicher Verkehrsbelastung teilweise stark voneinander ab. Mit der beschriebenen Methode mit Verwendung von Zufallszahlen ist ein deterministisches Verhalten nicht zu erreichen.

Es ist üblich, Ethernet nicht so stark auszunutzen, dass die beschriebenen Verkehrsbelastungen in der Regel nicht erreicht werden.

Wegen des großen Erfolges von Ethernet wurden eine Reihe von Sonderformen entwickelt. Verändert wurde dabei insbesondere:

1. Die Topologie
2. Die Art der Verkabelung
3. Die Datenübertragungsrate

Ursprünglich vorgesehen waren Coaxialkabel von maximal 500 m Länge, an diese wurden die Stationen über Transceiverkabel von maximal 50 m Länge und Transceiver (heute auch als MAU, *medium attachment unit* bezeichnet) angeschlossen.

Daneben gibt es:

Verwendung von Coaxialkabeln kleinerer Abmessungen, die direkt an die Stationen angeschlossen werden mit T-Steckern. Diese Form wird als Thin-Wire oder Cheapernet bezeichnet.

Bei den Datenübertragungsraten kann heute unterschieden werden:

10 Mbit/s wie in der ursprünglichen Spezifikation vorgesehen
100 Mbit/s als Fast Ethernet bezeichnet
1000 Mbit/s als Gigabit-Ethernet bezeichnet.
10 Gigabit-Ethernet

Nach der IEEE werden die einzelnen Formen mit einer dreiteiligen Bezeichnung versehen:

- Datenübertragungsrate in Mbit/s
- Modulationsverfahren (Base oder Broad)
- Ausführung der Kabel, bei Verwendung von Koaxialkabeln wird die erreichbare Kabellänge angegeben.

Beispiele sind:

10Base5: Koaxialkabel von maximal 500 m Länge; auch als Standard-Ethernet bezeichnet
10Base2: Koaxialkabel von maximal 185 m Länge; auch als Thin-Wire bezeichnet.
10BaseT: Twisted Pair-Verkabelung
100BaseT: Fast Ethernet mit Twisted-Pair-Verkabelung.

Eine Form, die heute nur noch selten eingesetzt wird, ist:

10Broad36: Breitbandnetz, maximale Kabellänge 3,6 km.

Das weit verbreitete Fast-Ethernet unterscheidet sich nur wenig vom Ethernet mit 10 Mbit/s. Es wird das gleiche Zugriffsverfahren verwendet. Es werden allerdings keine Coaxial-Kabel mehr eingesetzt, sondern Twisted-Pair-Leitungen. Wegen der Kollisionserkennung dürfen sie nicht so lang ausgedehnt werden wie beim Ethernet mit 10 Mbit/s.

Beim Gigabit-Ethernet treten einige Unterschiede auf, die sich besonders auf die Bitübertragungsschicht (*physical layer*) beziehen. Dabei sind einige Merkmale des nach ANSI genormten FiberChannel übernommen worden.
Es liegen dazu die IEEE-Normen 802.3z und 802.3ab vor.

Als Codierung wird ein 8B/10B-Code gewählt, es werden je 8 bit in 10 binären Schritten codiert. Verglichen mit dem in FDDI eingesetzten 4B/5B-Code soll so eine bessere Gleichstromfreiheit erreicht werden. Es ergibt sich eine Schrittgeschwindigkeit von 1,25 Gbaud.

Tabelle 4-1 zeigt einen Überblick über die erreichbaren Entfernungen bei verschiedenen Konfigurationen des Gigabit-Ethernet.

Das 10Gigabit-Ethernet wird nur mit Lichtwellenleitern betrieben. Unterschiede gegenüber den anderen Formen sind:

- Entfernungen von bis zu 40 km sollen erreichbar sein
- Neben der Datenübertragungsrate von 10 Gbit/s (10 000 Mbit/s) soll auch eine Datenübertragungsrate unterstützt werden, die der Rate des SDH VC-4-64 (vergl. Abschnitt 4.4.2) unterstützt werden.

Die Normung, die nach 802.3ad erfolgt, ist noch nicht abgeschlossen.

Tabelle 4-1 Versionen von Gigabit-Ethernet und ihre Merkmale

Bezeichnung	Medium	Modale Bandbreite	Entfernung
1000BaseCX	Kupferleitung (balanced)		25 m
1000BaseT	Unshielded twisted pair		etwa 100 m
1000BaseSX 850 nm	Multimode 62,5 μm	160Mhz-km	220 m
1000BaseSX 850 nm	Multimode 62,5 μm	200 MHz-km	275 m
1000BaseSX 850 nm	Multimode 50 μm	400 MHz-km	500 m
1000BaseSX 850 nm	Multimode 50 μm	500 MHz-km	550 m
1000BaseLX 1300 nm	Singlemode 9 μm		5000 m
1000BaseLX 1300 nm	Multimode 50 oder 62,5 μm	400 – 500 MHz-km	550 m

Die ursprüngliche Ethernet-Spezifikation regelte nicht den oberen Teil der Sicherungs-Ebene. Sie ist aber durch eine Reihe von Normen ergänzt worden. So kann bei einer Vollduplex-Punkt-zu-Punkt-Verbindung eine Flusskontrolle auf Ebene 2 stattfinden, die nach 802.3x geregelt ist. Ein Gerät, welches eine Verstopfung (*congestion*) befürchtet, kann eine Pausen-Meldung (*pause frame*) senden, welche einen Zeitraum definiert, in der keine Frames mehr empfangen werden können. Durch Aussendung einer solchen Meldung mit der Zeitangabe von 0 kann die Wartezeit vorzeitig beendet werden.

4.3.4 Token Ring

Token-Ring-Netzwerke sind nach IEEE802.5 genormt. Sie werden mit der Datenübertragungsrate 4 oder 16 Mbit/s angeboten, es gibt auch Versionen mit 100 Mbit/s. Die Regeln für Token-Ring-Netzwerke wurden ursprünglich von der Fa. IBM festgelegt, diese Regeln sind weitgehend identisch mit den von IEEE802.5. Die Ringtopologie wird mit einem Ringleitungsverteiler, auf den die Leitungen sternförmig zulaufen, realisiert. In einem Netz können mehrere Ringleitungsverteiler vorhanden sein, so dass bis zu 256 Stationen über 33 Ringleitungsverteiler miteinander verbunden werden können.

Bild 4-18 zeigt die Anordnung der Verteiler. Das Bild zeigt die Anordnung von 4 Verteilern, die als MSAU bezeichnet werden, es können bei dieser Anordnung 32 Stationen angeschlossen werden. Während die Patch-Kabel aus einem Leiter bestehen, sind die Anschlüsse der Stationen 2-Leitersysteme.

Auch bei diesen Netzwerken werden die Frames grundsätzlich vom Absender bis zum Absender übertragen, sie belegen also immer den gesamten Ring.

Bei Token-Ring-Netzwerken muss eine Master-Station vorhanden sein, diese wird auch als Monitorstation bezeichnet. Da auch die Monitorstation ausfallen kann, muss jede Station am Netz so konfiguriert sein, dass sie als Monitorstation arbeiten kann. Die Monitorstation ist nicht für die Vergabe des Senderechts zuständig. Sie überwacht aber, ob Frames oder der Free-Token in regelmäßigen Abständen bei ihr ankommen, wenn dies nicht der Fall ist, erzeugt sie einen neuen Free-Token. Ebenso muss nach der Inbetriebnahme des Netzes für die erste Erzeugung eines Free-Token gesorgt werden.

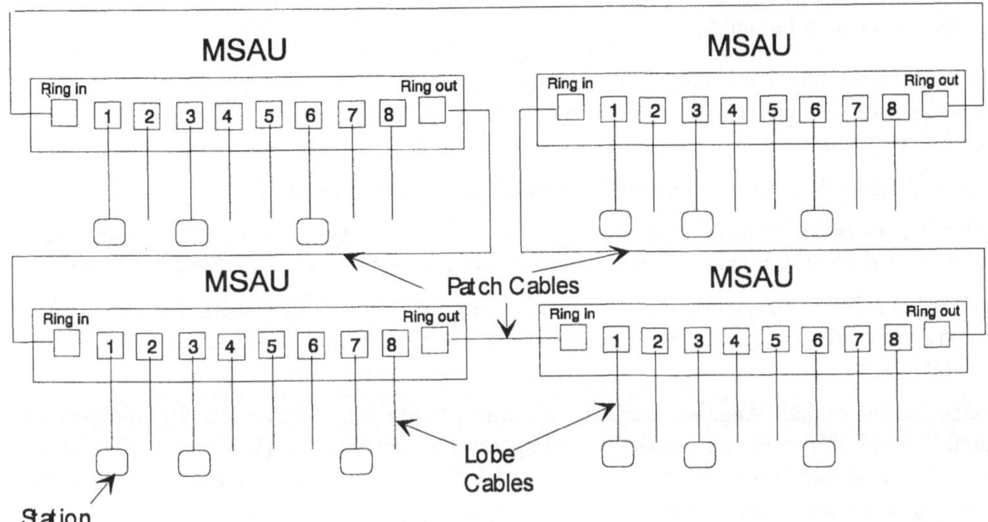

Bild 4-18 Verkabelung bei Token-Ring-Netzwerken (MSAU Multistation Access Unit)

Das Senderecht kann nur erlangt werden, wenn der Free-Token empfangen wird. Bild 4-19 zeigt den Aufbau des Free-Token. Er besteht aus:

- Starting-Delimiter für die Synchronisation
- Access-Control enthält das eigentliche Tokenbit und Eintragungen zur Priorität sowie ein Monitorbit.
- End-Delimiter zum Abschluss des Frames für den Free-Token

Frame mit Free Token

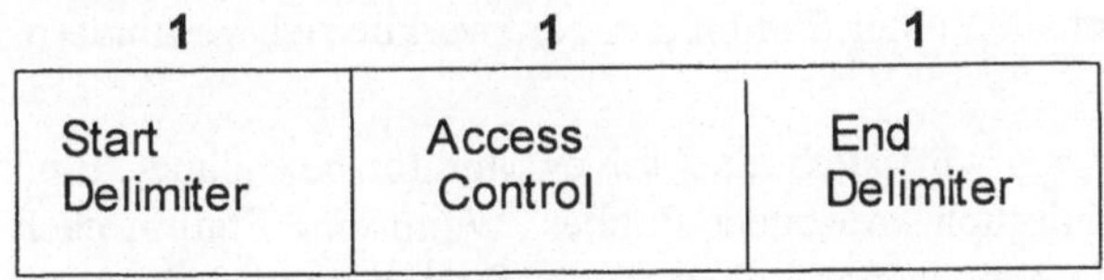

Bild 4-19 Free Token (Größenangaben in Oktetten)

Das Access-Control-Feld besteht auch in den Frames, welche Daten enthalten, dabei ist das Bit für den Free-Token natürlich gelöscht. Wenn ein Datenframe (belegter Token) an der Monitorstation vorbeikommt, setzt diese das Monitorbit. Wenn bei der Monitorstation ein Datenframe mit gesetztem Monitorbit vorbeikommt, weiß diese, dass der Frame im Ring "kreist" und nimmt den Frame vom Ring und erzeugt einen neuen Free-Token.

Die Prioritätsangabe besteht aus 3 Bits. Sie kann verwendet werden, um sich Senderecht zu reservieren. Wenn ein belegter Token (Frame mit Daten) an einer Station vorbeikommt, welche senden möchte, trägt sie ihre Prioritätsstufe in das Access-Control-Feld ein. Eine andere Station mit einem Sendewunsch kann diese Zahl nur ersetzen, wenn sie eine höhere Prioritätsstufe hat. Wenn der Absender den Frame vom Ring nimmt und den Free-Token erzeugt, übernimmt dieser die Prioritätszahl. Kommt der Free-Token zu einer Station, welche senden möchte, aber eine niedrigere Prioritätsstufe hat, so darf sie den Free-Token nicht verwerten.

Der Datenframe ist in Bild 4-20 dargestellt. Die markierten Felder stellen die aus dem Free-Token übernommenen Felder dar.

Neben den im Free-Token enthaltenen Feldern besteht er aus:

- Typangabe des Frames (*frame control byte*). Zeigt an, ob der Frame Daten oder Steuerinformation enthält.
- Ziel- und Absenderadresse, diese sind wie bei 802.3 je 6 Oktette groß.
- Datenfeld: es ist keine feste maximale Länge vorgegeben, diese richtet sich nach der maximalen Zeit, die ein Frame innerhalb der Station gespeichert sein kann (*token holding time*).
- Prüfzeichen. Die Prüfzeichen werden von der Empfangsstation überprüft, wenn die Übertragung nicht erfolgreich war; wird der Frame gelöscht, also nicht an den Absender weitergesandt.
- Frame-Status: enthält Angaben darüber, ob eine Station die Adresse des Empfängers erkannt hat und ob der Frame von der Empfangsstation übernommen (kopiert) wurde. Zu beachten ist, dass der Frame-Status nach dem End-Delimiter liegt, damit auch nicht in die Berechnung der Prüfzeichen eingeht.

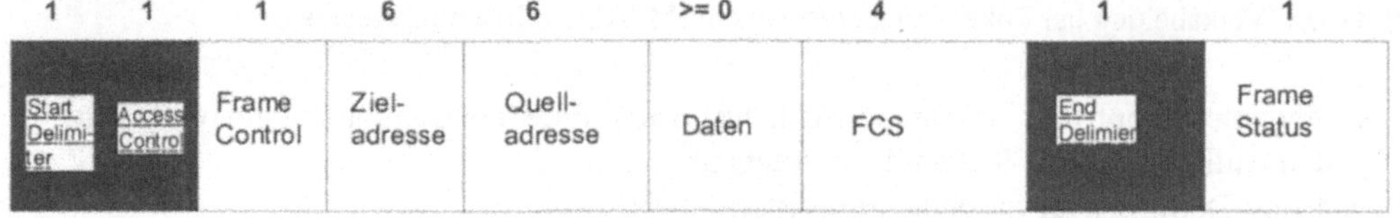

Bild 4-20 Datenframe bei Token-Ring (mit belegtem Token).

Token-Ring-Netzwerke setzen voraus, dass alle Stationen aktiv am Betrieb beteiligt sind, da sie die Frames und Free-Token im Ring weitersenden müssen. Es müssen daher Mechanismen entwickelt werden, die verhindern, dass ein Fehler das ganze Netzwerk lahm legt. Im Gegensatz zu Ethernet würde auch bereits das Ausschalten einer Station den Netzwerkbetrieb verhindern, wenn keine Vorsorge getroffen wird.

Eine Station stellt die Monitorstation dar, sie wird auch als Aktiver Monitor bezeichnet. Eine ihrer Aufgaben ist die Entfernung kontinuierlich kreisender Frames. Wenn eine Station nach Absenden eines Frames ausfällt, der Ring aber weiterläuft, weil die Station überbrückt wird, kann sie den Frame nicht mehr vom Ring nehmen, keine andere Station hat aber das Recht dazu. Wenn der Frame die Monitorstation zum zweiten mal durchläuft, wird er entfernt.

Zur Fehlerbeseitigung trägt grundsätzlich der Aufbau mit MSAUs, wie er in Bild 4-18 dargestellt ist, bei. Alle Informationen laufen durch die MSAUs, welches aktive, der Netzwerkverwaltung unterliegende Geräte sind. Sie können so programmiert werden, dass sie Fehler erkennen und Frames vom Ring nehmen, wenn es notwendig wird.

Wenn Fehler wie etwa Kabelbrüche auftreten, können die Auswirkungen dadurch beseitigt werden, dass die MSAUs den betreffenden Abschnitt stilllegen und überbrücken. Dazu muss aber der Ort des Kabelbruchs bekannt sein. Wenn eine Störung auftritt, senden die Stationen Meldungen, die als Beacon (Barke) bezeichnet werden. Da diese die Adresse der Station enthalten, kann festgestellt werden, welche Stationen noch arbeiten. Eine Methode dazu besteht darin, dass ein Beacon, der von einer Station oberhalb kommt (*upstream neighbor*), weitergesendet wird, dafür das Aussenden der eigenen Beacons unterbleibt. Wenn bei einer Störung alle Stationen gleichzeitig zu senden beginnen, setzt sich immer die Nachricht der oberen Station durch. Wenn die Stationen im Ring die Adressen 1 - 8 haben und für das Senden der Beacons eine feste Zeit angenommen wird, würde sich ergeben (An stellt die Absenderadresse des Beacons dar).

Zeit	**Sendung von**							
	1	2	3	4	5	6	7	8
1	A1	A2	A3	A4	A5	A6	A7	A8
2	A8	A1	A2	A4	A4	A5	A6	A7
3	A7	A8	A1	A4	A4	A4	A5	A6
4	A6	A7	A8	A4	A4	A4	A4	A5
5	A5	A6	A7	A4	A4	A4	A4	A4
6	A4	A5	A6	A4	A4	A4	A4	A4
7	A4	A4	A5	A4	A4	A4	A4	A4
8	A4	A4	A4	A4	A4	A4	A4	A4

Diese Abfolge entsteht dadurch, dass der Bruch zwischen Station 3 und Station 4 ist. Da Station 4 keine Beacons von "oben" empfängt, sendet sie ihren Beacon aus. Damit dauert es so viele Zeitscheiben, wie Stationen im Ring sind, bis nur noch die Beacons übertragen werden mit der Absenderadresse der Station, "über" der die Störung sich befindet. Diese Stelle muss dann überbrückt werden.

Ein weiteres Problem kann der Ausfall der aktiven Monitorstation sein. Wenn dies geschieht, muss eine andere Station diese Funktion übernehmen. Dies kann dadurch geschehen, dass die noch intakten Stationen ihre Anwesenheit melden, die Station mit der höchsten Adresse dann die Funktion der Monitorstation übernimmt.

Ähnlich wie bei Ethernet bzw. Netzen nach 802.3 ist auch bei Token Ring eine Erweiterung des ursprünglichen Konzepts auf die Datenübertragungsrate von 100 Mbit/s vorgesehen.

4.3.5 FDDI

4.3.5.1 Prinzip des FDDI

FDDI (*fiber distributed data interface*) ist ein System mit Ringtopologie und dem Zugriffsverfahren Token-passing, unterscheidet sich aber in mehrfacher Weise von den Token-Ring-Netzwerken. Der Begriff Distributed (verteilt) soll aussagen, dass es keine Monitorstation gibt, sondern dass die Funktionen der Monitorstation von allen Stationen wahrgenommen werden müssen.

Es wurde entwickelt von der ANSI und unter der Nummer X3T9.5 genormt, auf Grundlage dieser Norm ist FDDI auch von der ISO genormt. Ziele der Neuentwicklung waren insbesondere:

- ein Netzwerk hoher Bandbreite, die Übertragung erfolgt mit 100 Mbit/s, das Token-Passing-Verfahren erlaubt eine gute Ausnutzung dieser Bandbreite.
- hohe Zuverlässigkeit, sowohl der Ausfall einer Leitung wie der Ausfall einer Station darf den Datenverkehr im Ring nicht verhindern.

Ursprünglich sollte FDDI als Backbone-Netzwerk, also zur Verbindung anderer Netzwerke untereinander dienen; Anwendungen im Multimedia-Bereich u.ä. führen dazu, dass auch Endgeräte an das FDDI angeschlossen werden.

Bild 4-21 zeigt den Aufbau eines FDDI-Netzes.

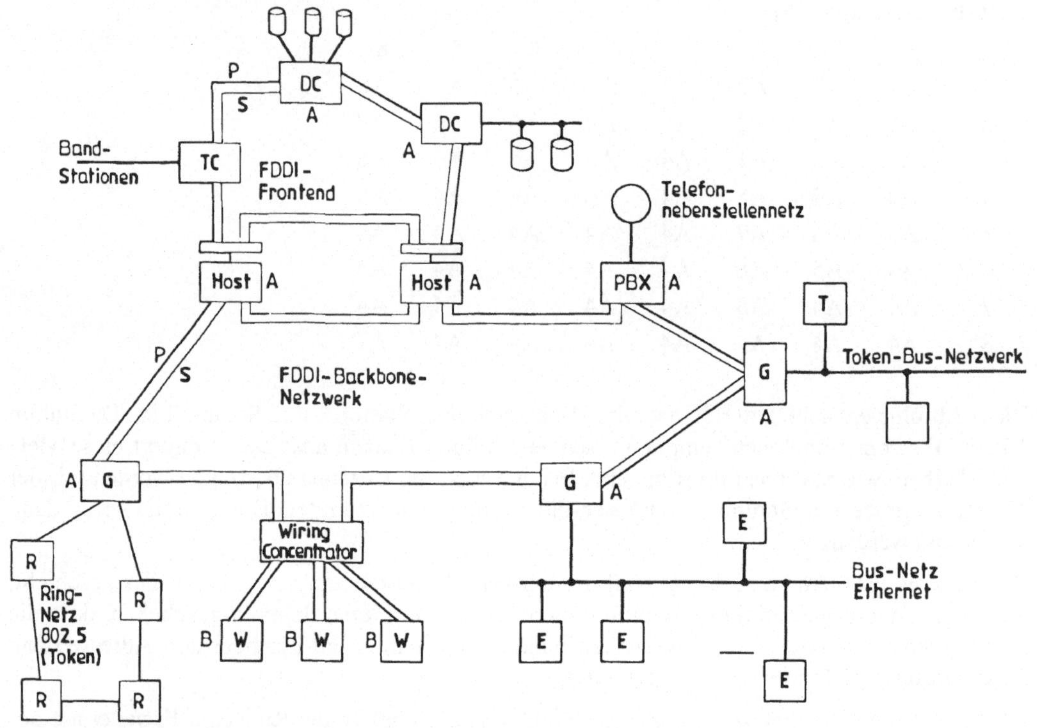

Bild 4-21 Aufbau des FDDI (Fiber Distributed Data Network)
(A Class-A-Station; B Class-B-Station; G Gateway; R Station im Ringnetz; TC Band-Controller; DC Plattencontroller; T Station im Token-Bus-Netz; E Station Im Ethernet; Workstation; PBX Telefonnebenstellen-Anlage; P Primärring; S Sekundärring)

Die Lichtwellenleiter zwischen den Stationen werden wie üblich simplex betrieben, die Senderichtung des Primärringes ist entgegengesetzt der des Sekundärringes. Bei einem intakten System findet der Datenverkehr nur auf dem Primärring statt. Der Sekundärring dient nur dazu, im Fehlerfalle den Betrieb aufrecht zu erhalten. Bei FDDI werden zwei Arten von Stationen unterschieden:

- Klasse A, heute meist als DAS (*dual-attachment station*) bezeichnet. Diese Stationen haben Anschluss an beide Ringe, sie verfügen über zwei Ports mit je zwei Anschlüssen.
- Klasse B, heute meist als SAS (*single attachment station*) bezeichnet, diese haben Anschluss nur an den Primärring. Sie verfügen über zwei Ports mit je einem Anschluss.

Die Verbindung zwischen dem Netzwerk und den SAS erfolgt über Konzentratoren (*concentrators*).

Bild 4-22 zeigt den grundsätzlichen Aufbau eines Konzentrators. Tatsächlich ist der Konzentrator ein aktives Gerät, welches Funktionen der Überwachung wahrnimmt, bei Ausfall von Klasse-B-Stationen oder den Leitungen zu diesen Stationen diese überbrückt, damit der Primärring geschlossen bleibt. In der Regel unterliegen Konentratoren der Netzwerkverwaltung und verfügen über Adressen auf Ebene 2 sowie IP-Adressen.

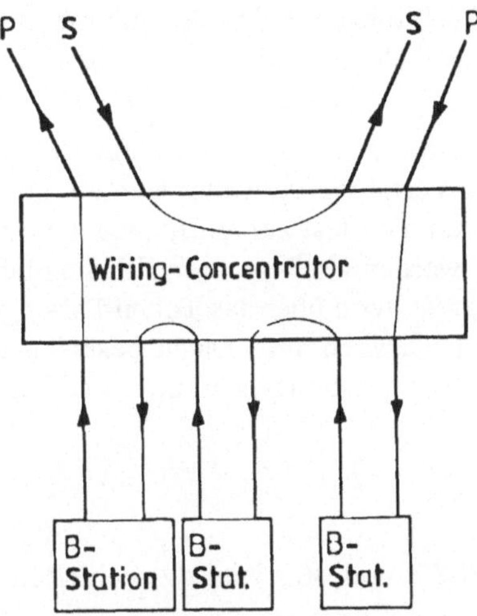

Bild 4-22
Aufbau des Konzentrators bei FDDI

Bild 4-23 zeigt den Aufbau der Frames bei FDDI. Da keine Kollisionen auftreten können, gibt es keine Mindestlänge des Datenfeldes. Es werden Adressen von je 6 Oktetten Länge verwendet; dies entspricht den Festlegungen nach IEEE802.3, allerdings werden bei FDDI die Adressen mit MSB first übertragen. Es ist eine Einzel-, Gruppen- oder Rundspruchadressierung möglich. Wie bei den Token-Ring-Netzwerken gibt es Frames für den Free-Token und Frames für belegten Token.

Daten-Frame
(belegter Token)

Pre-amble	Start Delim.	Frame Control	Destination Address	Source Address	Daten	FCS	End Delim.	Frame Status

Freier Token

Pre-amble	Start Delim.	Frame Control	End Delim.

Bild 4-23 Frame-Aufbau bei FDDI

Die Codierung der Bits erfolgt nach den Regeln des 4B/5B-Codes, der im Kapitel 2 beschrieben ist. Es wird eine Bitgruppe von je 4 Bits in einer 5-Schritt-Folge übertragen, die Schrittgeschwindigkeit beträgt also 125 Mbit/s.

Der Start-Delimiter und der End-Delimiter, die Beginn und Ende des Frames anzeigen, werden aus den "non data"-Symbolen gebildet. Nach dem End-Delimiter, der auf die Prüfzeichen folgt, folgt ein Feld für den Frame-Status. Dieser enthält die Information, ob der Empfänger des Frames einen Fehler erkannt hat und ob der Frame von der empfangenden Station übernommen wurde. Grundsätzlich laufen die Frames vom Absender durch den ganzen Ring bis zum Absender; dieser kann am Frame-Status erkennen, ob die Sendung erfolgreich war.

Die Länge des Datenfelds beträgt maximal 4500 Oktette. Auch diese Größe trägt zu einer hohen Leistungsfähigkeit bei, wie bereits erwähnt, muss nie ein Padding stattfinden, da Kollisionen nicht auftreten.

Für den Betrieb kontinuierlicher Datenströme über FDDI wurde das Zugriffsverfahren erweitert. Neben den Senderechten, die nach dem Token-Passing-Verfahren verwaltet werden, können Zeitscheiben eingerichtet werden, welche bestimmten Stationen fest zur Verfügung stehen. Die Daten, die in diesen Zeitscheiben transportiert werden, werden als "synchrone" Daten bezeichnet. Die Zeit, die nicht von den synchronen Daten belegt ist, wird über das Token-Passing-Verfahren verwaltet, die hier übertragenen Daten werden als "asynchrone" Daten bezeichnet. Im Feld "Frame control" wird angezeigt, ob es sich um synchrone oder asynchrone Daten handelt.

4.3.5.2 Fehlertoleranz

Das wichtigste Unterscheidungsmerkmal zu Netzen nach 802.3 und 802.5 ist die Fehlertoleranz. Sie tritt in drei Fällen ein:

- Bei Ausfall einer Station bleibt das Netz und alle nicht ausgefallenen Stationen voll funktionsfähig.
- Bei Ausfall beider Leiter (Primärring und Sekundärring) zwischen zwei Stationen bleibt das Netz mit allen Stationen arbeitsfähig.
- Bei Ausfall eines Konzentrators bleiben die angeschlossenen Stationen arbeitsfähig, wenn das "dual-homing" angewandt wird.

Der Ausfall einer Station oder der Leitung wird von allen Stationen sofort erkannt. Auch wenn keine Frames übertragen werden, werden im Idle-Zustand 1-Signale übertragen, das Ausbleiben der Signale zeigt den Störungsfall an.

Die Beseitigung der Störung erfolgt in drei Schritten:

1. **Erkennung**, dass eine Störung vorliegt.
2. **Lokalisierung** der Störung.
Dies geschieht durch Aussenden von Testnachrichten auf dem Primärring. Bild 4-24 zeigt ein kleines Netzwerk mit 5 Stationen. Jede Station muss wissen, von welcher Station sie ihre Nachrichten schickt, welche Station im Ring "unter" ihr ist. Wenn die Station die Störung erkannt hat, sendet sie Frames mit ihrer Absenderadresse. Sobald sie selbst einen Frame erhält, sendet sie diesen weiter. Im dargestellten Fall würde innerhalb einer festzulegenden Zeit sich nur noch Frames mit der Adresse 2 im Ring befinden, Station 2 würde keine Frames empfangen, Station 1 empfängt Frames mit der Adresse 2. Damit weiß Station 2, dass sich der Fehler über ihr, Station 1 weiß, dass er sich unter ihr befindet.

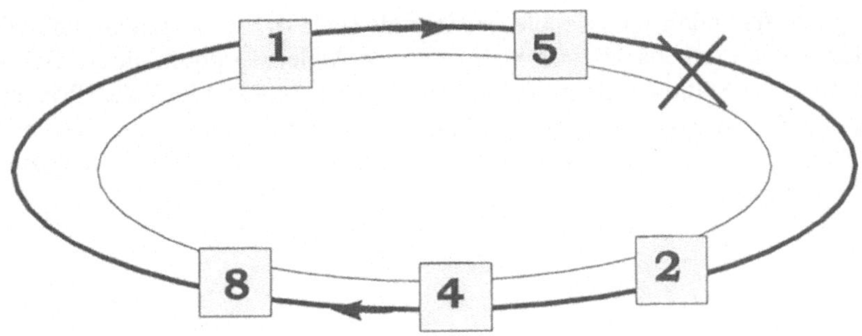

Bild 4-24 Fehlererkennung im FDDI

3. **Behebung** des Fehlers:
Alle Stationen außer 1 und 2 arbeiten wie gewohnt weiter
Station 1 empfängt weiter auf dem Primärring, sendet aber auf dem Sekundärring
Station 2 sendet weiter auf dem Primärring, empfängt aber auf dem Sekundärring.
Alle Stationen sind mit voller Leistung arbeitsfähig.
Für den Ausfall einer Station gibt es zwei Methoden der Fehlerbeseitigung:

a. Optischer Bypass. Der Bypass wird vor die Station in den Doppelring geschaltet. Wenn die Station ausfällt oder abgeschaltet wird, werden die beiden Ringe in der Bypass-Schaltung kurzgeschlossen. Der Vorteil dieser Methode liegt darin, dass keine andere Station diesen Fehler bemerkt. Bild 4-25 zeigt das Prinzip des optischen Bypass.

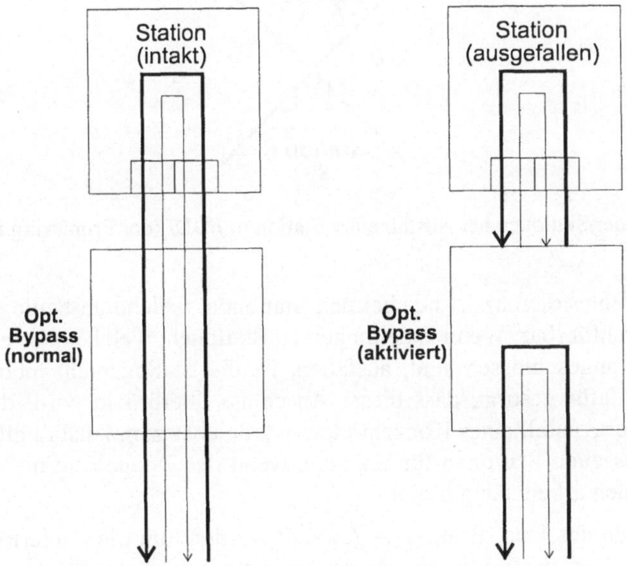

Bild 4-25 Optischer Bypass (a. arbeitende Station, b. ausgefallene Station)

b. Benutzung des Sekundärrings. Bei dieser Methode (Bild 4-26) müssen ähnlich wie bei Ausfall der Leitungen die benachbarten Stationen eine Änderung durchführen. Bei Ausfall der Station 3 muss die Station 1 nichts ändern, sie benutzt ausschließlich den Primärring. Station 4, die sich oberhalb der ausgefallenen Station befindet, verwendet den Sekundärring zum Senden. Station 2, die sich unterhalb der ausgefallenen Station befindet, benutzt den Sekundärring zum Empfangen.

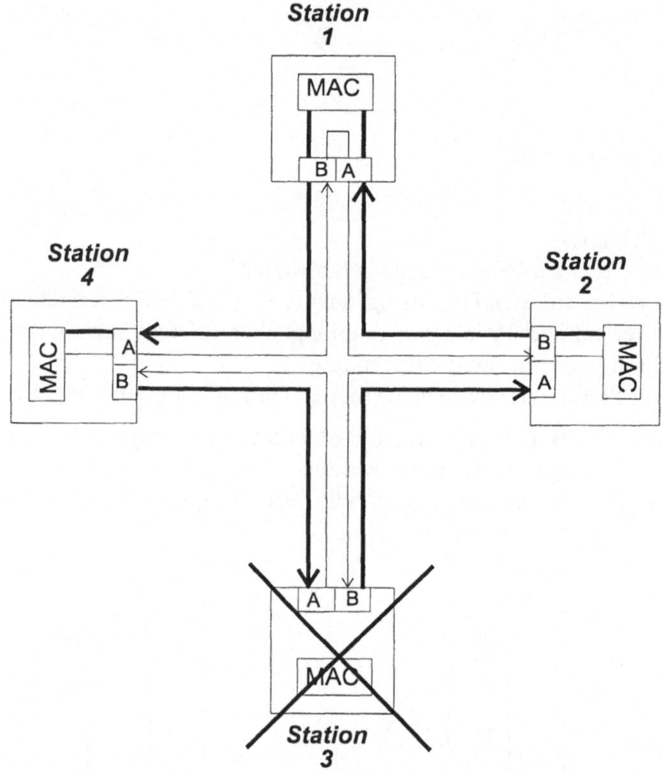

Bild 4-26 Verhalten der Stationen bei Ausfall einer Station in FDDI (der Primärring ist hervorgehoben)

Die beschriebene Fehlertoleranz ist nur bei den Stationen, welche an beide Ringe angeschlossen sind (DAS) durchführbar. Wenn Zuleitungen zu Stationen, welche über einen Konzentrator nur am Primärring angeschlossen sind, ausfallen, ist die Station nicht mehr arbeitsfähig. Im Konzentrator wird dafür gesorgt, dass dieser Anschluss überbrückt wird, damit der Ring arbeitsfähig bleibt. Der Ausfall eines Konzentrators würde aber zum Ausfall aller an diesen Konzentrator angeschlossenen Stationen führen, auch wenn der Doppelring mit eine der oben beschriebenen Methoden arbeitsfähig bleibt.

Es kann die Methode des Dual-Homing angewandt werden, um die Fehlertoleranz zu sichern, siehe Bild 4-27. Ein Paar der Verbindungen zu den Station wird als aktiv, das andere als passiv betrachtet. Erst wenn der Konzentrator, an dem die aktive Verbindung angeschlossen ist, ausfällt, wird die passive Verbindung automatisch aktiviert.

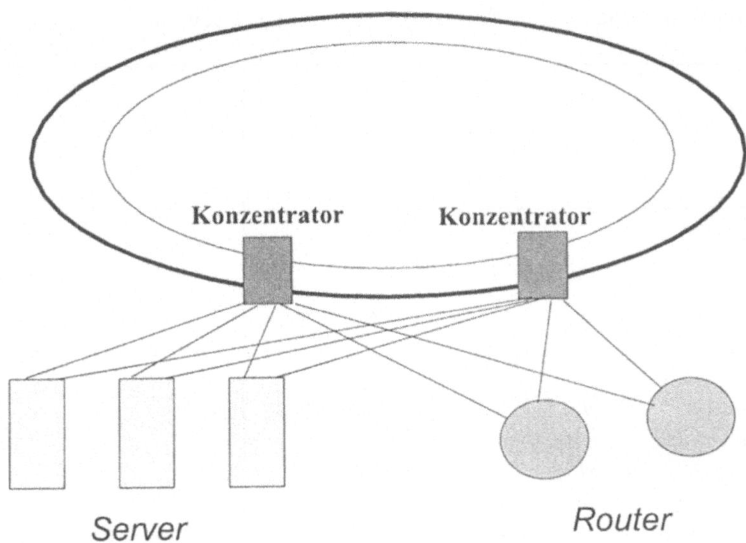

Bild 4-27 Dual-Homing bei FDDI

4.3.5.3 CDDI

Eine Sonderform des FDDI ist das CDDI (*Copper Distributed Data Interface*), wie der Name ausdrückt, werden die Glasfaserleitungen durch metallische Kabel ersetzt. Es handelt sich um verdrillte Leitungen (*twisted pair*), dabei kann sowohl abgeschirmte (STP) wie die unabgeschirmte (UTP) Leitung verwendet werden.

Das Konzept ist ebenfalls von der ANSI unter der Bezeichnung "Twisted-Pair Physical Medium Dependent (TP-PMD)“ genormt. Die Topologie des Doppelrings und alle weiteren Aspekte wurden erhalten. Auf der physikalischen Ebene kann allerdings nicht mit dem 4B/5B-Code gearbeitet werden, der für die optische Übertragung gut geeignet ist.

Wenn elektrische Signale verwendet werden, müssen die Frequenzen des Signals begrenzt werden, damit die Signale nicht zu stark verzerrt werden. Weiterhin dürfen die Frequenzen nicht zu hoch sein, damit nicht zu viele elektromagnetische Wellen abgestrahlt werden. Im Gegensatz zu FDDI wird daher verwendet:

- Ein 4B/3T (4 Bit in 3 ternären Schritten)-Code. Der Code wird als MLT3 bezeichnet. Dieser führt zu einer Schrittgeschwindigkeit von 75 Megabaud im Gegensatz zu den 125 Mbaud des FDDI.
- Scrambling (Verwürfelung): Lange Folgen gleicher Bitmuster führen zu einer Konzentration der Signalenergie in wenigen Frequenzen. Das Scrambling, das auch in anderen Systemen, z.B. bei SDH angewandt wird, verwürfelt diese Folgen gleicher Bitmuster, so dass das Spektrum des Signals gespreizt wird.
- Entzerrung (*equalization*). Wie in Abschnitt 3.2.1.2 beschrieben, werden die Frequenzen, die besonders stark gedämpft werden, besonders verstärkt. Dies kann sowohl im Sender (*predistortion*) wie im Empfänger (*post-compensation*) geschehen, die Norm sieht die zweite Methode vor.

Bild 4-28 zeigt den logischen Zusammenhang der Normungsvarianten.

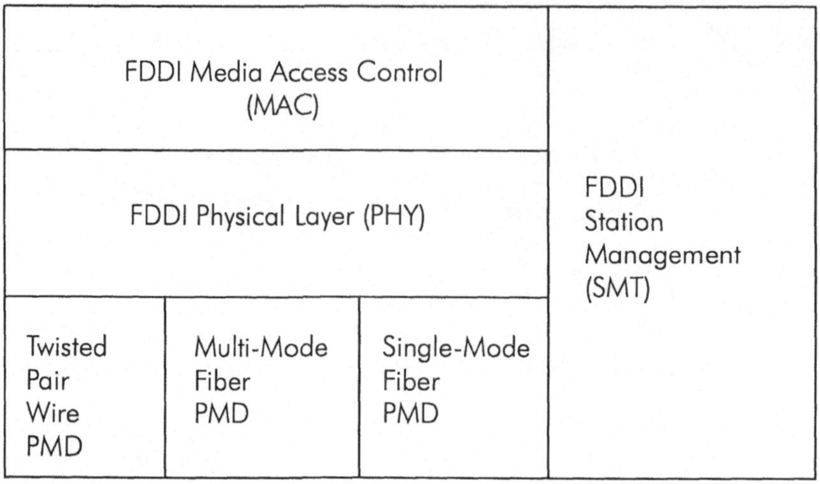

<table>
<tr><td colspan="3">FDDI Media Access Control
(MAC)</td><td rowspan="3">FDDI
Station
Management
(SMT)</td></tr>
<tr><td colspan="3">FDDI Physical Layer (PHY)</td></tr>
<tr><td>Twisted
Pair
Wire
PMD</td><td>Multi-Mode
Fiber
PMD</td><td>Single-Mode
Fiber
PMD</td></tr>
</table>

Bild 4-28 Logische Komponenten des FDDI/CDDI

4.3.6 Hinweis auf andere Konzepte

Es gibt und gab eine Reihe weiterer Netzwerkkonzepte, z.B. ein System nach dem Prinzip des Token-Bus (siehe Abschnitt 4.3.1) mit dem Namen Arcnet. Das LAN, welches logisch ein Bussystem darstellt, hat eine eher sternförmige Verkabelung mit aktiven und passiven Hubs.

Wangnet ist ein Breitbandnetz für die Bürokommunikation, welches eine Reihe von Diensten mit unterschiedlicher Datenübertragungsrate und Zugriffsverfahren bietet. Es hat die Baumtopologie, wobei Sende- und Empfangskanäle auf getrennten Leitungen geführt werden. Da die Dienste unterschiedliche Trägerfrequenzen benutzen, können Geräte mit unterschiedlichen Diensten nicht miteinander kommunizieren, obwohl sie am gleichen Kabel angeschlossen sind.

Token Bus-Systeme, die nach 802.4 genormt sind, sollen im System des MAP (*manufacturing automation protocol*) in der industriellen Fertigung eingesetzt werden. Da hier ein zeitkritisches Verhalten verlangt wird, wäre der Einsatz von IEEE802.3/Ethernet mit CSMA/CD nicht geeignet.

Die drei genannten Konzepte sind verglichen mit den in den vorigen Abschnitten beschriebenen LANs von untergeordneter Bedeutung, teilweise auch von eher historischem Interesse. Man geht davon aus, dass die Bedeutung des Ethernet mit seinen verschiedenen Geschwindigkeiten gegenüber den anderen LAN-Konzepten noch zunehmen wird.

4.4 Systeme im WAN-Bereich

Systeme im WAN-Bereich werden in der Regel von Gesellschaften betrieben, die die Benutzung der Netze für alle anbieten (*public carriers*). Durch die Liberalisierung innerhalb der EU stehen heute in der Regel mehrere Anbieter zur Auswahl.

4.4.1 Telephonnetz

Im Telefonnetz stehen analoge Kanäle mit niedriger Frequenz zur Verfügung, die zur Datenübertragung Modems benötigen (Abschnitt 3.2.1.2). Die Leitungssysteme können als Wählleitung oder als Standleitung genutzt werden. Wählleitungen stellen immer eine Zweidrahtleitung dar, wie ausgeführt, ist aber auch auf diesen Leitungen Duplexverkehr möglich.

Standleitungen für die Datenübertragung werden von der Telekom als Daten-Direkt-Verbindungen (DDV) bezeichnet.

Die Datenübertragung über das Telefonnetz ist bei der ITU-T in der V.-Serie von Empfehlungen genormt (vergl. Kapitel 3).

4.4.2 SDH

Die Synchrone Digitale Hierarchie (SDH) ist ein System von Übertragungs- und Vermittlungssystemen mit hohen Bitraten im WAN-Bereich. Es ist der Nachfolger der Plesiochronen Digitalen Hierarchie. In den USA ist ein vergleichbares System mit dem Namen SONET im Einsatz.

Die genannten Systeme unterscheiden sich in der Art, wie Geschwindigkeits-Unterschiede zwischen den beteiligten Systemen ausgeglichen werden. Ein sich über weite Entfernungen erstreckendes System kann nicht vollständig zentral getaktet werden, damit treten (geringfügige) Abweichungen in den Sende- und Empfangsfrequenzen auf. Sie werden auf unterschiedliche Art ausgeglichen, in den PDH-Systemen mit Schlupfbits, die in unterschiedlicher Anzahl in den Rahmen eingeschoben werden; bei SDH durch eine Pointer-Technik.

Grundsätzlich stellen alle diese Systeme nicht Übertragungsstrecken hoher Bitraten, z.B. 155,520 Mbit/s zur Verfügung, sondern eine Zusammenfassung vieler Kanäle von je 64 000 bit/s, wie sie für ein Telefongespräch notwendig sind. Die Nachrichten sind in Einheiten aufgeteilt, die 8000 mal in der Sekunde übertragen werden. Je nach der Bitübertragungsrate enthalten diese eine bestimmte Anzahl von Oktetten, jedes Oktett ist der Träger eines 64000 bit/s-Kanals. Jedes Oktett oder Byte in einer Nachrichteneinheit gehört zu einer anderen Verbindung, dies wird als Byte-Interleaving bezeichnet.

Die Nachrichteneinheiten werden als Synchrones Transport-Modul (STM) bezeichnet. Dabei wird die Stufe angegeben.

Die Geräte in einem SDH-System sind:

- **Regenerator** (Reg), Synchrone Regeneratoren: wie der Name bereits sagt, regenerieren sie die einkommenden Signale, sie stellen die korrekte Signalform wieder har. Im SDH-System überwachen sie auch an Hand der Prüfzeichen die Übertragungsqualität.
- **Synchroner Multiplexer** (Mux): Sie fassen Datenströme niedriger Geschwindigkeit (*lower-order SDH signals*) zu einem Datenstrom hoher Geschwindigkeit (*higher-order SDH signals*) zusammen.
- **Add and Drop Multiplexer** (ADM): er ermöglicht das Hinzufügen (*add*) und Abtrennen (*drop*) von Signalen niedrigerer Geschwindigkeit, z.B. von 2Mbit/s-Signalen.
- **Synchroner Digitaler Cross Connect** (SDXC): Ein SDCX verbindet zwei Datenströme mit hoher Geschwindigkeit, stellt also eine Kreuzung dar. Dabei kann er aus einem Datenstrom Daten entnehmen, diese dann in den anderen Datenstrom einbauen, er vermittelt also zwischen sich kreuzenden Leitungen.

Das Bild 4-29 zeigt die Anordnung dieses Systems.

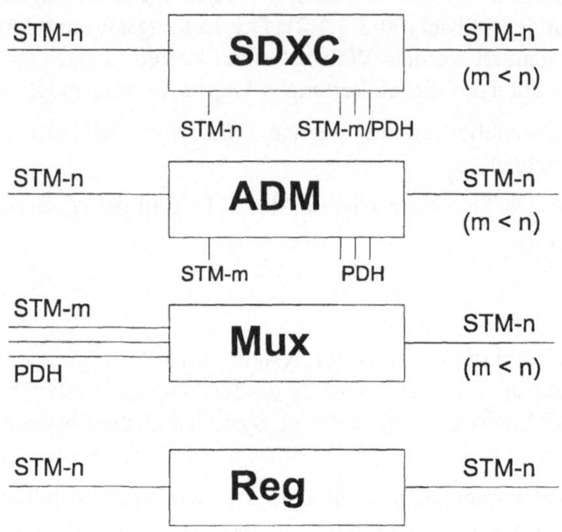

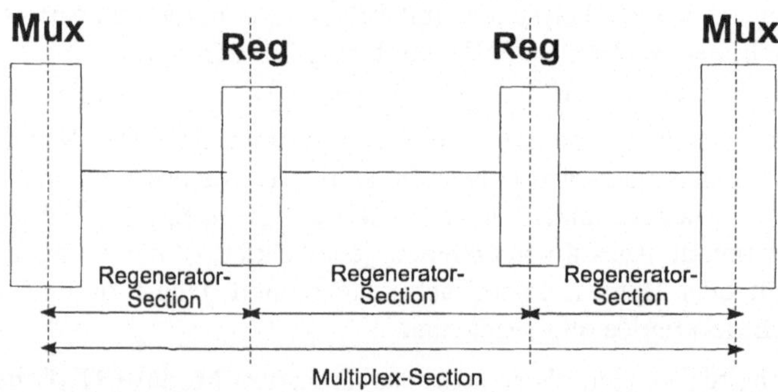

Bild 4-29 Elemente des SDH-Systems

Da alle Geräte, also auch die Multiplexer, die Regeneratorfunktion wahrnehmen, entsteht eine Regenerator-Sektion auch zwischen einem Regenerator und einem Multiplexer oder zwischen zwei Multiplexern.

Die Fehlerüberprüfung geschieht durch Längsparitäts-Zeichen (LRC). Diese werden als byte-interleaved-Parity bezeichnet. Da das System kontinuierliche Datenströme aufrechterhalten soll, findet eine Fehlerkorrektur nicht statt. Die Fehlerüberprüfung dient dem Netzwerk-Verwaltungssystem dazu, Abschnitte mit nach oben abweichender Fehlerrate zu erkennen und Gegenmaßnahmen zu ergreifen.

Die Nachrichteneinheiten, die 8000 mal in der Sekunde übertragen werden, werden als

Synchrone Transportmodule (STM)

bezeichnet.

Je nach der Menge der Oktette, die in ihnen enthalten sind, wird ihre Stufe bezeichnet, so entspricht:

STM-1 155,52 Mbit/s
STM-4 622,08 Mbit/s
STM-16 2488,32 Mbit/s

Der Aufbau eines STM sei für den STM-1 erläutert (siehe Bild 4-30).

Spalte

Reihe	1	2	3	4	5	6	7	8	9	… 270
1	Framing Bits						C1	X	X	Regenerator Section Overhead (RSOH)
2	B1	*M*	*M*	E1	*M*		F1	X	X	
3	D1	*M*	*M*	D2	*M*		D3			
4	AU Pointer									
5	B2	B2	B2	K1			K2			Multiplex Section Overhead (MSOH)
6	D4			D5			D6			
7	D7			D8			D9			
8	D10			D11			D12			
9	Z1	Z1	Z1	Z2	Z2	Z2	E2	X	X	

Bild 4-30 Aufbau eines synchronen Transport-Moduls (STM)

Der STM wird als ein Rahmen (*frame*) von 9 Reihen (rows) mit je 270 Oktetten betrachtet. Die Übertragung erfolgt Reihe für Reihe, oben beginnend. Die Reihe wird von links nach rechts übertragen; die Oktette werden bitseriell mit MSB first übertragen.

Daraus ergibt sich die Gesamtübertragungskapazität:

8000 Rahmen/Sekunde * 9 Reihen / Rahmen * 270 Oktette / Reihe * 8 bit / Oktett = 1 555 520 bit/s

Dies ist nicht der Nutzinhalt. Grundsätzlich enthalten die ersten 9 Oktette jeder Reihe Informationen für das SDH-System, darin befinden sich u.a.:

- Rahmenkennungszeichen: es sind 6 Oktette mit immer dem gleichen Wert enthalten (dreimal F6 hex, dreimal 28 hex). Mit diesen Oktetten kann jedes System überprüfen, ob es den Anfang eines Rahmens richtig erkannt hat. Die Rahmenkennungszeichen werden nicht dem Scrambling unterzogen.
- STM-1-Identifizierer: enthält eine individuelle Nummer (1 Oktett), die den STM-1 von anderen STM-1 unterscheiden kann, wenn diese in größere Transporteinheiten eingebaut werden.
- Regenerator-Management: drei Oktette bilden einen Kanal von 192 kbit/s für Verwaltungsinformationen für die Regeneratoren
- Multiplex-Management: neun Oktette bilden einen Kanal für die Verwaltungsinformation für die Multiplexer
- Paritäts-Oktette für die Feststellung von Übertragungsfehlern.

Die Synchronisation der Taktgeneratoren erfolgt nach einer Master-Slave-Methode. Sie ist in der G.-Serie der ITU-T-Empfehlungen beschrieben.

Dabei gilt folgende Hierarchie:

Primary Reference Clock (PRC) nach G.811
Slave Clock (*transit*) nach G.812
Slave Clock (*local node*) nach G.812
SDH network element clock.

Die Synchronisation erfolgt in zwei Stufen:

1. Verteilung innerhalb der Station (*intra-station*) mit einer Baum-Anordnung (*tree-shaped topology*) wie in Bild 4-31 dargestellt.
2. Verteilung zwischen den Stationen (*inter-station*) mit einer Stern-Anordnung (*star-shaped topology*) wie in Bild 4-32 dargestellt.

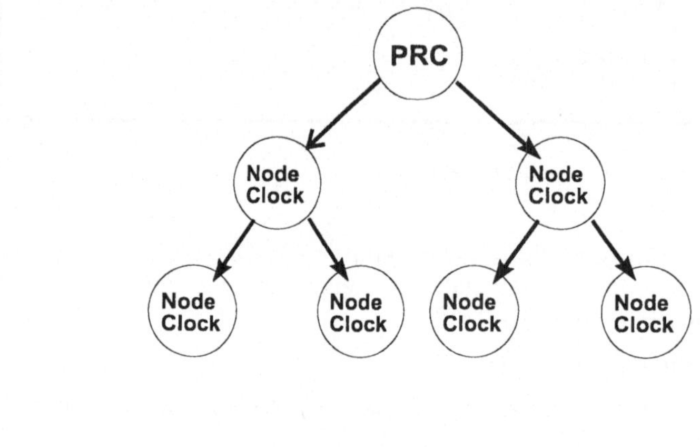

Bild 4-31
Inter-Station-Synchronisation bei SDH

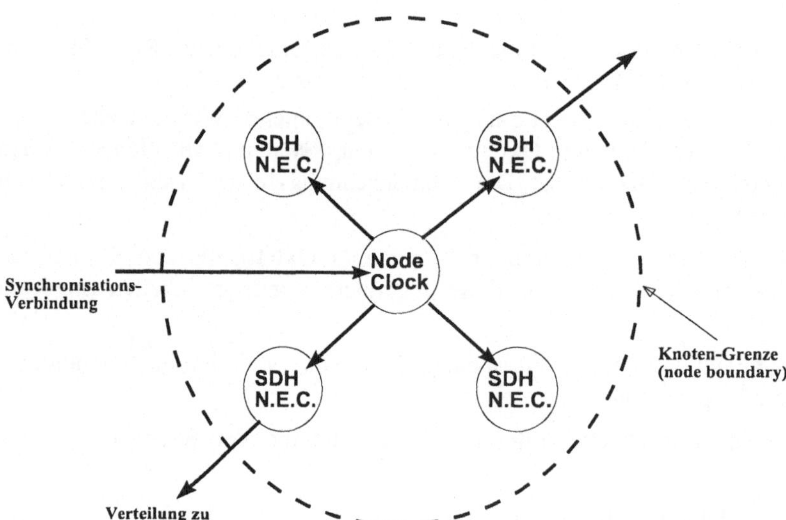

Bild 4-32
Intra-Station-Synchronisation bei SDH

Die Ableitung der Slave-Clocks aus dem Referenz-Clock wird als Synchronisations-Spur (*synchronization trail*) bezeichnet. Wenn die Synchronisation-Spur unterbrochen wird, soll der Slave-Clock eine Alternative zur Verfügung haben, auf die er ausweichen kann. Für die Synchronisation der Systeme kann unterschieden werden nach:

Synchron Alle Takte innerhalb des Systems werden von dem gleichen Primary Reference Clock (PRC) abgeleitet.

Pseudo-synchron Es gibt mehr als einen PRC. Jeder Takt in dem System kann aus genau einem PRC abgeleitet werden. Dies kommt z.B. beim internationalen Verkehr vor, bei dem mehrere nationale Systeme im Einsatz sind. Da die PRC der einzelnen Systeme voneinander abweichen, müssen an den Grenzen zwischen den Teilsystemen (*sub-networks*) die Pointer-Operationen stattfinden.

Plesiochron Dies kommt vor, wenn weder die Synchronisation-Spur noch ihre Alternativen zur Verfügung stehen. Die verwendeten Taktungen in den einzelnen Systemen werden dann als freilaufend (*free running*) bezeichnet. Es müssen Pointer-Operationen stattfinden. Diese können unterbleiben, wenn dieser Zustand in einem Zwischensystem besteht, die Systeme, zwischen denen die Informationen übertragen werden, aber synchron sind.

Asynchron Es treten große Frequenzabweichungen auf. In diesem Zustand kann das SDH-System keinen Verkehr übertragen; es soll aber möglich sein, Alarmmeldungen auszutauschen.

Wie beim Aufbau des Synchronen Transport-Moduls beschrieben, stehen eine Reihe von Oktetten in jedem Frame für den Austausch von Informationen für die Netzwerk-Verwaltung zur Verfügung. Die Übertragung erfolgt also mit den gleichen Frames, mit denen auch die Nutzdaten übertragen werden. Die dafür gebildeten Kanäle werden als „Embedded Control Channels (ECC)“ bezeichnet. Jedes Oktett in einem Frame stellt eine Übertragungskapazität von 64000 bit/s zur Verfügung. Diese kann zum Austausch digitaler Informationen, aber auch als Fernsprechkanal für die Netzwerk-Administratoren genutzt werden.

4.4.3 ISDN

ISDN (*Integrated Services Digital Network*) stellt den Versuch dar, alle Arten der elektronischen Kommunikation (in WANs) mit einem Netzwerk durchzuführen. Das Trägernetzwerk ist der Transportmechanismus für die anzubietenden Dienste.

ISDN ist wegen seiner begrenzten Übertragungsraten für den Telefon- Telefax- und auch Datenverkehr gut geeignet. Für Multimedia-Anwendungen sind die Datenübertragungsraten nicht ausreichend; das im Abschnitt 4.4.4 beschriebenen ATM-System, welches die erforderlichen Datenübertragungsrate liefern kann, wird auch als Breitband-ISDN (B-ISDN) bezeichnet.

Der erste Abschnitt befasst sich mit der Einteilung des umfangreichen Normungswerks für ISDN, der zweite Abschnitt stellt das Grundkonzept, welches durch Referenzkonfigurationen beschrieben wird, dar. Im dritten Abschnitt werden die Art von Diensten dargestellt, die durch ISDN geboten werden. Der vierte und fünfte Abschnitt befasst sich mit den Schnittstellen, die dem Teilnehmer zur Verfügung stehen. Im sechsten Abschnitt geht es um die Verständigung der Teilnehmer mit dem Netz und seinen Vermittlungsstellen. Die beiden letzten Abschnitte befassen sich mit den Endgeräten von ISDN.

4.4.3.1 Normung

Es liegt ein umfangreiches Normenwerk der ITU-T vor (I-Serie). Die Normen bzw. Empfehlungen können eingeteilt werden:

I.100 Allgemeines ISDN-Konzept
Empfehlungen
Definitionen
Allgemeine Methoden

Hierbei besonders wichtig ist I.130 (Merkmale zur Beschreibung von Diensten und Netzeigenschaften), welche die Merkmale der Dienste und Netzelemente von ISDN beschreibt, wobei jedes Merkmal von Parametern gekennzeichnet ist. Zu den Merkmalen gehören u.a.

- Geschwindigkeit der Informationsübertragung
- Verwendetes Protokoll an der Teilnehmerschnittstelle
- Teilnehmerbezogene Dienstmerkmale

I.200 Dienstaspekte
Wichtig ist hierbei besonders I.210 (Prinzipien der Dienstedefinition im ISDN), welche die in Abschnitt 4.4.3.3 beschriebene Einteilung von Diensten (*bearer service/teleservice*) beschreibt. I.211 (Datenübermittlungsdienste im ISDN) geht besonders auf die Datenübertragungsdienste ein.

I.300 Netzaspekte
Zu den Netzaspekten gehören besonders die Empfehlungen über die Nummerierung und Adressierung, z.B. I.330 (Nummerierung und Adressierung im ISDN). Da im ISDN an einem Anschluss (Basis- oder Primäranschluss) mehrere Endgeräte vorhanden sein können, wird festgelegt, dass die Identifizierung des Teilnehmers durch das Netz an der Schnittstelle T erfolgt, also nicht für jeden Kanal und jedes Endgerät einzeln, sondern für den Anschluss insgesamt.

I.400 Aspekte der Teilnehmerschnittstellen
Sie sind für den Teilnehmer besonders wichtig, denn diese internationalen Empfehlungen sollen es ermöglichen, weltweit ISDN-kompatible Geräte zu schaffen, die sich ohne Modifikation überall an die Teilnehmerschnittstellen des ISDN anschließen lassen. I.411 ISDN-Teilnehmerschnittstellen und Bezugskonfiguration; I.420, 430 und 431 beschreiben die beiden Anschlussmöglichkeiten (Basisanschluss, Primärraten-Anschluss). Bezugskonfiguration (*reference configuration*) und Anschlussmöglichkeiten werden in 4.4.3.2 beschrieben.

Zu der I.400-Serie gehören auch die Angaben über das vom Teilnehmer zu benutzende Protokoll auf dem D-Kanal sowie Empfehlungen über den Anschluss langsamer peripherer Geräte und nicht ISDN-kompatibler Geräte an ISDN (vergleiche Abschnitt 4.4.3.6 und 7).

4.4.3.2 Grundkonzept

ISDN verwendet ein Referenzmodell mit funktionalen Einheiten und Referenzpunkten zwischen dieses funktionalen Einheiten (siehe Bild 4-33). Bei der Realisierung müssen die funktionalen Einheiten mit Geräten, die Referenzpunkte mit Schnittstellen realisiert werden.

Die Endgeräte werden als TE (*terminal equipment*) bezeichnet, das Referenzmodell unterscheidet:

- TE1: voll ISDN-kompatible Endgeräte, die direkt an das ISDN-Netz angeschlossen werden können. Anschluss erfolgt an den Referenzpunkten S und T.
- TE2: nicht ISDN-kompatible Endgeräte, ein Anschluss ist nur über einen TA (*terminal adapter*) möglich. Der Referenzpunkt R zwischen TE2 und TA kann z.B. durch eine Schnittstelle nach V.24 oder X.21 realisiert werden. Auch ein analog arbeitendes Telefon würde ein Endgerät des Typs TE2 darstellen. Auf die Terminal-Adapter wird im Abschnitt 4.4.3.7 eingegangen.

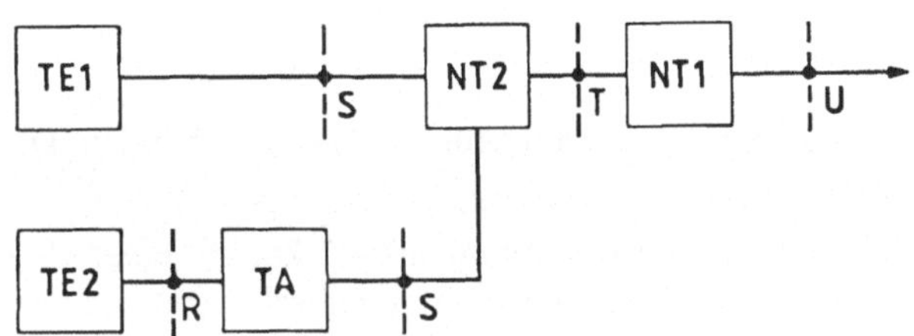

Bild 4-33
Referenzmodell des ISDN

Bei den Netzwerkabschlüssen NT (*network termination*) wird nach den Funktionen unterschieden und durch den Referenzpunkt T getrennt:

- NT1: stellt den physikalischen Netzwerkabschluss dar, bedient die Ebene 1 (Bitübertragungsebene) des OSI-Referenzmodells.
- NT2: stellt den logischen Netzwerkabschluss dar und bedient die Ebenen 2 und 3 des Osi-Referenzmodells.

Meist sind die beiden Funktionen in einem Gerät vereinigt, das dann als NT12 bezeichnet wird. Die Referenzpunkte S und T fallen dann zusammen, an diesen Referenzpunkten befindet sich die Schnittstelle zwischen TE und NT, z.B. die in Abschnitt 4.4.3.4 beschriebenen S_0-Schnittstelle.

Zwischen den nach der V.- oder X.-Serie (siehe Kapitel 3) benannten Einheiten Datenendeinrichtung (DEE) und Datenübertragungseinrichtung (DÜE) und den in ISDN vorgesehenen funktionalen Einheiten TE und NT bestehen erhebliche Unterschiede, von denen hier einige genannt seien.

1. Für die Datenübertragung steht nur eine Übertragungsgeschwindigkeit von 64 000 bit/s zur Verfügung. Es gibt zwei Arten des Teilnehmeranschlusses von ISDN (Basisanschluss, Primärratenanschluss), diese unterscheiden sich aber nur durch die Anzahl der Kanäle von je 64 000 bit/s. Der Basisanschluss stellt nicht 128 000 bit/s zur Verfügung, sondern 2 * 64 000 bit/s.

2. Es können mehrere TE-Geräte mit einem NT-Gerät verbunden sein, auch mehr als die Schnittstelle Kanäle zur Verfügung stellt. Die Aufteilung der Kanäle und der Multiplexvorgang wird durch die Prozeduren der S-Schnittstelle geregelt. Im Gegensatz dazu kann immer nur eine DEE mit einer DÜE verbunden sein, wenn mehrere Endgeräte angeschlossen sein sollen, muss der Multiplexvorgang vor der Schnittstelle geregelt werden, so dass der Ausgang des Multiplexers wie die DEE wirkt.

3. Die ISDN-Empfehlungen sehen den Einsatz von Terminal-Adaptern vor. Bei anderen Empfehlungen für Schnittstellen bleibt es dem Anwender überlassen, nicht schnittstellengerechtes Verhalten von Geräten mit entsprechenden Adaptern zu verändern. Über die Gestaltung solcher

Adapter wird dabei nichts vorgeschrieben, außer dass sie an der Schnittstelle das vorgeschriebene Verhalten zeigen müssen.

An das NT schließt sich der Referenzpunkt U an, der mit der Vermittlungseinrichtung des Netzes verbindet. Dabei handelt es sich um die Ortvermittlungsstelle (OVSt). Nach der Ortsvermittlungsstelle kommt der Referenzpunkt V.

Der Anschluss des NT an die OVSt kann auf drei Arten erfolgen. Die Art des Anschlusses wird dadurch bestimmt, wieweit flächendeckend ISDN-fähige OVSts zur Verfügung stehen. Ein NT, welches über die S_0-Schnittstelle am Basisanschluss mit dem Teilnehmer verbunden ist, bildet am Referenzpunkt U die U_{K0}-Schnittstelle.

Die drei Anschlussmöglichkeiten sind:

1. Die U_{K0}-Schnittstelle des NT wird direkt mit der U_{K0}-Schnittstelle der OVSt verbunden. Die Entfernung darf 4,2 km nicht überschreiten.

2. Eine U_{K0}-Schnittstelle des NT wird über eine weitere Entfernung als 4,2 km mit einer U_{K0}-Schnittstelle der OVSt verbunden, dabei muss ein Zwischenregenerator eingeschaltetet werden.

3. Beim "Fremdanschluss" werden mehrere UK0-Schnittstellen (12 - 500) durch Multiplexer oder Konzentratoren auf einen 2 Mbit/s-Kanal (PCM-30) geschaltet, dann zum nächstgelegenen ISDN-Vermittlungsknoten geführt.

Die U_{K0}-Schnittstelle verwendet eine andere Codierung als die in Abschnitt 4.4.3.4 beschriebene S_0-Schnittstelle. Da sie dem Teilnehmer nicht direkt zur Verfügung steht, soll sie nicht in einem eigenen Abschnitt besprochen werden, es seien nur einige Merkmale genannt.

- maximale Entfernung 4,2 km
- es wird nur eine Doppelader (für den Duplexverkehr) verwandt.

Es wird der in Abschnitt 2.3.1 beschriebene MMS43-Code verwandt, der je 4 Bits in drei ternären Schritten überträgt (4B3T). Durch die ternäre Codierung vermindert sich die erforderliche Schrittgeschwindigkeit an der U-Schnittstelle, verglichen mit der an der S-Schnittstelle. An der S0-Schnittstelle beträgt die Schrittgeschwindigkeit 192 kbaud. Die für die 3 Kanäle übertragenen 144 kbit/s werden mit der Schrittgeschwindigkeit 108 kbaud übertragen. Durch Hinzufügen eines Meldeworts und von Synchronworten ergibt sich die Gesamtschrittgeschwindigkeit von 120 kbaud (siehe Bild 4-34).

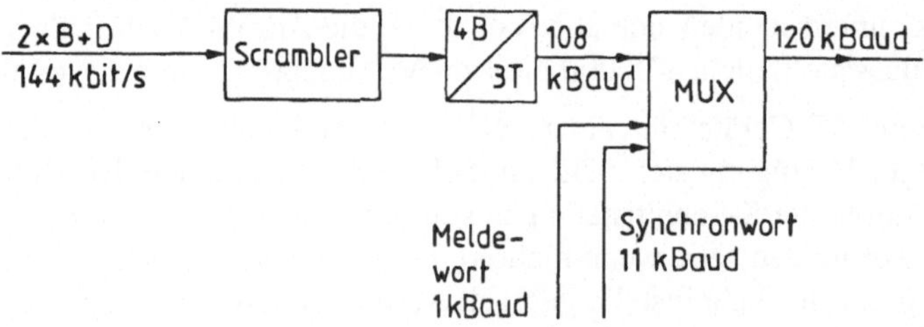

Bild 4-34 Umsetzung des Datenstroms der S_0-Schnittstelle für die U_{K0}-Schnittstelle

Es werden zwei Arten von Teilnehmeranschlüssen unterschieden:

1. Basisanschluss, dem Teilnehmer stehen zur Verfügung
   2 B-Kanäle von je 64 000 bit/s
   1 D-Kanal von 16 000 bit/s
2. Primärratenanschluss, dem Teilnehmer stehen in Europa zur Verfügung
   30 B-Kanäle von je 64 000 bit/s
   1 D-Kanal von 64 000 bit/s.

Auf den Primärratenanschluss wird in Abschnitt 4.4.3.5 näher eingegangen.

Der B-Kanal dient der Verbindung zwischen den Teilnehmern zur Übertragung von Daten, Sprache und anderer digitalisierter Information. Der D-Kanal dient der Signalisierung mit dem Netzbetreiber, er kann aber auch zur Vermittlung von Datenpaketen verwendet werden.

4.4.3.3 Dienste

Vorgesehen sind grundsätzlich:

- Datenübermittlungsdienste (*bearer services*)
- Dienste, die der Informationsverarbeitung dienen (*tele-services*), diese werden auch als Standardisierte Dienste bezeichnet.

Eine weitere Einteilung kann getroffen werden:

- ISDN-Dienste, dies sind Dienste, die die Basiskanäle ausnutzen und von ISDN-kompatiblen Endgeräten aufgerufen werden.
- ISDN-TA-Dienste werden von nicht ISDN-kompatiblen Geräten aufgerufen, z.B. Geräten mit einer X.21-Schnittstelle. Aus der Sicht des Anwenders kann der Dienst mit niedrigerer Datenübertragungsrate laufen.

Die ISDN-TA-Dienste können weiter eingeteilt werden:

1. Dienste für Endgeräte, welche "normalerweise" an das Telefonnetz anzuschließen sind, z.B. Datenendeinrichtungen, die über Modem anzuschließen sind. Dazu können auch Telefaxgeräte der Gruppe 3 gehören. Zur Benutzug dieser Dienste sind Terminaladapter vom Typ a/b notwendig (siehe Abschnitt 4.4.3.6). Baugruppen, die das analoge Telefonsignal digitalisieren, werden als CODEC (Codierer/Decodierer) bezeichnet. Enthält die Baugruppe neben dem CODEC auch die erforderlichen Filter, so nennt man sie COMBO (*combined both*).

2. Dienste für Endgeräte mit X.21-Schnittstelle, z.B. Datenendeinrichtungen, die für das leitungsvermittelnde Datennetz Datex-L konzipiert waren, oder Teletexgeräte. Der Dienst des Datex-L wird seit der flächendeckenden Verbreitung von ISDN in Deutschland nicht mehr angeboten. Für diese Dienste sind Terminaladapter des Typs X.21 vorgesehen. Es findet keine Digitalisierung statt, da X.21 nur digitale Informationen überträgt.

Auch bei den ISDN-TA-Diensten sind sowohl Übermittlungsdienste wie Standardisierte Dienste vorgesehen. So benutzt eine DEE mit X.21-Schnittstelle für 2400 bit/s einen Übermittlungsdienst, ein Teletex-Gerät mit 2400 bit/s aber einen Standardisierten Dienst.

Bei den Standardisierten Diensten werden im Prinzip bereits seit längerem vorhandene Dienste angeboten, durch die höhere Datenübertragungsrate aber mit höherer Leistung. So vermindert sich der Zeitbedarf für die Übertragung einer Textseite mit Teletex von bisher 10 Sekunden auf 1 Sekunde.

4.4.3.4 Die S_0-Schnittstelle

Die S_0-Schnittstelle ist der physikalische und logische Zugangspunkt des Anwenders von ISDN über den Basisanschluss. Sie vereinigt die Referenzpunkte S und T. Zu ihren Aufgaben gehören insbesondere:

- Bedienung der 2 B-Kanäle und des D-Kanals
- Taktung für Bits und Worte
- Zugriffsteuerung, wenn mehrere Geräte angeschlossen sind
- Rahmensynchronisierung
- Fernspeisung (Versorgung des TE mit Leistung wird besonders bei Fernsprechgeräten angewandt)
- Aktivierung und Deaktivierung

An eine S_0-Schnittstelle können bis zu 8 auch unterschiedliche Geräte angeschlossen sein, diese werden im ISDN unter einer Teilnehmernummer angesprochen. Die Geräte werden an einer Bus-Anordnung angeschlossen, siehe Bild 4-35 Der Duplexverkehr wird mit zwei Leitungen realisiert. Bei den Geräten kann es sich um TE oder um Terminal-Adapter handeln.

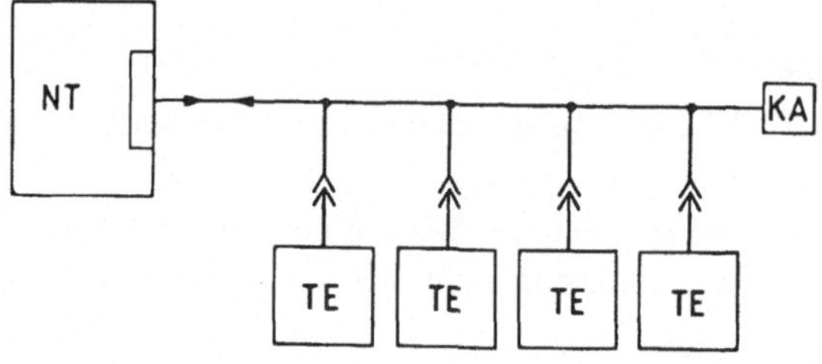

Bild 4-35
Anordnung der S_0-Schnittstelle des ISDN

Damit findet Multiplexing an der S_0-Schnittstelle auf zwei Ebenen statt:

1. Die Kanäle B und der D-Kanal benutzen im Zeitmultiplex die gleiche Leitung, das Verhältnis zwischen den Kanälen ist festgelegt, es handelt sich um ein starres Schema, es liegt kein statistisches Multiplex vor.

2. Der D-Kanal wird von allen Geräten benutzt, dabei kann auch der Versuch einer gleichzeitigen Nutzung vorliegen. Es werden keine bestimmten Zeiten vergeben, sondern es handelt sich um ein bedarfsorientiertes statistisches Multiplex.

Auf jedem der beiden Leitungssysteme müssen für die drei Kanäle 144 kbit/s übertragen werden. Für die Verwaltung des Multiplex, das Zugriffsverfahren und die Sicherstellung der Gleichstromfreiheit werden weitere Bits eingeschoben, so dass sich 192 000 binäre Schritte/Sekunde ergeben, was 192 kbaud entspricht.

Für die Codierung der Bits wird der modifizierte AMI-Code (*alternate mark inversed*) verwendet (siehe Abschnitt 2.3.1). Im Gegensatz zum AMI-Code wird die 1 durch die Ruhelage, die 0 durch den (abwechselnd positiven und negativen) Impuls dargestellt (siehe Bild 4-36). Die Gleichstromfreiheit wird durch "Paritätsbits" hergestellt. Ist die Zahl der 0-Bits gradzahlig, so wird eine 1 (kein Impuls) hinzugefügt, ist sie ungradzahlig, so wird eine 0 hinzugefügt (Impuls). Damit ist die Zahl der positiven Impulse immer gleich der Zahl der negativen Impulse.

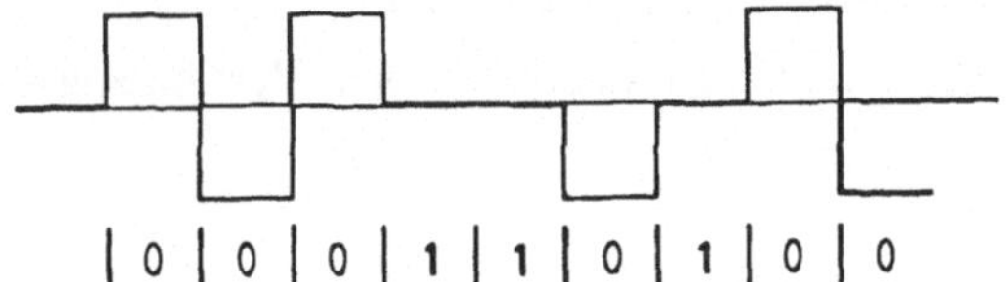

Bild 4-36
Codierung der Bits im Modifizierten AMI-Code

Die Übertragung erfolgt in Rahmen von je 48 Schritten, darin enthalten sind die 36 Bits für die 3 Kanäle. Sie sind im Bild 4-37 dargestellt. Jeder Rahmen hat eine Übertragungszeit von 250 µs. Er enthält neben den 32 Bits für die beiden B-Kanäle und den 4 Bits für den D-Kanal weitere 12 Bits für die Verwaltung der Übertragung. Dabei wird zwischen den Rahmen von NT nach TE und denen von TE nach NT unterschieden. Der Unterschied ist darin begründet, dass auf der TE-Seite mehrere Geräte zugreifen können, während immer nur ein NT vorhanden ist. Das Senderecht für die TEs auf den B-Kanälen wird vom NT so verwaltet, dass keine Konflikte auftreten, also auch keine Zugriffsmethode erforderlich ist. Die Zuweisung der B-Kanäle erfolgt auf Anforderung der TEs bzw. Anrufen anderer ISDN-Teilnehmer.

Für die Zugriffsteuerung auf den D-Kanal, auf den mehrere TEs gleichzeitig zugreifen können, wird ein ähnliches Verfahren verwendet wie bei Lokalen Netzen mit CSMA/CD (Abschnitt 4.3.2). Die Erkennung des unbelegten D-Kanals erfolgt an einer Folge von Einsen. Da das Protokoll HDLC mit Bitstuffing verwendet wird, können bei einem belegten Kanal nicht mehr als 6 aufeinanderfolgende Einsen auftreten.

Greifen mehrere Geräte gleichzeitig zu (Kollision), so setzt sich der 0-Zustand durch. Die Bits des D-Kanals, die von TE nach NT übertragen werden, werden von NT zurückgesandt (Echo-Bits). Wenn diese Bits von den gesendeten abweichen, erkennen die TEs, dass eine Kollision vorliegt. Beide beenden die Sendung. Geräte mit niedriger Priorität dürfen dann nach 10 aufeinander folgenden Einsen zugreifen, Geräte mit hoher Priorität nach 8 Einsen. Es werden also keine Zufallszahlen verwandt. Wenn weitere Kollisionen auftreten, werden die Zahlen erhöht.

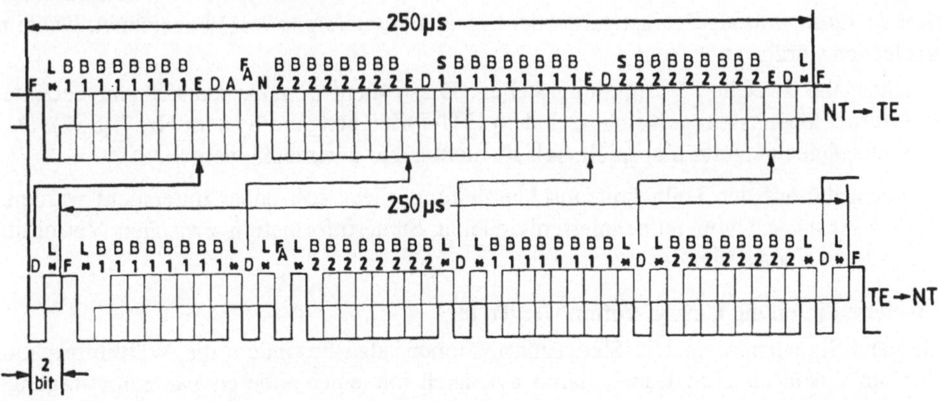

Bild 4-37 Aufbau der Bitrahmen am Basisanschluss

F, F_A	Rahmenkennungsbits	D	Bits des D-Kanals
L	Paritätsbit (der Stern zeigt an, dass bis zu diesem Bit (einschließlich) die Gleichstromfreiheit gegeben ist)	E	Echobit für D-Kanal
		N	Bit für Anwendungskennung
		S	freie Bits (immer auf 0)
B1, B2	Datenbits der Basiskanäle 1 und 2		

4.4.3.5 Der Primärratenanschluss, Zusammenhang mit der Netzstruktur

Der Primärraten-Anschluss wird in einer europäischen und einer amerikanischen Version angeboten.

30 B + D64 (Europa)

23 B + D64 (Amerika)

Die B-Kanäle haben die gleiche Datenübertragungsrate wie am Basisanschluss; der D-Kanal hingegen eine Datenübertragungsrate von 64 000 bit/s. Er wird daher auch als D64 bezeichnet im Gegensatz zu D16 am Basisanschluss. Die Unterschiede in der Anzahl der Kanäle sind durch die Unterschiede in der seit längerem verwendeten Digitalen Hierarchie begründet. In den USA wird die Zusammenfassung von 24 Kanälen (immer von 64 000 bit/s) als T1-Carrier, in Europa die Zusammenfassung von 32 Kanälen als PCM-30-System bezeichnet.

Die Schnittstelle zum Primärratenanschluss (Europa) wird als S_{2M} bezeichnet. Es werden geschirmte, symmetrische Kabel verwendet. Im Gegensatz zur S_0 ist hier weder die Fernspeisung noch die Zugriffssteuerung für mehrere Geräte mit Echobildung vorgesehen.

Die Übertragung erfolgt analog der CEPT-PCM-30-Hierarchie, diese ist für die Übertragung digitalisierter Telefongespräche vorgesehen. Wegen der 8000 Abtastungen (*samples*) je Sekunde ergeben sich Zeiträume von 125 μs; es werden in jedem Rahmen 256 Bits übertragen. Damit ergibt sich die Datenübertragungsrate von 2048 kbit/s. Die Zeit eines Rahmens wird in 32 Time-Slots aufgeteilt, in jedem werden 8 Bits übertragen. Die Time-Slots 1-15 und 17-31 übertragen die digitalisierten Telephongespräche, die Time-Slots 0 und 16 sind für Steuerinformation und Synchronisierung vorgesehen. Im ISDN werden ein Kanal für die Steuerung des Multiplexvorgangs, ein Kanal als D-Kanal und 30 Kanäle als B-Kanäle verwendet.

4.4.3.6 Das D-Kanal-Protokoll

Wie immer bei Benutzung eines öffentlich betriebenen Netzes muss neben der Kommunikation zwischen den Endbenutzern auch im ISDN ein Austausch von Steuerinformationen für das Netz stattfinden, diese wird als Zeichengabe oder Signalisierung (*signalling*) bezeichnet. Dabei muss unterschieden werden zwischen:

1. Zeichengabe zwischen Vermittlungsstellen. Diese dient dem Austausch von netzinternen Steuerinformationen, sie regelt sich nach dem ITU-T-Zeichengabe-System Nr. 7 (SS7). Da sich diese Zeichengabe netzintern abspielt, soll sie nicht näher untersucht werden.

2. Zeichengabe auf der Teilnehmeranschlussleitung, diese soll näher untersucht werden. Sie dient dem Austausch von teilnehmerindividueller Steuerinformation zwischen Vermittlungsstellen und den Endgeräten.

Eine weitere Einteilung kann getroffen werden in:

1. Outband-Signalisierung. Die Steuerinformationen, also besonders die Wählinformationen, werden auf einem anderen Kanal, damit evt. auch mit einer anderen Datenübertragungsrate übertragen als die Benutzerdaten. Ein Beispiel dafür war die Schnittstelle V.25 bei Datenübertragung im Telefonnetz.

2. Inband-Signalisierung. Die Steuerinformationen werden auf dem gleichen Kanal wie die Daten, die zwischen den Endgeräten ausgetauscht werden, übertragen, aber zu einer anderen Zeit. Diese Art der Signalisierung liegt z.B. bei der Schnittstelle X.21 (siehe Abschnitt 3.2.2) oder bei der Schnittstelle V.25bis (siehe Abschnitt 3.4) vor.

Beim ISDN erfolgt die Zeichengabe über den D-Kanal, logisch gesehen handelt es sich also um eine Outband-Signalisierung, auch wenn dieser Kanal mit den D-Kanälen gemultiplext über den gleichen physikalischen Träger geführt wird.

Das D-Kanal-Protokoll gliedert sich streng in die unteren 3 Ebenen des OSI-Referenzmodells.

1. Ebene: Physikalische Übertragung von 16 000 bit/s am Basisanschluss, 64 000 bit/s am Primär-Anschluss.

2. Ebene: Hier wird das HDLC-Protokoll verwandt (vergl. 4.2.1), dabei in der Version LAP-D (*Link Access Procedure* für D-Kanal).

3. Ebene: Hier folgt die eigentliche Übergabe von Signalisierungsinformation (Zeichengabe); es findet eine Protokollkennung statt und es werden Referenznummern vergeben und verwendet.

Für die Prozedur LAP-D gelten über die allgemeinen Regeln des HDLC hinaus einige Sonderregeln. Diese sind weitgehend daraus zu erklären, dass der Verkehr zwischen einem NT, aber mehreren TEs stattfindet. Es soll aber keine feste Zuordnung der Rolle der Primär- und Sekundärstation erfolgen, sowohl NT wie die TEEs können Kommandos aussenden.

- Das Adressfeld ist immer 2 Oktette groß:
- Im Adressfeld wird mit einem Bit angegeben, ob es sich um ein Kommando oder eine Response handelt.
- Die im Adressfeld angegebene Adresse ist immer die des TEs.
- Das Steuerfeld kann 1 oder 2 Oktette groß sein, in der Regel werden 2 Oktette verwendet (modulo 128).
- In der Zeit, in der keine Rahmen übertragen werden, muss ein Strom von 1 gesendet werden. Nur so können die am Zugriffsverfahren beteiligten Stationen erkennen, dass die Leitung frei ist. Die bei HDLC sonst auch benutzte Methode, zwischen den Frames eine Folge von Flags zu senden, ist nicht gestattet.
- Im Adressfeld ist auch der Service-Access-Point enthalten.
- Es wird auch der Frametyp UI (*Unnumbered Information*) neben den normalen I-Frames verwendet.

Das Adressfeld hat eine feste Einteilung.

Oktett 1	Bit 1 = 0	zeigt an, dass das nachfolgende Oktett zur Adresse gehört
	2 = C/R	Kommando oder Response
	Bit 3 - 8	SAPI (*Service Access Point Identifier*), definiert die Bedeutung der Ebene-3-Nachricht
Oktett 2	Bit 1 = 1	zeigt an, dass dies das letzte Oktett der Adresse ist. Bit 1 wird auch als EA (*extended address*) bezeichnet.
	Bit 2-8	TEI (*Terminal Endpoint Identifier*)

Der TEI dient dazu, die verschiedenen Geräte an der Schnittstelle zu identifizieren, bei Nachrichten vom NT ist er die Zieladresse, bei Nachrichten zum NT ist er die Absenderadresse. Die allgemeine HDLC-Regel, dass die Adresse die Adresse der Sekundärstation ist, gilt hier nicht. Um anzuzeigen, dass die Station eine Sekundärstation ist, wird das C/R-Bit auf 1 gesetzt.

Das Schema kann nur unter den Bedingungen funktionieren, dass

- es nur einen NT an der Schnittstelle gibt,
- Verkehr nur zwischen TE und NT, aber nie zwischen TE und TE stattfindet.

Der SAPI dient der Festlegung der Bedeutung der Ebene-3-Nachricht, von den möglichen 64 Werten sind belegt:

0 Signalisierung
1 Paketmodus nach der ITU-T-Empfehlung Q.931
16 Paketmodus nach X.25
62 Verwaltung (*operation and maintenance*)
63 Ebene-2-Verwaltung
alle anderen reserviert.

Die beiden Arten des Paketmodus unterscheiden sich dadurch, dass ISDN einmal als Zuleitung zur X.25-Schnittstelle, im anderen Fall als Träger des Paketnetzes verwendet wird.

Für den TEI (Zahlenwert 0 -127) wird festgelegt:

0-63 Feste Adressen (hardwaremäßig eingestellt)
64 - 126 Software-verwaltete Adressen
127 Rundspruch

Die nachfolgende Tabelle zeigt die ersten 6 Frames bei der Initialisierung des LAP-B-Protokolls, die Längenangabe gibt die Framelänge ohne die Flags und die CRC-Zeichen an. Dargestellt ist nur der Inhalt von Adressfeld und Steuerfeld.

Tabelle 4-2 Frame-Austausch auf dem D-Kanal

Frame	Absender	C/R	SAPI	TEI	Poll/Final	Frametype	Länge
1	TE	C	63	127	P = 0	UI	8
2	NT	C	63	127	P = 0	UI	8
3	TE	C	0	81	P = 1	SABME	3
4	NT	R	0	81	F = 1	UA	3
5	TE	C	0	81	P = 0	INFO Nr=0,Ns=0	23
6	NT	R	0	81	F = 0	RR Nr=1	4

- Im Frame 1 fordert der TE einen TEI an (*identity request*). Da er noch keinen TEI hat, verwendet er die Rundspruchadresse, da noch keine logische Verbindung besteht, wird der Frametype "Unnumbered Information" verwendet.
- Im Frame 1 übergibt der NT die TEI-Nummer 81 (*identity assigned*), dies geschieht im Datenfeld des Frames.
- Im Frame 3 fordert der TE den Aufbau einer logischen Verbindung auf der Ebene 2. Der Frame SABME zeigt an, dass mit 2-Oktett-Steuerfeldern gearbeitetet werden soll. Mit SAPI = 0 wird ausgesagt, dass die Verbindung der Signalisierung dienen soll.
- Im Frame 4 wird der Aufbau der logischen Verbindung durch den NT bestätigt.

- Im Frame 5 übergibt der TE einen Verbindungswunsch an den NT. Dazu benötigt er ein Informationsfeld von 19 Oktetten.
- Frame 6 bestätigt den Erhalt des I-Frames, stellt aber noch keine Bestätigung des Verbindungsaufbaus her. Dies erfolgt erst mit späteren Frames. Frame 6 hat kein Informationsfeld.

Das Ebene 3-Protokoll wird in mehreren ITU-T-Empfehlungen beschrieben, u.a. in I.450, I.451, Q.931. Außerdem bestehen Festlegungen der ETSI. Die Nachricht besteht aus einem Protokoll-Diskriminator und einer Referenznummer. Die Referenznummer bleibt für den gesamten Vorgang, z.B. einen Verbindungsaufbau, der aus mehreren Meldungen und Rückmeldungen besteht, gleich. Dann folgen die Nachrichtenelemente. Die Nachrichtenelemente bestehen aus drei Teilen:

- Kennung
- Länge des Inhalts
- Inhalt

Eine Sonderform stellt ein Nachrichtenelement dar, welches nur aus einem Oktett besteht (siehe Bild 4-38). Es enthält neben der 1 im Bit 8, welches es als 1-Oktett-Element kennzeichnet, sowohl die Kennung wie den Inhalt.

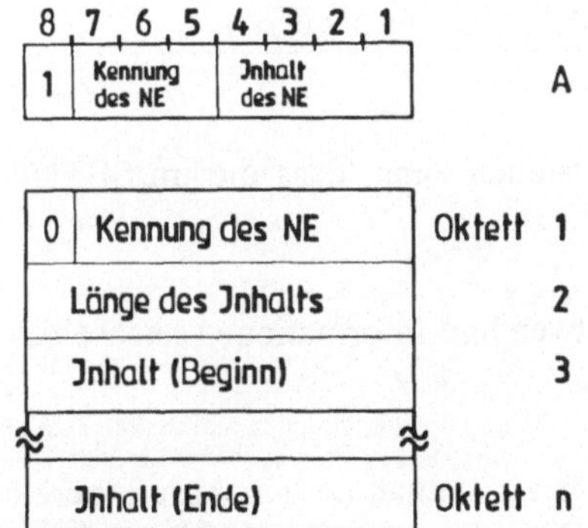

Bild 4-38
Format von Einzel-Oktett-Nachrichten-Element (A) und Mehr-Oktett-Nachrichtenelement (B)

Die Mehr-Oktett-Nachrichtenelemente bestehen aus zwei Oktetten und dem Inhalt. Da das Informationsfeld des Frames bei LAP-D nicht länger als 128 Oktette werden darf, genügt immer ein Oktett für die Längenangabe. In einem Frame können mehrere Nachrichtenelemente vorhanden sein. Tabelle 4-3 zeigt den Aufbau der Verbindungsaufforderung, gebildet aus 3 Nachrichtenelementen. Im Inhalt werden einzelne Bits zur Kennzeichnung von Merkmalen verwendet, diese sind nicht näher einzeln aufgeführt. Bild 4-39 zeigt den Verbindungsaufbau vom Endgerät A1 zum Endgerät B2, wobei an jedem der beiden Basisanschlüsse mehrere Endgeräte vorhanden sein können. Die in der Schicht 3 übergebenen Nachrichten haben folgende Bedeutung:

SETUP
Das Endgerät wüscht den Aufbau einer Verbindung auf dem B-Kanal einzuleiten, dabei kann bereits angegeben, welcher B-Kanal verlangt wird. Im Beispiel in Tabelle 4-3 wird kein bestimmter Kanal verlangt. Das SETUP, welches von der Vermittlungsstelle zur Endeinrichtung übertragen wird, zeigt den ankommenden Anruf mit den dazugehörigen Parametern an. Tabelle 4-3 stellt eine SETUP-Nachricht dar, die vom Endgerät in Richtung Vermittlungsstelle gegeben wird.

Tabelle 4-3 Nachrichtenelemente beim Verbindungsaufbau

Element	Codierung	Bedeutung
1	00000100	Kennung. BEARER Capability. (siehe Abschnitt 4.4.3.3)
	00000010	IE Länge: 2 Oktette
	10001000	Codierung nach ITU, unbeschränkte digitale Information
	10010000	Leitungsvermittlung, 64 kbit/s
2	00011000	CHANNEL Identification
	00000001	IE Länge: 1 Oktett
	10000011	Basisanschluss, keine Verwendung des D-Kanals, jeder beliebige Kanal (d.h. das Gerät wünscht die Zuweisung eines B-Kanals, dabei kann es sich sowohl um Kanal 1 wie 2 handeln.
3	01110000	CALLED party NUMBER
	00000110	IE Länge: 6 Oktette
	10000000	Typ der Nummer, Numerierungsplan
	*******	Nummer [01910].Die Nummer besteht also aus 5 Ziffern.

SETUP ACKNOWLEDGE
Wird von der Vermittlung gesendet, wenn diese nicht feststellen kann, dass die im SETUP gegebene Wählinformation vollständig war.

INFO
Hier kann die Endeinrichtung weitere zum Wählvorgang notwendige Informationen nachschieben, wenn die Angaben bei SETUP nicht ausreichend waren.

ALERT
Von der Endeinrichtung aus bedeutet es, dass die Endgeräte zur Annahme des Anrufs bereit sind, von der Vermittlungsstelle aus wird die erfolgreiche Durchführung der Verbindung gemeldet.

CONNECT
Zeigt an, dass der Anruf von der gerufenen Endeinrichtung angenommen ist. Alle Kompatibilitäts- und Berechtigungsprüfungen sind positiv verlaufen. Von der Vermittlung kommend, wird der rufenden Endeinrichtung mitgeteilt, dass die Verbindung auf dem B-Kanal durchgeschaltet ist, damit beginnt in der Regel die Gebührenpflicht.

CONNECT ACK
Wenn es von der Vermittlung kommt, zeigt es dem Endgerät an, dass die Bereitschaft zur Annahme des Anrufs zu einer Verbindung geführt hat, in diesem Fall bei Endgerät B1.

RELEASE
In diesem Fall teilt die Vermittlung dem Endgerät B2 mit, dass die (noch nicht durchgeschaltete) Verbindung wieder aufgelöst wird.

Zur besseren Übersicht sind noch einmal die Bedeutung der vom Endgerät kommenden Nachrichten aufgeführt:

ALERT	das Endgerät ist frei
RELEASE	das Endgerät ist besetzt
CONNECT	das Endgerät will den Ruf annehmen.

Dargestellt im Bild 4-39 sind die Nachrichten der Ebene 3, zur gesicherten Übertragung werden auf der Ebene 2 weitere Frames übertragen, die hier nicht dargestellt sind. Die Nachrichten der Ebene 3 bilden die Informationsfelder der I-Frames des HDLC-Protokolls der Ebene 2.

Bild 4-39 zeigt den Verbindungsaufbau aus der Sicht der Endgeräte. Innerhalb des Netzes erfolgt die Signalisierung nach den Regeln des ITU-T-Zeichengabesystems Nr. 7. Diese Empfehlungen sind in der Q-Serie genormt, hier insbesondere Q.761 bis 764 für den ISDN-Anwenderteil inklusive Fernsprechen.

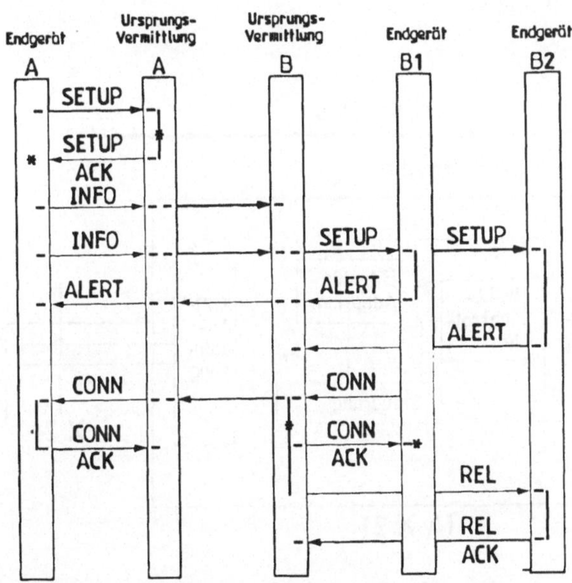

Bild 4-39 Verbindungsaufbau zwischen Endgeräten im ISDN

4.4.3.7 Terminal-Adapter

Wie bei der Schaffung jedes neuen Netzwerkkonzepts muss auch bei ISDN darauf geachtet werden, dass Geräte, die für den Anschluss an ein anderes Netz konzipiert wurden, durch Adapter für das neue Netz geeignet gemacht werden.

Von der Normung her werden besonders zwei Arten von Adaptern hervorgehoben:

- Adapter für den Anschluss von Geräten mit der Schnittstelle X.21, als TA X.21 bezeichnet,
- Adapter für den Anschluss von analogen Endgeräten. Dazu gehören nicht nur Telefon, sondern auch Modems. Diese Adapter werden als Typ a/b bezeichnet.

Der Terminal-Adapter befindet sich zwischen den Referenzpunkten R und S, ist also dafür zuständig, die Anpassung zwischen den dort definierten mechanischen, elektrischen und prozeduralen Eigenschaften herzustellen. Bei den Terminaladaptern des Typs TA X.21 muss am Referenzpunkt R eine Schnittstelle nach X.21 oder X.21bis vorliegen (siehe Abschnitt 3.2.2).

Am S-Referenzpunkt liegt die S_0-Schnittstelle, der Terminaladapter benutzt einen der B-Kanäle mit 64000 bit/s, während der die Signalisierung über den D-Kanal ausführt. Da der Adapter keine Zwischenspeicherung durchführt, können über Terminal-Adapter nur Endgeräte gleicher Geschwindigkeit verwendet werden.

Der Adapter TA X.21 (Bild 4-40) lässt sich in funktionale Einheiten zerlegen:

R-Interface	Bedienung der X.21- bzw. X.21bis-Schnittstelle
S-Interface	Bedienung des physikalischen Teils der S_0-Schnittstelle mit seinen Multiplex- und Zugriffverfahren
HDLC-Controller	Bedienung des LAP-D-Protokolls am D-Kanal des ISDN
Steuerung	mit Bedien- und Anzeigefunktionen
Bitratenadaption	Anpassung der Datenübertragungsraten zwischen den Referenzpunkten R und S.

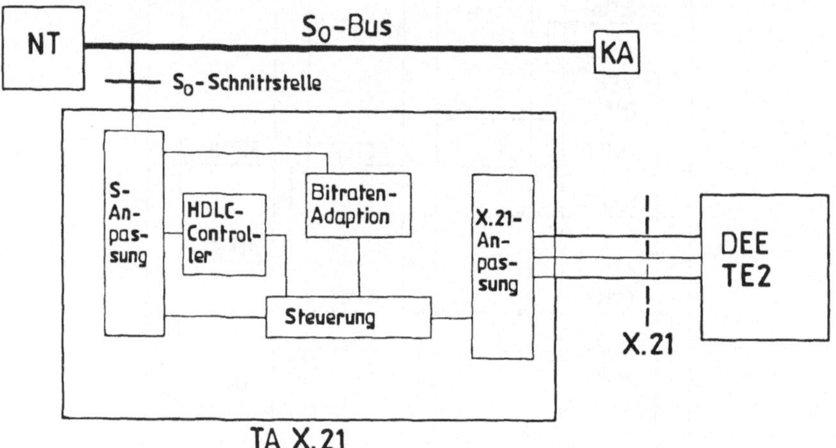

Bild 4-40 Blockschaltbild des Terminal-Adapters für Geräte mit X.21-Schnittstelle

Die Bitratenadaption bedeutet, dass mit dem physikalisch vorhandenen Datenstrom von 64 000 bit/s, den der B-Kanal zur Verfügung stellt, ein Nutzdatenstrom von geringerer Datenübertragungsrate übertragen wird, z.B. 4,8 kbit/s. Für die Bitratenadaption gibt es verschiedene Vorschläge, nach ITU-T genormt nach X.30 und X.31.

Nach X.30 erfolgt eine zweistufige Adaption. Zuerst werden die Informationen umgesetzt in einen Datenstrom von 2^k*8 kbit/s. Zu den Informationen gehören die Daten an der X.21-Schnittstelle, dazu Statusinformationen und Synchronisationsbits. Ergeben sich weniger als 8 Rahmen von je 8 kbit/s, so werden für die freien Rahmen 1-Bits eingefügt. Bei einer Adaption einer X.21-Schnittstelle von 4,8 kbit/s an den B-Kanal wird die Datenübertragungsrate des B-Kanals also schlecht ausgenutzt.

Die Signalisierung der X.21-Schnittstelle muss in die Signalisierung mit dem LAP-D-Protokoll des ISDN übergeführt werden. Bild 4-41 stellt die Vorgänge an der X.21 dar, die zur Bildung der Nachricht SETUP an der S_0-Schnittstelle führen.

Bild 4-42 zeigt einen Adapter vom Typ a/b zum Anschluss eines Geräts mit Modem. Diese Anordnung dürfte besonders für Datenendeinrichtungen, die das Modem integriert haben, sinnvoll sein. Es findet eine doppelte Wandlung statt. Das Modem wandelt in „analoge" Signale, der TA verwandelt in einen Bitstrom. Es wird aber nicht die Bitfolge, die die DEE an das Modem sendet, über ISDN übertragen, sondern das digitalisierte Modemsignal.

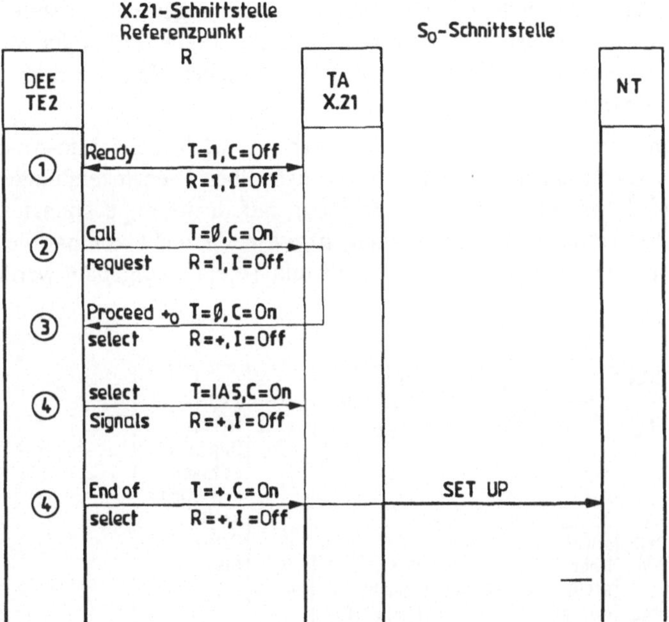

Bild 4-41 Zusammenarbeit von TE2, TA und NT bei Beginn eines Verbindungsaufbaus

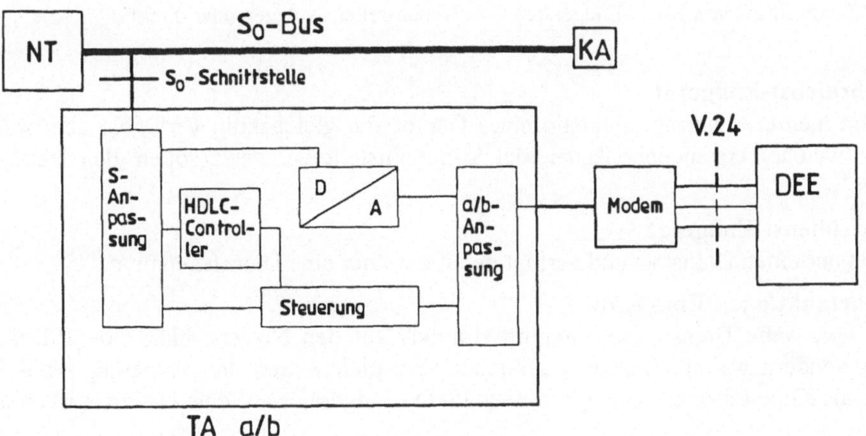

Bild 4-42 Blockschaltbild des Terminal-Adapters für analoge Schnittstellen, z.B. für eine Datenendeinrichtung mit Modem

4.4.3.8 ISDN-Endeinrichtungen

ISDN-Endeinrichtungen sind Einrichtungen, die für den Anschluss an ISDN entwickelt sind (TE1). Da ISDN ein universell anwendbares Kommunikationssystem darstellen soll, umfassen sie ein weites Spektrum. Unterschieden wird:

1. **Endeinrichtungen am NstAnl-Anschluss** (Nebenstellenanlage).

Hierbei handelt es sich aus Sicht des ISDN um ein TE-Gerät, welches mit der Schnittstelle S_0 oder S_{2M} verbunden ist. Kennzeichen solcher Nebenstellenanlagen soll es sein, dass auch die eigentlichen Endgeräte an die NstAnl nach den Regeln des ISDN verbunden werden (Bild 4-43). Damit sind die Vorteile des ISDN nicht nur im öffentlichen Netz, sondern auch innerhalb der Teilnehmernetze (Inhouse-Netze) verfügbar.

Die nachfolgend genannten Gerätetypen werden über den Mehrfachgeräte-Anschluss der S_0-Schnitttstelle an das ISDN angeschlossen. Sie verfügen über Dienstekennungen. Bei Aufbau einer Verbindung wird abgeprüft, ob die Verbindung auf die richtige Dienstekennung führt. Damit soll verhindert werden, dass Verbindungen zwischen nicht kompatiblen Endgeräten, welche unterschiedliche Dienste bieten, z.B. Teletex und Telefax, aufgebaut werden.

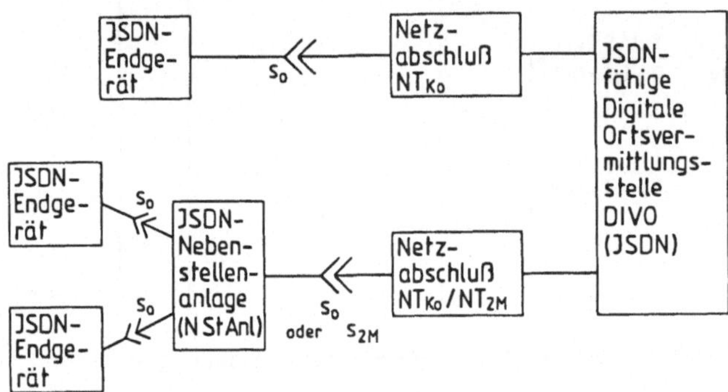

Bild 4-43 Anschluss von ISDN-Endgeräten über Nebenstellen-Anlagen oder direkt

2. **Mehrdienst-Endgerät**.

Vereinigt mehrere Dienste innerhalb eines Geräts, die gleichzeitig verfügbar sein sollen. Die Dienste, welche verschiedene Kanäle der S_0-Schnittstelle benutzen, sollen gleichzeitig verfügbar sein.

3. **Einzeldienst-Endgerät**.

Es bietet nur einen Dienst an und verfügt damit nur über eine Dienstekennung.

4. **Mehrfunktionen-Endgeräte**.

Liegen vor, wenn Dienste nicht nur im Hinblick auf den Netzanschluss von ISDN geboten werden, sondern weitere (lokale) Funktionen. Beispiele wären die Benutzung eines Telefax-Gerätes als Kopierer oder der Zugriff eines ISDN-Endgerätes auf eine Datenverarbeitungsanlage.

Grundsätzlich sollen ISDN-Endgeräte so gestaltet sein, dass zu ihrer Bedienung keine spezielle Ausbildung notwendig ist. Sie sollen sich nicht nur beim Zugriff auf das Netz genormt verhalten, sondern auch beim Zugriff durch den Menschen (Benutzerschnittstelle, *user interface*). Um dieses Verhalten, welches als Portabilität oder Kompatibilität bezeichnet wird, zu erreichen, sollen Festlegungen bestehen für:

- Beschriftung oder sonstige Kennzeichnung von Bedienerelementen, evt. mit Piktogrammen
- Normierte Benutzerprozeduren
- Einheitliche Töne, Ansagen, Display-Anzeigen
- Einheitliche Benutzerführung, welche bei komplizierten Vorgängen oder Fehlverhalten Anzeigen zur Hilfestellung für den Benutzer zeigen.

4.4.4 ATM

ATM (*Asynchron Transfer Mode*) beruht auf Normen der ITU-T, sie sind in der Serie I enthalten, welche sich auch mit dem ISDN befasst.

ISDN als universelles digitales Netz hat den Nachteil, dass es seinen Verkehr grundsätzlich in 64 000 bit/s-Kanälen abwickelt; die Zusammenfassung mehrerer Kanäle zu einer Übertragungsstrecke ist zwar möglich (*bundling*), führt aber zu Synchronisationsproblemen.

Die Übertragungskapazität von ca. 2 Mbit/s, welche der Primärratenanschluss bietet, ist für Multimediaübertragungen insgesamt zu gering, hier soll ATM Abhilfe schaffen. Da es das ISDN in den Bereich höherer Übertragungsraten erweitert, wird es auch als Breitband-ISDN (B-ISDN) bezeichnet.

Die Entwicklungsarbeit für ATM wird heute stark von einem Zusammenschluss von Firmen, dem ATM-Forum, wahrgenommen.

Prinzip

ATM ist ein paketvermittelndes System mit virtuellen Verbindungen. Es unterscheidet sich von anderen paketvermittelnden Systemen, welche virtuelle Verbindungen verwenden, z.B. öffentlichen Paketnetzen nach X.25, in mehreren Punkten.

- Die "Pakete" sind immer gleich lang; sie bestehen aus einem Header von 5 Oktetten und einem Inhalt von 48 Oktetten. Sie werden als Zellen (*cells*) bezeichnet. Damit kann die Notwendigkeit des Auffüllens von Zellen entstehen (*padding*).
- Nach Einrichtung einer virtuellen Verbindung benutzen die Pakete immer den gleichen Weg. Damit entfällt die Möglichkeit, dass Pakete sich duplizieren oder die Reihenfolge der Pakete sich ändert. Die Möglichkeit des Verlustes der Zellen bleibt allerdings bestehen.

Diese Regel bedeutet nicht, dass eine virtuelle Verbindung zwischen zwei Endsystemen immer über den gleichen Weg geführt wird; bei Einrichtung der Verbindung wird geprüft, auf welchem Weg die Verbindung die geforderten Merkmale bereitstellen kann; dabei werden alternative Wege untersucht.

- Dem Anwender steht nicht für seine virtuellen Verbindungen die Gesamtkapazität seiner Hardwareschnittstelle zum System zur Verfügung, sondern er handelt bei der Einrichtung der virtuellen Verbindung eine bestimmte Bitrate mit dem System aus. Diese kann zwar variabel sein, aber auch dann ist sie begrenzt.
- Auch bei einem funktionierenden System, bei dem sich auch alle Teilnehmer an die vereinbarten Parameter halten, kann es zu Zellverlusten kommen. Bei anderen Systemen treten Paketverluste nur in Störungsfällen auf.

In anderen Punkten unterscheidet sich ATM nicht von anderen paketvermittelnden Systemen mit virtuellen Verbindungen, z.B.:

- Es gibt immer wieder neu errichtete und abgebaute virtuelle Verbindungen (*switched virtual connections*, SVC) und permanente virtuelle Verbindungen (PVC).
- Ein Endgerät kann zur gleichen Zeit mehrere virtuelle Verbindungen unterhalten.
- Durch die Zwischenspeicherung der Zellen in den vermittelnden Systemen entstehen zeitliche Verzögerungen, welche durch die unterschiedliche Belegung der Speicher schwanken können.
- Die virtuellen Verbindungen werden durch Kennzahlen im Header der Zellen gekennzeichnet, ähnlich den logischen Kanalnummern in X.25-Systemen. Auch hier gilt, dass diese nur an bestimmten Punkten des Systems Gültigkeit haben, also nicht für die gesamte virtuelle Verbindung.

Neben den Paketen bzw. Zellen, welche die Benutzerdaten von einem Endsystem zum anderen Endsystem transportieren, gibt es Zellen, welche der Netzwerkverwaltung dienen und solche, welche den Dialog zwischen Netzwerk und Teilnehmer, z.B. beim Auf- und Abbau virtueller Verbindungen, dienen.

Bild 4-44 zeigt den Aufbau des ATM-Systems.

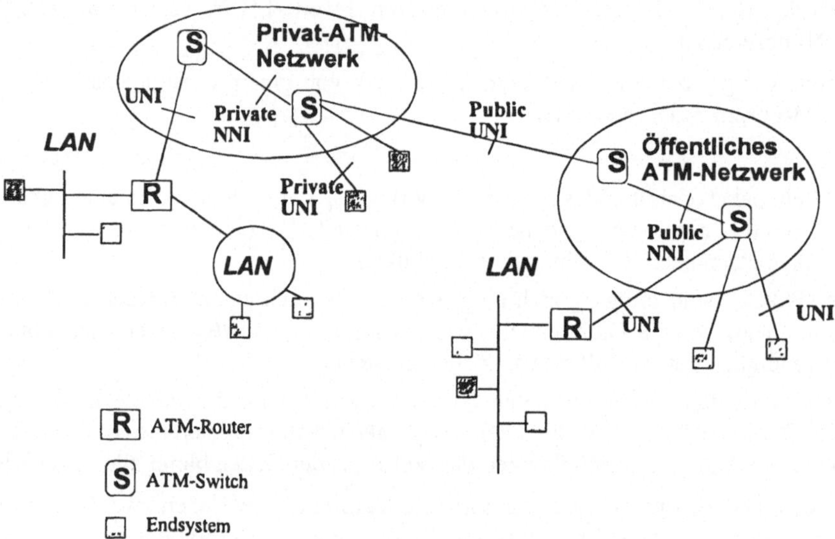

Bild 4-44 Aufbau von ATM

Zielsetzung

Zielsetzung bei der Konzipierung des ATM war es:

- Ein universelles System zu schaffen, welches für alle Arten der Informationsübertragung einschließlich Video-Übertragung zu schaffen.
- Ein System zu schaffen, dass sowohl im lokalen Bereich wie im WAN-Bereich angewendet wird, ebenso sowohl im Privatbereich (*private ATM networks*) wie im Bereich öffentlicher Netze (*public ATM networks*). Zwischen den einzelnen ATM-Systemen soll ein nahtloser (*seamless*) Übergang möglich sein.

- Dem Anwender auf der virtuellen Verbindung eine Bitrate zur Verfügung zu stellen, die genau seinen Anforderungen entspricht.

Dies gilt sowohl für die Höhe der Bitrate (es gibt kein den Benutzerklassen entsprechendes System) wie für die Art der Bitrate (konstant, variabel). Das System soll auch auf den Anwender eher wie ein leitungsvermittelndes System wirken, obwohl es von der Funktion her ein paketvermittelndes System ist.

Das Konzept des ATM sah ein einfaches System vor; durch die unter Prinzip beschriebenen Regeln sollte die Vermittlung der Zellen vereinfacht werden. Ein ATM-System muss allerdings sehr viele Zellen in sehr schneller Art handhaben können.

Die Erfahrungen bei der Weiterentwicklung haben aber gezeigt, dass ATM doch ein sehr komplexes System ist; es gibt sogar Stimmen, die es als das komplizierte aller technischen Systeme bezeichnen.

Dies liegt weniger am Transport der Zellen durch die vermittelnden Knoten zum Empfänger, sondern eher an den Maßnahmen, das System den unterschiedlichen Anforderungen anzupassen (siehe auch AAL). Nach dem ursprünglichen Konzept fanden alle Maßnahmen, die sich mit der Anpassung der Anwendungen an das System befassen, in den Endsystemen statt, die vermittelnden Systeme waren nur für Zwischenspeicherung, Weitergabe in die richtige Richtung und Aufbereitung der Signale zuständig.

Mittlerweile sollen auch die vermittelnden Systeme auf die Anwendungsform eingehen, dies geschieht besonders in zwei Punkten:

- Für eine bestimmte Anwendung auf einer virtuellen Verbindung wird ein bestimmtes Zeitverhalten verlangt. Dabei kommt es besonders darauf an, dass die Zeit zwischen Absendung und Empfangen der Zellen nicht schwankt. Die absolute Größe dieser Zeit ist für die meisten Anwendungen eher unwichtig. Ein solches Zeitverhalten kann aber nicht sichergestellt werden, wenn die Vermittlungsknoten ihre Pufferspeicherverwaltung unabhängig von den Anwendungen durchführen.
- Bei bestimmten Anwendungen, z.B. Dateiübertragung, kommt es darauf an, dass alle Zellen, die zu einer Nachricht gehören, beim Empfänger eintreffen. Das Fehlen einer Zelle macht die gesamte Nachricht, die aus vielen der relativ kleinen Zellen besteht, wertlos. Muss in einem Zwischenknoten eine Zelle gelöscht werden, weil der Pufferspeicher voll ist oder weil sie einen nicht korrigierbaren Fehler enthält, so ist es sinnvoll, auch die nachfolgenden Zellen nicht weiter zu übertragen, da diese das Netz belasten, ohne dass der Empfänger einen Nutzen von ihnen hat. Dazu muss der Vermittlungsknoten erkennen, wieweit die einzelnen Zellen bestimmten Nachrichten zuzuordnen sind.

Einordnung in der OSI-Modell

Die Einordnung in das OSI-Modell ist schwierig. Dabei sind folgende Gesichtspunkte zu berücksichtigen:

a. Es handelt sich um ein paketvermittelndes System mit virtuellen Verbindungen, ist durchaus mit X.25-Systemen vergleichbar. Damit müsste es also der Ebene 3 zugewiesen werden. Auch beim Zeitverhalten zeigt ATM die Merkmale eines Paketnetzes.

b. Aus Sicht des Teilnehmers wirkt ATM eher als ein System mit Leitungsvermittlung, wobei die "Leitungen" allerdings mehrere Arten von Bitraten aufweisen. Damit wäre ATM eher der Ebene 1 zuzuweisen.

c. Unterhalb von ATM befindet sich kein Protokoll der Sicherungsebene, wie es etwa das HDLC-Protokoll bei X.25-Systemen darstellt.

d. Auch die ATM-Zellen selber können mit PDUs der Sicherungsebene nur bedingt verglichen werden. Eine Fehlerkontrolle findet nur für die Header statt, die Daten selbst werden nicht überprüft.

e. Beim Einsatz von LANE wird ein gesamter Frame der Ebene 2, z.B. ein Frame nach 802.3 (Ethernet) einschließlich des Headers in ATM-Zellen verpackt; auch dies macht ATM einem Leitungssystem der Ebene 1 vergleichbar.

Bitraten

Es gibt vier verschiedene Bitraten für das ATM, welche dem Benutzer zur Verfügung gestellt werden, dabei wird eine Art noch unterteilt, so dass insgesamt 5 Arten entstehen. Wegen der konstanten Größe der Zellen sind die Begriffe Bitrate und Zellrate (*cell rate*) gleichwertig.

1. **Konstante Bitrate** (CBR).

Sie steht dem Benutzer während der Verbindung zur Verfügung. Der Benutzer kann Zellen mit der vereinbarten Rate oder weniger in das Netz senden.

2. **Variable Bitrate** (VBR).

Bei dieser Bitrate wird bei Aufbau der Verbindung vereinbart:

Spitzenrate (*Peak Cell Rate*, PCR)

Durchschnittliche Rate (*Sustainable Cell Rate*, SCR)

Maximale Länge der Spitzenbelastungen (*Maximum Burst Size*, MBS).

Die Überwachung der bei Aufbau der Verbindung ausgehandelten Werte ist schwierig. Während bei CBR die Überwachung eines Wertes ausreichend ist, müssen hier drei Werte betrachtet werden. Während die Überwachung der Spitzenrate einfach ist, so ist es schwieriger, die Einhaltung der durchschnittlichen Rate und der maximalen Länge der Spitzenbelastung zu überwachen. Je nach der Anwendung wird unterschieden:

a. VBR mit Echtzeitverhalten (rt-VBR). Besonders geeignet für Video- und Sprachübertragung, wenn Kompression vorliegt. Wenn bei diesen Anwendungen keine Kompression vorliegt, ist eher die CBR geeignet. Bei dieser Form wird davon ausgegangen, dass stark verzögerte Zellen einen Verlust darstellen.

b. VBR ohne Echtzeitverhalten (nrt-VBR). Dabei sind große Verzögerungen und starke Schwankungen in der Verzögerung zulässig.

3. **Verfügbare Bitrate** (*Available Bit Rate*, ABR).

Bei den bisher beschriebenen Bitraten werden diese bei Aufbau einer Verbindung vereinbart. Das Netzwerk kann den Aufbau einer Verbindung verweigern, wenn es nicht mehr die notwendigen Kapazitäten zur Verfügung hat. Während der Verbindung kann die vereinbarte Bitrate vom Anwender voll genutzt werden. Die Nutzung muss vom Netz überwacht werden (*traffic policy*). Es erfolgen keine Rückmeldungen über Zellverluste. Bei der verfügbaren Bitrate erfolgen Meldungen aus dem Netz, wie viel Übertragungs-Kapazität zur Verfügung steht. Bei Aufbau der Verbindung werden vereinbart:

Spitzenrate

Minimale Zellrate (MCR).

Die MCR stellt sicher, dass Verbindungen der höheren Ebenen, welche mit Bestätigungen arbeiten, die innerhalb einer bestimmten Zeit erfolgen müssen, noch genügend Kapazitäten zur

Verfügung haben. Es kann allerdings auch eine MCR von 0 vereinbart werden. Die Verwendung dieser Bitrate soll zu einer besonders niedrigen Zell-Verlust-Rate führen, aber auch hier ist ein Zell-Verlust nicht völlig auszuschließen. Die Zellen, welche die Rückmeldungen über die verfügbare Übertragungsrate übertragen, werden als RM-Zellen (*resource management*) bezeichnet.

4. **Unspezifizierte Bitrate** (*Unspecified Bit Rate*, UBR).
Mit dieser Bitrate sollen die Lücken ausgenutzt werden, die von Verbindungen anderer Bitraten frei gelassen werden. Es werden keine Zusagen über Verzögerungen oder Schwankungen in den Verzögerungszeiten gegeben. Auch die Zell-Verlust-Rate kann nicht mit einem bestimmten Wert garantiert werden. Diese Bitrate soll sich nur für unkritische Anwendungen (*non-critical applications*) eignen.

Probleme des ATM

ATM ist eine konsequente Anwendung des Prinzips des statistischen Multiplexing.

Wie bei allen Versorgungssystemen, welche nach statistischen Überlegungen arbeiten, tritt das Problem auf, dass die Summe der möglichen Einzelanforderungen größer ist als die zur Verfügung stehende Gesamtkapazität. Dass solche Systeme in der Regel funktionieren, liegt daran, dass nach der statistischen Wahrscheinlichkeit nicht alle Teilnehmer gleichzeitig die ihnen erlaubte Höchstforderung stellen. Damit kann es zum Überschreiten der Gesamtkapazität von Übertragungsstrecken oder Vermittlungssystemen kommen. Dies macht sich in einer zunehmenden Belastung der Pufferspeicher bemerkbar. Wenn der Platz in den Pufferspeichern nicht mehr ausreicht, kommt es zum Zellverlust.

Im Gegensatz zu anderen paketvermittelnden Systemen mit virtuellen Verbindungen können Zellverluste auch dann auftreten, wenn das System korrekt arbeitet. Es erfolgen keine Rückmeldungen über verlorene Zellen; eine Wiederholung kann über Protokolle der höheren Ebenen angefordert werden. Auch der unten beschriebene AAL (ATM *Adaption Layer*) mindert den Effekt der Zellverluste.

Ein weiteres Problem ist das Zeitverhalten. Wie in allen paketvermittelnden Netzen hängt es von der Netzwerkbelastung ab. Auch wenn bei ATM während der virtuellen Verbindung immer der gleiche Weg benutzt wird, ist die Übertragungsdauer von der Belegung der Pufferspeicher in den vermittelnden Systemen abhängig. Für viele Anwendungen ist dabei die entscheidende Größe nicht die Verzögerungszeit der Zellen (*cell delay*), sondern die Schwankungen dieser Verzögerungszeit (*cell delay variation*).

Aufbau der Zelle

Die Zelle besteht wie bei allen paketvermittelnden Systemen aus dem Inhalt und dem Header. Der Inhalt ist immer 48 Oktette groß, der Header immer 5 Oktette (siehe Bild 4-45).

Wenn die Nachricht nicht die Länge von 48 Oktetten erreicht, muss aufgefüllt werden. Der Inhalt der Zelle wird auch als Payload bezeichnet, es handelt sich aber nicht immer um Benutzerdaten.

Die Header unterscheiden sich nach:

- Transport der Zelle über die UNI (*User Network Interface*)
- Transport der Zelle über die NNI (*Network Node Interface*).

<table>
<tr><td>GFC</td><td colspan="2">VPI</td></tr>
<tr><td>VPI</td><td colspan="2">VCI</td></tr>
<tr><td colspan="3">VCI</td></tr>
<tr><td>VCI</td><td>PT</td><td>CLP</td></tr>
<tr><td colspan="3">Header Error Check</td></tr>
</table>

Bild 4-45
Aufbau des Headers bei ATM an der UNI

Der Header enthält wie bei X.25-Systemen Kennzahlen, welche die virtuelle Verbindung kennzeichnen. Während bei X.25-Systemen diese als Logische Kanalnummer und als Logische Kanal-Gruppennummer bezeichnet werden, heißen sie bei ATM

VPI *virtual path identifier*

VCI *virtual connection identifier* (16 Bit)

Wenn beide Werte auf 0 gesetzt sind, handelt es sich um eine leere Zelle.

Eine Besonderheit, die in anderen paketvermittelnden Systemen nicht zu finden ist, stellt das Bit über die Zellverlust-Priorität dar. Damit bilden sich zwei Arten von Zellen

CLP = 1 Zellen werden bevorzugt gelöscht

CLP = 0 Zellen werden nach Möglichkeit nicht gelöscht

Das Löschen findet innerhalb der vermittelnden System statt. Realisiert werden kann die Priorität durch "kaskadierbare Speicher" (siehe Abschnitt 9.5). Die Speicher in den vermittelnden Systemen sind grundsätzlich nach dem FIFO-Prinzip organisiert.

Die weiteren Bestandteile des Headers sind:

- GFC (*generic flow control*) 4 Bit: Die Angabe soll die Auswahl lokaler Funktionen in den Endgeräten unterstützen, z.B. wenn mehrere Stationen den gleichen ATM-Anschluss benutzen. Dieses Feld ist nur an der UNI (vergl. Bild 4-44) vorhanden. An der NNI werden die 4 Bits dem VPI zugeschlagen, der dann 12 Bit umfasst).
- Payload-Type (3 Bit): Dient zur Kennzeichnung des Zellinhaltes. Das 1. Bit gibt an, ob es sich um eine Datenzelle handelt oder um Steuerinformationen. Das 2. Bit zeigt an, ob Verstopfungen vorliegen. Das 3. Bit markiert den Abschluss einer Serie von Zellen (siehe AAL).
- HEC (*Header Error Check*) mit 8 Bit: Es wird nur der Inhalt des Headers abgeprüft. 1-Bit-Fehler werden erkennt und korrigiert; Mehrbit-Fehler führen zur Vernichtung der Zelle.

Elemente

Ein ATM-System (siehe Bild 4-44) besteht wie andere Netzwerke auch aus

- Endsystemen. Diese können entweder echte Endsysteme, aber auch Vermittlungen zu anderen Systemen, evt. sogar anderen ATM-Netzwerken sein.
- Vermittlungssystemen, diese werden als ATM-Switches bezeichnet.

Zwischen diese Systemen befinden sich die Leitungen, es bilden sich Schnittstellen, dabei wird unterschieden:

- Schnittstelle zwischen einem vermittelnden Knoten und einen Endsystem (UNI, *User network interface*)
- Schnittstelle zwischen zwei Vermittlungssystemen (NNI, *Network Node Interface*).

ATM-Systeme sollen sowohl im WAN- wie im LAN-Bereich eingesetzt werden, dabei soll kein scharfer Übergang entstehen (*seamless connection*). Ebenso sollen Netze in öffentlicher und privater Trägerschaft möglich sein, wie es im Bild 4-44 dargestellt ist. Der Übergang von einem ATM-System zu einem anderen ist aus Sicht dieser Systeme ein UNI, da z.B. das private Netz der Benutzer des öffentlichen Netzes ist. Ein UNI tritt auch auf, wenn ein Router ein lokales Netz an das ATM-System anschließt, das ATM-System also als Backbone-Netz arbeitet.

Vermittlung

Die Vermittlung der Nachrichten erfolgt über Tabellen, welche am Eingangsport des Vermittlungsknoten unterhalten werden. Die Tabellen bestehen aus so vielen Zeilen, wie virtuelle Verbindungen unterhalten werden und sechs Spalten.

- Port, an dem die Zelle ankommt
- VPI der ankommenden Zelle
- VCI der ankommenden Zelle
- Port, auf dem die Zelle das Vermittlungssystem verlässt (*output*)
- VPI der ausgehenden Zelle
- VCI der ausgehenden Zelle

Die Tabelle 4-4 stellt ein Beispiel dar.

Tabelle 4-4 Routing-Tabelle eines ATM-Switchs

Eingangs-Port	VPI (Eingang)	VCI (Eingang)	Ausgangs-Port	VPI (Ausgang)	VCI (Ausgang)
1	12	133	3	13	56
2	56	88	3	188	156
3	12	18	1	91	79
3	13	56	1	12	133
3	188	156	2	56	88
1	91	79	3	12	18 .

Die Tabelle beschreibt drei virtuelle Verbindungen. Da die Verbindungen duplex betrieben werden, sind für jede Verbindung zwei Zeilen anzulegen. Die VPI- und VCI-Werte sind in beiden Richtung der Verbindung gleich. So haben in der ersten Zeile die auf Port 1 einkommenden Zellen die Werte 12 und 133; in der dritten Zeile sind dies die Werte der Zellen, die auf Port 1 gesendet werden.

Die Unterteilung der Kennzahlen in VCI und VPI soll die Vermittlung vereinfachen. Wenn über mehrere Knoten hinweg viele virtuelle Verbindungen unterstützt werden, erhalten sie gleiche VPI-Werte, sie unterscheiden sich in den VCI-Werten. Während sie den gemeinsamen Pfad benutzen, behalten sie ihren VCI-Wert. Die Vermittlung kann dann auf Grund des VPI-Wertes vermitteln, ohne die VCI-Werte zu beachten. Bild 4-46 stellt ein einfaches Beispiel dar. Es bestehen drei virtuelle Verbindungen, die mit A (zwischen 1 und 7), B (zwischen 3 und 9) und C (zwischen 2 und 7) bezeichnet sind. Ob es sich bei den Systemen 1,2,3,7 und 9 um Endsysteme oder um Switches handelt, ist irrelevant. Die drei virtuellen Verbindungen benutzen zwischen den Switches 4 und 8 den gleichen virtuellen Pfad.

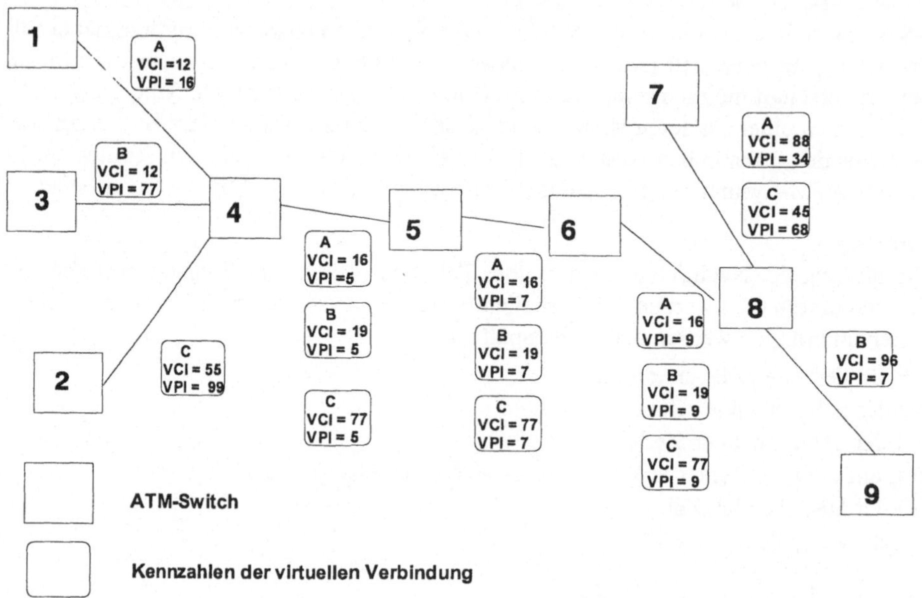

Bild 4-46 Verwendung von VPI und VCI bei der ATM-Vermittlung

AAL (ATM Adaption Layer)

Die ATM-Adaption-Layers dienen der Anpassung der unterschiedlichen Anwendungsformen an das einheitliche ATM-System. Es waren ursprünglich 5 unterschiedliche AALs (bezeichnet mit AAL1-5) vorgesehen, es werden nur die beiden wichtigsten beschrieben. Nach dem ursprünglichen Entwurf war der AAL nur für die Endsysteme relevant, die Switches vermittelten die Zellen unabhängig von der Art des AAL. Heutige Switches nehmen auch auf den verwendeten AAL Rücksicht, wie dies an Hand von AAL 5 erläutert wird.

Es besteht ein gewisser Zusammenhang zwischen den verwendeten Bitraten und dem verwendeten AAL, so soll der AAL1 nur bei konstanter Bitrate verwendet werden.

AAL1 und AAL5 unterscheiden sich in der Art der zu übertragenden Nachricht:

- Es handelt sich um einen fortlaufenden Strom von Oktetten, der grundsätzlich keinen Abschluss erreicht. Bei Beginn der Sendung ist über die Länge der Nachricht nichts bekannt. Ein Beispiel wäre eine Übertragung eines Telephongesprächs. Dann kommt AAL1 zur Anwendung.
- Die Nachricht ist von einer begrenzten Länge, diese steht bereits bei Beginn der Sendung fest. Beispiele wären ein IP-Paket oder bei der Verwendung von LANE ein Ethernet-Frame. Hier kommt AAL5 zum Einsatz.

Der dritte im Einsatz befindliche AAL ist AAL3/4, er wird meist im Zusammenhang mit SMDS (siehe Abschnitt 5.5.4) angewandt und hier nicht näher betrachtet.

AAL1 soll eine Leitungsverbindung simulieren (*circuit emulation*), daher wird er mit konstanter Bitrate betrieben (CBR). Die einzelnen Zellen werden mit Sequenznummern versehen, damit kann der Empfänger erkennen, ob er die Zellen in korrekter Reihenfolge empfängt. Man geht davon aus, dass das Fehlen einzelner Zellen den Übertragungsvorgang dann nicht gefährdet. Wenn die Zahl der fehlenden Zellen in Grenzen bleibt. Die Schwankungen bei der Verzögerungszeit sollen bei AAL1 möglichst gering gehalten werden.

Bei AAL5 wird die gesamte Zelle mit Nutzdaten gefüllt. Nur die letzte Zelle einer Nachricht enthält einen Trailer von 8 Oktetten. In der letzten Zelle können auch Oktette zum Auffüllen vorhanden sein, welche die Nachrichten so ergänzen, dass die Zahl von 48 Oktetten erreicht wird (*padding*). Die letzte Zelle der Nachricht wird daran erkannt, dass ein Bit im Header (Teil von Payload Type) auf 1 gesetzt ist. Der Trailer besteht aus einer Längenangabe und einen CRC-Feld für die gesamte Nachricht. Eine Nachricht von insgesamt 200 Oktette wird übertragen:

1. Zelle	48 Oktette Daten	Payload-Type	000
2. Zelle	48 Oktette Daten	Payload-Type	000
3. Zelle	48 Oktette Daten	Payload-Type	000
4. Zelle	48 Oktette Daten	Payload-Type	000
5. Zelle	8 Oktette Daten		
	32 Oktette Padding		
	Längenangabe 200 (4 Oktette)		
	CRC-Zeichen (4 Oktette)	Payload-Type	001

Die genannten Payload-Typen zeigen keine Verstopfungsgefahr an.

Mit den CRC-Zeichen kann der Empfänger nicht nur Übertragungsfehler entdecken, sondern auch feststellen, ob Zellen fehlen oder in falscher Reihenfolge ankommen. Bei Verwendung dieses AAL geht man davon aus, dass durch eine fehlende oder fehlerhafte Zelle die gesamte Nachricht wertlos ist.

Viele Vermittlungssysteme können bei AAL5 das Frame-Löschen (*frame discard*) ausführen. Da bei virtuellen Verbindungen im ATM-System immer der gleiche Weg genommen wird, müssen alle Zellen einer Nachricht über ein bestimmtes Vermittlungssystem gehen. Wenn eine Zelle fehlerhaft ist oder wegen Pufferspeicherüberlaufs gelöscht werden muss, werden

alle nachfolgenden Zellen mit Payload-Type 000 gelöscht;

die Zelle mit Payload-Type 001 (letzte Zelle) mit CLP = 0 (soll nach Möglichkeit nicht gelöscht werden) versehen und weitergesendet.

Das Verfahren hat zwei Vorzüge:

- Da Zellverluste meist in stark belasteten Netzwerken auftreten, wird das Netzwerk entlastet, da Zellen nicht weitergesendet werden. Aus Sicht des Empfängers ist dies kein Schaden, da die Nachricht als wertlos betrachtet wird, wobei es gleichgültig ist, ob eine oder mehrere Zellen fehlen. Die Nachricht muss insgesamt über die Protokolle der höheren Ebenen neu angefordert werden.
- Da die letzte Zelle mit hoher Wahrscheinlichkeit den Empfänger erreicht, kann dieser auf Grund der Längenangabe und des CRC-Zeichens feststellen, dass die Übertragung der Nachricht (erfolglos) beendet ist. Er kann die bisher empfangenen Zellen aus seinem Empfangspuffer löschen.

Schwankungen der Übertragungszeit werden bei diesem AAL nicht beachtet, da die Verarbeitung der Nachricht auf den höheren Ebenen erst dann beginnt, wenn die gesamte Nachricht vorliegt.

LAN-Emulation (LANE)

Für die bessere Kompatibilität mit früheren Anwendungsformen ist für ATM eine LAN-Emulation entwickelt worden. Bild 4-47 zeigt die beiden Möglichkeiten, eine PDU der Ebene 3 über ATM zu versenden. In beiden Fällen wird der AAL5 angewandt. Beim Native-Mode wird das IP-Paket direkt dem AAL5 übergeben. Beim LANE wird ein Frame der Ebene 2 gebildet, z.B. ein Ethernet-Frame, welcher das IP-Paket als Inhalt enthält.

Als Vorteil des LANE wird gesehen, dass es gegenüber Anwendungen, welche IP-Pakete über LANs versenden, keine Änderungen in der Software geben muss. Nachteil von LANs ist neben der erhöhten Datenmenge die fehlende Anpassung an Forderungen nach Dienstgüte (QoS), die im Feld Type of Service des IP-Pakets definiert sind. Da bei LANE keine direkte Verbindung zwischen dem ATM-System und IP besteht, kann dieses Feld nicht ausgewertet werden.

Im Zusammenhang mit ATM steht auch der Switched Multimegabit Data Service (SMDS), der in Abschnitt 5.5.4 dargestellt ist.

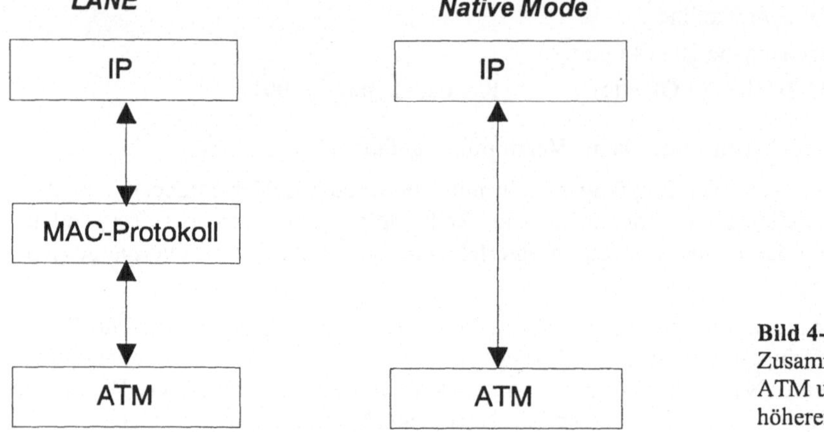

Bild 4-47
Zusammenhang zwischen ATM und den Protokollen höherer Ebenen

4.5 Mobile Kommunikation

Der Begriff „Mobile Kommunikation" kann in unterschiedlichen Bedeutungen gebraucht werden.

1. In einem IP-Netzwerk werden Stationen an unterschiedlichen physikalischen Netzwerken angeschlossen, ohne ihre IP-Adresse wechseln zu müssen. Die IP-Adressierung (siehe Abschnitt 5.4.4.1) sieht vor, dass in der Adresse eines Systems neben der Stations-Nummer die Nummer des physikalischen Netzwerks enthalten ist. Auf dieser Anordnung beruhen auch die Routing-Verfahren. Ein Gerät wie ein Notebook, welches nicht immer an der gleichen Stelle angeschlossen ist, müsste seine IP-Adresse ständig ändern. Dies kann durch entsprechende Verfahren verhindert werden. Ein solches Verfahren wird z.B. im RFC 2002 „IP Mobility Support" beschrieben. Das Verfahren wird auch in lokalen Netzwerken mit Funkübertragung (WLAN) angewandt; es wird unter 4.5.2 beschrieben.
2. Aufbau von Netzwerken, die als Übertragungsmedium den Funkverkehr benutzen, also ihre Stationen nicht an ein Leitungssystem anschließen müssen.

Dieser Abschnitt befasst sich mit dem Begriff in seiner zweiten Bedeutung, also dem Aufbau von Netzen mit Funkverkehr, diese werden auch als Drahtlose Netzwerke (*wireless networks*) bezeichnet. Solche Netze für die Übertragung digitaler Information bestehen sowohl im WAN- wie im LAN-Bereich; sie werden im LAN-Bereich auch als WIN (*Wireless Inhouse Network*) bezeichnet. Nach einer kurzen Betrachtung über Netzwerke im WAN-Bereich konzentriert sich dieser Abschnitt konzentriert auf die LANs.

4.5.1 GSM (Global System for Mobile Communication)

GSM ist ein international angewandtes System, welches von der ETSI genormt ist.

Bild 4-48 zeigt den grundsätzlichen Aufbau von GSM.

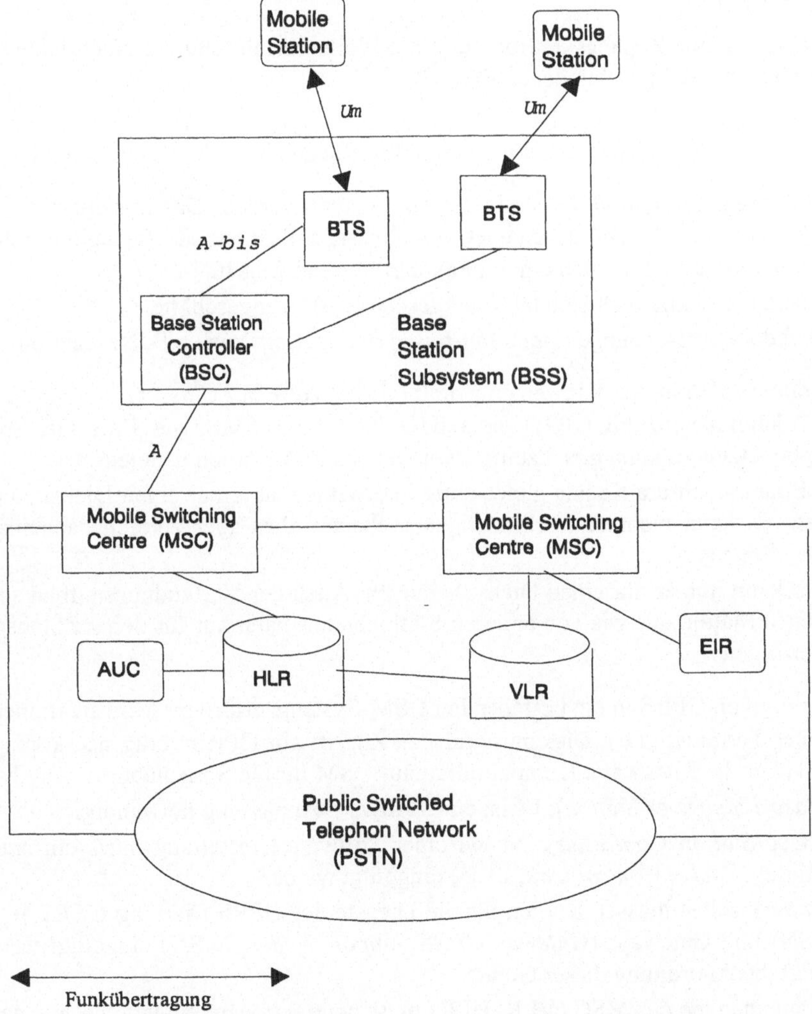

Bild 4-48 Aufbau von GSM (AUC Authentication Center; BTS Base Transceiver Station; EIR Equipment Identification Register; HLR Home Location Register; VLR Visitor Location Register; A, A-bis, Um genormte Schnittstellen)

GSM beruht auf dem Zellen-Prinzip (*cellular radio*). Um die zur Verfügung stehenden Frequenzen ausnutzen zu können, wird das zu versorgende Gebiet in Zellen eingeteilt. Innerhalb dieser Zellen werden bestimmte Frequenzen verwendet, in den Nachbarzellen nicht. Damit müssen die Nachrichten zwischen den Zellen vermittelt werden, weiterhin muss der Anschluss an die leitungsgebundenen WAN-Netze hergestellt werden.

Die mobilen Stationen (MS) können sich in unterschiedlichen Zellen aufhalten. Innerhalb der Zelle verkehren sie mit der BTS (*Base Transceiver Station*). Nachrichten werden dem Base Station Controller (BSC) übergeben bzw. von dort abgerufen. Über die genormte Schnittstelle werden sie dem MSC (*Mobile Switching Centre*) zugeführt. Auf den Schnittstellen A bzw. A-bis werden 64 000 bit/s-Kanäle unterhalten. Im Telefonverkehr werden im eigentlichen GSM-System 13 kbit/s-Kanäle unterhalten, sie werden mit einer TRAU (*Transcoder and Rate* Adaption Unit) in die 64000 bit/s Kanäle umgesetzt. Die Signalisierung kann mit 16000 oder 64000 bit/s-Kanälen erfolgen.

In den MSC erfolgt die Zugangskontrolle und die Weitervermittlung der Nachrichten im mobilen, aber auch zum leitungsgebundenen Bereich.

Die Signalisierung im GSM erfolgt nach den gleichen Regeln wie bei ISDN, die Normung erstreckt sich hier wie bei ISDN auf die unteren drei Ebenen des OSI-Referenzmodells.

Zur Datenübertragung kann GSM als Paketnetz genutzt werden. Das System wird als GPRS (*General Packet Radio System*) bezeichnet. Als Dienste sollen u.a. zur Verfügung stehen:

- Kommunikation einschließlich e-mail, Fax und Internet-Zugriff
- E-commerce einschließlich Handel, Bankgeschäfte, Börsengeschäfte
- Ortsgebundene Anwendungen (*location-based applications*) wie z.B. Navigation.

Die Endgeräte werden in drei Klassen eingeteilt (GPRS *Terminal Classes*):

- Klasse A kann gleichzeitig GPRS und andere Dienste des SMS, wie SMS oder Sprachübertragung benutzen, es kann gleichzeitig zwei Dienste in Anspruch nehmen.
- Klasse B kann mehrere Kanäle gleichzeitig beobachten, aber nur einen Dienst zu einer Zeit benutzen. Es kann mehrere Verbindungen aufbauen, dies aber zeitlich nacheinander und nicht gleichzeitig.
- Klasse C kann immer nur einen Dienst benutzen. Auch der Verbindungsaufbau sowohl von der eigenen Station aus wie von anderen Stationen aus kann nur für den z.Zt. ausgewählten Dienst erfolgen.

Die Einführung von GPRS in die bestehenden GSM-Systeme erfordern Modifikationen:

- Subscriber Terminal (TE): Dies muss für den Zugriff auf GPRS völlig neu konzipiert werden, soll aber die Rückwärts-Kompatibilität auf GSM für die Sprachübertragung haben.
- BTS (*Base Tranceiver Station*): Es ist eine Software-Anpassung notwendig.
- BSC (*Base Station Controller*): Neben einer Software-Umstellung muss ein neues Hardware-Modul (*Packet Control Unit*, PCU) eingefügt werden.
- Im Netzwerk selbst müssen Knoten für die Dienste des GPRS (*Serving GPRS Support Node*, SGSN) und Gateways (*Gateway GPRS Support Node*, GGSN) eingefügt werden. Bild 4-49 zeigt die Anordnung dieser Geräte.
- In die Datenbanken des MSC (VLR, HLR) muss neue Software eingebracht werden, um die durch GPRS neu eingeführten Verbindungsherstellungen und Funktionen zu unterstützen.

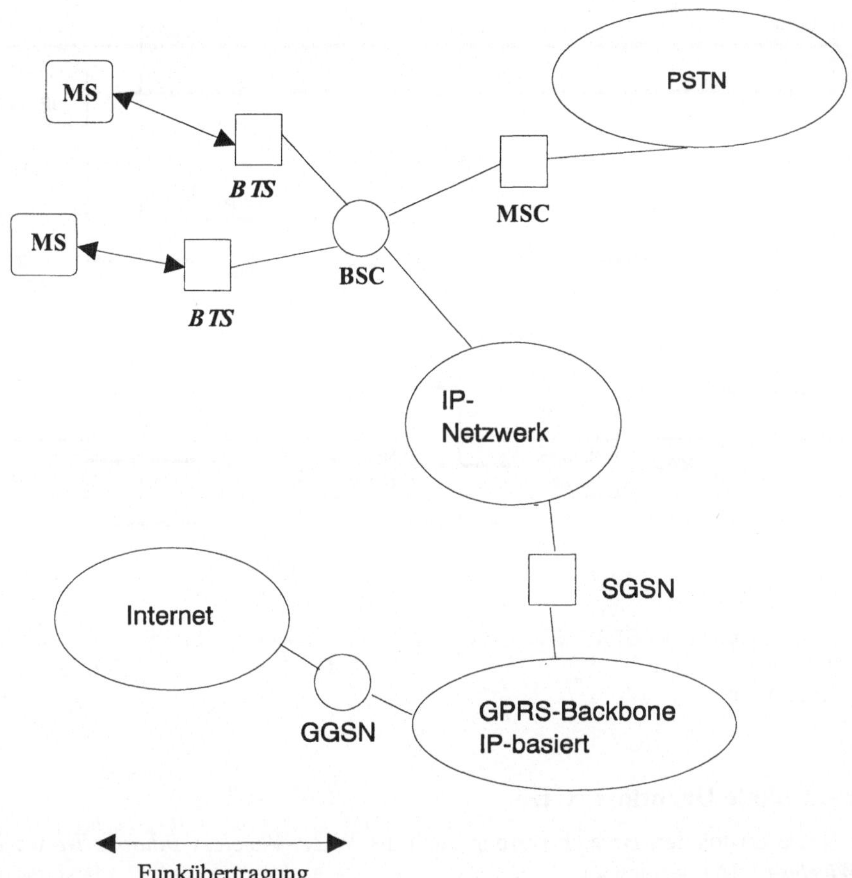

Bild 4-49 Aufbau eines Systems mit GPRS (MS Mobile Station, z.B. Notebook; BTS Base Transceiver Station; BSC Base Station Controller; PSTN Öffentliches Vermitteltes Telefon-Netzwerk; GGSN Gateway GPRS Support Node; SGSN Serving GPRS Support Node)

Bild 4-50 zeigt den Aufbau der Protokolle, die für GPRS verwendet werden. Das Bild zeigt die Anwendung des in 5.1.5 beschriebenen Tunneling. Der Verkehr zwischen SGSN und GGSN verwendet auf der Ebene 3 das Internetwork-Protocol (IP), auf der Ebene 4 das User-Datagram-Protocol (UDP) oder das Transmission Control Protocol (TCP).

Die Pakete, welche die Mobile Station dem Netz übergibt, sind entweder X.25-Pakete (siehe Abschnitt 52) oder IP-Pakete (siehe Abschnitt 5.4.4), sie gehören der Ebene 3 an. Beim Verkehr zwischen SGSN und GGSN werden sie an der Spitze des Protokoll-Stapels transportiert, damit tritt IP zweimal im Protokollstapel auf. Verwaltet wird dieser Vorgang vom GPRS-Tunneling-Protocol.

In GSM- bzw. GPRS-Systemen wird das Wireless-Application-Protocol (WAP) eingesetzt, welches in Abschnitt 7.4 beschrieben wird.

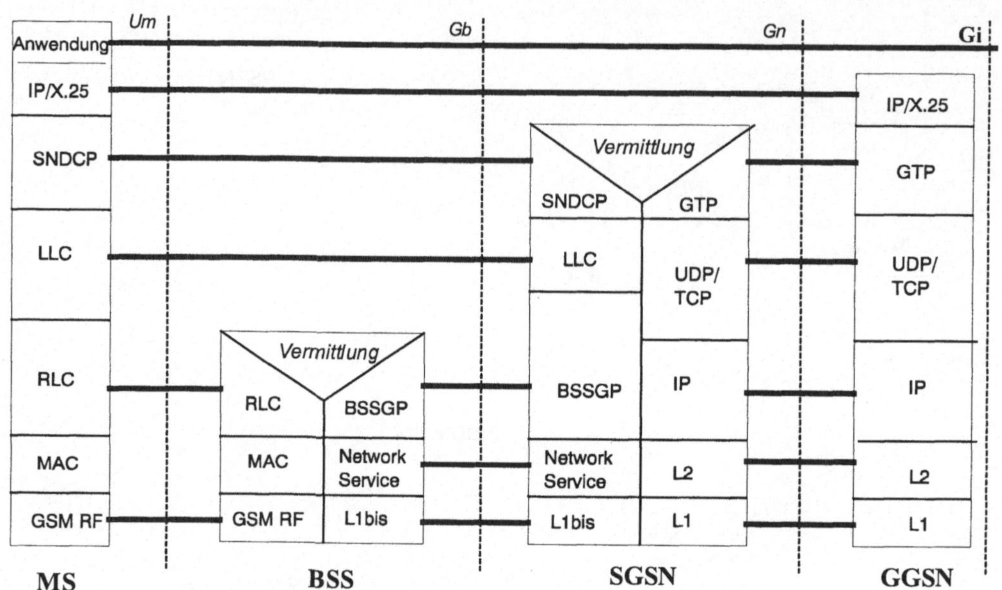

Bild 4-50 Protokollaufbau bei GPRS (GTP GPRS Tunneling Protocol; L1, L2 Ebenen 1 und 2 des OSI-Referenzmodlls; LLC Logical Link Control; MAC Medium Access Control; RF Radio-Frequenzen)

4.5.2 WIN, Lokale Drahtlose Netze

Drahtlose Netze im lokalen Bereich werden auch als WIN (*Wireless Inhouse Network*) oder WLAN (*Wireless LAN*) bezeichnet.

Ein WLAN verfügt über eine Zellulare Struktur. Der Übergang vom drahtgebundenen LAN zum mobilen Verkehr erfolgt über Access-Points. Jeder Access-Point bedient eine Raumzelle. Der Verkehr in der Zelle hat eine begrenzte Reichweite, man geht im Haus von etwa 30 m, außer Haus von etwa 300 m aus. Wenn die Zellen sich im Bereich der Firma überdecken, kann der mobile Anwender mit seinem Gerät sich in diesem Bereich frei bewegen, ohne den Zugang zum Netz zu verlieren, dies bezeichnet man als „Roaming". Die Acces-Points sind untereinander meist mit Leitungen verbunden, dabei kann es sich um jede beliebige LAN-Struktur (Ethernet, Token Ring usw.) handeln. Grundsätzlich können sie auch mit Funkstrecken verbunden sein. Das Netzwerk, welches die Access-Points miteinander verbindet, wird als DS (Distribution System) bezeichnet.

Bild 4-51 zeigt die Gesamtanordnung, sie wird als Extended Service Set (ESS) bezeichnet. Das Distribution System wird als Backbone-Netz zwischen den Service-Access-Points, die einzelne Funkzelle wird auch als Basic-Service-Set bezeichnet.

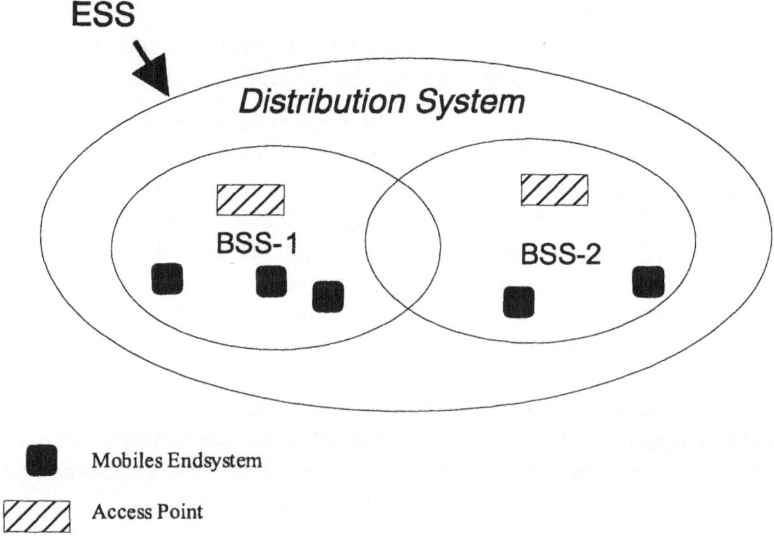

Bild 4-51 Aufbau eines WLAN

WLAN sind nach IEEE802.11 genormt. Die Norm erstreckt sich wie bei LANs üblich auf die beiden unteren Ebenen des OSI-Referenzmodells. Auf den oberen Ebenen (3-7) können alle Protokolle eingesetzt werden, die auch sonst über LANs verwendet Abweichungen gegenüber dem Verhalten bei leitungsgeführten LANs, die sich auf die Protokolle der höheren Ebenen auswirken können, sind:

- Die Bitfehlerrate (BER) liegt meist über der in leitungsgeführten Netzen.
- Das Zeitverhalten ist anders, die Übertragungszeiten sind höher. Dies kann besonders bei verbindungsorientierten Protokollen der höheren Ebenen, welche eine Bestätigung in einer bestimmten Zeit erwarten, z.B. TCP, zu Problemen führen.

Für die physikalische Ebene kann eingesetzt werden:

- FHHS Frequency Hopping Spread Spectrum
- DSSS Direct Sequence Spread Spectrum
- Infrared Physical Layer.

Die beiden erstgenannten Methoden arbeiten im 2,4 GHz-Band. Spead-Spectrum führt eine redundante Übertragung mit verschiedenen Frequenzen durch. Damit können auftretende Fehler kompensiert werden. Die Datenübertragungsrate beträgt bei allen 3 Versionen entweder 1 Mbit/s oder 2 Mbit/s. Mit höheren Frequenzbändern (5,8 GHz) werden aber bereits höhere Übertragungsraten erreicht.

Bei der Übertragung mit Infrarot muss grundsätzlich die freie Sichtlinie gegeben sein. Dass die Signale Wände nicht durchdringen können, erhöht aber auch die Sicherheit, da keine Informationen das Haus verlassen.

Spread-Spektrum wurde ursprünglich vom Militär entwickelt, es gilt als besonders störunempfindlich und schwer abhörbar. Es werden mehrere Techniken unterschieden, neben den beiden oben genannten kann auch Time-Hopping oder die Hybride Methode eingesetzt werden.

Die zur Übertragung bereitgestellte Bandbreite, die Spreizbandbreite W_{ss}, ist um ein Vielfaches höher als die für die Informationsübertragung benötigte Bandbreite W_i. Es wird im gesamten Frequenzbereich mit kleiner Leitung gesendet; die Energie des Sendesignals ist also nicht bei einer Frequenz gebündelt. Dabei wirken sich Störsignale einer Frequenz nicht auf das gesamte übertragene Signal aus, sondern nur auf einen Teil des Signals. Das Datensignal wird mit einem Spreizsignal zum zu übertragenden Signal umgeformt, bei einem „10-Chip-Code" besteht es aus einer Folge von 10 Signalen. Wenn das Signal abgehört wird, ist es ohne Kenntnis des Spreizsignals nicht lesbar. Während bei der Direct-Sequence-Methode gleichzeitig auf allen Frequenzen gesendet wird, wird das Frequenzband bei Frequenz-Hopping in mehrere Teilfrequenzbänder geteilt, diese werden in einem bestimmten Zeitraster nach einem festgelegten Muster (*Hop Pattern*) gewechselt. Erfolgt der Wechsel in kürzeren Abständen als die Übertragung eines Datenbits, nennt man dies Fast-Frequency-Hopping; werden mehrere Bits mit der gleichen Frequenz übertragen, liegt Slow-Frequency-Hopping vor.

Für das Direct-Sequence-Spread-Spectrum-Verfahren wird das 2,4 GHz-Band in Kanäle unterteilt; in Europa stehen nach IEEE802.11 9 Kanäle zur Verfügung. Tabelle 4-5 zeigt die Frequenzen.

Dabei muss man davon ausgehen, dass die Frequenzbänder benachbarter Kanäle sich überlappen. In sich überlappenden Funkzellen sollen Kanäle, die sich überlappen können, nicht verwendet werden. Sich nicht überlappende Funkzellen können gleiche oder sich überlappende Kanäle verwenden.

Als Zugriffsmethode wird CSMA/CA (CSMA mit Kollisionsvermeidung (*Collision Avoidance*) verwendet, da sich Kollisionen nur schwer von anderen Störungen unterscheiden lassen und die Kollisionserkennung nicht korrekt funktionieren würde.

Ein Effekt, welcher bei leitungsgeführten Netzen nicht vorkommt, wird als „Hidden-Terminal-Problem" bezeichnet (verborgenes Endgerät). Bild 4-52 zeigt die Anordnung dreier Stationen in zwei Funkzellen.

Bei der Zugriffsmethode CSMA/CA muss jede Station, ehe sie eine Sendung beginnt, abhören, ob die „Leitung", in diesem Fall der Funkkanal, nicht bereits belegt ist. Wenn in der in Bild 4-52 dargestellten Konfiguration A senden will an C, zu dieser Zeit B aber bereits an C sendet, kann A dies nicht feststellen. Die Reichweite von B reicht zwar zum Empfang in C, aber nicht in A.

Das Problem kann mit einem RTS/CTS-Mechanismus gelöst werden. Die Begriffe sind aus den Signalbezeichnungen der V.24 entnommen (vergl. 3.2.1). Dabei würde B eine RTS-Nachricht an C senden, mit der er auch den gewünschten Umfang der Sendung ankündigt. Danach sendet C eine CTS-Nachricht, wenn der Kanal frei ist und bestätigt die Sendedauer. Diese Nachricht wird von allen Stationen, die in der Reichweite von C liegen, empfangen, also auch von A. A weiß damit, dass C für eine bestimmte Zeit belegt ist. Bei Verwendung dieser Methode kommen die Kollisionen nur noch beim Austausch der RTS/CTS-Nachrichten vor, aber nicht mehr beim eigentlichen Datenverkehr.

Tabelle 4-5 Frequenzen bei DSSS

Kanal	Frequenz (GHz)	
1	2,412	In Europa nicht verfügbar
2	2,417	In Europa nicht verfügbar
3	2,422	
4	2,427	
5	2,432	
6	2,437	
7	2,442	
8	2,447	
9	2,452	
10	2,457	
11	2462	

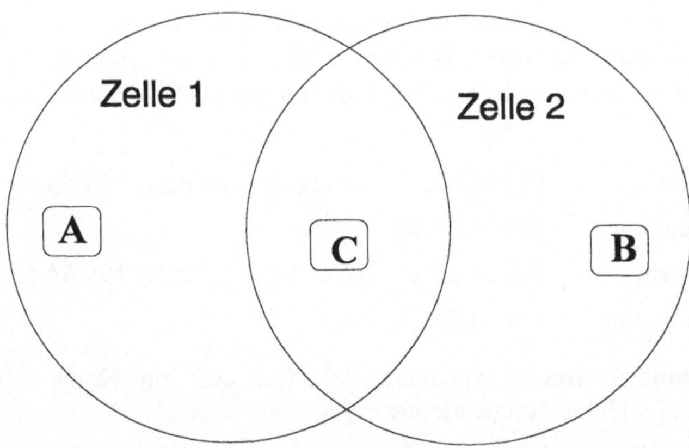

Bild 4-52
Hidden-Terminal-Problem

Nach 802.11 ist eine weitere Methode für die Zugriffsmethode genormt. Sie wird als PCF (*Point Coordination Function*) bezeichnet. Sie unterstützt die Einhaltung von Dienstgüte (QoS). Es wird eine Reservierung des Senderechts des Access-Points vorgenommen. Der Access-Point ruft die einzelnen mobilen Stationen auf und erteilt ihnen das Senderecht. Diesen Vorgang nennt man Polling. Polling hat den Vorteil, dass Zugriffszeiten garantiert werden können; der Nachteil besteht darin, dass Aufrufe auch an Stationen erfolgen, die keinen Sendewunsch haben (vergl. 4.3.2).

Beim Wechsel der mobilen Station von einer Funkzelle in eine andere (*roaming*) tritt eine Unterbrechung der Übertragung auf, da der zuständige Access-Point gewechselt werden muss. Bei Sprachübertragung kann dies in der Regel toleriert werden. Bei Paketübermittlung führt der Wechsel, wenn er während der Übertragung des Pakets erfolgt, zum Verlust des Pakets. Das Protokoll muss dafür sorgen, dass das Paket erneut übertragen wird (*retransmit*).

Auch wenn eine mobile Station zwischen mehreren Funkzellen bewegt wird, befindet sie sich im gleichen LAN. Nach den Regeln der Adressierung im IP-Netzwerk (vergl. 5.4.4.1) verbleibt sie innerhalb der gleichen Netzwerkadresse, kann damit auch ihre Stationsnummer in allen Funkzellen verwenden.

Bei großen Netzen kann es sinnvoll sein, das Netzwerk in mehrere Subnetze mit unterschiedlichen Netzwerkadressen aufzuteilen. Wenn sich eine mobile Station von einem Subnetz zum anderen bewegt und dabei seine Adresse ändern würde, verliert es seine bestehenden Verbindungen der höheren Ebenen. Wenn es seine Adresse beibehält, versagt das Routing zu dieser Station.

Um dieses Problem zu lösen, wurde von der IETF eine als „IP Mobility Support" bezeichnete Methode entwickelt (RFC 2002). Dabei verfügt jede Station über eine Adresse, die unabhängig von ihrem Aufenthaltsort ist, diese wird als „Home-Adresse" bezeichnet. Wenn das System sich nicht in dem Subnetz befindet, welches die Home-Adresse anzeigt, erhält es eine weitere Adresse, die als „Care-of-Adresse" bezeichnet wird und den aktuellen Standort des Systems kennzeichnet.

Zur Verbindung der beiden Adressen und zur Zustellung von Paketen an die mobile Station verwendet man einen Home-Agenten. Die Zuordnung von Home-Adresse und Care-of-Adresse wird als Mobility-Binding bezeichnet. Dieser verwendet für die Zustellung der Pakete einen Tunnel-Mechanismus (vergl. 5.1.5). Der Home-Agent ist eine Router-Funktion auf einem System, welches sich in dem Netzwerk befindet, welches durch den Netzwerkteil der Adresse der mobilen Station bezeichnet wird (*Home Network*). Benötigt wird weiter ein „Foreign-Agent", dieser muss sich in dem Netzwerk befinden, in dem sich die mobile Station aktuell aufhält.

Ein Beispiel wäre:

IP-Adresse der mobilen Station	194.55.67.77	(Netzwerk-Adresse 194.55.67)
IP-Adresse des Home-Agenten	194.55.67.12	
IP-Adresse des Foreign-Agenten	199.34.55.11	(Netzwerk-Adresse 199.34.55)
Care-of-Adresse der mobilen Station	199.34.55.12	

In diesem Fall hält sich die mobile Station im Netzwerk 199.34.55 auf; ihre Home-Adresse weist das Netzwerk 194.55.67 als ihr Home-Netzwerk aus.

Wenn eine mobile Station ein Paket sendet, verwendet sie als Absender-Adresse (*source address*) die Home-Adresse. Der Foreign-Agent dient zur Registrierung der in seinem Bereich befindlichen mobilen Stationen, er stellt auch deren Router (*default router*) dar.

Beide Arten von Agenten müssen innerhalb ihrer Subnetze ihre Anwesenheit durch das Aussenden von „Agent Advertisement Messages" bekannt machen. Eine mobile Station kann diese Meldung durch Aussenden einer „Agent Solicitiation Message" (etwa Nachricht, um sich um einen Agenten zu bemühen) abrufen. Durch das Abhören der Advertising-Nachrichten kann die mobile Station feststellen, ob sie sich in ihrem Home-Netzwerk befindet oder nicht.

Wenn die Station sich nicht in ihrem Home-Netzwerk befindet, muss sie die Care-of-Adresse erhalten, dies kann auf zwei verschiedene Arten geschehen:

1. Sie wird vom Foreign-Agenten mit den Adverstisment-Nachrichten ausgegeben. Sie wird dann als „foreign agent care-of address" bezeichnet. In diesem Fall ist der Foreign-Agent der Endpunkt des Tunnels. Diese Methode soll bevorzugt angewandt werden, weil der Foreign-Agent eine Care-Of-Adresse für mehrere mobile Stationen verwenden kann.

2. Sie wird durch andere Methoden erlangt, z.B. durch Verwendung des DHCP (Dynamic Host Configuration Protocol), welches im Abschnitt 5.4.4.9 beschrieben ist. Diese Adresse wird als „co-located care-of address" bezeichnet.

Die Erlangung der Care-of-Adresse wird auch als „Agent Discovery" bezeichnet.

Wenn die mobile Station ihre Care-of-Adresse hat, muss sie diese dem Home-Agent mitteilen. Dies geschieht durch den Austausch von Registrations-Anforderungs- (*request*) und Bestätigungs-(*reply*) Nachrichten.

Wenn Nachrichten zu der mobilen Station übertragen werden, werden sie vom Home-Agenten aufgenommen. Dieser „tunnelt" sie zum Endpunkt des Tunnels. Endpunkt des Tunnels ist entweder der Foreign-Agent oder die mobile Station selbst. Bild 4-53 zeigt den Ablauf für den Fall, dass eine Foreign–Agent-Care-of-Adresse verwendet wird.

Der Sendevorgang zu der mobilen Station zerfällt in drei Abschnitte:

- Das Paket für die mobile Station (gebildet vom Partner-Host) erreicht über die normalen Routing-Vorgänge das Home-Netzwerk der Zielstation (1).
- Es wird vom Home-Agenten aufgenommen. Dieser packt es in ein IP-Paket mit der Zeiladresse „Foreign-Agent-Care-of-Address) und sendet es normal ab (2).
- Der Foreign-Agent macht das Tunneling wieder rückgängig (detunneling); er stellt also das ursprüngliche IP-Paket wieder her und sendet es direkt an die mobile Station (3).

Das Senden einer Nachricht von der mobilen Station zum Partner-Host erfolgt in zwei Schritten:

- Die mobile Station betrachtet den Foreign-Agenten als ihre Default-Router und sendet ihm das Paket (4).
- Der Foreign-Agent übermittelt das Paket mit dem normalen Routing-Mechanismus an der Partner-Host, der Home-Agent wird hierbei nicht benötigt (5).

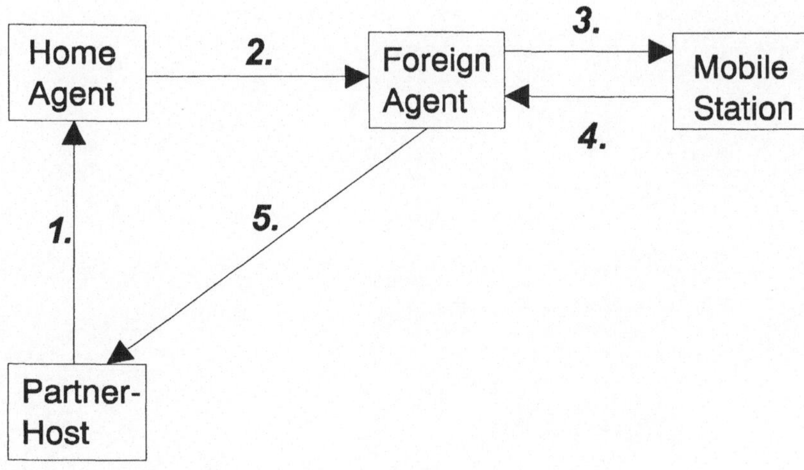

Bild 4-53 Einsatz mobiler Stationen

Für die Vorgänge während der Agent-Discovery werden ICMP-Nachrichten verwendet (Abschnitt 5.4.4.8).

Eigene Nachrichten-Typen gibt es für die Registrierung (*Request* und *Reply*). Es sind Nachrichten der Ebene 5-7, die mit UDP-Datagrammen (siehe Abschnitt 6.2.2) übertragen werden. Das Protokoll der Ebenen 5-7 wird mit der Portnummer 434 gekennzeichnet.

Drahtlose Übertragung kann auch zur Verbindung von getrennten LANs, die in unterschiedlichen Gebäuden untergebracht sind, verwendet werden. Die Benutzung des 2,4 GHz-Bandes ist auch über die Grundstücksgrenzen hinaus ohne Genehmigungsverfahren gestattet. Es lassen sich mit Richtfunkstrecken mehrere hundert Meter überbrücken, wobei die Strahlen auch Wände durchdringen. Wenn weitere Entfernungen überbrückt werden sollen, ist allerdings die freie „Sichtlinie“ (*line-of-sight*) erforderlich. Der Einsatz einer Funkübertragung zwischen zwei Geräten wird auch als Wireless-Bridging bezeichnet.

5 Paketvermittlung

Die Paketvermittlung ist die Funktion der Ebene 3 des OSI-Referenz-Modells, die im Englischen als Network-Layer, im Deutschen als Vermittlungsschicht bezeichnet wird. Sie wird nach DIN-ISO 7498 beschrieben. Es gibt mehrere Normen für Paketnetze. Der Dienst für diese Ebene wird als Vermittlungsdienst (*network service*, NS) bezeichnet. Die Merkmale dieses Dienstes sind:

a. Das Paketnetz stellt einen Transportdienst zur Verfügung. Da zwischen den Teilnehmern keine direkte Leitungsverbindung besteht, können auch Systeme mit verschiedener Datenübertragungsrate (im WAN-Bereich verschiedener Benutzerklassen) miteinander verbunden werden.

b. Das Paketnetz enthält aktive Elemente, die Informationen auswerten und speichern können.

c. Dem Netz werden nicht nur die zu übertragenden Informationen (Benutzerdaten) übergeben, sondern auch Informationen, die zur Steuerung des Übertragungsvorgangs notwendig sind.

d. Zum Paketnetz gibt es genormte Schnittstellen.

e. Aus Sicht des Teilnehmers stellt das Paketnetz ein geschlossenes Gebilde dar, dem Pakete nach definierten Regeln übergeben werden und das Pakete nach definierten Regeln liefert.

f. Mit einem Paketnetz können Endsysteme miteinander verbunden werden, die eine unterschiedliche Datenübertragungsrate haben.

Die Punkte d. und e. gelten uneingeschränkt bei öffentlichen Paketnetzen wie ATM (siehe Abschnitt 4.4.4) und Netzwerken nach X.25 (siehe Abschnitt 5.2). Bei Netzwerken im lokalen Bereich, bei denen Netzwerkbetreiber und Netzwerkbenutzer meist identisch sind, ist die Funktion der Paketvermittlung oft in Geräten angeordnet, die auch als Endgeräte dienen, so dass eine klare Grenze zwischen Anwendern des Netzwerks und dem Netzwerk selbst nicht zu definieren ist. Selbstverständlich müssen auch hier die Pakete nach genormten Regeln übergeben werden.

5.1 Prinzipien der Paketvermittlung

Pakete sind Nachrichten, die aus einem Datenteil und dem Header bestehen. Der Header enthält Angaben, mit denen die vermittelnden Geräte das Paket an den Empfänger übertragen können. Nachfolgend werden die Prinzipien eines Paketnetzes erläutert; auf die Realisierung der Prinzipien wird bei den einzelnen Netzen eingegangen.

5.1.1 Store and Forward

Die Pakete werden von den vermittelnden Systemen empfangen und zwischengespeichert. Dann sollen sie so schnell wie möglich weitergegeben werden. Im Paketnetz muss im Gegensatz zu den Mail-Systemen das empfangende Endgerät betriebsbereit sein, es ist nicht die Aufgabe der Vermittlungssysteme, die Nachrichten über einen längeren Zeitraum zu speichern. Durch die Zwischenspeicherung ist es möglich, dass Nachrichten mit einer Datenübertragungsrate empfangen und mit einer anderen Datenübertragungsrate weitergeschickt werden. Die Zwischenspeicherung wirkt sich stark auf die Dauer des Übertragungsvorgangs aus.

5.1.2 Arten der Vermittlung

Paketvermittlung kann grundsätzlich verbindungsorientiert oder verbindungslos erfolgen.

a. **nicht verbindungsorientiert**, auch als Datagram-Methode oder CLNS (*connectionless network service*) bezeichnet.

Bei dieser Methode enthält das Paket, welches als Datagramm bezeichnet wird, alle Informationen, die die vermittelnden Geräte benötigen, um es ans Ziel zu bringen, insbesondere die volle Empfängeradresse. Aus Sicht des Netzwerks stellt jedes Paket eine Nachricht dar, die unabhängig von anderen Nachrichten ist. Die Pakete werden auch nicht quittiert. Es ist auch nicht möglich, eine Flusskontrolle auszuüben, wenn Datengramme z.B. von vielen Endsystemen zu einem Endsystem gesendet werden, das diese Nachrichten nicht aufnehmen kann, können Pakete verloren gehen; dies gilt auch bei Überlauf der Pufferspeicher in den vermittelnden Systemen.

Bei den beiden letzten Merkmalen muss betont werden, dass dies die Merkmale der Vermittlungsebene (Ebene 3) sind. Protokolle der Sicherungsebene können sowohl zu einer Quittierung wie zu einer Flusskontrolle führen. Dies gilt allerdings immer nur für die Übertragung von Knoten zu Knoten, nicht für den gesamten Übertragungsvorgang.

Die Datagramm-Methode ist gut geeignet, wenn die Anwendung zur einmaligen Übertragung eines kurzen Pakets führt, z.B. bei der Messstellenabfrage oder der Abfrage eines Namens-Servers.

b. **verbindungsorientiert**, auch als Methode der virtuellen Verbindungen (*virtual connections*) oder CONS (*connection orientied network service*) bezeichnet. Bei der virtuellen Verbindung findet vor der eigentlichen Datenübertragung ein Verbindungsaufbau statt. Dieser geschieht durch den Austausch von Paketen, die aber keine Benutzerdaten enthalten. Während der Verbindung wird eine Folge von Paketen übertragen, die eine bestimmte Sequenz einhalten. Die Pakete werden auf der Paketebene quittiert. Die virtuelle Verbindung wird durch "logische Nummern" in den Paket-Headern gekennzeichnet; die Pakete müssen also nicht die volle Adresse von Empfänger und Absender enthalten. Dies führt zu relativ kurzen Paket-Headern.

Bei den virtuellen Verbindungen wird unterschieden nach:

- gewählten virtuellen Verbindungen (SVC, *switched virtual connections*), welche immer wieder aufgebaut und abgebaut werden,
- permanente virtuelle Verbindungen (PVC, *permanent virtual connections*), welche über einen längeren Zeitraum bestehen.

Tabelle 5-1 zeigt die Eigenschaften des Datagramm-Verkehrs und der virtuellen Verbindungen. Die Selbständigkeit (*self contained*) ist beim Datagramm-Verkehr voll gegeben. Jedes Paket trägt seine erforderlichen Informationen mit sich. Es ist damit voll identifizierbar. Bei der virtuellen Verbindung besteht über die "logische Nummer" ein Zusammenhang zwischen den Paketen (*long term*), das einzelne Paket ist nicht identifizierbar. Die Zuverlässigkeit kann auch beim Datagramm-Verkehr hoch sein, da auf der Sicherungsschicht eine Fehlerkorrektur durchgeführt werden kann, diese erfolgt aber nicht auf der Paketebene.

Auch bei virtuellen Verbindungen kann es vorkommen, dass die Pakete unterschiedliche Wege nehmen und damit evt. nicht in der richtigen Reihenfolge beim Empfänger ankommen; eine Ausnahme macht hier nur das ATM-System (siehe Abschnitt 4.4.4), welches aber nur bedingt als Einrichtung der Vermittlungsebene gesehen werden kann.

Tabelle 5-1 Vergleich zwischen Datagramm und Virtueller Verbindung

Merkmal	Datagramm	Virtuelle Verbindung
Verbindungsaufbau und -abbau	findet nicht statt	findet statt
Zusammenhang mit anderen Paketen	kein Zusammenhang	Bestehender Zusammenhang
Zuverlässigkeit der Übertragung	hoch	sehr hoch
Identifikation	vorhanden	nicht für einzelnes Paket
Kontrolle auf Paketebene	keine Kontrolle	starke Kontrolle
Reihenfolge der Pakete	richtige Reihenfolge nicht gesichert	richtige Reihenfolge gesichert
Länge des Paket-Headers	lang	kurz
Inhalt der Pakete	nur Datenpakete	Daten oder Steuerinformation

5.1.3 Routing

Für die vermittelnden Systeme in einem paketvermittelnden Netzwerk müssen grundsätzlich zwei Aufgaben unterschieden werden:

1. Festlegung des Weges für ein konkretes Paket. Wenn das Paket empfangen wird, muss auf Grund der Header-Information entschieden werden, ob es

- überhaupt weitergeleitet wird,
- auf welchen Ausgabeport es weitergeleitet wird und wie die Adresse der Ebene 2 (MAC-Adresse) der Station, an die das Paket weitergeleitet wird, heißt.

Diese Aufgabe kann auf Grund von Eintragungen in dem vermittelnden System (Routing-Tabellen) erfolgen. Die Tabellen unterscheiden sich in ihrem Aufbau danach, ob Datagramm-Verkehr oder Virtuelle Verbindungen benutzt werden. Beim Datagramm-Verkehr enthält die Tabelle:

Endziel (destination)   Ausgabeport   MAC-Adresse des nächsten Routers

Die MAC-Adresse des nächsten Routers ist nicht unbedingt notwendig, wenn die Router mit Punkt-zu-Punkt-Verbindungen verbunden sind, was bei vermaschten Netzen oft der Fall ist.

Wenn Virtuelle Verbindungen vorliegen, sind die Pakete durch Kennzahlen gekennzeichnet. In der Regel wechseln die Kennzahlen von einem Vermittlungsknoten zum anderen, d.h. auf der gleichen Virtuellen Verbindung werden für die einzelnen Abschnitte unterschiedliche Kennzahlen verwendet. Die Tabellen enthalten dann

Eingangsport   Kennzahl beim Empfang   Ausgangsport   Kennzahl beim Senden

Routing-Tabellen sind grundsätzlich dynamisch, d.h. ihr Inhalt kann geändert werden. Beim Datagramm-Verkehr können diese Änderungen relativ lange zeitliche Abstände haben. Bei Virtuellen Verbindungen müssen die Tabellen immer wieder geändert werden, wenn Virtuelle Verbindungen aufgebaut oder ausgelöst werden.

2. Anlegen der Routing-Tabellen. Dazu müssen die "richtigen" Wege für ein Paket bestimmt werden. Dieser Vorgang erfolgt nicht nur bei Neu-Inbetriebnahme eines Netzwerks oder Änderungen innerhalb des Netzwerks, sondern kontinuierlich während des Netzwerkbetriebs. Dazu dienen die "Routing-Protokolle".

Routing (Wegefindung) ist die Auswahl des richtigen Weges für das Paket vom Absender (*source*) zum Empfänger (*destination*). Dabei stehen grundsätzlich mehrere Wege zur Verfügung (*alternate paths*). Die Wegefindung soll den günstigsten Weg finden, zu den Kriterien des günstigsten Weges können gehören:

a. kürzester Weg
b. geringste Verzögerung
c. geringe Schwankungen in der Verzögerung
d. geringe Fehlerwahrscheinlichkeit
e. gute Auslastung der Netzwerkkomponenten
f. Vermeidung bestimmter Regionen

Die Punkte b.-d. werden auch unter Qualität der Dienste (QoS) zusammengefasst. Die Wegewahl nach QoS hat besondere Bedeutung gewonnen durch die Verwendung von Paketnetzen für Anwendungen, welche einen kontinuierlichen Datenstrom erfordern. Solche Anwendungen sind besser für die Leitungsvermittlung geeignet, es besteht aber ein zunehmender Bedarf, für sie Paketnetze einzusetzen, z.B. beim Telephonieren über das Internet (VoIP, *Voice over IP*).

Bei komplexen Netzwerken kann es sehr viele Routen von einer Station zu einer anderen geben; beim Routing müssen daher Einschränkungen gemacht werden. Es kann nicht jeder mögliche Weg analysiert werden. Eine Möglichkeit dafür besteht darin, nur Routen zu untersuchen, welche eine maximale Anzahl von Hops nicht überschreiten. Unter einem Hop wird dabei der Durchgang durch ein vermittelndes Gerät verstanden. So kann festgelegt werden, dass ermittelt wird, wie viele Hops der kürzest mögliche Weg erfordert. Wenn dieser Wert ermittelt ist, wird er um einen bestimmten Betrag erhöht, Routen werden dann innerhalb des gesetzten Limits gesucht.

Routing-Protokolle können die einzelnen Übertragungsabschnitte mit "Kosten" bewerten. Dies sind Zahlen, die vom Netzwerkadministrator festgelegt werden. Die Routing-Protokolle ermitteln dann den "billigsten" Weg, wobei sie in der Regel nur Wege mit einer beschränkten Anzahl von Hops analysieren. Dabei kann es vorkommen, dass mehrere Wege mit gleichen Kosten ermittelt werden. Dann kann der Verkehr auf diese Wege verteilt werden, damit wird die Belastung der Netzwerkabschnitte gleichmäßig verteilt. Bei diesem Verfahren kann der Netzwerk-Administrator relativ leicht eingreifen. Durch Veränderung der "Kosten" für die einzelnen Abschnitte kann er stark belastete Abschnitte entlasten bzw. mehr Verkehr auf wenig belastete Abschnitte lenken.

Grundsätzlich kann die Vermittlung auch dadurch erfolgen, dass die Router jedes Paket an jedes angeschlossene Netzwerk weitergeben. Protokolle mit dieser Arbeitsweise werden als "nicht-routende Protokolle" bezeichnet. Die Netzwerktopologie muss dann so beschaffen sein, dass es nicht zu einem Kreisen der Pakete kommt. Wenn dies nicht durch die Topologie sichergestellt ist, müssen die Router Pakete, die wiederholt eintreffen, identifizieren und vernichten.

Bei dieser Methode können Pakete dupliziert den Empfänger erreichen; diese müssen die Duplikate vernichten.

Die Methode, die als Packet-Flooding bezeichnet wird, belastet die Netzwerke stärker als notwendig, da Pakete auch in Teilnetze vermittelt werden, in die sie nicht gehören. Sie hat aber auch Vorteile:

- da jeder mögliche Weg verwendet wird, wird auch immer der günstigste Weg verwendet.
- die Router müssen über wenig Intelligenz verfügen.
- da ein Suchen in Routing-Tabellen nicht notwendig ist, kann die Vermittlung schnell erfolgen
- da Routing-Protokolle, bei denen die Systeme gegenseitig Nachrichten austauschen, entfallen, wird die Netzwerkbelastung reduziert.

Es wird empfohlen, diese Methode, die sich nur für den Datagramm-Verkehr eignet, nur in kleinen Netzen mit wenigen Teilnetzen einzusetzen.

Bei der Wegefindung, also der Festlegung des Inhalts der Routing-Tabellen, können grundsätzlich zwei Verfahren unterschieden werden, das statische und das dynamische Routing.

Beim statischen Routing erfolgt das Routen über festgelegte Tabellen, den Routern fehlt jede Möglichkeit, Routen ausfindig zu machen und Informationen über das Routing mit anderen Routern auszutauschen. Die Routing-Tabellen werden von dem Netzwerk-Verwalter festgelegt. Statisches Routing hat mehrere Vorteile:

- Es schafft überschaubare Verhältnisse für die Sicherheit, der Netzwerkverwalter weiß für jedes Paket, welche Systeme es durchläuft und kann dort entsprechende Sicherheitsmaßnahmen durchführen.
- Die Betriebsmittel werden besser ausgenutzt. Es entsteht kein Bedarf an Übertragungsleistung zum Austausch von Routing-Informationen. Es entsteht auch kein Bedarf an Rechenzeit in den Routern zur Bestimmung der Routing-Tabellen.

Der Nachteil des statischen Routing ist es, dass bei Änderungen im Netzwerk, z.B. Ausfall einer Station und Verbindung, keine Pakete mehr weitergeleitet werden, bis der Netzwerkverwalter dies feststellt und die Routing-Tabellen entsprechend ändert.

Für kleine Netze, bei denen ohnehin zwischen einem Sender und dem Empfänger nur ein Weg besteht, kann das statische Routing durchaus die optimale Methode sein.

Für das Routing, besonders das dynamische Routing, werden Maßzahlen (*metrics*) festgelegt. In der Regel geht es dabei um:

Zahl der Hops, also Zahl der Systeme, welche das Paket vermitteln müssen, ehe es das Ziel erreicht.

Eine Bewertungszahl für die Verbindung zwischen zwei Routern, die von verschiedenen Parametern abhängig sein kann. Diese wird z.B. als Kosten (*cost*) oder Entfernung (*distance*) bezeichnet. Bei vielen Systemen kann diese Zahl durch den Netzwerk-Administrator festgelegt werden.

Als Maßzahlen (*metrics*) werden verwendet:

Pfad-Länge (*path length*). Wenn eine Kennzahl, z.B. Kosten für die einzelnen Verbindungen von Knoten zu Knoten festgelegt ist, stellt die Pfadlänge die Summe aller dieser Kennzahlen dar. Im einfachsten Falle wird die Pfadlänge bestimmt als die Anzahl der Hops, die auf diesem Pfad auftreten.

Zuverlässigkeit (*reliability*). Dazu gehört nicht nur die Bewertung der Bitfehler-Rate der einzelnen Verbindungen, sondern auch die Wahrscheinlichkeit, mit der die Verbindung ausfällt, die Schnelligkeit der evt. anfallenden Reparaturen usw. Bei einigen Systemen kann die Zuverlässigkeit vom Netzwerk-Administrator auf Grund seiner Erkenntnisse willkürlich festgelegt werden.

Verzögerung (*delay*). Die Zeit, die der Transportvorgang benötigt, hängt nicht nur von der Entfernung zum Ziel und der Datenübertragungs-Rate der Verbindungen ab, sondern auch stark von der Belastung der Netzwerk-Knoten und der Belegung der Pufferspeicher,

Bandbreite (*bandwidth*). Sie gibt die Datenübertragungs-Rate der Verbindung an. Grundsätzlich ist eine Übertragungsstrecke mit hoher Bandbreite einer Strecke mit niedriger Bandbreite vorzuziehen. Im Einzelfall kann aber eine Strecke mit niedriger Bandbreite, aber auch niedriger Belastung, günstiger sein als eine stark belastete Strecke mit hoher Bandbreite.

Belastung (*load*). Sie gibt an, zu welchem Prozentsatz die betreffende Komponente ausgelastet ist. Dabei handelt es sich um einen dynamischen, sich stetig ändernden Wert. Er ändert sich mit dem Verkehrsaufkommen, aber auch mit dem Routing. Wenn das Routing bei einer bestimmten Komponente zur Entlastung beiträgt, führt es im Prinzip immer zu einer höheren Belastung einer anderen Komponente.

Kommunikations-Kosten. Eine direkte Ermittlung der Kommunikationskosten ist am ehesten im WAN-Bereich, bei welchem der Teilnehmer Gebühren an den Netzwerkbetreiber zahlen muss, möglich. Neben den reinen Übertragungskosten sollten aber auch Zuverlässigkeit der Übertragung, Ausfallsicherheit u.ä. berücksichtigt werden. In vielen Systemen erfolgt durch den Netzwerk-Verwalter eine „willkürliche" Bewertung der einzelnen Übertragungsstrecken mit Kennzahlen, die als Kosten (*cost*) bezeichnet werden.

Bei den dynamischen Routing-Methoden kann unterschieden werden nach:

- Distanz-Vektor-Methode (*distance-vector routing*)
- Verbindungs-Status-Methode (*link-stat routing*)
- Hybriden Methoden (*hybridized routing*).

Beim Distanz-Vektor-Routing, welches auch als Bellman-Ford-Algorithmus bezeichnet wird, übergeben die Router periodisch ihr Routing-Tabellen an ihre unmittelbaren Nachbarn. Jeder fügt dann einen „Distanz-Vektor", einen für diesen Router festgelegten Zahlenwert hinzu und schickt die Information an seine Nachbarn. Dies geschieht in einer alle Richtungen umfassenden Art (*omnidirectional manner*). Damit lernen die Router Schritt für Schritt über die anderen Router im Netzwerk und die „Distanzen".

Der Begriff „Distanz" soll dabei nicht eine Entfernungsangabe darstellen. Er stellt einen relativen Wert dar, Routen mit niedrigen Distanzen sollen bevorzugt werden gegenüber solchen mit hohen Distanzen. In einigen Systemen wird dafür der Begriff „Kosten (*costs*)" verwendet, auch dieser ist keine Angaben über einen Geldbetrag.

Ein Nachteil dieser Methode ist es, dass auf Änderungen im Netzwerk nicht schnell genug reagiert werden kann. Besonders in der Phase des gegenseitigen Informationsaustauschs (*convergence process*) kann es Inkonsistenzen und damit verbunden zu Schleifenbildung beim Routing kommen. Die Methode ist daher in großen komplexen Netzen nicht gut geeignet.

Bild 5-1 und Tabelle 5-2 zeigt ein Beispiel für die Vorgehensweise bei einem Distanz-Vektor-Protokoll.

In diese Tabelle sind immer nur die Wege mit den wenigsten Hops auf dem Weg zum Ziel aufgenommen. So könnte z.B. der Router 1 das Ziel 193.16.18 auch über die Router 2 – 3 –4 erreichen. Wenn die Verbindungen mit stärker unterschiedenen Distanzen versehen sind, könnte dieser Weg sogar günstiger sein. Man wird sich bei der Festlegung von Wegen, unter denen die Auswahl zu treffen ist, aber auf Wege mit einer bestimmten Zahl von Hops festlegen, um die Auswahl zu vereinfachen.

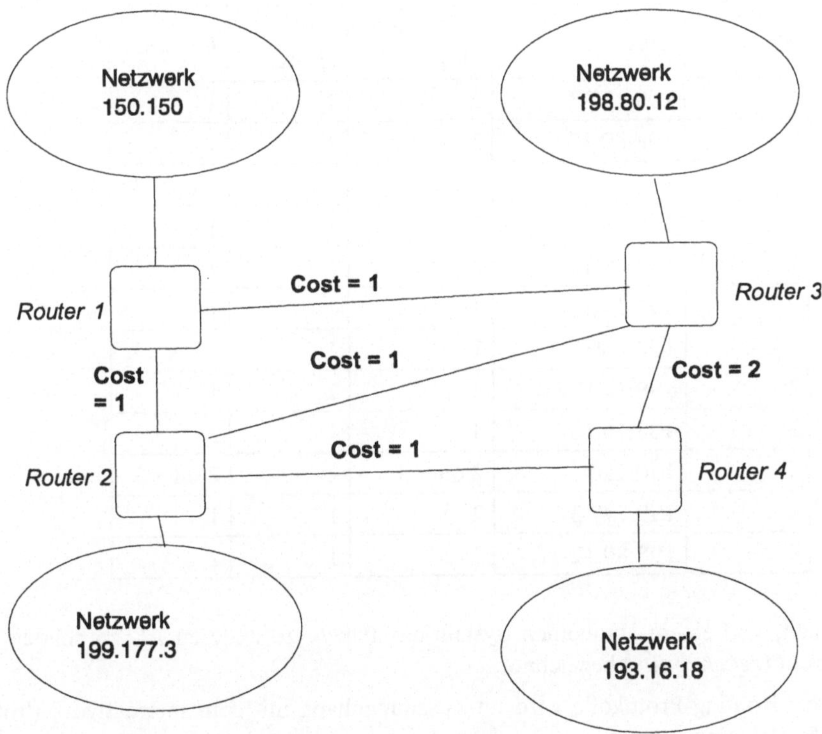

Bild 5-1 Konfigurationsbeispiel für das Distanz-Vektor-Routing

Unterschieden werden müssen auch:

- Interne Routing-Protokolle (*interior routing protocols*)
- Externe Protokolle (*exterior protocols*)

Die internen Routing-Protokolle arbeiten intern in einem “unabhängigen” Netzwerk-System, welches als “autonomes System” (AS) bezeichnet wird. Für das AS kann der Netzwerk-Administrator eine Routing-Protokoll festlegen, z.B. RIP.

Die externen Protokolle dienen dem Austausch von Informationen zwischen den autonomen Systemen. Ein Beispiel dafür ist das Exterior Gateway Protocol (EGP).

Ein autonomes System wird gekennzeichnet durch:

- Zusammenfassung einer Gruppe von Routern
- Einheitliche Verwaltung (*administration*)
- Einheitliche Kennzahlen (*metrics*)
- Ein internes Protokoll zum Routen innerhalb des AS
- Ein externes Protokoll zum Routen der Pakete zu anderen AS.

Tabelle 5-2 Routing bei der Distanz-Vektor-Methode

Router	Ziel	Nächster Hop	Zahl der Hops	Distanz
1	199.177.3	2	1	1
1	198.80.12	3	1	1
1	193.16.18	2 oder 3	2	2 oder 3
2	150.50	1	1	1
2	198.80.12	3	1	1
2	193.16.18	4	1	1
3	150.150	1	1	1
3	199.177.32	2	1	1
3	103.16.18	4	1	2
4	150.150	2 oder 3	2	2 oder 3
4	199.177.3	2	1	1
4	198.80.12	3	1	2

Die Fähigkeit, von einem autonomen System aus Pakete zu anderen AS zu senden, wird als Erreichbarkeit (*reachability*) bezeichnet.

Auf konkrete Routing-Protokolle wird im Zusammenhang mit dem Internetwork-Protokoll im Abschnitt 5.4.4.6 eingegangen.

5.1.4 Zeitverhalten

Jede Übertragung von Nachrichten erfordert eine gewisse Zeit. Die Signale breiten sich mit Geschwindigkeiten aus, die nahe der Lichtgeschwindigkeit liegen. Sie wird umso höher, je weiter die Systeme voneinander entfernt sind. Diese Zeit muss relativ zu der Datenübertragungsrate gesehen werden. Die Tabelle 5-3 geht davon aus, dass man für die Geschwindigkeit der Signale die Lichtgeschwindigkeit annimmt. Die Länge der zu übertragenden Nachrichten wird mit 250 Oktetten (2000 bit) angenommen.

Bei der Zeitberechnung muss auch berücksichtigt werden, dass die aktiven Elemente (Verstärker, Regeneratoren) zu weiteren Verzögerungszeiten führen.

Bei einer Leitungsvermittlung würden die errechneten Übertragungszeiten immer gleich bleiben. Da in der Paketvermittlung aber das Store- and Forward-Prinzip verwendet wird, kommt die Aufenthaltszeit in den vermittelnden Systemen hinzu. Durch die Auswertung des Headers der Ebene 2, die Interpretation der Nachricht, die Bestimmung, auf welchen Ausgangsport sie zu lenken ist, die Bildung eines neuen Frames für die Ebene 2 entsteht ein Zeitbedarf. Dieser richtet sich auch nach der Länge der Nachricht, da in der Regel erst die gesamte Nachricht empfangen werden muss, ehe die Auswertung der Prüfzeichen für die Ebene 2 stattfinden kann. Er ist aber für alle Nachrichten etwa gleich lang.

Tabelle 5-3 Verhältnis von Zeit des Sendevorgangs und Signalübertragungszeit bei verschiedenen Datenübertragungsraten und Entfernungen

Datenübertragungsrate	Entfernung km	Zeit für die Sendung	Zeit für die Signalübertragung	Verhältnis
1200 bit/s	3	1,666 ms	10 µs	166 666
64000 bit/s	30	31,25 ms	100 µs	312,5
10 Mbit/s	3	200 µs	10 µs	20
1 Gbit/s	3	2 µs	10 µs	0,2
155 Mbit/s	3000	12,90 µs	10 ms	0,00129

Hinzu kommt in den vermittelnden Systemen die Zeit, in der sich die Nachricht in Pufferspeichern aufhält. Pufferspeicher sind nach dem Prinzip FIFO (*first in/first out*) organisiert. Es bilden sich Warteschlangen (*queues*) bei der Abfertigung der Nachrichten. Diese Wartezeiten richten sich danach, wie stark der Pufferspeicher bereits belegt ist, wenn die Nachricht in den Speicher kommt. Dies hängt wieder stark von Netzbelastung und der Belastung der einzelnen Pufferspeicher ab. Damit kann es zu starken Schwankungen kommen.

Wenn diese Schwankungen zu stark ausfallen, entstehen zwei Effekte:

- Der gleichmäßige Fluss der Nachrichten ist nicht gewährleistet. Dies ist bei einigen Anwendungen wie Dateiübertragungen nicht störend, bei anderen wie Telefongesprächen sehr störend.
- Bei einer verbindungsorientierten Arbeitsweise werden Reaktionen, z.B. Quittungen, innerhalb einer bestimmten Zeit erwartet. Wenn diese nicht innerhalb dieser Zeit eintreffen, geht man davon aus, dass die Übertragung nicht erfolgreich war und führt eine Neuübertragung durch. Wird die Zeit überschritten, weil die Nachricht oder die Quittierung in einem Vermittlungsknoten zu lange zwischengespeichert wird, ist die Wiederholung eigentlich unnötig. Da die langen Verweildauern bei starker Belegung der Pufferspeicher, also in der Regel bei starker Netzwerkauslastung entstehen, sind die unnötigen Wiederholungen, die das Netz weiter belasten, besonders störend.

Auf die Dimensionierung der Pufferspeicher und die damit verbundenen Effekte wird in Abschnitt 9.6 näher eingegangen.

5.1.5 Tunneling

Wenn zwei unterschiedliche Netzwerke miteinander verbunden werden, muss eine Protokollumsetzung durchgeführt werden. Wenn das Vermittlungsgerät auf der Ebene x tätig ist, wird der Header der Ebene x entfernt, ein neuer Header der Ebene x gebildet und die Nachricht an das nächste Netzwerk übergeben.

Von diesem Prinzip ab geht das Tunneling. Eine Nachricht der Ebene x wird von einer Nachricht der Ebene x oder sogar der Ebene x+1 transportiert. Bild 5-2 zeigt den normalen Aufbau einer Nachricht und den Aufbau einer Nachricht bei Tunneling.

Header Ebene 2 z.B. Ethernet	Header Ebene 3 z.B. IPv4	Header Ebene 4 z.B. TCP	Nachricht der Ebenen 5-7

Header Ebene 2 z.B. FDDI	Header Ebene 3 z.B. IPv6	Header Ebene 3 z.B. IPv4	Header Ebene 4 z.B. TCP	Nachricht der Ebenen 5-7

Bild 5-2 Nachrichtenaufbau ohne und mit Tunneling

Das Tunneling kann unterschiedliche Motive haben, es seien drei Beispiele genannt:

1. Beispiel. **Verbindung unterschiedlicher Adressräume**
Bei gleichem Protokoll der Ebene 3 werden unterschiedliche Adressierungsbereiche eingerichtet. Es sei eine Konfiguration vorhanden, bei der bei einer Niederlassung A einer Firma eine privater Adressbereich eingerichtet ist; dieser Adressbereich umfasst auch die Niederlassung B. Die Verbindung erfolgt über das weltweite Internet mit international verwalteten Adressen. Es ist sichergestellt, dass Adressen, die in A und B vorkommen, einmalig sind; ebenso die Adressen im Internet Um eine Adressumrechnung zu vermeiden, wird das Paket, welches in A gebildet wird, eingebaut in ein Paket des gleichen Protokolls der Ebene 3.

2. Beispiel. **Verbindung unterschiedlicher Protokolle**
Router verbinden Netzwerke unterschiedlicher Art miteinander, verwenden dabei aber das gleiche Protokoll der Ebene 3, z.B. IP oder IPX. Wenn Netzwerke, die unterschiedliche Protokolle der Ebene 3 verwenden, verbunden werden sollen, müsste ein Austausch der Header der Ebene 3 stattfinden. Wenn Absender und Ziel das gleiche Ebene-3-Protokoll verwenden, bei der Übertragung aber Netzwerke mit anderem Ebene-3-Protokoll auftreten, ist das Tunneling die einfachste Methode zur Übertragung der Nachricht. Bild 5-3 zeigt die Konfiguration, welche durch Verwendung zweier unterschiedlicher Ebene-3-Protokolle auftreten kann. Bei IPv4 und IPv6 handelt es sich zwar nur um zwei unterschiedliche Versionen des IP-Protokolls (vergl. Abschnitt 5.4.4), diese unterscheiden sich aber erheblich im Aufbau von Adressen und Headern.

Das Quellsystem sendet die Nachricht wie in Bild 5-2 oben dargestellt. Router A entfernt den Header der Ebene 2 und kapselt die Nachricht nach den Regeln des Protokolls IPv6 ein. Damit wird das IP-Paket zum Inhalt eines (anderen) IP-Pakets. Nach Hinzufügen des Headers der Ebene 2 sendet er es in Richtung von Router B. Router B entfernt den Header der Ebene 2 und den IPv6-Header. Er bildet einen Header der Ebene 2 und sendet die Nachricht zum Zielsystem. Innerhalb der einzelnen Netzwerke können weitere Router vorhanden sein.

Der Nachteil der Methode ist es, dass die Nachrichtenmenge durch zusätzliche Header erhöht wird. Vorteil ist es aber, dass weder das Ziel- noch das Quellsystem Kenntnis von dem Netzwerk mit einem anderen Ebene-3-Protokoll haben müssen. Sie führen den Verkehr in gleicher Weise aus, wie es bei einer Verbindung mit Netzwerken nur nach IPv4 der Fall wäre.

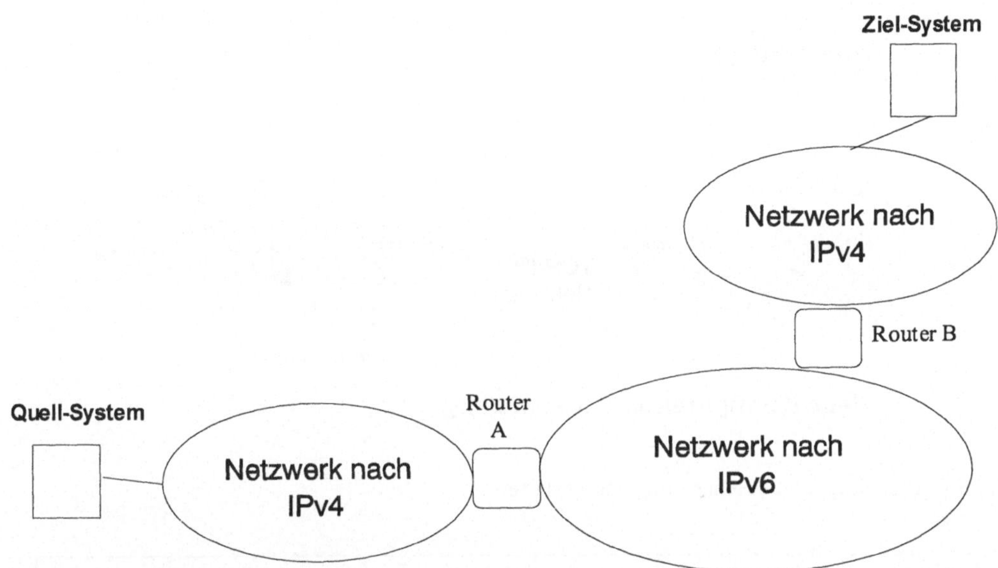

Bild 5-3 Konfiguration von Netzwerken mit unterschiedlichen Ebene-3-Protokollen

3. Beispiel. **Behandlung von Erblasten**

In der Frühzeit der Datenfernverarbeitung fand die Übertragung oft in der Art statt, dass zwei Systeme über das Wählnetz im WAN verbunden waren. Es wurde ein Protokoll der Ebene 2 verwendet, nach dem Header dieses Protokolls folgten im Nachrichtenblock direkt die Anwendungsdaten. Da keine Paketvermittlung stattfand, waren Protokolle und Header der Ebenen 3 und 4 nicht notwendig. In dieser Weise konnte z.B. das in 4.2.1 beschriebene Protokoll HDLC verwendet werden.

Wenn Nachrichten dieser Art nicht mehr direkt zwischen dem Quell- und Zielsystem ausgetauscht werden können, kann das IP-Protokoll verwendet werden. Bild 5-4 zeigt die ursprünglich verwendete Konfiguration und die heute eingesetzte Konfiguration.

Bei der Übertragung innerhalb des TCP/IP-Netzwerks ergibt sich der in Bild 5-5 dargestellte Aufbau der Nachricht.

Auch bei dieser Art des Tunneling besteht der Vorteil darin, dass an den Anwendungsprogrammen in den beiden Endsystemen keinerlei Modifikationen gegenüber der alten Konfiguration vorgenommen werden müssen.

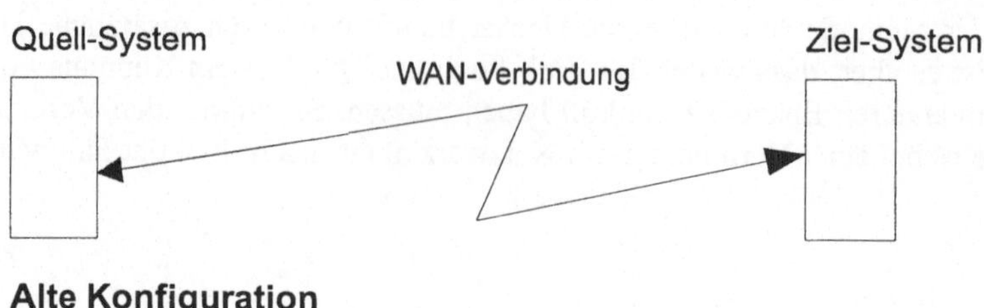

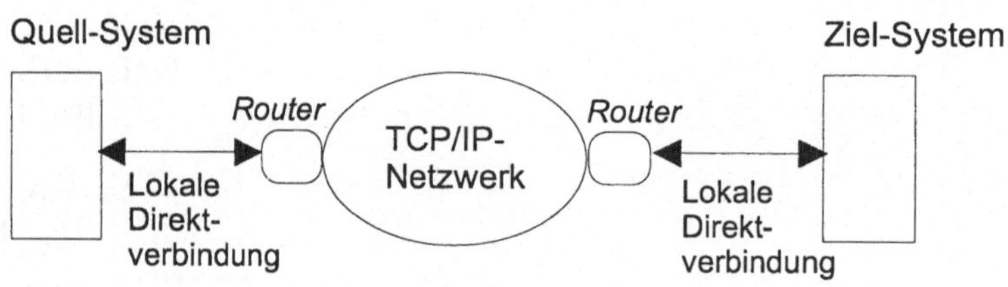

Bild 5-4 Tunneling für die Behandlung von Erblasten

Header Ebene 2 z.B. FDDI	Header Ebene 3 IP	Header Ebene 4 TCP	Header Ebene 2 HDLC	Anwendungsdaten

Bild 5-5 Nachrichtenaufbau beim Tunneling

5.1.6 Fragmentierung und Blockung

Die Fragmentierung ist besonders in der Paketvermittlung über unterschiedliche Netze hinweg, dem Internetworking notwendig. Beim Transport einer Nachricht der Ebene x durch PDUs der Ebene x-1 kann grundsätzlich unterschieden werden:

- Blockung: mehrere Nachrichten der Ebene x werden in eine PDU der Ebene x-1 eingefügt
- Fragmentierung: die Nachricht der Ebene x wird auf mehrere PDUs der Ebene x-1 verteilt.
- Weder Blockung noch Fragmentierung: genau eine Nachricht der Ebene x wird in eine PDU der Ebene x-1 eingefügt.

Bei einigen paketvermittelnden System, z.B. bei Netzen nach X.25 (siehe 5.2) wird aus Sicht der Endgeräte nur die letzte Methode angewandt. Innerhalb der Netzwerke kann allerdings die Blockung angewandt werden. Andere Systeme wie IP sehen zwar die Fragmentierung, nicht aber die Blockung vor. Auch in diesen Systemen bemüht man sich, die Fragmentierung möglichst zu vermeiden.

5.2 Netzwerke nach X.25

Die in der Überschrift gewählte Formulierung ist nicht ganz korrekt, obwohl sie in dieser oder ähnlicher Form oft gewählt wird. X.25 ist nur eine Empfehlung der ITU-T; für diese Netzwerke sind mehrere Empfehlungen zuständig.

Diese Paketnetzwerke zeichnen sich aus durch:

- es soll sich um öffentliche Netzwerke zur Vermittlung der Daten handeln. Die Regeln für diese Netzwerke werden allerdings auch in privat betriebenen Netzwerken angewandt.
- es handelt sich nicht um ein Internetworking, auch die Protokolle für die Ebenen 2 und 1 sind festgelegt.

Das Bild 5-6 zeigt die Anordnung der Schnittstellen am Paketnetz. Die Normen für die Schnittstellen sind in der X-Serie der ITU-T-Empfehlungen enthalten.

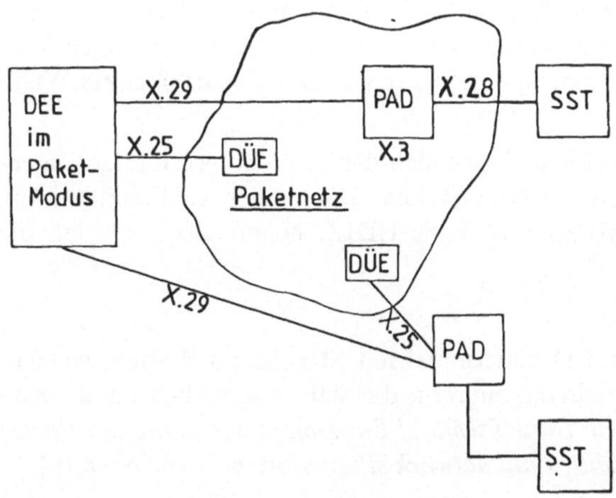

Bild 5-6
Genormte Schnittstellen zum Paketnetz

X.25

Schnittstelle zwischen DEE und DÜE für Datenstationen, die im Paketmodus auf öffentlichen Datennetzen arbeiten (*Interface between Data Terminal Equipment and Data Circuit-terminating Equipment for Terminals operating in the packet mode on public data networks*).

Die Anwendung dieser Norm, die Paketnetzen in öffentlicher Trägerschaft den Namen gegeben hat, setzt voraus:

- Die Datenendeinrichtung beherrscht die Regeln des Paketverkehrs auf Ebene 3, aber auch die Handhabung des für die Ebene 2 vorgeschriebenen HDLC-Protokolls.
- Es besteht eine festgeschaltete Verbindung zwischen der Datenendeinrichtung und dem öffentlichen Paketnetz (Hauptanschluss). Für diesen ist für die Ebene 1 die Schnittstelle X.21 oder X.21bis vorgeschrieben.

Weitere Normen befassen sich mit dem Zugriff auf das Paketnetz durch eine paketfähige Datenendeinrichtung, wenn die zweite Voraussetzung nicht gegeben ist.

X.31
Unterstützung einer paketfähigen Datenendeinrichtung durch ISDN (*Support of Packet Mode Terminal equipment by an ISDN*).

X.32
Schnittstelle zwischen DEE und DÜE für Endeinrichtungen, die im Paketmodus arbeiten und auf das öffentliche paketvermittelnde Netzwerk über ein öffentlich vermitteltes Telephonnetz zugreifen (*Interface between Data Terminal Equipment (DTE) and Data-circuit-terminating Equipment (DCE) for Terminals operating in the Packet mode and accessing an Packet-Switched Public Data Network through a public switched telephone network*).

X.33 und **X.34**
befassen sich mit dem Zugriff von Endeinrichtungen im Paketmodus auf das öffentliche Paketnetz über Frame-Relay-Netze und über B-ISDN (Breitband-ISDN).

Die Normen für den Zugriff über ein Wählnetz mit Leitungsverbindung auf das Paketnetz gehen besonders auf die Sicherheit ein. Im Paketnetz nach X.25 erfolgt beim Verbindungsaufbau immer die Übergabe der Kennung des rufenden Anschlusses. Die Übergabe der richtigen Kennung ist bei einem festen Anschluss nach X.25 besser gesichert als beim Zugriff über ein Wählnetz.

Weitere Normen bzw. Empfehlungen der ITU-T befassen sich damit, nicht paketfähige Datenendeinrichtungen den Zugriff zum Paketnetz zu ermöglichen. Dabei geht es besonders um DEEs, welche nicht die Regeln des synchronen Protokolls HDLC beherrschen, speziell die aaynchronen Terminals.

X.28
Schnittstelle zwischen DEE und DÜE für ein Datenterminal mit Start-Stopp-Betrieb, welches auf eine Paket-Anordnungs/Auflösungs-Einrichtung zugreift, die sich im gleichen Land befindet (*DTE/DCE interface for a start-stop mode Data Terminal Equipment accessing the Packet Assembly/Disassembly (PAD) facility in a public data network situated in the same country*)

Die Einrichtung, welche die asynchron übergebenen Zeichen in Pakete einbaut bzw. ankommende Pakete in asynchrone Zeichen auflöst, wird also als PAD bezeichnet. Die Empfehlung beschreibt die Situation einer PAD, die sich im öffentlichen Datennetz befindet. Wenn die PAD privat betrieben wird, bildet sie mit dem öffentlichen Paketnetz eine Schnittstelle nach X.25. Mit der PAD befasst sich die Empfehlung

X.3
PAD in einem öffentlichen Datennetzwerk (*PacketAssembly/Disassembly (PAD) in a public data network*)

Ebenfalls mit der PAD befasst sich die Empfehlung

X.29
Prozeduren für den Austausch von Steuerinformationen und Benutzerdaten zwischen einer PAD und einer DEE im Paketmodus oder einer anderen PAD (*Procedures for the exchange of control information and user data between a packet Assembly/Disassembly* (PAD) *facility and a Packet mode DTE or another PAD*).

Mit der Verbindung öffentlicher Paketnetze untereinander, wie er beim internationalen Verkehr notwendig ist, beschäftigt sich die Empfehlung.

X.75
Signalisierung zwischen öffentlichen Datennetzen mit Paketvermittlung (*Packet switched signalling system between public networks providing data transmission service*).

X.25
beschreibt das Verhalten für die Ebenen 1-3. Ebene 1 über die physikalische Schnittstelle (*level 1 DTE/DCE interface characteristics*) definiert, dass die Schnittstelle X.21, in einer Übergangszeit die Schnittstelle X.21bis zu verwenden ist. Nach X.1 sind die Benutzerklassen 8-13 vorgesehen.

Für Ebene 2 (*link access procedure across the DTE/DCE interface (level 2*) schreibt als Prozedur der Sicherungsebene das HDLC vor (siehe Abschnitt 4.2.1).

Es ist die symmetrische Betriebsarte LAP-B (*link access procedure - balanced*) anzuwenden.

Die Adressierung auf Ebene 2 richtet sich nach der Regel, dass die Adresse immer die Adresse der Sekundärstation ist. Die DEE hat die Adresse 3, die DÜE hat die Adresse 1, damit ergibt sich folgende Tabelle:

Tabelle 5-4 Adressierungsschema für die Sicherungsebene an X.25

Art der Nachricht	von	nach	Adresse
Kommando	DÜE	DEE	3
Reaktion	DÜE	DEE	1
Kommando	DEE	DÜE	1
Reaktion	DEE	DÜE	3

Ebene 3 definiert den eigentlichen Paketverkehr. Es wird festgelegt, dass ein I-Frame nur ein Paket enthalten kann und von begrenzter Länge ist. Auch die Aufteilung eines Paketes auf mehrere Frames ist nicht vorgesehen.

Der Austausch von Nachrichten erfolgt nicht mit Datagrammen, sondern über virtuelle Verbindungen. Diese können gewählt werden (*virtual call, SVC, switched virtual circuit*) oder permanent eingerichtet sein (PVC, *permanent virtual circuit*). Sowohl der Datenverkehr wie die Einrichtung und der Abbau der Verbindung erfolgt durch den Austausch von Paketen.

Die Pakete bestehen immer aus einem Header, dieser kann von den Daten oder Parametern gefolgt sein.

Der Header besteht aus 3 oder 4 Oktetten, ähnlich wie bei der Prozedur HDLC kann auch hier mit unterschiedlich großen Zählern gearbeitet werden, welche zu unterschiedlich großen Headern führen.

Bild 5-7 zeigt den grundsätzlichen Aufbau des Headers.

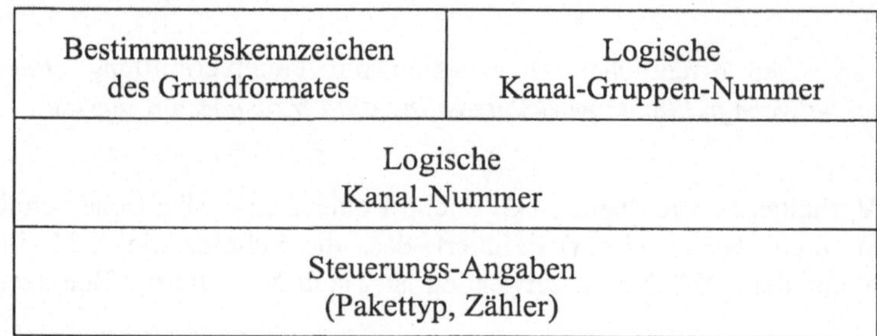

Bild 5-7 Aufbau des Paket-Headers nach X.25

Das erste Oktett enhält neben der Kanalgruppennummer vier Bits zur Kennzeichnung der Art des Paketverkehrs (Kennzeichnung des Grundformats):

Q-Bit, Qualifier-Bit: Das Bit wird nur an der Schnittstelle X.29 verwendet. Es kennzeichnet Steuerdaten, die zwischen einer DEE und einer PAD mittels Paketen ausgetauscht werden. Mit dem Q-Bit und den nachfolgenden 3 Bits sind folgende Grundformate z.Zt. zugelassen:

Q001 keine Endbestätigung, Zähler modulo 8

Q010 keine Endbestätigung, Zähler modulo 128

Q101 Endbestätigung, Zähler modulo 8

Q110 Endbestätigung, Zähler modulo 128

Ähnlich wie bei HDLC gibt es:

a. Datenpakete, diese enthalten zwei Zähler
b. Bestätigungspakete, diese enthalten einen Zähler
c. weitere Pakete, die keinen Zähler enthalten.

Bei den Paketen nach a. und b. besteht der Header aus 3 Oktetten, wenn der Zähler modulo 8 verwendet wird, aus 4 Oktetten, wenn der Zähler modulo 128 verwendet wird. Pakete ohne Zähler (c.) haben immer einen 3-Oktett-Header.

Die Oktette 1 und 2 sind für alle Pakete gleich aufgebaut, Oktett 1 enthält die Bestimmung des Grundformats und die Logische Kanalgruppennummer, Oktett 2 die logische Kanalnummer.

Tabelle 5-5 zeigt den Aufbau des Oktetts 3 bei den verschiedenen Pakettypen, dargestellt ist immer der Aufbau bei Zählern modulo 8.

Die gleiche Codierung von Paketen mit unterschiedlicher Bedeutung kann nicht zur Verwirrung führen, da die Codierung zusammen mit der Richtung der Pakete eindeutig ist.

Der Austausch der Daten erfolgt über virtuelle Verbindungen, diese werden an den Schnittstellen durch die logischen Kanalnummern gekennzeichnet. Zu einer Zeit können mehrere virtuelle Verbindungen unterhalten werden, die Zahl ist grundsätzlich durch die Größe der logischen Kanalnummern begrenzt. Wenn eine DEE eine Verbindung wünscht, legt sie die Kanalnummer fest. Die Nummer des gewünschten Teilnehmers ist in den Parametern nach dem Header enthalten. Wenn das Netz einen Verbindungswunsch anzeigt, legt die DÜE die Kanalnummer fest. Der Zusammenstoß von Verbindungswünschen tritt nur dann ein, wenn zu gleicher Zeit eine Verbindungsanforderung und ein Ankommender Anruf mit der gleichen Kanalnummer stattfinden würde. Um dies möglichst zu verhindern, ist festgelegt, dass die DEE Kanalnummern vom kleinstmöglichen Wert aus, die DÜE Kanalnummern vom höchstmöglichen Wert aus wählt. Wenn eine virtuelle Verbindung zwischen zwei Partnern besteht, kennzeichnet die Kanalnummer an beiden X.25-Schnittstellen die Verbindung, es handelt sich aber in der Regel um unterschiedliche Nummern.

Tabelle 5-5 Aufbau des Paket-Headers (3. Oktett):
R R R Paketempfangszähler (P(R))
S S S Paketsendesequenzzähler (P(S))
M More Data Bit

Richtung **DÜE ---> DEE**	**DEE ---> DÜE**	**Oktett 3 (Bitfolge)** **8 7 6 5 4 3 2 1**
Verbindungsherstellung und -Auslösung		
Ankommender Anruf	Verbindungsanforderung	0 0 0 0 1 0 1 1
Verbindung hergestellt	Annahme des Anrufs	0 0 0 0 1 1 1 1
Auslösungsanzeige	Auslösungsanforderung	0 0 0 1 0 0 1 1
Auslösungsbestätigung	Auslösungsbestätigung	0 0 0 1 0 1 1 1
Daten und Unterbrechung		
Daten	Daten	R R R M S S S 0
Unterbrechnung	Unterbrechung	0 0 1 0 0 0 1 1
Unterbrechungsbestät.	Unterbrechnungsbestätigung	0 0 1 0 0 1 1 1
Flusskontrolle und Rücksetzen		
Empfangsbereit RR	Empfangsbereit RR	R R R 0 0 0 0 1
Nicht empfangsbereit RNR	Nicht empfangsbereit RNR	R R R 0 0 1 0 1
	Wiederholungsaufforderung REJ	R R R 0 1 0 0 1
Rücksetzanzeige	Rücksetzanforderung	0 0 0 1 1 0 1 1
Rücksetzbestätigung	Rücksetzbestätigung	0 0 0 1 1 1 1 1
Restart		
Restart-Anzeige	Restart-Anforderung	1 1 1 1 1 0 1 1
Restart-Bestätigung	Restart-Bestätigung	1 1 1 1 1 1 1 1

Während der Phase der Datenübertragung findet eine Quittierung und Flusskontrolle auf Paketebene statt, unabhängig von der Quittierung und Flusskontrolle nach den Regeln des HDLC auf Ebene 2, wenn auch mit einem ähnlichen Mechanismus. Bei der Verfolgung der Sendeseqenznummer ist zu beachten:

an einer X.25-Schnittstelle besteht eine Verbindung auf Ebene 2, alle I-Frames werden mit einer N(S)-Sequenz gezählt.

an einer X.25 können mehrere virtuelle Verbindungen der Ebene 3 bestehen, jede virtuelle Verbindung führt einen eigenen Sendesequenzzähler P(S).

Ein Beispiel ist in Tabelle 5-6 dargestellt, betrachtet wird nur der Fluss von Paketen und Frames von der DEE zur DÜE, nicht die entsprechenden Bestätigungen. Auf beiden Ebenen wird der Zähler modulo 8 verwendet.

Tabelle 5-6 Sendezähler der Ebenen 2 und 3 an einer X.25-Schnittstelle

Zeile	Logische Kanalnummer	N(S) des I-Frames	Pakettyp	P(S) des Datenpakets
1	5	7	Daten	3
2	5	0	RR	-
3	77	1	Daten	7
4	5	2	Daten	4
5	6	3	Daten	7
6	77	4	Daten	0
7	77	5	Daten	1
8	6	6	RR	
9	6	7	Daten	0
10	5	0	Daten	5
11	77	1	Daten	2
12	5	2	Daten	6
13	5	3	RR	-
14	6	4	Daten	1

Die Quittierung erfolgt auf zwei verschiedene Arten:

- wenn im Grundformat das Bit 7 des ersten Oktetts nicht gesetzt ist, wird der DEE von der DÜE aus quittiert, also nicht vom Empfänger der Pakete
- wenn das Bit gesetzt ist, erfolgt die Quittierung vom Empfänger der Pakete, also der anderen Datenendeinrichtung.

Die unterschiedliche Art der Quittierung führt natürlich auch zu einem unterschiedlichen Zeitverhalten, bei der ersten Art kann die Quittierung viel schneller erwartet werden als bei der zweiten.

Der Quittierungsmechanismus ist ähnlich dem von HDLC, es wird immer die Nummer des Pakets angezeigt, welche erwartet wird. Quittiert werden kann auch mit Datenpaketen, ähnlich wie die Quittierung durch I-Frames bei HDLC. Bei der Quittierung kann ein Fenster (*window*) gebildet werden, mit einer Quittung wird eine Sequenz von Paketen bestätigt.

Eine Aufforderung zur Quittierung vergleichbar dem Poll/Final-Bit von HDLC ist nicht vorgesehen. Die Größe des Fensters wird durch die Größe des Zählers beschränkt, nach der ursprünglichen Empfehlung X.25 sollte sie nicht größer als 2 werden. Die Verwendung von Modulo-128-Zählern gestattet die Bildung großer Fenster. Die Bildung großer Fenster führt dann besonders zu einer besseren Leitungsausnutzung, wenn der Datenverkehr nur in einer Richtung stattfindet. Die Zahl der Pakete zur Bestätigung kann dann klein gehalten werden; damit steht die Leitung für andere virtuelle Verbindungen zur Verfügung.

Das More-Data-Bit kommt nur in den Datenpaketen vor. Wenn es gesetzt ist, zeigt es an, dass das nachfolgende Paket logisch noch zu dem aktuellen Paket gehört. Wenn ein Paket allerdings nicht die maximal erlaubte Länge (128 Oktette) erreicht, wird das More-Data-Bit ignoriert.

Das More-Data-Bit erfüllt zwei Zwecke:

- es zeigt dem Empfänger der Paket-Sequenz den logischen Zusammenhang von Daten an
- es ermöglicht es dem Netzbetreiber, Pakete im Netzwerk zu größeren Einheiten zusammenzufassen, um die Leitungskapazitäten besser auszunutzen. Von der DÜE an den Empfänger werden allerdings wieder die Pakete der ursprünglichen Länge ausgeliefert, die Blockung findet also nur innerhalb des Netzwerks statt. Es wird angenommen, dass bei logisch zusammenhängenden Paketen es nicht auf die Zeit bei der Auslieferung eines Pakets ankommt, sondern auf die Zeit zur Auslieferung der gesamten Nachricht.

Der Paketfluss über eine virtuelle Verbindung kann durch Pakete, die nicht Datenpakete oder Bestätigungspakete sind, unterbrochen werden.

1. Rücksetzen der Virtuellen Verbindung (*reset*): Durch das Rücksetzen wird die virtuelle Verbindung nicht aufgelöst, sondern sie wird wieder in den Anfangszustand versetzt, d.h. alle Zähler werden auf 0 gesetzt. Dann kann die Datenübertragung fortgesetzt werden.

2. Unterbrechnungspakete: Unterbrechungspakete liefern Daten an den Endteilnehmer aus, sie werden nicht mit Sequenznummern versehen, sie müssen allerdings durch das Paket "Unterbrechnungsbestätigung" (*Interrupt Confirmation*) bestätigt werden. Die Anzahl der Daten, die mit einem Unterbrechungspaket übermittelt werden können, ist auf 32 Oktette beschränkt.

3. Restart: Während sich alle bisher beschriebenen Pakete auf eine bestimmte Virtuelle Verbindung beziehen, bezieht sich Restart auf keine bestimmte virtuelle Verbindung, als logische Kanalnummer wird die 0 verwendet, die nicht für virtuelle Verbindungen eingesetzt werden kann.

Restart hat zwei Wirkungen:

- bei gewählten virtuellen Verbindungen werden alle Verbindungen ausgelöst, also beendet,
- auf die permanenten virtuellen Verbindungen wirkt Restart wie ein Rücksetzen.

Für mehrere Pakete muss nach dem Header ein Grund für die Bildung des Pakets (*cause*) und eine Diagnoseanweisung gegeben werden, es seien drei Beispiele genannt.

1. Auslösen der Verbindung (*clear indication*): es werden insgesamt 14 mögliche Gründe aufgeführt, Beispiele wären
- Wunsch des Teilnehmers (DTE *originated*), Code 00
- Netzwerkverstopfung (*network congestion*), Code 05

2. Rücksetzen der Verbindung (*reset*): es werden 9 Gründe aufgeführt, Beispiele wären
- Wunsch des Teilnehmers (DTE *originated*), Code 00
- Störung bei den Sequenznummern (*out of order*), Code 09

3. Restart für die gesamte Schnittstelle: es werden 5 Gründe aufgeführt, Beispiele wären
- Wunsch des Teilnehmers (*DTE originated*), Code 00
- Lokaler Prozedurfehler (*local procedure error*), Code 03.

In allen drei Fällen bedarf der Aufruf des Vorgangs durch den Endteilnehmer also keiner eigentlichen Begründung; bei Auslösung der Vorgänge durch das Netzwerk muss dem Endteilnehmer der Grund mitgeteilt werden.

In einigen Fällen wird die Angabe des Grundes mit einem Diagnosecode ergänzt; die Liste der Diagnose-Codes umfasst etwa 80 Einträge, z.B.

- Ungültige Sendesequenznummer (*invalid* P(S)) Code 01
- Ungültige aufgerufene Adresse (*invalid called address*), Code 43
- Internationales Netzwerkproblem, Code 72
- Zeitweiliges Routing-Problem (*Temporary routing problem*), Code 78

5.3 Frame Relay

Frame-Relay (Rahmenvermittlung) wird immer mit dem englischen Begriff bezeichnet. Es wird als eine Weiterentwicklung der Paketvermittlung nach X.25 gesehen.

Grundsätzlich bietet Frame-Relay eine geringere Zuverlässigkeit als X.25. Die Zweckmäßigkeit des Frame-Relay wird auch damit begründet, dass die eigentlichen Übertragungsstrecken heute zuverlässiger sind als in den 70- und 80-iger Jahren, als X.25 konzipiert wurde.

Wie der Name bereits aussagt, ist Frame-Relay ein Protokoll der Ebene 2, während X.25 die Ebenen 1-3 umfasst. Frame-Relay wird auch als Stromlinien-Version von X.25 bezeichnet (*streamlined version*). Wegen des vereinfachten Verwaltungsverfahrens soll es effektiver arbeiten als X.25.

Neben den ITU-T-Empfehlungen gibt es für Frame-Relay auch Normen von ANSI und sowie Entwicklungen von Firmen-Konsortien.

Ähnlich wie bei Netzen nach X.25 werden auch bei Frame-Relay die Endgeräte (DTE, *data terminal equipment*) von den Datenübertragungseinrichtungen (DCE, *data circuit-terminating equipment*) unterschieden.

Frame-Relay arbeitet mit virtuellen Verbindungen. Diese schaffen eine bidirektionale Verbindung zwischen zwei Endsystemen, sie wird durch den

DLCI (*data-link connection identifier*)

gekennzeichnet. Der DLCI hat wie bei X.25 nur lokale Bedeutung. Auf einer virtuellen Verbindung werden verschiedene DLCIs verwendet. Es gibt auch permanente virtuelle Verbindungen.

Eine Kommunikationssitzung besteht aus vier Operations-Zuständen:

1. Aufbau der Verbindung (*call setup*)
2. Datenübertragung (*data transfer*)
3. Untätig (*idle*)
4. Verbindungsabbau (*call termination*)

Der Zustand Idle besteht dann, wenn keine Daten übertragen werden, die Virtuelle Verbindung aber noch besteht. Wenn eine Virtuelle Verbindung für einen festgelegten Zeitraum in diesem Zustand ist, wird die Verbindung aufgelöst (*terminated*). Dies gilt natürlich nicht für die Permanenten Virtuellen Verbindungen.

Für den Aufbau, den Unterhalt und den Abbau der Virtuellen Verbindungen werden in der Regel die gleichen Signalisierungs-Protokolle verwendet wie in ISDN (vergl. Abschnitt 4.4.3).

Bild 5-8 zeigt den Aufbau des Frames. Er ist nach dem Vorbild des HDLC-Frames gebildet (vergl. Abschnitt 4.2.1), zeigt aber einen anderen Aufbau des Headers.

Flag	Addresse	Daten	Prüfsequenz	Flag
8 bit	16 bit	Maximal 16 000 Oktette	16 bit	8 bit

Bild 5-8 Rahmenaufbau bei Frame-Relay

Die „Adresse" enthält neben den zwei Bits für die Festlegung der Adress-Größe von 16 Bits (EA, *extended address*) folgende Informationen:

- DLCI (10 bit). Nimmt die gleiche Funktion wahr wie die Logische Kanal-Nummer bei X.25, nämlich die Kennzeichnung der virtuellen Verbindung an einer bestimmten Schnittstelle.
- Command/Response (1 bit). Mit diesem Bit soll zwischen den bei HDLC bekannten Kommandos und Antworten unterschieden werden. Das Bit wird z.Zt. nicht ausgewertet.

Die drei nachfolgend beschriebenen Bits dienen dem Umgang mit überlasteten Netzwerken, bei denen eine Verstopfung oder Verstopfungsgefahr (*congestion*) vorliegt.

- FECN (*Forward-Explicit Congestion Notification*). Das Bit wird von einem Vermittlungsgerät gesetzt, um einem Endgerät anzuzeigen, dass eine Verstopfung in der Richtung der von diesem Endgerät gesendeten Frames erwartet wird.
- BECN (*Backward-Explicit Congestion Notification*) wird von einem Vermittlungsgerät gesetzt, um einem Endgerät anzuzeigen, dass eine Verstopfung in der Richtung der empfangenen Frames erwartet wird.
- DE (*Discard Eligibility*) wird vom Endgerät gesetzt. Es hat eine ähnliche Funktion wie das Bit für Cell-Loss-Priority (CLP) in ATM-Systemen (vergl. Abschnitt 4.4.4). Wenn ein Frame mit dem gesetzten DE-Bit markiert ist, soll er bei Situationen, bei denen Frames gelöscht werden (kein Pufferspeicher), bevorzugt gelöscht werden.

Der Vorteil von Frame-Relay beim Vergleich mit X.25 ist die bessere Ausnutzung der zur Verfügung stehenden Bandbreite. Frame-Relay bietet dagegen keine Möglichkeit der Neuübertragung bei Datenverlusten und keine Flusskontrolle.

5.4 Protokolle für Internetworking

Unter Internetworking versteht man die Arbeit in einem System miteinander verbundener Netzwerke, die von unterschiedlichem Typ sind. Im Dokument für das Internet-Protokoll wird dies „Gebrauch in untereinander verbundenen Systemen von Pakete vermittelnden Computer-Kommunikationsnetzwerken (*use in interconnected systems of packet-switched computer communication networks*)" genannt. Diese Systeme werden auch als „Catenets" bezeichnet. Die Nachrichtenübertragung kann nur als Paketvermittlung stattfinden. Übertragung von Paketen in Netzwerken, die auch auf den Ebenen 1 und 2 homogen gestaltet sind, wie es z.B. bei Netzwerken nach X.25 (siehe Abschnitt 5.2) stattfindet, ist kein Internetworking.

5.4.1 Aufgaben des Internetworking

Aufgabe des Internetworking ist die Übertragung einer Nachricht (Paket) vom Absender zum Empfänger über mehrere, unterschiedliche Netzwerke. Dazu wird ein Regelwerk (Protokoll) benötigt, welches unabhängig von den einzelnen Netzwerken ist.

Es gibt mehrere Protokolle für das Internetworking, das bekannteste ist das in 5.4.4 beschriebene „Internet Protocol (IP)".

Dabei kann unterschieden werden:

- Gebrauch des Protokolls in einem abgeschlossenen System innerhalb einer Firma oder Organisation; dies wird als „**internet**" bezeichnet.
- Gebrauch des Protokolls für ein weltweites, für jeden offenes System; dieses wird als „**Internet**" bezeichnet.
- Gebrauch des Protokolls in einem abgeschlossenen System in einer Firma oder Organisation; es wird aber begrenzter Zugriff auch nach „außen" in das Internet zugelassen. Diese Systeme bezeichnet man als „**Intranet**".

Ein Internetwork-Protokoll soll so aufgebaut sein, dass es keinerlei Einschränkungen für die zu verwendenden Systeme auf den Ebenen 2 und 1 bringt. Da die Nachrichten in Paketen übertragen werden, die den Datenteil der Frames auf der Ebene 2 bilden, kann die asynchrone Übertragung allerdings nicht eingesetzt werden. Obwohl die ursprünglichen Konzepte vom Betrieb über LANs ausgingen, müssen die Protokolle auch in der Lage sein, WAN-Verbindungen zu benutzen.

Grundsätzlich darf es keine Einschränkungen geben, was die Datenübertragungsrate der verwendeten Netzwerke betrifft. Es kann allerdings vorkommen, dass bestimmte Anwendungen mit zu niedrigen Datenübertragungsraten nicht sinnvoll zu realisieren sind.

Weiterhin muss das Netzwerk Nachrichten mit einer bestimmten Mindestlänge übertragen können. Da jedes Paket über einen Header mit einer bestimmten Länge verfügt, kann ein sinnvoller Betrieb nur dann stattfinden, wenn die PDU der Ebene 2 einen Nachrichtenblock übertragen kann, der deutlich länger als der Header ist. Bei Netzwerken, die dazu nicht in der Lage sind, etwa ATM mit 48 Oktetten, müssen für den Internetwork-Betrieb besondere Methoden entwickelt werden.

Für den Übergang von einem Netzwerk zum anderen werden vermittelnde Geräte benötigt, die als Gateways oder Router bezeichnet werden.

Zur Aufgabe der Übertragung von Paketen vom Absender zum Empfänger können Aufgaben wie die End-zu-End-Kontrolle, Flusssteuerung, Sequenzbildung u.ä. kommen. Diese Aufgaben können aber auch von Protokollen höherer Ebenen oder von Zusatz-Protokollen wahrgenommen werden.

Zur Erreichung der Hauptaufgabe muss besonders für

- Einheitliche Adressierung
- Möglichkeit der Fragmentierung

gesorgt werden.

5.4.2 Adressierung

Es muss eine Adressierung geschaffen werden, welche unabhängig von der Adressierung der Stationen in den einzelnen Netzwerken ist. Diese Adressen müssen einmalig sein für das gesamte System, beim Internet also weltweit. Dies ist notwendig, weil:

- Die gleiche Adresse in unterschiedlichen Netzwerken mehrfach auftreten kann, so wie die gleiche Telephonnummer in Dresden und Leipzig bestehen kann. Die heute vorhandenen LANs haben in der Regel allerdings Adressen für ihre Stationen, welche weltweit einmalig sind. Dies gilt nicht nur für Ethernet (siehe 4.3.3), wo dies ausdrücklich vorgeschrieben ist.
- Unterschiedliche Netzwerke unterschiedliche Adressierungssysteme verwenden. Die Adressen können unterschiedlich groß sein. In einigen LANs werden die Adressen mit LSB first(*least significant bit first*) übertragen, in anderen mit MSB first.
- Eine Adresse für das Internetworking kann auch in der Art gebildet werden, dass die Adresse der Ebene 2 für das Gerät als Teil der Adresse für das Internetworking verwendet wird. So wird in der Regel bei IPX (siehe 5.5.1) verfahren. Bei IP wäre diese Methode nicht anwendbar, da eine LAN-Adresse in der Regel 6 Oktette groß ist, die IP-Adresse aber nur 4 Oktette umfasst.
- Adressen für das Internetworking werden immer über Software verwaltet, sind also nicht, wie bei LANs üblich, durch die Hardware festgelegt (eingebrannt).

5.4.3 Fragmentierung

Die bereits in Abschnitt 5.1.6 angesprochene Fragmentierung ist beim Internetworking besonders wichtig, da die Netzwerke der Ebene 2 über unterschiedliche Vorschriften für den Aufbau von Frames verfügen. Für das Paket einschließlich Header steht der Datenteil (Informationsfeld) des Frames zur Verfügung. Die maximale Anzahl von Oktetten für diesen Teil wird als MTU (*maximal transmission unit*) bezeichnet. Der kleine MTU-Wert auf dem Weg vom Absender zum Empfänger wird als Pfad-MTU bezeichnet (*path MTU*, PMTU). Pakete, die weniger oder gleich viele Oktette wie die PMTU enthalten, werden nicht fragmentiert.

Eine Blockung, also die Zusammenfassung von kleineren Paketen zu einem größeren Paket, ist im Internetworking nicht üblich. Da die verbreiteten Protokolle IP und IPX den Datagramm-Verkehr betreiben, wäre sie auch nicht möglich.

Die Internetworking-Protokolle gehen davon aus, dass auch bei gleichem Absender und Empfänger unterschiedliche Wege verwendet werden können. Dies gilt auch für die Fragmente, in die ein Paket zerlegt werden kann.

Auf die Realisierung der Fragmentierung nach dem IP wird in Abschnitt 5.4.4.3 eingegangen.

5.4.4 Das IP-Protokoll

Das Internet Protocol (IP) ist definiert nach RFC 791 „Internet Protocol. DARPA Internet Program Protocol Specification" von 1981. Dabei handelt es sich um die Version 4. Wie aus dem Titel hervorgeht, war es ursprünglich für den Einsatz im militärischen Bereich entwickelt worden. DARPA steht für Defense Advanced Research Projekt Agency. Manchmal findet man statt des Begriffs IP-Paket auch die Bezeichnung DoD-Paket (*Departement of Defense*). Heute überwiegt die zivile Anwendung des Protokolls bei weitem.

Für das IP gibt es unterschiedliche Versionen. Die seit den 80-er Jahren verwendete Version hat die Nummer 4; es liegen die Regeln für die Version 6 vor. Die Abschnitte 5.4.4.1 bis 5.4.4.9 befassen sich mit der Version 4. Der Abschnitt 5.4.4.10 gibt einen Einblick in die Version 6.

IP ist ein Protokoll für den Datagrammverkehr. Es bestehen keine Verbindungen. Rückmeldungen erfolgen nicht innerhalb des IP.

5.4.4.1 Aufbau der Nachrichten, Adressierungsschema

Es gibt nur einen Typ von Paketen, das „Datenpaket“. Da es sich um einen Datagramm-Verkehr handelt, sind Pakete zur Steuerung des Datenflusses nicht vorgesehen. Das Paket besteht aus dem Header und dem Datenteil. Wieweit sich der Datenteil aus Headern höherer Ebene und Daten zusammensetzt, ist für den IP-Verkehr nicht relevant.

Für den Datenteil gilt:

- Er muss sich aus einer ganzzahligen Anzahl von Oktetten zusammensetzen.
- Die Gesamtzahl der Oktette darf $2^{16} - 1$ nicht übersteigen (65535), für die maximale Länge des Datenteils ist von dieser Zahl die Anzahl der Oktette des Headers, in der Regel 20, abzuziehen.
- Es herrscht Code-Transparenz, d.h. im Datenteil können alle beliebigen Kombinationen von Bits auftreten.

Bild 5-9 zeigt den Aufbau des Headers.

<table>
<tr><td>Version</td><td>IHL</td><td>Type of Service</td><td colspan="2">Totale Länge</td></tr>
<tr><td colspan="3">Identifikation</td><td>Flags</td><td>Fragment Offset</td></tr>
<tr><td colspan="2">Time to Live</td><td>Protocol</td><td colspan="2">Header Checksum</td></tr>
<tr><td colspan="5">Quelleadresse (source address)</td></tr>
<tr><td colspan="5">Zieladresse (destination address)</td></tr>
<tr><td colspan="5">Optionen
(mit Padding)</td></tr>
</table>

Bild 5-9 Aufbau des IP-Headers

Der Header besteht aus:

Versionsnummer (4 bit): diese stellt die ersten Bits des Headers dar, auch in der Version 6 ist die Versionsnummer an dieser Stelle angebracht, so dass Pakete unterschiedlicher Version unterschieden werden können.

IHL (4 bit): Da der Header durch Optionen erweitert werden kann, muss dem Empfänger angegeben werden, wie lang er ist. Die in diesem Feld **„Internet Header Length“** eingetragene Zahl bezeichnet die Anzahl von 4-Oktett-Gruppen. Der Header ohne Optionen ist 20 Oktette groß; dafür muss die Zahl 5 eingetragen werden. Optionen, welche nicht eine ganzzahlige Anzahl von 4-Oktett-Gruppen erfordern, müssen auf diese Grenze aufgefüllt werden (*padding*).

Typ of Service (8 bit): Es handelt sich um Merker und Prioritätsangaben zur Behandlung der Pakete bei der Vermittlung. Auf die Bedeutung wird unter Dienstqualität im Abschnitt 5.4.4.4 eingegangen.

Gesamtlänge des Datagramms (*total length*) (16 bit): die Länge wird in Oktetten einschließlich des Headers angegeben, damit wird die Länge des Pakets auf 65535 Oktette begrenzt. Wenn das Paket fragmentiert ist, bezieht sich die Angabe auf die Länge des Fragments, nicht des Gesamtpakets. IP schreibt vor, dass jedes Gerät (Endgeräte und vermittelnde Geräte) mit Datagrammen der Länge von 576 Oktetten umgehen können muss. Dieser Zahlenwert für die Bearbeitung in den Knoten ist nicht mit dem MTU-Wert, der für die Übertragung von Knoten zu Knoten gilt, zu verwechseln.

Identifikation (16 bit): eine Zahl, die bei der Fragmentierung benötigt wird, um die Zugehörigkeit eines Fragments zu einem bestimmten Paket zu bestimmen (siehe Abschnitt 5.4.4.3).

Flags (Merker) (3 bit): von den drei Bits ist eins nicht in Benutzung, es wird auf 0 gesetzt. Die beiden anderen Merker-Bits dienen der Fragmentierung und werden in 5.4.4.3 erläutert.

Fragment-Offset (13 bit): gibt die relative Position des ersten Oktetts des Fragments im Gesamtpaket an. Die Zahl, die eingetragen ist, ist mit 8 zu multiplizieren. Die Oktetts werden dabei ab 0 gezählt.

Time to live, TTL (8 bit): es soll der maximale Zeitraum definiert werden, den das Paket noch im Netzwerk verweilen darf, ehe es das Ziel erreicht oder vernichtet wird. Der Zeitraum wird in Sekunden angegeben (maximaler Wert 256 Sekunden). Die Zahl wird im jedem vermittelnden Gerät um 1 vermindert, unabhängig von der Verweilzeit in diesem Gerät. Wenn die Verweilzeit allerdings 1 Sekunde überschreitet, wird die Zahl weiter vermindert, dies kommt aber kaum vor. Der Durchgang eines Pakets durch ein vermittelndes Gerät wird als „Hop" bezeichnet. Damit wird der Wert im Feld TTL, welchen der Absender setzt, zur Angabe darüber, wie viele Hops das Paket machen darf. Wenn der Wert auf 0 geht, wird das Paket vernichtet. Die Verwendung von TTL soll erreichen, dass kein Paket „ewig" im Netz bleibt. Diese Gefahr bestände sonst bei Fehlern im Routing (kreisende Pakete) oder bei Paketen, die nicht ausgeliefert werden können, weil es keine Station mit der angegebenen Zieladresse gibt (*undeliverable datagram*).

Protokoll (8 bit): es handelt sich um den SAP (*service access point*) für das Protokoll der Ebene 4. Die einzutragenden Zahlen sind von der IANA festgelegt. Da nur 256 verschiedene Werte möglich sind, ist die Liste relativ kurz. Bekannte Beispiele sind

1 ICMP siehe Abschnitt 5.4.4.8

6 TCP siehe Abschnitt 6.2.1

17 UDP siehe Abschnitt 6.2.2.

Header-Prüfsumme (*checksum*) (16 bit): die Prüfsumme, die als CRC-Zeichen gebildet wird, erfasst nur den Header des Pakets. Da sich der Header in jedem vermittelnden Gerät ändert (Herunterzählen des TTL-Werts), muss die Prüfsumme in jedem vermittelnden Gerät neu berechnet werden.

Quelladresse (32 bit): es gelten die gleichen Regeln wie für die Zieladresse.

Zieladresse (32 bit): Es handelt sich immer um das Endziel, also nicht um die Adresse des nächsten Geräts, welches das Paket weitervermitteln soll. Es wird immer die volle Adresse angegeben, auch wenn Quelle und Ziel sich im gleichen lokalen Netzwerk befinden.

Optionen: die Optionen können 1 oder mehrere 4-Oktett-Gruppen umfassen. Da das Feld IHL maximal die Zahl 15 enthalten kann, ist die Länge des Headers auf 60 Oktette, die Länge der Optionen damit auf 40 Oktette begrenzt. Da die tatsächlich benötigte Zahl von Oktetten nicht immer durch 4 teilbar ist, muss die Anzahl der relevanten Oktette angegeben werden. Neben der Option, welche nur 1 Oktett groß ist und die keine Längenangabe hat, besteht die Option aus:

- Option-Typ-Oktett
- Option-Längenfeld
- Option-Daten-Oktette

Das Längenfeld zählt alle Felder der Option, nicht nur die Option-Daten-Oktette.

Optionen können aus Gründen der Sicherheit (*security*), zur Übertragung von Zeitmarken, zur Festlegung von Routen usw. eingesetzt werden.

IP-Adressen bestehen aus 4 Oktetten. Die übliche Darstellung wird als Dot-Notation bezeichnet. Dabei gilt:

- Jedes Oktett wird als Dezimalzahl geschrieben.
- Die Oktette werden durch Punkte (*dots*) getrennt.

Ein Beispiel für eine IP-Adresse in der Dot-Notation wäre 193.22.71.12.

Die IP-Adresse (32 bit) besteht aus zwei Teilen:

- Nummer des Netzwerks
- Nummer der Station im Netzwerk.

Dabei werden drei Klassen gebildet, die sich durch die Größe der Netzwerknummer und damit auch der Stationsnummer unterscheiden:

- Klasse A 8 Bit Netzwerknummer, 24 Bit Stationsnummer
- Klasse B 16 Bit Netzwerknummer, 16 Bit Stationsnummer
- Klasse C 24 Bit Netzwerknummer, 8 Bit Stationsnummer.

Die drei Klassen unterscheiden sich in den führenden Bits, damit kann jedes Gerät die Adresse analysieren.

- Klasse A beginnt mit 0 (dual) Bereich: 0.0.0.0 – 127.255.255.255
- Klasse B beginnt mit 10 (dual) Bereich: 128.0.0.0 – 191.255.255.255
- Klasse C beginnt mit 110 (dual) Bereich: 192.0.0.0 – 223.255.255.255

Die unter Bereich angegebenen Zahlenbereiche können allerdings nicht voll ausgenutzt werden, denn es gilt:

- Die Stationsnummer 0 darf nicht verwendet werden. Diese Adresse bezeichnet das gesamte Netzwerk.

- Die höchstmögliche Stationsnummer darf nicht verwendet werden, sie dient als Rundspruchadresse (*broadcast*).
- Die Netzwerknummer 0 kennzeichnet das Netzwerk, in welchem das Paket sich aktuell befindet. Diese Adresse wird nur im ICMP verwendet.
- Die Adresse 127.0.0.1 kennzeichnet das eigene System (*local host*).

So würde das Klasse-C-Netzwerk 193.22.72 über die Stationsnummern 193.22.72.1 bis 193.22.72.254 verfügen, die Netzwerkadresse wäre 193.22.72.0 und die Rundspruchadresse 103.22.72.255.

Die Adressen ab 224.0.0.0. stehen nicht für Stationsadressen zur Verfügung, sondern dienen besonderen Zwecken, z.B. der Gruppenadressierung.

Mit IP-Adressen müssen nicht nur die Endsysteme, sondern auch die vermittelnden Systeme versehen sein, da Routing-Tabellen und Routing-Protokolle mit diesen Adressen arbeiten. Weiterhin müssen alle Geräte, die die Netzwerkverwaltung nach SNMP (*Simple Network Management Protocol*) verwenden, über IP-Adressen verfügen, dies kann z.B. auch für Hubs gelten.

5.4.4.2 Netzwerke und Subnetting

Die Adressierung ist nicht rein logisch, sondern orientiert sich am physikalischen Aufbau der Netzwerke, die miteinander verbunden sind.

Wie im vorigen Abschnitt ausgeführt, besteht jede Adresse aus einem Teil für das Netzwerk und einem für die Station im Netzwerk. Innerhalb der Netzwerke gibt es keine Hierarchie. Grundsätzlich könnte sich das Netzwerk 196.22.72 in Deutschland und das Netzwerk 196.22.73 in Paraguay befinden. Durch die Praxis der Vergabe der internationalen Adressen, welche blockweise nach Kontinenten und Ländern erfolgt, wird dies allerdings so nicht eintreten. Dieses Adressierungsschema wird als „flach" bezeichnet (*flat addressing sheme*). Ein weniger flaches Schema wären z.B. die Telefonnummern, die aus Länderkennzahl, Ortskennzahl und Anschlussnummer bestehen.

Unter einem Netzwerk wird dabei ein System verstanden, welches direkt Nachrichten der Ebene 2 von einem Knoten zum anderen übertragen kann. Bei einem LAN können in diesem Netzwerk durchaus Hubs, Switchs, Bridges o.ä. vorhanden sein. Es kann auch aus Segmenten mit verschiedenen Übertragungsgeschwindigkeiten bestehen. Es könnte aber kein Netzwerk mit einem Teil nach Ethernet und einem anderen nach FDDI sein.

Wenn WAN-Verbindungen im Internet eingesetzt werden, wirkt das gesamte WAN als ein Netzwerk, auch wenn die Nachricht über viele Knoten geleitet wird. Dies gilt sowohl für WANs mit Leitungs- wie mit Paketvermittlung.

Ein System, welches an mehrere Netzwerke angeschlossen ist, muss für jedes dieser Netzwerke eine IP-Adresse haben. Das bedeutet, dass die Zahl der IP-Adressen der Zahl der Netzwerkkarten entspricht. Mehrfache Adressen sind besonders bei vermittelnden Geräten notwendig, während Endgeräte in der Regel nur über eine IP-Adresse verfügen. Wenn z.B. ein Router ein LAN nach Ethernet mit der IP-Netzwerknummer 195.1.11 und ein FDDI-Netzwerk mit der IP-Netzwerknummer 155.12 verbindet, könnte es die Adressen

195.1.11.33 und

155.12.1.34 haben.

Die Stationsnummer für jeden Anschluss kann frei gewählt werden.

Die Klasseneinteilung schafft Netzwerke bestimmter Größe, z.B. können in einem Klasse-C-Netzwerk 254 Stationen vorhanden sein. Wenn diese Zahl nicht ausreicht, müsste eine Klasse-B-Adresse verwendet werden. Darin können aber 65 534 Stationen angeschlossen werden. Diese Zahl kann im LAN-Bereich nie erreicht werden, z.B. ist die Zahl der Stationen bei Ethernet auf 1024 begrenzt.

Andererseits würde ein Netzwerk von 30 Stationen, welches nach Klasse C adressiert ist, von den potenziell vorhandenen 254 Adressen 224 nicht ausnutzen. Diese Adressen können von niemand anderem verwendet werden, auch nicht innerhalb der eigenen Firma.

Um das System flexibler zu gestalten, werden „Masken" eingeführt. Eine Maske (*masc*), auch bezeichnet als Subnet-Maske, besteht aus 32 Bits. Sie wird ebenfalls in der Dot-Notation angegeben. Die in der Maske vorhandenen „1" bestimmen den Netzwerkteil der Adressen, die „0" den Teil für die Stationsnummer.

Die Maske kann grundsätzlich auch verwendet werden, um Netzwerke zu schaffen, die größer sind als nach der Klasseneinteilung vorgesehen. Wenn ein Benutzer z.B. über die Netzwerkadressen 199.12.132 bis 199.12.135 verfügt, kann er eine Maske bilden, die diese vier Netze mit einer Adresse zusammenfasst.

Tabelle 5-7 zeigt ein Rechenbeispiel für diesen Fall. Die Maske ist 255.255.252.0, binär 11111111 11111111 11111100 00000000. Es liege die IP-Adresse 199.12.134.17 vor.

Ohne eine Maske wäre diese Adresse der Klasse C zu interpretieren als

Station 17 im Netzwerk 199.12.134.

Die sich durch die Maske ergebende Netzwerknummer würde in der Dot-Notation geschrieben als

199.12.132

die Stationsnummer als 2.17.

Die Zusammenfassung kleinerer Netzwerke mit einer Maske zu größeren Netzwerken kann die Routing-Tabellen vereinfachen.

Tabelle 5-7 Rechenbeispiel zur Zusammenfassung von Netzen

Maske	11111111	11111111	11111100	00000000
Adresse	11000111	00001010	10000110	00010001
Netzwerk	11000111	00001010	10000100	00000000
Station	00000000	00000000	00000010	00010001

Die häufigste Verwendung der Masken ist die Bildung kleinerer Netze, diese werden als Subnets, die Tätigkeit als Subnetting bezeichnet.

Tabelle 5-8 zeigt ein gleich aufgebautes Rechenbeispiel für die Maske 255.255.255.192 und die Adresse 195.12.4.155

In der Dot-Notation ist die Netzwerknummer 195.12.4.128, die Stationsnummer 27.

Tabelle 5-8 Rechenbeispiel zur Bildung von Subnets

Maske	11111111	11111111	11111111	11000000
Adresse	11000011	00001010	00000100	10011011
Netzwerk	11000011	00001010	10000100	10000000
Station	00000000	00000000	00000000	00011011

Tabelle 5-9 gibt einige Beispiele für die Verwendung von Masken bzw. die Interpretation von Adressen bei gegebener Maske.

Tabelle 5-9 Beispiele zum Subnetting mit Masken

Maske	**Adresse**	**Netzwerk-nummer**	**Stationsnummer**
255.255.0.0	94.12.13.14	94.12	13.14
255.255.240	151.12.225.11	151.12.224	1.11
255.255.255	151.12.225.11	151.12.225	11
255.255.255	193.22.67.11	193.22.67	11
255.255.255.128	201.201.23.77	201.201.23.0	77
255.255.255.240	201.201.23.77	201.201.23.64	13

Ein Effekt des Subnetting ist die Verminderung der Stationsadressen. Die oben genannten Regeln bestehen auch innerhalb der Subnets. Wenn im letzten Beispiel der Tabelle 5-5 kein Subnetting stattfinden würde, gilt:

Netzwerknummer	201.201.23
Netzwerkadresse	201.201.23.0
Rundspruchadresse	201.201.23.255
Verfügbare Stationsadressen	201.201.23.1 bis 201.201.23.254 (254 Adressen)

Die Maskenbildung mit 255.255.255.240 führt zur Bildung von 16 Teilnetzen. Damit treten 16 Netzwerkadressen auf (201.201.23.0/201.201.23.16 .... 201.201.23.240).

Weiter treten 16 Rundspruchadressen auf (201.201.23.15/201.201.23.31 ...... 201.201.23.255).

In jedem Teilnetz stehen 14 Stationsadressen zur Verfügung, damit vermindert sich durch das Subnetting die Zahl der verfügbaren Stationsadressen von 254 auf 224 Adressen.

Das Subnetting führt zur effektiveren Ausnutzung des Adressraums, aber nicht zur optimalen Ausnutzung, da man an die Potenzen von 2 gebunden ist. Wird z.B. ein Netzwerk von 35 Stationen ins Internet eingebunden, muss ein Subnet mit 64 Adressen (62 ausnutzbar) gebildet werden (Maske 255.255.255.192). Damit bleiben 27 Adressen unausgenutzt.

Der immer mehr zunehmende Bedarf an Datenübertragung führte zur Bildung immer kleinerer LANs. Damit wuchs die Notwendigkeit von Subnetting, um die vorhandenen Adressen auszunutzen. Durch den Einsatz von Bridges oder Switches können aber LANs gebildet werden, die aus Sicht des IPs ein einheitliches Netz darstellen, und die ein hohes Verkehraufkommen vertragen können, da die Geräte den Verkehr gezielt innerhalb des LANs vermitteln. Durch die Schaffung solcher LANs ist der Bedarf an Subnetting teilweise wieder geringer geworden.

Die Software für IP-Netzwerke geht von der Verwendung der Masken aus. Wenn die Klasseneinteilung beibehalten werden soll, muss trotzdem eine entsprechende Maske angelegt werden. Diese Maske wird als Default-Maske bezeichnet. Sie wäre z.B. bei einem Klasse-C-Netzwerk 255.255.255.0.

5.4.4.3 Fragmentierung

Fragmentierung wird dann notwendig, wenn das IP-Paket größer ist als die zulässige Ebene-3-Nachricht im Rahmen des auf Ebene 2 verwendeten Protokolls. Die höchstzulässige Länge der Ebene 3-Nachricht wird als MTU (*maximal transmission unit*) bezeichnet.

Für die Fragmentierung gelten einige Regeln, die teilweise allerdings „Sollvorschriften" sind.

1. Fragmentierung sollte grundsätzlich vermieden werden.
2. Fragmentierung sollte nicht bereits im sendenden Endsystem, sondern nur in Routern stattfinden.
3. Die Wiederzusammensetzung der Pakete aus den Fragmenten (*reassembling*) findet im empfangenden Endsystem statt.

Zur Erfüllung der ersten Regel gibt es eine Reihe von Maßnahmen, die am Ende des Abschnitts beschrieben werden. Fragmentierung macht die Arbeit der Systeme komplexer und erhöht die Fehleranfälligkeit. Grundsätzlich kann sie aber nicht verboten werden, so dass die erste Regel eine Sollvorschrift ist.

Die zweite Regel geht davon aus, dass ein sendendes Gerät seine Nachrichten der Ebene 4 so formatieren kann, dass IP-Pakete gebildet werden, deren Länge gleich oder kleiner der MTU des Netzwerks, an das das System angeschlossen ist. Nach den Regeln des OSI-Referenzmodells ist aber die Bildung der Ebene-4-Nachrichten in der Verantwortung der Ebene 4 und unabhängig von der Ebene 3. IP kann sich grundsätzlich nicht weigern, Ebene 4-Nachrichten zu senden, die eine Fragmentierung bereits beim Absender erfordern. Auch die zweite Regel ist eine Sollvorschrift.

Die dritte Regel muss unbedingt angewandt werden, ist also keine Sollvorschrift, sondern zwingend. Bei einem Datagramm-Verkehr ist es nicht sicher, dass die Nachrichten immer den gleichen Weg nehmen. Dies gilt auch für die Fragmente, die ein Paket bilden. Dies kann zur schlechten Ausnutzung von Netzwerken führen. Wenn z.B. ein Paket von A nach B übertragen werden soll, wozu drei Netze und 2 Router notwendig sind, könnte gelten:

Netzwerk zwischen A und Router 1	MTU = 2000
Netzwerk zwischen Router 1 und Router 2	MTU = 1500
Netzwerk zwischen Router 2 und B	MTU = 4500

Wenn A ein Paket von 1800 Oktetten sendet, muss es von Router 1 in zwei Fragmente zerlegt werden. Diese Fragmente sind höchstens 1500 Oktette groß. Sie werden dann von Router 2 empfangen und nach B weitergesendet. Die Fragmente nutzen das Netzwerk mit MTU = 4500 schlecht aus. Router 2 darf aber keine Zusammenfassung durchführen, da nicht absolut sicher ist, dass beide Fragmente überhaupt über Router 2 laufen.

Zur Fragmentierung dienen vier Angaben im Header:

- **Identifikation** (16 bit). Jedes Paket enthält hier eine Zahl, wenn das Paket fragmentiert wird, wird die Zahl in alle Fragmente übernommen. Wenn Fragmente bei einem Endsystem ankommen und in den Angaben Quelladresse, Zieladresse, Protokoll-Eintrag und Identifikation übereinstimmen, kann das Endsystem erkennen, dass diese Fragmente zu einem Paket gehören. Es setzt die Fragmente wieder zum ursprünglichen Paket zusammen. Die Identifikation muss also nicht für alle Pakete im Internet unterscheidbar sein, was auch nicht zu realisieren wäre. Das IP schreibt keine bestimmte Methode zur Ermittlung der Identifikation vor. Es muss aber sichergestellt sein, dass die Zahl für Pakete mit gleicher Zieladresse sich nicht wiederholen in einem Zeitraum, in welchem sich ein Paket im Netzwerk aufhält.

- **Flag DF** (*disable fragmentation*). Wenn das Bit auf 1 steht, darf das Paket unter keinen Umständen fragmentiert werden. Ein Router, der zum Weitersenden fragmentieren müsste und DF = 1 im Paket sieht, muss das Paket vernichten.

- **Flag MF** (*more fragment*). Wenn das Bit auf 0 steht, handelt es sich um das letzte Fragment des Pakets. Wenn es auf 1 steht, sind weitere logische folgende Fragmente vorhanden.

- **Fragment Offset** (13 bit). Der Offset bestimmt, welche Position das erste Oktett des Fragments innerhalb des Pakets einnimmt. Die Zahl bezieht sich nur auf den Datenteil der Pakete. Die Zahl ist mit 8 zu multiplizieren. Damit müssen alle Fragmente mit Ausnahme des letzten Fragments eine durch 8 teilbare Länge haben. Wenn z.B. das erste Fragment 168 Oktette Daten enthält, hat das zweite Fragment den Wert 21 (168/8) als Data Offset eingetragen. Das 1. Oktett eines Pakets wird als Oktett 0 bezeichnet.

Tabelle 5-10 zeigt den Zusammenhang von Data-Offset und Flag MF.

Tabelle 5-10 Art der Fragmente

MF	Data Offet	Art des Fragments
0	0	Gesamtpaket, keine Fragmentierung
0	> 0	Letztes Fragment
1	0	Erstes Fragment
1	> 0	Weder erstes noch letztes Fragment

Es kann auch eine Fragmentierung der Fragmente stattfinden. Wenn die MTU eines weiteren Netzwerks kleiner ist als die Länge des Fragments, muss dieses weiter fragmentiert werden.

Alle Fragmente erhalten einen Header nach dem IP-Format. Dies führt zu einer Zunahme der Ebene 3-Informationen. Wenn z.B. ein Paket von 1000 Oktetten einschließlich Header in drei Fragmente zerlegt wird, bestehen diese aus 1040 Oktetten, da zwei weitere Header gebildet werden müssen.

Tabelle 5-11 Mehrfache Fragmentierung eines IP-Pakets

Datagramm	Länge	Data Offset	MF-Flag	DF-Flag	Identifikation
Nach dem Absender					
Paket	1500	0	0	0	17812
Nach dem ersten Router					
Fragment a	796	0	1	0	17812
Fragment b	724	97	0	0	17812
Nach dem zweiten Router					
Fragment a1	476	0	1	0	17812
Fragment a2	340	57	1	0	17812
Fragment b1	476	97	1	0	17812
Fragment b2	268	154	0	0	17812

Tabelle 5-11 zeigt den Aufbau der Fragmente an einem Beispiel. Es wird angenommen, dass die Absendestation ein Paket von 1500 Oktetten einschließlich Header sendet, nach dem ersten Router eine MTU von 800, nach dem zweiten Router eine MTU von 480 vorliegt.

In beiden Fällen kann die MTU nicht voll ausgenutzt werden, da die Zahl der Oktette in allen Fragmenten mit Ausnahme des letzten durch 8 teilbar sein muss. Die Gesamtzahl der Oktette der Ebene-3-Nachricht erhöht sich durch die Fragmentierung von 1500 auf 1560.

Zur Vermeidung der Fragmentierung werden mehrere Methoden eingesetzt, von denen zwei geschildert werden:

1. **Austausch bei Aufbau einer TCP-Verbindung**
Eine TCP-Verbindung (siehe 6.2.1) wird durch den Austausch von TCP-Headern, welche in IP-Paketen transportiert werden, aufgebaut. Der Verbindungswunsch einer Station muss durch die andere Station bestätigt werden.

Den beiden TCP-Headern (Verbindungswunsch, Verbindungsbetätigung) wird eine Option angefügt, welche die maximale Segmentgröße (MSS, *maximum segment size*) der jeweiligen Station angibt. Diese wird errechnet, in dem von der MTU die Zahl 40 (20 Oktette TCP-Header, 20 Oktette IP-Header) subtrahiert wird. Für einen Ethernetanschluss würde sie 1460 betragen. Die Option besteht aus 4 Oktetten:

- Art der Option: Maximum Segment Size, Kennzahl 2
- Länge der Option: 4 (Oktette)
- Optionswert: 1460

Die Länge der Option muss definiert werden, da die Header-Optionen ähnlich wie bei IP nur in 4-Oktett-Gruppen möglich sind.

Wenn die beiden Werte ausgetauscht sind, wird der kleinere Wert für die Bildung der TCP-Nachricht verwendet, damit entstehen Pakete, die mit Wahrscheinlichkeit nicht fragmentiert werden müssen.

Die Methode kann Fragmentierung nicht mit Sicherheit verhindern. Wenn z.B. eine TCP Verbindung von A nach B über zwei Router vorliegt, bei der gilt:

MTU zwischen A und Router 1:	1000	MSS = 960
MTU zwischen Router 1 und Router 2:	800	
MTU zwischen Router 2 und B:	1500	MSS = 1460

ergibt die Methode den Wert von maximal 960 Oktetten TCP-Inhalt. Die dabei gebildeten Pakete von 1000 Oktetten müssen in den Routern fragmentiert werden. Die Methode kann die Wahrscheinlichkeit einer Fragmentierung aber stark senken.

2. **Pfad-MTU-Entdeckung (*PMTU discovery*)**

Die PMTU-Discovery nutzt die Flag, welches die Fragmentierung verbietet. Das Flag wird so gesetzt, dass eine Fragmentierung nicht erlaubt ist. Wenn ein Router eine Fragmentierung durchführen müsste, diese aber nicht durchführen darf, muss er das Paket vernichten. Die Station bildet aber eine ICMP-Meldung, welche an den Absender des vernichteten Pakets zurückgesandt wird. Diese enthält auch eine Angabe über die MTU-Wert des Netzwerks, welches auf den Router, der das Paket gesendet hat, folgt.

Darauf kann die Sendestation ihre Paketgröße entsprechend anpassen. Bei einer Strecke, bei der die MTU-Werte immer kleiner werden, können bis zur ersten erfolgreichen Übertragung so viele nicht erfolgreiche stattfinden, wie Router vorhanden sind.

Beispiel:

Sender nach Router 1	MTU = 4500
Router 1 nach Router 2	MTU = 2000
Router 2 nach Router 3	MTU = 1500
Router 3 nach Zielsystem	MTU = 1000

1. Das Senden eines Paketes von 4500 Oktetten führt zur Vernichtung in Router 1.(Rückmeldung 2000).
2. Das Senden eines Paketes von 2000 Oktetten führt zur Vernichtung in Router 2 (Rückmeldung 1500)
3. Das Senden eines Paketes von 1500 Oktetten führt zur Vernichtung in Router 3 (Rückmeldung 1000)
4. Das Senden eines Paketes von 1000 Oktetten führt zum Erfolg.

Ein Vorteil des Verfahrens ist es, dass keine besonderen Testpakete erforderlich sind, sondern mit normalen Datenpaketen gearbeitet werden kann. Die Nachrichten müssen natürlich so lange im Sender gespeichert bleiben, wie eine Rückmeldung über das ICMP maximal dauern würde. Wenn auf der Ebene 4 verbindungsorientiert nach TCP gearbeitet wird, ist dies ohnehin notwendig. Auch wenn Pakete gezwungen sind, einen anderen Pfad zu wählen, bei dem kleinere MTU-Werte vorliegen, würde das Verfahren sofort eine neue PMTU-Discovery durchführen. Wenn der neue Pfad allerdings einen größeren PMTU-Wert hätte, würde dies nicht bemerkt, es würden kleinere Pakete als notwendig gebildet und damit die Netze schlecht ausgenutzt.

Da wegen der Möglichkeit des Pfadwechsels der Prozess der PMTU-Discovery nie abgeschlossen ist, werden bei Verwendung des Verfahrens alle Pakete mit einer DF-Flag = 1 gesendet. Wenn Rückmeldungen gar nicht oder nicht korrekt erfolgen, wird der Sender die Paketgrößen nicht anpassen, die Pakete haben keine Möglichkeit, das Ziel zu erreichen. Unter bestimmten Umständen kann es daher sinnvoll sein, auf die PMTU-Discovery zu verzichten. Es ist durch ein Kommando möglich, diese auszuschalten.

5.4.4.4 Dienstqualität

Mit der Dienstqualität (QoS, Quality of Service) im allgemeinen und ihrer zunehmenden Bedeutung befasst sich der Abschnitt 9.9. Hier soll nur auf die Merkmale eingegangen werden, die dafür von IP zur Verfügung gestellt werden.

Dabei wird im IP betont, dass diese Angaben nur dann zu einem Effekt führen, wenn die Netzwerke die Möglichkeit haben, diese Merkmale differenziert zu unterstützen.

Das Feld Typ of Service (8 bit) im Paket-Header dient der Festlegung der Dienstgüte im IP. Es besteht aus einer 3-Bit-Nummer und drei Einzelbits für bestimmte Merkmale (2 Bits sind ungenutzt.

Precedence (Bevorzugung) ist eine 3-Bit-Nummer, welche verschiedene Prioritätsstufen bei der Behandlung der Pakete schafft. Die Precedence soll ein unabhängiges Maß für die Wichtigkeit eines Datagramms darstellen. Dabei ist 000 die niedrigste, 111 die höchste Priorität.

111 Netzwerk-Steuerung (*network control*)

110 Internetwork-Steuerung (*internetwork control*)

101 CRITIC/ECP

100 Superblitz (*flash override*)

011 Blitz (*flash*)

010 Unmittelbar (*immediate*)

001 Priotität (*priority*)

000 Routine

Die drei Einzelbits sind:

- **Verzögerung**: Es kann normale Verzögerung (*normal delay*) oder niedrige Verzögerung (bit = 1) eingestellt werden.
- **Durchsatz**: Es kann normaler Durchsatz (*normal throughput*) oder hoher Durchsatz (bit = 1) eingestellt werden.
- **Zuverlässigkeit**: Es kann normale Zuverlässigkeit (*normal reliabiltiy*) oder hohe Zuverlässigkeit (bit = 1) eingestellt werden.

Es wird darauf hingewiesen, dass die Verwendung dieser Merkmale zu erhöhten Kosten bei der Erfüllung des Dienstes bewirken kann. Weiterhin ist zu beachten, dass die Merkmale sich gegenseitig beeinflussen. So wird in der Regel das Ziel einer niedrigen Verzögerung bewirken, dass der Durchsatz geringer wird. Daher wird empfohlen, außer bei Ausnahmefällen immer nur maximal 2 der Bits auf 1 zu setzen.

Es hängt auch vom Typ des Netzwerks ab, über das das Paket geleitet wird, ob die Merkmale eine Auswirkung haben. So schließt das lokale Netzwerk Ethernet ausdrücklich eine Priorität bei der Erlangung des Senderechts aus. Bei Token-Ring-Netzwerken können solche Prioritäten vergeben werden. Die Zuverlässigkeit eines Netzwerks ist in der Regel eine Größe, die nicht für einzelne Pakete verändert werden kann.

Eine Möglichkeit, die Anforderungen des Typ-of-Service zu erfüllen, ist es, das Routing nach diesen Anforderungen zu gestalten. Wenn mehrere Wege zur Verfügung stehen, die sich z.B. in ihrer Zuverlässigkeit unterscheiden, kann über die Route nach dem Bit für Zuverlässigkeit entschieden werden.

5.4.4.5 Adress-Auflösungsprotokoll (ARP)

Routing-Tabellen und -Protokolle des IP arbeiten mit den IP-Adressen. Damit liefert die Abfrage der Routing-Tabellen eine Auskunft darüber, an welche IP-Station das Paket zu senden ist. Wenn diese Station über ein LAN zu erreichen ist, muss die Nachricht der Ebene 2, in die das Paket eingepackt ist, an die LAN-Station gesendet werden. Dazu gibt es zwei Möglichkeiten:

1. Die Ebene-2-Nachricht (*frame*) wird als Rundspruch gesendet; diese Möglichkeit ist in allen LANs vorhanden. Die Stationen werten das IP-Paket aus, wenn die Zieladresse nicht mit der Stationsadresse übereinstimmt, wird das Paket verworfen.
2. Der Frame wird gezielt an die Station gesendet.

Methode 1 hat den Vorteil, dass die IP-Stationen die Adressen der Ebene 2 (MAC-Adressen) nicht kennen müssen. Der Nachteil ist eine stärkere Belastung der Stationen. Ein LAN wird durch eine Rundspruchnachricht nicht stärker belastet als durch eine Einzelnachricht. Dies gilt allerdings nur, wenn in dem LAN keine Switchs oder Bridges eingebaut sind. Diese würden einen adressierten Frame nur in das LAN-Segment weiterleiten, in dem sich die Zieladresse befindet. Da in den meisten Stationen die Auswertung der MAC-Adresse bereits in der Netzwerkkarte stattfindet, gelangen Frames, welche nicht die Stationsadresse als Zieladresse enthalten, nicht in die Zentraleinheit. Ein Rundspruch muss in die Zentraleinheit übertragen und vom Prozessor ausgewertet werden.

Während die Methode 1 z.B. im IPX angewandt wird, schreibt das IP vor, auch auf MAC-Ebene mit Einzeladressen zu arbeiten.

Die Zuordnung der MAC-Adressen zu IP-Adressen erfolgt über die Protokolle

- ARP (*address resolution protocol*) und
- RARP (*reverse address resolution protocol*).

ARP ist im RFC 826 „An Ethernet Address Resolution Protocol or Converting Network Protocol Address to 48.bit Ethernet Addresses for Transmission on Ethernet Hardware" beschrieben.

ARP geht davon aus, dass die IP-Adressen bekannt sind und die MAC-Adresse gefunden werden soll, beim seltener angewandten RARP ist es umgekehrt. Beide Protokolle waren ursprünglich nur für die Zuordnung von Ethernetadressen zu IP-Adressen gedacht, sie können aber auch in anderen Konfigurationen angewandt werden.

ARP ist ein eigenständiges Protokoll der Ebene 3, im Gegensatz zum ICMP (siehe 5.4.4.8) werden keine IP-Pakete für den Transport der Nachrichten verwendet. Der Service-Access-Point der Ebene 2 unterscheidet zwischen IP und ARP (die Ether-Typs sind für IP 0800 hex, ARP 0806 hex).

ARP ist ein Frage-Antwort-Protokoll (*request reply*), es gibt nur diese beiden Arten von Nachrichten.

Die Nachrichten enthalten:

- Aufbau des Hardware-Adressraums
- Protokoll-Adress-Raum, dabei werden die Kennzeichen verwendet, die für die Ether-Typs gelten, also 0800 hex für IP
- Hardware-Adress-Länge in Oktetten
- Protokoll-Adresslänge in Oktetten
- Operationscode
- Sender-Hardware-Adresse
- Sender-Protokoll-Adresse
- Zielsystem-Hardware-Adresse
- Zielsystem-Protokoll-Adresse

Tabelle 5-12 zeigt eine Abfrage-Anwort-Operation mit möglichen Werten.

Tabelle 5-12 Ausführung einer ARP-Operation

Nachrichtenteil	Anfrage (request)	Antwort (reply)
Zieladresse MAC-Header	FFFFFFFFFFFF	000C0312A170
Quelladresse MAC-Header	000C0312A170	000B12037A21
Typangabe	0806 (ARP)	0806 (ARP)
Hardware-Adress-Raum	1	1
Protokoll-Adress-Raum	0800	0800
Hardware-Adress-Länge	6	6
Protokoll-Adress-Länge	4	4
Operationscode	1 (request)	2 (reply)
Sender-Hardware-Adresse	000C0312A170	000B12037A21
Sender –Protokoll-Adresse	194.12.34.13	194.12.34.56
Zielsystem-Hardware-Adresse	000000000000	000B12037A21
Zielsystem-Protokoll-Adresse	194.12.34.56	194.12.34.13

Nach Ausführung der Abfrage ist nicht nur das abfragende System über die MAC-Adresse des abgefragten Systems informiert, sondern auch das abgefragte System über die MAC-Adresse des abfragenden Systems.

Als Ergebnis der ARP-Operationen entsteht eine Tabelle, die mit dem Unix-Kommando „arp -a“ abgefragt werden kann.

Für das ARP gelten einige Grundsätze:

- Es muss im einem physikalischen Netzwerk gearbeitet werden, das Protokoll setzt voraus, dass Ebene-2-Nachrichten direkt zwischen den Stationen ausgetauscht werden können.

- Es werden nur die Stationen abgefragt, mit denen ein Verkehrswunsch besteht. So wird die ARP-Tabelle eines Servers in der Regel die Informationen über alle Client enthalten; die ARP-Tabelle eines Clients aber nur die Information über den Server.
- Einträge, die über einen vom Netzwerkverwalter zu bestimmenden Zeitraum nicht genutzt werden, werden gelöscht. Damit werden die Tabellen so klein wie möglich und damit die Suchzeiten so kurz wie möglich gehalten.

5.4.4.6 Routing-Tabellen und -Protokolle

Beim Routing müssen zwei Arbeitsvorgänge unterschieden werden:

- Lenkung eines bestimmten Pakets in einem vermittelnden System zum nächsten System. Diese relativ einfache Aufgabe kann mit Hilfe von Routing-Tabellen vorgenommen werden.
- Suche des „besten Weges" für Pakete mit bestimmten Ziel, diese Funktion wird von den Routing-Protokollen wahrgenommen. Das Ergebnis dieser Arbeit schlägt sich in dem Inhalt der Routing-Protokolle nieder.

Die Weiterleitung von Pakete nach IP erfolgt über Routing-Tabellen, dabei gelten zwei Prinzipien:

1. Eine Routing-Tabelle gilt für eine Station (Endsystem oder Router), es gibt nie eine „Gesamt-Tabelle". In einem anderen System muss auch eine andere Routing-Tabelle gelten.
2. Die Routing-Tabelle zeigt nicht den Weg zum Ziel auf, sondern immer nur die nächste zu erreichende Station, an die das Paket gesendet werden soll.

In der Routing-Tabelle muss jedes Ziel aufgeführt sein, an welches ein Paket gesendet werden soll. Wenn das System ein Paket senden will, dessen Zieladresse in der Routing-Tabelle nicht zu finden ist, muss es dieses vernichten. Dieses Merkmal kann auch für die Sicherheit ausgenutzt werden. Zwar kann keine Routing-Tabelle verhindern, dass Pakete zugestellt werden, sie kann aber verhindern, dass Pakete versendet werden. Mit einem Partner, der nicht in der Routing-Tabelle enthalten ist, kann kein Dialog geführt werden.

Die Routing-Tabelle enthält so viele Zeilen, wie Ziele vorhanden sind. Die wesentlichen Eintragungen sind:

Ziel (*destination*): Das Ziel kann in drei Arten aufgeführt werden, als

- Einzelstation,
- Netzwerk (alle Stationen in diesem Netzwerk),
- Default. Wenn eine Zieladresse nicht unter Station oder Netzwerk zu finden ist, wird es an den unter Default angegebenen Vermittler gesandt.

Gateway: Das Vermittlungssystem, an welches das Paket gesendet werden soll. Das Gateway muss direkt erreichbar sein. Wenn das Ziel direkt erreichbar ist, ohne dass ein Gateway benutzt werden muss, so ist in diese Zeile die eigene Adresse als Gateway einzutragen.

Interface: Der logische Name der Netzwerkkarte, über die das Paket gesendet wird.

Flags: Es werden verwendet:

H Ziel ist eine Einzelstation

G Ziel muss über ein Gateway erreicht werden

U Verbindung ist benutzbar.

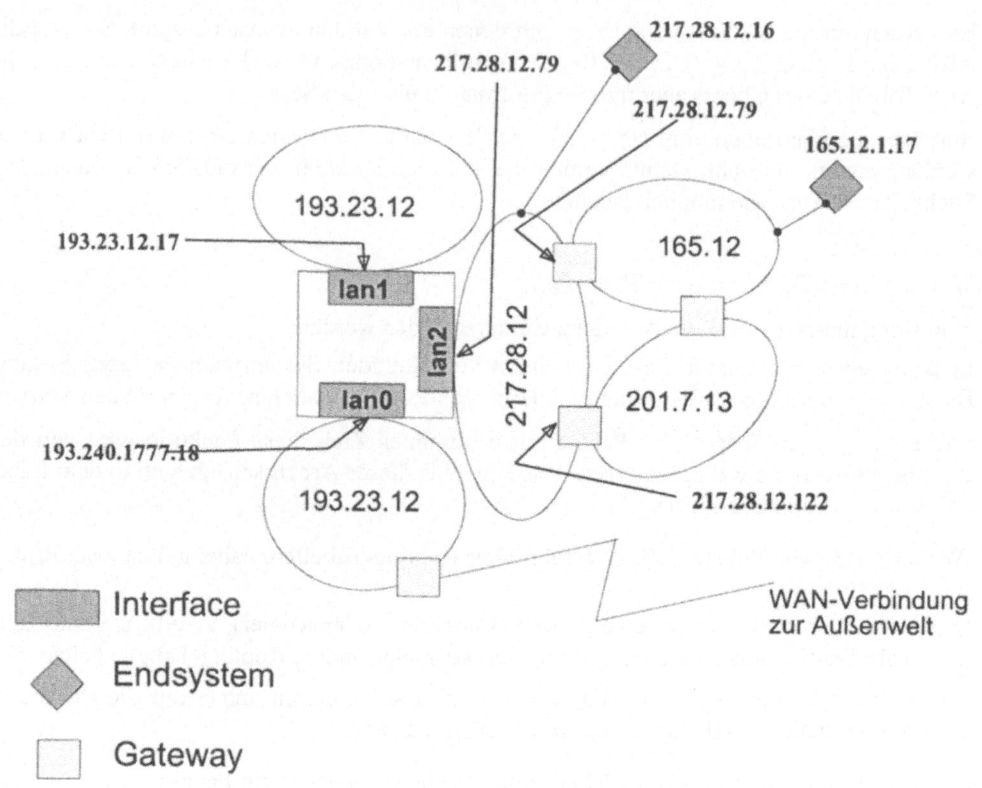

Bild 5-10 Netzkonfiguration

Bild 5-10 zeigt eine mögliche Konfiguration, zur Vereinfachung ist angenommen, dass keine Subnet-Bildung über Masken stattfindet.

Tabelle 5-13 zeigt die zugehörige Routing-Tabelle.

Gateways haben immer mindestens 2 IP-Adressen, in der Tabelle wird aber nur die Adresse aufgeführt, welche für das System direkt zugreifbar ist. Die IP-Adressen für Gateways, die nicht direkt zugreifbar sind, werden nicht benötigt.

Die Routing-Tabelle einer Station kann kein erfolgreiches Routing sichern. Wenn in dem Beispiel die Routing-Tabelle des Systems 217.28.12.122 nicht korrekt arbeitet, würden Pakete für das Netzwerk 165.12 zwar an dieses System verschickt, von dort aus aber nicht weitervermittelt. Wenn eine Übertragung im Internet über 20 bis 30 Gateways erfolgt, was durchaus üblich ist, müssen die Routing-Tabellen in allen diesen Gateways korrekt sein.

Bei der Bestimmung der Route für ein bestimmtes Paket wird nach einem bestimmten Schema vorgegangen. Wenn ein Schritt erfolgreich war, wird nicht weitergesucht.

1. Die Tabelle wird von oben nach unten gelesen.
2. Das Ziel wird als Einzelsystem gesucht.
3. Das Ziel wird unter seiner Netzwerk-Adresse gesucht.
4. Es wird die Default-Route gesucht.

5. Wenn die Schritte 2-4 nicht zum Erfolg geführt haben, wird das Paket vernichtet. Dieser Fall kann nur eintreten, wenn kein Default-Eintrag vorhanden ist.

Dieses Schema führt dazu, dass eindeutig immer eine und zwar die gleiche Route gefunden wird, auch wenn die Tabelle doppelte oder mehrdeutige Einträge hat. Für das Konfigurationsbeispiel mit Tabelle 5-13 würde sich unter anderem ergeben:

- Pakete mit einer Adresse im Netzwerk 217.28.12 mit Ausnahme von Paketen zur Station 217.28.12.16 werden der Default-Route übergeben, damit gehen sie wahrscheinlich verloren. Dies gilt auch für Pakete an die Stationen 217.28.12.18 und 217.28.12.122, die zwar in der Routing-Tabelle auftreten, aber nicht als Ziel, sondern als Gateway.
- Pakete mit einer Zieladresse im Netzwerk 201.7.13 werden der Default-Route übergeben und gehen damit wahrscheinlich verloren, obwohl dieses Netzwerk zum Routen von Paketen verwendet wird.
- Pakete zum Netzwerk 165.12 werden erfolgreich geroutet. Pakete nach der Station 165.12.1.17 laufen aber über den Gateway 217.28.12.18, alle anderen Pakete für dieses Netzwerk über 217.28.12.122.

Tabelle 5-13 Routing-Tabelle

Ziel	Gateway	Interface	Flags
193.23.12	193.23.12.17	Lan1	U
193.240.177	193.240.177.18	Lan0	U
217.28.12.16	217.28.12.79	Lan2	UH
165.12	217.28.12.122	Lan2	UG
Default	193.240.177.77	Lan0	UG
165.12.1.17	217.28.12,18	Lan2	UGH

In jeder Routing-Tabelle kann es nur einen Default-Eintrag geben. Wenn mehrere vorhanden wären, würde die Regel 1) dafür sorgen, dass davon immer nur eine verwendet wird. Dies entspricht gut der Situation in den meisten Firmen, bei denen es mehrere miteinander vernetzte Netzwerke im Haus und einen Vermittler für den Verkehr nach außen gibt. Diese Konfiguration ist auch aus Sicherheitsgründen verbreitet.

Die im IP verwendeten Routing-Tabellen, die immer nur den Weg zum nächsten System zeigen, haben die Gefahr der Schleifenbildung (*infinit loop*). Kein System hat einen Überblick über die gesamte Route vom Absender zum Empfänger. Eine falsche Eintragung kann zu einer solchen Endlos-Schleife führen.

Bild 5-11 zeigt eine einfache Anordnung. Wenn ein Paket von A nach B übertragen werden soll, kann das über Router 1 und Router 2 geschehen. Wenn im Router 2 eine Eintragung steht, das Paket mit dem Ziel B nach Router 4 zu senden, kommt es entweder zu einer Vernichtung des Pakets (B als Ziel nicht vorhanden) oder zu einer Endlos-Schleife. Diese tritt sowohl für den Fall, dass mit Ziel B über 2 geroutet werden soll, wie für den Fall, dass Pakete mit Ziel B über 1 geroutet werden sollen, ein. Beide Einträge in der Routingtabelle von 4 wären korrekt.

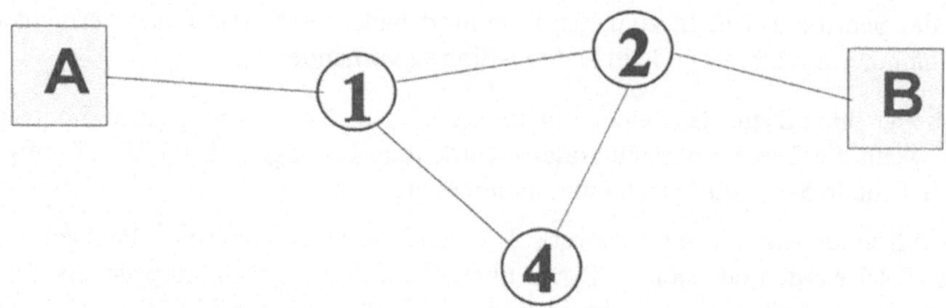

Bild 5-11 Netzwerkkonfiguration

Für den Gebrauch in IP-Netzwerken sind eine Reihe von Routing-Protokollen entwickelt worden, z.B.

IGRP	Interior Gateway Routing Protocol
OSPF	Open shortest path first
RIP	Routing Information Protocol
BGP	Border Gateway Protocol
EGP	Exterior Gateway Protocol

Von der OSI genormt sind weitere Routing-Protokolle:

ES-IS	End-System to Intermediate System
IS-IS	Intermediate System to Intermediate System

Für RIP liegt ein RFC mit der Nummer 2453 von 1998 vor, es handelt sich um die Version 2 des Protokolls.

Bei RIP handelt es sich um ein Distanz-Vektor-Protokoll.

Auch bei OSPF liegt eine Version 2 vor, die im RFC 2178 von 1998 beschrieben ist. Es handelt sich um ein Verbindungs-Status-Protokoll. Es wird als ein IGP (*Interior Gateway Protocol*) klassifiziert. Der Begriff soll aussagen, dass Routing-Informationen ausgetauscht werden, welche sich auf ein einzelnes Autonomes System beziehen. Das Autonome System wird definiert als „Gruppe von Routern, die Information über ein gemeinsames Routing-Protokoll austauschen". Innerhalb eines Autonomen Systems wird jeder Router durch eine 32-Bit-Nummer, welche als Router-ID bezeichnet wird, identifiziert.

Es verwendet die IP-Gruppenadressierung (*multicast*) für das Senden und Empfangen von Aktualisierungen (*updates*).

Ziel des Entwurfes war ein schnelles Reagieren auf Änderungen der Topologie mit einem geringen Aufwand von Verkehr, der durch das Routing-Protokoll hervorgerufen wird.

Jeder Router unterhält eine Datenbank (*data base*), welche die Topologie des Autonomen Systems beschreibt. Diese Datenbank wird als die „Link-state-Datenbank" bezeichnet. Jeder Router hat eine identische Datenbank. Dazu kommt ein individueller Teil für einen bestimmten Router, der den lokalen Status des Routers enthält, z.B. die arbeitsfähigen Schnittstellen (*interfaces*) und die direkt erreichbaren Systeme (*neighbors*). Die Router verteilen ihren Lokalen Status über das Autonome System durch Flooding, d.h. Aussenden an alle.

Bei Netzwerken, bei denen dies nicht möglich ist (*non-broadcast networks*) müssen alle benachbarten Router einzeln angesprochen werden.

Die Nachbarschafts-Beziehnung, d.h. die Feststellen, welche Router direkt erreichbar sind, werden dynamisch über ein OSPF-Hello-Protokoll festgestellt.

Alle Router bestimmen einen Baum (*tree*) von kürzesten Pfaden zu jedem Ziel in dem Autonomen System.

Wenn verschiedene Wege zu einem Ziel bestehen mit den gleichen Kosten, wird der Verkehr unter diesen gleichmäßig aufgeteilt. Dieses Vorgehen wird auch als „equal cost multipath routing" bezeichnet. Die Kosten sind keine Geldangabe, sondern eine dimensionslose Zahl.

Zur Vereinfachung können Gruppen von Netzwerken zu einem Bereich (*area*) zusammengefasst werden. Die Topologie einer solchen Area ist dem Rest des Autonomen Systems verborgen (*hidden*). Das Routing innerhalb der Area wird bestimmt von der eigenen Topologie der Area. Damit wird eine erhebliche Reduzierung des Routing-Verkehrs erreicht.

Das Protokoll unterstützt die Maskierung und Bildung von Subnets. Auch wenn eine Netzwerknummer mit unterschiedlich langen Masken unterteilt wird, wird dies berücksichtigt. Das System geht immer von der am meisten spezifizierten Maske (der mit den meisten 1) aus. Wenn ein einzelnes System gemeint ist, wird die Maske 255.255.255.255 verwendet.

Eine besondere Rolle spielen die Routing-Protokolle für das Multicasting.

5.4.4.7 NAT

Network Address Translation (NAT) ist im RFC 1631 „The IP Network Address Tranlator" beschrieben.

Der RFC2766 „Network Address Translation-Protocol Translation (NAT-PT) befasst sich mit der Umsetzung von Nachrichten der IP-Version 4 in die der Version 6 und umgekehrt. Auf diese spezielle Problematik soll hier nicht näher eingegangen werden.

Die Aufgabe von NAT ist die Umsetzung von IP-Adressen in internen „privaten" Netzwerken in „legale" Adressen des Internet beim Senden, der umgekehrte Vorgang findet beim Empfang der Nachrichten statt.

NAT verfolgt zwei Ziele:

Das erste Ziel ist die Einsparung von Adressen. Die IP-Adresse bezeichnet die Adresse eines Endsystems. Wenn im Internet Daten ausgetauscht werden, ist es notwendig, eine bestimmte Organisation oder Firma adressieren zu können. Die Zuordnung der Pakete zum Empfangssystem kann dann innerhalb der Organisation oder Firma vorgenommen werden. Damit ist es nicht notwendig, für jedes Endgerät dieser Firma eine weltweit gültige legale Adresse zu beanspruchen. Es genügt, die Adresse des Systems, über das diese Firma nach außen sendet bzw. von außen empfängt, eine legale Adresse zu haben. Die Adressen im internen Netzwerk werden auch als „nicht registrierte" Adressen bezeichnet. Durch eine konsequente Verwendung von NAT vermindert sich der Adressbedarf von

> Eine Adresse für jedes Endsystem
> auf
> eine Adresse für jede Organisation, welche am Internet-Verkehr teilnimmt.

Die Verwendung von NAT kann damit auch die Notwendigkeit des Übergangs von der Version 4 auf die Version 6 hinauszögern.

Das zweite Ziel ist die Steigerung der Sicherheit. Die Privatheit (*privacy*) der Netzwerke wird dadurch gesteigert, dass die internen Adressen vor der Außenwelt verborgen (*hidden*) bleiben.

NAT wird konfiguriert an dem Router, der an der Grenze (*border*) zwischen dem internen (*inside*) Netzwerk und dem äußeren (*outside*) Netzwerk arbeitet. Die Adresse, mit der der Router nach außen identifiziert wird, wird als „Inside Global IP address“ bezeichnet. Sie muss natürlich weltweit einmalig sein. Dabei kann es sich auch um mehrere Adressen handeln, dies wird als Adress-Pool bezeichnet.

Die Umsetzung muss bidirektional erfolgen durch den gleichzeitigen Einsatz von „inside source“und „outside-source“-Translation. Dabei kann unterschieden werden:

- Einfache Übersetzung (*simple translation*): eine IP-Adresse wird in eine andere IP-Adresse umgesetzt.
- Erweiterte Übersetzung (*extended translation*): bei der Umsetzung werden nicht nur die IP-Adressen, sondern auch die Port-Nummern berücksichtigt.

Die Umsetzung kann statisch oder dynamisch erfolgen.

Bei der statischen Umsetzung wird eine 1 zu 1 Auflistung der internen und der globalen Adressen vorgenommen.

Bei der dynamischen Umsetzung wird die lokale Adresse umgesetzt in eine globale Adresse, die aus einem Adress-Pool entnommen wird.

Bei der „Port-Adress-Translation“ können dadurch Adressen gespart werden, dass die globalen Adressen aus den Port-Nummern der TCP- oder UDP-Nachrichten abgeleitet werden. Damit können unterschiedliche lokale Adressen in die gleiche globale Adresse umgesetzt werden.

Als interne Netzwerkadresse sollte die Netzwerknummer 10.0.0.0 verwendet werden. Das interne Netzwerk wird im RFC 1631 auch als „Stub Domain“ bezeichnet. Es kann aus mehreren untereinander verbundenen Netzwerken bestehen. Wenn mehrere Router vorhanden sind, die die Stub-Domain mit dem äußeren Netzwerk verbinden, müssen sie die gleiche Umsetzungs-Tabelle haben.

Bild 5-12 zeigt eine Anordnung von zwei Stub-Domains, die über das Internet miteinander verkehren.

Tabelle 5-14 zeigt die Adressen, die das Paket auf seinem Weg verwendet.

Tabelle 5-14 Adress-Umsetzung während der Übertragung

Übertragungsabschnitt	Quelldadreesse	Zieladresse
Endsystem in Domain A nach Router 1	10.34.56.7	190.22.55.4
Router 1 nach Router 2 (über andere Router)	190.22.33.7	193.22.55.4
Router 2 nach Endsystem in Domain B	190.22.33.7	10.55.66.12

<table>
<tr><td>Stub-Domain A
10.34.56.0
Maske 255.255.255.0</td><td>Router 1
Inside global IP-Adresse
193.22.33.7</td><td rowspan="3">Äußeres Netzwerk mit weltweit einmaligen Adressen mit weiteren Routern</td></tr>
<tr><td></td><td></td></tr>
<tr><td>Stub-Domain B
10.55.66.0
Maske 255.255.255.0</td><td>Router 2
Inside Global IP-Adresse
193.22.55.4</td></tr>
</table>

Bild 5-12 Routing und Address-Translation

Ein System in der Stub-Domain A will eine Nachricht an ein System in der Stub-Domäne B senden. Die interne Adresse des Systems in Domäne B ist ihm nicht bekannt, er bildet die Zieladresse 193.22.55.4. Router 1 wandelt die Absenderadresse des Pakets um, Router 2 muss die Zieladresse des Pakets umwandeln.

5.4.4.8 Das Internet Control Message Protocol

Das ICMP ist definiert im RFC 792.

Das ICMP benutzt für seine Nachrichten IP-Pakete, d.h. die Meldung des ICMP stellt den Inhalt eines IP-Paketes dar. Damit wäre es der Ebene 4 zuzuordnen. Der Protokoll-Eintrag im IP-Header ist mit der Zahl 1 zu versehen, wenn eine ICMP-Nachricht übersandt wird. Dies würde ICMP ebenfalls als ein Protokoll der Ebene 4 ausweisen. Von seiner Funktion her als unterstützendes Protokoll für IP-Netzwerke ist es eher ein Ebene-3-Protokoll und wird auch meist so dargestellt.

Aufgabe des ICMP ist die Bildung und Aussendung von Fehlermeldungen, diese können sowohl in Endsystemen wie in vermittelnden Systemen erzeugt werden. In der Regel werden die Meldungen an das System gesandt, welches Absender für das Paket in der Fehlersituation war.

Bild 5-13 zeigt den Aufbau einer ICMP-Nachricht. Sie stellt den Datenteil eines Pakets mit der Protokoll-Nummer 1 dar.

ICMP erzeugt grundsätzlich Fehlermeldungen über bestimmte IP-Pakete. ICMP-Nachrichten werden von IP-Paketen transportiert. Damit aber nicht in einer Fehlersituation eine unendliche Zahl von Fehlermeldungen erzeugt wird nach dem Ablauf:

- Datenpaket erleidet Fehler, ICMP-Nachricht wird erzeugt
- IP-Paket mit ICMP-Nachricht erleidet Fehler, ICMP-Nachricht wird erzeugt
- IP-Paket mit ICMP-Nachricht erleidet Fehler, ICMP-Nachricht wird erzeugt
- ....
- werden ICMP-Nachrichten nie aus Transportvorgängen erzeugt, die für IP-Pakete mit ICMP-Inhalten gelten.

Wenn Fragmente eines IP-Pakets zu Fehlermeldungen führen, soll diese nur für das erste Fragment (erkennbar am Data-Offset = 0) gebildet werden.

Das erste Oktett einer ICMP-Nachricht ist die Typ-Angabe, nach dieser richtet sich das weitere Format der Nachricht.

Bild 5-13 zeigt den Aufbau der Nachricht für die Meldung „Ziel nicht erreichbar (*destination* unreachable message). Die Meldung würde z.B. erzeugt, wenn ein Router das Ziel nicht in seiner Routing-Tabelle findet und kein Default-Eintrag vorhanden ist.

Type = 3	Code	Prüfsummer	Oktette 1-4
Nicht verwendet			Oktette 5-8
Internet-Header + 64 bit des Pakets, welches das Ziel nicht erreichen konnte			Oktette 9-36

Bild 5-13 Format der ICMP-Nachricht „Ziel nicht erreichbar"

Der Code unterscheidet bei dieser Meldung nach

Netz nicht erreichbar	0
Host nicht erreichbar	1
Protokoll nicht erreichbar	2
Port nicht erreichbar	3
Fragmentierung notwendig, aber DF-Bit gesetzt (siehe 5.4.4.3)	4

Wie die Codes 2 und 3 zeigen, geht die festgestellte Nicht-Erreichbarkeit über die Auslieferung des IP-Pakets hinaus, da Protokoll das Protokoll der Ebene 4, Port das Protokoll der Ebenen 5-7 bezeichnet. Die Codes 2 und 3 können nur vom empfangenden Endsystem gebildet werden, während die übrigen Codes von Gateways zu bilden sind.

Da neben dem Header des nicht zustellbaren IP-Pakets auch die ersten 64 bit des Inhalts zurückgesandt werden, erhält der Empfänger der ICMP-Nachricht bei Verwendung des TCP oder UDP auch die Portnummern. Damit kann er das nicht zustellbare Paket einem bestimmten Dienst zuordnen.

Andere Meldungen des Protokolls sind:

Zeitüberschreitung (*time exceeded*). Dabei wird gemeldet, dass ein Paket vernichtet wurde, weil der Time-to-Live-Wert auf 0 gesetzt wurde. Dies geschieht in der Regel nicht durch eine Zeitüberschreitung, sondern eine Überschreitung der Zahl der Hops (Routing-Systeme, welche das Paket durchläuft). Weiter wird diese Meldung gesendet, wenn Fragmente für den Zusammenbau eines fragmentierten Pakets nicht rechtzeitig eintreffen. Die erste Meldung kommt von einem Router, die zweite vom empfangenden Endsystem. Der Empfänger der ICMP-Nachricht kann dies an Hand einer Code-Eintragung unterscheiden.

Quell-Drosselung (*source quench*): Ein Gateway verfügt nicht mehr über genügend Speicherplatz, um die Pakete aufzunehmen. Ebenso kann ein Endgerät melden, dass ihm zu schnell Pakete zugesandt werden, die es nicht verarbeiten kann. Ein Gateway sendet die Nachricht für jedes Paket, welcher er vernichtet. Der sendende Host soll dann seine Senderate so vermindern, dass er keine Source-Quench-Meldungen mehr erhält, dann kann er sie langsam wieder steigern. Ein Endgerät sollte die Meldung bereits senden, wenn eine Überfüllung droht. Wenn die Meldung von einem Endgerät kommt, kann davon ausgegangen werden, dass das Paket noch ausgeliefert wurde.

Redirect: Die Meldung wird von einem Gateway gebildet, der direkt von der Datenquelle aus erreichbar ist. Sie entsteht, wenn der Gateway feststellt, dass der in seiner Routing-Tabelle eingetragene nächste Gateway auf dem Weg zum Ziel im gleichen Netzwerk ist wie Datenquelle und der Gateway, an den die Datenquelle das Paket gesendet hat. Das Datagramm, welches die ICMP-Nachricht ausgelöst hat, wird weitervermittelt. In der ICMP-Nachricht ist die Adresse des Gateways, an den Pakete mit diesem Ziel künftig gesendet werden sollen.

Echo oder Echo-Beantwortung (*echo or echo reply*): Diese Nachrichten enthalten eine Sequenznummer und Daten. Echo-Nachrichten sollen von ihrem Empfänger unverändert zurück übertragen werden, bei den dazu verwendeten IP-Paketen werden Quell- und Zieladresse vertauscht. Echo-Nachrichten werden zu Testzwecken eingesetzt, z.B. bei dem unter 10.5 beschriebenen Ping-Kommando.

Zeitmarke oder Zeitmarken-Beantwortung (*timestamp or timestamp reply*): Es werden drei Zeiten übertragen, die Zeit des Sendens der Zeitmarke, die Zeit des Empfangs der Zeitmarke und die Zeit, an der das empfangende System die Zeitmarken-Beantwortung sendet. Diese Art Nachrichten wird für Testzwecke verwendet.

Informations-Anforderung oder -Rückgabe (*information request and information reply*). Die Nachrichten können dazu verwendet werden, um die Nummer des Netzwerks zu erkunden. Solange die Netzwerknummer nicht bekannt ist, wird die Nummer 0 eingesetzt, welche das eigene Netzwerk bezeichnet.

Parameter-Problem (*parameter problem*): Die Nachricht wird von einem Gateway gesendet, wenn im Header eines IP-Pakets Parameter auftreten, die eine Bearbeitung verhindern. Das Paket wird dann vernichtet. Die unkorrekten Parameter können besonders in den Optionen auftreten. Ein Pointer zeigt dabei das Oktette des Headers an, in dem das Problem aufgetreten ist, gezählt ab 0. So würde ein Problem bei Type of Service mit 1 gekennzeichnet, ein Problem bei den Options mit einer Zahl >= 20.

5.4.4.9 Namenssysteme

Ein Grund für den Erfolg des IP ist die Möglichkeit, aus der Anwendersicht die Systeme nicht mit ihren Adressen, sondern mit Namen anzusprechen. Unter Adressen werden hier immer die numerischen Werte verstanden.

Das DNS-Konzept ist in RFC 1034 „Domain Names – Concepts and Facilities" dargestellt, es gibt eine große Anzahl von RFCs zur Regelung von Einzelheiten, z.B.

„RFC 2308 Negative Caching of DNS Queries (DNS NCACHE)"

Als Entwurfsziele werden in RFC 1034 genannt:

- Konsistenter Namenraum zur Bezugnahme auf Betriebsmittel
- Größe der Datenbank und Häufigkeit der Aktualisierungen rufen nach einer Realisierung als verteiltes System mit lokalem Caching zur Leistungsverbesserung.
- Wenn es Abwägungen zwischen den Kosten der Erlangung der Daten, der Geschwindigkeit der Aktualisierungen, der Genauigkeit der Caches gibt, soll die Quelle der Daten diese Abwägung durchführen.
- Schon aus Kostengründen soll der Gebrauch des Systems für alle Anwendungen offen sein.
- Das gleiche Namensystem soll bei unterschiedlichen Protokollen nutzbar sein.
- Die Server-Transaktionen sollen unabhängig von dem Kommunikationssystem, welches sie trägt, sein.
- Das System sollte für alle Arten von Systemen nutzbar sein (PCs, Server....).

Namen müssen so einmalig sein, dass sie weltweit nur einmal auftreten. Dazu sind Regelungen notwendig, diese erfolgen über

IANA Internet Assigned Numbers Autohority

ICANN Internet Corporation for Assigned Names and Numbers.

Bei der Bildung von Namen müssen erst die Top-Level-Domänen (TLD) gebildet werden. Diese gibt es auf zwei Ebenen:

1. Ländernamen (*country codes*), diese werden auch als **ccTLD**s bezeichnet.
2. Funktionsbezeichnungen, diese werden auch als **gTLD**s bezeichnet.

In einem Papier der US-Regierung (*green paper*) werden vier Funktionen für das DNS genannt:

1. Festsetzung der Strategie für die Zuweisung von IP-Nummern-Blöcken
2. Überwachung der Operation des Root-Server-Systems
3. Überwachung der Strategie für die Bestimmung der Umstände, unter denen neue TLDs eingeführt werden müssen.
4. Die Koordination der Entwicklung anderer Protokoll-Parameter, welche benötigt werden, um die universelle Kommunikation über das Internet zu erreichen.

Bevor eine Nachricht gesendet werden kann, muss der Name der Systeme in die entsprechende IP-Adresse umgewandelt werden, entsprechend muss auch die Möglichkeit bestehen, eine Umwandlung von IP-Adressen in Namen durchzuführen.

Dazu dient das DNS-System (*Domain-Name-Server*).

In UNIX steht das Kommando nslookup zur Verfügung, um den DNS direkt abzufragen.

Die nachfolgenden zwei Beispiele gehen von dem Namen und der IP-Adresse aus.

```
dozwel@ux-01(0):~>nslookup ietf.org
Name Server:  ux-01.pb.bib.de
Address:  193.22.72.36

Non-authoritative answer:
Name:   ietf.org
Address:  132.151.1.19
```

```
dozwel@ux-01(0):~>nslookup 132.151.1.19
Name Server:  ux-01.pb.bib.de
Address:  193.22.72.36


Name:   ietf.org
Address:  132.151.1.19
```

Es gibt aber auch den Fall, dass aus Sicherheitsgründen die Adresse nicht ausgegeben wird, z.B.

```
dozwel@ux-01(0):~>nslookup siemens.de
Name Server:  ux-01.pb.bib.de
Address:  193.22.72.36

Name:   siemens.de
```

Damit wird bestätigt, dass der Name vorhanden ist, es wird aber keine Auskunft über die Adresse gegeben. Ein nicht vorhandener Name wird als solcher gekennzeichnet.

```
dozwel@ux-01(0):~>nslookup hahniel.com
Name Server:  ux-01.pb.bib.de
Address:  193.22.72.36

*** ux-01.pb.bib.de can't find hahniel.com: Non-existent domain
dozwel@ux-01(0):~>
```

Domänennamen können mehrstufig angelegt sein und vom DNS verwaltet werden, wie das nachfolgende Beispiel zeigt.

```
dozwel@ux-01(0):~>nslookup bib.de
Name Server:  ux-01.pb.bib.de
Address:  193.22.72.36

Name:   bib.de
Address:  193.22.71.34

dozwel@ux-01(0):~>nslookup pb.bib.de
Name Server:  ux-01.pb.bib.de
Address:  193.22.72.36

Name:   pb.bib.de
Address:  193.22.72.36

dozwel@ux-01(0):~>nslookup dd.bib.de
Name Server:  ux-01.pb.bib.de
Address:  193.22.72.36

Name:   dd.bib.de
Address:  193.22.74.40
```

```
dozwel@ux-01(0):~>nslookup ux-01.bg.bib.de
Name Server: ux-01.pb.bib.de
Address: 193.22.72.36

Name: ux-01.bg.bib.de
Addresses: 193.22.65.1, 193.22.66.1, 193.22.67.1
```

Um eine effektive Arbeit zu unterstützen, werden auch Namen und Adressen in der Datei /etc/hosts gespeichert.

```
193.22.72.41 wts1
#
193.22.71.34 nt01
#
193.22.65.1 ux-01.bg.bib.de bgux01
193.22.65.2 ux-02.bg.bib.de bgux02
193.22.65.40 firewall.bg.bib.de
#
193.22.71.10 seocu
193.22.71.11 seoks
193.22.71.12 seokl
```

Das DNS kann nicht zentralisiert geführt werden, sondern wie der Name bereits sagt, erfolgt eine Einteilung nach den Domänen. In anderen Namensystemen wird zwischen Zellularen und einem Globalen System unterschieden. Es gilt aber, dass für jedes System ein Name-Server verantwortlich ist. Dieser muss sich nicht im gleichen Netzwerk befinden, der Zugriff auf den Name-Server kann auch über ein Gateway erfolgen. Da Zugriffe auf den DNS sehr häufig sind, sollte der DNS aber immer leicht erreichbar sein.

Für DNS wird in der Regel das verbindungslose Protokoll UDP der Ebene 4 verwandt. Da es sich um relativ kurze Abfragen mit kurzen Antworten handelt, wäre ein verbindungsorientiertes Protokoll wie TCP nicht angebracht.

Zur Verwaltung von Namen und Adressen dient auch das Protokoll

DHCP (*Dynamic Host Configuration Protocol*).

Es weist in einem Netzwerk den einzelnen Stationen, deren Namen vom Netzwerk-Administrator vergeben werden, die IP-Adressen automatisch zu, bestimmt also den Stationsteil der Adressen.

5.4.4.10 Was bringt die Version 6

Die Internet-Protocol Version 6 ist definiert in RFC 2460 „Internet Protocol, Version 6 (Ipv6) Specification“ von 1998. Dieser RFC ersetzt einen älteren mit der Nummer 1883. Sie wird auch als Ipv6 oder IPng (*next generation*) bezeichnet.

Hauptunterschied und Anlass zur Entwicklung einer neuen Version ist die Größe der Adressen. Während diese bei Version 4 auf 32 Bit beschränkt ist, beträgt sie bei der Version 6 128 Bit.

Mit der Gestaltung der Adressen befasst sich RFC 2373 IP Version 6 Adressing Architecture von 1998.

Der IP-Header für die Version 6 umfasst ohne Optionen 40 Oktette. Es hat eine Vereinfachung stattgefunden, denn bei der Version 4 enthielt der Header ohne die Adressen 12 Oktette, bei Version 6 enthält er ohne die Adressen 8 Oktette. Die Vereinfachung wird hauptsächlich erreicht durch:

- Verzicht auf eine Header-Prüfsequenz. Man geht davon aus, dass die Protokolle der Ebenen 2 und 4 ausreichende Möglichkeiten der Fehlererkennung bieten.
- Es fehlen alle Angaben zur Fragmentierung. Wenn eine Fragmentierung durchgeführt werden muss, wird ein weiterer Header gebildet, welcher auf den IP-Header folgt. Da in der Regel Fragmentierung selten auftritt, ist dieser zusätzliche Header nur selten notwendig.

Bild 5-14 zeigt den Aufbau des Headers für die Version 6, bei der Beschreibung wird besonders auf Gemeinsamkeiten und Unterschiede zur Version 4 eingegangen.

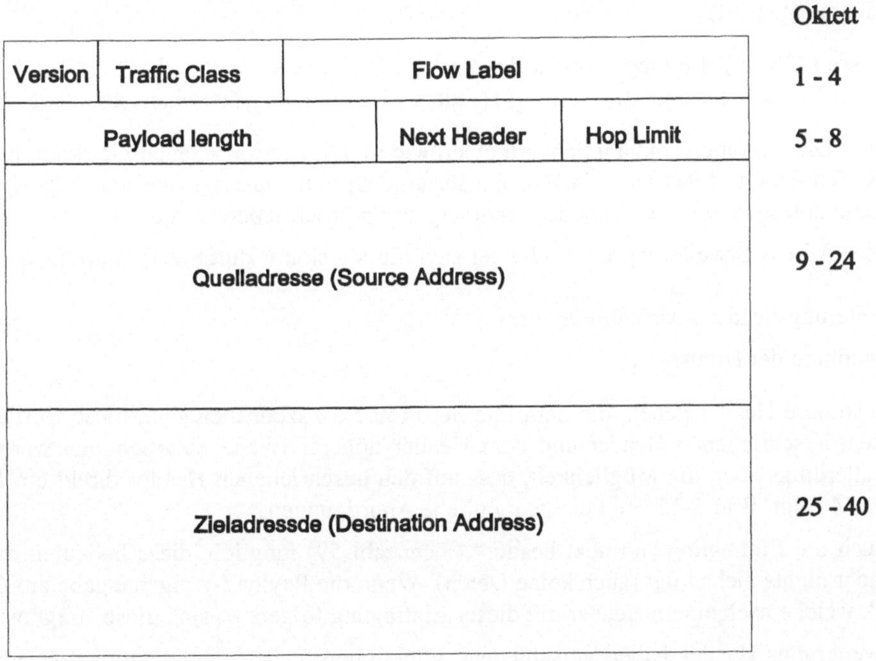

Header				Oktett
Version	Traffic Class	Flow Label		1 - 4
Payload length		Next Header	Hop Limit	5 - 8
Quelladresse (Source Address)				9 - 24
Zieladressde (Destination Address)				25 - 40

Bild 5-14 IP-Header, Version 6

Version (4 bit). Hat die gleiche Funktion wie in Version 4, ist auch an der gleichen Stelle des Headers untergebracht. Wenn Version 4 und 6 parallel existieren, kann jeder Knoten erkennen, welche Version das IP-Paket hat.

Verkehrsklasse (*traffic class*) (8 bit). Ist vergleichbar, aber nicht identisch mit Typ-of-Service. Sie wird später näher erläutert.

Flow-Label (20 bit): dieser Eintrag hat kein Gegenstück in der Version 4, wird später erläutert.

Payload Length (16 bit). Die Längenangabe ist vergleichbar der in Version 4, hier wird aber nur die Länge der auf den Header folgenden Nachricht angegeben, die Länge des IP-Headers ist nicht enthalten. Wenn auf den IP-Header Erweiterungs-Header (*extension header*) folgen , werden sie mit in der Payload-Länge erfasst.

Next-Header (8 bit): vergleichbar dem Protocol-Feld in der Version 4. Mit einer Kennzahl wird gekennzeichnet, welchen Typ der nachfolgende Header hat. Dabei kann es sich um einen Ebene-4-Header (TCP, UDP ...) handeln, aber auch um einen Erweiterungs-Header für das IP-Protokoll oder einen Ebene-3-Header für Tunneling. Es werden die gleichen Kennzahlen verwendet wie in Ipv4, z.B. 6 für TCP.

Hop Limit (8 bit): entspricht in seiner Funktion und auch seiner Wirkungsweise voll dem Time-to-Live-Feld des IPv4.

Quelladresse (128 bit)

Zieladresse (128 bit). Im Gegensatz zu Ipv4 ist die Zieladresse nicht unbedingt die des Empfängers, bei Vorhandensein eines Routing-Headers wird auf eine „Zwischenstation" verwiesen.

Optionen: Die Optionen sind ähnlich aufgebaut wie in der Version 4, auch hier kann nur in 4-Oktett-Stufen erweitert werden. Ein Beispiel für eine Option wäre die Aushandlung der Maximalen Segmentgröße, wie sie in bei der Fragmentierung beschrieben wurde.

Neben der Adress-Erweiterung unterscheidet sich die Version 6 durch 2 Hauptpunkte von der Version 4:

1. Erweiterungsheader (*extension header*)
2. Behandlung der Dienstgüte

Es kann weitere Header geben, die dem Internet Protocol zuzuordnen sind, diese würden zwischen dem beschriebenen Header und dem Header höherer Ebene eingeschoben werden. Es besteht allerdings auch die Möglichkeit, dass auf den beschriebenen Header direkt ein Header der Ebene 4 folgt. Bild 5-15 zeigt einige mögliche Anordnungen.

Es ist auch die Eintragung „no next header" (Kennzahl 59) möglich, diese bedeutet, dass auf den Header nichts mehr folgt (auch keine Daten). Wenn die Payload-Längenangabe auf Oktette verweist, welche nach einem Header mit dieser Eintragung folgen, so sind diese zu ignorieren.

Die Erweiterungs-Header haben verschiedene Funktionen, neben dem Fragment-Header gibt es:

- Routing-Header
- Hop-by-Hop-Options-Header
- Authentication-Header
- Destination-Options-Header
- Encapsulated Security Payload.

Mit dem Hop-by-Hop-Options-Header können zusätzliche Informationen übertragen werden, die von jedem Knoten auf dem Pfad zum Ziel ausgewertet werden müssen.

Der Destination-Options-Header enthält Informationen, die vom Empfänger der Nachricht auszuwerten sind.

Beide Header sind von variabler Länge, sie bestehen aus:

- Next-Header (8 bit)
- Header-Erweiterungslänge (Hdr Ext Len) (8 bit). Diese gibt die Länge des Headers in 8 Oktett-Gruppen an, wobei die ersten 8 Oktette nicht mitgezählt werden.
- Options. Es kann sich um eine oder mehrere Optionen handeln, diese werden als TLV (*type-length-value*) bezeichnet.

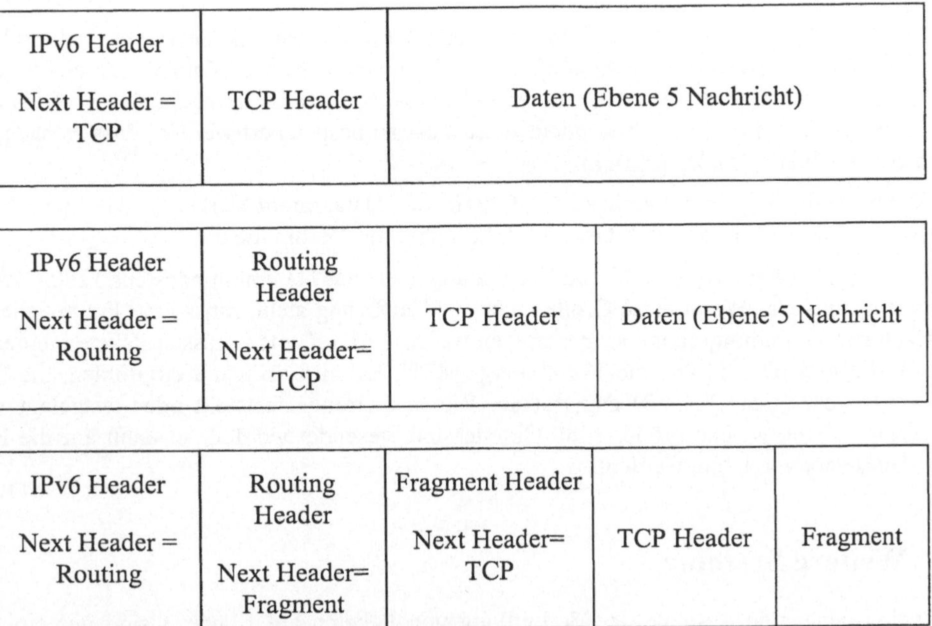

Bild 5-15 IPv6-Paket ohne Erweiterungs-Header (oben) und mit Erweiterungs-Header (das untere Bild gilt nur für das erste Fragment).

Die TLVs bestehen aus einer Typ-Angabe, der Längenangabe und den Optionsdaten. Wenn mehrere Optionen vorhanden sind, sind sie in ihrer Reihenfolge abzuarbeiten.

Flow-Label ist ein 20 bit-Feld im Header, welcher Anforderungen an die Router für eine spezielle Behandlung des Pakets enthalten sollen (*spezial handling*). Dabei kann es sich um eine über das normale hinausgehende Dienstqualität (*non-default quality of service*) handeln oder um ein Echtzeitverhalten. Genaue Festlegungen fehlen noch. Es wird davon ausgegangen, dass nicht alle Systeme dieses Feld sinnvoll verwenden oder auswerten können, für solche Systeme gilt:

- Beim Absender sind alle 20 bit auf 0 zu setzen
- Bei Routern ist das Feld zu ignorieren und unverändert weiter zu übertragen
- Beim Empfänger ist das Feld zu ignorieren.

Der Fluss (*flow*) wird als eine Sequenz von Paketen aufgefasst. Alle Pakete mit der gleichen Quelladresse, Zieladresse und dem gleichen Flow-Label-Feld, welches nicht auf 0 gesetzt ist.

Es kann auch Verkehr geben, der keinem Fluss angehört, dann ist das Flow-Label-Feld auf 0 zu setzen.

Mit dem Eintrag in das Flow-Label-Feld wird von den Routern eine besondere Behandlung der Pakete verlangt, dazu müssen die Router über ein entsprechendes Protokoll, z.B. Resource Reservation Protocol (RSVP), vergl. Abschnitt 9.9.2, verfügen.

Der Flow-Label enthält keine Festlegung von Merkmalen, sondern ist ein Identifizierer. Er muss als Zufallszahl gebildet werden, damit die Router ihn über ein Hash-Verfahren schnell einordnen können.

Der Flow-Label mit den mit ihm verknüpften Vereinbarungen hat eine bestimmte Lebensdauer. Findet ein Computer-Crash statt, so könnte es vorkommen, dass nach dem Wiederanfahren die gleiche Zahl benutzt wird wie vorher, deren Lebensdauer noch nicht abgelaufen ist. Dies muss verhindert werden; der bisher verwendete Wert muss so gespeichert werden, dass er nach dem Crash erhalten bleibt (*stable storage*).

Die Bildung von Sequenzen verletzt das Prinzip des Datagramm-Verkehrs, wie unter RSVP (9.9.2) näher ausgeführt, arbeitet dieses Protokoll aber mit Verbindungen.

Die Norm geht davon aus, dass für alle Verbindungen eine MTU von mindestens 1280 Oktetten zur Verfügung steht. Wenn diese Größe nicht nur Verfügung steht, muss eine Fragmentierung unterhalb der Vemittlungsebene vorgenommen werden. Alle Knoten müssen Pakete empfangen können, die so groß sind wie die Verbindungs-MTU. Es wird dringend empfohlen, die Pfad-MTU-Discovery (siehe 5.4.4.3) einzusetzen. Wenn allerdings feststeht oder festgelegt wird, dass keine Pakete, welche größer 1280 Oktette sind, gesendet werden, so kann auf die Pfad-MTU-Discovery verzichtet werden.

5.5. Weitere Systeme

Die weiter genannten Systeme der Vermittlung von Paketen auf Ebene 3 sind nur ein Ausschnitt aus den vorhandenen Möglichkeiten. Da sie nicht die Bedeutung der bereits genannten Protokolle haben, werden sie weniger ausführlich dargestellt. Das als erstes genannte Protokoll IPX ist allerdings auch heute noch weit verbreitet.

5.5.1 IPX

IPX wird hauptsächlich in Zusammenhang mit NetWare, dem Netzwerkbetriebssystem von Novell, eingesetzt. Nach den Regeln des OSI-Referenz-Modells kann es aber auch innerhalb anderer Systeme verwendet werden. So wird es auch als Protokoll der Ebene 3 bei Windows NT verwendet. Weiter gibt es einen RFC 191 „TCP and UDP over IPX Networks with Fixed Path MTU". M RFC 1234 wird das Tunneln von IPX-Paketen in IP-Netzwerken beschrieben.

IPX (*internetwork packet exchange*) hat mit dem IP vergleichbare Merkmale, es handelt sich um einen Datagramm-Verkehr, das Protokoll ist routingfähig. Es kann auf Ebene 2 alle Arten von LANs einsetzen, auch die Verwendung von WAN-Strecken ist möglich, wenn auch selten eingesetzt.

Der Paket-Header umfasst 30 Oktette. Wie bei IP ist sowohl die Quell- wie die Zieladresse enthalten. Die Adressen sind je 10 Oktette groß; sie bestehen aus einem Netzwerkteil von 4 Oktetten und der Stationsadresse von 6 Oktetten. Im Gegensatz zur Dot-Notation der IP-Adressen werden die IPX-Adressen in hexadezimaler Form angegeben. Dabei ist es üblich, als

Stationsadresse die Adresse der Ebene 2 (MAC-Adresse), z.B. die Ethernet-Stationsnummer, zu verwenden.

Der Header enthält auch eine Längenangabe für das Datagramm.

Unterschiede zu IP sind insbesondere:

- Es gibt zwar ein 16-Bit-Feld für eine Prüfsumme; es ist aber üblich, dieses Feld mit FF FF (hexadezimal) zu füllen, so dass es keine Aussage macht.
- Mit dem Header wird auf das Protokoll der Ebene 4 verwiesen. Dort kann ein verbindungsorientiertes Protokoll SPX (*sequenced packet exchange*) eingesetzt werden, welches dem TCP vergleichbar ist. Wenn auf der Ebene 4 nicht verbindungsorientiert gearbeitet werden soll, wird diese Ebene „übersprungen". Die Nachricht der Ebenen 5-7 bildet den Inhalt des IPX-Pakets. Damit die dort befindlichen Protokolle identifiziert werden können, enthält der IPX-Header auch die dafür notwendigen Portnummern.

Als Routing-Protokoll kann ein RIP verwendet werden. Dieses RIP (*routing information protocol*) ist aber nicht kompatibel mit dem in IP-Netzwerken verwendeten RIP (siehe Abschnitt 5.4.4.6).

Das Einbinden von IPX-Paketen in Ethernet-Frames kann auf 4 verschiedene Arten erfolgen: Die Arten, die bei Installationsvorgängen abgefragt werden, haben verschiedene Namen, der bei Novell übliche Namen ist als erster genannt.

- Ethernet_802.3, Novell Proprietary, 802.3raw: Das Typ-Feld des MAC-Headers wird als Längenfeld verwendet, dann folgt unmittelbar der IPX-Header. Ein Service-Access-Point ist also nicht vorhanden. Das Verfahren kann nur in Netzen angewandt werden, die auf Ebene 3 ausschließlich das IPX verwenden. Die MTU bei Ethernet ist 1500.
- Ethernet_802.2: Das Typ-Feld des MAC-Headers wird als Längenfeld gebraucht, dann folgt ein LLC-Header nach 802.2 von drei Oktetten. DSAP und SSAP sind auf den Wert E0 (hex) gesetzt; das Kontrollfeld auf 03 (unnumbered I-frame). Die MTU beträgt 1497.
- Ethernet_II, Ethernet Version 2: Im Typ-Feld ist die Ethernet-Typenbezeichnung (Ethertyp) eingetragen, für IPX lautet sie 81 37 (hex). Dann folgt der IPX-Header. Eine Längenangabe auf MAC-Ebene fehlt, diese ist aber im IPX-Header vorhanden. Die MTU beträgt 1500.
- Ethernet_SNAP,SNAP: im Typ-Feld ist die Längenangabe eingetragen. Es folgt der LLC-Header von 3 Oktetten wie bei Ethernet_802.2. Als DSAP und SSAP ist eine Kennzahl AA (hex) eingetragen. Diese verweist auf eine Ergänzung zum LLC-Header. Diese besteht aus einem Org-Code von 3 Oktetten und dem Ethertype. Damit stehen als MTU noch 1492 Oktette zur Verfügung.

Wenn in einem Netzwerk Stationen mit abweichenden Methoden der Einbindung vorhanden sind, kann zwischen diesen keine Kommunikation zustande kommen.

5.5.2 ATM

Obwohl ATM ein paketvermittelndes System mit virtuellen Verbindungen ist, wurde es bereits im Abschnitt 4.4.4 behandelt, da es aus Sicht des Anwenders eher wie ein System mit Leitungsvermittlung wirkt, wobei allerdings die zur Verfügung stehenden Bitraten sehr viel flexibler sind als bei einer tatsächlichen Leitungsvermittlung.

5.5.3 OSI-Protokolle

Für die Vermittlungsschicht gibt es sowohl OSI-Routing-Protokolle wie Protokolle für das Übertragen von Paketen (*network service*). Die Protokolle sind genormt:

ISO 8648: Interne Struktur der Vermittlungsebene, diese wird in drei Sub-Layer geteilt, um sich an unterschiedliche Struktur der Teilnetze (*subnetworks*) anzupassen.

ISO 8348: beschreibt die Adress-Struktur der Ebene 3 und den verbindungs-losen und verbindungs-orientierten Vermittlungsdienst.

ISO TR 9575: beschreibt Konzepte und Terminologie des Netzwerk-Dienstes, welche für zu Zusammenarbeit mit den Routing-Protokollen wichtig sind.

Die Adress-Struktur unterscheidet sich von der Adress-Struktur von IP oder IPX. Während bei diesen Protokollen die Adresse aus dem Netzwerkteil und dem Stationsteil besteht, erfolgt bei OSI die Adressierung innerhalb eines NSAP (*network service-access point*). Dieser ist wie bei SAPs immer an der Grenze zwischen den Ebenen (in diesem Fall 3 und 4) angeordnet. Er ist eingeteilt in:

- IDP Initial Domain Part
- DSP Domain Specific Part.

Bild 5-16 zeigt den Aufbau des NSAP.

IDP Initial Domain Part		DSP Domain-Specific Part			
AFI	IDI	Address Administration	Area	Station	Selector

Bild 5-16 Aufbau des NSAP

Der IDP zerfällt wieder in zwei Teile:

1. Authority Format Identifier (AFI). Dieser definiert, welche Formatvorschriften für den weiteren Teil des NSAP gelten. So kann der IDI unterschiedliche Längen haben, für die eigentliche Adresse kann eine dezimale oder eine binäre Schreibweise vorliegen.
2. Initial Domain Identifier (IDI). Dieser Teil spezifiziert, welcher Art die durch den DSP bezeichnete Entität ist.

Der DSP-Teil zerfällt in vier Abschnitte:

1. Address Administration. Hier soll es möglich sein, eine weitere Authority oder eine nachgeordnete Authority (*subauthority*) anzugeben, welche die Gestaltung des NSAP reguliert.
2. Area spezifiziert einen Bereich innerhalb des Gesamtnetzes, diese Eintragung wird besonders für das Routing benötigt.
3. Station bezeichnet die Station innerhalb der Area.
4. Selector ist eine Kennzahl, die innerhalb der Station gilt. Wenn der Selector 00 verwendet wird, bezeichnet der NSAP eine Netzwerk-Entität. Darunter wird eine Entität verstanden, welche über keine Verbindung mit den oberen Ebenen verfügt. Sie ist in der Regel in vermittelnden Systemen vorhanden.

Ein Endsystem (ES) verfügt über so viele NSAP-Werte, wie Transport-Protokolle auf der Ebene 4 vorhanden sind. Diese werden durch den Selector-Eintrag unterschieden. Die verschiedenen NSAPs einer Station unterscheiden sich also nur im letzten Oktett des NSAP, dem Selectorteil.

Bei der Vermittlung der Pakete können zwei Dienste unterschieden werden:

1. OSI Connectionless Network Service (CLNS), verbindungloser Dienst.
2. OSI-Connecion-Oriented Network Service (SONS), verbindungsorientierter Dienst.

Dies unterscheidet die OSI-Protokolle von IP und IPX, welche nur den verbindungslosen Dienst (Datagramme) bieten.

Die Merkmale des verbindungslosen Dienstes sind die des Datagramm-Verkehrs, er darf nicht zur Unterstützung aller auf der Ebene 4 vorgesehenen Transportprotokolle eingesetzt werden (siehe Abschnitt 6.3).

Bei den verbindungsorientierten Protokollen wird unterschieden:

CONP (*Connection-Oriented Network Protocol*). Dieses enstpricht dem Protokoll der Paketvermittlung nach X.25, wie es im Abschnitt 5.2 beschrieben ist.

CMNS (*Connection Mode Network Service*). Es werden Pfade zwischen den Transport-Entities aufgebaut. Dabei kann eine bestimmte Dienstgüte (*Quality of Service*) vereinbart werden.

Die OSI-Protokolle der Vermittlungsebene sind nicht sehr verbreitet.

5.5.4 Switched Multimegabit Data Service (SMDS)

Es handelt sich um ein paketvermittelndes System mit Datagrammverkehr für den WAN-Bereich. Dabei werden die in Abschnitt 4.4.2 beschriebenen Übertragungssysteme hoher Geschwindigkeit genutzt. SMDS kann genutzt werden, um LAN-Frames über WANs auszutauschen.

Im OSI-Referenz-Modell wird SMDS ähnlich wie ATM (siehe Abschnitt 4.4.4) den Ebenen 2 und 1 zugeordnet, obwohl es sich um einen paketvermittelnden Dienst handelt. Im Gegensatz zu ATM bestehen aber keine virtuellen Verbindungen; SMDS verfügt also nicht wie ATM über Eigenschaften der Leitungsvermittlung. Es ist eine Technologie, um Breitband-ISDN (B-ISDN) zu realisieren. SMDS geht immer von einer abgeschlossenen Nachricht bestimmter Länge aus, welche übertragen werden soll, ist damit vergleichbar dem AAL5 bei ATM.

Den Geräten bei SMDS wird eine durchschnittliche (*sustained*) Datenübertragungskapazität zur Verfügung gestellt, weiterhin ein bestimmtes Maß an Spitzenbelastung (*burstiness*). Die Verwaltung erfolgt mit einem „Kredit-Management-System". Mit jedem Paket, welches an der Schnittstelle übertragen wird, wird der Kredit vermindert; er wird periodisch über die Zeit gemäß der vereinbarten Übertragungsrate erhöht. Als durchschnittliche Datenraten sind 4, 10, 16, 25 und 34 Mbit/s vorgesehen.

Bild 5-17 zeigt den Aufbau eines SMDS-Systems. Der WAN-Bereich des öffentlichen Netzwerks wird mit dem Bereich des Anwenders, in der Regel LANs über die Schnittstelle SNI (*subscriber-network interface*) verbunden.

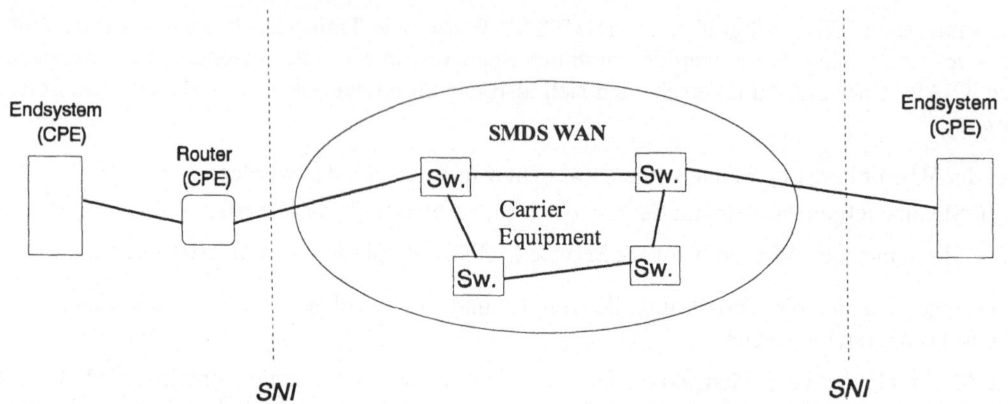

Bild 5-17 Aufbau des SMDS (Sw. Switch; CPE Customer Premises Equipment; SNI Subscriber Network Interface)

Die Nachrichten enthalten eine Ziel- und eine Quelladresse (siehe Bild 5-18). Beide enthalten eine Nummer von je 10 Dezimalstellen. Mit der Adressierung ist auch eine Sicherheitsüberprüfung verbunden. Diese bietet zwei Merkmale:

- Überprüfung der Quelladresse (*source address validation*). Es wird überprüft, ob die Adresse tatsächlich der Schnittstelle zugewiesen ist, über welche die Nachricht das Netzwerk erreicht. Damit soll verhindert werden, dass illegaler Verkehr sich zugelassenen Adressen bedient (*spoofing*).
- Address screening. Damit kann der Benutzer ein virtuelles privates Netzwerk schaffen. Adressen können verboten werden, wenn Verkehr mit diesen Adressen stattfinden soll, werden die Nachrichten gelöscht.

Es ist sowohl die Einzel- wie die Gruppenadressierung (*multicasting*) bei den Zieladressen möglich. Das Netzwerk macht Kopien der Nachrichten und stellt sie allen Mitgliedern der Gruppe zu. Damit soll sich das System auch für die Verteilung von Video eignen.

Das Protokoll an der SNI wird als SMDS-Interface-Protocol (SIP) bezeichnet. Es beruht auf den Regeln von 802.6 für Metropolitan-Area-Networks (MAN) der IEEE. Dieses verwendet einen Distributed Queue Dual Bus (DQDB). An den Bus ist immer eine Vermittlungssystem (*Switch*) des SMDS-WANs angeschlossen. Je nachdem, wie viel Geräte an einen Bus an einer Schnittstelle angeschlossen sind, wird unterschieden:

- Single-CPE-Konfiguration
- Multi-CPE-Konfiguration

Bei einer Multi-CPE-Konfiguration soll über den Bus auch eine Kommunikation zwischen den unterschiedlichen CPE-Stationen möglich sein; bei einer Single-CPE-Konfiguration kann nur die Kommunikation zwischen dem Switch und der CPE-Station stattfinden.

Das Protokoll arbeitet auf drei Ebenen, diese entsprechen nicht den Ebenen 1-3 des OSI-Referenzmodells, sondern decken Teile der Ebenen 1 und 2 des OSI-Referenzmodells ab.

Ebene 3 setzt die Nachricht des Anwenders in eine SMDS-Nachricht um, diese wird als SMDS-Service-Data-Unit (SMDS SDU) bezeichnet. Die SDMS-SDU wird ein eine SDMS-PDU eingebracht. Bild 5-18 zeigt den Aufbau der SDMS-PDU.

Ebene 2 teilt die SMDS-PDU in Einheiten gleicher Länge (Level-2 PDU, cell). Diese werden der Ebene 1 übergeben.

Ebene 1 übergibt die Zellen dem Übertragungssystem. Dabei sind verschiedene Geschwindigkeiten in dem SDH- oder SONET-System möglich.

1	1	2	8	8	1	0,5	0,5	2	12	9188	4	1	1	2
RSV	B E tag	BA size	D A	SA	X+	X+	HEL	X+	HE	Info + Padding	CRC	RSV	BE tag	Len.

Bild 5-18 Aufbau der SMDS-Protocol-Data-Unit (SMDS PDU). Die Längenangaben bezeichnen Oktette

Die Bedeutung der Felder ist:

RSV reserviert, die Felder sind mit Nullen zu füllen

X+ die Felder, die mit X+ gekennzeichnet sind, dienen der Anpassung an das Format des DQDB-Protokolls. Das SMDS darf diese Felder nicht verändern.

BEtag Beginn-Ende-Markierung. Bei der Übertragung der SMDS-SDU in einzelnen Zellen wird durch den Segment-Type festgelegt, ob es sich um das erste, letzte oder ein zwischengeschaltetes Segment handelt. Wenn zwei SMDS-SDUs nacheinander übertragen werden und von der ersten das letzte Segment, von der zweiten das erste Segment verloren geht, würde beim Empfänger eine falsche SMDS-SDU zusammengesetzt. Dies soll durch die beiden BEtags verhindert werden. In beide Felder wird der gleiche Wert eingetragen. Es muss dafür gesorgt werden, dass dieser Wert in nachfolgenden SMDS.SDUs nicht wieder verwendet wird.

BAsize Buffer Allocation Size (Größe des einzurichtenden Pufferspeichers)

DA Zieladresse (*destination address*). Sie besteht aus einer Kennung, die 4 Bit umfasst und zwischen Einzeladresse (1100) und Gruppenadresse (1110) unterscheidet. Die eigentliche Adresse wird von den nachfolgenden 60 Bits gebildet.

SA Quelladresse (*source address*), aufgebaut wie die Zieladresse, die Kennung muss eine Einzeladresse ausweisen.

HEL Header Extension Length (4 Bits). Ibt die Länge des Header-Erweiterung (*header extension*) an; z.Zt. ist nur die Länge von 12 Oktetten zulässig, wie es im Bild 5-17 dargestellt ist. Wie bei IP und TCP wird die Länge in 4-Oktett-Gruppen gezählt, damit muss der Zahlenwert 0011 (dezimal 3) eingetragen werden.

HE Header Extension. In diesem Feld ist die Versionsnummer des SMDS enthalten. Weiter enthält es Informationen zur Auswahl eines bestimmten Trägers, wenn SMDS-Verkehr von einem lokalen Träger zu einem anderen übertragen werden soll.

Information und Padding Enthält die SMDS-SDU und ein Padding. Dieses soll sicherstellen, dass das Feld mit einer 4-Oktett-Grenze endet.

CRC Prüfzeichen (*Cyclic Redundancy Check*), damit wird die gesamte SMDS-Nachricht abgeprüft.

Len. Länge (*length*). Die Länge wird in Oktetten gemessen, damit ist ein eventuell vorhandenes Padding.

Die Nachricht wird in Zellen von 53 Oktette aufgeteilt und übertragen. Damit entspricht die Länge der Zellen der von ATM-Zellen, der Aufbau der Zellen, die als SIP-Level-2-Zellen bezeichnet werden, ist aber unterschiedlich von denen der ATM-Zellen. Der Aufbau ist in Bild 5-19 dargestellt. Die Steuerinformationen dienen im Wesentlichen dazu, die Ebene-3-PDU beim Empfänger wieder her zu stellen.

Header					**Trailer**	
8	32	2	14	352 (44 Oktette)	6	10
Access Control	Network Control Inform.	Segment Type	Message ID	Segmentation Unit	PL	CRC

Bild 5-19 Aufbau der SIP-Level-2-Zelle. Die Längenangaben bezeichnen Bits (PL Payload Length; CRC Payload Prüfzeichen)

Mit der Access-Control kann bei einer Multi-CPE-Konfiguration angegeben werden, welches Gerät für den Verkehr verantwortlich ist.

Network Control Information zeigt an, ob die PDU Informationen enthält.

Der Segment-Typ (2 bits) zeigt den Zusammenhang der Zelle mit der Ebene-3-PDU an. Es gilt:

00 Fortsetzung einer Nachricht

01 Ende der Nachricht

10 Beginn der Nachricht

11 Einzel-Segment-Nachricht

Message-ID dient dem Zusammenstellen der Ebene-3-PDU aus den einzelnen Zellen. Weiterhin ermöglicht sie die Zusammenfassung mehrerer Ebene-3-PDUs in einem Segment. Da die Ebene3-PDUs in ihrer Länge begrenzt sind, muss eine Benutzernachricht auf mehrere Ebene-3-PDUs verteilt werden, diese werden wiederum auf mehrere Zellen verteilt. Wenn eine Multi-CPE-Konfiguration vorliegt, müssen die einzelnen Stationen unterschiedliche Message-IDs verwenden. Wenn an einer SNI Zellen verschiedener Ebene-3-PDUs auftreten (*interleaved*), so können sie mit der Message-ID den einzelnen Ebene3-PDUs zugeordnet werden.

Die Segmentation-Unit enthält die Daten der Ebene-3-Nachricht, die auf die Zellen verteilt wurde. Wenn die Zelle keine Daten enthält, ist dieses Feld mit Nullen zu füllen.

Payload-Length gibt an, wie viele Oktette der Ebene-3-PDU im Segmentation-Unit-Feld enthalten sind.

Das CRC-Zeichen prüft die gesamte Zelle mit Ausnahme der Felder Access-Control und Network-Control-Information ab. Es findet also eine Fehlererkennung sowohl für die einzelne Zelle wie für die gesamte Ebene-3-PDU statt.

Die Zellen enthalten keine Sequenznummern. Fehlende Zellen würden aber an der nicht korrekten Längenangabe und an den CRC-Zeichen der Ebene3-PDU erkannt.

Wie oben erwähnt, führt SMDS einen Datagramm-Verkehr durch. Dies gilt aber nur für die Ebene-3-PDU, nicht für die Zellen der Ebene 2. Die Ebene-3-PDU enthält die vollständige Quell- und Zieladresse. Die Zellen der Ebene 2 werden nur durch die Message-ID gekennzeichnet, welche auf die Ebene-3-PDU verweist. Die Vermittlungsknoten müssen speichern, wie die Zellen zu vermitteln sind. Sie erhalten mit der ersten Zelle einer neuen Ebene-3-PDU die Adressen mitgeteilt. Sie können dann auf Grund ihrer Routing-Tabellen festlegen, wohin die Zellen dieser Ebene-3-PDU zu vermitteln sind und diese Information speichern. Diese Information muss so lange festgehalten werden, bis die letzte Zelle (Segment-Type 01) vermittelt wurde.

6 Die Transportebene

Wie die Protokolle der Ebene 3 befassen sich die der Ebene 4 mit dem Transport der Nachricht vom Sender zum Empfänger grundsätzlich über mehrere Netzwerke hinweg. Aus Sicht der höheren Ebenen wird der Auftrag zur eigentlichen Datenübertragung an die Transportebene übergeben, welche dann die drei darunter liegenden Ebenen aktiviert.

6.1 Aufgaben der Transportebene

Generell gilt es als Aufgabe der Transportebene, die Merkmale der Datenübertragung, wie sie sich aus der Ebene 3 ergeben, zu verbessern. Dies ist am besten an der Verwendung des Protokolls TCP, welches in Abschnitt 6.2.1 beschrieben ist, zu erkennen. Zu den Aufgaben gehören insbesondere:

6.1.1 Nachrichtensegmentierung

Die Benutzernachricht kann einen großen Umfang annehmen; sie muss daher für den Transport in kleinere Einheiten, die bei TCP als Segment bezeichnet werden, zerlegt werden. Diese Zerlegung erfolgt nach transporttechnischen Gesichtspunkten, nicht nach logischen. Bei TCP gilt dabei die Regel, dass ein Segment innerhalb eines Paketes der Ebene 3 transportiert werden muss. Dieses kann allerdings in Fragmente zerlegt werden; dies wird aber nach Möglichkeit vermieden. Eine Fragmentierung der Segmente findet grundsätzlich nie statt.

6.1.2 Sequenzbildung

Bei Protokollen der Ebene 4 mit virtuellen Verbindungen, z.B. TCP liegt die Sequenz

- Verbindungsaufbau
- Nachrichtenübertragung
- Verbindungsabbau

vor. Eine Sequenzbildung findet aber auch während der Nachrichtenübertragung statt.

Bei der Segmentierung wird die ursprünglich vorhandene Nachricht nach transporttechnischen Gesichtspunkten in Teile zerlegt; für den Empfänger muss die Nachricht aber in ihrem ursprünglichen Zusammenhang wieder hergestellt werden. Da die Nachrichten in Paketen der Ebene 3 oft als Datagramme transportiert werden, können folgende Fehler auftreten:

- Teile der Nachricht fehlen.
- Die Nachrichten kommen nicht in der Reihenfolge an, in der sie abgesendet wurden.
- Teile der Nachricht werden dupliziert.

Der erstgenannte Fehler wird auch dann angenommen, wenn auf den Ebenen 1-3 erkennbare und nicht korrigierbare Übertragungsfehler auftreten. Wenn bei einer Fragmentierung der IP-Pakete nicht alle Fragmente in der vorgegebenen Zeit eintreffen, wird kein Segment empfangen, die Nachricht fehlt.

Das Protokoll der Transportebene kann diese Fehler, die durch den Datagramm-Verkehr der Ebene 3 hervorgerufen werden, nicht verhindern. Wenn die Nachrichten mit Sequenznummern versehen werden, die den Zusammenhang der Teilnachrichten anzeigen, kann es aber die Fehler erkennen und korrigieren.

6.1.3 Fehlererkennung und -korrektur

Die empfangende Station erkennt Fehler durch:

- Prüfzeichen, die Übertragungsfehler anzeigen. Da auch die Protokolle der Ebenen 2 und 3 mit Prüfzeichen arbeiten und nur Nachrichten der Ebene 4 ausgeliefert werden, die aus Sicht dieser Ebenen korrekt sind, werden solche Fehler selten auftreten.
- Sequenznummern, welche den korrekten oder inkorrekten Übertragungsablauf anzeigen.

Nachrichten mit Übertragungsfehler müssen neu angefordert werden, ebenso fehlende Nachrichten. Wenn Nachrichten nicht in der korrekten Reihenfolge oder dupliziert ankommen, kann die Fehlerkorrektur innerhalb der empfangenden Station erfolgen.

6.1.4 Ende-zu-Ende-Flusskontrolle

Nachrichten, die bei einer Station ankommen, müssen in Pufferspeicher übernommen und dann verarbeitet werden. Bei einer geregelten Übertragung muss es möglich sein, dass das empfangende System meldet, dass es keine weiteren Nachrichten mehr empfangen kann, obwohl die Übertragung bisher korrekt verlaufen ist. Dann ist sichergestellt, dass keine Nachrichten wegen nicht vorhandenen Pufferspeichern verloren gehen.

Durch den Datagramm-Verkehr der Ebene 3 ist dies nicht sicherzustellen. Einige Protokolle der Ebene 2 sehen Meldungen vor, die den Datenfluss stoppen, z.B. RNR (*receive not ready*) bei der Prozedur HDLC. Diese Protokolle regeln aber nur den Verkehr von Knoten zu Knoten, während ein Protokoll der Transportebene den Verkehr zwischen Stationen, die durch viele Vermittlungsknoten verbunden sein können, regeln muss.

6.1.5 Kennzeichnung der Protokolle der höheren Ebenen

Wie bei den Protokollen der niedrigeren Ebenen muss auch hier gekennzeichnet sein, welche Protokolle auf der über der Transportebene liegenden Ebene verwendet wird. Dazu werden Kennnummern in den Header der Ebene 4-Nachricht eingetragen, diese werden auch als Portnummern bezeichnet. Um die Client-Server-Organisation zu unterstützen, können zwei Portnummern verwendet werden, dies wird unter TCP näher erläutert.

6.2 Protokolle der Transportebene im Internet

Die Zahl der Protokolle für die Ebene 4 ist eher klein; zuerst wird das Protokoll TCP relativ ausführlich dargestellt, auf weitere Protokolle wird nur knapp eingegangen.

6.2.1 TCP

TCP (*transmission control protocol*) ist ein Protokoll aus der Internet-Welt, es ist durch RFC 793 Transmission Control Protocol DARPA Internet Program Protocol Specification. von 1981 standardisiert. Der RFC wird auch als STD (*standard*) 007 geführt. Gemäß dem OSI-Referenzmodell besteht grundsätzlich die Möglichkeit, auf der Ebene 3 ein beliebiges paketvermittelndes Protokoll zu verwenden, es gibt auch einen RFC für "TCP over IPX".

Angewendet wird TCP in fast allen Fällen in Verbindung mit IP, deswegen findet man häufig auch die Bezeichnung TCP/IP-Systeme. Grundsätzlich handelt es sich aber um zwei verschiedene Protokolle. Wenn auch zu TCP (fast) immer IP gehört, so können IP-Pakete durchaus UDP-Nachrichten (vergl. 6.2.2) enthalten, weiterhin verwenden eine Reihe von Protokollen zur Netzwerkverwaltung, z.B. ICMP (siehe 5.5.4.7) die IP-Pakete als Transportmittel der Ebene 3.

TCP zeichnet sich aus durch:

- verbindungsorientiertes Protokoll. Die Verbindung wird zwischen zwei Endsystemen aufgebaut. In TCP gibt es keine Multicast- oder Broadcast-Nachrichten.
- Es handelt sich um eine virtuelle Verbindung. Die Verbindung besteht nur zwischen den beiden beteiligten Systemen, der Nachrichtenaustausch erfolgt durch Datagramme der Vermittlungsschicht. Die vermittelnden Systeme zwischen den beiden Endsysteme haben keinerlei Kenntnis über die virtuelle Verbindung.
- die Nachricht wird als ein fortlaufender Strom von Oktetten aufgefasst. Diese werden vom Beginn der Sitzung an mitgezählt, wobei die Zählung nicht mit Null beginnt. Die einzelnen Nachrichten (TS-PDU, Transport-Service PDU) werden deshalb auch als TCP-Segmente bezeichnet.
- Alle im Teil 6.1 genannten Fehler können erkannt und korrigiert werden.
- Es gibt keine eigentliche TCP-Adresse, die TCP-Verbindung der Systeme A und B wird durch einen Tupel von 4 Angaben gekennzeichnet:

  -- IP-Adresse von A

  -- IP-Adresse von B

  -- Portnummer von A

  -- Portnummer von B

Die Nachrichten von TCP werden als Segmente (*segments*) bezeichnet. Dabei gilt, dass immer ein Segment in einem IP-Paket transportiert wird. Muss das Paket fragmentiert werden, so gilt dies für das IP-Paket, das TCP-Segment wird davon nicht betroffen. Es wird ein TCP-Header im ersten Fragment übertragen, der Rest der Nachricht in den folgenden Fragmenten. Diese haben zwar den Fragment-Header für das IP-Paket, aber keinen Fragment-Header für TCP. Das TCP-Segment wird erst dann ausgewertet, wenn das gesamte IP-Paket wieder zusammengesetzt ist.

Das Segment besteht aus dem Header und dem Inhalt. Bild 6-1 zeigt den Aufbau des Headers.

Die Portnummern von je 16 Bit werden mit jeder Nachricht übertragen, sie haben zwei Zwecke:

a. Kennzeichnung des Dienstes der höheren Ebenen, z.B. die Unterscheidung zwischen Telnet und FTP. Die Port-Nummer stellt also den SAP der Ebene 4 für die höheren Ebenen dar.

b. Kennzeichnung einer bestimmten Client-Server-Verbindung. Da ein Server-System den gleichen Dienst für verschiedene Clients bietet, muss es diese Verbindung unterscheiden, dies geschieht durch eine willkürlich gewählte Zahl.

Dabei ist der **Source-Port** die Port-Nummer des eigenen Systems. Bei einem Server enthält er die Nummer des Dienstes, den der Server-Prozess bietet; bei einem Client-System die willkürlich gewählte Nummer.

Source-Port (Quell-Port)			Destination-Port (Ziel-Port)
Sequence Number (Sequenz-Nummer)			
Acknowledge Number (Bestätigungs-Nummer)			
Offset	Reserviert	Flags	Window (Fenster)
Checksum (Prüfsumme)			Urgent Pointer
Optionen mit Padding			

Bild 6-1 Aufbau des TCP-Headers

Der **Destination-Port** ist die Portnummer des entfernten Systems. Der Server hat hier die willkürlich gewählte Zahl, der Client die Nummer des Services, welchen er im Server aufruft.

Die beiden Port-Nummern werden bereits in der ersten Nachricht, die einen Verbindungsaufbau anfordert, angegeben. Das System, welches eine Verbindung anfordert (in der Regel das Client-System) fordert also nicht nur eine TCP-Verbindung an, sondern eine Verbindung zur Bereitstellung eines bestimmten Dienstes.

Die Portnummern werden von der IANA, einer Unterorganisation der IETF, verwaltet. Dabei gilt:

Nummern von 0 - 1023 werden als "bekannte Portnummern" (*well known numbers*) bestimmten Diensten zugewiesen, bekannte Nummern sind z.B.

23 Telnet

25 SMTP Simple Mail Transfer Protocol

80 HTTP Hyper Text Transfer Protocol

Portnummern von 1024 - 49151 werden als privilegierte Portnummern bezeichnet, sie dienen Diensten, die von bestimmten Firmen angewendet werden. Einige Systeme verwenden diesen Zahlenbereich aber auch für die dynamischen Portnummern.

Portnummern von 49152 bis 65535 sind die dynamischen Portnummern, die zur Kennzeichnung einer bestimmten Client-Server-Verbindung dienen. Sie können willkürlich gewählt werden; dabei muss darauf geachtet werden, dass sie innerhalb eines Systems nicht mehrfach verwendet werden.

Sowohl die Liste der bekannten Portnummern wie die der privilegierten weist noch freie Nummern auf, Portnummern können bei der IANA angefordert werden.

In Unix-Systemen werden die bekannten Portnummern in der Datei /etc/services verzeichnet; diese enthält in der Regel nicht alle bekannten Portnummern, sondern nur die, welche von dem System tatsächlich angewandt werden.

Bei Nachrichten auf einer TCP-Verbindung richtet sich die Portnummer nach der Richtung der Nachricht, z.B. bei einer Telnet-Verbindung:

von	nach	Destination-Port-Nummer	Source-Port-Nummer
Client	Server	23	50234
Server	Client	50234	23

Bei diesem Schema wie insgesamt ist zu beachten, dass mit Client und Server nicht bestimmte Geräte gemeint sind, sondern die Systeme, auf denen der Client- bzw. der Server-Prozess läuft. In einem System können durchaus zur gleichen Zeit Client- und Server-Prozesse laufen.

Die Sequenzbildung und Quittierung erfolgt oktettweise. Dies bedeutet nicht, dass jedes einzelne Oktett eine Nummerierung hat, sondern es wird die laufende Nummer des ersten Oktetts des TCP-Segment als Sequenznummer angegeben. Die Sequenznummer des ersten Oktetts bei einer TCP-Verbindung wird bei der Eröffnung der Verbindung festgelegt. Es muss also nicht mit dem Zahlenwert 0 begonnen werden.

Wie das Bild 6-1 zeigt, stehen als Sequenznummer und als Quittierungs-Nummer (*acknowledgement number*) Zahlen mit 32 Bit zur Verfügung. Grundsätzlich können bei einer bestehenden TCP-Verbindung unendlich viele Oktetts übertragen werden, da die Zahlen als Modulo-Zähler dienen, d.h. auf die höchstmögliche Zahl folgt wieder die 0.

Die **Sequenznummer** (*sequence number*) zeigt die Nummer des ersten Oktetts im TCP-Segment.

Acknowledge-Nummer (*Acknowledge Number*): Die Acknowledge-Nummer dient der Quittierung, sie bezieht sich auf die Sequenznummer, muss damit ebenfalls 32 Bit groß sein. Sie zeigt immer das Oktett an, welches erwartet wird.

Der Quittierungsmechanismus ähnelt dem Quittierungsmechanismus des Protokolls HDLC, welches in Kapitel 4 beschrieben wurde, in mehreren Punkten:

- Die Quittierungsnummer (bei HDLC der Zähler N(R) zeigt auf die erwartete Nachrichteneinheit, quittiert wird die Nachrichteneinheit der angezeigten Zahl -1.
- Es muss nicht jede Nachricht einzeln quittiert werden, sondern es können mehrere Nachrichten mit einer Quittung quittiert werden.
- Es kann mit einer übertragenen Nachricht eine Quittierung der Daten in Gegenrichtung erfolgen.

Zwischen den Quittierungsmechanismen bestehen auch Unterschiede:

- Die Sequenz- und Quittierungsnummern kennzeichnen in TCP einzelnen Oktette, bei HDLC ganze Datenblöcke.
- In TCP gibt es keine Nachrichten, die nur der Quittierung dienen. Soll quittiert werden, wenn keine Daten zum Senden zur Verfügung stehen, dann wird ein TCP-Segment ohne Inhalt geschickt; der Header des Segments unterscheidet sich nicht von dem eines gefüllten Segments.
- Es gibt keine Quittierung für unkorrekt empfangene Segmente; TCP quittiert nur die korrekt empfangenen Segmente. Wenn auf eine gesendete Nachricht keine Quittierung erfolgt, also innerhalb einer gegebenen Zeit keine Antwort erfolgt, kann nicht unterschieden werden, ob Nachrichten verloren gegangen sind oder ob sie unkorrekt übertragen wurden.

Tabelle 6-1 zeigt den Ablauf einer korrekten Übertragung, wobei die Eröffnung der Verbindung nicht dargestellt ist. Zur besseren Unterscheidung werden die Nachrichten von A nach B im Fettdruck dargestellt. Auf den Gesamtablauf der Übertragung wird später eingegangen.

Tabelle 6-1 Ablauf einer TCP-Übertragung

Richtung	Source Port-nummer	Destination-Port Nummer	Sequenz-Nummer	Acknowledge-Nummer	Anzahl Oktette
A --> B	**113**	**56781**	**1000**	**2000**	**100**
B ---- A	56781	113	2000	1100	12
B ---- A	56781	113	2012	1100	24
A --> B	**113**	**56781**	**1100**	**2036**	**0**
A --> B	**113**	**56781**	**2036**	**1100**	**100**
B --> A	56781	113	2036	1100	12
B --> A	56781	112	2048	1200	24

Data-Offset (4 bit): der Data-Offset dient dazu, sich unterschiedlichen Header-Größen anzupassen, er ist mit der Header-Länge des IP-Pakets vergleichbar. Auch hier gibt die Zahl eine 32-Bit-Größe an, sie bezeichnet den Beginn der Daten aber dem Beginn des Headers, ein Zahlenwert von 6 würde bedeuten, dass die Daten ab dem Oktett 24 des Segments beginnen, der Header wäre also 24 Okette groß. Mit der Feldgröße von 4 Bit ließe sich ein Header von maximal 60 Oktetten definieren.

Im Header befinden sich 6 **Flags** (Merker), dies sind 1-Bit-Informationen, die das Vorhandensein eines bestimmten Merkmals anzeigen.

URG: das Feld Urgent-Pointer ist signifikant.

ACK: die Acknowledge-Nummer ist signifikant

PSH: die Push-Funktion wird angezeigt

RST: die Verbindung wird rückgesetzt

SYN: es erfolgt eine Synchronisation der Sequenznummern.

FIN: der Sender verfügt über keine weiteren Daten

Dabei dienen die Flags URG und PSH der Interpretation der übertragenen Daten; die übrigen Flags dem Aufbau und Abbau von Verbindungen. Die Wirkungsweise dieser Flags wird bei der Beschreibung des Ablaufs von Verbindungen erläutert.

Die Push-Flag dient der Steuerung des Sendevorgangs im Endgerät. Auf einer physikalischen Verbindung, z.B. einer Netzwerkkarte, werden meist mehrere TCP-Verbindungen betrieben. Wenn die Push-Flag gesetzt ist, sollen die Daten unmittelbar gesendet werden. Wenn dies nicht der Fall ist, können Nachrichten anderer TCP-Verbindungen eingeschoben werden, um die Leitungsausnutzung zu optimieren.

Die Urgent-Flag dient zur Anzeige darüber, dass der Urgent-Pointer ausgewertet wird, die Funktion des Urgent-Pointer wird unten beschrieben.

Windows: die Angabe Windows dient der Flusskontrolle. Angezeigt wird, wie viele Oktette die Gegenstation senden darf. Diese Zahl muss immer im Zusammenhang mit der Ackowledge-Nummer gesehen werden, die Windows-Angabe bezieht sich auf die im gleichen Header übertragene Acknowledge-Nummer.

Lauten z.B. die Angaben der Station B:

Acknowledge-Nummer: 12000

Windows: 1000

So kann die Station A die Oktette bis zum Oktett 12999 übertragen. Wenn A die Nachricht erhält, könnte sie bereits weitere Oktette, die noch nicht quittiert sind, ausgesandt haben. Hätte sie z.B. bereits ein Segment mit der Länge 500 und der Sequenznummer 12000 gesendet (Oktette 12000 - 12499), so kann sie jetzt nur noch 500 Oktette senden, ehe sie eine neue Window-Angabe erhält.

Die Zahlenangaben Sequenz-Nummer, Acknowledge-Nummer und Window müssen von jeder TCP-Station für jede Verbindung verwaltet werden. Dabei muss nach den Sende- und Empfangsvorgängen unterschieden werden. Bild 6-2 zeigt die Verwaltung der Werte beim Sendevorgang.

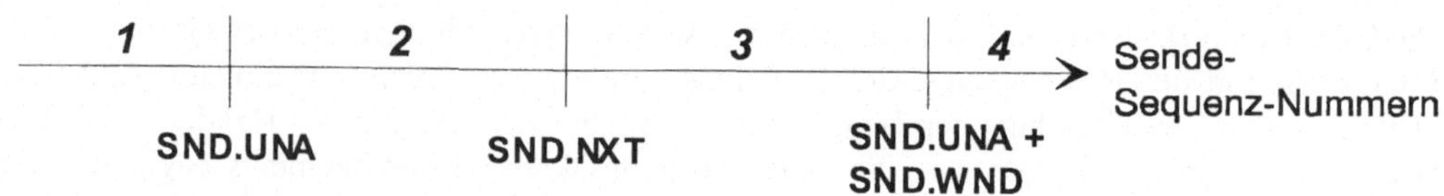

Bild 6-2 Zahlenwerte für den Sendebetrieb bei TCP

Dabei sind die Zahlenbereiche:

1 Alte Sequenznummer, die Oktette mit diesen Nummern wurden bereits quittiert

2 Sequenznummern für bereits gesendete, aber noch nicht quittierte Oktette

3 Sequenznummer für Oktette, die noch gesendet werden dürfen

4 Sequenznummer, deren Verwendung noch nicht erlaubt ist.

Der Zahlenwert SND.UNA entspricht der letzten empfangenen Acknowledge-Nummer; der Werte SND.NEXT der Sequenznummer der nächsten, noch nicht gesendeten Sequenz; der Wert SND.WND dem letzten empfangenen Window-Wert.

Bild 6-3 zeigt die Verwendung der Zahlenwerte beim Empfang.

Dabei stellt der Wert RCV.NXT die letzte ausgesendete Acknowledge-Nummer dar; der Wert RCV.WND ist die letzte von der Station ausgesendete Window-Zahl.

Es entstehen 3 Zahlenbereiche:

1 Alte Sequenznummer, welche bereits quittiert wurden, also die Nummern der bereits empfangenen und quittierten Oktette.

2 Sequenznummer der Oktette, für die Empfangsbereitschaft vorliegt.

3 Sequenznummern für Oktette, für die keine Empfangsbereitschaft besteht.

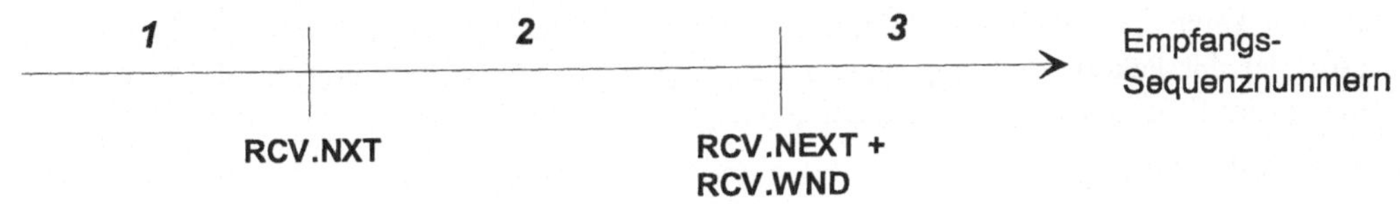

Bild 6-3 Zahlenwerte für den Empfangsbetrieb bei TCP

Prüfzeichen: Die Prüfzeichen prüfen den Inhalt des gesamten Segments, außerdem einen Teil des IP-Header und zwar den Teil, der sich beim Durchgang durch einen Knoten nicht verändert. Es handelt sich dabei um die beiden IP-Adressen, den Protokolleintrag des IP-Headers und die Länge des TCP-Segments einschließlich Header. Dieser Wert muss aus der Datagramm-Längenangabe im IP-Header errechnet werden.

Mit dem **Urgent-Pointer** kann ein Teil des Segments als dringend gekennzeichnet werden, das Segment beginnt dann immer mit den dringenden Daten, der Pointer zeigt auf das erste "nicht-dringende" Oktett. Der Urgent-Pointer wird nur ausgewertet, wenn die Flag URG gesetzt ist. Der Urgent-Pointer bildet den Offset zur Sequenz-Nummer in dem Segment. Wenn z.B. ein Segment von 1000 Oktetten Inhalt vorliegt, würde gelten:

Sequenznummer = 12345	URG = 1	Urgent-Pointer = 500:	die ersten 500 Oktette sind dringend (12345 - 12844)
Sequenznummer = 12345	URG = 1	Urgent-Pointer = 1000:	alle Daten des Segments sind dringend (12345 - 13344).

Die Flag URG wirkt sich nicht auf den Transport der Daten aus, die ja mit den IP-Paketen erfolgt, wobei der Inhalt des TCP-Headers nicht interpretiert wird. Er soll aber der empfangenden Station anzeigen, dass die markierten Daten einer dringenden Bearbeitung bedürfen.

Da TCP ein verbindungsorientiertes Protokoll ist, erfolgt die Übertragung von Daten in drei Phasen:

1. Verbindungsaufbau
2. Phase der Übertragung
3. Verbindungsabbau.

Verglichen mit anderen verbindungsorientierten Protokollen mit virtuellen Verbindungen hat TCP dabei einige Besonderheiten:

- Zum Aufbau der Verbindung werden nicht zwei Nachrichten (Anforderung und Bestätigung) ausgetauscht, sondern drei. Man bezeichnet dies als Drei-Wege-Handshake.
- Die Aufforderung zum Verbindungsaufbau geht vom Client aus. Da jede TCP-Verbindung einem bestimmten Dienst dient (siehe die Ausführungen über Portnummern), muss das System, welches die Verbindungsaufforderung erhält, nicht nur bereit zum Verkehr nach TCP sein, sondern auch bereit sein, diesen Dienst zu bieten. Es muss für jeden Dienst, den es anbietet, die entsprechenden Software-Strukturen bereithalten. Die mögliche Verbindung zu einem Client muss sich im Zustand "listen" (abhören) befinden.
- Von der Verbindung haben nur die Endsysteme Kenntnis, die vermittelnden Knoten vermitteln Pakete nach IP im verbindungslosen Dienst (Datagramme).

- Es gibt keine speziellen TCP-Segmente für den Aufbau der virtuellen Verbindungen, wie etwa bei der Paketvermittlung nach X.25; Segmente zum Verbindungsaufbau werden nur durch ihre Flags als solche gekennzeichnet.
- Eine Verbindung kann auf Aufforderung durch eine der Stationen beendet werden, sie wird aber auch beendet, wenn innerhalb einer bestimmten Zeit keine Nachrichten ausgetauscht werden.

Der Wunsch nach einem Verbindungsaufbau wird durch ein leeres Segment angezeigt. Der TCP-Header zeigt dabei:

- Flag ACK = 0 Die Acknowledgement.Nummer hat keine Bedeutung
- Flag SYN = 1 Der Begriff Synchronisation wird hier nicht im Sinne der Herstellung eines zeitlichen Gleichlaufs verwendet, sondern es geht um die Abstimmung von Sequenz- und Acknowledgement-Nummern.
- Sequenznummer: es kann ein beliebiger Wert gewählt werden; es ist nicht üblich, mit der Zahl 0 zu beginnen.
- Destination-Port: Portnummer des gewünschten Dienstes.
- Source-Port: eine frei gewählte Nummer im Bereich der dynamischen Portnummern.
- Data-Offset: Beim Verbindungsaufbau können Informationen über die MTU der Stationen ausgetauscht werden. Die MTU-Discovery beginnt dann nicht bei einem beliebigen Wert, sondern beim kleineren Wert der beiden ausgetauschten Werte. Dazu muss der Header eine Option erhalten; der Data-Offset wird auf 6 gesetzt (Headergröße 24 Oktette). Die Option enthält dann:
  - Art der Option: 2 (*maximum segment size*)
  - Optionslänge: 4
  - Optionswert: z.B. 1460 (dieser Wert entspricht der MTU in einem Netzwerk nach 802.3 (1500 Oktette vermindert um den Header von TCP und IP).

  Die Angabe der Optionslänge ist notwendig, da die Optionen durch das Data-Offset in 4-Oktett-Schritten festgelegt werden Die Optionen können aber unterschiedlich lang sein. Wäre z.B. die Option 6 Oktette lang, so betrüge das Data-Offset 2, der Eintrag Optionen-Länge 6. Die beiden letzten Oktette der Option haben keine Bedeutung, sie werden mit Nullen aufgefüllt (*padding*).

  In diesem Fall (Angabe der maximalen Segmentgröße) lauten die Angaben:
  - Art der Option: 2 (*maximum segment size*)
  - Länge der Option: 4 (padding ist nicht notwendig)
  - maximale Segment-Größe: Zahl von 16 Bits
- Window: bereits mit der ersten Nachricht wird die Window-Größe übermittelt.

Wenn die andere Station bereit zum Verbindungsaufbau ist, sendet sie ein leeres Segment zurück, welches enthält:

- Flag ACK = 1 Die Acknowledge-Nummer hat Bedeutung, als Acknowledge-Zahl wird die um 1 erhöhte Sequenz-Nummer aus der Verbindungsanforderung gesendet.
- Flag SYN = 1

- Sequenz-Nummer: es wird ein beliebiger Wert gewählt, der keinen Zusammenhang mit der empfangenen Sequenznummer hat.
- Destination-Port: die Nummer, welche im Verbindungswunsch als Source-Port übertragen wurde
- Source-Port: die Nummer des gewünschten Dienstes.
- Data Offset und Option: wie bei der Verbindungsaufforderung, natürlich mit dem MTU-Wert der angerufenen Station

Die Verbindung ist erst dann aufgebaut, wenn eine Rückmeldung der anrufenden Station übertragen wurde. Dieses leere Segment hat folgende Angaben:

- Flag ACK = 1. Die Acknowledge-Nummer hat Bedeutung; als Acknowledge-Nummer wird die um 1 erhöhte Sequenznummer der aufgerufenen Station verwandt.
- Flag SYN = 0
- Sequenznummer: es wird die um 1 erhöhte Sequenznummer der Eröffnungsnachricht verwendet.
- Source- und Destination-Ports wie bei der ersten Nachricht.
- Data-Offset = 5; es werden keine Optionen verwendet.

Obwohl die beiden ersten Nachrichten leere Segmente sind, wirken sie bei den Sequenz- und Acknowledge-Nummern so, als enthielten sie je 1 Oktett Nachrichten.

Mit dem nächsten Segment beginnt die Nachrichtenübertragung.

Die Tabelle zeigt die vier ersten Nachrichten einer TCP-Verbindung

Tabelle 6-2 Eröffnung einer TCP-Verbindung

Source Port	Destination Port	Sequenz-Nummer	Aknowedge-Nummer	Win-dow	ACK	SYN	Option
56777	110	233111	0	4096		0	MTU = 1460
110	56777	71843222	233112	1024	1	1	MTU = 4400
56777	110	233112	71843223	4096	1	0	
110	56777	71843222	233112	1024	1	0	

Eine TCP-Verbindung befindet sich in einem bestimmten Zustand (*state*). Dieser Zustand besteht grundsätzlich in einem der beiden Systeme. Es kann zum gleichen Zeitpunkt im anderen System ein anderer Zustand herrschen. In jedem System wird für jede Verbindung ein Transmission Control Block (TCB) unterhalten, welcher neben den beschriebenen Zahlenwerte auch den aktuellen Zustand speichert.

Die Reihenfolge der Zustände ist in der Regel:

- **LISTEN**: das System wartet auf eine Verbindungsaufforderung. Dazu wird ein TCB für einen bestimmten Dienst angelegt. Es besteht also bereits ein TCB, wenn noch keine Verknüpfung mit einem anderen System vorliegt. Wenn eine Verbindungsaufforderung für einen Dienst kommt, für den kein TCB angelegt ist, kann die Verbindung nicht zustande kommen.

- **SYN-SENT**: In diesem Zustand befindet sich die Station, wenn sie eine Verbindungsaufforderung ausgesandt hat, die noch nicht bestätigt wurde.

- **SYN-RECEIVED**: Es wurde eine Verbindungsaufforderung gesendet und empfangen, es fehlt aber noch die 3. Nachricht beim Drei-Wege-Handshake.

Die drei genannten Zustände gehören zur Phase 1 (Verbindungsaufbau).

- **ESTABLISHED**: stellt die 2. Phase (Phase der Übertragung) dar; sie wird auch als Offene Verbindung (*open connection*) bezeichnet. Daten können übertragen werden; empfangene Daten an den Benutzer ausgeliefert.

Die nachfolgend genannten Zustände gehören zur 3. Phase (Verbindungsabbau). Die Nachrichten, welche für die Verbindungsauflösung sorgen, haben die Flag FIN gesetzt.

- **FIN-WAIT-1**: Wartezustand für eine Verbindungs-Auslösungsanforderung von der anderen TCP-Station oder auf die Bestätigung, welche auf die gesendete Anforderung zur Verbindungsauflösung kommen soll.

- **FIN-WAIT-2**: Warten auf eine Verbindungsauflösungs-Anforderung von der anderen Station.

- **CLOSE-WAIT**: Warten auf die Anforderung zur Verbindungsauflösung durch den lokalen Benutzer.

- **CLOSING**: Warten auf die Bestätigung der Verbindungsauflösung durch die andere TCP-Station.

- **LAST-ACK**: Warten auf die Bestätigung für die Verbindungsauflösungs-Anforderung, die an die andere Station gesendet wurde.

- **TIME-WAIT**: Dieser Zustand wird für eine bestimmte Zeit beibehalten, diese soll sicherstellen, dass die entfernte Station die Bestätigung auf Verbindungsauflösung erhalten hat.

- **CLOSED**: Es liegt kein Verbindungsstatus irgend einer Form vor. Er wird auch als fiktionaler Status bezeichnet, da kein TCB vorhanden ist.

Wenn Verbindungen in schneller Folge geöffnet und geschlossen werden, besteht die Gefahr, dass Sequenznummern mehrfach auftreten, da sie bei Eröffnung der Verbindung frei gewählt werden können. Um dies zu verhindern, wird ein Generator für die Erzeugung der Anfangs-Sequenz-Nummern (ISN, *Initial Sequence Number*) eingesetzt. Dieser soll die Zahl alle 4 µs weiterzählen. Für die 32-Bit-Zahl ergibt sich damit eine Periode von etwa 4,5 Stunden, bis es zu einer Wiederholung der ISN kommt. Die Abstimmung der Nummern erfolgt in 4 Schritten:

A --→ B „meine“ Sequenznummer beträgt X.

B --→ A Bestätigung, dass „deine“ Sequenznummer X ist.

B --→ A „meine“ Sequenznummer ist Y.

Die beiden letztgenannten Schritte erfolgen durch die Übertragung eines Segments.

A --→ B Bestätigung, dass „deine“ Sequenznummer Y ist.

Wenn durch eine Störung (*crash*) die Sequenznummern im Speicher nicht mehr vorhanden sind, muss verhindert werden, dass Verbindungen, welche neu aufgebaut werden, Sequenznummern verwenden, die noch im Gebrauch sein können. Dazu muss eine Wartezeit eingelegt werden, welche die Maximale Segment-Lebenszeit (MSL) überschreitet. Die MSL ist auf 2 Minuten festgelegt.

Durch Senden eines Segments mit gesetzter RST-Flag kann die Verbindung zurückgesetzt werden (*reset*). Der Vorgang überführt die Verbindung in den Zustand LISTEN oder CLOSED. Grundsätzlich soll er durchgeführt werden, wenn bei einer Station ein Segment eintrifft, welches nicht korrekt gebildet wurde. Dies ist insbesondere der Fall, wenn:

1. Eine Verbindung nicht besteht (CLOSED) und für diese Verbindung Segmente eintreffen. Dies kann auch eine Verbindungsaufforderung mit gesetzter Flag SYN sein. Wie bereits geschildert, muss für jeden gewünschten Dienst eine „Verbindung" im Zustand LISTEN bereitstehen, damit ein erfolgreicher Verbindungsaufbau stattfinden kann.
2. Eine Verbindung in einem noch nicht synchronisierten Status ist (dies ist der Fall, wenn sie sich im Zustand LISTEN, SYN-SEND, SYN-RECEIVED befindet) und ein Segment mit gültiger Acknowledgement-Nummer empfängt (Flag ACK).
3. Eine Verbindung in einem synchronisierten Zustand ist, z.B. ESTABLISHED und ein Segment empfängt, welches nicht akzeptiert werden kann. Beispiele wären der Empfang von Oktetten, die über die gesendete Window-Größe hinausgehen, oder Empfang einer Acknowledgement-Nummer für Oktette, die noch nicht gesendet sind.

TCP als verbindungsorientiertes Protokoll erfordert eine Bestätigung der Nachrichten innerhalb einer bestimmten Zeit. Da keine negativen Quittierungen zugelassen sind, ist der Ablauf der Time-Out-Schranke die einzige Anzeige für ein Fehlverhalten.

Die Festlegung des richtigen Time-Out-Wertes ist wegen des zeitlichen Verhaltens eines paketvermittelnden Netzes schwierig und muss dynamisch erfolgen.

Zur Festlegung muss die Zeit ermittelt werden, in der ein Paket gesendet und das Antwort-Paket empfangen werden kann (*round trip time*, RTT). Danach wird die Zeit bestimmt, nach der eine Neuübertragung durchgeführt wird, da keine Bestätigung der Nachricht eingetroffen ist, diese wird als RTO (*retransmission time out*) bezeichnet. Dann wird eine obere Schranke für RTO bestimmt, ,z.B. 1 Minute, diese wird als UBOUND bezeichnet. Es wird eine untere Schranke bestimmt, z.B. 1 Sekunde, diese wird als LBOUND bezeichnet.

Aus der gemessenen Round-Trip-Time wird ein gerundeter Wert ermittelt, welcher als Smoothed RTT (SRTT) bezeichnet wird. Aus LBOUND und dem mit einer Verzögerungs-Varianz multipliziertem Werte SRRT wird der maximale Wert ermittelt. Aus diesem Wert und UBOUND wird dann der minimale Wert als RTO verwendet. Dazu ein Zahlenbeispiel:

UBOUND = 20 Sekunden
LBOUND = 1 Sekunde
RTT = 500 ms
SRTT = 600 ms
Verzögerungsvarianz = 2,0.

Der mit der Verzögerungsvarianz multiplizierte SRTT-Wert beträgt 1,2 Sekunden. Da LBOUND 1 Sekunde beträgt, wird der Wert 1,2 Sekunden gewählt. Der minimale Wert aus UBOUND und 1,2 Sekunden ist 1,2 Sekunden, dies ist damit der RTO-Wert.

Für die Festlegung des Windows gelten zwei Überlegungen:

- Eine zu kleine Festlegung führt zu uneffektiver Übertragung. Wenn das zur Verfügung stehende Window kleiner ist als die Pfad-MTU müssen große Datenmengen in zu kleinen Paketen übertragen werden.
- Ein großes Window erhöht die Effektivität der Übertragung, kann aber dazu führen, dass beim Empfang der Segmente nicht genügend Pufferspeicher zur Verfügung steht, damit Daten verloren gehen und neu angefordert werden müssen.

Die Regeln des TCP erlauben es, Window-Werte zurückzunehmen bzw. zu verkleinern, ohne dass es durch empfangene Daten verkleinert wird. So könnte eine Übertragung ablaufen:

A ---> B	Acknowledegment-Nummer = 5000	Window 4096
B ---> A	Sequence-Nummer = 5000	Länge des Segmentinhalts = 400
A ---> B	Acknowledement-Nummer = 5400	Window = 1024

Ein bei A gleichbleibendes Window hätte zu der Meldung

A ---> B	Acknowledgement-Nummer = 5400	Window = 3696

führen müssen.

Die Verkleinerung des Window ohne den entsprechenden Datenempfang wird als "*shrinking the window*" bezeichnet. In den Vorschriften wird erwähnt, dass ein Sender dies nicht durchführen sollte, als Empfänger jede Station aber auf dieses Verhalten seines Partners gefasst sein sollte. Diese Regel ist ein Sonderfall der allgemeinen Regel für TCP/IP-Netzwerke:

Sei konservativ als Sender und liberal als Empfänger

Diese Regel wird auch als das Prinzip der Robustheit (*robustness principle*) bezeichnet. Es soll grundsätzlich bei allen Protokollen im Bereich von TCP/IP eingesetzt werden.

Notwendige Neuübertragungen sollen grundsätzlich auch dann vorgenommen werden, wenn das Window dies nicht zulässt. Ein Beispiel:

A ---> B	Acknowledgement-Nummer = 5000	Windows = 4096
B ---> A	Sequence-Nummer = 5000	Länge des Segments = 400
B ---> A	Sequence-Nummer = 5400	Länge des Segments = 400
A ---> B	Acknowledgement-Nummer = 5400	Window = 0

Der Time-Out-Fall tritt ein:

A ---> B	Sequence-Nummer = 54000	Länge des Segments = 400

Sich ändernde Window-Werte sind besonders bei Verbindungen verwirrend, bei denen Daten nur in eine Richtung übertragen werden (*one-way data flow*). Die leeren Segmente, die zur Quittierung dienen, haben immer die gleiche Sequenz-Nummer. Damit kann nicht klar erkannt werden, welches die letzte, aktuellste Meldung ist.

Zur Steigerung der Effektivität kann ein Sender, welchem eine kleine Window-Größe gemeldet wird, die Sendung so lange aufschieben, bis die Window-Größe wieder steigt. Dies ist allerdings nicht gestattet, wenn für die Nachricht die Push-Flag gesetzt ist. In diesem Fall muss sofort ein Segment, welches dem Window-Wert entspricht, gesendet werden.

Bestätigungs-Nachrichten sollen nicht so lange verzögert werden, bis ein neuer Window-Wert, der eine Fortsetzung des Dialogs ermöglicht, vorhanden ist, da es sonst wegen Überschreitung des Time-Out-Werts zu unnötigen Neuübertragungen kommen kann.

Sinnvoll ist es dann, zwei Segmente zu senden, etwa:

A ---> B Acknowledgement-Nummer = 5400 Window = 0

A ---> B Acknowledgement-Nummer = 5400 Window = 2048

In diesem Fall kann B erst dann das nächste Segment senden, wenn es die zweite Nachricht erhalten hat. Es wird aber keine Neuübertragung des vorher gesendeten Segments ausführen.

Die TCP-Aktivitäten werden aus Sicht der höheren Ebenen durch Kommandos, die als Systemaufrufe in den Anwendungsprogrammen auftreten, ausgelöst (*TCP user commands*). Diese sind:

Open: führt zum Aufbau der Verbindung zu einem anderen System. Bei einigen Systemen wird dieser Aufbau automatisch durch das erste Kommando zum Senden durchgeführt, so dass das Open-Kommando nicht erforderlich ist.

Send: Bei diesem Kommando muss die Adresse des Pufferspeichers für die zu sendenden Daten, die Länge der Daten (*byte count*) und die Stellung von Push- und Urgent-Flags angegeben werden. Die Länge der Daten ist nicht die Länge des zu sendenden Segments, TCP kann den Sendeauftrag durch das Senden mehrerer Segmente ausführen. Umgekehrt kann es, wenn Push nicht gesetzt ist, die Sendung verzögern, bis weitere Daten zum gleichen System gesendet werden sollen. Das Kommando kann so gestaltet werden, dass neue Sendeaufträge nur dann entgegengenommen werden, wenn die Sendung erfolgreich abgeschlossen wurde oder Time-Out aufgetreten ist. Dies führt aber zu schlechter Auslastung der Verbindungen. Außerdem kann ein Deadlock eintreten, wenn beide Stationen die Sendung so lange verzögern, bis Datenempfangen wurden. Dann kommt keine Sendung zustande, TCP nimmt aber auch keine weiteren Aufträge an.

Bei vielen Systemen wird die erfolgreiche Ausführung des Send-Kommandos dann bestätigt, wenn alle Daten in den TCP-Sendepuffer übernommen worden sind.

Receive: Das Kommando führt zur Entnahme der Daten aus dem Empfangspuffer und Übertragung in den Datenbereich zur Verarbeitung. Dabei wird eine Datenlänge übergeben. Dabei kann es vorkommen, dass in dem Empfangspuffer weniger Daten sind als im Kommando angegeben. Nach Ausführung des Kommandos wird daher eine Datenlänge zurückgegeben, welche die tatsächlich vorhandenen Daten ausweist.

Wenn Daten ankommen, die als Urgent-Daten (Urgent-Flag gesetzt) gekennzeichnet sind, muss das Anwendungsprogramm mit einem TCP-to-User-Signal informiert werden. Dabei sollen die Daten, die durch den Urgent-Pointer gekennzeichnet sind, in einen anderen Speicher übernommen werden als die nicht gekennzeichneten Daten (*non-urgent data*) oder es soll eine Grenze zwischen den beiden Arten von Daten für den Benutzer erkennbar sein.

Close: Mit diesem Kommando soll die Verbindung geschlossen werden. Bevor die Verbindung geschlossen wird, werden alle Sendeaufträge ausgeführt einschließlich der eventuell notwendigen Neuübertragungen. Ebenso müssen alle Daten noch empfangen werden, die die Gegenstation sendet. „Close“ sagt also aus, dass keine Bereitschaft mehr zum Senden vorhanden ist, nicht aber, dass keine Empfangsbereitschaft vorliegt.

Status: Mit diesem Kommando kann der Zustand einer TCP-Verbindung abgerufen werden. Es wird für die Realisierung der in 10.5 beschriebenen Test- und Abfragekommandos benutzt. Übergeben werden neben den Adress-Informationen die Werte für:

- Window-Größe für Senden
- Window-Größe für Empfangen
- Verbindungsstatus
- Anzahl der gespeicherten Daten, die gesendet, aber noch nicht quittiert sind
- Anzahl der Daten, die auf der Leitung empfangen, aber noch nicht der Verarbeitung überführt sind (*pendig data*)
- Urgent-Status.

Nur in Prozessen, die auf die TCP-Verbindung zugreifen dürfen, kann dieses Kommando erfolgreich ausgeführt werden. Damit können unautorisierte Prozesse diese Informationen nicht erlangen.

Abort: Bei diesem Kommando werden alle Sende- und Empfangsvorgänge abgebrochen, an die Gegenstation wird eine spezielle Reset-Nachricht gesendet.

Die Synchronisation zwischen TCP und den Anwendungsprogrammen erfolgt durch TCP-to-User-Nachrichten. In der Regel werden asynchrone Signale (Interrupts) an die CPU gesendet. Diese führen zur Übergabe von Informationen an das Anwenderprogramm, z.B. über die Menge der empfangenen Daten.

TCP muss ein Protokoll der Ebene 3, also in der Regel IP aufrufen, um die Netzwerkaktivitäten zu starten. Dabei kann es die Werte für Type-of-Service und Time-to-Live setzen (vergleiche 5.4.4.1).

6.2.2 UDP

Die unter 6.1 genannten Funktionen werden vom User Datagram Protocol nur bedingt wahrgenommen. Da es sich, wie der Name ausdrückt, um ein verbindungsloses Protokoll handelt, können nur die Funktion der Adressbildung und der Fehlerkontrolle wahrgenommen werden. Die Verbesserungen, die durch TCP an dem Verhalten des Datagramm-Verkehrs von IP vorgenommen werden, finden nicht statt.

UDP ist ein verbindungsloses Protokoll (Datagramm-Verkehr). Es dient als Schnittstelle zwischen der Ebene 3 und den anwendungsorientierten Ebenen. Bild 6-4 zeigt den Header der UDP-Nachricht.

Die beiden Portnummern werden genauso verwendet wie unter TCP beschrieben, es dienen auch grundsätzlich die gleichen Nummern für den gleichen Dienst.

Die Längenangabe gibt die Gesamtlänge des Datagramms einschließlich des UDP-Headers an. Die Prüfsumme prüft das gesamte Datagramm einschließlich Header.

Source-Port (Quell-Port)	Destination Port (Zielport)
Length (Länge)	Checksum (Prüfsumme)

Bild 6-4 UDP-Header

Der Einsatz von UDP ist sinnvoll, wenn:

- die Einrichtung von TCP zur Sicherung des Datenflusses und der Flusskontrolle nicht notwendig sind, z.B. weil sie von Protokollen höherer Ebene übernommen werden.
- es sich um den einmaligen Austausch kurzer Nachrichten handelt, z.B. beim Aufruf eines Name-Servers, dem ein Name übergeben wird und der mit einer IP-Adressen antwortet.

Der Verwaltungsaufwand für UDP ist erheblich geringer als der für TCP, weil:

- Die Länge des Headers geringer ist (8 Oktette gegenüber 20 Oktette).
- Nachrichten zum Auf- und Abbau der Verbindungen entfallen.
- Nachrichten zum Quittieren entfallen, wie bei allen Systemen mit Datagramm-Verkehr gibt es keine "leeren" PDUs.
- Die Stationen keine Informationen über den Stand einer Verbindung speichern müssen.

6.3 Weitere Protokolle

Für die Transportebene sind Protokolle sowohl von der ISO (als OSI-Protokolle bezeichnet) wie auch innerhalb von NetWare für IPX-Netzwerke entwickelt worden.

Bei den von der ISO entwickelten Protokollen für die Transportebene besteht das Ziel wie bei TCP darin, die Dienstgüte des Transportsystems zu verbessern. Zur Dienstgüte werden insbesondere gezählt:

- Auf- und Abbauzeiten der Transportverbindung
- Dauer der Zeichenlaufzeit
- Verbleibende Fehlerwahrscheinlichkeit

Bei den ISO-Protokollen der Ebene 4 müssen ähnlich wie bei TCP oder UDP die verbindungsorientierten von den verbindungslosen Protokollen unterschieden werden. Weiterhin besteht ein Zusammenhang mit dem Dienst der Ebene 3, der nach den ISO-Protokollen ebenfalls verbindungsorientiert (CONP) oder verbindungslos (CLNP) erfolgen kann.

Die Transportprotokolle sind in 5 Klassen eingeteilt. Dabei kann nur die Klasse 4 von dem verbindungslosen Netzwerkdienst getragen werden.

Komplexität und Funktionen nehmen mit der Klassennummer zu, Klasse 0 ist also das einfachste Protokoll.

Klasse 0: Das Protokoll wird als Transport-Protokoll Klasse 0 (TP0) bezeichnet. Es verfügt nur über die Funktion der Segmentation und der Wiederzusammenfügung der Segmente (*reassembly*). Dieses Protokoll und die weiteraufgeführten bis TP3 erfordern den verbindungsorientierten Dienst der Ebene 3.

Klasse 1, auch als TP1 bezeichnet: Es wird wie in Klasse 0 die Segmentation und die Wiederzusammenfügung der Nachrichten vorgenommen, dazu auch Fehlerkorrektur. Es werden Sequenzzahlen verwendet, wenn eine große Zahl von PDUs (*excessive number*) nicht quittiert wird, werden die PDUs neu übertragen oder die Verbindung neu aufgebaut. Auch dieses Protokoll erfordert den verbindungsorientierten Netzwerk-Dienst.

Klasse 2 (TP2): Führt die Segmentation und das Wiederzusammenfügen durch, weiterhin das Multiplexing und Demultiplexing der Datenströme über eine einzelne virtuelle Verbindung.

Klasse 3 (TP3): Fasst die Merkmale der Klasse 1 und 2 zusammen, also zusätzlich zu den Funktionen der Klasse 2 auch die Fehlerkorrektur.

Klasse 4 (TP4) wie Klasse 3, aber mit einer zusätzlichen Behandlung von selbsterkannten Fehlern. TP4 ist das bekannteste der Transportprotokolle der OSI, es schafft eine zuverlässige Kommunikation. Es kann auch von verbindungslosen Netzwerkdiensten getragen werden. Es ist in seiner Funktion vergleichbar dem TCP.

Bei der Verwendung von NetWare kann über dem Datagramm-Verkehr der Ebene 3, welcher mit IPX realisiert wird (siehe Abschnitt 5.5.1) das Protokoll SPX (*Sequenced Packet Exchange*) eingesetzt werden. Es handelt sich um ein verbindungsorientiertes Protokoll mit ähnlichen Eigenschaften wie TCP.

Eine Alternative zu UDP für den Datagramm-Verkehr gibt es in NetWare nicht. Wenn Datagramm-Verkehr durchgeführt werden soll, wird die Ebene 4 „übersprungen". Nach dem Header der Ebene 3 folgt unmittelbar die Nachricht der Ebenen 5-7. Dazu enthält der Header der Ebene 3 bereits die Portnummern.

7 Anwenderbezogene Ebenen

Die drei oberen Ebenen des OSI-Referenz-Modells werden in diesem Kapitel aus zwei Gründen zusammen behandelt.

a. Sie haben keinen unmittelbaren Bezug zur Datenübertragung, sondern befassen sich mit den Aspekten der Zusammenarbeit der Rechner, die sich in den Endsystemen abspielen.

b. Software-Produkte für die drei Ebenen und ihre Dienste, die von ihnen geboten werden, umfassen meist Funktionen aller drei Ebenen.

Im ersten Abschnitt werden die grundsätzlichen Aufgaben der drei Ebenen, die nach dem OSI-Referenzmodell klar unterschieden werden können, dargestellt. Im zweiten Abschnitt geht es um einige Dienste, die den drei Ebenen zugeordnet werden können. Der dritte Abschnitt befasst sich gesondert mit der netzwerkgerechten Darstellung von Daten in offenen Systemen, eine Aufgabe, die der Darstellungsebene zuzuordnen wäre. Im letzten Abschnitt geht es um ein Anwendungsprotokoll für Funknetzwerke.

7.1 Funktionen der Ebenen

7.1.1 Aufgaben der Sitzungsebene

Die Sitzungsebene (*session layer*) wird nach DIN als Kommunikationssteuerungsebene bezeichnet. Ehe auf die Aufgaben dieser Ebene eingegangen wird, soll der Begriff der Sitzung (*session*) in seiner Bedeutung für die Informationsverarbeitung untersucht werden. Unter einer Sitzung versteht man in der Datenverarbeitung die Nutzung des Systems oder von Teilen des Systems für einen bestimmten Anwender oder eine bestimmte Aufgabe. Die Sitzung zeichnet sich durch folgende Eigenschaften aus:

a. Der Begriff wird nur in Systemen benutzt, die von mehreren Benutzern verwendet werden (*multiuser system*). Zwischen jedem einzelnen Benutzer und dem System besteht eine gesonderte Sitzung. Grundsätzlich ist es möglich, dass ein Benutzer mit einem System gleichzeitig mehrere Sitzungen unterhält.

b. Während der Sitzung stehen dem Benutzer bestimmte Betriebsmittel zur Verfügung, z.B. bestimmte Speicherbereiche, periphere Geräte, Pufferspeicher.

c. Eine Sitzung hat einen definierten Beginn und ein definiertes Ende, welche vom Betriebssystem registriert werden; die Benutzung des Systems durch die einzelnen Benutzer wird registriert (*job accounting, user accounting*).

d. Dem Benutzer stehen Betriebsmittel nur in der Form zu, wie sie ihm vom Systemplaner zugewiesen werden. So steht z.B. nicht allen Benutzern der Zugriff auf den gesamten Speicher oder ein bestimmtes Peripheriegerät zu. Bei der Benutzung von Betriebsmitteln, die mehreren Benutzern zustehen, können zwischen den einzelnen Benutzern Prioritäten (*priorities*) bestehen. In einigen Systemen wird den Benutzern ein bestimmter Grad von Möglichkeiten (*capabilities*) zugewiesen, nach denen sich seine Rechte richten. So hat er z.B. ab einem bestimmten Grad die Möglichkeit, seine Stellung innerhalb des Prioritätenschemas zu ändern.

e. Eine Sitzung, bei der der Benutzer auf ein System über das Netzwerk zugreift, wird meist über eine verbindungsorientierte Prozedur geführt, z.B. mit einer TCP-Verbindung (siehe Kapitel 6).

Zu den besonderen Aufgaben der Sitzungsebene gehören:

a. **Austausch von Kennungen** (*identifier exchange*)
Bei vielen Systemen können Sitzungen nur aufgebaut werden, wenn der Benutzer dem System bekannt ist. Der Systemverwalter führt eine Benutzerverwaltung (*user management*) durch. Er richtet ein Benutzerprofil ein.

Bei Eröffnung einer Sitzung muss sich das System davon überzeugen, dass diese von einem Benutzer, der dem System bekannt ist, erfolgt (*authentication*). Die heute übliche Abprüfung besteht darin, dass der Benutzer eines bestimmten Namen hat (*user name*) und ein Passwort, welches nur ihm und dem System bekannt ist. Das Passwort wird im System verschlüsselt gespeichert, so dass es nicht mit einem Platten-Dump auslesbar ist. Auf die Passworte wird im Abschnitt 9.10 näher eingegangen.

Bei vielen Systemen ist es üblich, einen Benutzernamen zu vergeben, der allen offen steht (z.B. guest). Der Aufbau einer Sitzung für diesen Benutzer erfordert kein Passwort, ihm stehen aber auch nur wenige Möglichkeiten bei der Systemnutzung offen.

Bei einigen Kommunikationsformen ist der gegenseitige Austausch von Kennungen vorgesehen.

b. **Multiplexen**
Liegen in einem System mehrere Aufträge zur Datenübertragung vor, die den gleichen Anschluss benutzen, müssen diese zeitlich nacheinander ausgeführt werden. Dieses Multiplexen kann unter Berücksichtigung von Prioritäten ausgeführt werden.

c. **Verwaltung von Pufferspeichern** (*buffer management*)
Bei der Ein-Ausgabe, von der Zentraleinheit her gesehen gehört dazu auch die DÜ, in Pufferspeicherbereiche. Pufferspeicher können in den Steuergeräten für die Ein-Ausgabe angeordnet sein, aber auch Bestandteil des allgemeinen Hauptspeichers sein. Zuweisung von Pufferspeicherbereichen und deren Größe kann teilweise vom Anwender beeinflusst werden. Das Betriebssystem muss aber eine Gesamtspeicherverwaltung durchführen, da das System von mehreren Benutzern verwendet wird.

Auf die Dimensionierung von Pufferspeichern wird im Abschnitt 9.6 näher eingegangen.

Pufferspeicher können auch auf dem Plattensystem angelegt sein. Die auszugebenden Daten werden nicht dem Ausgabegerät zugewiesen, sondern auf den Plattenspeicher geschrieben, das Betriebssystem sorgt dann für die Übertragung auf das Ausgabegerät, bei Eingaben wird umgekehrt verfahren. Diese Vorgehensweise wird als SPOOL bezeichnet.

Aus Sicht des Anwenders gilt, dass der Sendevorgang als abgeschlossen betrachtet wird, wenn die Daten dem Pufferspeicher übergeben wurden, unabhängig von dem Zeitpunkt des tatsächlichen Sendevorgangs.

Im Bereich der Ebenen 1-4 kann festgestellt werden:

- Sendevorgänge werden durch entsprechende Anweisungen ausgelöst und so schnell wie möglich ausgeführt
- Empfangsvorgänge finden nicht auf Grund einer Anweisung statt, sondern auf Grund der bei dem System eintreffenden Nachrichten. Das empfangende System muss diese Vorgänge

durch Bereitstellung entsprechender Pufferspeicher vorbereiten. Es kann auch "Sendeaufrufe" aussenden, um das andere System zum Senden zu veranlassen.

Auf der Sitzungsebene gibt es Anweisungen sowohl für den Sende- wie für den Empfangsvorgang, z.B.:

- Sendevorgang: send (s, msg, len)
- Empfangsvorgang: recv (s, buf, len)

Dabei bedeuten:

s = Socketnummer, eine Nummer, mit der das System die bestehende Verbindung identifiziert; die Verbindung ist grundsätzlich duplex, d.h. es können Nachrichten in beiden Richtungen übertragen werden.
msg, buf = Speicheradresse
len = Länge in Oktetten

Die Kommandos haben folgende Wirkung:

Send: die Daten werden in den Pufferspeicher für die Sendung übernommen (*sending queue*). Das Kommando ist aus Sicht des Anwendungsprogramms dann erfolgreich abgeschlossen, wenn sich die Daten im Sendepuffer befinden.

Receive: die Daten werden aus dem Pufferspeicher für die empfangenen Daten (receive queue) entnommen und dem mit buf angegebenen Speicherbereich zugeführt. Es wird rückgemeldet, wie viele Oktette entnommen wurden. Wenn diese Zahl kleiner ist als die Angaben len, befanden sich in dem Pufferspeicher weniger Oktette, als entnommen werden sollten. Wenn die Zahl gleich der Angabe len ist, ist dem Anwenderprogramm nicht bekannt, ob und wie viele Oktette sich noch im Empfangspuffer befinden.

Bei beiden Kommandos ist also die Ausführung der Kommandos vom eigentlichen Sende- oder Empfangsvorgang zeitlich entkoppelt.

Die Sockets müssen vor der Übertragung in beiden Systemen eingerichtet werden, dabei wird die Socket-Nummer vom Betriebssystem vergeben. Dies ist notwendig, da unterschiedliche Anwendungsprogramme unterschiedliche Sockets benutzen.

d. **Parameter-Übergabe** (*flow parameter setting*)
Es ist der Austausch von Parametern für die Flusssteuerung vorgesehen. Dabei kann es sich beim Paketverkehr z.B. um Parameter für die bevorzugte Behandlung eines Pakets (Eilpaket) handeln. Der Parameteraustausch kann sich auch auf Angaben zur Formatierung der Daten oder die Behandlung der Daten in der empfangenden Anlage handeln.

Das in Kapitel 9 beschriebene Protokoll zur Reservierung von Betriebsmitteln RSVP wird ebenfalls dieser Ebene zugewiesen, auch hier erfolgt der Verkehr zwischen den Stationen in Sitzungen.

7.1.2 Aufgaben der Darstellungsebene

Die Ebene wird auch als Datendarstellungsebene (*presentation layer*) oder Bereitstellungsebene bezeichnet, nach DIN ISO 7498 als Darstellungsschicht. Sie dient dazu, die Daten so darzustellen, wie sie tatsächlich übertragen werden, diese Darstellung muss nicht identisch sein mit der Darstellung auf der Anwendungsebene. Nachfolgend sind einige Aufgaben angeführt, Einzelheiten sind in 7.3 dargestellt.

a. **Daten-Kompression**
Die Kompression von Daten dient der Reduzierung der zu übertragenden Menge von Bits, sie setzt voraus, dass Redundanzen in den Daten vorhanden sind. In Abschnitt 2.3.5 werden einige Kompressionsmethoden beschrieben. Das in Abschnitt 7.2.2 beschriebene Protokoll FTP (*file transfer protocol*) sieht einen "Compressed Mode" zur Datenübertragung vor.

b. **Umcodierung** (*data format conversion*)
Umcodierung der Daten wird notwendig, wenn System mit einander verbunden sind, die unterschiedliche Code-Systeme verwenden. Die Codierung erstreckt sich dabei nicht nur auf die Datenzeichen, sondern auch auf Steuerzeichen für periphere Geräte, Darstellung graphischer Zeichen usw.

In Abschnitt 7.3 wird auf die Systeme zur einheitlichen Darstellung in Netzwerken näher eingegangen.

c. **Daten-Verschlüsselung und -Entschlüsselung** (*data encryption/decryption*)
Verschlüsselung dient der Geheimhaltung von übertragenen und gespeicherten Daten. Auf Verschlüsselung wird auch in den Abschnitten 2.3.5 und 9.10 eingegangen. Bei Netzwerk-Betriebssystemen ist es von entscheidender Bedeutung, wo die Verschlüsselung stattfindet. Bei einigen Betriebssystemen werden alle Daten, aber auch die Passwörter unverschlüsselt zum Server-System übertragen. Dort werden sie verschlüsselt und abgespeichert. Damit können sie während der Übertragung abgehört werden.

In LANs ist das Abhören nicht zu verhindern, da jedes System jede Nachricht darauf überprüfen muss, ob diese Nachricht an es adressiert ist. Durch Software kann zwar verhindert werden, dass jeder Benutzer jede Nachricht im Netz lesen kann, aber diese Software ist in der Verantwortung der einzelnen Systeme. Damit wird die Verschlüsselung der Daten schon vor der Übertragung besonders wichtig.

d. **Datenbankzugriff** (*data base access*)
Zugriff auf Datenbanken ist bei fast allen Anwendungen der Datenfernverarbeitung erforderlich. Dabei dienen die Datenbanken einerseits der Speicherung von Benutzerdaten, aber auch der Speicherung von Daten, die für den Netzwerkbetrieb notwendig sind, z.B. in Namens-Server-Systemen. Beim Einsatz von Datenbanken in verteilten Systemen sind eine Reihe von Problemen zu lösen, dazu gehören insbesondere:

- Zugriffberechtigung, oft getrennt nach dem Recht, Daten zu lesen, zu verändern, zu löschen usw.
- Zentralisierung- oder Dezentralisierung. Datenbanken sollen so gestaltet sein, dass die Großzahl der Zugriffe direkt oder über ein lokales Netz erfolgen kann (Lokalitätsprinzip). Dies führt zur Forderung nach Aufteilung der Datenbank in Teilbereiche, die direkt zugreifbar sind, z.B. bei Kundendateien auf die einzelnen Standorte der Firma. Es muss aber auch der Zugriff von anderen Standorten aus gesichert sein. Wenn alle Daten zentral gespeichert sind, ist die Verwaltung und Einhaltung der Sicherheit leichter zu gestalten, es kommt aber zu vielen Zugriffen von entfernten Systemen.
- Anlegen von Kopien (*replicas*). Um das Lokalitätsprinzip zu realisieren, können von einer zentralen Datenbank Kopien (oft Teilkopien) auf die einzelnen Standorte verteilt werden. Kopien werden in der Datenbanktechnik als Replicas bezeichnet. Wenn auf die Daten auch schreibenden Zugriffe stattfinden, was in Datenbanksystemen die Regel ist, muss die Konsistenz der Daten sichergestellt werden. Die einfachste Methode ist es, schreibende Zugriffe

nur in der zentralen Datenbank zuzulassen. Da in der Regel die schreibenden Zugriffe seltener sind als die lesenden, wird damit die Netzwerkaktivität vermindert. Die zentrale Datenbank muss die Änderungen allerdings auf die Kopien übertragen. Dies unmittelbar nach jedem Schreibvorgang zu machen, hat zwei Nachteile:

1. Es führt zu einer Vielzahl von Netzwerkzugriffen;
2. es setzt voraus, dass alle Netzwerkverbindungen stets betriebbereit sind, dies ist bei großen, komplexen Systemen nicht immer gegeben.

Die genannten Nachteile können dadurch beseitigt werden, dass die Übertragung der Änderungen auf die Kopien nur in regelmäßigen zeitlichen Abständen stattfindet. Damit können mehrere Änderungen mit einer Übertragung mitgeteilt werden. Außerdem können Zeiten geringer Netzwerkbelastung für diese Vorgänge genutzt werden. Das Verfahren hat allerdings den Nachteil, dass für eine bestimmte Zeit die Daten in der zentralen Datenbank und in den Replicas nicht übereinstimmen, dies wird als Inkonsistenz bezeichnet.

Zu den Aufgaben der Darstellungsebene im Zusammenhang mit Datenbanken steht die Gestaltung der Abfragesprachen.

Datenbanken werden von unterschiedlichen Datenbank-Verwaltungssystemen (*data base management system*, DBMS). Die Strukturen der Datenbanken beruhen aber in den meisten Fällen auf einem bestimmten Datenbankmodell, dem relationalen Modell. Damit ist die Schaffung einer einheitlichen Sprache, die auf alle Datenbanken zugreifen kann, möglich. Am weitesten verbreitet ist dabei

SQL (Structured Query Language)

welche von ANSI genormt ist.

Die Sprache verfügt über Merkmale einer

- Daten-Definitionssprache (DDL). Es können Datenbanken, ihre Tabellen und die Beziehungen zwischen diesen Tabellen definiert werden.
- Daten-Manipulations-Sprache (DML). Es können Daten in die Datenbank eingebracht, verändert und gelöscht werden.
- Daten-Abfrage-Sprache (DQL). Es kann auf Grund bestimmter Kriterien auf die Daten zugegriffen werden, die Daten können in der gewünschten Form dargestellt werden.

7.1.3 Aufgaben der Anwendungsebene

Die Anwendungsebene (Verarbeitungsebene, *application layer*) ist die Ebene, in der dem Anwender die Daten der DÜ und DFÜ unmittelbar zur Verfügung stehen. Sie bildet die Schnittstelle zwischen dem Anwendungsprogramm und den übrigen Ebenen. Netzwerkaktivitäten werden in der Regel durch bestimmte Arbeitsanweisungen ausgelöst, welche Aktionen in verteilten Systemen erzeugen. Dem Anwender werden bestimmte Dienste geboten. Die Benutzung dieser Dienste entlastet den Anwender von Einzelheiten der Datenkommunikation. Aus Sicht des Anwenders findet z.B. eine Abfrage einer Datenbank statt, wobei der Anwender diese Abfrage auf seiner Workstation formuliert und das Ergebnis auf dem Bildschirm seiner Workstation sieht. Dass zur Ausführung dieser Arbeit Übertragungen zwischen der Workstation und dem Server, auf dem sich das Datenbanksystem befindet, notwendig sind, spielt für die Datenbankabfrage keine Rolle.

Nachfolgend sind einige wichtige Dienste beschrieben, die bei der Datenfernverarbeitung genutzt werden können.

7.2 Dienste

Die Dienste, die von den Produkten für die oberen drei Ebenen geboten werden, sind sehr zahlreich. Sie können daher nur an einigen Beispielen dargestellt werden.

Es liegen dafür Normungen von mehreren Institutionen vor, die Tabelle 7-1 zeigt einen Überblick für die von der ISO genormten Dienste für die Ebenen 6 und 7.

Die in den nachfolgenden Abschnitten beschriebenen Dienste sind meist von der IETF genormt, die für die Darstellungsebene genannte Abstrakte Syntax-Notation Nr. 1 ist in Abschnitt 7.3 beschrieben.

Tabelle 7-1 Übersicht über von der ISO genormte Dienste

Ebene	Dienstart	Dienst	Funktionen
Anwendung	Spezifischer Dienst	FTAM	Dateiverwaltung/ Remote Dateizugriff
		RDA	Remote Zugriff auf Datenbanken
		JTM	Job Transfer und Management
		MHS	Nachrichtenübermittlung
	Generischer Dienst	ACSE	Elementare Assoziationen zwischen Anwendungsinstanzen
		ROSE	Remote Prozeduraufruf
		RPC	Remote Procedure Call
		RTSE	Zuverlässiger Transportdienst
		CCR/TP	Verteilte Transaktionsverarbeitung
Darstellung		ASN.1	Datentransformationen zwischen heterogenen Datenformaten

7.2.1 Telnet

Telnet ist von der IETF genormt, das Dokument trägt die RFC-Nummer 854 und die Standardnummer 8.

Die Norm nennt drei Grundprinzipien für telnet:

- Network virtual terminal
- auszuhandelnde Optionen (*negotiated options*)
- symmetrische Anordnung von Terminals und Prozessen.

Es wird auch als Protokoll für Virtuelles Terminal bezeichnet. Telnet erlaubt es einem Benutzer, sich von einem entfernten System so anzuloggen, dass es wirkt, als wäre das Terminal direkt an dem System angeschlossen. Der Transport der Nachrichten erfolgt über TCP/IP; von der Verwendung her werden die Netzwerke der unteren Ebenen in der Regel LANs sein, es gibt aber auch Studien zum Einsatz von WAN-Verbindungen für Telnet.

Auch Telnet arbeitet nach dem Client-Server-Modell; das System, auf dem der Benutzer arbeitet, wirkt als Client, es wird als User-Host bezeichnet. Das System, welches den Dienst zur Verfügung stellt, wird als Server-Host bezeichnet. Die Portnummer im TCP-Header für Telnet ist 23.

Das virtuelle Termine (*Network Virtual Terminal*, NTV) ist ein bidirektionales zeichenorientiertes Gerät. In der Regel verfügt es über eine Tastatur und einen Bildschirm (im RFC 854, der im Jahr 1983 veröffentlicht wurde, wird noch vom Drucker (*printer*) gesprochen). Die Norm sieht vor, dass Daten, die über die Tastatur eingegeben werden:

- über die TCP-Verbindung zum Server-Host gesendet werden
- zum Bildschirm gesendet werden (lokales Echo)
- vom Server-Host zum Bildschirm gesendet werden (*remote echo*).

Telnet verwendet in der Regel das "remote echo". Jedes Zeichen, welches der Anwender eingibt, wird an den Host übertragen, dann vom Host zurückübertragen und auf dem Bildschirm des Anwendersystems abgebildet. Dies führt dazu, dass der Inhalt eines TCP-Segments in der Regel ein Zeichen ist.

Obwohl die TCP-Verbindung einen Vollduplex-Verkehr gestattet, wirkt das Virtuelle Terminal als ein halbduplex-arbeitendes Gerät (*bidirection*) im zwischenspeichernden Modus (*buffered modus*). Der Datenverkehr erfolgt, falls nicht besondere Optionen ausgehandelt wurden, in der Form:

1. Es sollen die Daten gesammelt werden, bis eine Zeile sich im Pufferspeicher befindet; das Zeilenende wird am Zeichen CR (*Carriage return*) erkannt, dann werden die Daten übertragen. Diese in der Norm vorgesehene Methode soll verhindern, dass zu kleine Nachrichten übertragen werden. Dies würde nicht nur zu einer schlechten Leitungsausnutzung führen, sondern auch den empfangenden Host stark belasten, da jede empfangene Nachricht zu einer Programmunterbrechung führt (Interrupt). Wenn allerdings mit Remote-Echo gearbeitet wird (Terminal zu Server-Host), lässt sich dieser Nachteil nicht vermeiden, da der Anwender jedes Zeichen nach seiner Eingabe auf dem Bildschirm sehen will.

2. Ein Gerät, welches über keine Daten mehr in seinem Pufferspeicher verfügt, kann das andere Gerät mit dem Kommando GA (*go ahead*) zur Aktivität auffordern, diese Eigenschaft wäre besonders sinnvoll, wenn nur eine Haldduplex-Verbindung zur Verfügung stehen würde.

Die Arbeitsweise mit Remote-Echo führt zu kleinen Nachrichten. Wenn über Telnet Kommandos an einen Server gegeben werden, kann dieser als Ergebnis der Kommandos auch größere Nachrichten übertragen. Eine Messung aus Sicht des Serversystems für eine TCP-Verbindung mit Telnet ergibt z.B.

	Datagramme	**davon mit Daten**	**Zahl der Datenbytes**	**Durchschnitt je Datagramm**
Empfangen	106	71	83	0,783
Gesendet	96	92	4678	48,6

Für die Darstellung der Daten ist der 7-Bit-ASCII-Code (Internationales Referenz-Alphabet, IRA) vorgesehen; der allerdings in einem 8-Bit-Feld übertragen werden muss, da IP und TCP streng oktett-orientiert arbeiten. Dies gilt auch für die Formatierungszeichen, z.B. Carriage Return (CR) oder Line-Feed (LF).

Die Darstellung von Kommandos erfolgt in einer Sequenz von mindestens 2 Oktetten, das erste Oktett enthält die Anweisung, dass die Nachricht als Kommando zu interpretieren ist (*Interpret as Command*, IAC), diese wird mit dezimal 255 codiert.

Die Codierung der Kommandos erfolgt außerhalb des ASCII-Codes (Dezimalzahlenwerte >127), die Tabelle 7-2 gibt einen Überblick (gekürzt).

Tabelle 7-2 Kommandos für telnet

Name	**Code (dezimal)**	**Bedeutung**
Break	243	NTV Zeichen für Break (siehe unten)
Interrupt Process	244	Funktion IP
Abort Output	245	Funktion AO
Are You There	246	Funktion AYT
Erase Character	247	Lösche Zeichen
Erase Line	248	Lösche Zeichen
IAC	255	Interpretiere als Kommando

Wenn das Datenbyte 255 übertragen werden soll, muss es verdoppelt werden, die Meldung 255 255 (IAC IAC) überträgt also ein Datenbyte und wird nicht als Kommando aufgefasst. Es handelt sich um eine Maßnahme zur Schaffung der Code-Transparenz (vergl. Abschnitt 2.3.4).

Die Löschkommandos (*Erase Character, Erase Line*) sollen den Empfänger veranlassen, das letzt eingegebene Zeichen bzw. die letzte Zeile zu löschen. Als letzte Zeile werden alle Zeichen nach den Steuerzeichen CR LF (*carriage return, line feed*) betrachtet, nicht aber diese Steuerzeichen selbst.

Mit dem Kommando BREAK wird übermittelt, dass die Breaktaste betätigt wurde. Break sollte außerhalb des normalen Zeichenbereichs liegen. Bei der Anbindung asynchroner Terminals an ein zentrales System wurde der Break-Zustand dadurch angezeigt, dass nach einem Startbit der Startzustand länger beibehalten wurde, als es der Zeichenlänge entspricht.

Das Kommando INTERRUPT PROCESS. Damit wird der Prozess, mit dem das Network Virtual Terminal (NTV) verbunden ist, beendet, unterbrochen, suspendiert oder abgebrochen. Es soll auch verwendet werden für andere Protokolle, welche telnet verwenden, um die Beendigung der Arbeit anzuzeigen.

Das Kommando ABORT OUTPUT soll den laufenden Prozess korrekt enden lassen, aber verhindern, dass seine Ergebnisse zum Anwender gesendet werden.

Das Kommando ARE YOU THERE soll bewirken, dass Zeichen zum NTV gesendet werden, die anzeigen, dass der mit dem NTV verbundene Prozess das Kommando empfangen hat und also noch aktiv ist.

7.2.2 FTP (file transfer protocol)

Auch FTP ist von der IETF genormt, die RFC-Nummer lautet 959, die Standardnummer 9.

Als Ziele des Protokolls werden genannt:

- Benutzung von Dateien für mehrere Netzer (*sharing*)
- Direkte oder indirekte Nutzung von entfernten Computern
- Abschirmung des Benutzers von den unterschiedlichen Dateiverwaltungssystemen
- Zuverlässige und effektive Datenübertragung.

FTP kann direkt vom Benutzer aufgerufen werden, aus der Unix-Ebene durch das Kommando "ftp", welches eine neue Benutzerumgebung schafft, aber auch von Anwendungsprogrammen benutzt werden.

Bild 7-1 zeigt das Modell des FTP. Der Anwender greift über seine Benutzerschnittstelle zu. Sowohl im Benutzersystem wie im Serversystem besteht ein Protokollinterpreter. Über die Kommandos wird der Daten-Transfer-Prozess (DTP) aktiviert. Die Datenverbindung kann Daten in beide Richtungen übertragen, während einer FTP-Aktion findet die Übertragung aber nur in einer Richtung statt.

Die Steuerverbindung (*control connection*) zum Austausch von FTP-Kommandos und Reaktionen (*replies*) arbeitet nach den Regeln des Telnet-Protokolls. Dies kann dadurch geschehen, dass die User-PI oder die Server-PI die Regeln des Telnet-Protokolls anwenden, aber auch dadurch, dass sie das vorhandene Telnet-Modul nutzen. Die erste Methode führt zwar zu einem zusätzlichen Aufwand an Programm-Code, da aber nur wenige Komponenten des Telnet-Protokolls genutzt werden, ist dieser relativ gering. Bei der erstgenannten Methode wird eine effektivere Abarbeitung erreicht, da die Systemaufrufe entfallen.

Die Kommandos spezifizieren die Parameter für die Datenverbindung und die Operation, die ausgeführt werden soll, z.B. Speichern (*store*), Aufsuchen (*retrieve*), Hinzufügen (*append*), Löschen (*delete*).

Bei dem in Bild 7-1 dargestellten Modell erfolgt die Datenübertragung vom oder zum User-System.

Bild 7-2 stellt die Situation dar, dass die Übertragung zwischen zwei Systemen außerhalb des User-Systems erfolgen soll.

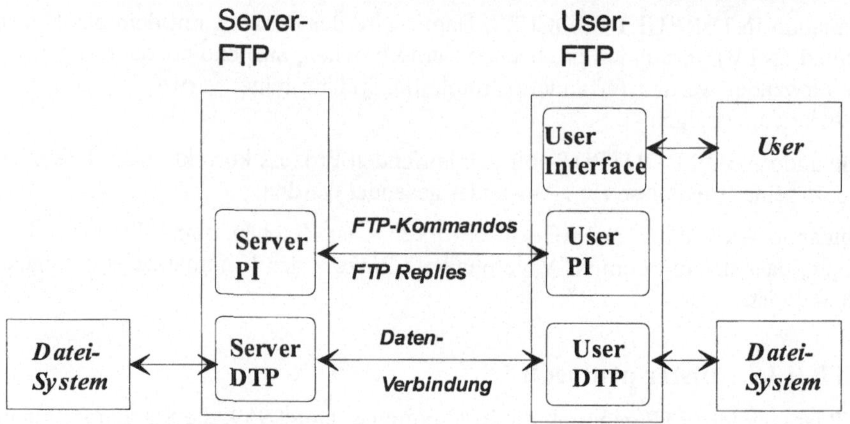

Bild 7-1 Modell des FTP (PI Protokoll-Interpreter; DTP Data-Transfer-Prozess)

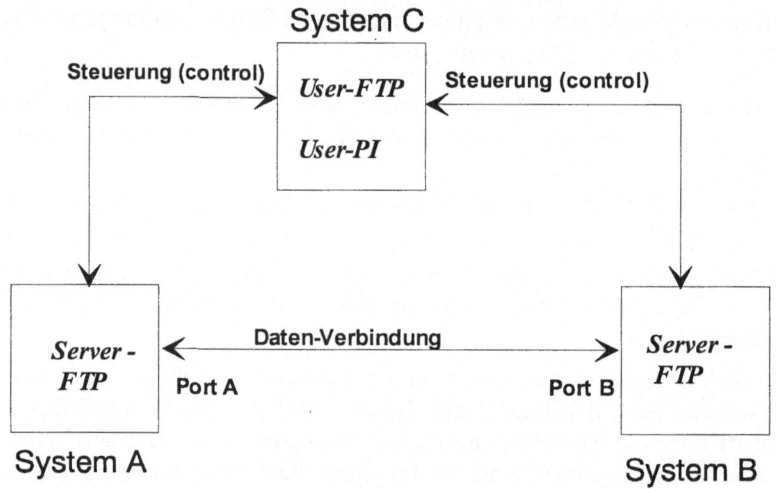

Bild 7-2 Übertragung mit FTP zwischen Systemen außerhalb des User-Systems

Datentransfer-Funktionen werden durch Datentransfer-Kommandos gesteuert. Diese befassen sich auch mit der Darstellung der Daten bei Übertragung und Speicherung. In FTP werden drei Arten von Datei-Strukturen unterschieden:

- Datei-Struktur (*file-structure*). Die Datei hat keine interne Struktur, sondern besteht aus einer kontinuierlichen Folge von Oktetten.
- Satz-Struktur (*record-structure*). Die Datei besteht aus einer Folge von Datensätzen.
- Seiten-Struktur (*page-structure*). Die Datei besteht aus voneinander unabhängigen Seiten, die indiziert sind.

Als Default-Wert wird dabei die Datei-Struktur angenommen. Die Dateistrukturen wirken sich auf die Art der Übertragung bei FTP aus.

Bei der Satz-Struktur können unterschiedliche Methoden der Trennung der Sätze voneinander vorliegen, z.B. Sätze fester Länge (bei denen keine Trennungszeichen notwendig sind) oder Sätze unterschiedlicher Länge, die durch die Steuerzeichen LF und CR (*line feed, carriage return*) getrennt sind.

Bei der Übertragung zwischen Systemen, die unterschiedliche Strukturen verwenden, muss es möglich sein, diese ineinander zu überführen, z.B. eine Datei ohne Gliederung (Datei-Struktur) in eine mit Satz-Einteilung umzuwandeln. Es soll aber grundsätzlich möglich sein, diese Umwandlung rückgängig zu machen, so dass nach der Übertragung die ursprüngliche Struktur vorliegt.

Wenn Dateien gestreut gespeichert sind, betrachtet FTP sie als Dateien mit Seiten-Struktur. Die Seiten können dabei unterschiedliche Größen haben, dies unterscheidet sie von der üblichen Definition des Begriffs Seite (*page*). Für die Übertragung werden die Seiten mit einem Header (*page header*) versehen.

Der Header besteht aus:

- Header-Länge, die Mindestlänge ist 4.
- Seiten-Index, gibt die logische Nummer der Seite innerhalb der Datei an. Die logische Nummer ist unabhängig von der Reihenfolge der Übertragung der Seiten.
- Daten-Länge. Anzahl der Oktette in der Seite
- Seiten-Typ (*page type*). Es werden 4 Typen unterschieden (letzte Seite, einfache Seite (*simple page*), Descriptor-Seite zur Beschreibung der Datei als Ganzes, Zugriffs-Kontroll-Seite). Bei Übertragung der „letzten Seite" muss die Datenlänge 0 sein, es wird also nur der Header übertragen.
- Optionale Felder für Steuerinformation oder Zugriffskontrolle.

Die Datenverbindung wird immer vom Server aufgebaut und unterhalten. Wie aus den Bildern 7-1 und 7-2 hervorgeht, bestehen zwei unterschiedliche Verbindungen. Auch wenn sie zwischen den gleichen Systemen wie in Bild 7-1 bestehen, sind es getrennte Verbindungen. Telnet und FTP verwenden unterschiedliche Port-Nummern, so dass zwei getrennte TCP-Verbindungen bestehen müssen.

Es gibt unterschiedliche Arten der Übertragung (*transmission modes*). Die Übertragungsarten unterscheiden sich in der Art der Bearbeitung der Daten; diese können formatiert werden, damit ist die Möglichkeit des Restarts gegeben. Weiterhin können die Daten komprimiert werden. Es kann aber auch eine Übertragung ohne Bearbeitung der Daten stattfinden. Da es sich um eine Dateiübertragung handelt, muss das Ende der Datei, dessen Übertragung zur Schließung der Datenverbindung führt, eindeutig erkannt werden.

Die drei Übertragungsarten sind:

1. **Stream-Mode**

Bei dieser Übertragungsart werden die Daten als ein Strom von Oktetten übertragen. Für den Inhalt der Datei gibt es keine Einschränkungen, es kann allerdings eine Einteilung in Datensätze (*records*) vorhanden sein. Die Datensätze werden mit dem Steuercode EOR (*end of record*), die Datei mit dem Steuercode EOF (*end of file*) abgeschlossen.

FTP sieht dafür eine 2-Byte-Codierung vor

EOR FF 01

EOF FF 02.

Zur Herstellung der Transparenz gilt die Regel, dass die Übertragung von FF als Datum dadurch erfolgt, dass zweimal FF übertragen wird. Die Anzeige für das Ende des letzten Datensatzes und der Datei kann kombiniert werden in

FF 03.

2. **Block Mode**

Die Daten werden in einer Folge von Datenblöcken übertragen, denen ein Header vorangestellt ist. Der Header besteht aus einem Zählfeld (*count field*) und einem Beschreibungscode (*descriptor code*). Der Header besteht in der Regel aus drei Oktetten:

Beschreibungscode (1 Oktett)

Byte-Count (2 Oktette).

Es gibt vier Beschreibungs-Codes:

- Ende des Datenblocks ist EOR (Ende des Satzes), Zahlenwert 128
- Ende des Datenblocks ist EOF (Dateiende), Zahlenwert 64
- Es werden Fehler im Datenblock (*suspected errors*) erwartet, Zahlenwert 32. Dabei handelt es sich nicht um Übertragungsfehler, sondern um Fehler vor der Übertragung, z.B. beim Lesen von Aufzeichnungsgeräten, oder bei ermittelten Messwerten.
- Der Datenblock ist ein Restart-Marker, Zahlenwert 16. Er wird gebildet aus dem Header und mehreren Oktetten, die aus ausdruckbaren Zeichen bestehen müssen. Die Zeichen müssen nach dem Code gebildet werden, der auf der Steuerverbindung verwendet wird. Wenn der Empfänger der Daten einen Restart durchführen will, übergibt er die Marker-Information zurück an das Anwendungs-Programm, um einen Restart durchführen zu können.

  Die Schritte für dieses Verfahren sind:

  1. Der Sender fügt einen Marker-Block in die Daten an einem von ihm gewählten Punkt ein.
  2. Das empfangende System markiert den betreffenden Punkt in seinem Dateisystem und übergibt die letzte bekannte Marker-Information an das Anwender-Programm.
  3. Wenn ein Systemausfall eingetreten ist, übergibt der Empfänger an den Sender ein Restart-Kommando mit dem Marker-Code. Das Kommando wird über die Steuerverbindung übertragen. Es wird gefolgt von dem Kommando, welches in Ausführung war, als der Systemausfall eintrat.
  4. Die Übertragung wird ab dem durch den Marker gekennzeichneten Punkt erneut durchgeführt.

Die Codes sind so angelegt, dass mit einem Header mehrere Codes übertragen werden können. Soll z.B. angegeben werden, dass der Block das Ende des Datensatzes ist und Fehler erwartet werden, so ist zu codieren: 128 + 32 = 160.

3. **Compressed Mode**
Im Compressed-Mode bezieht sich die Kompression auf die Übertragung der Daten, es ist also nicht gemeint, dass komprimierte Dateien übertragen werden. Es werden drei Arten von Daten unterschieden:

a. Reguläre Daten. Einem Block von maximal 127 Oktetten wird ein Byte vorgestellt, welches mit 0xxx xxxx codiert ist (xxx xxxx gibt die Zahl der Oktette an).
b. Wiederholte Zeichen. Wenn ein Daten-Byte mehr als zweimal wiederholt wird, wird codiert: 10xx xxxx dddd dddd. Dabei stellt xx xxxx die Anzahl der Zeichen, dddd dddd das zu wiederholende Zeichen dar.
c. Filler. Es wird festgelegt, welche Zeichen als Filler zu betrachten sind, dabei gilt für den ASCII- und den EBCDIC-Code das Zeichen für Space (Zwischenraum), sonst ein mit 0 gefülltes Zeichen als Filler. Für bis zu 63 Filler-Oktette wird übertragen: 11xx xxxx (dabei gibt xx xxxx die Anzahl der Filler-Oktette an).

Im Compressed Mode werden die gleichen Beschreibungs-Codes und Datei-Übertragungsfunktionen wie im Block-Mode verwendet, sie müssen durch ein Escape-Zeichen (alles Nullen) angezeigt werden.

Der Compressed-Mode reduziert die Zeit für die Datenübertragung nur bei bestimmten Datenstrukturen, in denen sich wiederholende Zeichen oder Filler auftreten. Das kann z.B. bei auszudruckenden Texten der Fall sein, bei denen jede Zeile voll übertragen wird, auch wenn sie nicht voll mit Text gefüllt ist.

FTP führt keine Fehlerkontrolle durch, die Fehlerkontrolle muss auf den Ebenen 1-4 der Übertragung stattfinden. Der oben beschriebene Restart findet nicht bei Übertragungsfehlern statt, sondern nur bei Systemausfällen.

FTP verfügt über eine Reihe von Kommandos, sie werden eingeteilt in:

- Zugriffs-Kontrolle (*access control commands*). Sie befassen sich mit der Übergabe von Benutzernamen, Passwörtern, Wechsel des aktuellen Verzeichnisses (*working directory*). Mit FTP kann ein Zugriff auf Dateien in anderen Systemen natürlich nur dann erfolgen, wenn die entsprechenden Zugriffsrechte vorhanden sind. Dazu gehört auch das Kommando QUIT, mit dem sich der Benutzer aus dem FTP-System wieder ausloggt.
- Transfer Parameter Kommandos. Damit werden die Merkmale des Transfers festgelegt. Es gibt immer einen Defaultwert, so dass diese Kommandos nicht immer verwendet werden müssen. Festgelegt wird z.B.:
  - Struktur der Datei STRU x. Dabei gibt x als ein Zeichen die oben beschriebene Struktur an (F Dateistruktur (*default*), R Satzstruktur, P Seitenstruktur).
  - Transfer-Mode MODE x. x gibt hier mit einem Zeichen den Übertragungsrmodus an (S Stream (*default*), B Block, C Compressed).
- Service-Kommandos. Damit werden die eigentlichen Übertragungsvorgänge und Zugriffe auf Dateien und Directories aufgerufen. Als Argument müssen die Kommandos mit einem Pfadnamen versehen sein, da sie sich auf bestimmte Dateien beziehen. Dateien können übertragen werden (*Store und Retrieve*), umbenannt werden (*Rename*), gelöscht werden (*Delete*). Directories (Dateiverzeichnisse) können eingerichtet werden (*Make Directory*), der Name der aktuellen Directory kann ausgegeben werden (*Print Working Directory*).

Bei der Übertragung von Dateien gelten die üblichen Regeln bei Kopiervorgängen. Die bereits bestehende Datei wird nicht verändert. Wenn in eine Datei kopiert werden soll, die bereits besteht, wird diese Datei überschrieben. Mit dem Kommando Append (anhängen) kann sie aber auch an die bereits bestehende Datei angehängt werden.

FTP Rückgaben (*retries*) erfolgen nach jedem Kommando, dabei werden Rückgabe-Codes übergeben, z.B. 200 Kommando ok. oder 503 Falsche Reihenfolge von Kommandos.

7.2.3 HTTP

Das Hypertext Transfer Protocol ist genormt von der IETF, die RFC-Nummer der Version 1.1 ist 2068. Es wird in diesem Dokument der Ebene 7 (*application-level*) zugewiesen. Es gab Vorläuferversionen.

HTTP/0.9 Unterstützung des Datentransfers über das Internet

HTTP/1.0 brachte die Unterstützung anderer Datenformate, Übertragung von Metainformationen über die zu übertragenden Daten, die Semantik von Abfragen und Antworten (*request/response semantics*).

HTTP wird im WWW (*world wide web*) eingesetzt, üblich ist auch der Einsatz in Intranets. Es wird aber auch zum Austausch von Informationen in anderen Protokollen wie SNMP (siehe Kapitel 9) oder FTP eingesetzt.

Das HTTP ist ein Protokoll für Anfragen und Antworten. Der Client sendet die Anfrage in der Form einer Anfragemethode, dem URI (*uniform resource identifier*), der Version des Protokolls, gefolgt von einer Nachricht nach MIME-Regeln (*multipurpose internet mail extensions*), welche Modifizierer, Client-Informatíon und einen Textkörper (body) enthalten, zum Server. Der Server antwortet mit einer Statuszeile, darin enthalten ist eine Versionsinformation und ein Code, der über Erfolg oder Fehler Auskunft gibt, gefolgt von einer Nachricht nach MIME-Regeln, diese enthält Server-Information, Entity-Metainformation und möglicherweise einen Inhalt (*entity-body content*).

Die Kommunikation wird von einem User-Agent initiiert, welcher mit einer Anfrage auf einen Server zugreifen will, der die Information bereithält.

Der Server, der den Request beantwortet,. wird als Origin-Server bezeichnet. Im einfachsten Falle besteht eine Verbindung (v) zwischen dem User-Agent (UA) und dem Origin-Server (O). Dem RFC 2068 folgend, ergibt sich:

```
Anforderungskette (request chain) ------------------------------------------->
UA -------------------------------v------------------------------------------O
<-----------------------------------------------------Antwortkette (response chain)
```

Bei der Verbindung v handelt es sich um die Transportverbindung der Ebene 4, in der Regel nach TCP.

Komplizierter wird der Verkehr, wenn zwischen dem User-Agent und dem Origin-Server zwischengeschaltete Module (*intermediaries*) vorhanden sind. Solche zwischengeschalteten Module können sein (die Definitionen sind dem genannten RFC entnommen):

- **Proxies** (Einzahl proxy): Ein zwischengelegtes Programm (*intermediary program*), welches sowohl als Server wie als Client arbeitet zum Zwecke der Ausführung von Anforderungen, die von anderen Clients ausgelöst werden. Anforderungen werden intern bedient oder zu anderen Servern, evt. mit möglichen Umformatierungen (*translations*), durchgeleitet. Damit muss ein Proxy sowohl den Anforderungen eines Servers wie eines Clients nach dieser Vorschrift entsprechen.
- **Gateways**: Ein Server, der als verbindendes System für einen anderen Server dient. Im Gegensatz zu einem Proxy empfängt der Gateway die Anforderungen so,. als wäre er der Origin-Server für das angeforderte Betriebsmittel, der anfordernde Client nimmt keine Rücksicht darauf, dass er mit einem Gateway kommuniziert.
- **Tunnel**: ein zwischengeschaltetes Programm, welches als ein Blind-Relay zwischen zwei Verbindungen dient. Wenn er aktiv ist, wird der Tunnel nicht als ein Teilnehmer der HTTP-Kommunikation betrachtet, obwohl er durch eine HTTP-Anfrage initiiert wird. Der Tunnel hört dann auf zu existieren, wenn beide Enden der von ihm verbundenen Verbindungen geschlossen werden.

Die genannten Einrichtungen dürfen nicht mit Einrichtungen im Transportsystem verwechselt werden. Die Begriffe werden aber ähnlich angewandt, was besonders bei der Definition für Tunnel sichtbar wird.

Eine HTTP-Kommunikation durch zwischengeschaltete Module wird dargestellt:

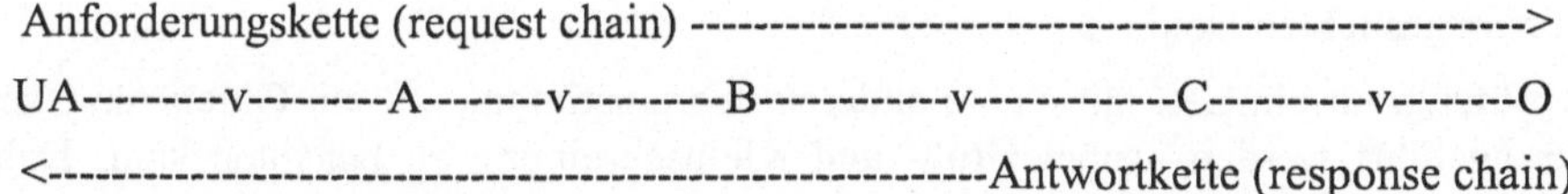

Die zwischengeschalteten Module werden hier mit A, B, C bezeichnet.

Der Tunnel unterscheidet sich dabei von Proxy und Gateway auch dadurch, dass er keine Umformungen an einer Anfrage oder Antwort durchführen kann. Die Darstellung ist "linear", da sie sich nur eine HTTP-Kommunikation bezieht. Jeder der zwischengeschalteten Module kann aber vielen HTTP-Kommunikationen dienen, so können viele UAs auf das Modul A zugreifen.

Innerhalb der Kette kann es zu einem Caching kommen (siehe auch Kapitel 9). Mit dem Caching verkürzt sich die Kette, da einer der zwischengeschalteten Module über die Informationen verfügt, die zur Erfüllung der Anfrage notwendig sind.

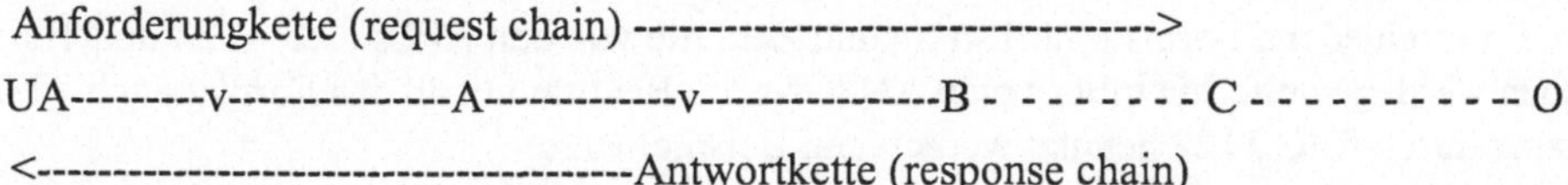

In diesem Fall hätte C die Antwort auf Grund einer vorherigen Anfrage zwischengespeichert (gecacht).

Bei HTTP handelt es sich um ein komplexes Protokoll, der RFC umfasst 168 Seiten. Deshalb können hier nur einige grundsätzliche Regeln dargestellt werden.

Für das Protokoll müssen eine Reihe von Parametern verwendet werden, insbesondere:

Version:
Die Version wird in einem Major.Minor-Schema angegeben, dabei stellt die linke Zahl die höherwertige Zahl dar, also 2.4 < 2.13 < 12.3.

Wenn beim Zugriff Proxies oder Gateways verwendet werden, gelten für die Versionen folgende Regeln:

- Wenn der Proxy oder Gateway einen Request empfängt, der eine höhere Versionsnummer hat als die von ihm unterstützte, darf er den Request in dieser Form nicht weitersenden. Er muss entweder die Versionsnummer erniedrigen oder einen Fehler zurückmelden oder einen Tunnel-Mechanismus anwenden.
- Wenn der Proxy oder Gateway einen Request empfängt, der eine niedrigere Versionsnummer hat, als er unterstützt, muss er die Versionsnummer herauf setzen, ehe er den Request weitergibt.

Änderungen der Version der Nachrichten können zu Modifikationen im Header führen.

Universal Resource Identifier, URI:
auch als WWW-Adresse, Universal Document Identifier oder Uviversal Resourece Identifier bezeichnet. Sie bestehen aus einem Universal Resource Locator (URL) und einem Namen (URN). Der Grundaufbau ist:

- Host (über den Namen oder die Internetadresse angegeben)
- port (wenn die Portnummer nicht angegeben ist, wird 80 für http angenommen)
- Pfadname zum gesuchten Dokument, beginnend mit /

Bei der Überprüfung, ob ein URI mit einem anderen übereinstimmt, soll ein Oktett-für-Okett-Vergleich durchgeführt werden, wobei Groß- und Kleinschreibung zu beachten sind. Dabei sind einige Ausnahmen zu beachten:

- Wenn die Angabe über die Port-Nummer leer ist oder keine Angabe vorhanden, wird die Default-Nummer (80) angenommen.
- Vergleiche von Host-Namen sind nicht von der Groß-Kleinschreibung abhängig (*case-insensitive*).

So wären folgende URIs gleichwertig:

- http://abc.com:80/in-notes/radi
- http://ABC.com/in-notes/radi

Datums- und Zeitformat:
Es gibt drei verschiedene Formate für Datum und Zeit, die von den RFCs 822, 1123 und 1063 beschrieben werden, weiterhin gibt es eine ANSI-Norm. Bevorzugt soll das Format nach RFC 822, ergänzt durch RFC 1123 benutzt werden, ein Beispiel wäre:

Mon, 30 Oct 2000 09:49:45 GMT

Alle Uhrzeiten sollen nach der Greenwich-Normal-Zeit (GMT) angegeben werden. Das Format nach RFC 1123 hat den Nachteil, dass es die Jahreszahl nur zweistellig gibt.

Zeichensätze (*character sets*):
Es wird definiert, nach welcher Tabelle die Oktette in Zeichen umgesetzt werden. Die Anweisung lautet:

charset = token

Welche Tokens für die einzelnen Zeichensätze zu verwenden sind, ist im RFC 1700 festgelegt.

Inhaltscodierung (*content codings*):
Die Inhalts-Codierung soll es ermöglichen, ein Dokument zu komprimieren oder anderweitig umzuformen, ohne dass Information verloren geht oder die Identität der Medien-Typen. Meist wird das Dokument in codierter Form gespeichert, übertragen und dann vom Empfänger decodiert. Die Anweisung lautet:

Content-coding = token

Die Werte für Token werden von der IANA verwaltet, Beispiele sind:

gzip Ein Format, welches durch das Kompressions-Programm „gzip“ erzeugt wird, das Kompressions-Programm ist in RFC 1925 beschrieben.

Compress Ein Format, welches durch das UNIX-Datei-Kompressions-Programm „compress“ erzeugt wird.

Transfercodierung:
Sie hat ähnliche Funktion wie die Inhalts-Codierung, gilt aber nur für den Übertragungsvorgang. Angegeben wird:

transfer-coding = „chunked“ | transfer-extension

transfer-extension = token

Bei der Chunk-Codierung wird die zu übertragende Information in eine Serie von „Chunks“ (Klumpen) zerlegt, danach kann eine Abschlussnachricht, die als Footer bezeichnet wird, kommen. Mit der Verwendung des Footers soll erreicht werden, dass auch Nachrichten übertragen werden können, die dynamisch erzeugt werden, bei denen also bei Beginn der Übertragung noch nicht feststeht, wie lang sie sind. Mit dem Footer wird dem Empfänger angezeigt, dass die Nachricht komplett ist.

Neben weiteren Parametern kann eine Bezeichnung der Sprache, in der das Dokument abgefasst ist, festgelegt werden.

Sprach-Tags (*language tags*):
Es wird eine natürliche Sprache definiert, Computersprachen wie COBOL sind ausdrücklich nicht zugelassen. Die Zuweisung erfolgt:

language-tag = primary-tag[-subtag]

Die Angabe über subtag muss nicht gegeben werden, Beispiele sind:

language-tag = en

language-tag = en-US

Im zweiten Beispiel ist US der Subtag.

Bereichseinheiten (*range units*):
HTTP erlaubt es dem Client, nur einen Teil (*range*) der Antwort-Entität anzufordern. Dabei muss festgelegt werden, in welcher „Maßeinheit“ die Bereiche festgelegt werden sollen. Die Bereichseinheiten werden in Header-Feldern angegeben. Vorgesehen sind

bytes-unit

other-range-unit (token)

HTTP/1.1 unterstützt nur die Angabe "Bytes".

HTTP schreibt einen bestimmten Nachrichtenaufbau vor, der im Prinzip für Anforderungen (*requests*) und für Antworten (*responses*) gilt. Der Aufbau ist:

- Startzeile
- Header(s)
- Leere Zeile, abgeschlossen mit CRLF (*carriage return/line feed*)
- Nachrichteninhalt (*message body*)

Die leere Zeile dient dazu, das Ende des Header-Feldes anzuzeigen.

Die Startzeile dient als Request-Line oder Status-Line, je nachdem, ob es sich um einen Request oder eine Response handelt. Wenn eine Nachricht mit leeren Zeilen beginnt, soll der Server diese ignorieren.

Ein Nachrichteninhalt ist bei Anfragen in der Regel nicht vorhanden. Wenn er doch vorhanden ist, wird sein Vorhandensein durch eine Längenangabe (*content-length*) oder eine Transfer-Encoding-Angabe im Header angezeigt.

Jedes Headerfeld besteht aus dem Namen, gefolgt von einem Doppelpunkt und dem Feldwert.

Der Nachrichten-Inhalt (*message body*) einer HTTP-Nachricht trägt den Inhalt der Entität, der mit der Anfrage oder der Antwort verbunden ist. Der Nachrichteninhalt unterscheidet sich vom Entitäten-Inhalt, wenn eine Transfer-Umcodierung stattgefunden hat; diese muss in einem Transfer-Umcodierungs-Header-Feld angezeigt werden. Transfer-Encoding ist natürlich ein Merkmal der Nachricht, nicht der Entität. Sie kann hinzugefügt oder auch entfernt werden durch jedes Modul in der Anforderungs- oder Antwort-Kette.

Die Länge des Nachrichteninhalts (*message body*) wird von einer Reihe von Regeln bestimmt, die in der angegebenen Reihenfolge befolgt werden:

1. Bei Antworten (*responses*), die keinen Inhalt enthalten dürfen (Fehlermeldungen u.ä.) wird die Nachricht nach der leeren Zeile hinter dem Header abgeschlossen.
2. Für die Chunked-Codierung gelten besondere Regeln
3. Inhalts-Längen-Angabe im Header, mit der die Länge des Inhalts festgelegt wird
4. Multipart-Byte-Range. Bei dieser besonderen Art der Nachricht, die im Header definiert sein muss, wird eine besondere Begrenzung verwandt. Es muss sichergestellt sein, dass der Empfänger der Nachricht diese Nachricht interpretieren kann.
5. Wenn der Server die Verbindung schließt. Da dann keine Möglichkeit mehr besteht, dass der Server die Antwort übermittelt, gilt die Nachricht als abgeschlossen.

Eine große Bedeutung innerhalb des Protokolls hat das Caching (Zwischenspeichern) mit den damit verbundenen Problemen der Aktualisierung und der Konsistenz der Daten. Auf diese Probleme wird allgemein in Abschnitt 9.5.2 eingegangen.

7.2.4 Dienste öffentlicher Netze zur Nachrichtenübermittlung (X.400)

Systeme zur Übermittlung von Nachrichten zwischen Endteilnehmern werden als Nachrichtenübermittlungssysteme (MHS, *Message Handling Systems*) bezeichnet. Als Endteilnehmer sind dabei nicht Systeme der Informationsverarbeitung, sondern Personen, Firmen usw. gemeint. Normen für MHSs liegen sowohl von der ITU-T für den öffentlichen Bereich vor, aber auch für das Internet (siehe Abschnitt 7.2.5).

Die ITU-T-Empfehlungen für MHSs tragen die Nummern im Bereich von X.400 - X.499. Die Systeme werden daher auch als X.400-Systeme bezeichnet. Das System selbst wird der Anwendungsschicht zugewiesen, es ist wieder in Teilschichten gegliedert. Die Verbindung mit den darunter liegenden Schichten (1-6) wird über einen Modul RTS (*reliable transfer server*) hergestellt.

Besondere Merkmale der MHSs nach X.400 sind:

- Es sind sowohl öffentliche Systeme (ADMD, *administration management domain*) wie auch private Systeme (PRMD, *private management system*) vorgesehen; im Deutschen werden sie als "Öffentlicher Versorgungsbereich" und "Privater Versorgungsbereich" bezeichnet. Dies sollte nicht bedeuten, dass private Nachrichtennetze zugelassen werden. Ein Privater Versorgungsbereich kann zwar sowohl lokal wie auch über einen größeren Bereich angeordnet sein. Der eigentliche Datentransport soll aber über die Netze der öffentlichen Träger erfolgen.
- Anwender und Anwendungsprogramme benötigen keine Adressen der Teilnehmer, es wird ausschließlich mit Namen gearbeitet.
- Nachrichten werden vom System bei einer Nichterreichbarkeit des Empfängers zwischengespeichert (elektronischer Briefkasten).
- Nicht nur der Overhead der Nachrichten, sondern auch die Nachricht selbst unterliegt Formatvorschriften, da das System auch Umcodierungen vornehmen kann.

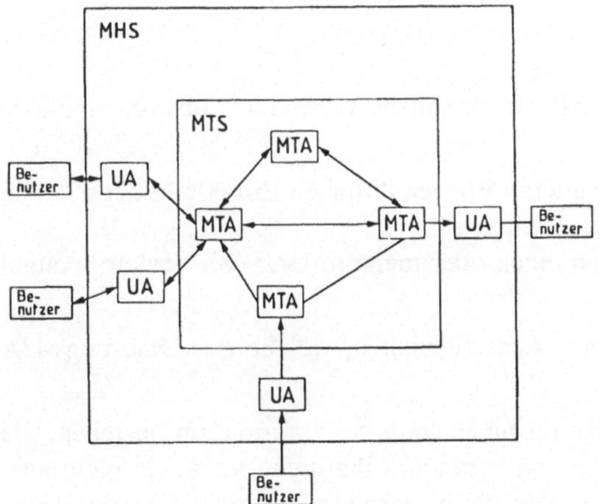

Bild 7-3
Aufbau des MHS nach X.400

Bild 7-3 stellt den Grundaufbau eines MHS nach X.400 dar. Die Verbindungen zwischen den funktionalen Einheiten stellen keine Leitungsverbindungen dar, sondern Interaktionen. Ein Benutzer des Systems kann entweder eine Person oder ein Anwendungsprozess sein. Übergibt er dem System eine Mitteilung, wird er als Verursacher (*originator*), empfängt er sie, wird er als Empfänger (*recipient*) bezeichnet.

Bild 7-4 stellt das MHS aus der Sicht der Schichten des OSI-Referenzmodells dar. Unterschieden werden:

- Systeme, die nur die UA-Funktionen (*user agent*) bereitstellen (S1)
- Systeme, die nur die MTA-Funktionen (*Message Transfer Agent*) bereitstellen (S2)
- Systeme, welche beide Funktionen bereitstellen (S3).

Grundsätzlich sind beide Schichten (UA, MTA) Bestandteile der Anwendungsebene des OSI-Referenzmodells (Bild 7-4).

Ähnlich wie bei anderen ITU-T-Empfehlungen (z.B. Kennung des rufenden Anschlusses bei der physikalischen Schnittstelle X.21) werden auch in den X.400-Empfehlungen wahlfreie Leistungsmerkmale vorgegeben, welche neben den immer vorhandenen Merkmalen (Basisdienste) vorhanden sein können. Einen Überblick gibt die Empfehlung X.401 "Mitteilungs-Übermittlungssysteme - Basis-Dienstelemente und wahlfreie Leistungsmerkmale".

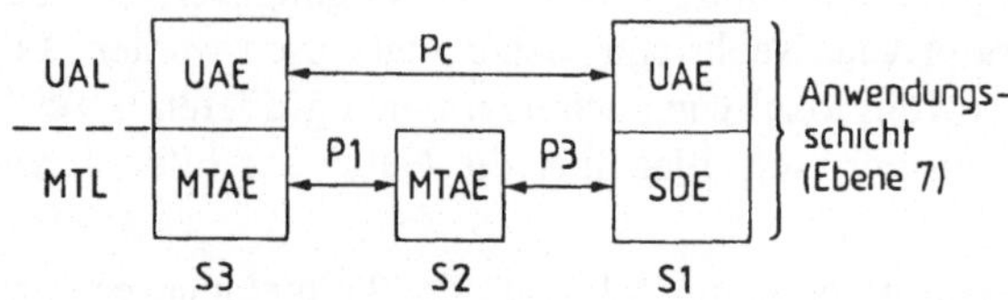

Bild 7-4
MHS im OSI-Referenzmodell

Als Dienste stehen zur Verfügung:

- IPM Interpersoneller Mitteilungs-Übermittlungsdienst (*interpersonal messaging*)
- MT Mitteilungs-Transferdienst (message transfer)

Die Mitteilung innerhalb eines MHS besteht grundsätzlich aus:

- Umschlag (*envelope*)
- Inhalt (*content*)

Im Gegensatz zu http wird hier also der Begriff Header nicht verwendet, obwohl ähnliche Funktionen vorliegen.

Diese Einteilung kann nur bedingt mit der auf anderen Ebenen üblichen Einteilung der PDU in Header und Inhalt gleichgesetzt werden. Ein Vergleich zeigt:

1. Der Inhalt kann von einem Ursprungs-UA an einen oder mehrere UAs (Zielsysteme) zugestellt werden.
2. Im Umschlag befinden sich Angaben zu den Dienstelementen, welche der Ursprungs-UA von den MTAs anfordert.
3. Der Inhalt kann grundsätzlich aus jeder Art von binär codierter Information bestehen, die MTAs nehmen den Inhalt nicht zur Kenntnis und verändern ihn nicht, wenn sie nicht ausdrücklich dazu aufgefordert sind. Im Gegensatz zu bisher besprochenen Übertragungs-Verfahren kann aber eine Veränderung stattfinden. Dies hat zur Konsequenz, dass auch der Inhalt eine vom System definierte Struktur haben muss.

Eine Beschreibung einer solchen Struktur findet sich in X.420 „Mitteilungs-Übermittlungs-Systeme; Schicht für Interpersonelle Mitteilungs-Übermittlung“

Die im Interpersonellen Mitteilungs-System ausgetauschten Inhalte werden als UAPDU (user message protocol data unit), Benutzer-Mitteilungs-Protokoll-Dateneinheit) bezeichnet. Dabei werden unterschieden:

- IM-UAPDU Interpersonelle Mitteilung
- SR-UAPDU IPM-Status-Berichte.

In einer IM-UAPDU wird eine weitere Gliederung in einen Header und den Hauptteil (*body*) vorgenommen, vergleichbar mit Überschrift und Text eines Briefes. Innerhalb des Hauptteils wird angegeben, um welche Art Darstellung es sich handelt. Damit wird nicht nur der empfangende UA, sondern auch der MTA wegen eventuell notwendiger Umcodierungen über die Struktur der Daten informiert. Innerhalb des Haupteils können mehrere Arten der Informations-Darstellung vorhanden sein.

Als Darstellungsmöglichkeiten können u.a. gewählt werden:

(0)	IMPLICIT IA5Text	ASCII-Text, Internationales Referenz-Alphabet
(1)	IMPLICIT Voice	digital codierte Sprache
(3)	IMPLICIT G3Fax	Telefax-Information nach Gruppe 3
(5)	IMPLICIT TTX	Teletex-Information
(6)	IMPLICIT Vidoetex	Bildschirmtext-Information
(7)	national zu definieren	
(8)	IMPLICIT encrypted	Verschlüsselte Information

Die Darstellung der Nachrichten erfolgt innerhalb des MHS-Systems in binärer Form. Die Strukturierung erfolgt mit Steuerinformationen und Längenangaben, die zusammen mit der eigentlichen Nachricht Sequenzen bilden.

Ein Beispiel wäre die Darstellung der Namen „Smith“ und „Jones“ im IRA-String (Internationales Referenz-Alphabet).

30	Beginn der Sequenz
0E (dezimal 14)	Länge der Sequenz
16	definiert einen IRA-String
05	Länge des Strings
53 6D 69 74 68	Codierung von Smith im IRA
16	definiert einen IRA-String
05	Länge des Strings
4A 6F 6E 65 73	Codierung von Jones im IRA

Eine Endemarkierung ist bei dieser Darstellung nicht notwendig, da die Längenangabe den String bzw. die Sequenz begrenzt.

Im oberen Beispiel ist die Längenangabe auf 1 Oktett beschränkt. Wenn größere Längen als 127 notwendig sind, wird nach folgender Regel verfahren (Angabe der Länge der Länge). Im 1. Oktett wird die Länge der Längenangabe definiert, das Oktett hat eine führende 1, für eine Länge von 260 ergibt sich:

1000 0010	Längenangabe ist 2 Oktette lang
0000 0001	Längenangabe höherwertig (Zahl 256)
0000 0100	Längenangabe niederwertig (Zahl 4).

Adressierung

Sinn der Einführung des MHS ist es auch, den Anwender zu befähigen, mit anderen Anwendern Nachrichten auszutauschen, ohne über den Aufbau des Netzwerks, Adressierungs-Schemata, Nummerierungen usw. Kenntnis zu haben. Dazu muss gehören, dass eine „intuitive“ Namensgebung für den Empfänger ausreicht, damit die Nachrichten ihr Ziel erreichen.

Ergänzend zu den in X.400 gegebenen Regeln gegebenen Regeln wurde von der ITU eine Normenreihe X.500 (mehrere Empfehlungen) entwickelt, welche sich mit Fragen der Verzeichnisse von Namen (*directories*) befasst (vergl. Abschnitt 9.8).

Verwendet wird dabei eine Baumstruktur (ähnlich wie die Directory-Struktur in vielen Betriebssystemen, z.B. UNIX). Eine Wurzel (*root*) enthält Eintragungen über Sub-Directories, diese wieder Eintragungen über weitere Sub-Directories, bis in der untersten Ebene die eigentlichen Empfängernamen auftreten. Das Baum-Prinzip hat unter anderem den Vorteil, dass Namen mehrfach auftreten können, solange sie nicht in der gleichen Directory verwaltet werden. Denkt man sich ein IPM (Interpersonelles Mitteilungssystem) der Zukunft, in dem Millionen von Teilnehmern erreichbar sein müssen, wäre es im anderen Falle notwendig, jeden Namen mit weiteren Identifizierungen zu versehen, die dem Absender der Nachricht bekannt sein müssen. Ein Nachteil besteht darin, dass der Absender der Nachricht nicht nur den Empfängernamen, sondern auch den gesamten Weg durch die Directories kennen muss. Dieser wird als Pfad-Name bezeichnet. Dabei müssen alle Namen in der korrekten Orthographie angegeben werden.

Bei der Directory-Struktur ist eine absteigende Reihenfolge vorgesehen:

Country	C	z.B. C=de (Deutschland)
Administration Management Domain	A	z.B. A=dbp (Bundespost)
Private Management Domain	P	z.B. P=fu-berlin
Organisatorische Einheit	OU	z.B. OU=chemie

Es können weitere organisatorische Einheiten gebildet werden, z.B. OU=kristall. Außerdem kann sich der Namen der Empfangsperson anschließen.

Bei dem hier geschilderten Beispiel erfolgt ein Übergang aus dem öffentlichen Bereich in den privaten Bereich. Auch der private Bereich kann komplex sein und sich über mehrere Standorte erstrecken.

Für den Betreiber des Systems besteht der Vorteil auch darin, dass der einzelne MTA immer nur die (physikalische) Adresse des nachfolgenden Directory-Namens wissen muss. Er übergibt damit an den nächsten MTA, muss aber nicht den Weg zum End-Empfänger bestimmen.

Es kann auch eine Mehrfachadressierung stattfinden, dazu müssen in der UA Listen vorhanden sein, welche die Recipient-Namen enthalten. Durch X.400 wird eine merkmalsorientierte Adressierung nicht unterstützt, obwohl dies oft sinnvoll ist. Dabei würden alle Partner mit mehreren, voneinander unabhängigen Attributen versehen, z.B. Geschlecht, Betriebsort, Beruf, Lohngruppe. Bei einer merkmalsorientierten Adressierung wären Sendungen dann z.B. möglich an:

- Alle Frauen
- Alle Beschäftigten in Halle 1 und 2
- Alle Schlosser
- alle männlichen Beschäftigten in Halle 1

Diese Art der Adressierung wird von X.400 nicht unterstützt, der Anwender kann aber auf Grund solcher Merkmale Listen erstellen und dem UA übergeben.

Durch diese Directory-Struktur muss nicht jede MTA jeden Namen des Systems kennen. Er muss aber die Adressen der obersten Hierarchie und dann die unteren Adressen kennen. In dem Beispiel muss er auf Grund von C=de und A=dpb die Nachricht dem X.400-Netz des Netzbetreibers übergeben. Dieser muss wissen, dass eine Private-Management-Domain mit dem Namen fu-berlin vorhanden ist.

Umcodierungen

Umcodierungen werden in X.408 „Nachrichten-Übermittlungs-Systeme, Codierte Informationen – Regeln der Umsetzung" beschrieben. Dabei werden folgende Fälle unterschieden:

1. nicht notwendig.
2. möglich ohne Informations-Verlust. Z.B. kann eine Teletex-Information ohne Informations-Verlust in eine IRA-Textfolge übersetzt werden.
3. möglich, aber mit Informations-Verlust. Dies liegt z.B. dann vor, wenn IRA-Text, der Groß- und Kleinschreibung kennt, in einen Telex-Text umgesetzt wird.
4. Nicht ausführbar. Gilt insbesondere für Sprachinformationen, die nicht in Textinformation übersetzt werden kann, aber auch für verschlüsselte Nachrichten.

Benutzung des RTS (Reliable Transport Service)

In der Empfehlung X.410 „Nachrichtenübermittlungs-Systeme; Zusammenwirken zwischen den Schichten" geht es auch um die Zusammenarbeit des MHS mit den funktionalen Einheiten, die den eigentlichen Datentransport über die zur Verfügung stehenden Netze (WAN oder LAN, privat oder in öffentlich) zu bewerkstelligen haben. Eine wichtige Funktion übernimmt dabei der Reliable Transport-Service (RTS). Er stellt die Transport-Funktionen der unteren Schichten für das MHS zur Verfügung, ist selbst aber nicht das Transport-System. Aufgabe des RTS ist es, die APDUs (*application protocol data units*) vollständig und zuverlässig an benachbarte MTAs zu übermitteln.

Die Interaktionen zwischen dem RTS und dem Anwender (*user*) des RTS, also dem MTA, werden durch „Dienst-Primitive" beschrieben. Dabei handelt es sich um durch Parameter ergänzte Kommandos. Bild 7-5 zeigt die Ereignisse bei der Eröffnung einer Verbindung zwischen zwei RTS-Benutzern mit OPEN.

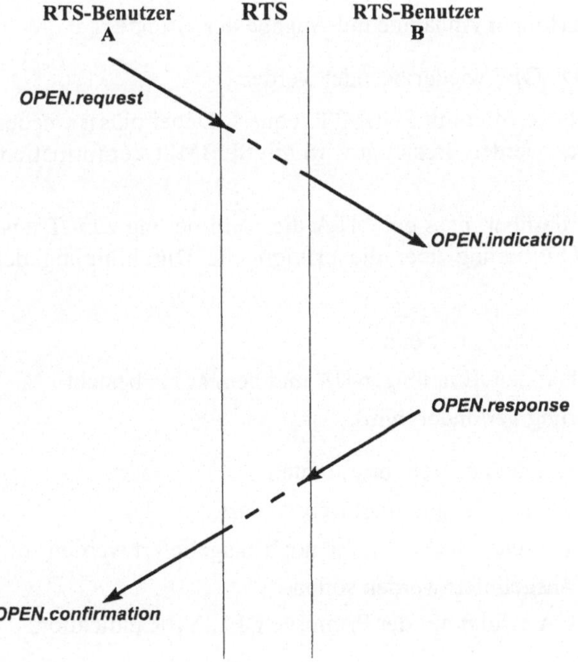

Bild 7-5
Interaktion „Eröffnung einer Verbindung" bei Benutzung des RTS

Zu den Parametern gehören dabei:

- Adresse der Kommunikations-Steuerung, die mit dem RTS-User verbunden ist, bei OPEN.request die Adresse des angesprochenen Partners (*responder address*), bei OPEN.indication die Adresse des Anforderers (*initiator address*).
- Angabe über das Applikations-Protokoll, es soll P1 oder P3 verwendet werden (siehe Bild 7-4).
- Dialog-Parameter; soll der Austausch einseitig oder wechselseitig stattfinden.

Bei OPEN.response wird vermerkt, ob die Anforderung der neuen Beziehung angenommen wird, wenn nicht wird der Grund der Rückweisung übermittelt.

Soll eine Nachricht übermittelt werden, so führt der RTS-User einen TRANSFER.request aus, als Parameter wird auch die Zeit übergeben, innerhalb derer die APDU (*application PDU*) an den anderen RTS-User übergeben werden soll. Dies führt bei dem anderen RTS-User zu einer TRANSFER.indication. Wenn die Übermittlung nicht möglich ist, wird dies dem anfordernden RTS-User mit EXCEPTION.indication angezeigt.

Von den genannten Primitiven, die vom RTS-User, also dem MTA verwendet werden, sind die Primitiven zu unterscheiden, die der Interaktion zwischen UA und MTA dienen. Die Zugangsherstellung erfolgt über LOGON. Erfolgt sie von der UA aus, so ergibt sich:

LOGON.request	mit Name und evt. Passwort
LOGON.confirmation	bei Nichterfolg mit Angabe des Grundes; außerdem wird mitgeteilt, ob bereits Nachrichten auf Auslieferung warten

Erfolgt die Zugangsherstellung von der MTA aus, so gilt:

LOGON.indication	mit Namensangabe des MTA, Passwort, Bezeichnung der wartenden Nachrichten und ihrer Priorität
LOGON.response	bei nicht erfolgter Annahme mit Angabe des Grundes.

Die Verbindung kann von dem UA mit LOGOFF wieder beendet werden.

Die Übergabe der Nachrichten an den MTA erfolgt mit SUBMIT.request. Dabei müssen neben der Nachricht auch die Adressen übergeben werden. Bestätigt wird mit SUBMIT.conformation, bei Nichterfolg mit Angabe des Grundes.

SUBMIT.confirmation ist eine Nachricht darüber, dass der MTA die Anforderung zum Transfer angenommen hat, keineswegs eine Quittierung über die erfolgreiche Durchführung des Transfers.

Eine Auslieferung der Nachrichten kann nur erfolgen, wenn:

- Über LOGON eine Verbindung zwischen dem Empfänger-UA und dem MTA besteht
- Nicht durch CONTROL eine Auslieferung verhindert wird.

Mit der Primitive CONTROL kann der UA unter anderem bestimmten:

- Die Länge der längsten Nachricht, die an den UA gesendet werden darf;
- Die Priorität der am wenigsten eiligen (*urgent*) Nachricht, die noch ausgeliefert werden soll;
- Ob überhaupt Nachrichten an den UA ausgeliefert werden sollen.

Die Auslieferung der Nachrichten an den UA erfolgt mit der Primitive DELIVER indication.

7.2.5 SMTP

SMTP (Simple Mail Transfer Protocol) ist von der IETF genormt, der RFC hat die Nummer 821, als Standard die Nummer 10. Als Ziel wird der zuverlässige und effektive Transfer von elektronischer Post genannt. Es benutzt die Transportsysteme der Ebenen 1 -4 des OSI-Referenz-Modells, ist aber an kein bestimmtes Transportsystem gebunden. Der Transportdienst stellt einen Interprocess-Kommunikationsumgebung (*interprocess communication environment*) zur Verfügung. Elektronische Post soll auch zwischen Systemen, die unterschiedliche Transportsysteme haben, ausgetauscht werden können.

Bild 7-6 stellt das Modell des SMTP dar. Wenn ein Benutzer das System anfordert, richtet der SMTP-Modul des Senders einen Zwei-Wege-Kommunikations-Kanal zur Empfänger-SMTP ein. Diese kann entweder bereits das Endsystem sein oder ein zwischengeschaltetes System (*intermediate*).

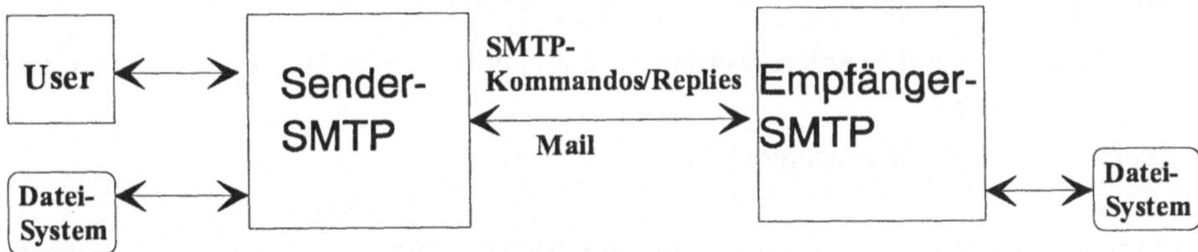

Bild 7-6 Modell des SMTP

Wenn der Kanal eingerichtet ist, werden folgende Arbeitsgänge ausgeführt:

1. Der Sender-SMTP sendet ein Kommando MAIL zur Empfänger-SMTP, welches anzeigt, dass er als Sender aktiv werden will.
2. Der Empfänger-SMTP muss mit OK antworten.
3. Der SMTP-Sender sendet ein RCPT-Kommando, welches den Empfänger der Mail identifiziert.
4. Wenn der SMTP-Empfänger Mail für diesen Empfänger akzeptiert, sendet er ein ok. Wenn nicht, sendet er eine Nachricht, die den Empfänger abweist, die Mail-Aktion kann aber weitergehen. In dieser Phase können mehrere Empfänger ausgehandelt werden.
5. Der SMTP-Sender sendet die Mail-Daten, sie müssen mit einer speziellen Sequenz abgeschlossen sein.
6. Wenn der SMTP-Empfänger die Daten erfolgreich bearbeiten kann, sendet er ein ok.

Der Dialog geht dabei nicht überlappend vor sich (*one-at-a-time*).

Die Übertragung der Mail kann dabei direkt vom System des Senders zu dem des Empfängers gehen oder über zwischengeschaltete Server (*relay SMTP Server*).

Prozeduren in SMTP sind:

MAIL:
Die Schritte für diese Prozedur sind bereits beschrieben. Das MAIL-Kommando übergibt den Rückwärts-Pfad (*reverse-path*), dies ist die Adresse der Mailbox, an welche die Rückmeldungen zu senden sind. Die Rückmeldungen erfolgen in Form numerischer Werte, bei einer ok-Meldung mit dem Wert 250.

Bei der Rückmeldung RCTP wird ein Vorwärts-Pfad übergeben (*forward-path*).

Die Pfadangaben können aus mehr als einer Mailbox besteht, sie bilden einen Pfad von der Quelle zum Ziel, der Vorwärtspfad besteht aus einer Anzahl von Host-Systemen, abschließend die Ziel-Mailbox. Beim Rückwärtspfad schließt die Liste mit der Quell-Mailbox. Alle Kommandos müssen mit einem Rückgabe-Code beantwortet werden. Ein einfaches Beispiel, bei dem die Systeme alpha.com und beta.org direkt verbunden sind.

S: MAIL FROM: mueller@alpha.com

R: R: 250 (ok)

S: RCPT TO:<meier@beta.org

R: 550 (No such user here)

S: RCPT TO schulze@beta.org

R: 250 (ok)

S: RCTP TO:schmidt@beta.org

R: 250 (ok)

Wenn jetzt Daten zugestellt werden, werden sie für schulze und schmidt akzeptiert, eine Mailbox für meier gibt es nicht.

Die Prozedur für eigentliche Zustellung ist:

S: DATA

R: 354 (starte die Mail-Eingabe, schließe mit CRLF.CRLF)

S: test, test, test, test

S: text, text, text

S: CRLF.CRLF

R: 250 ok

Auch der Header der Nachricht mit Datum, Subject, To, Cc, From wird mit den Daten übertragen.

FORWARDING:
Die Prozedur wird verwendet, um einen unkorrekten Vorwärts-Pfad zu korrigieren. Im Beispiel weiß der Empfänger des RCPT, dass sich die gewünschte Mailbox in einem anderen Host-System befindet.

S: RCPT TO:<abs@betabank.com>

R: 251 User not local; will forward to <abs@gammabank.com>

Der Sender muss dann die Mail-Prozedur neu beginnen oder eine Fehlermeldung an den Anwender senden.

VERIFYING AND EXPANDING:
Sie dienen dazu, einen User-Namen vollständig zu machen oder eine Mailing-Liste zu erhalten. Sie werden mit den Kommandos VRFY und EXPN aufgerufen. Beispiele sind:

S: VRFY Meier

E: 250 Willy Meier meier@alphateam.com

S: EXPN mitarbeiter

R: 250 Willy Meier meier@alphateam.com

R: 250 Arno Schmidt <a-schmidt@bargfeldteam.com>

R: 250 Albert Schulze schulze@alpahteam.com

SENDING AND MAILING:
Bei Mailing-Systemen muss die Übertragung der Nachrichten in die Mailbox des Users von der Auslieferung der Nachricht an das Endgerät (*user's terminal*) unterschieden werden. Die Übertragung an die Mailbox wird als „Mailing“, die Übertragung an das Endgerät als „Sending“ bezeichnet. Die beiden Vorgänge können auch mit dem Kommando SAML kombiniert werden. Die Daten werden bei diesem Kommando in jedem Fall in die Mailbox des Users übertragen, wenn er an seinem Endgerät angeloggt ist, auch zu seinem Endgerät.

OPENING AND CLOSING:
Mit dieser Prozedur kann geprüft werden, ob der Übertragungskanal bereit ist, mit dem Kommando QUIT kann er geschlossen werden.

RELAYING:
Wie bereits geschildert, kann die Übertragung von Mails direkt oder über vermittelnde Systeme erfolgen. Die vermittelnden Systeme müssen dafür in den Pfad-Angaben (*forward-path, reverse-path*) angegeben sein. Der erste Host im Rückwärts-Pfad sollte der sein, welche die Kommandos erzeugt, der erste Host im Vorwärts-Pfad der, welcher die Kommandos empfängt.

Wenn der Vorwärts-Pfad unkorrekt ist, so dass die Mail nicht ausgeliefert werden kann, muss eine Meldung „undeliverable mail“ an den Erzeuger der Nachricht zurückgesandt werden.

DOMAINS:
Domain-Namen sollen den Namensraum verkleinern. Sie werden gebildet vom dem am meisten spezifizierten zu den allgemeinen. So könnte ein Name aufgebaut sein als:

ux-01.le.babs.com

dabei wäre ux-01.le.babs.com ein bestimmter Host am Standort Leipzig, le.babs.com die Domäne mit allen Hosts am Standort Leipzig, babs.com die Domäne mit allen Hosts der Firma babs.

SMTP gestattet die Adressierung von Usern innerhalb einer Domäne, obwohl der SMTP-Server auf einem bestimmten Host implementiert sein muss.

CHANGING ROLES:
Mit dem Kommando TURN kann die Rolle von Sender-SMTP und Empfänger-SMTP vertauscht werden. Dies ist besonders dann sinnvoll, wenn WAN-Verbindungen verwendet werden, deren Aufbau und Abbau Kosten verursacht. Das Kommando TURN erfordert keine Parameter. Jede Transaktion des SMTP kann mit dem Kommando RESET abgebrochen werden. Alle Informationen über Sender, Empfänger, die Maildaten und Zustandswerte werden gelöscht. Das Kommando muss mit ok quittiert werden.

Die Arbeit von SMTP wird in Zustands-Diagrammen (*state diagram*) dargestellt. Bild 7-7 zeigt das einfachste Beispiel.

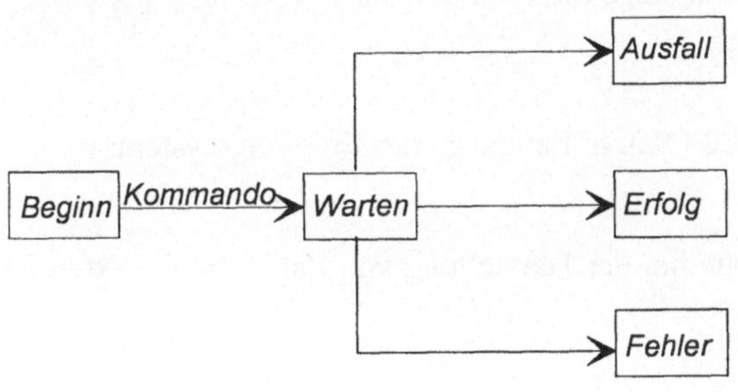

Bild 7-7
Zustände für eine Kommando-Bearbeitung bei SMTP

SMTP gibt für viele Informationen eine maximale Länge in Zeichen vor, diese beträgt bei:

User-Name	64
Domain-Name	64
Pfad-Name	256
Kommando-Zeile	512 einschließlich eines abschließenden CR LF
Reply-Zeile	wie Kommandozeile
Textzeile	1000

Im Puffer für die Empfänger (*recipients buffer*) dürfen maximal 100 Empfänger gespeichert sein.

Wenn für den Transport der Nachrichten TCP benutzt wird, ist die Nummer des Service-Ports (*well known port*) 25. SMTP verwendet den ASCII-Code (IRA), welcher mit 7-bit-Zeichen arbeitet. Da TCP oktett-orientiert ist, muss den ASCII-Zeichen eine binäre Null hinzugefügt werden.

Bei einer Übertragung über X.25 (siehe Abschnitt 5.2) soll über diesem Ebene-3-Protokoll ebenfalls TCP eingesetzt werden, welches üblicherweise in der Ebene 3 IP (*Internetwork Protocol*) benutzt.

7.3 Darstellung

Wenn Informationen ausgetauscht werden sollen, müssen sie in einer Form vorliegen, die von den beteiligten Systemen verstanden wird. Digitale Informationen setzen sich immer aus Bits zusammen; diese werden in den meisten Fällen zu Oktetten oder Bytes zusammengefasst.

7.3.1 IDL

IDL (*Interface Definition Language*) ist für ein System der Zusammenarbeit unterschiedlicher Systeme, welches als DCE (*Distributed Computing Environment*) bezeichnet wird, vorgesehen. Das System ist von der OSF (*Open Software Foundation*) erarbeitet.

Das Prinzip der IDL ist die Schaffung einer Sprache, welche zum Austausch der Informationen dient, unabhängig von der Sprache der beteiligten Systeme. Die Nachrichten, die zwischen den Systemen übertragen werden, werden von einem IDL-Compiler im sendenden Gerät in IDL umgesetzt. Beim Empfang werden sie von dem IDL-Compiler in die Sprache des empfangenden Geräts umgesetzt.

Die Sprachen, welche die einzelnen Systeme verwenden, werden als Native-Languages (NL) bezeichnet. Übertragung von Nachrichten erfolgt also:

1. Erzeugung der Nachricht in NL1 (Native Language des Sendesystems)
2. Umsetzung durch den IDL-Compiler in IDL
3. Übertragung der Nachricht
4. Umsetzung durch den IDL-Compiler in NL2 (Native Language des Empfangssystems)
5. Verarbeitung der Nachricht

Der Aufbau der IDL einschließlich der Formate bei der Darstellung von Zahlen und Texten ist an der Programmiersprache C orientiert.

7.3.2 ASN.1

Mit der Abstrakten Syntax-Notation Nr. 1 ASN.1 befassen sich eine Reihe von Normen der ITU-T und der ISO.

ISO 8824	Information Processing Systems - Open System Interconnection - Specification of Abstract Syntax Notation One (ASN.1)
X.208	Spezifikation der Abstrakten Syntax-Notation EINS
ISO 8825	Specification of Basic Encoding Rules for Notation One (ASN.1)
X.209	Spezifikation der Regeln für die Basis-Codierung der abstrakten Syntax-Notation EINS.

ASN.1 schafft strukturierte Typen, die erkennen lassen sollen, um welche Art von Daten es sich handelt. Dem mit Hilfe der Spezifikation definierten Typ wird ein „tag" zugeordnet, der auch als Anhang bezeichnet wird. Da bei der Datenübertragung zwischen den Systemen nur Bitströme übertragen werden, muss ein Schema festgelegt werden, welches die Interpretation der Bitströme beim Empfänger gestattet, ohne dass der Inhalt der Nachricht dafür verwendet werden muss.

Bei ASN.1 werden alle Informationen in Oktetten dargestellt.

Prinzip der ASN.1 ist es, dass am Beginn einer Nachricht sowohl deren Typ wie die Länge der Nachricht in Oktetten dargestellt ist, damit ist das Format von Nachrichten unabhängig von der Einteilung in Datenblöcke, wie sie für die Übertragung oder Speicherung der Nachrichten getroffen werden muss.

Nach X.209 werden für das Codieren eines Datenwerts vier Komponenten eingesetzt, diese treten immer in der gleichen Reihenfolge auf. Es kann sich in jedem Fall um eine oder auch mehrere Oktette handeln.

Kennzeichnungs-Oktett:
Die Kennzeichnungs-Oktetts enthalten Zahlen (*tags*), bei Zahlen bis 30 wird ein Oktett verwendet, bei höheren mehrere.

Wenn ein Oktett verwendet wird, gilt:

- Bit 8 und 7: Klasse des Tags (unterschieden werden Universal, Application, Context-spezifisch und Private)
- Bit 6 unterscheidet zwischen der Primitiv-Codierung und der Constructed-Codierung.
- Bit 5 – 1 stellen das eigentliche Kennzeichen dar, z.B. für Numeric-String, Printable-String, Graphic-String.

Längen-Oktett:
Damit wird die Länge der Nachricht angegeben. Dies kann auf zweierlei Arten geschehen:

a. 1-Oktett-Angabe. Bit 8 des Oktetts wird auf 0 gesetzt, dann folgt die Längenangabe. Die maximal möglichen Länge wäre dann 127 Oktette.

b. Mehr-Oktett-Angabe. Im ersten Oktett wird Bit 8 auf 1 gesetzt, die restlichen Bits stellen die Länge der Längenangabe dar. Die nachfolgenden Oktette enthalten die Längenangabe.

Die Längenangaben sind Dualzahlen.

Inhalt:
Der Inhalt muss in ganzen Oktetten vorliegen. Wenn ein Bitstring gesendet wird, der nicht aus Oktetten besteht, muss mit Nullen auf Oktette aufgefüllt werden.

Inhaltsende-Oktetts:
wird mit 00 00 codiert, umfasst also immer 2 Oktette. Bei den Contructed-Darstellungen muss dafür gesorgt werden, dass diese Bitfolge nicht im Inhalt auftritt. Das Inhaltsende-Oktett ist dann notwendig, wenn bei Beginn der Sendung noch nicht feststeht, wie lang der zu sendende Datenblock ist. Auch in diesem Fall muss eine Längenangabe mitgegeben werden.

Nicht immer sind alle vier Komponenten im Einsatz. Eine eindeutige Längenangabe macht das Inhaltsende-Oktett überflüssig. Codierungen mit Inhaltsende-Oktett werden als alternative Codierungen bezeichnet. Eine Codierung besteht also aus drei Teilen, eine alternative Codierung aus vier, siehe Bild 7-8.

Kennzeichnungs-Oktetts	Längen-Oktetts	Inhalts-Oktetts

Kennzeichnungs-Oktetts	Längen-Oktetts	Inhalts-Oktetts	Inhalts-Ende-Oktetts

Bild 7-8 Formate bei ASN.1 (unten alternative Codierung)

Die Prinzipien der ASN.1 sollen an drei Beispielen dargestellt werden:

1. Beispiel: Boolescher Wert
Ein Boolescher Wert kann nur die Zustände TRUE oder FALSE annehmen, damit wäre 1 Bit zur Darstellung ausreichend, in der Booleschen Algebra wird der Wert TRUE auch als 1, der Wert FALSE als 0 dargestellt.

01 01 00 False

01 01 FF True

- Das erste Oktett stellt die Typenangabe dar, da Bit 6 auf 0 gesetzt ist, wird nicht mit Inhaltsende-Oktett gearbeitet.
- Das zweite Oktett gibt die Länge (1 Oktett) an.
- Das dritte Oktett gibt den Inhalt der Nachricht an.

2. Beispiel: Bitfolgewert
Es soll eine Folge von Bits verschlüsselt werden, dabei soll diese Folge nicht aus ganzen Oktetten, sondern aus einer beliebigen Zahl von Bits bestehen können. Da der Inhalt nach ASN.1 aus Oktetten bestehen muss, muss aufgefüllt werden und dem Empfänger mitgeteilt werden, was aufgefüllt wurde. Es soll eine Folge von 25 Bits übertragen werden.

0100 0110 1111 1010 1100 0000 1.

Die Nachricht lautet:

03	Kennzeichen für Bitstring, Bit 6 = 0 bedeutet, dass die Längenangabe gilt.
05	Länge des Inhalts
07	Anzahl der nicht genutzten Bits; dieses Oktett ist das erste Inhalts-Oktett und wird bei der Längenangabe mitgezählt
46	Beginn der Bitfolge
FA	
C0	
80	Ende der Bitfolge, nur das 1. Bit zählt, es wurden 7 Nullen aufgefüllt.

Es handelt sich hier um die Primitiv-Darstellung, bei Beginn der Sendung liegt die gesamte Bitfolge vor. Wenn dies nicht der Fall ist, würde der gleiche Bitstring übertragen als:

23	Kennzeichnung für Bitstring, Bit 6 = 1 (*constructed*)
80	Längenangabe (Länge der Länge = 0)
03	Länge des Teilstrings
00	1. Oktett des Teilstrings, 0 unbenutzte Bits
46	Inhalt
FA	Inhalt
03	Länge des Teilstrings
07	1. Oktett des Teilstrings (7 Bit unbenutzt)
C0	Inhalt
80	Inhalt
00	Kennzeichen für Inhaltsende
00	Kennzeichen für Inhaltsende

Die Umsetzung der Formate erfolgt nach den Regeln, welche als BER (*Basic Encoding Rules*) bezeichnet werden.

Für die Darstellung von Informationen, besonders von Texten, in Netzwerken gibt es eine Reihe weiterer Vereinbarungen, z.B.:

HTML	Hyper Text Markup Language (für das in 7.2.3 erläuterte HTTP)
SGML	Standardised Generalised Markup Language
XML	Extensible Markup Language
WML	Wireless Markup Language für das in 7.4 erläuterte WAP

7.4 Wireless Application Protocol

Für die mobile Kommunikation besonders im Internet wurde ein Anwendungsprotokoll entwickelt, welches als WAP (*Wireless Application Protocol*) bezeichnet wird. Die Spezifikationen werden von einem WAP-Forum erstellt (www.wapforum.org). Als Anlass für die Entwicklung eines eigenen Protokolls wird angegeben, dass die Regeln des Internets von leistungsfähigen Computern ausgehen, die mit zuverlässigen Netzwerken hoher Bandbreite verbunden sind. Mobile Geräte (*handheld devices*) zeichnen sich demgegenüber aus durch:

- weniger leistungsfähige Zentraleinheiten (CPU und Speicher)
- beschränkte Leistungszufuhr
- kleine Anzeigen (*displays*)

Nicht leitungsgeführte Datennetzwerke unterscheiden sich von leitungsgeführten durch:

- geringere Bandbreite
- höhere Latenzzeiten
- geringere Stabilität der Verbindungen
- geringere Verfügbarkeit.

Um diesen Anforderungen gerecht zu werden, wurde ein Architekturmodell für WAP entwickelt, dieses ist in Bild 7-9 dargestellt. Als Zeile des Entwurfs werden besonders genannt:

- Schaffung des Zugangs zum Internet unabhängig von den Techniken der digitalen mobilen Systeme
- Zugriffstechniken und Anwendungen, die auf die Bedürfnisse und Eigenschaften von mobilen Endgeräten und ihren Benutzern zugeschnitten sind.
- Interoperabilität zwischen Endgeräten unterschiedlicher Hersteller
- Garantien bei den Merkmalen für Dienstgüte (QoS), Zuverlässigkeit und Sicherheit
- Integration von bereits bestehenden Standards.

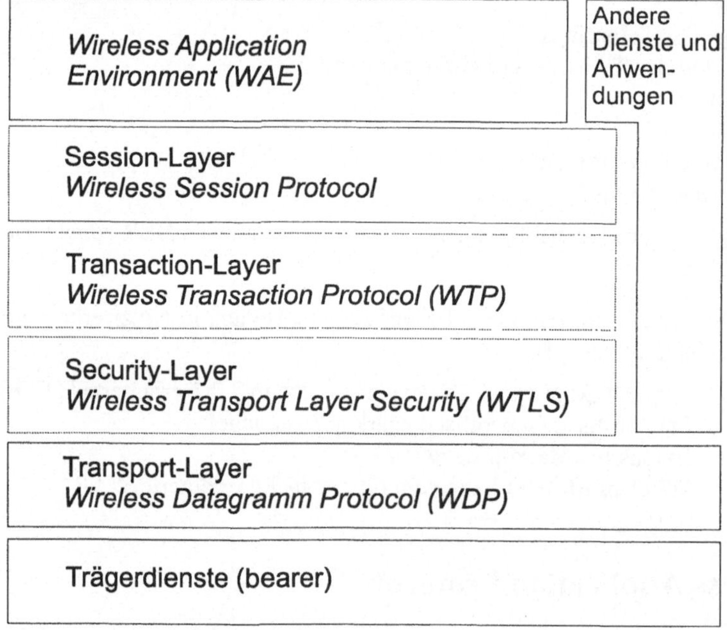

Bild 7-9 Architekturmodell des WAP

Das System soll sich unterschiedlichen mobilen Trägersystemen mit verschiedenen Übertragungsraten und Zeitverhalten anpassen. Die Trägerdienste sind in Tabelle 7-3 dargestellt.

Neben den in der Tabelle genannten Diensten soll auch das Bluetooth-System für periphere Endgeräte im frei zugänglichen 2,4 GHz-Band als Trägerdienst eingesetzt werden.

Die Trägerdienste sind nicht durch WAP-Spezifikationen definiert.

Tabelle 7-3 Trägerdienste für WAP

Name	Bezeichnung	Merkmale
SMS	Short Message Service	GSM-Dienst maximal 14,4 kbit/s
HSCSD	High-Speed Circuit Switched Data	GSM Kanalbündelung 57,6 kbit/s
EDGE	Enhanced Data Rates for GSM Evolution	Bruttodatenrate 48 kbit/s pro GSM-Kanal bei 8-Kanal-Bündelung 384 kbit/s
GPRS	General Packet Radio Service	Bei Nutzung von 8 Zeitschlitzen maximal 171,2 kbit/s; 4 QoS-Klassen; der Teilnehmer ist immer mit dem Internet verbunden (keine Verbindungsaufbauzeiten
UMTS	Universal Mobile Telecommunication System	Zwischen 144 kbit/s in Großzellen und 2 Mbit/s i in Kleinzellen

WDP stellt den Datagramm-Dienst zur Verfügung, es bildet die Schnittstelle des WAP zu den Trägerdiensten. Nach Möglichkeit soll nach den Regeln des UDP gearbeitet werden (siehe Abschnitt 6.2.2).

WTLS dient der Sicherheit durch Verwendung von Passwörtern, Austausch von Benutzernamen, Verschlüsselungsverfahren. Es soll auch gegen Denial-of-Service-Attacken schützen, in dem Nachrichten, die nicht genügend verifizierbar sind, abgewiesen werden (siehe Abschnitt 9.10).

WTP wird als „leichtgewichtiger Transaktionsdienst" bezeichnet, der auf WDP aufsetzt. Er bietet u.a.

- Optionale Ende-zu-Ende-Bestätigung durch Bestätigungsmeldungen für jede empfangene Nachricht.
- Zusammenfassung mehrerer PDUs und gezielte Verzögerung von Bestätigungsmeldungen zur Reduzierung des Nachrichtenaufkommens.
- Parallele Kommunikation durch asynchrone Transaktionen, die nacheinander im Client initiiert werden, dabei können die Ergebnis-Meldungen (*responses*) in beliebiger Reihenfolge eintreffen.

WTP stellt einen verbindungsorientierten Dienst dar.

Das Session-Protokoll (WSP) dient unter anderem dem Aushandeln von Merkmalen während des Verbindungsaufbaus, dazu gehören:

- Nachrichtenlängen von Client und Server,
- Maximale Anzahl ausstehender Anfragen,
- Art der Bestätigung.

WAE (*Wireless Application Environment*) stellt die Anwendungsumgebung bereit und soll die WWW-Datendienste und die Telephon-Sprachdienste im mobilen Bereich integrieren.

Es stützt sich auf ein Client-Server-Modell. Im Gegensatz zu http erfolgt die Kommunikation zwischen dem mobilen Client und dem Web-Server immer über einen Proxy-Server mit Gateway-Funktionalität.

WML ist eine Seitenbeschreibungs-Sprache. Es liegt eine Spezifikation Version 1.1 vom Juni 1999 vor. Sie kennt als Einheiten:

- Card. Eine WML-Einheit für die Navigation und den Benutzerzugriff. Sie kann Informationen enthalten, die dem Benutzer präsentiert werden, zur Sammlung von Eingaben (*gathering user input*) usw. dienen. Auf einzelne Cards kann unmittelbar über Browser zugegriffen werden.
- Deck. Eine Sammlung von Cards. Ein WML-Deck ist auch ein XML-Dokument.

Alle Cards eines Decks werden gleichzeitig in das Endgerät geladen, damit kann auf die einzelnen Cards mit Browsern zugegriffen werden, ohne die Funkschnittstelle zu belasten.

Für die Navigation wird ein Vergangenheits-Modell (*history model*) verwendet. Es besteht ein Stack (*last in/first out*) von URLs (*Uniform Resource Locator*), der Pointer steht auf der aktuellsten Card. Der Stack wird auch als History-Stack bezeichnet. Es können die üblichen Stack-Operationen ausgeführt werden:

- Push. Ein neuer URL wird dem Stack auf Grund der Navigation zu einer neuen Karte hinzugefügt.
- Pop. Der aktuellste URL wird entfernt als das Ergebnis der Rückwärts-Navigation.
- Reset. Der Stack wird auf einen Status zurückgesetzt, in dem er nur den URL der aktuellsten Card enthält.

Da zu den Zielen des WAP die Verwendbarkeit in Systemen mit kleinen Speichern gehört, muss die Größe des History-Stacks begrenzt bleiben. Dazu müssen die Stackeinträge, die am längsten zurückliegen, gelöscht werden. Es wird empfohlen, dass der Stack mindestens 10 Einträge aufnehmen kann.

Als Anwendungsgebiete für WAP sind Zugriffsmöglichkeiten auf behördliche Systeme, Positionierungssysteme, Routenplanungssysteme, aber auch intelligente Haushaltskomponenten und medizinische Überwachungssysteme vorgesehen.

8 Elemente von Netzwerken

Neben den Nachrichtenkanälen, auf die bereits in vorigen Kapiteln eingegangen wurden, gehören zu einem Netzwerk die Endsysteme und Vermittlungssysteme (*intermediate systems*).

In diesem Kapitel wird auf die Endsysteme nicht direkt eingegangen, sondern nur auf die Komponenten, welche den Netzwerkanschluss bilden (siehe Abschnitt 8.2).

8.1 Aufgaben von Vermittlungssystemen

Vermittlungssysteme zeichnen sich dadurch aus, dass in ihnen keine Daten entstehen und dass der Datenverkehr nicht in ihnen endet. In vielen Fällen ist es allerdings so, dass Vermittlungssysteme durch die Netzwerkverwaltung angesprochen werden müssen, somit empfangen sie Nachrichten, die nicht weitervermittelt werden. Sie müssen Nachrichten für die Netzwerkverwaltung auch senden. Grundsätzlich benötigen sie damit auch Adressen innerhalb des Netzwerkes. Bei Verwendung des Netzwerk-Management-Protokolls SNMP (siehe Abschnitt 9.7) benötigen sie eine IP-Adresse. Dies gilt auch für Geräte, die unterhalb der Vermittlungsebene arbeiten, z.B. Switchs.

Die Aufgaben der vermittelnden Systeme lassen sich nach ihrer Anordnung im OSI-Referenz-Modell auflisten. Dabei gilt immer, dass Geräte mit Funktionen der höheren Ebenen auch die der niedrigeren Ebenen wahrnehmen.

a. **Verbindung der Kabelabschnitte**
in vielen Netzen ist die Länge der Kabel begrenzt, soll das Netz über diese Länge ausgedehnt werden, müssen die Kabel miteinander verbunden werden. Geräte, die nur diese Aufgabe wahrnehmen, werden als "passive Hubs" bezeichnet. Sie sind in heutigen Netzwerken nicht mehr üblich.

b. **Regenerierung der Signale**
Dazu gehört nicht nur die Signalverstärkung, sondern die Wiederherstellung des Signals in allen seinen vorgeschriebenen Eigenschaften. Dazu muss das Gerät die Bitfolge erkennen.

c. **Umformung der Signale**
dies ist besonders dann notwendig, wenn das Trägermedium wechselt, also z.B. die Übertragung von elektrischen Leitern auf optische Leiter wechselt. Die Bitfolge wird erkannt und das Ausgangssignal entsprechend den Regeln der Bitcodierung gebildet.

Die bis hierhin aufgeführten Aufgaben sind der Ebene 1 zuzuordnen, die Geräte, die diese Aufgaben wahrnehmen, werden als Repeater (Wiederholer) oder Hubs bezeichnet, im WAN-Bereich ist auch die Bezeichnung Regenerator üblich.

Diese Geräte verzögern die Datenübertragung nur in geringem Maße (Schaltverzögerungszeit). Da sie für die Funktionen b. und c. allerdings die Bitfolge erkennen müssen, müssen sie eine Bitsynchronisation vornehmen, was zu einer weiteren, aber geringen Verzögerung führen kann.

Einige dieser Geräte führen auch eine Fehlerprüfung der angeschlossenen Segmente durch. Wenn z.B. auf einem angeschlossenen Kabel ein Kurzschluss festgestellt wird, wird dieses Segment stillgelegt.

d. **Adressfilterung**
Während Geräte mit den in a-c. genannten Aufgaben die Nachrichten an alle angeschlossenen Kabel weiterleiten, wird hier die Empfängeradresse der Nachricht abgeprüft und entschieden, ob und auf welche Ausgangsleitung die Nachricht gesendet wird. Die Nachricht wird nicht verändert. Die Adressfilterung erfolgt auf Grund der Adressen der Ebene 2 (MAC-Adressen). Geräte, die diese Funktion ausüben, sind in der Regel in der Lage, selbst zu "erlernen", an welchen Anschlüssen sich welche Adressen befinden. Da alle Nachrichten auf der Ebene 2 mit Absenderadressen versehen sind, wird jedes Gerät, welches sendet, registriert. Damit die Adresslisten kurz gefasst und damit schnell lesbar sind, ist es üblich, die Adressen dann zu löschen, wenn die betreffende Station über einen bestimmten Zeitraum nicht am Verkehr teilnimmt. Wenn eine Station noch in Betrieb ist, aber nicht am Verkehr teilnimmt, kann sie durch regelmäßiges Aussenden von Nachrichten (*hellow*-Pakete) das Löschen ihrer Adresse verhindern.

Nachrichten, die eine Rundspruch- oder eine Gruppenadresse tragen, müssen von diesen Geräten grundsätzlich weitergegeben werden.

e. **Fehlerprüfung**
Nachrichten der Sicherungsschicht (DL-PDUs) z.B. Ethernetframes, werden mit Prüfzeichen versehen. Wenn das vermittelnde Gerät beim Empfang einen Übertragungsfehler feststellt, wird es diese Nachricht nicht weiterleiten, evt. eine Neuübertragung der Nachricht anfordern.

f. **Anpassung der Geschwindigkeit**
Lokale Netze werden oft mit unterschiedlichen Geschwindigkeiten angeboten, während alle anderen Merkmale (Formatierung der Nachricht, Zugriffsverfahren, Adressierung) gleich sind, z.B. in der Form Ethernet mit 10 Mbit/s und Fast-Ethernet mit 100 Mbit/s (vergl. Abschnitt 4.3.3).

g. **Zwischenspeicherung**
Die Zwischenspeicherung der Nachrichten ist eine Voraussetzung für die Erfüllung der Aufgaben d.-f. Damit die Adressfilterung vorgenommen werden kann, muss die Empfängeradresse gelesen und mit den Adresslisten verglichen werden. Damit eine Fehlerprüfung vorgenommen werden kann, müssen die Fehlerprüfzeichen gelesen worden sein. Diese befinden sich in der Regel am Ende der Nachricht, so dass die gesamte Nachricht gespeichert sein muss. Besonders beim Übergang von niedriger zu hoher Geschwindigkeit muss die Nachricht erst im Gerät vorhanden sein, damit sie weitergesendet werden kann.

Die Zwischenspeicherung ist auch notwendig, weil die Leitung, auf der die Nachricht weitergesendet wird, nicht immer frei ist. Bei Systemen mit CSMA/CD muss das vermittelnde Gerät die gleichen Abprüfungen machen wie ein Endgerät, ehe es mit der Sendung beginnen kann. In Netzwerken mit CSMA/CD trennen solche Geräte das Netzwerk in Kollisionsdomänen, nicht aber in Rundspruchdomänen (siehe Abschnitt 9.4).

Die Zwischenspeicherung führt zu einer Verzögerung der Nachrichtenübertragung. Diese kann vermindert werden, wenn auf die Fehlerprüfung verzichtet wird, da dann die Nachricht bereits weitergesendet werden kann, wenn sie noch nicht vollständig empfangen worden ist. Wegen der Belegung der Ausgangsleitung auch durch andere Nachrichten und der unterschiedlichen Belegung der Pufferspeicher kann die Verzögerung der Nachricht durch ein solches Gerät nicht exakt angegeben werden.

Die Auswirkungen der Zwischenspeicherung wird in Abschnitt 9.6 näher untersucht.

Die bis hierhin aufgeführten Aufgaben sind den Ebenen 1 und 2 zuzuordnen, die Geräte, die diese Aufgaben wahrnehmen, werden als Bridges oder Switches bezeichnet, mittlerweile auch noch genauer als Layer-2-Switch.

h. **Routing**

Routing (Wegefindung) besteht aus zwei getrennten Aufgaben:

- Für eine gegebene Zieladresse muss der richtige Weg zu diesem Ziel gefunden werden, insgesamt muss der Weg vom Absender zum Ziel festgelegt werden.
- Für eine gegebene Nachricht muss festgelegt werden, auf welcher Ausgangsleitung sie zu welchem Gerät weitergeleitet werden muss.

Die zweite Aufgabe unterscheidet sich von der unter d. genannten Adressfilterung. Bei der Adressfilterung werden die Adressen der Ebene 2 verwendet (MAC-Adressen). Beim Routing werden die Adressen der Ebene 3 verwendet (Paketadressen). Bei der Adressfilterung geht es um Adressen, die für das Gerät direkt erreichbar sind. Beim Routing ist das Ziel oft nur über eine Reihe von weiteren vermittelnden Geräten zu erreichen. Die Zahl der relevanten Adressen ist bei der Adressfilterung durch die Vorschriften zur Größe von Netzwerken begrenzt; beim Routing grundsätzlich unbegrenzt. Bei der Adressfilterung steht immer nur ein Weg zum Ziel zur Verfügung, beim Routing können viele Wege zur Verfügung stehen (alternative Pfade).

i. **Protokollwandlung**

Beim Internetwork verbinden Vermittlungsgeräte unterschiedliche Netzwerke, sowohl LANs miteinander wie auch LANs mit WANs. In diesen Netzwerken bestehen unterschiedliche Vorschriften über die Bildung der PDUs der Sicherungsebene. Die Nachricht, die zum Empfänger übertragen werden soll (Paket) wird der ankommenden PDU entnommen, dann wird sie wieder nach den Vorschriften des anderen Protokolls eingekleidet.

Dieser Vorgang muss grundsätzlich auch dann stattfinden, wenn die Art des Netzes beim Empfang wie beim Senden gleich ist. Der Header der Ebene 2-Nachricht enthält die Adressen des LANs, während der Header des Pakets die Adressen von Absender und Empfänger des Pakets enthält. Die LAN-Adressen gelten nur innerhalb eines LANs, wechseln also bei jedem Vermittlungsvorgang zwischen LANs.

Es soll ein Paket von A nach B über die Vermittler X, Y und Z geschickt werden. Jede dieser Stationen hat eine netzweite Adresse, z.B. eine IP-Adresse und eine Adresse innerhalb des LANs, die meist MAC-Adresse genannt wird. Die Nachrichten enthalten dann folgende Adressen:

Übertragung		Netzadresse		MAC-Adresse	
von	bis	Absender	Empfänger	Absender	Empfänger
A	X	A	B	A	X
X	Y	A	B	X	Y
Y	Z	A	B	Y	Z
Z	B	A	B	Z	B

Also muss ein neuer Header der Ebene 2 auch dann gebildet werden, wenn das Protokoll auf beiden Seiten des Vermittlungsgeräts das gleiche ist.

Bei der Übertragung über WANs werden Leitungsverbindungen geschaltet, im WAN gibt es nur Punkt-zu-Punkt-Verbindungen, deshalb ist eine Adressierung auf Ebene 2 nicht so notwendig wie bei LANs. Die Teilnehmernummern bei WANs können nur bedingt mit den MAC-Adressen verglichen werden.

j. **Lebensdauerkontrolle**
Das Routing der Pakete zu ihrem Ziel beruht auf Informationen, die in den einzelnen Systemen gespeichert sind. Besonders beim IP gibt es keinen Gesamtroutenplan, sondern jede Station hat eine Tabelle, die für jedes Paket den Weg bis zum nächsten Router aufzeigt. Damit kann nicht mit Sicherheit garantiert werden, dass ein Paket auch sein Ziel erreicht. Bereits eine falsche Eintragung in einer Routingtabelle kann dazu führen, dass das Paket "im Kreis" läuft. Solche Pakete würden nicht nur nicht das Ziel erreichen, sondern belasten auch die Netzwerke und die vermittelnden Geräte. Auch wenn dies nur bei einem geringen Bruchteil der Pakete auftritt, würde die Zahl dieser Pakete mit der Zeit so zunehmen, dass kein geregelter Netzwerkbetrieb mehr stattfinden kann.

Die Lebensdauerkontrolle (*lifetime control*) stellt fest, wie "alt" das Paket ist und entfernt zu "alte" Pakete aus dem Netz. Beim Datagramm-Verkehr wird keine Rückmeldung über die Vernichtung des Pakets gegeben.

Lebensdauerkontrolle findet meist in der Form statt, dass das absendende Endgerät eine Zahl in den Paket-Header schreibt, diese Zahl wird bei jedem Durchgang durch ein Vermittlungsgerät um 1 erniedrigt, wenn die Zahl den Wert 0 erreicht, wird das Paket gelöscht.

k. **Fragmentierung**
Fragmentierung muss dann durchgeführt werden, wenn die maximale Größe der Ebene-2-Nachrichten kleiner ist als die Ebene 3-Nachricht, die gesendet werden soll. Das Gerät, welches die Fragmentierung durchführt, muss die Fragmente mit Informationen versehen, die eine Wiederherstellung der ursprünglichen Nachricht ermöglichen. Vermittelnde Geräte fügen die Fragmente nicht wieder zusammen, dies geschieht erst beim empfangenden Endgerät.

l. **Erkennung und Behandlung größerer Informationseinheiten**
Die Nachrichten, die paketweise über das Netz übertragen werden, sind oft nur Teile einer Gesamtnachricht aus Sicht der Anwendung. Soll z.B. eine Datei mit 1 Mbyte über das Internet übertragen werden, so muss es auf mehrere Pakete verteilt werden, da die IP-Pakete maximal 64 KByte groß werden können. Für den Empfänger ist die Datei natürlich nur dann brauchbar, wenn sämtliche Teile der Datei übertragen wurden. Geht auf dem Weg vom Absender zum Empfänger ein Paket verloren, z.B. weil ein Pufferspeicher überläuft, so ist die Übertragung der übrigen Pakete nicht sinnvoll, die Datei muss insgesamt neu übertragen werden. Ein vermittelndes Gerät kann dann auch die weiteren Pakete, die zu dieser Datei gehören, löschen. Damit diese Funktion ausgeübt werden kann, müssen zwei Bedingungen vorliegen:

- Das vermittelnde Gerät muss die Gesamtübersicht über die Dateiübertragung haben; alle Pakete, die zu dieser Datei gehören, müssen von diesem Gerät vermittelt werden (keine alternativen Wege).
- Das Gerät muss erkennen können, welchen Zusammenhang die einzelnen Pakete haben, in diesem Beispiel also, zu welcher Datei welches Paket gehört.

Im ATM wird die genannten Funktion als "*Frame discard* (Rahmenentfernung)“ bezeichnet.

Geräte, die die bisher genannten Funktionen ausführen, werden als Router, Layer-3-Switches oder Gateways bezeichnet.

m. **Umsetzung der Form**
Prinzip der Nachrichtenübertragung ist es, dass die "eigentliche" Nachricht zwar für die Übertragung mit mehreren Headern, die der Steuerung der Übertragung dienen, versehen wird, die

eigentliche Nachricht dem Empfänger aber so ausgeliefert wird, wie sie der Sender abgesandt hat.

Es kann aber vorkommen, dass zwar die eigentliche Nachricht erhalten bleibt, ihre Darstellung aber durch ein vermittelndes Gerät verändert wird.

Beispiele für die Notwendigkeit können sein:

1. Die Zeichencodierung wird vom Empfänger nicht verstanden. Wenn z.B. der Empfänger eines Textes, der im ASCII-Code abgesendet wird, ein Telex-Gerät ist, muss die Nachricht in den Telex-Code (Internationales Alphabet Nr.2) umgesetzt werden, ehe sie dem Telex-Gerät ausgeliefert wird. Bei der Übertragung in umgekehrter Richtung wird eine Umsetzung vom Telex-Code in den ASCII-Code vorgenommen. Dabei gilt:

- Die Umwandlung kann mit Informationsverlust verbunden sein, so wird die Unterscheidung von Groß- und Kleinschreibung aufgehoben, wenn in den Telex-Code umgesetzt wird.
- Eine Informationsvermehrung findet nicht statt, die Umsetzung erfolgt zeichenweise. Eine Telex-Nachricht, die in den ASCII-Code umgesetzt wird, unterscheidet nicht die Groß-Kleinschreibung.

2. Bei Datenbankabfragen werden unterschiedliche Systeme verwendet. So kann die Übermittlung der Abfragen und der Ergebnisse vom und zum Benutzer in der HTML-Sprache erfolgen, welche im WWW eingesetzt wird. Die Abfragen dann von einem vermittelnden Gerät in die Abfragesprache des Datenbank-Servers, z.B. SQL umgesetzt. Ebenso müssen die Ergebnisse in die HTML-Sprache umgesetzt werden.

Geräte, welche die bisher genannten Funktionen ausüben, werden als Gateways bezeichnet.

n. **Sicherheitsfunktionen**

In Netzwerken ist es notwendig, den Zugriff der unterschiedlichen Systeme und Benutzer auf die vorhandenen Betriebsmittel und Informationen zu kontrollieren (siehe auch Abschnitt 9.10).

Diese Kontrolle kann in den Endgeräten, aber auch in den vermittelnden Geräten stattfinden. Die dazu gehörigen Funktionen werden als "Firewall"-Funktionen bezeichnet, die Geräte, die diese Funktionen ausüben, als Firewalls. Eine Firewall kann definiert werden als "ein Mechanismus, um ein vertrauenswürdiges Netzwerk vor einem nicht-vertrauenswürdigen Netzwerk zu schützen".

In der Regel werden die Firewall-Funktionen von Geräten ausgeübt, die auch andere Vermittlungsfunktionen wahrnehmen, z.B. von Routern. Bei Netzwerken mit besonders hohen Sicherheitsanforderungen wird verlangt, dass diese Funktionen in eigenen Geräten implementiert sind, so dass diese Geräte nur als Firewall dienen.

Das Bild 8-1 zeigt die Anordnung der genannten Geräte mit Ausnahme der Firewalls im OSI-Referenzmodell.

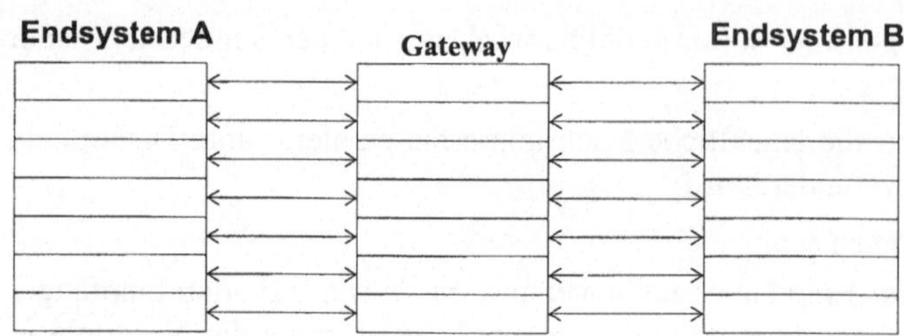

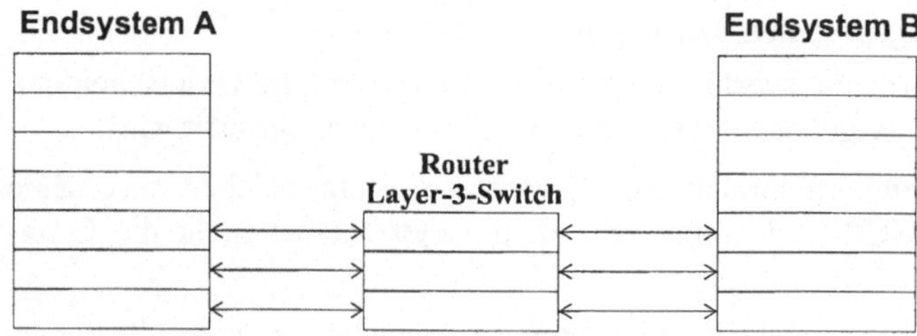

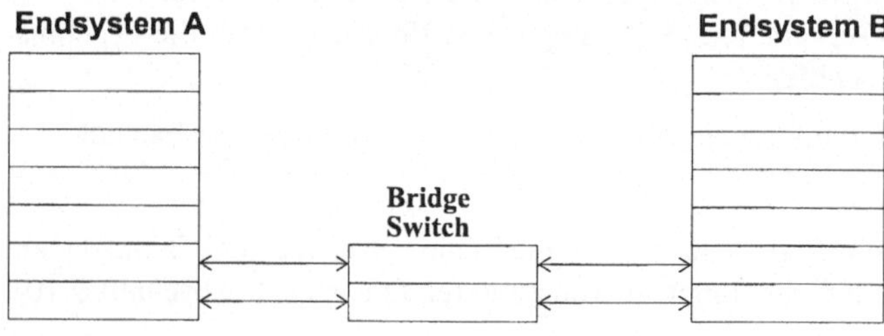

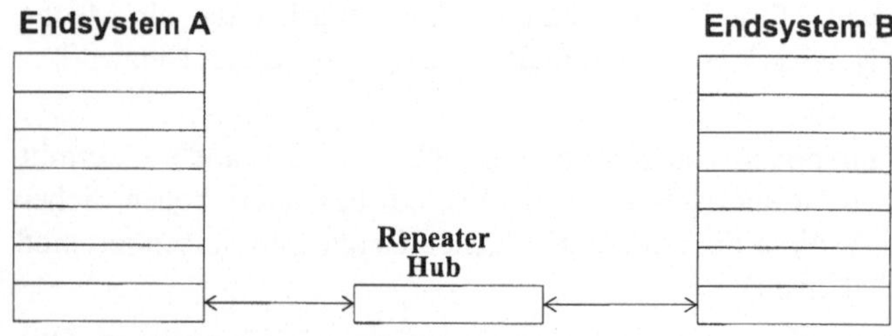

Bild 8-1
Anordnung vermittelnder Geräte im OSI-Modell

8.2 Netzwerkkarten

Die Verbindung eines Gerätes, sei es ein Endgerät oder ein vermittelndes Gerät, mit der Nachrichtenübertragungsstrecke wird in der Regel durch besondere Module hergestellt.

Diese werden mit verschiedenen Bezeichnungen benannt, die z.T. auch auf die besondere Funktion hinweisen, z.B. ISDN-Karten, LAN-Karten, Ethernet-Karten. Eine allgemeine Bezeichnung ist NIC (*Network Interface Card*). Die Karten enthalten hochintegrierte Schaltungen (Chips), die wesentliche Funktionen des Netzwerkbetriebs übernehmen können.

Die Chips werden z.B. als

- LAN-Controller
- LAN-Coprocessor
- USART (*Universal Synchronous Asynchronous Receiver Transmitter*)

bezeichnet.

Einige Merkmale der Netzwerkkarten sind:

- Sie sind auf eine bestimmte Art Netzwerk zugeschnitten. Es gibt z.B. keine Karten, die das Gerät sowohl mit dem LAN nach 802.3 (Ethernet) wie nach 802.5 (Token Ring) verbinden.
- Die Karten können Netzwerke mit unterschiedlichen Parametern betreiben, z.B. kann eine Karte sowohl Ethernet (10 Mbit/s) wie Fast-Ethernet (100 Mbit/s) senden und empfangen. Dabei können sie selbstkonfigurierend (*auto sense*) sein, d.h. sie erkennen an Hand des auf dem Netzwerk stattfindenden Verkehrs, welche Geschwindigkeit sie benutzen müssen.
- Die Karten sind nur für die Abwicklung des Verkehrs auf den Ebenen 1 und 2 des OSI-Referenzmodells zuständig. Das bedeutet, dass die Protokolle höherer Ebenen von Software-Modulen der Zentraleinheit des Endgerätes ausgeübt werden müssen. Eine Ausnahme stellen hier die ISDN-Karten dar, da sie das LAP-D-Protokoll beherrschen müssen, welches auch die Bildung und Interpretation von Ebene-3-Nachrichten umfasst. Zu den Aufgaben der Karte gehört auch die Formatierung der Nachricht, z.B. Bildung bzw. Auswertung von Preamble und Prüfzeichen, Einfügen der Quelladresse.
- Die Karten sind auf bestimmte rechnerinterne Bus-Systeme zugeschnitten, auf denen sie den Verkehr mit der Zentraleinheit abwickeln
- Der Verkehr mit der Zentraleinheit wird mit DMA (*direct memory access*) abgewickelt. Die Datenblöcke werden beim Senden ohne Mitwirkung des Zentralprozessors aus dem Hauptspeicher gelesen; sie werden beim Empfangen ohne Mitwirkung des Zentralprozessors in den Hauptspeicher geschrieben.
- Sende- und Empfangs-Vorgänge werden selbständig ohne Einschaltung des Hauptprozessors durchgeführt. Zur Kommunikation mit dem Hauptprozessor verwendet die Netzwerkkarte das Interrupt-System des Prozessors.
- Die Karten sind für die Adressierung zuständig. Dies bezieht sich besonders auf die LAN-Karten. Die hier beschriebene Adressierung ist die Ebene 2-Adressierung (MAC-Adressen). Der Vorgang wird auch als Address-Matching bezeichnet. Dazu gehört insbesondere:
  - Bildung der Absenderadresse. Die Karte kennt ihre eigene Adresse und kann sie in gesendete Frames einfügen.
  - Auswertung der Zieladresse. In vielen LANs erreicht jede Nachricht jede Station und muss von jeder Station auf die Zieladresse überprüft werden. Damit belastet jeder Verkehr jede Station; auch Nachrichten, die von Station A nach B übertragen werden, müssen von der Station C überprüft werden. Wenn diese Überprüfung von der Netzwerkkarte vorgenommen wird, wird das eigentliche EDV-System nicht belastet, da eine ankommende Nachricht, die nicht für diese Station bestimmt ist, weder den Hauptspeicher belegt noch Prozessorzeit in Anspruch nimmt.
- In den Netzwerkkarten muss eine Pufferspeicherung stattfinden. Dabei kann unterschieden werden:

- Der Pufferspeicher ist klein und dient für kurzfristige Spitzenlasten; er kann aber nicht eine gesamte PDU aufnehmen. Dies bedeutet, dass beim Senden die Daten so schnell aus dem Hauptspeicher entnommen werden müssen, wie gesendet wird. Beim Empfangen müssen die Daten so schnell in den Hauptspeicher geschrieben werden, wie sie empfangen werden. Eine mögliche Pufferspeichergröße für Ethernet mit 10 Mbit/s ist 16 Oktette.
- Der Pufferspeicher ist groß genug, um ganze PDUs aufnehmen zu können. Damit kann der Vorgang des Sendens bzw. Empfangens vom Vorgang des Speicher-Lesens bzw. –Schreibens völlig entkoppelt werden. Für eine Netzwerkkarte für 10 oder 100 Mbit/s-Ethernet wird z.B. eine Speichergröße von 128 kByte angegeben.

Netzwerkkarten sind meist mit speziellen Prozessoren ausgestattet. Sie übernehmen oft auch Aufgaben, die über die Ebenen 1 und 2 hinausgehen. So wird z.B. für eine Netzwerkkarte für Ethernet mit 10 oder 100 Mbit/s genannt:

- Verschlüsselung der Daten zum Schutz gegen Abhören während der Übertragung
- TCP/IP-Checksum Offload (Entlastung). Die Bildung und Auswertung von Prüfzeichen für die Frames der Ebene 2 wird immer von der Netzwerkkarte übernommen. Hier werden diese Funktionen auch für die PDUs der Ebene 3 und 4 übernommen, um den Hauptprozessor zu entlasten. Dabei ist zu beachten, dass damit die Funktionalität der Netzwerkkarte eingeschränkt ist. Sie könnte z.B. nicht mehr für den Verkehr nach IPX eingesetzt werden.
- TCP-Segmentation-Offload. Die Bildung der TCP-Segment, damit auch der IP-Pakete erfolgt in der Netzwerkkarte. Damit kann auch die Zahl der Interrupts für den Hauptprozessor vermindert werden. Wenn eine Nachricht in mehreren Segmenten gesendet wird, wird der Abschluss des gesamten Sendevorgangs mit einem Interrupt gemeldet.
- Flusskontrolle auf Ebene 2. Die Netzwerkkarte führt auf Ebene 2 eine Flusskontrolle durch, dies wird durch die Norm 802.3x geregelt. Auch die Switchs, mit denen die Netzwerkkarte verkehrt, müssen nach den Regeln dieser Norm arbeiten. Damit können Verluste von Frames wegen nicht ausreichendem Empfangspuffer vermieden werden.
- Unterstützung von Prioritäten und CoS (*class of service*). Die Netzwerkkarte kann bestimmten Verkehr bevorzugt behandeln. Dies geschieht nach den Regeln der Norm 802.1p.
- Multicast-Control. Wie in Abschnitt 9.2.2 beschrieben, kann die Effektivität eines Netzwerks durch die Verwendung von Gruppenadressierung auf den Ebenen 2 und 3 gesteigert werden. Die Netzwerkkarte unterstützt diese Gruppenadressierung (*multicast flooding*).

8.3 Hubs, Repeater, Regeneratoren

Es handelt sich um aktive Elemente, welche zwei oder mehr Leitungsabschnitte miteinander verbinden. "Passive" Hubs, deren einzige Aufgabe das Verbinden der Leiter ist, werden heute nicht mehr verwendet.

Bei diesen Geräten findet keine Interpretation und Auswertung der Nachrichten statt, sondern es werden die Signale aufgenommen, es wird ausgewertet, ob es sich um eine 0 oder eine 1 handelt, dann wird der Bitstrom wieder in Signale umgesetzt und diese werden auf alle anderen Anschlüsse gesendet.

Während für Geräte mit dieser Funktion im LAN-Bereich die Bezeichnungen Hub oder Repeater (Wiederholer) verwendet werden, ist im WAN-Bereich eher der Ausdruck Regenerator üblich. Regeneratoren im WAN-Bereich werden in bestimmten Abständen in der Übertragungsleitung angebracht. Sie verfügen grundsätzlich über zwei Anschlüssen.

Hubs in LANs unterschieden sich von der Zahl ihrer Anschlüsse, z.B. 12 oder 24. Hubs mit mehr als zwei Anschlüssen werden auch als Multiport-Repeater bezeichnet. Obwohl Hubs immer Kabelsegmente gleicher Geschwindigkeit verbinden, können die Anschlüsse doch von unterschiedlichem Typ sein, z.B. Glasfaserleitung und Twisted-Pair-Kabel.

Ähnlich wie Netzwerkkarten können auch Hubs mit unterschiedlichen Geschwindigkeiten arbeiten, z.B. 10 oder 100 Mbit/s. Sie müssen dann aber auf allen Anschlüssen die gleiche Geschwindigkeit verwenden. Hubs führen keine Adressfilterung durch. Nachrichten, die an einem Port empfangen werden, werden auf allen Ports gesendet. Bei Netzwerken mit CSMA/CD muss der Hub auch den Kollisions-Zustand weitermelden.

Es können mehrere Hubs zusammengefügt werden, um die Zahl der Anschlüsse zu erhöhen. Die Ansammlung von Hubs wird als ein Stack bezeichnet. Bild 8-2 zeigt die Anordnung eines Hub-Stacks verglichen mit einem System normal verbundener Hubs. Wenn Hubs über das Netzwerk untereinander verbunden werden, bezeichnet man dies als Kaskadierung.

Für die Verbindung der Hubs untereinander werden spezielle Stecker und Kabel (*stacking connectors, stacking cables*) verwendet. Hub-Stacks unterscheiden sich von über normale Netzwerkverbindungen angeschlossenen Hubs durch:

- Die Verbindung erfolgt über die speziellen Kabel
- Die Verzögerungszeit entspricht der Verzögerungszeit eines Hubs, nicht der Summe der Verzögerungszeiten der miteinander verbunden Hubs
- Für die Netzwerkverwaltung wirkt der Stack wie ein einzelner Hub; ein Stack von Hubs wird auch als „logischer Hub (*logical repeater*)“ bezeichnet.

Das im Bild 8-2 dargestellte System führt zu:

1 Kollisionsdomäne
2 Logische Repeater
62 frei verwendbare Ports.

Hubs können eine Fehlererkennung vornehmen. Wenn in einem angeschlossenen Kabel-Segment ein Kurzschluss auftritt, wird das betroffene Segment vom übrigen Netzwerk abgetrennt, die verbleibenden Segmente sind weiter arbeitsbereit.

Auch Hubs können der Netzwerk-Verwaltung unterliegen und durch Kommandos konfiguriert und abgefragt werden. Dazu müssen die Hubs über eine Adresse und einen Namen verfügen. Wenn ein Hub-Stack vorliegt, der als logisch einheitliches System wirkt, müssen die einzelnen Hubs mit Nummern versehen werden. Zu der IP-Adresse muss im Hub auch die Subnet-Maske konfiguriert werden (vergl. Abschnitt 5.4.4.2).

So kann das Kommando ping (vergl. Abschnitt 10.5) angewendet werden, um festzustellen, ob eine Verbindung vom Hub zu einem angegebenen Gerät möglich ist. Möglich ist auch die Festlegung einer Geschwindigkeit für einen bestimmten Port. Das Kommando lautet:

Port-speed (auto|100M|10M).

Bei auto legt der Hub selbst die Geschwindigkeit auf Grund empfangener Nachrichten fest; dies ist auch der Default-Wert, von dem der Hub ausgeht, wenn kein Kommando gegeben wird. Die Alternativen sind die Geschwindigkeiten 100 oder 10 Mbit/s.

Mit anderen Kommandos lassen sich die Zahl der übertragenen Frames, der aufgetretenen Kollisionen usw. abfragen. Die Zähler für diese Ereignisse lassen sich mit Clear-Kommandos rücksetzen.

Zur Verwaltung der Hubs wird auch das Protokoll SNMP (vergl. Abschnitt 9.7) eingesetzt.

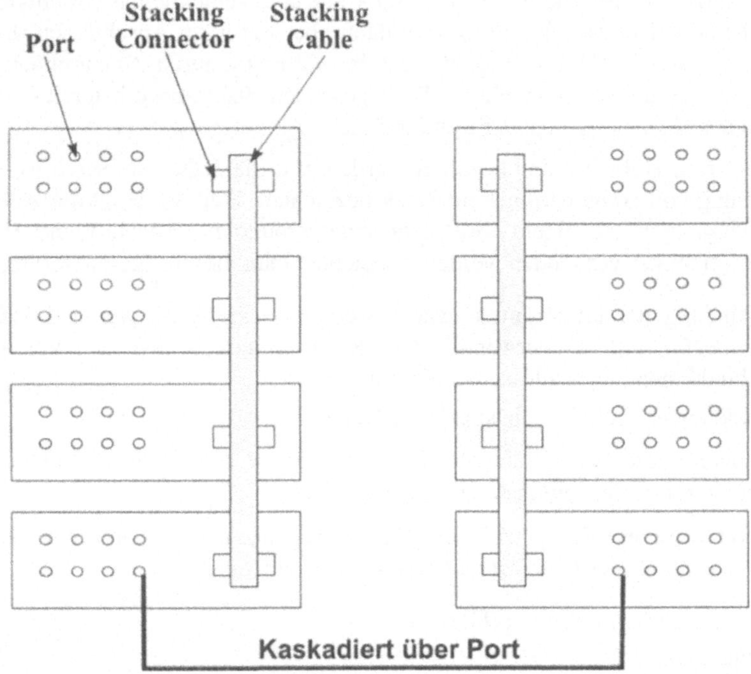

Bild 8-2 Anordnung von Hubs und Hub-Stack

8.4 Switches, Bridges

Die Begriffe Switch (Vermittler) und Bridge (Brücke) werden synonym verwendet. Da die Geräte auf der Ebene 2 des OSI-Referenz-Modells arbeiten, werden sie auch als Layer-2-Switches bezeichnet, auch um sie von den in Abschnitt 8.5 beschriebenen Layer-3-Switches zu unterscheiden. Grundsätzlich sollen diese Geräte die PDUs der Ebene 2 vermitteln, ohne die Ebene-3-Nachricht, etwa ein IP-Paket, zu analysieren. Dies setzt voraus, dass das Gerät zwei Netzwerke, in der Regel LANs, des gleichen Typs miteinander verbindet. Dabei kann es sich aber um Netzwerke mit unterschiedlichen Übertragungsraten handeln, z.B. Ethernet mit 10 und mit 100 Mbit/s.

Im Gegensatz zu den unter 8.3 beschriebenen Geräten leitet eine Bridge nur die Nachrichten weiter, die ihren Empfänger in einem anderen Netz als dem des Absenders haben.

Verglichen mit der Verbindung zwischen Netzwerkteilen durch Hubs ergeben sich als Vorteile:

- Es können auch Teilnetze mit unterschiedlichen Datenübertragungsraten verbunden werden, da die Geräte über die Fähigkeit zur Zwischenspeicherung verfügen müssen.
- Bei LANs nach 802.3/Ethernet trennt der Switch in Kollisions-Domänen. Jeder Netzwerkteil wird durch die Zugriffsmethode CSMA/CD gesondert verwaltet, Kollisionen können sich über den Switch nicht ausbreiten. Wenn der Switch einen Frame in einen anderen Netzwerkteil vermitteln muss, muss er dort das komplette Protokoll für die Erlangung des Senderechts einhalten.
- Die räumliche Ausdehnung des LAN kann erweitert werden. Die maximalen Entfernungen, die bei Ethernet zugelassen sind, sind auf das Zugriffsverfahren CSMA/CD und die damit verbundene Kollisionserkennung abgestimmt. Da der Switch in Kollisions-Domänen trennt, gelten die Entfernungsgrenzen im jedem der durch den Switch verbundenen Teilnetze.
- Die Belastung der Teilnetze wird vermindert.

Als Beispiel für die Vermindung der Belastung seien zwei Netzwerksegmente betrachtet (A und B, siehe Bild 8-3), welche folgendes Verkehrsaufkommen für einen bestimmten Zeitraum zeigen:

Netzwerk A: die angeschlossenen Stationen erzeugen 11 000 Frames, davon 10 000 Frames für Stationen im Netzwerk A, 1000 Frames für Stationen im Netzwerk B

Netzwerk B: die angeschlossenen Stationen erzeugen 9 200 Frames, davon 8 000 für Stationen im Netzwerk B, 1 200 für Stationen im Netzwerk A

Wenn die beiden Teilnetze durch einen Repeater oder Hub verbunden wären, wäre die Belastung aller Kabelsegmente die Summe der Frames, also

11 000 + 9 200 = 20 200 Frames

Bei Verwendung der Bridge zum Verbinden der Teilnetze ist das Verkehrsaufkommen:

Netzwerk A: 11 000 + 1 200 = 12 200 Frames (60,3 %)

Netzwerk B: 9 200 + 1 000 = 10 200 Frames (50,4 %)

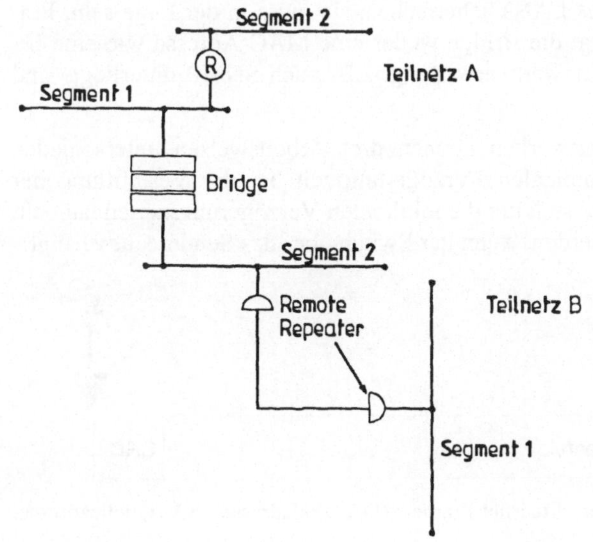

Bild 8-3
Einsatz einer Bridge (Layer-2-Switch) bei Ethernet

Die Prozentzahlen beziehen sich auf die Verkehrsbelastung, die vorliegen würde, wenn statt der Bridge ein Hub verwendet würde. Die Senkung der Verkehrbelastung führt auch zu einem überproportionalen Absinken der Kollisionsrate.

Wie effektiv der Einsatz einer Bridge anstatt eines Hubs ist, hängt von der Art des Verkehrsaufkommens ab. Nur wenn das Lokalitätsprinzip gewahrt wird, also ein erheblicher Anteil des Verkehrs zwischen Stationen im gleichen Teilnetz stattfindet, tritt eine Senkung des Verkehrs in den Teilnetzen ein. Wären im oben geschilderten Beispiel alle Server im Teilnetz A, alle Workstations im Teilnetz B, brächte eine Bridge keinen oder nur einen geringen Vorteil gegenüber einem Hub, da ein Verkehr Workstation-Workstation oder Server-Server kaum stattfindet.

Der Einsatz von Bridges zur Verbindung von LANs, auch an Stelle eines bisher verwendeten Routers, bringt keine Komplikationen durch evt. mehrfach vorhandene MAC-Adressen. Nach dem von Ethernet übernommenen Prinzip sind alle MAC-Adressen weltweit einmalig, obwohl sie nur zur Adressierung innerhalb eines LANs dienen. Dass beim Zusammenschluss zweier bisher getrennter Netze die gleichen Adressen auftreten können, ist also ausgeschlossen.

Damit die Bridge die Frames richtig weiterleiten kann, muss sie "wissen", welche Stationen in welchem Teilnetz sind. Dies wird ihr nicht einprogrammiert, sondern die Bridge ist selbstlernend. Da jede Nachricht in einem LAN nicht nur die Ziel-, sondern auch die Quelladresse enthält, kann die Bridge die Adresse zuordnen, sobald eine Station eine Nachricht in das Netz gesendet hat. Auch wenn eine Umkonfigurierung stattfindet, kann die Bridge diese in kurzer Zeit feststellen. Wenn eine Station über eine bestimmte Zeit nicht mehr sendet, z.B. weil sie abgeschaltet ist, wird der Adress-Eintrag in der Bridge wieder entfernt.

Gegenüber der Verbindung über Router ergibt sich als Vorteil:

- Das Netzwerk wirkt aus Sicht der Ebene 3 wie ein einheitliches Netzwerk, es wird unter der gleichen Netzwerkadresse verwaltet. Damit kann auch die Bildung von Subnet-Masken vermindert werden, weil die logischen Netzwerke eine große Anzahl von Stationen aufnehmen können.
- Da der Vermittlungsvorgang auf Grund der MAC-Adressen erfolgt, muss der IP-Header nicht untersucht werden, die Vermittlung wird schneller.

Die Bridge muss das Zugriffsverfahren des LANs beherrschen, sie muss in der Lage sein, Frames zwischenzuspeichern. An sich benötigt die Bridge weder eine MAC-Adresse wie eine IP-Adresse. Da sie aber in der Regel der Netzwerkverwaltung, z.B. nach SNMP unterliegt, sind diese Adressen doch notwendig.

Bei den Switches für Ethernet/802.3-Netzwerken können drei Arbeitsweisen unterschieden werden (siehe Bild 8-4), je nach der minimalen Verzögerungszeit bei der Vermittlung der Nachrichten. Dabei ist zu beachten, dass es sich um die minimalen Verzögerungszeiten handelt. Der Frame kann nur dann weitergeleitet werden, wenn der Switch über das Senderecht verfügt.

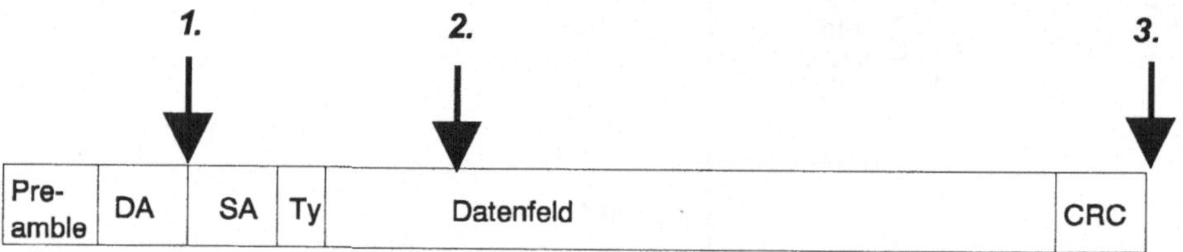

Bild 8-4 Arbeitsweise bei Vermittlung von Ethernet-Frames (DA Zieladresse; SA Quelleadresse; Ty Typfeld)

1. **Weiterleitung nach Empfang der Zieladresse.**
Es kommt zu einer sehr geringen Verzögerung, da bei den LANs die Zieladresse im Header steht, bei Netzwerken nach IEEE802.3 ist es die erste Information nach der Preamble. Die Verzögerung ist unabhängig von der Länge des Frames. Bei Netzen nach 802.3 mit 10 Mbit/s ist die minimale Verzögerung:

$$8*(8+6)/10000000 = 11{,}2\ \mu s$$

dabei ist die Länge der Preamble 8 Oktette, die der Zieladresse 6 Oktette. Hinzu kommt noch die Zeit, die für die Auswertung der Adresse und die Entscheidung, auf welchen Port der Frame weitervermittelt werden muss, benötigt wird.

Die Methode wird auch als „short cut“ bezeichnet.

2. **Weiterleitung nach Ablauf des Kollisionsfensters**
Wie unter Kapitel 5 beschrieben, treten die Kollisionen nur innerhalb einer bestimmten Zeit nach Beginn der Sendung auf, wenn diese Zeit, die als Kollisionsfenster bezeichnet wird, abgelaufen ist, stellen alle Stationen fest, dass das Netz belegt ist und sie keine neue Sendung starten können. Wenn ein Switch einen Frame empfängt, der länger als die Mindestlänge ist, ohne dass eine Kollision aufgetreten ist, kann er davon ausgehen, dass keine Kollision mehr vorkommt. Im Gegensatz zur Methode 1 gelangen also keine durch Kollision gestörten Frames über den Switch in ein Teilnetz. Die Verzögerung entspricht der Länge des Kollisionsfensters, bei 10 Mbit/s Übertragungsrate 51,2 µs.

Bei Frames der Mindestlänge ergibt sich kein Zeitvorteil gegenüber der Methode 3; bei den meisten Anwendungen ist die Zahl dieser Frames recht hoch.

Auch bei dieser Methode ist die Verzögerungszeit unabhängig von der Länge der Frames.

3. **Weiterleitung nach Empfang des gesamten Frames**
Bei dieser Methode wird der gesamte Frame empfangen und auf Übertragungsfehler abgeprüft. Frames, die einen Übertragungsfehler (CRC-Fehler) aufweisen, werden nicht weitergeleitet. Damit tritt eine minimale Verzögerung auf, die der Übertragungdauer des empfangenen Frames entspricht.

Diese ist von der Länge der Frames abhängig, wegen der in jedem LAN vorgegebenen maximalen Framelängen aber kalkulierbar. Bei Ethernet mit 10 Mbit/s wäre sie:

$$8*(8 + 12 + 2 + 1500 + 4)/10\,000\,000 = 1220{,}8\ \mu s$$

Je schneller der Frame vermittelt werden kann, umso geringer wird der durchschnittliche Pufferspeicherbedarf.

Bei der Bewertung dieser Methoden und der damit verbundenen Verzögerungszeit und des Pufferspeicherbedarfs ist aber zu beachten:

- Alle angegebenen Zeiten sind Mindestzeiten. Wenn der Frame vermittelt werden kann, muss am Port, auf dem der Frame weitergesendet werden soll, das Zugriffsverfahren CSMA/CD eingehalten werden. Da die Leitung belegt sein kann, aber auch wegen möglicher Kollisionen beim Senden muss der Switch in der Lage sein, den gesamten Frame zwischenzuspeichern.
- Die Methoden 1 und 2 lassen sich nur anwenden, wenn der Switch zwischen Segmenten mit gleicher Datenübertragungsrate vermittelt. Wenn eine Umsetzung zwischen den Geschwindigkeiten 10, 100 oder 1000 Mbit/s erfolgen soll, kann nur Methode 3 angewandt werden.

Mittlerweile gibt es auch den Begriff des "***translational bridging***". Bridges dieser Art können LANs unterschiedlicher Art miteinander verbinden, ohne dass eine eigentliche Paketvermittlung stattfindet. In diesem Fall müssen in den Headern der Ebene 2 Anpassungen vorgenommen werden, während eine Bridge bzw. ein Switch sonst den gesamten Frame einschließlich Header unverändert vermittelt.

Switches können ähnlich wie unter Abschnitt 8.3 beschrieben, zu Stacks zusammengefügt werden. Switchs, welche diese Fähigkeit haben, werden als „Stackable-Switchs" bezeichnet.

Einen Sonderfall stellen die Vermittlungsgeräte für ATM-Zellen (ATM-Switchs) dar. Hier dient nicht die Zieladresse als Merkmal für die Vermittlung, sondern die Kennzahlen VCI und PCI.

8.5 Router, Layer-3-Switch

Router haben zwei grundsätzliche Aufgaben (vergl. Abschnitt 5.1.3):

a. Weitervermittlung der Pakete auf Grund ihrer Zieladresse im Header. Dazu benötigen die Router Angaben in Form von Routing-Tabellen o.ä.

b. Ermittlung der richtigen Routen mit Hilfe der Routing-Protokolle, das Ergebnis führt zur Aktualisierung der Routing-Tabellen.

Neben den Routern werden für die Vermittlung der PDUs der Ebene 3, z.B. der IP-Pakete, auch „Layer-3-Switchs" verwendet, welche grundsätzlich die gleichen Aufgaben haben. Layer-3-Switchs unterscheiden sich von Routern dadurch, dass:

- Während Router auch „normale" Systeme mit einer speziellen Software sind, sind Layer-3-Switchs auch von der Hardware her speziell für die Routing-Aufgaben konzipiert. Das Routing wird nicht nur von der Software übernommen, sondern auch vom „Silizium".
- Der Routing-Vergang kann im Layer-3-Switch schneller als im Router durchgeführt werden. Die dabei erreichbaren hohen Geschwindigkeiten werden auch als „wire-speed" bezeichnet, also mit der Signalausbreitungs-Geschwindigkeit auf einem Kabel verglichen.

Für die Arbeitsweise der Layer-3-Switchs sind eine Reihe von Methoden entwickelt worden, die z.B. als

Process Switching
Fast switching
Autonomous switching
Silicon Switching
Optimum Switching
NetFlow Switching
Tag switching

bezeichnet werden. Davon soll nur das Tag-Switching erläutert werden.

Tag-Switching geht davon aus, dass Pakete von einer Quelle zu einem Ziel in der Regel mehrfach auftreten, etwa eine Reihe von IP-Paketen (Datagramme) auf einer TCP-Verbindung übertragen werden. Die Pakete werden nicht mehr auf Grund der Paketadressen geroutet, sondern auf Grund des Tags (Etikette, Anhänger).

Der Tagging-Algorithmus kann flexibel vom Netzwerkmanager bestimmt werden. Die Pakete können z.B. mit Tags versehen werden für:

- bestimmte Zieladressen;
- bestimmte Routen, damit kann die Belastung des Netzwerks ausgeglichen werden;
- für eine bestimmte Dienstgüte (*Quality of Service*):

Tag-Switching besteht aus drei Elementen:

- Tag Edge Routers: sie sind an der Grenze des Netzwerks angebracht. Die Endsysteme übergeben das IP-Paket an den Router, der die Regeln der Ebene 3 beherrschen muss. Dieser fügt an das Paket den Tag an. Dabei kann Verkehr von unterschiedlichen Quellen, der zum gleichen Ziel will, wie es bei Zugriff auf den Server oft vorkommt, mit einem bestimmten Tag versehen werden. Dies erleichtert die Arbeit der Tag-Switches.
- Tag Switches: die Tag-Switches vermitteln die Nachrichten auf Grund des Tags, nicht der Paketadresse. Sie sollten in der Lage sein, auch ein Layer-3-Routing durchzuführen. Der Tag-Switch benutzt die von den Paketen getragene Tag-Information und die "Tag Forwarding Information", die vom Tag-Switch unterhalten wird, um das Paket weiter zu transportieren.
- Tag Distribution Protocol (TDP): TDP verteilt Informationen zu den Geräten eines Tag-Switch-Netzwerks. Diese Information wird in eigenen Nachrichten verteilt, also vom Datenfluss entkoppelt.

Der Tag-Switch unterhält eine Tag-Informations-Basis (TIB). Der Tag einer hereinkommenden Nachricht wird als ein Index in der TIB verwendet. Jeder Eintrag in der TIB besteht aus dem Tag der ankommenden Nachricht, dem abzusendenden Tag, Angabe über die Schnittstelle, über die das Paket gesendet wird, Information über die Ebene 2 für die abzusendende Nachricht, z.B. die MAC-Adresse. Wenn der Switch den Tag des ankommenden Pakets in der TIB findet, ersetzt er ihn durch den abzusendenden Tag (*label swapping*). Mit der Information über die Ebene 2 formt er einen Rahmen für die Ebene 2 und sendet die Nachricht über die richtige Schnittstelle weiter.

Der Tag kann untergebracht sein in:

- einem kleinen eingeschobenen Tag-Header zwischen dem Header der Ebene 2 und dem der Ebene 3 (*shim header*),
- als Teil des Headers der Ebene 2, wenn dieser dazu die Möglichkeit lässt,
- als Teil des Headers der Ebene 3, z.B. durch Verwendung des Flow-Label-Feldes im IP-Header der Version 6 (siehe Abschnitt 5.5.4.10).

Die Tag-Switches müssen über eine Kontroll-Komponente verfügen, die den Zusammenhang mit den Routing-Protokollen des Paketnetzwerks herstellt und überwacht. Dazu gibt es verschiedene Module, die die einzelnen Routing-Funktionen unterstützen. Wenn neue Funktionen übernommen werden sollen, müssen dafür zusätzliche Module geladen werden.

Die Belatung eines Routers entsteht aus der Summe der Belastungen der angeschlossenen Netzwerke. Wegen des ungleichmäßigen Verkehrsaufkommens sollte die Vermittlungsleistung eines Routers oder Layer-3-Switches höher liegen als diese Summe. Es wird angegeben, dass zu einer blockierungsfreien Vermittlung die doppelte Leistung vorliegen muss.

Router können sehr hohe Leistungen erreichen. So wird für einen Router im WAN-Bereich, welcher in Systemen mit optischen Leitungen mit Frequenzmultiplex (DWDM, *Dense Wavelength Division Multiplexing*) vermittelt, eine Leistung (*nonblocking service-port capacity*) von 160 Terabit/s angegeben. Die angegebene Kapazität entspricht einer Zahl von 2,5 Milliarden Basiskanälen von je 64 000 bit/s.

8.6 Gateways

Gateways dienen der Vermittlung von Nachrichten, wobei die Protokollmerkmale aller Ebenen des OSI-Referenzmodells verändert werden können. Der Begriff wird allerdings auch in UNIX-Kommandos für die Router der Ebene 3 in IP-Netzwerken verwendet.

Gateways kommen als Software-Produkte vor, etwa um unterschiedliche Datenbanksysteme so anzupassen, dass Abfragen aus einem Datenbanksystem von Servern, die andere Datenbanksysteme verwenden, ausgeführt werden.

Als Beispiel für einen Gateway aus der Netzwerktechnik sei die Gatewayfunktion innerhalb des WAP (Wireless Application Protocol) beschrieben, welches mobile Geräte in die Internet-Umgebung einbinden soll.

Bild 8-5 zeigt die normale Konfiguration der Anwendungsprozesse im World-Wide-Web (www).

Client- und Serverprozess laufen dabei z.B. in einem PC und einem größeren Computersystem (Serversystem); der Austausch der Informationen erfolgt nach den Regeln des TCP/IP über ein oder mehrere Netzwerke (LAN oder WAN).

Bild 8-6 zeigt das Modell für die Verwendung mobiler Geräte.

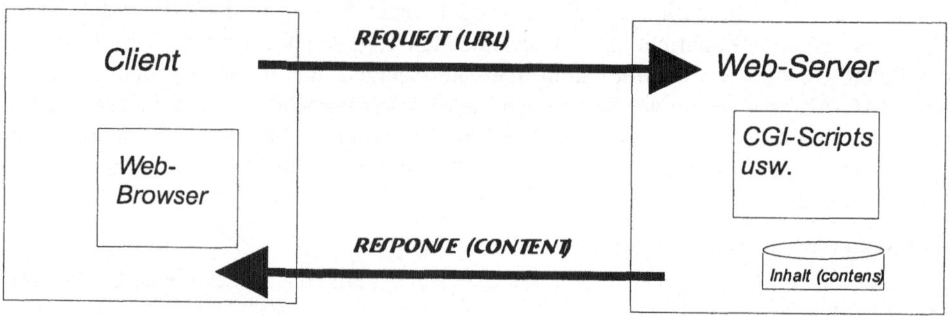

Bild 8-5 Modell der Anwendungsprozesse im World Wide Web

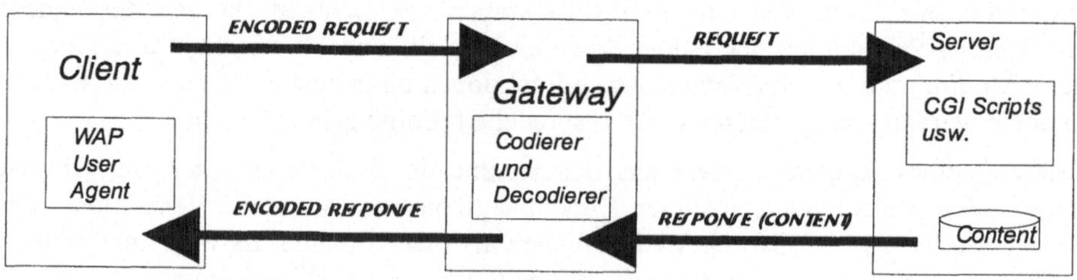

Bild 8-6 Modell der Anwendungsprozesse bei WAP

8.7 Firewalls

Im Abschnitt 9.10 sind allgemeine Ausführungen zur Sicherheit (*security*) gemacht. Ein wichtiges Mittel zur Schaffung von Sicherheit sind die Firewalls. In diesem Abschnitt werden die Funktionen und die Wirkungsweise von Firewalls beschrieben, obwohl die Realisierung nicht immer innerhalb eigener Geräte erfolgt. Das Gerät, in welchem die Firewall-Software läuft, wird als „Firewall-Server" bezeichnet.

Eine Firewall ist eine Sicherheitseinrichtung, die dafür sorgen muss, dass nur Pakete, für die das vom Anwender betriebene Netz zugelassen ist, weitervermittelt werden.

Firewalls führen Aktionen (*actions*) aus. Eine Aktion führt eine Entscheidung auf Grund bestimmter Bedingungen (*conditions*) aus. Dabei gibt es die Aktionen:

1. ACCEPT: die gestellte Anforderung (*request*) kann erfüllt werden
2. REJECT: die gestellte Anforderung kann nicht erfüllt werden.

Die Entscheidungsfindung für eine Aktion wird auch als Condition-Branch (Bedingungs-Verzweigung) bezeichnet.

In der Regel ist die Firewall als Softwaremodul in einem Router implementiert, bei sehr hohen Anforderungen an die Sicherheit wird aber verlangt, dass ein eigenes Gerät die Firewall-Funktion wahrnimmt. Dieses Gerät wird auch als "Stand-Alone-Firewall" bezeichnet.

Die Implementierung der Firewall-Funktion in einem Router ist natürlich kosteneffektiv, da der Router sowieso benötigt wird.

Wenn eine wirksame Kontrolle stattfinden soll, muss der gesamte Verkehr über die Firewall laufen. Damit muss eine hohe Ausfallsicherheit für die Firewall geschaffen werden, evt. durch ein zweites System, welches nur für den Fall des Ausfalls des ersten Systems bereitgehalten wird (*cold standby*). Natürlich muss das Standby-System ständig auf dem gleichen Informationsstand sein wie die im Betrieb befindliche Firewall (siehe auch Abschnitt 9.6).

Um die Arbeit der Firewalls einfach zu gestalten, wird in der Regel festgelegt, dass nichts gestattet ist, was nicht ausdrücklich erlaubt ist. Ein Paket, für welches keine Sicherheitsregel vorliegt, wird wie eines behandelt, welches gegen eine Sicherheitsregel verstößt.

Firewalls trennen Netzwerke voneinander, dabei wird aus Sicht der Netzwerkbetreiber unterschieden nach:

1. **Vertraute Netze** (*trusted networks*). Dies sind die Netze, die unter der eigenen Verwaltung stehen. Dies sind die Netze, die durch die Firewall geschützt werden sollen. Die Sicherheits-Strategie (*security policy*) wird intern festgelegt. Eine gewisse Ausnahme stellen dabei die VPN (*Virtual Privat Networks*) dar, welche zur Vernetzung der Netze die Netzwerke der öffentlichen Träger benutzen. Damit wird der Verkehr zwischen den vertrauten Netzen über nicht vertraute Netze geführt.

2. **Nicht vertraute Netze** (*untrusted networks*). Dies sind die Netze, die außerhalb des zu schützenden Bereichs bekannt sind. Sie unterliegen nicht der internen Kontrolle. Die Sicherheits-Strategie wird von anderen Institutionen festgelegt. Grundsätzlich sind es die Netzwerke, vor denen die Firewall schützen soll. Trotzdem soll aber Verkehr, wenn auch kontrolliert, mit diesen Netzen möglich sein.

3. **Unbekannte Netze** (*unknown networks*). Für diese Netzwerke, die sich außerhalb der eigenen Kontrolle befinden, kann nicht ausgesagt werden, ob sie vertraut oder nicht vertraut sind. Im Normalfall (*default*) werden sie wie nicht vertraute Netze behandelt.

Die Einteilung der Netzwerke unter Sicherheits-Aspekten wird als Network-Perimeter (etwa Netzwerk-Umkreis) bezeichnet. Die Perimeter stellen Grenzen zwischen den Netzwerken dar. Der Perimeter, der die eigenen Netze von den Netzen, über die keine Kontrolle besteht, trennt, wird als Outermost-Perimeter bezeichnet. Auch innerhalb der eigenen Netzwerke können Perimeter bestehen. Bild 8-7 zeigt eine Anordnung, welche die Firewall zwischen einem externen und einem internen Router anordnet. Die Zugriffe auf den Web-Server werden nicht über die Firewall geleitet, damit wird die Firewall sehr stark entlastet.

Die Firewalls wenden verschiedene Methoden zur Überwachung des Verkehrs an. Da diese nacheinander entwickelt worden sind, werden sie auch als Generationen bezeichnet.

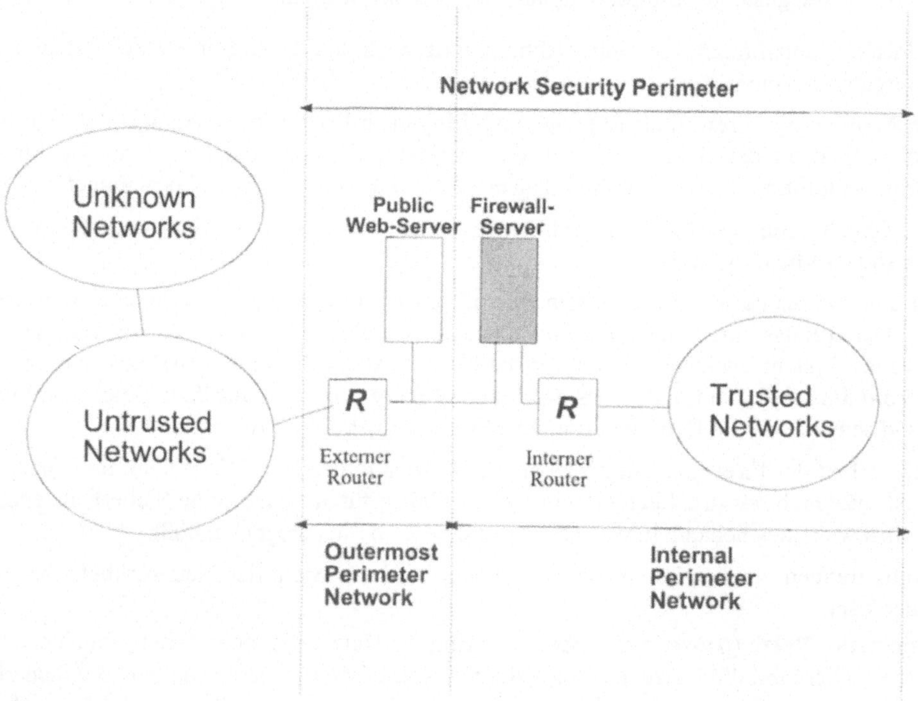

Bild 8-7 Anordnung von Firewall

Paketfilter, auch als Statische Paketfilter bezeichnet:
Analysiert wird der Netzwerk-Verkehr auf der Ebene des Transport-Layers. Es werden die in das zu schützende Netz hereinkommenden Pakete kontrolliert (*inbound information*), aber auch die zu sendenden Pakete (*outbound information*). Bei jedem Paket wird untersucht, ob es mit einer oder mehreren Regel übereinstimmt, die erfüllt sind müssen, damit der Datenfluss erlaubt ist. Dabei können die Regeln für den hereinkommenden Verkehr sich von denen für den ausgehenden Verkehr unterscheiden. Der Filter arbeitet mit Zugriffslisten (*access control lists*, ACL), die den Zugriff erlauben oder sperren. Die Auswahl geschieht in der Regel über die im IP-

Header vorhandenen Angaben, insbesondere die IP-Adressen. Die Methode erfordert keinen hohen Aufwand an Hardware oder Systemleistung.

Pakete, die nicht mit der Sicherheits-Regel übereinstimmen, und Pakete, für die keine Sicherheitsregel vorliegt, werden in der Firewall gelöscht (*dropped*).

Paketfilter gestatten es, den Verkehr zu erlauben oder zu verbieten auf Grund folgender Kriterien:

- Physikalisches Netzwerk, aus dem die Pakete kommen
- Zieladressen
- Quelladressen
- Typ des Protokoll der Transportebene (TCP, UDP, ICMP)
- Port-Nummern (*source port, destination port*).

Diese Kriterien werden auf das einzelne Paket angewandt, es werden also keine Verbindungen oder Transaktionen überwacht.

Obwohl eine Prüfung der Anwendungsdaten nicht möglich ist, können über die Port-Nummern doch bestimmte Protokolle ausgewählt bzw. zugelassen werden. Es wird mit zwei Listen gearbeitet, der Deny-Liste (Sperrung) und der Permit-Liste (Zulassung). Im Gegensatz zu der unter Abschnitt 9.10 geschilderten Datei hosts.allow und hosts.deny gilt:

1. Zuerst wird die Deny-Liste verwendet, wenn ein Verbot vorliegt, wird das Paket nicht weiterbefördert.
2. Dann wird in der Permit-Liste geprüft, ob das Paket zugelassen wird. Nur wenn es ausdrücklich zugelassen ist, wird es weiterbefördert.

Die Verwendung zweier Listen steigert die Leistungsfähigkeit, da verbotene Pakete durch die Deny-Liste schnell vom Weitertransport ausgeschlossen werden können.

Es gibt auch Paket-Filter, welche nur mit einer Deny-Liste arbeiten; dies führt dazu, dass alles erlaubt ist, was nicht ausdrücklich verboten ist.

Eine Besonderheit ist die Behandlung der ICMP-Pakete, da diese nicht über Port-Nummern, die abgeprüft werden können, verfügen. Es kann dabei so verfahren werden, dass nur ICMP-Pakete, welche eine Antwort auf eine von einem internen Anfrage enthalten, passieren dürfen. Dazu ist eine Speicherung der Anfragen notwendig. Während Paketfilter, die einzelne Paket prüfen, als statische Filter bezeichnet werden, handelt es sich hier bereits um dynamische Filter (siehe unten).

Während die Vorteile der Paketfilter in der einfachen Verwaltung und der schnellen Arbeitsweise gesehen werden, gibt es auch Nachteile:

1. Die Filterung kann keine Unterscheidungen in der Anwendungsebene treffen. So ist es zwar möglich, ein Protokoll der Ebene 5-7, z.B. FTP, über die Kennzeichnung der Portnummern zu sperren oder zuzulassen. Es können aber nicht bestimmte Aktionen innerhalb des Protokolls, z.B. PUT oder GET unterschieden werden.
2. Es werden keine Zusatzfunktionen wie Caching geboten.
3. Es kann nicht überwacht werden, welche Pakete von außen in den Firewall eindringen. Damit können Angreifer potenziell Zugriff auf die Dienste der Firewall haben.

Firewalls, die nach dieser Methode arbeiten, werden als Firewalls der ersten Generation bezeichnet.

Circuit Level Firewall
Bei diesen Firewalls, welche auch als Firewalls der zweiten Generation bezeichnet werden, wird berücksichtigt, dass Pakete untereinander in einem Zusammenhang stehen. Pakete dienen dem Aufbau von virtuellen Verbindungen der Transport-Ebene oder sind Datenpakete auf dieser virtuellen Verbindung. Die Firewall untersucht besonders den Aufbau der virtuellen Verbindung (*setup*) darauf, ob die gegenseitige Verständigung (*handshake*) der am Aufbau beteiligten Systeme den Regeln entspricht. Wenn die Verbindung von der Firewall zugelassen ist, wird diese in eine Tabelle eingetragen, die Pakete werden nur noch darauf überprüft, ob sie einer in der Tabelle eingetragenen Verbindung angehören. In dieser Tabelle wird auch der Status der Verbindung und die Sequenz-Information gespeichert. Das Verfahren eignet sich natürlich nur dann, wenn auf der Transport-Ebene virtuelle Verbindungen vorliegen, also bei der Verwendung von TCP.

Gespeichert wird in der Regel durch die Firewall:
1. Eine Identifikations-Nummer für die Verbindung
2. Status der Verbindung (Aufbauphase, bestehende Verbindung, Auflösungsphase)
3. Ziel- und Quelladressen der beteiligten IP-Stationen
4. Sequenz-Information (Sequenz-Nummer, Acknowledge-Nummer)
5. Physikalische Netzwerk-Interfaces für Eingang und Ausgang der Pakete.

Diese Art Firewalls kann auch für die Netzwerk-Adress-Umsetzung (*Network Address Translation*, NAT) verwendet werden, vergl. Abschnitt 5.4.4.7.

Als Nachteil wird besonders genannt, dass sie auf TCP-Anwendungen beschränkt ist, und dass keine Überprüfungen auf der Anwendungsebene vorgenommen werden können.

Application Layer Firewall
Sie wird auch als eine Firewall der 3. Generation bezeichnet. Bewertet wird der Inhalt der Pakete auf dem Anwendungs-Level, also die Nachricht der Ebenen 5-7. Es werden die Daten aller Pakete untersucht, also auch die Pakete bei bereits bestehenden Verbindungen. Zusätzlich kann er weitere Sicherheitsmerkmale, wie sie erst in den anwendungsorientierten Schichten auftreten, auswerten. Dabei kann es sich z.B. um Passworte handeln, aber auch um die Anforderung bestimmter Dienstleistungen.

Sie enthalten meist Proxy-Services, dies sind spezielle Programme, die den Verkehr für einen bestimmten Dienst verwalten. Es können auch einzelne Kommandos innerhalb der Anwendungen abgeprüft werden.

Dynamic Packet Filter
Dieser stellt die vierte Generation der Firewalls dar. Er erlaubt es, die Sicherheitsregeln während der Übertragungsvorgänge (*on the fly*) zu modifizieren. Er wird meist im Zusammenhang mit dem UDP, welches nicht verbindungsorientiert arbeitet, eingesetzt. UDP wird meist für die Erlangung kleiner Informations-Mengen verwendet. Da UDP nicht verbindungsorientiert arbeitet, können keine Informationen über eine Verbindung gespeichert werden, wie dies bei TCP möglich ist. Eine UDP-Abfrage und –Antwort wird als eine Assoziation aufgefasst. Wenn ein Abfrage-Paket durch die Firewall zugelassen wird, werden dessen Parameter gespeichert, das zugehörige Antwortpaket wird ebenfalls durchgeschaltet. Die Speicherung erfolgt nur während einer kurzen Zeit, wenn das Antwortpaket nicht innerhalb dieser Zeit auftritt, werden die Werte gelöscht, die Assoziation wird für ungültig erklärt.

Die Verwendung dieser Art von Firewall ist besonders sinnvoll, wenn aus dem internen System auf Namens-Dienste, die sich außerhalb des Systems befinden, zugegriffen werden soll.

Proxy-Server

Sie werden auch als die Firewalls der fünften Generation bezeichnet. Ein Proxyserver ist ein Gateway auf der Anwendungsebene, welcher über einem Betriebssystem wie UNIX oder Windows NT läuft. Er verbindet das lokale Netzwerk des Benutzers mit dem externen Netzwerk über Workstations, auf denen spezielle Firewall-Anwendungen laufen. Mit einem Proxy-Server wird der Benutzer, der Zugriff auf ein Netzwerk erhalten will, auf einen Prozess geführt, der den Status der Sitzung, die Authentifizierung des Benutzers und die Authorisierung überwacht. Proxy-Server bieten erfüllen strenge Anforderungen an die Sicherheit. Bild 8-8 zeigt die Anordnung des Proxy-Service bei einer Client-Server-Verbindung. Der Application-Proxy besteht aus dem Server-Teil und dem Client-Teil, verbunden durch den Teil, welcher die eigentliche Firewall-Funktion enthält. Dieser führt die Anwendungs-Protokoll-Analyse durch. Der Client (*real client*) richtet seine Anfrage an einen Server (*real server*). Diese Anfrage wird aber an den Proxy-Server, der als Stellvertreter des Servers dient, geleitet. In diesem finden die Sicherheits-Überprüfungen statt. Der Proxy-Server leitet dann die Anfrage an den Server weiter, dabei wirkt er wie ein Client. Der Server gibt die Antwort an den Proxy-Client zurück, der Proxy-Server leitet sie dann an den Client weiter, Es besteht also nie eine direkte Kommunikation zwischen Client und Server.

Als Nachteil wird gesehen, dass die Proxy-Server einen erheblichen Anteil der Prozessor-Zeit beanspruchen, der dann für die eigentlichen Anwendungen nicht mehr zur Verfügung steht. Weiterhin muss eine sorgfältige Überwachung durch die Systemadministratoren vorgenommen werden, da ein relativ "offenes" Betriebssystem wie UNIX zu Manipulationen des Sicherheitssystem durch die Anwender benutzt werden kann.

Mit zunehmender Generations-Zahl erfordert die Firewall mehr Verarbeitungskapazität, wodurch es zu Zeitverlusten bei der Übertragung der Pakete kommt. Dafür steigt die Sicherheit mit zunehmender Generations-Zahl.

Es seien einige Merkmale für eine Firewall genannt. Dabei wird die Firewall von einem eigenen Gerät, welches für diesen Zweck entwickelt worden ist und welches keine anderen Funktionen wahrnimmt, realisiert.

Als besondere Merkmale der Geräte werden gesehen:

1. Embedded System. Es wird kein Betriebssystem wie etwa UNIX verwendet. Die Verarbeitung geschieht mit Prozessoren, welche einen Teil der Software im ROMs gespeichert haben. Da das System nicht wie bei Verwendung von UNIX plattenorientiert arbeitet, kann es schnell verarbeiten (*real time*).
2. Leistungssteigerung durch „cut-through-Proxy. Die Sicherheitsabprüfungen erfolgen beim Aufbau neuer Verbindungen, Auftreten neuer Anwender usw. über die Anwendungssoftware. Dazu müssen die Pakete in den Hauptspeicher übernommen werden. Wenn die Verbindung abgeprüft ist, werden die erforderlichen Merkmale gesetzt, das Paket, welches an seinem Header identifiziert werden, kann direkt vom Eingangs- zum Ausgangsport geleitet werden. Es muss also nicht voll in den Hauptspeicher übernommen werden.

Konfiguration und Verwaltung erfolgen über graphische Benutzer-Oberflächen (GUI). Die erwaltung mehrerer Firewalls kann zentralisiert erfolgen.

Das Gerät wird in mehreren Leitungsstufen angeboten, z.B.:

Durchsatz	385 Mbit/s	Zahl der überwachbaren Verbindungen	250 000
	170 Mbit/s		125 000

Es können unterschiedliche Netzwerkkarten angeschlossen werden.

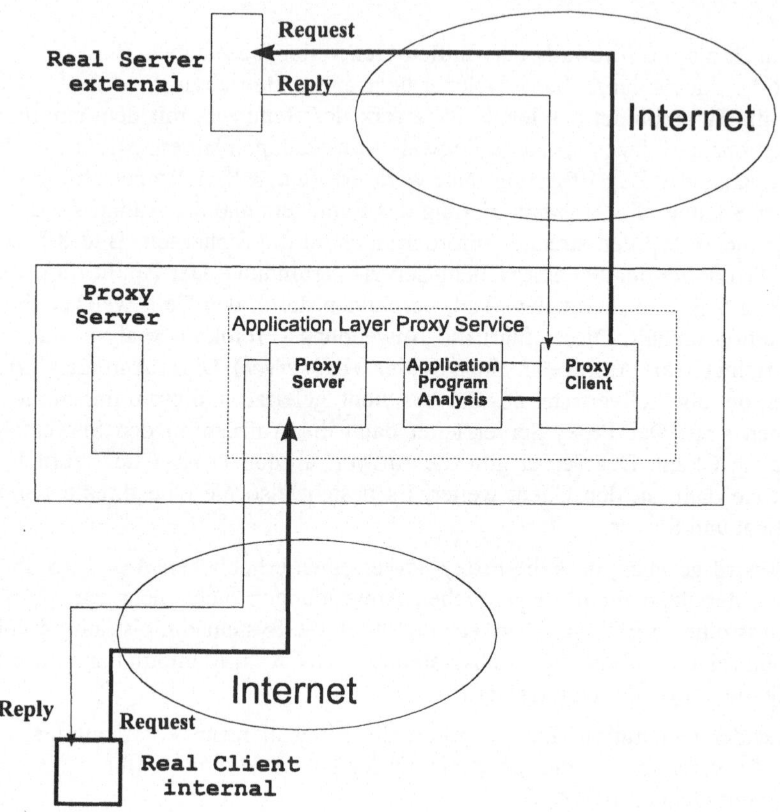

Bild 8-8 Proxy-Service

Es besteht die Möglichkeit, zwei Firewalls parallel einzusetzen, um die Ausfallssicherheit zu erhöhen (*failover/hot standby*).

Nach Hardware-Ausfällen finden eine synchronisierte Konfiguration für alle Systeme über TFTP (*trivial file transfer protocol*) statt.

Die Geräte sind je nach Modell mit Speichern von 32 MB bis 128 MB ausgerüstet. Sie verfügen über Konsolen-Anschlüsse zur Verwaltung der Geräte. Das Hochfahren der Geräte erfolgt in der Regel über das Netzwerk, für einige Modelle sind auch Floppy-Disks vorgesehen.

Es wird ein adaptiver Sicherheits-Algorithmus (ASA) verwendet, dieser schreibt vor:

- Jedes Paket muss einer Verbindung angehören oder mit einem bestimmten Status versehen sein.
- Ausgehende Verbindungen sind erlaubt, wenn sie nicht ausdrücklich verboten sind. Ausgehende Verbindung sind die, welche aus dem geschützten Netzwerk heraus aufgebaut werden.
- Eingehende Verbindungen sind verboten, wenn sie nicht ausdrücklich erlaubt sind.
- Alle ICMP-Pakete sind verboten, wenn sie nicht durch ein besonders Kommando zugelassen werden.

Alle Versuche, diese Regeln zu umgehen, werden unwirksam gemacht, es erfolgt eine Meldung für die syslog-Datei.

8.8 Geräte für Caching

Caching (Zwischenspeicherung zur Steigerung der Leistung beim Zugriff auf Daten) erfolgt in der Informationsverarbeitung auf mehreren Stufen (vergl. Abschnitt 9.5.2).

Für den beschleunigten Zugriff auf Web-Seiten sind spezielle Systeme entwickelt worden, die als Cache-Engines bezeichnet werden. Sie werden in verschiedenen Leistungsstufen angeboten. Cache-Engines sind den Routern zugeordnet, dabei soll eine Zuordnung bestimmter Maschinen zu bestimmten Routern (*pairing*) beachtet werden.

Die Leistung der Systeme hängt stark von ihrer Speicherausstattung ab. Dabei bildet sich innerhalb eines Systems eine Hierarchie von Speichern (die Zahlenangaben beziehen sich auf ein sehr leistungsfähiges System, das als „High-End-Cache-Engine für Service-Provider und große Unternehmen" bezeichnet wird):

Flash-Memory (besonders schneller Halbleiterspeicher)	16 Mbyte
Statischer und Dynamischer Halbleiterspeicher	1 Gbyte
Interner Festplattenspeicher	2 * 18 Gbyte
Storage Array (externer Plattenspeicher, Zugriff über SCSI)	

Das Storage-Array besteht aus mehreren Laufwerken von je 18 Gbyte, auf die über einen oder mehrere Bus-Systeme zugegriffen werden kann. Die Spannungsversorgung ist redundant angelegt.

Das System verwendet das Web-Cache-Communication-Protocol (WCCP).

Die Merkmale, welche für das System genannt werden, sind teilweise Merkmale, wie sie in jedem Cache-System auftreten, dies bezieht sich besonders auf die Transparenz.

Transparenz (*transparent caching*):
Der Anwender bemerkt wie bei jedem Cache-System keinen Unterschied zu Operationen, die ohne Cache durchgeführt werden. Die Operation läuft wie üblich ab, sie soll aber schneller ausgeführt werden. Es sind keine Änderungen an der Netzwerk-Architektur, den Browsern oder der Software der Server notwendig.

Es ist möglich, neue Cache-Engines in einen stark belasteten Cluster, der auch als Cache-Farm bezeichnet wird, einzufügen. Die notwendigen Software-Umstellungen in den bereits vorhandenen Systemen erfolgen verlangsamt, damit der laufende Betrieb nicht gestört wird. Dieses Merkmal wird als **WCCP-Slow-Start** bezeichnet.

Wenn durch das System eine HTTP-Anforderung gemacht wird, ist die Client-Adresse in den Request eingebettet, damit sind keine Authorisierungs-Probleme vorhanden.

Inhalts-Zugriffs-Verwaltung (*content access management*):
Es kann eine Filterung nach Inhalten vorgenommen werden. Die Transaktionen können aufgezeichnet werden (*logging*), aus den Aufzeichnungen können Analysen und Berichte erstellt werden. Dabei können Maßnahmen zur Sicherstellung des Datenschutzes (*client privacy*) eingeführt werden.

Fehler-Toleranz/Fehler-Vorbeugung (*fault tolerance/fault prevention*):
Wenn eine Cache-Engine ausfällt, übernehmen die anderen Systeme des Clusters deren Aufgabe, selbst wenn alle ausfallen, ist der direkte Zugriff möglich. Dabei tritt allerdings eine Verminderung der Leistung ein (vergl. Abschnitt 9.6). Mit dem Dynamischen-Client-Bypass kann unter Umgehung der Cache-Engine direkt auf den Server zugegriffen werden, dies erleichtert

die Authentifizierung. Es können mehrere Router so angeordnet werden, dass sie mit dem gleichen Cluster von Cache-Engines arbeiten, damit führen Router-Ausfälle nicht zum Abbruch der Arbeit. Wenn starke Netzwerkbelastungen vorliegen, kann das Cache-System umgangen werden (*overload bypass*), um Engpässe im Cache-System zu verhindern.

Um eine bessere Zugriffskontrolle zu erhalten, kann der Systemverwalter Ziel- und Quelladressen spezifizieren, bei denen das Cache-System umgangen wird (*static bypass*).

Zur Fehlertoleranz trägt auch der Aufbau der Storage-Arrays bei. Auch diese bleiben bei Teilausfällen noch betriebsbereit.

Skalierbarkeit und Leistung:
Durch die Möglichkeit des Clustering, der Bildung von Farms, kann das System an jede gewünschte Leistung angepasst werden. TCP-Parameter können auf die bestehende Konfiguration, besonders bei WAN-Verbindungen mit langen Latenz-Zeiten, fein eingestellt werden, dies wird als TCP-Tuning-Knobs (etwa Einstellknöpfe) bezeichnet.

Cache-Engines können für eine Zusammenstellung mehrerer Server (*server farm*) als ein Front-End-System arbeiten, um die Server vom Verkehr zu entlasten, dies wird als Reverse-Proxy bezeichnet.

Leichte Verwaltbarkeit (*ease of use*):
Bei Änderungen innerhalb der Cache-Enginge kann die Cache-Engine leicht in einen Standby-Modus geschaltet werden, während das System weiterarbeitet. Die Parameter für die Aktualisierung der Cache-Inhalte können vom Netzwerk-Administrator verändert werden, z.B. mit dem Ziel, möglichst aktuelle Informationen zu haben (*content freshness*). Es kann auch unter Vernachlässigung dieses Ziels eine möglichst hohe Hitrate angestrebt werden. Die Verwaltung erfolgt über graphische Oberflächen (GUI, *graphical user interface*).

Die Systeme unterscheiden sich auch in ihrer Netzwerkanbindung, dabei sind sowohl WAN- wie LAN-Anbindungen notwendig (siehe Bild 9-11). Während im LAN-Bereich 2 Anschlüsse für Ethernet (10 oder 100 Mbit/s) vorliegen, wird für den WAN-Anschluss angegeben:

Großes System	44,7 Mbit/s (DS3)
Mittleres System	maximal 22 Mbit/s
Kleines System	T1 bzw. E1, entsprechend 1,5 Mbit/s bzw. 2,04 Mbit/s.

9 Betrieb von Netzwerken

Das Kapitel befasst sich mit dem Betrieb von Netzwerken, dazu gehört die Verwendung der Netzwerke für bestimmte Anwendungen, aber auch die Verwaltung der Netzwerke, damit ein ungestörter effektiver Betrieb möglich wird.

Der erste Abschnitt befasst sich mit den Anwendungsformen, besonders dem Client-Server-Betrieb. Im zweiten Abschnitt geht es um die Festlegung und Überwachung der Ziele, die man mit Netzwerken erreichen will. Die nächsten drei Abschnitte befassen sich mit Überlegungen, die Leistung des Netzwerks ständig zu verbessern. Dazu gehört auch die Erfassung von Betriebszuständen, um die Netzwerkkomponenten optimal aufeinander abzustimmen, und die Durchführung dieser Abstimmungen, das Tuning. Der Netzwerkbetrieb wird stark durch die Unterteilung in Teilnetze oder Domänen beeinflusst, mit diesem Thema befasst sich der 4. Abschnitt. Bei paketvermittelnden Netzwerken spielt die Dimensionierung der Speicher eine wichtige Rolle, damit setzt sich der Abschnitt 9.5 auseinander. Zu den wichtigen Ziele des Netzwerkbetriebs gehört die ständige Verfügbarkeit der Dienste, diese muss gesichert werden durch fehlertolerante Systeme, die in Abschnitt 9.6 beschrieben werden.

Im siebenten Abschnitt wird die Netzwerkverwaltung an Hand des Protokolls SNMP beschrieben, welches weit verbreitet ist. Im folgenden Abschnitt werden die Directory-Systeme, welche für eine einheitlich verwaltete Namensgebung sorgen, beschrieben. Mit den zunehmenden Anwendungen in paketvermittelnden Systemen, die einen kontinuierlichen Datenstrom erfordern, ist die Sicherung der Dienstgüte (QoS, *Quality of Service*) wichtig geworden (Abschnitt 9.9). Im letzten Abschnitt des Kapitels geht es um die Herstellung der Sicherheit in Netzwerken. Da zunehmend geschäftliche Aktivitäten mit erheblichen finanziellen Auswirkungen über Netzwerke abgewickelt werden, z.B. Telebanking, erhält die Sicherheit eine stetig zunehmende Bedeutung.

9.1 Anwendungsformen

Wie die Anwendung von Computersystemen allgemein, ist auch die Anwendung der Netzwerke sehr unterschiedlich. Es werden nach dem Zweck der Informationsverarbeitung unterschiedliche Anwendungsformen verwendet. Die am weiten häufigste ist die Transaktions-Verarbeitung mit Client-Server-Systemen, deshalb wird sie im ersten Teil des Abschnittes besprochen. Andere Anwendungsformen werden im zweiten Teil eher summarisch erfasst.

9.1.1 Client-Server-Systeme

Die meisten Computernetze dienen dem Aufbau der Client-Server-Systeme. Diese Systeme werden oft in der Art dargestellt (Bild 9-1), dass ein oder mehrere Systeme im Netzwerk der oder die Server sind, dies sind die "größeren" Systeme; andere Systeme, in der Regel viele, sind die Clients, diese sind die "kleineren" Systeme. Tatsächlich beschreibt das Client-Server-Modell die Zusammenarbeit von Prozessen der Informationsverarbeitung, die selbstständig arbeiten.

Die Datenverarbeitung erfolgt in der Form, dass die Client-Prozesse Anforderungen an das Server-System richten (*request*), diese führen die entsprechende Tätigkeit aus und gibt die

Ergebnisse zurück (*response*). Eine solche Aktivität wird als Transaktion *(transaction*) bezeichnet. Grundsätzlich können sich Client- und Server-Prozess im gleichen EDV-System aufhalten, in der Regel befinden sie sich in unterschiedlichen Systemen.

Oft ist es so, dass Serverprozesse auf einem System laufen, welches dann als Server-System oder einfach Server bezeichnet wird. Client-Prozesse laufen auf anderen Systemen, die als Client-Systeme oder einfach Clients bezeichnet werden. Server sind oft von der Prozessor-Leistung und dem verfügbaren Hauptspeicher her besser ausgestattet als die Clients. Dadurch entsteht der Eindruck, dass das Serversystem eine übergeordnete Rolle gegenüber den Clients hat, zu beachten ist aber:

- Der Server wird nur aktiv auf Grund der Anforderung eines Clients, er steuert keineswegs den Betrieb der Clients. Dies wird auch durch die Bezeichnung Server, in deutsch der Bedienende, ausgedrückt.
- Client-Prozesse werden dann von den Anwendern aktiviert, wenn sie benötigt werden. Server-Prozesse müssen fortlaufend aktiv sein, damit sie Aufträge von Clients entgegennehmen können. Selbstverständlich laufen sie parallel mit anderen Prozessen. Da sie, solange sie nicht von Clients aufgerufen werden, keine erkennbare Wirkung haben, werden sie auch als Dämon-Prozesse (*demons*) bezeichnet.
- Meist muss der Server seine Dienste für viele Clients anbieten und deren Anforderungen bearbeiten. Daraus ergeben sich die erhöhten Anforderungen an Prozessorleistung und Hauptspeicher bei den Server-Systemen.
- Ein Server muss in der Lage sein, mehrere Aufträge parallel zu bearbeiten. Dies wird als Multi-Threading bezeichnet (wörtlich übersetzt Mehrfach-Einfädelung).
- Da die parallel abzuarbeitenden Aufträge sich oft der gleichen Betriebsmittel bedienen, muss überwacht werden, dass es nicht zu gegenseitigen Beeinflussungen kommt. Dazu dienen Transaktions-Monitore.

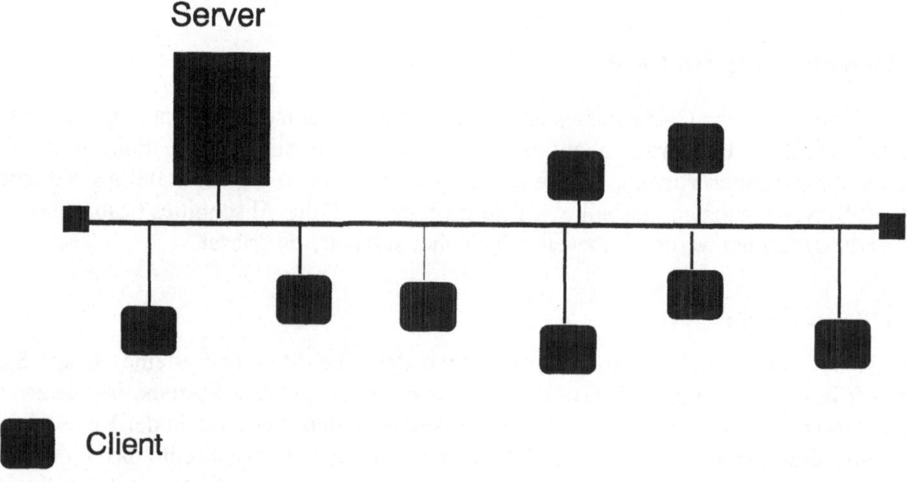

Bild 9-1 Client-Server-System

Client-Server-Systeme können mehrstufig angelegt sein. Eine häufige Form ist:

1. Stufe: Arbeitsstationen der einzelnen Sachbearbeiter, auf ihnen laufen Client-Prozesse.

2. Stufe: Anwendungsrechner, auf denen die Anwendungsprogramme laufen. Die Programme werden auch als "business logic" bezeichnet.

3. Stufe: Datenbankrechner (*database server*).

Die Anwendungsrechner bieten den Arbeitsstationen Server-Prozesse; bei dem notwendigen Zugriff auf die Datenbankrechner wirken sie als Clients. Die Datenbankrechner betreiben nur Server-Prozesse.

Zwei besondere Arten der Client-Server-Bearbeitung sind:

- Prozesse ohne Rückgabe: Der Server führt zwar eine Dienstleistung aus, diese führt aber nicht zu einer Informationsübergabe an den Client-Prozess. Ein Beispiel wäre die Erteilung eines Druckauftrags. Auch bei diesen Client-Server-Anwendungen wird in der Regel die Ausführung des Auftrags rückgemeldet.
- Nicht zeitkritische Prozesse: Client-Server-Prozesse sind in der Regel zeitkritisch, d.h. die Abarbeitung einer Transaktion soll in einer bestimmten Zeit abgeschlossen sein. Bei einigen Systemen ist es möglich, Aufträge als nicht zeitkritisch auszuweisen (*queued*), die Aufträge werden vom Server-System entgegengenommen und dann ausgeführt, wenn freie Kapazitäten auf dem Server-System vorhanden sind. Druckaufträge können nicht-zeitkritisch sein.

Die Leistung von Serversystemen wird mit der Maßeinheit Transaktionen je Sekunde (tps) bestimmt. Wenn sich eine Zahl von mehreren hundert tps ergibt, bedeutet das nicht, dass eine Transaktion in wenigen Millisekunden abgearbeitet ist, sondern, dass mehrere hundert Aufträge je Sekunde angenommen bzw. abgearbeitet werden. Die einzelnen Transaktion kann durchaus mehrere Sekunden dauern.

Die Leistung von Client-Server-Systemen kann von einer firmen-unabhängigen Organisation, dem TPC (*Transaction Processing Council*) bestimmt werden. Diese hat mehrere Testreihen entwickelt. Sie beruhen auf komplexen Datenbankabfragen, die mit der Abfragesprache SQL ausgeführt werden. Die Testreihe C arbeit mit operationalen Datenbanken, während die Testreihe D komplexe Abfragen auf mehreren Datenbanken, evt. von unterschiedlichem Typ, ausführt (*Data Warehousing*). In beiden Testreihen gibt es mehrere Größenstufen der Datenbanktabellen, um sich den unterschiedlichen Leistungsklassen der Server-Systeme anpassen zu können.

9.1.2 Andere Anwendungsformen

Die Formen der verteilten Verarbeitung können grundsätzlich nach zwei Kriterien eingeteilt werden:

1. Zeitverhalten
2. Zugriffsmöglichkeit auf das entfernte System

Vom Zeitverhalten her kann unterschieden werden:

- **Stapelverarbeitung** (*batch processing*). Nach DIN 44300 der Betrieb eines Rechensystems, bei dem eine Aufgabe aus einer Menge von Aufgaben gestellt sein muss, bevor mit der Abarbeitung begonnen werden kann, und die vollständig abgearbeitet sein muss, bevor eine Aufgabe aus der selben Menge gestellt werden kann. Bei der verteilten Verarbeitung liegt dann die Stapelfernverarbeitung vor. Stapelverarbeitung nutzt die EDV-Anlagen gut aus, ist aber nicht für zeitkritische Anwendungen geeignet.

- **Dialogbetrieb** (*conversational mode*): Nach DIN 44300 der Betrieb eines Rechensystems, bei dem zur Abwicklung einer Aufgabe Wechsel zwischen dem Stellen von Teilaufgaben und den Antworten darauf stattfinden können.

Findet der Dialogbetrieb über das Netzwerk statt, so kommt der Kommunikationszeit eine erhebliche Bedeutung zu. Da der Dialog meist zwischen Mensch und Maschine stattfindet, muss sich die Maschine den Reaktionen des Menschen anpassen, es dürfen nicht zu lange Wartezeiten auftreten. Da es aber zu Ausnahmen kommen kann, ohne dass ein hoher Schaden entsteht, werden diese Anwendungen auch als Anwendungen mit "weicher Echtzeit" bezeichnet.

Eine weitere Unterscheidung liegt in der Möglichkeit der Benutzer, auf entfernte Systeme zuzugreifen. Unterschieden werden:

Teilhaberbetrieb
Es arbeiten mehrere Benutzer über das Netzwerk mit einem EDV-System zusammen, sie benutzen dort die in der zentralen Anlage gespeicherten Anwendungsprogramme, ohne diese verändern zu können.

Teilnehmerbetrieb
Diese Art des Betriebes schafft für mehrere, voneinander unabhängige Benutzer die Möglichkeit, Aufgaben zu bearbeiten, die nicht oder nur teilweise durch bereits vorhandene Programme gelöst werden können. Natürlich bedienen sich die Teilnehmer immer des Betriebssystems, welches auch die Teilnehmerverwaltung (*user management*) durchzuführen hat.

Eine Sonderform der Netzwerkanwendung stellt die „spontane Vernetzung“ dar. Sie soll besonders der Einbindung kleiner Geräte in Netzwerke dienen (Post-PC-Ära). Spontane Vernetzung ist die automatisch ablaufende Integration von Geräten und den darauf implementierten Diensten in eine „Dienstföderation“. Dabei soll kein manueller Eingriff notwendig werden.

So wird z.B. ein neu installierter Drucker sich automatisch bei einem Verzeichnisdienst anmelden, um seine Dienste anzubieten. Er meldet seine Konfigurations-Daten und ist dann von allen Teilnehmern des Netzwerks benutzbar, ohne dass ein Netzwerk-Administrator eingreifen musste.

Bei der spontanen Vernetzung wird davon ausgegangen, dass die Geräte über einen vollständigen TCP/IP-Stack verfügen. Die Zuweisung der IP-Adressen wird bei den Systemen der spontanen Vernetzung nicht geregelt, sondern soll über DHCP (siehe Abschnitt 5.4.4.9) ausgeführt werden. Für die spontane Vernetzung sind mehrere Systeme entwickelt worden, z.B.

1. Jini (Sun Microsystems)
2. Plug and Play (Hewlett & Packard)
3. Service Location Protocol (IETF).

Für den Einsatz in nicht leitungsgeführten Kommunikations-Systemen nach der Bluetooth-Spezifikation wurde für die spontane Vernetzung SDP (*Service Discovery Protocol*) entwickelt.

9.2 Definition des Netzwerkverhaltens

9.2.1 Bewertung von Zielen

Die Ziele, die bei der Konzeption und Realisierung eines Netzwerks verfolgt werden, schließen sich oft gegenseitig aus bzw. sind nicht gleichzeitig zu verwirklichen. Ziele können sein:

1. **Ausnutzung der Netzwerkkomponenten**
Grundsätzlich besteht die Forderung, dass das Netz so konzipiert ist, dass alle Netzwerkkomponenten angemessen ausgenutzt werden, es soll weder Überlastung noch Unterlastung auftreten. Überlastung einer Komponente kann dazu führen, dass andere Komponenten nicht richtig ausgelastet werden können, oder dass der Anwender nicht richtig bedient wird. Unterlastung führt zu einer schlechten Amortisation des eingesetzten Kapitals.

Da die Kosten besonders der Hardware, verglichen mit der Leistung der Geräte, im Lauf der technischen Entwicklung stark gesunken sind, neigt man heute eher zu einer Unterlastung, d.h. schon beim Systementwurf ist eine Auslastung der Komponenten bis nahe zur Grenze der Leistungsfähigkeit nicht mehr vorgesehen.

Bei Systemen, bei denen der Mensch direkt die Leistungen des Netzwerks anfordert, ist die Forderung nach einer hohen Auslastung besonders schwer zu erfüllen, weil:

- die Anforderungen sehr ungleichmäßig über den Tag verteilt auftreten.
- der Anwender eine Reaktion in einer bestimmten Zeit erwartet, wenn diese Zeit überschritten wird, fühlt er sich in seiner Arbeit behindert. Diese Zeit ist bei unterschiedlichen Menschen verschieden, es gibt darüber aber statistische Untersuchungen (*frustration curve*).

Will man hier auch bei Spitzenbelastungen zu einem befriedigenden Ergebnis kommen, werden die Komponenten in der übrigen Zeit schlecht ausgelastet sein. Umgekehrt sind die Anforderungen beim Verkehr mit dem Menschen von Natur aus begrenzt. Wenn der Verkehr in der Weise stattfindet, dass der Menschen Daten über die Tastatur eingibt und Texte auf dem Bildschirm dargestellt bekommt (zeilenorientierte Arbeitsweise), sind die Anforderungen an die Datenübertragungsrate auf einige hundert bits/s begrenzt. Das gilt aber z.B. nicht mehr, wenn graphische Informationen übertragen werden.

Stehen für den Verkehr mit Menschen Übertragungssysteme hoher Leistung zur Verfügung, wie bei den LANs, so muss dafür gesorgt werden, dass die Datenströme gemultiplext werden.

Die Methoden des Tunings (Abschnitt 9.3) sollen dafür sorgen, dass Netzwerke mit angemessen ausgelasteten Komponenten entstehen, die auch die übrigen Ziele sicherstellen.

2. **Transparenz**
Der Begriff (*transparency*) wird in zwei unterschiedlichen Bedeutungen gebraucht:

a. Codetransparenz, diese wurde bereits in Abschnitt 2.3 beschrieben.

b. Anwendungstransparenz, Ortstransparenz. Transparent werden alle Einrichtungen genannt, die vom Anwender nicht "gesehen" werden. Bei der Ortstransparenz bedeutet dies, dass der Anwender nicht wissen muss, auf welchem System bei der verteilten Verarbeitung das entsprechende Betriebsmittel ist. Es wird nicht nach lokalen (*local*) und entfernten (*remote*) Betriebsmitteln unterschieden. Bei einem nicht transparenten System muss er dies unterscheiden. Das Kopieren von Dateien würde durch Kommandos der Art

CO file1, file2	Kopiert eine Datei in eine andere, wobei sich beide im gleichen System befinden.
CO file3>host, file4	Kopiert eine Datei, welche sich im System host befindet, in das lokale System.

durchgeführt.

In einem transparenten System würde genügen:

CO file1 file2
CO file3, file4.

Ein transparentes System hat aus Sicht der Anwender den Vorteil, dass er sich über die Zuordnung der Betriebsmittel zu den einzelnen Systemen nicht informieren muss. Es hat aber auch Nachteile:

- Die Betriebssysteme müssen über umfangreiche Verzeichnissysteme (*directories*) verfügen, welche nicht nur die eigenen Betriebsmittel, sondern auch die Betriebsmittel der anderen Systeme verzeichnen. Allerdings können die Directory-Systeme ebenfalls verteilt sein.
- Die Namensgebung muss nicht nur innerhalb eines Systems, sondern über das gesamte Netzwerk hin so geregelt sein, dass es keine Verwechselungen gibt.
- Da der Anwender die Zuordnung von Dateien nicht kennt, kann er keinen ökonomischen Umgang mit Dateien pflegen, z.B. Dateien, auf die er oft zugreift, lokal anlegen.

3. **Reaktionszeit**

Die Reaktionszeit (*response time*) ist die Zeit, die vergeht von der Stellung der vollständigen Aufgabe bis zur zum Vorliegen der vollständigen Antwort darauf. In die Reaktionszeit gehen nicht nur die Übertragungszeit und die Zugriffszeit auf das Netzwerk ein, sondern auch die Zeiten, die innerhalb der beteiligten EDV-Systeme bei der Bearbeitung vergehen, wobei diese oft viele Aufgaben parallel verarbeiten müssen, also nicht einem Anwender ihre gesamte Leistung zur Verfügung stellen können.

Das Ziel der Erreichung einer kurzen Reaktionszeit steht meist im Widerspruch zum Ziel der guten Ausnutzung der Netzwerkkomponenten, da die Forderung nach einer schnellen Reaktion zu kurzen Nachrichten führt, während die Leitungen mit längeren Blöcken besser ausgenutzt werden.

Im Abschnitt 9.3 (Tuning) sind unterschiedliche Einflussfaktoren auf die Reaktionszeit betrachtet.

4. **Sicherheit gegenüber kriminellen Eingriffen**

Auch beim Schutz gegenüber kriminellen Eingriffen kann ein Zielkonflikt entstehen. Es handelt sich um einen Konflikt zwischen völlig unterschiedlichen Lösungsansätzen. Einerseits schafft die Vernetzung die Möglichkeit zum unberechtigten Zugriff, besonders wenn die Vernetzung über Wählnetze erfolgt. Eine Sperre des Systems gegenüber unberechtigtem Zugriff ist zwar grundsätzlich machbar (geschlossene Benutzergruppen, Passwörter), mindestens ist der Zugriff aber registrierbar. Bei Wählnetzen kann die "Kennung des rufenden Anschlusses" verwendet werden, wenn das Wählnetz diesen Dienst bietet. Der Zugriff auf die Betriebsmittel des Computersystems kann durch die Benutzerverwaltung weiter reguliert werden. Der sicherste Schutz gegenüber unerlaubten Zugriffen wäre eine völlige Trennung des Systems von allen Netzen. Mit entsprechenden Zugangskontrollen zum Rechnerraum kann das System sicher geschützt werden. Diese Art Schutz ist bei Hochsicherheits-Systemen üblich.

Betrachtet man aber andererseits im Bereich des Electronic-Banking die Geldausgabe-Automaten, so stellt man fest, das der beste Schutz gegenüber unberechtigten Abhebungen die totale Vernetzung ist. Systeme mit Magnetkennungskarten, die Abhebungen begrenzen sollen, bieten Manipulationsmöglichkeiten. Bei einer Vernetzung, die jeden Zugriff an eine Zentrale meldet, werden Manipulationen besser erkannt und die Geldausgabe verhindert.

Auf die Sicherheit gegenüber kriminellen Eingriffen wird in Abschnitt 9.10 näher eingegangen.

5. **Verfügbarkeit**

Die Verfügbarkeit (*avialibility*) der Dienste des Netzwerks ist ein wichtiges Ziel, weil während der Zeiten (*down time*), in denen das Netzwerk nicht verfügbar ist, nicht nur Kosten anfallen, ohne dass ein Nutzen entsteht, sondern meist auch andere Bereiche des Betriebes an der Arbeit gehindert werden, was meist zu viel höheren Folgekosten führt. Ein Netzwerk, dass "immer" verfügbar sein soll, muss über eine 100 %-ige Fehlertoleranz verfügen (siehe Abschnitt 9.6), es muss bei jedem nur dankbaren Ausfall einer oder mehrerer Komponenten noch arbeiten.

EDV-Anwendungen, von deren Verfügbarkeit der gesamte Betrieb abhängt, werden auch als "business critical" oder "mission critical" bezeichnet. Bei den meisten kommerziellen Anwendungen handelt es sich um diese kritischen Anwendungen.

Das Ziel einer 100 %-igen Verfügbarkeit ist nicht erreichbar. Stark fehlertolerante Systeme, die früher als "ausfallsicher" bezeichnet wurden, werden heute "Systeme mit hoher Verfügbarkeit" genannt. Die Verfügbarkeit wird über die Betriebsbereitschaftszeit definiert.

Betriebsbereitschaftszeit ist die Zeit, in der das System in der Lage ist, die vorgesehenen Aufgaben auszuführen. Nicht betriebsbereit ist eine Funktionseinheit in der Ausschaltzeit, der Ausfallzeit und der Reparaturzeit. Reparatur- und Ausfallzeit werden zur Down-Time zusammengefasst. Die durchschnittliche Dauer der Down-Time ist ein wichtiges Kriterium für die Güte des Netzes, sie hängt auch von der Qualität der Netzwerkbetreuung und des technischen Kundendienstes (*service*) ab. Die Reparaturzeit gilt dann als abgeschlossen, wenn das Modul wieder voll zur Verfügung steht, dies kann länger als die eigentliche Reparatur dauern. Wenn z.B. in einem System die Festplatte ausfällt, muss nicht nur eine intakte Festplatte eingesetzt werden, sondern es muss auch die Software, welche durch die Datensicherung noch vorhanden ist, auf die Platte geladen werden.

Bei komplexen Systemen muss immer unterschieden werden zwischen der Down-Time einer Komponente, die durch diese Komponente hervorgerufen wird, und der Down-Time, die durch Fehler anderer Komponenten hervorgerufen wird (Folgefehler). So kann der Ausfall der Versorgungsspannung zum Ausfall eines Modems führen, obwohl das Modem intakt ist.

Ist t_{dk} die Down-Time einer Komponente, t_{ds} die Down-Time des Systems, so kann gelten

$$t_{dk} = t_{ds}$$

Im einfachsten Fall fällt das System so lange aus, wie die Komponente ausfällt. Steht die Komponente wieder zur Verfügung, so steht auch das System wieder zur Verfügung.

$$t_{dk} > t_{ds}$$

Das System enthält Redundanzen, die dafür sorgen, dass der Ausfall einer Komponente nicht zum Ausfall des Systems führt. Dies kann z.B. dadurch geschehen, dass weitere Komponenten, die im Normalfall nicht benötigt werden, zugeschaltet werden. Im Idealfall ist $t_{ds} = 0$. Es kann aber auch bei fehlertoleranten Systemen gelten, dass $t_{ds} > 0$ ist, da für das "Umschalten" auf die redundanten Systeme eine, wenn auch begrenzte Zeit benötigt wird.

$$t_{dk} < t_{ds}$$

In diesem Fall würde der Fehler in einer Komponente zu einem Schaden in einer anderen Komponente führen, der nicht verschwindet, wenn der ursprüngliche Schaden behoben ist. So kann ein Kurzschluss zum "Durchbrennen" einer Sicherung führen, die Beseitigung der Kurzschlussursache führt aber nicht dazu, dass die Sicherung wieder intakt ist. Ein Spannungsausfall in einem Netzwerkknoten führt zum Löschen der Speicherinhalte. Wenn der Spannungsausfall beseitigt ist, muss erst ein Down-Line-Loading vorgenommen werden, ehe der Netzwerkknoten wieder seine Aufgabe innerhalb des Netzes wahrnehmen kann. In einem komplexen System muss dafür gesorgt werden, dass Fehler in einzelnen Komponenten nicht zu Folgefehlern in anderen Komponenten führen.

6. **Datensicherheit**
Datensicherheit soll hier bedeuten, dass die Daten nicht unabsichtlich gelöscht oder verfälscht werden. Daten, die auf Massenspeichern oder im Hauptspeicher untergebracht sind, unterliegen einer Datensicherung, so dass bei gut organisierten Systemen keine Schäden auftreten. Probleme, die sich im Zusammenhang mit Daten im Netzwerk stellen, sind insbesondere:

Werden Übertragungsfehler vermieden?

Bei der Übertragung von Knoten zu Knoten sorgen die Prozeduren der Ebene 2, nach DIN als Sicherungsschicht bezeichnet, für die Datensicherheit. Dies ist aber noch keine End-zu-End-Auslieferungskontrolle, wenn es sich um ein Netzwerk mit mehreren Vermittlungsknoten handelt. Es muss dafür gesorgt werden, dass die übertragenen Daten solange in der Datenquelle gespeichert sind, bis die End-zu-Endkontrolle die erfolgreiche Übertragung quittiert.

Auch die End-zu-Endkontrolle schafft keine absolute Sicherheit. Werden Daten von einer Workstation zu einem Datei-Server-System übertragen, damit sie dort auf die Festplatte gespeichert werden, erfolgt die Übertragung zwischen Workstation und Serversystem. Eine erfolgreiche Übertragung wird quittiert, wenn sich die Daten im Hauptspeicher des Servers befinden. Die Workstation kann dann diese Daten löschen. In der Regel erfolgt das Schreiben auf die Festplatte bei einem Datei-Server nicht unmittelbar, sondern es kann ein gewisser Zeitraum vergehen, ehe die Daten auf die Festplatte geschrieben werden. Wenn in dieser Zeit der Server ausfällt, sind die Daten verloren.

Sind verteilte Dateisysteme ausreichend geschützt?

Bei Zugriff auf Dateien über das Netzwerk mit vielen Benutzern muss ein Schutz gegen ein unbeabsichtigtes Löschen der Daten vorhanden sein. Üblich ist die Vergabe von Rechten auf die Datei, auch dem Recht zum Löschen oder zum Überschreiben der Daten, an bestimmte Benutzer, z.B. die "Eigentümer" der Datei. Bei vielen Systemen ist es auch üblich, Löschkommandos noch einmal bestätigen zu lassen, damit kein versehentliches Löschen vorkommt. Bei Betriebssystemen wie UNIX ist dies aber nicht üblich.

Der englische Begriff "security" fasst den Schutz gegen kriminelle Eingriffe, aber auch gegen versehentliche Löschoperationen u.ä., die vom Menschen ausgelöst werden, zusammen. Sicherungsmaßnahmen gegen technische Defekte oder Störungen von außen, die nicht vom Menschen ausgelöst werden, z.B. Blitzeinschlag, werden nicht unter diesem Begriff eingeordnet. Der Abschnitt 9.10 befasst sich nur mit der Sicherung gegen kriminelle Eingriffe.

7. **Datenkonsistenz**
Konsistenz (*consistency*) ist die Übereinstimmung der Daten innerhalb eines komplexen Systems. Es muss sichergestellt sein, dass die Daten, auch wenn sie an unterschiedlichen Orten aufbewahrt werden, sich nicht widersprechen. Dies ist am einfachsten dadurch zu erreichen,

dass Daten in einem Netzwerk grundsätzlich nur einmal gespeichert sind, also keine Kopien bestehen. Damit muss eine Aktualisierung (*update*) immer nur einmal durchgeführt werden. Damit verbunden ist allerdings, dass die Daten häufig von entfernten Plätzen aus aufgerufen werden, was zu hohen Netzwerkbelastungen und Zugriffszeiten führt. Werden Daten in Auszügen bzw. Kopien bei den lokalen Stationen gespeichert, so kann es vorkommen, dass Änderungen nicht rechtzeitig in allen Kopien durchgeführt werden, dann liegt Dateninkonsistenz vor. Diese muss durch eine sorgfältige Kontrolle verhindert werden.

Das Problem der Aktualisierung von verteilten Informationen tritt auch bei der Routing-Information auf, die die Knoten in paketvermittelnden Netzwerken speichern müssen (siehe Abschnitt 5.5.4.6).

8. **Hardware-Kompatibilität**
Da für alle Netzwerkkonzepte und Schnittstellen des zu öffentlichen Datennetzen Normen für die Bitübertragungsebene (Ebene 1) vorhanden sein müssen, ist die Schaffung der Hardware-Kompatibilität nicht schwierig. Es müssen allerdings nicht nur die Vorschriften für mechanische Eigenschaften und Spannungswerte beachtet werden, sondern auch die Belastungsregeln (Stromstärke).

Ein spezielles Problem tritt dann auf, wenn ein Computer mit TTL-Spannungswerten eine V.24-Schnittstelle bedienen soll. Die üblichen Pegelumsetzer erfordern Betriebsspannungen, die über die Betriebsspannung des Rechners hinausgehen (+12 V/-12 V bei der V.24 gegenüber +5 V/0 V für die TTL-Schaltungen). Während die Bereitstellung dieser Spannungen bei größeren Systemen kein Problem ist, ist dies bei kleineren Systemen, die nicht über umfangreiche Netzteile verfügen, schwierig. Es sind deshalb Schaltungen entwickelt worden,. welche nach dem Ladungspumpenprinzip (*charge pump*) aus einer Versorgungsspannung von +5 V die erforderlichen V.24-Signale spannungsrichtig erzeugen.

9. **Code-Kompatibilität**
Code-Kompatibilität ist auf Zeichenebene leicht zu erreichen, eine zeichenweise Umsetzung kann über Code-Tabellen im Sender, im Empfänger oder im Netzwerk (vergl. auch Abschnitt 7.2.4 und 7.3) vorgenommen werden. Auch für Informationen, die nicht in Form von Texten vorliegen, müssen Normen geschaffen werden, z.B. für CAD-Informationen (*computer aided design*). Eine solche Norm liegt beispielsweise in EDIF (*electronic design interchange format*) vor; es sollen Schaltpläne der Elektrotechnik, Elektronik zwischen unterschiedlichen Systemen ausgetauscht werden können.

Bei der Code-Kompatibilität in Netzwerken treten zwei besondere Probleme auf:

a. Die serielle Übertragung von Oktetten kann nach der Methode MSB-first oder LSB-first erfolgen (MSB = höchstwertiges Bit, LSB = niederwertigstes Bit). Lokale Netzwerke nach 802.3 (Ethernet) übertragen die Adressen mit LSB-first, FDDI-Netzwerke mit MSB-first. Bei der Verbindung von LANs über Router bringt dies keine Schwierigkeiten, da der Router die MAC-Header (Header der Ebene 2) beim Empfang entfernt und für das Senden neu bildet. Beim Translational-Bridging, bei dem auch zwischen unterschiedlichen Netzwerken die Frames der Ebene 2 vermittelt werden, kann dies zu Schwierigkeiten führen. Der gleiche Bitstrom wird in unterschiedlichen Netzwerken verschieden interpretiert, z.B. wird aus der Adresse (Hexadezimalcode) im Ethernet

02 60 8C AD 43 7D,

im FDDI-Netzwerk scheinbar die Adresse

40 06 31 B5 C2 BE.

Dies erschwert die Überwachung des Netzwerks und die Auswertung von Protokollmitschriften.

b. Bei der Darstellung von Ganz-Zahlen (nicht Ziffern), auch Integer genannt, im Computer, müssen oft mehrere Speicherzellen (Bytes) zusammengefasst werden, so besteht eine Zahl vom Typ Integer z.B. aus 2 Bytes, vom Typ LongInteger aus 4 Bytes. Adressiert wird die Zahl durch Angabe einer Speicheradresse. Wenn z.B. die Speicheradresse 6A8200 für ein LongInteger angegeben ist, befindet sich die Zahl auf den Adressen 6A8200 - 6A8203. Die 32 Bits der Zahl haben eine zunehmende Wertigkeit

bit 0 2^0 (1)

bit 1 2^1 (2)

..

bit 31 2^{31} (etwa 2 Milliarden).

Es bestehen zwei Adressierungsarten:

- Little Endian, in der angegebenen Adresse befindet sich das Bit 0 der Gesamtzahl
- Big Endian, in der angegebenen Adresse befindet sich das Bit 31 der Gesamtzahl.

Wenn diese Zahl zwischen unterschiedlichen Systemen ausgetauscht werden, muss eindeutig geklärt sein, welche Adressierungsart vorliegt. Wenn diese unterschiedlich sind, muss die Zahl umcodiert werden.

10. **Kosten**

Die Kosten müssen immer im Zusammenhang mit den anderen Zielen gesehen werden, dies kommt auch in der Bezeichnung "Preis-Leistungs-Verhältnis" zum Ausdruck. Unter Leistung kann dabei nicht nur der Durchsatz verstanden werden, sondern auch Verfügbarkeit, Zuverlässigkeit, Schnelligkeit des Zugriffs, konstantes Zeitverhalten usw. Neben den Kosten für die Hard- und Software fallen die Kosten für die Benutzung der Dienste öffentlicher Träger an.

Bei der Wahl des kostengünstigsten Dienstes kommt es nicht nur auf die Menge des anfallenden Verkehrs an, sondern auch auf die Zahl der Ansprechpartner und die Verteilung über die Zeit.

Drei mögliche Formen sind:

1. Verkehr mit einem Partner, gleichmäßig über die Arbeitszeit verteilt.
2. Verkehr mit mehreren Partnern, die Daten fallen in größeren Blöcken für jeweils einen Partner an.
3. Verkehr mit vielen Partnern, die Daten fallen unregelmäßig verteilt über die Arbeitszeit in kleinen Mengen an.

Hier wäre bei gleichen Datenmengen der richtige Dienst:

für 1: die Standleitung, die über einen längeren Zeitraum fest gemietet ist (leased line)

für 2: Datenübertragung im Wählnetz mit Leitungsvermittlung (ISDN, Telefonnetz)

für 3: Benutzung eines öffentlichen Paketnetzes (Datex-P).

Zu beachten ist dabei, dass Änderungen in der Verkehrsformen eintreten können, eine Änderung der Übertragungsart aber auch immer eine Änderung im eigenen System mit sich bringt. Daher kann man bei der Systemanpassung nicht in zu kurzen Abständen auf wechselnde Verkehrsbedingungen eingehen, weil sonst die Umstellungskosten die Ersparnisse durch das neu konzipierte System übersteigen.

Bei der Konzeption von Netzwerken in Firmen und Organisationen, auch bei Hochschulen und Forschungsinstituten, sei es als neues Netzwerk oder als Anpassung bisher bestehender Konzepte, stehen besonders die Ziele Sicherheit und Verfügbarkeit im Vordergrund der Überlegungen.

9.2.2 Überprüfung der gesetzten Ziele

Ziele im Verhalten von Netzwerk und Netzwerkkomponenten müssen nicht nur gesetzt werden, sondern es ist auch eine Überprüfung ihrer Erfüllung notwendig. Diese Überprüfung muss besonders bei Netzwerken, die aus Komponenten verschiedener Hersteller gebildet werden (*multivendor networks*), in mehreren Stufen erfolgen, um zu gesicherten Ergebnissen zu kommen. Da bereits ein einzelner Netzwerkknoten ein komplexes Gebilde aus Hard- und Software-Komponenten ist, kann die Überprüfung nicht erst nach Inbetriebnahme des gesamten Netzwerks beginnen. Grundsätzlich sind die Aufgaben bei der Durchführung der notwendigen Tests vergleichbar mit der messtechnischen Überprüfung, wie sie in Kapitel 10 beschrieben wird. Die Zielsetzung ist aber eine andere, da von grundsätzlich funktionierenden Komponenten ausgegangen wird.

Es wird ein stufenweises Vorgehen vorgeschlagen:

1. **Konformitäts-Test** (*conformance test*)

Es wird für eine bestimmte Komponente überprüft, ob ihre Implementation die in der Spezifikation gegebenen Anforderungen erfüllt. Dies kann kein 100%-Test sein, da bei einem komplexen System keine Möglichkeit besteht, alle denkbaren Betriebszustände durchzutesten.

Nicht überprüft werden bei diesem Test:

- Eignung der Spezifikation oder Norm für eine bestimmte Aufgabe,
- Leistungsfähigkeit der Komponente, d.h. die Fähigkeit der Komponente, die verlangten Funktionen unter echten Betriebsbedingungen durchzuführen. So wird zwar überprüft, ob das System eine bestimmte Aufgabe (*task*) korrekt erfüllt, nicht aber, ob es eine Anzahl von Aufgaben gleichzeitig und zeitrichtig erfüllen kann.

Der Konformitätstest soll Test-Scenarios bieten; darunter versteht man einen genormten Satz von Testfällen. Er definiert Parameter, Statusdaten und Funktionsaufrufe, mit deren Hilfe die Funktionen und Zustände des Protokolls getestet werden, ohne dass eine 100%-Abprüfuzng erfolgen kann.

Erstreckt sich das Netzwerkkonzept über mehrere Ebenen, so sind die Protokolle der einzelnen Ebenen getrennt zu testen. Bild 9-2 zeigt den grundsätzlichen Aufbau. Die Test-Koordinationsprozeduren sorgen dafür, dass die vorgegebenen Test-Scenarios in der angegebenen Reihenfolge ablaufen, speichern die Testergebnisse und werten sie aus. Die Auswertung besteht aus dem Vergleich der Reaktion des Testlings mit der nach der Spezifikation vorgesehenen "richtigen" Reaktion.

Der Upper- und Lower-Tester spricht den Testling wie ein Protokoll der nächsthöheren bzw. nächstniedrigen Ebene an. Für einen korrekten Test muss erwartet werden, dass sich diese Tester völlig korrekt verhalten. Dies geschieht durch Überprüfung des Schnittstellenverhaltens der Tester, dieses Schnittstellenverhalten wird als ASP (*abstract service primitive*) bezeichnet.

Damit kann der Konformitätstest, auch wenn er voll befriedigend ausgeht, nicht nachweisen, dass die getesteten Komponenten im Netzwerk zufriedenstellend arbeiten. Geht der Test negativ aus, ist allerdings bewiesen, dass die Komponente nicht befriedigend arbeiten kann.

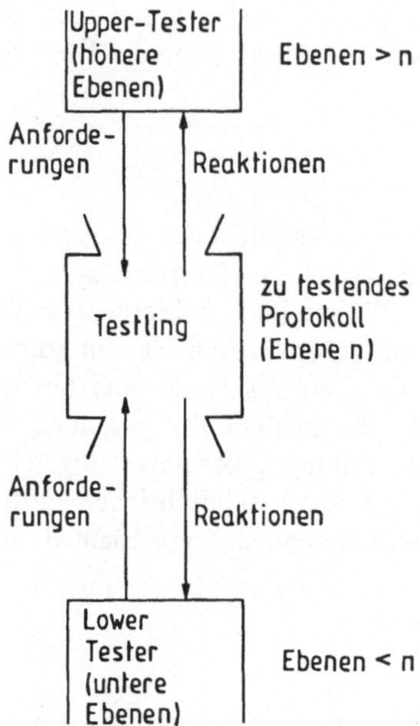

Bild 9-2
Konformitätstest für Protokoll der Ebene n

2. **Test auf Zusammenarbeit** (*interoperability test*)
Hierbei wird festgestellt, ob eine Komponente des Kommunikationssystems, die in das Netzwerk eingefügt wird, mit anderen Komponenten des Netzwerks zusammenarbeiten kann. Dazu können auch Untersuchungen über die Belastung, welche diese Komponente für die anderen Netzwerkkomponenten darstellt, gehören.

3. **Anwendungstest** (*application test*)
Hier kommt es auf das Verhalten eines einzelnen Anwenderprogramms in einer Netzwerkumgebung an. Der Test kann grundsätzlich nur in einer echten Betriebsumgebung erfolgen. Die Tests sollten so gestaltet sein, dass auch der normale Anwender, der nicht Kommunikationsexperte ist, das Testergebnis verstehen kann (*high level human interface*).

4. **Leistungstest** (*performance test*)
Der Test erstreckt sich über das gesamte Netzwerkverhalten. Es wird geprüft, ob der gewünschte Durchsatz und die Zeitgrenzen beim zeitkritischen Verhalten, die gefordert werden müssen, eingehalten werden. Erfasst werden müssen die aktuelle Netzwerkbelastung und evt. auftretende Engpässe, um für die Erweiterung des Netzwerks planen zu können und die Leistungsfähigkeit des Netzes unter bestimmten Bedingung abschätzen zu können.

Mit der Durchführung von Tests, besonders des Konformitäts-Tests, befassen sich eine Reihe von Empfehlungen der ITU-Z, z.B.

X.290 Methode des Testens auf OSI-Konformität und Rahmen zu Protokoll-Empfehlungen für ITU-TS-Anwendungen.

Die Durchführung solcher Tests kann bei einem Multivendor-Netzwerk nicht den einzelnen Herstellern überlassen werden. Es müssen anerkannte neutrale Testeinrichtungen (*ackredition of test laboratories*) geschaffen werden.

9.3 Tuning

Unter Tuning versteht man Maßnahmen zur Verbesserung des Netzwerkverhaltens durch Anpassung der Leistung der Netzwerkkomponenten an die Leistungsanforderung für diese Komponenten bei optimalem Netzwerkbetrieb. Wonach die Kriterien eines optimalen Netzwerkbetriebs bestimmt werden, z.B. maximaler Datendurchsatz, minimale Antwortzeiten) hängt von der Anwendung des Netzwerks ab. Entspricht die Leistung einer Komponente nicht den Leistungsanforderungen, wird die Arbeit des ganzen Netzwerks behindert, ist die Leistung höher als die Anforderung, so liegt eine Vergeudung von Kosten vor.

Netzwerke oder Systeme, bei denen alle Komponenten genau die erforderlichen Leistungen bei optimalem Betrieb bringen, werden als "balanced" oder auch "well balanced" bezeichnet.

Die Anpassung der Netzwerkkomponenten wird durch folgende Erscheinungen verkompliziert:

- Leistungsanforderungen treten nicht gleichmäßig verteilt auf, sondern sind über Tages- und Jahreszeiten sehr ungleichmäßig verteilt.
- Komponenten mit einer höheren Leistung, als sie nach der Anforderung vorliegen muss, können sinnvoll sein, um Hardware-Redundanz zu schaffen, damit bei Ausfall einer Komponente deren Aufgaben mitübernommen werden können.
- Die Komponenten von Netzwerken beeinflussen sich gegenseitig. Die Änderung innerhalb einer Komponente kann zu Verhaltensänderungen bei anderen Komponenten führen.
- Die Charakteristik der Anwendungen ändert sich in kürzeren Zeiträumen als die Lebensdauer der Netzwerke, die langjährig geplant werden und über mehrere Jahre bestehen. Prognosen für die Zukunft sind schwer zu treffen bzw. erweisen sich als fehlerhaft. So wurde im Jahr 1991 vorausgesagt, dass im WAN-Bereich etwa im Jahr 2030 der Datenverkehr das gleiche Verkehrsaufkommen wie der Sprachverkehr erreichen würde. Dieser Zustand wurde, besonders durch die zunehmende Internet-Nutzung, aber bereits 1999 erreicht.

9.3.1 Methoden des Tuning

Zur Durchführung des Tuning gehört zuerst die Aufnahme des vorhandenen Leistungsbildes. Dies kann erfolgen durch:

- Zählung bestimmter Vorgänge (*transaction count*)
- Ermittlung von Antwortzeiten (*response times*)
- Bestimmung des Ausnutzungsgrades der Komponenten (*utilization*)
- Zählung von Fehlern und durch Fehlern ausgelöste Wiederholungen (*error count, retransmission count*)
- Zählung von Abrufen für Senden und Empfangen
- Zählung von tatsächlich übertragenen Blöcken oder Rahmen (*frame count*).

Die Zahlenwerte müssen im Zusammenhang interpretiert werden, so gibt die Fehlerzählung nur im Zusammenhang mit der Zählung der Rahmen eine Aussage über das Fehlerverhalten des Netzwerks.

Der Ausnutzungsgrad gibt als einen Prozentsatz an, für welchen Zeitraum eine Komponente eines Netzwerks in Betrieb war, verglichen mit der Zeit, in der sie zur Verfügung stand. Bei einer exakten Messung können Über- oder Unterlastung von Netzwerkkomponenten erfasst und durch das Tuning ausgeglichen werden.

Bei Ausnutzungsgraden darf nicht die Belegung der Leitung mit der Übertragungsleistung für Daten verwechselt werden, dazu drei Beispiele:

1. Beim System ATM (Abschnitt 4.4.4) handelt es sich bei Betrachtung der Leitungsbelegung um ein strikt synchrones System, es werden pausenlos Zellen übertragen. Wenn kein Verkehrsbedarf vorliegt, sind die Zellen "leer". Die leeren Zellen umfassen aber genau so viele Oktette wie die belegten Zellen, sie sind aber daran erkennbar, dass der VPI- und VCI-Wert 0 beträgt. Eine sinnvolle Aussage kann also nur gemacht werden, wenn die Zahl der belegten Zellen gezählt wird.

2. Bei der Beobachtung einer TCP-Verbindung wird ermittelt:

Empfangen:	106 Datagramme	davon mit Daten	71	Data-Bytes	83
Gesendet:	96		93		4678

Dies bedeutet für die empfangenen Nachrichten, dass nur 66,9 % der Datagramme überhaupt Daten enthielten, die durchschnittliche Datenmenge je Datagramm betrug 0,783 Oktette, die durchschnittliche Menge in den belegten Datagrammen 1,16 Oktette.

Bei den gesendeten Nachrichten sind die Zahlenwerte günstiger. Es wurden in 96,8 % der Datagramme Daten übertragen, die Belegung der Datagramme insgesamt betrug 48,72 Oktette im Durchschnitt, die der belegten Datagramme 50,30.

Jedes Datagramm enthält einen TCP-Header von 20 Oktetten und einen IP-Header von 20 Oktetten. Wenn nur die Nachrichten der Ebenen 3 und 4 betrachtet werden, entspricht dies:

Empfangsdaten:	Header-Information	4240 Oktette	+ Daten	83 Oktette
Sendedaten:		3840 Oktette		4678 Oktette

Der Anteil der Daten an der Gesamtnachricht (bei Vernachlässigung der Ebene 2-Steuerinformation) beträgt damit für die Empfangsdaten 1,91 % und für die Sendedaten 54,91 %. In allen Regeln des Tuning wird betont, dass die Bildung großer Datagramme ohne Überschreitung der MTU-Werte zu guten Auslastungszahlen führt. Die schlechte Auslastung in diesem Beispiel liegt offenbar daran, dass die Daten beim Empfangen "byteweise" übertragen werden. Es kann aber durchaus sein, dass die gegebene Anwendung, z.B. das Remote-Echo einzelner Buchstaben, es nicht anders zulässt.

3. Bei einigen Systemen müssen die angeschlossenen Stationen zur Aktivität aufgerufen werden (*polling*). Eine große Anzahl von Aufrufen (*polls*), welche zu einer guten Auslastung von Leitungen führt, kann bedeuten, dass eine rege und fruchtbare Netzwerkaktivität herrscht. Sie kann aber auch bedeuten, dass wegen schlechter Organisation Stationen sehr oft aufgerufen werden, ohne dass es zu einer Datenübertragung kommt. Die Zählung der Aufrufe wird also erst dann sinnvoll, wenn sie mit einer Zählung der tatsächlich übertragenen Blöcke oder Rahmen verknüpft wird.

Messungen zur Bestimmung der Leistung (*performance measurement*) sind nicht mit Messungen zur Fehlersuche zu verwechseln, obwohl oft in beiden Fällen gleiche oder ähnliche Messinstrumente verwendet werden.

Beim Tuning geht es oft um die Bestimmung des zeitlichen Verhaltens des Netzwerks. Es lassen sich dabei verschiedene Zeiten definieren:

- Anlieferungszeit. Zeit, die an einer Endeinrichtung zwischen dem Ende der Übertragung einer Aufgabenstellung und dem Übertragungs-Ende der vollständigen Antwort des Serversystems vergeht.

- Ausführungszeit. Zeit zwischen dem Ende der Aufgabenstellung und dem Beginn der Ausgabe der Antwort.
- Beantwortungszeit (Systemantwortzeit). Zeit an der DEE zwischen der Aufgabenstellung und dem Vorliegen der vollständigen Antwort darauf.

In den drei definierten Zeiten sind nicht nur die Zeiten für die Datenübertragung einschließlich der Zeiten für die Bearbeitung der Pakete in den Vermittlungsknoten enthalten, sondern auch die Zeiten für Tätigkeiten bei der Bearbeitung der Aufgabe im Serversystem. Die Systemantwortzeit ist ein besonders wichtiges Leistungskriterium, da sie die Benutzbarkeit in vielen Anwendungsfällen, z.B. bei Auskunftssystemen bestimmt.

Die Bestimmung der Systemantwortzeit wird komplex, wenn eine Netzwerkstruktur vorliegt, die ein Zugriffsverfahren für das Erlangen des Senderechts verwenden, wie es in LANs vorliegt. Bild 9-3 zeigt das Verhalten eines Systems mit Abfrageprinzip (*polling*). Bild 9-4 zeigt die Zusammensetzung der Systemantwortzeit. Unter Kommunikationszeit werden dabei die Anteile der Systemantwortzeit verstanden, die mit der Datenkommunikation verbunden sind, einschließlich der Wartezeit auf die Zuteilung des Senderechts durch das Pollverfahren. Zu beachten ist, dass die Leitungsausnutzung über weite Strecken linear mit der Belastung steigt. Die Abflachung bei höheren Belastungen ist nicht so stark wie bei einem Netz mit dem Zugriffsverfahren CSMA/CD, bei dem mit zunehmendem Verkehr auch die Kollisionen zunehmen. Bei einer zunehmenden Verkehrsbelastung werden die Warteschlangen in den angeschlossenen Geräten länger, dies führt zu einer Erhöhung der Kommunikationszeiten. Diese steigen im unteren Bereich unterproportional mit der Zahl der Benutzer an, da noch genügend freie Übertragungskapazität zur Verfügung steht. So führt eine Verdoppelung der Benutzer von 15 auf 30 zu einer Steigerung der Kommunikationszeit von 30 %. Eine weitere Verdoppelung von 30 auf 60 führt aber zu einer Steigerung der Kommunikationszeit von 100 %.

Erreicht das Verkehrsaufkommen 100 % der Übertragungskapazität, so wird bei diesem System eine Leitungsausnutzung von etwa 30 % erreicht. Eine vollständige Ausnutzung ist bei einem System mit wechselseitig sendenden Stationen nicht zu erreichen. Da damit weniger Verkehr bewältigt als angeboten wird, strebt die Länge der Warteschlangen und die Kommunikationszeit bei Annäherung an diesen Wert gegen unendlich.

Wegen des überproportionalen Anstiegs der Kommunikationszeit bei Annäherung an die physikalische Übertragungskapazitätsgrenze kann bei einem Tuning, wenn ein solch überproportionales Ansteigen der Kommunikationszeit ermittelt wird, durch eine geringfügige Erhöhung der Kanalkapazität eine starke Reduzierung der Kommunikationszeit und damit der Systemantwortzeit erreicht werden.

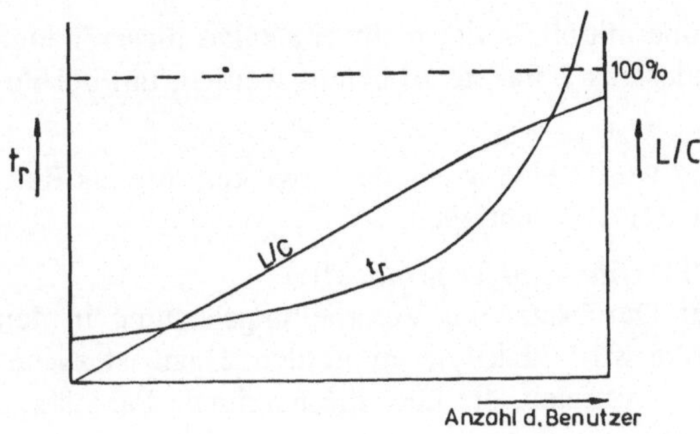

Bild 9-3
Verhalten von Kommunikationszeit und Leitungsausnutzung bei einem System mit Abfrage (polling)
(C Kanalkapazität; L Tatsächlicher Verkehr; t_r Kommunikationszeit)

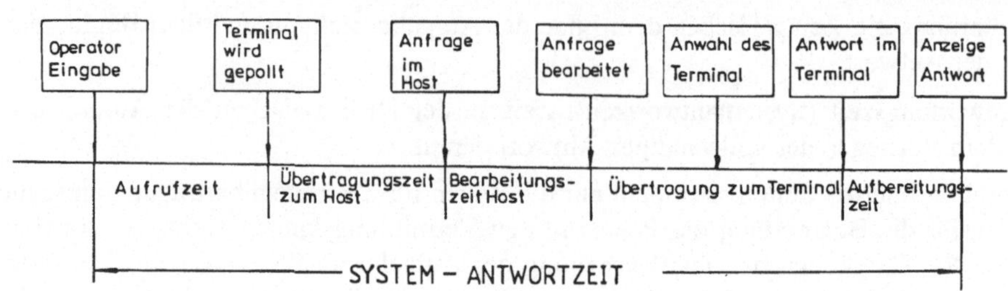

Bild 9-4 Zusammensetzung der Systemantwortzeit bei einem System mit zentraler Abfrage (poll)

9.3.2 Beispiele zum Tuning

Die nachstehend genannten Beispiele stellen eine Auswahl dar, mit der einige der unterschiedlichen Ansätze demonstriert werden, die beim Tuning angewandt werden können. Sie stammen sowohl aus dem Bereich der LAN wie der WAN und verschiedenen Anwendungen. Bei allen Beispielen zum Tuning muss immer nicht die Leistung einer Komponente, sondern das Gesamtverhalten beim Zusammenspiel unterschiedlicher Komponenten gesehen werden.

a. **Tuning beim TCP/IP-Verkehr zur Leistungssteigerung**

Einige Regeln für die Verbesserung der Leistung, die sich größtenteils auch bei anderen Protokollen anwenden lassen, sind:

- Erhöhung der MTU (*maximum transmission unit*) und damit der Größe der Pakete führt zur Leistungserhöhung.
- Bei TCP (siehe 6.2.1) steigert eine Vergrößerung des Windows (Zahl der Oktette, die übertragen werden darf, ehe eine neue Quittierung kommt) die Leistung.
- Reduzierung der Quittierungen bringt besonders bei langsamen Leitungen eine Verbesserung.
- Kleine Nachrichten, die nicht Bestandteil einer Gesamtnachricht sind, sollten sofort quittiert werden.

Insbesondere werden vorgeschlagen:

Tuning zum Vorbeugen gegen Systemverstopfung:

Wenn eine Verstopfung der Systeme (*congestion*) zu befürchten ist, sollten kleinere Pakete und kleinere Window-Werte eingesetzt werden. Dies senkt zwar die Leistungsfähigkeit, wenn dadurch aber Verstopfungen und Paketverluste vermieden werden, ist dies für das Gesamtverhalten des Systems besser.

Wenn die Gegenstation einen Window-Wert übermittelt, sollte nicht ein Paket dieser Länge gebildet werden, sondern der Verkehr auf mindestens 2 Pakete aufgeteilt werden, um bei Paketverlusten den Schaden zu minimieren.

Für das Erkennen der Gefahr einer Verstopfung wurde eine Methode entwickelt, die als Random Early Detection bezeichnet wird, sie wird unter d. beschrieben.

Tuning zur Verbesserung der Anwendung FTP (*file transfer protocol*):

Mit steigender Window-Größe steigt zwar der Durchsatz, die Verarbeitungsleistung in den Systemen kann aber sinken. Als Windows-Größe wird 32 kByte empfohlen. Dazu ist zu beachten, dass bei FTP in der Regel Datenmengen auftreten, die über die maximale Paketlänge des IP-Pakets bzw. Segmentlänge des TCP hinausgehen, welche wie das maximale Window 64 kByte umfasst. Für eine maximale Übertragungsleistung könnte also die maximale Window-Größe verwendet werden.

Der Durchsatz kann durch die Erhöhung der Zahl der Ein-Ausgabe-Pufferspeicher für die Plattensysteme erhöht werden. Jeder Speicher muss von einem eigenen Kanalprogramm verwaltet werden, die empfohlene Zahl ist 9 - 20.

Die Blockgröße des Plattensystems sollte möglichst groß gewählt werden, da auf die Platten blockweise geschrieben bzw. gelesen wird. Es wird empfohlen, jede Spur nur in 2 Sektoren einzuteilen.

Parameter für das Tuning zur Leistungssteigerung:
Grundsätzlich sollte die Paketgröße nicht die MTU übersteigen, um Fragmentierung zu verhindern. Die Paketgröße, die sich aus der MTU des Systems ergibt, sollte bei Eröffnung der TCP-Verbindung zwischen Client- und Server ausgetauscht werden. Wenn die Zahlen unterschiedlich sind, wird die kleinere verwendet.

Pakete, die kleiner sind als die MTU erlaubt, sollten sofort bestätigt werden, da angenommen kann, dass die Nachricht abgeschlossen ist.

b. **Arbeit eines Shared Disk Systems**
Berechnungen von Übertragungszeiten, Reaktionszeiten und Durchsatzraten werden verkompliziert, wenn Vorgänge in den unterschiedlichen Systemkomponenten überlappend ausgeführt werden. Als Beispiel sei ein System genannt (Bild 9-5), bei dem mehrere Benutzer über das lokale Netz und einen Disk-Server auf Dateien in einem großen Plattensystem zugreifen. Die Systeme sind direkt durch das lokale Netz verbunden, es gibt keine Vermittlungsknoten. Die Betriebsart wird als Distributed File Service (DFS) bezeichnet, die Anwender als Clients. Die Zugriffe der Clients auf das Serversystem werden als Transaktionen bezeichnet. Es handelt sich um Abfragen und Aktualisierungen, nicht aber um die Übertragung ganzer Dateien wie bei FTP (*file transfer protocol*).

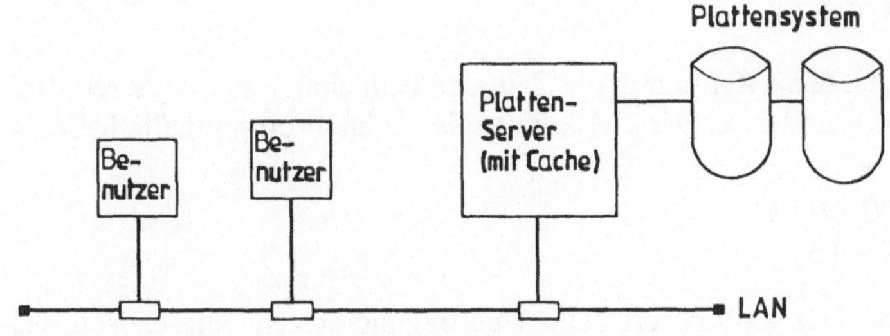

Bild 9-5
System für Zugriff auf entfernte Dateien (Remote File Service)

Der Zeitbedarf für eine Transaktion setzt sich zusammen aus:

- t_{c1}: CPU-Zeit beim Client zum Formulieren der Nachricht
- $t_{\ddot{u}1}$: Übertragungszeit zum Server einschließlich der Wartezeiten bis zur Erlangung des Senderechts
- t_s: Server-CPU-Zeit
- t_d: Zeit für den Dateizugriff
- $t_{\ddot{u}2}$: Übertragungszeit zum Client einschließlich der Wartezeiten bis zur Erlangung des Senderechts
- t_{c2}: CPU-Zeit beim Client zur Formulierung der Ausgabe

Bei der Zeit t_d müssen zwei Fälle unterschieden werden:

- die Daten befinden sich in einem Cache (Teil des Hauptspeichers des Servers), die Zugriffszeit kann dann gegenüber den anderen Zeiten vernachlässigt werden. Es liegt ein Hit vor.
- Die Daten müssen über den Zugriff auf das Plattensystem erlangt werden (*miss*).

Die Wahrscheinlichkeit, die Daten nicht im Cache zu finden, wird als Miss-Rate bezeichnet (m), die durchschnittliche Zeit für den Plattenzugriff ist damit $m*t_d$.

Aus Sicht eines Anwenders ergibt sich der Gesamtzeitbedarf:

$$t = t_{c1} + t_{ü1} + t_s + m*t_d + t_{ü2} + t_{c2}$$

Zum Beispiel könnte sich bei Annahme bestimmter Zahlenwerte (Angaben in Millisekunden) für einen Client ergeben:

$$t = 10 + 8 + 3{,}5 + 0{,}4*50 + 8 + 5 = 54{,}5 \text{ ms}$$

Aus Sicht des Clients wären bei diesem System 18,3 Transaktionen je Sekunde möglich. Dabei gilt aber:

- es handelt sich um Durchschnittswerte
- der Client müsste in diesem Fall das System allein benutzen.

Da die Zugriffe auf den Server aber überlappend verlaufen, ist die Zahl der möglichen Transaktionen je Sekunde

$$N = 1/t_{max}.$$

Als t_{max} ist die Zeiten zu bestimmen, mit denen eine bestimmte Komponente beschäftigt wird, aus diesen ist der Maximalwert zu berechnen. Bei einem Netzwerk mit Vollduplexverkehr ist die Zeit für Anforderung und Antwort gesondert zu betrachten, bei Halbduplexverkehr, wie er in LANs meist vorliegt, ist die Summe der Übertragungszeiten einzusetzen. Damit ergibt sich:

Client-System:	10 + 5 = 15
Übertragungssystem:	16
Server-System:	3,5
Plattenzugriff	0,4*50 = 20

Wenn Systeme parallel arbeiten, ist diese Zeit durch die Zahl der Teilnehmer zu dividieren. Bei der Annahme von 20 Teilnehmern und zwei parallel arbeitenden Platten einschließlich Controllern ergibt sich:

Client-System	15/20 = 0,75
Plattenzugriff	20/2 = 10

In diesem Fall ergibt sich der höchste Zahlenwert beim Übertragungssystem, dieser Teil des Gesamtsystems wird auch als Flaschenhals (*bottleneck*) bezeichnet. Es benötigt je Transaktion 16 ms, damit können je Sekunde 62,5 Transaktionen ausgeführt werden. Jedem Anwender stehen damit je Sekunde 62,5/20 = 3,125 Transaktionen zur Verfügung.

Aus diesem Beispiel ergibt sich:

- Eine Leistungssteigerung bei allen Komponenten außer dem Netzwerk kann nicht die Leistung des Systems erhöhen.
- Eine Leistungssteigerung bei den Komponenten vermindert die Bearbeitungszeit, wenn z.B. die Leistung des Client-Systems verdoppelt wird, sinkt die Zeit für die Bearbeitung um 7,5 ms.

- Eine Verbesserung der Gesamtsystemleistung kann nur durch Verbesserung bei der Flaschenhals-Komponente erreicht werden. Würden in diesem Beispiel die Übertragungszeiten halbiert (von 15 auf 7,5 ms), würde der Plattenzugriff den Flaschenhals bilden, es könnten dann 100 Transaktionen durchgeführt werden (10 ms je Transaktion), jedem Anwender ständen 5 Transaktionen zur Verfügung. Eine weitere Verminderung der Übertragungszeiten würde nicht zu einer Erhöhung der Gesamtleistung führen.

c. **Bessere Ausnutzung der Übertragungskapazitäten durch Gruppenadressierung im IP**
Datenübertragung findet in der Regel von einem Absender zu einem Empfänger statt. Es ist zwar möglich, Nachrichten auch an alle Empfänger (eines bestimmten Bereichs) zu senden (*broadcast*) oder an eine Gruppe von Empfängern (*multicast*). Dazu gibt es sowohl bei LANs wie bei Paketvermittlungen der Ebene 3 entsprechende Adressregelungen. Das IP der Ebene 3 sieht allerdings keine Gruppenadressierung vor. Bisher wurden diese Möglichkeiten aber nur für Netzwerkverwaltungen, Routing-Protokolle o.ä. genutzt. Das Senden einer Nachricht an alle war nur in den Verteildiensten wie Rundfunk und Fernsehen üblich.

Heute kann ein Netzwerk aber auch dafür verwendet werden, Multimedia-Anwendungen mit mehrere Empfängern zu gestalten. Dabei kann es sich z.B. um Videokonferenzen oder Lehrveranstaltungen (*distance learning*) handeln. Es muss ein Strom von Daten zu mehreren Zielen übertragen werden, ohne dass Leistungsprobleme in den Systemen hervorgerufen werden und ein zu großer Teil der Übertragungskapazität verbraucht wird. Das Problem besteht darin, dass Router oft Nachrichten mit mehreren Empfängern (Gruppenadressierung, *multicast addressing*) wie Rundspruchnachrichten behandeln, da sie keinen Überblick haben, welches System zu welcher Gruppe gehört. Das Ansprechen einer Gruppe ist natürlich immer mit mehreren Punkt-zu-Punkt-Nachrichten möglich, dies führt aber zu einer hohen Belastung der Leitungen und Vermittlungssysteme.

Bei Verwendung von Gruppenadressen auf der MAC-Ebene muss darauf geachtet werden, dass die Stationen in der Lage sind, diese effektiv anzuwenden. Die Netzwerkkarte (NIC, *network interface card*) muss in der Lage sein, zu erkennen, ob die Station zu der Gruppe gehört oder nicht. Dies wird dadurch erschwert, dass eine Station zu mehreren Gruppen gehören kann. Wenn die Netzwerkkarte dazu nicht in der Lage ist, behandelt sie Gruppenadressen wie Rundspruchadressen und kopiert den empfangenen Frame in den Hauptspeicher, wo er von der CPU ausgewertet werden muss. Die Verwendung von Gruppenadressen anstatt von Rundspruchadressen hat dann keinen Sinn.

Die Adressierung von Internetstationen sieht neben der Einzeladressierung die Adressierung aller Stationen in einem Netzwerk vor, z.B. führt eine Zieladresse 195.12.12.255 dazu, dass alle Stationen des Netzes 195.12.12 die Nachricht aufnehmen. Eine Gruppenadresse kann nur außerhalb der Adressen der Klasse A-C gebildet werden (siehe Abschnitt 5.5.4.1). Die Gruppenadressen werden der Klasse D zugewiesen, diese beginnt binär mit 1110, in der üblichen Darstellung von IP-Adressen umfasst diese Klasse die Adressen 224.0.0.0 bis 239.255.255.255.

Um die Gruppenadressierung der Ebenen 2 und 3 möglichst effektiv zu verbinden, hat die IANA einen Block von Adressen der MAC-Ebene für die Gruppenadressierung bestimmt. Es ist der Adressbereich

01 00 5E 00 00 00 bis 01 00 5E 7F FF FF

Dieser Bereich entspricht den Vorschriften der Adressierung auf Ebene 2. Das erste Oktett ist eine ungrade Zahl, damit also keine Einzeladresse. Der Wert 00 00 5E darf nicht als Herstellercode vergeben sein.

Die Gruppenadresse auf MAC-Ebene wird wie folgt gebildet:

- die ersten 25 Bits werden übernommen (01 00 5E 0), die letzte Ziffer ist eine binäre 0)
- die niederwertigen 23 Bits werden der Gruppen-IP-Adresse der Klasse D entnommen. Die 9 höherwertigen Bits der IP-Adresse werden ignoriert.

Wenn die IP-Adresse der Gruppe 229.130.12.55 lautet (E5 82 0C 37 hexadezimal), so lautet die Adresse der Gruppe auf der MAC-Ebene

01 00 5E 02 0C 37.

Da die bisherigen Routing-Protokolle des IP-Netzwerks keine Gruppenadressierung vorsehen (siehe Abschnitt 5.4.4.6), wurde ein "Internet Group Management Protocol (IGMP)" entwickelt, welches es erlaubt, eine Gruppe zu bilden und die Router darüber zu informieren. Das IGMP ist im RFC 2236 beschrieben. Die IP-Hosts verwenden das Protokoll, um die benachbarten Router von ihrer Gruppenmitgliedschaft zu informieren.

Wenn eine Anwendung gestartet wird, bei der das System als Mitglied einer Gruppe arbeitet, so sendet es eine "membership-report"-Nachricht an den oder die Router. Dabei kann es vorkommen, dass der Router bereits Hosts in diesem Netzwerksegment als Mitglieder dieser Gruppe kennt, also Nachrichten mit dieser Gruppenadresse bereits in dieses Segment vermittelt. Deshalb soll nur der Host, der als erster Mitglied der Gruppe wird, die Membership-Report-Nachricht senden.

Zusätzlich zu der Möglichkeit der Hosts, sich selbst als Gruppenmitglieder anzumelden, sendet der Router in alle angeschlossenen Netzwerksegmente Abfragen (*queries*) nach der Mitgliedschaft der Hosts in Gruppen. Der Host sendet dann für jede Gruppe, in der er Mitglied ist, eine Membership-Report-Nachricht, abhängig von den Anwendungen, die bei ihm aktiv sind.

Um Leitungskapazität zu sparen, sollen von jeder Gruppe nur ein Host für das Netzwerksegment antworten. Dazu verwenden die Hosts eine zufallsgesteuerte Uhr, ehe sie die Abfrage beantworten. Wenn sie in dieser Zeit beobachten, dass ein anderes Mitglied der Gruppe antwortet, wird die Antwort unterdrückt. Für den Router ist es uninteressant, wie viele Hosts an einem Segment mit dieser Gruppenadresse angeschlossen sind. Die Methode stellt sicher, dass mindestens ein Host jeder Gruppe antwortet.

Die neue Version des IGMP soll besonders sicherstellen, dass die Router schnell darüber informiert werden, wenn das letzte Mitglied in einem Segment die Gruppe verlässt, da ab da die Nachrichten in dieses Segment nicht mehr vermittelt werden.

Das beschriebene Protokoll arbeitet in Routern. Ein Vermittler der Ebene 2 (Layer-2-Switch) prüft die MAC-Adressen, um eine Adressfilterung vorzunehmen. Bei Gruppen- oder Rundspruchadressierung leitet er die Nachricht an alle angeschlossenen Segmente weiter. Dies kann durch vom Netzwerkadministrator konfigurierte Filter verhindert werden. Wenn bekannt ist, dass bestimmte Anwendungen in den Stationen an einem Segment nie arbeiten, kann die entsprechende Gruppenadresse gesperrt werden. Für eine dynamischere Vorgehensweise kann die Software der Filter mit Kenntnissen über das IGMP versehen werden. Auch das Protokoll der IEEE 802.1p sieht Möglichkeiten vor, in Bridges und Switches eine Filterung von Gruppenadressen vorzunehmen.

Die Informationen über die Anordnung der Hosts mit Gruppenadressen müssen auch von Router zu Router weitergegeben werden. In vermaschten Netzen besteht wie bei Rundsprüchen die Gefahr, dass die Nachrichten so vermittelt werden, dass sie im Kreis laufen, was unbedingt verhindert werden muss.

Dazu dienen spezielle Routing-Protokolle, insbesondere:

- Multicast Open Shortest Path First (MOSPF), beschrieben in RFC 1584, soll hier nicht näher beschrieben werden.
- Protocol-Unabhängiges Multicast, *Protocol Independent Multicast* (PIM):

Das letztgenannte Protokoll arbeitet mit dem IGMP und den Routingprotokollen der IP-Netzwerke, z.B. OSPF zusammen. Es unterscheidet nach zwei Betriebsarten:

- dense (dicht) für Gruppen mit vielen Mitgliedern
- sparse (selten) für Gruppen mit wenig Mitgliedern

Die Begriffe dicht/selten sind natürlich in Zusammenhang mit der Gesamtzahl der Stationen zu sehen.

Bei der Dense-Betriebsart prüft ein Router, der eine Gruppennachricht erhält, ob der Port, an dem er die Nachricht empfängt, der einzige ist, der ihn mit der Quelle der Nachricht verbindet. Wenn dies nicht der Fall ist, vernichtet er das Paket und sendet eine "prune-Nachricht" zurück (Bereinigung). Wenn es der Fall ist, sendet er die Nachricht an allen Anschlüssen heraus. Er wartet dann auf prune-Nachrichten von anderen Routern, um sich ein Bild zu verschaffen, wohin die Gruppennachricht zu senden ist. Durch diese Methode soll auch erreicht werden, dass Gruppennachrichten zu einem Segment über mehrere Router vermittelt werden (*loop avoiding*).

Die Methode sollte bei großen Gruppenbildungen, bei denen die Wahrscheinlichkeit, dass sich in allen LANs Gruppenmitglieder befinden, hoch ist, eingesetzt werden. Das Verteilen von Paketen auf alle Anschlüsse (*flooding*) ist nicht gut geeignet, wenn sich nur in wenigen Netzwerkteilen Mitglieder befinden. Dafür eignet sich besser der Sparse-Mode.

Der Sparse-Mode überträgt einem Router die Funktion eines Rendevous-Punktes. Dieser sammelt von den anderen Routern Informationen mit Hilfe von Prune- und Join-Nachrichten, die periodische ermittelt werden und schafft daraus einen Verteilungs-Baum (*distribution tree*), mit dem er alle Gruppenmitglieder erreichen kann.

Zusammenfassend sind die Vorteile der Gruppenadressierung auf Ebene 3 gegenüber:

- Einzeladressierung: Der Netzwerkverkehr wird stark reduziert, eine Nachricht an eine Gruppe von 100 Teilnehmern ist eine Nachricht, eine Nachricht an 100 Teilnehmer sind 100 Nachrichten.

- Rundspruchadressierung: diese ist im IP-Netzwerk nur für Teilnetze vorgesehen, wenn sich die 100 Teilnehmer auf 10 Teilnetze verteilen, wären 10 Nachrichten notwendig. Innerhalb der LANs belasten Rundsprüche die Stationen stärker als Gruppenachrichten, wenn die Netzwerkkarten Gruppenadressen auswerten können.

d. **Random Early Detection**

Wenn man Maßnahmen gegen die Netzwerkverstopfung und die damit verbundenen Paketverluste ergreifen will, muss die Verstopfungsgefahr rechtzeitig erkannt werden. Gewöhnlich geschieht dies nicht rechtzeitig, da erst Meldungen über den Paketverlust vorliegen müssen, ehe die Maßnahmen eingreifen. Es wurden Algorithmen entwickelt, die Verstopfungen vermeiden sollen (*congestion-avoidance*).

Eine solche Methode heißt RED (*random early detection*). Es wird die Verkehrsbelastung gemessen. Wenn die Verkehrsbelastung in bestimmten Vermittlungsknoten so ansteigt, dass eine Verstopfung befürchtet werden muss, werden Pakete zufällig ausgewählt und gelöscht. Wenn der Absender der Pakete entdeckt, dass Pakete gelöscht wurden, reduziert er seinen Verkehr. Das Verfahren setzt natürlich voraus, dass Rückmeldungen erfolgen, deshalb ist es besonders gut für Verkehr über TCP-Verbindungen geeignet.

Wenn eine TCP-Verbindung Paketverluste entdeckt, reduziert sie ihre Windows-Größe, damit reduziert sie die Übertragungsrate auf dieser Verbindung. Wenn die Gefahr der Verstopfung beseitigt ist, kann die Windowgröße wieder erhöht werden, bis wieder eine Verstopfungsgefahr gemeldet wird.

Die Verwendung von Zufallszahlen soll gegenüber deren Nichtverwendung vorteilhaft sein. Die Erfahrung hat gezeigt, dass bei nicht zufälligem Löschen von Paketen viele TCP-Verbindungen gleichzeitig ihren Verkehr reduzieren. Dies führt dazu, dass die vorhandenen Netzwerkkapazitäten nicht ausgenutzt werden, ehe die Window-Größen wieder erhöht werden. Wenn die Reduzierung des Verkehrs für viele Verbindungen gleichzeitig geschieht, gilt dies auch für die Wiederzunahme des Verkehrs. Damit wird schnell wieder die Gefahr der Verstopfung erreicht. Durch die Zufallsauswahl der zu löschenden Pakete wird die Gleichzeitigkeit vermieden, mit der die TCP-Verbindungen ihren Verkehr reduzieren und wieder erhöhen.

Das Verfahren eignet sich am besten für zentrale Router im Netzwerk, über die viele TCP-Verbindungen laufen, in einer "hub-and-spoke-Topologie", siehe Bild 9-6 Durch die Zufallsauswahl soll verhindert werden, dass die Reduzierungen nur in einer Speiche (*spoke*) auftreten.

Das System kann erweitert werden zur WRED (*weighted random erarly detection*). Bei dieser Methode erfolgt das Löschen der Pakete nicht mehr nur nach dem Zufallsverfahren, sondern es wird auch das TOS-Feld (type of service) der IP-Pakete ausgewertet. Gelöscht werden Pakete niedrigerer Priorität, damit die Verkehrsreduzierung bevorzugt bei TCP-Verbindungen mit niedriger Priorität erfolgt.

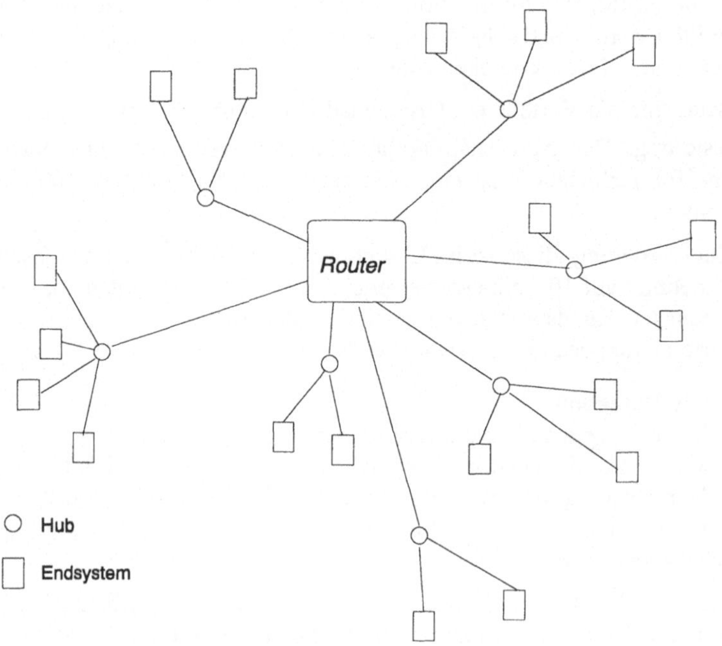

Bild 9-6 Hub- und Spoke-Topologie

e. **Aufbau von Wählverbindungen**
Bei vielen Anwendungen muss vor dem Beginn der Datenkommunikation eine Verbindung (physikalisch oder logisch) aufgebaut werden. Dies kann z.B. durch die Eröffnung einer Sitzung zwischen Anwender und dem Gerät, welches den Dienst zur Verfügung stellt, geschehen. Das Beispiel stammt aus dem Netzwerkkonzept SNA (System Network Architecture) mit der Anwendungsumgebung DISOSS (*distributed office support system*). Die Reaktionszeit für einen Auftrag ergibt sich dabei aus:

- Verbindungszeit (*connect time*), diese kann immer mit 40 Sekunden angenommen werden
- Übertragungszeit (*transfer time*), diese ist abhängig von der Menge der zu übertragenden Daten und der Datenübertragungsrate der Verbindung.

Ein Rechenbeispiel, welches der richtigen Auswahl der Leitung dienen soll, ergibt:

Übertragung von 5 Blöcken

4,8 kbit/s:	Verbindungszeit	40 s	Transferzeit	5 s	Reaktionszeit	45 s
56 kbit/s:		40 s		1 s		41 s

Verhältnis der Reaktionszeiten: 91,1 %

Übertragung von 30 Blöcken

4,8 kbit/s:	Verbindungszeit	40 s	Transferzeit	30 s	Reaktionszeit	70 s
56 kbit/s:		40 s		4 s		44 s

Verhältnis der Reaktionszeiten: 62,8 s

Während sich also im ersten Fall durch die Verwendung der erheblich teueren Leitungsverbindung eine Zeitersparnis von 8,9 % ergibt, erbringt dies im zweiten Beispiel 37,2 %. Die Leitungsumstellung ist also nur dann sinnvoll, wenn mit der Übertragung vieler Blöcke während einer Sitzung gerechnet werden kann.

f. **Terminal-Emulation**
Dieses Beispiel bezieht sich auf die Emulation eines Terminals nach IBM 3270 durch ein Terminal eines anderen Netzwerks. Bild 9-7 zeigt die dabei auftretende Konfiguration. Als Zeiten bei der Übertragung einer Bildschirmseite ergibt sich:

1.	Anforderung (*request for screen data*). Dieser Wert wird angenommen mit		0.1 s
2.	IBM CPU-Verarbeitungszeit		0,1 s
3.	Datentransfer über die SNA-Verbindung	bei 9,6 kbit/s	1,3 s
		56 kbit/s	0,2 s
4.	Verarbeitung in der CPU		1.9 s
5.	Übertragung zum Terminal	bei 9,6 kbit/s	1,6 s
		19,2 kbit/s	0,8 s

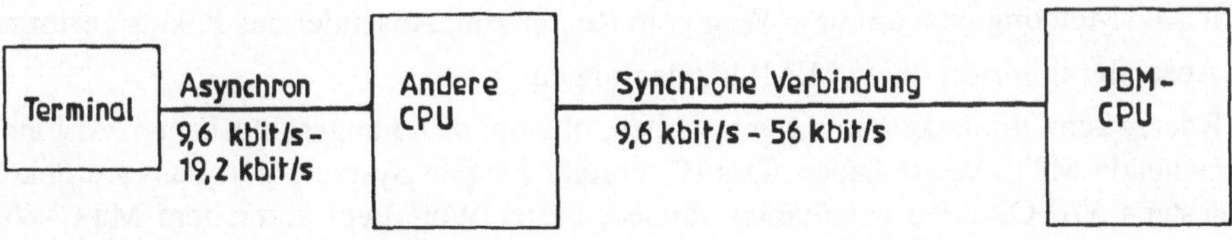

Bild 9-7 Terminal-Emulation

Für die Realisierung ergeben sich damit folgende Varianten:

Übertragungsrate der SNA-Leitung kbit/s	Übertragungsrate der Terminalleitung kbit/s	Zeiten 1	2	3	4	5	Reaktionszeit Sekunde
9,6	9,6	0,1	0,1	1,3	1,9	1,6	5,0
56	9,6	0,1	0,1	0,2	1,9	1.6	3,9
9,6	19,2	0,1	0,1	1,3	1,9	0,8	4,2
56	19,2	0,1	0,1	0,2	1,9	0,8	3,1

Eine Erhöhung der Datenübertragungsrate bei beiden Verbindungen würde also zu einer Senkung der Reaktionszeit von 5 s auf 3,1 s führen (38 %), diese Verminderung ist auch für den menschlichen Benutzer durchaus erkennbar.

g. **Abschalten der PMTU**

Wie unter a. erwähnt, kann die Leistung eines Netzwerks durch möglichst große Übertragungseinheiten gesteigert werden, andererseits soll die Größe eines Pakets nicht die Größe der MTU in den einzelnen Netzwerken übersteigen, um Fragmentierung zu vermeiden (vergl. Abschnitt 5.4.4.3). Dazu kann die PMTUD (*path MTU discovery*) eingesetzt werden. Die PMTUD setzt voraus, dass alle IP-Pakete mit dem Don`t-Fragment-Bit versehen werden, damit Router, die die Fragmentierung vornehmen müssten, das Paket vernichten und eine Rückmeldung an den Absender senden. Dieser kann dann die Paketgröße entsprechend vermindern.

Wenn die PMTUD nicht richtig arbeitet, führt sie zu einer Verhinderung des Verkehrs. Da die Pakete nicht fragmentiert werden dürfen, werden Pakete, die bei einem Router die zulässige Größe übersteigen, vernichtet. Solange der Absender keine Anpassung der Paketgröße vornimmt, geschieht dies mit allen Paketen. Bei unterschiedlichen Paketgrößen kann dieser Fahler schwer zu analysieren sein, da kleine Pakete völlig korrekt übertragen werden. Bei Überprüfung der Verbindung mit dem Ping-Kommando, welches die Fragmentierung der Pakete zulässt, findet ebenfalls eine korrekte Übertragung statt (vergl. Abschnitt 10.5). Weiterhin kann der Fehler richtungsabhängig auftreten, was ebenfalls das Verständnis erschwert. Wenn zwei Stationen A und B über einen Router verbunden sind, zwischen A und dem Router ein Netzwerk vom Typ Ethernet und zwischen dem Router und B ein Netzwerk vom Typ FDDI ist, würde der Verkehr von A nach B korrekt verlaufen, da A Pakete mit dem (kleineren) MTU-Wert des Ethernet bildet. Der Verkehr von B nach A wäre aber gestört, wenn die PMTUD versagt, da B Pakete mit dem (größeren) MTU-Wert des FDDI bildet.

Als Gründe, die ein korrektes Arbeiten der PMTUD verhindern, werden genannt:

- Der Router, der die Fragmentierung durchführen müsste, vernichtet zwar das Paket, bildet aber keine ICMP-Rückmeldung zum Absender.
- Die ICMP-Meldung geht auf dem Weg vom Router zum Absender des Pakets verloren.
- Der Absender ignoriert die ICMP-Rückmeldungen.
- Ein Router kann die Pakete nicht verarbeiten, obwohl seine angeschlossenen Verbindungen ausreichende MTU-Werte haben. Das IP schreibt für alle Systeme vor, dass sie Pakete von mindestens 576 Oktetten handhaben können, dieser Wert liegt unter dem MTU-Wert der LANs. In diesem wahrscheinlich seltenen Fall würde der Router keine ICMP-Nachricht über eine zu kleine MTU erzeugen, aber das Paket nicht weitervermitteln.

Bei der Verbindung der Segmente über Bridges oder Switches dürften keine Probleme auftreten, da diese Netze gleichen Typs mit gleichen MTU-Werten verbinden. Wenn allerdings "translational bridging" verwendet wird (siehe Abschnitt 8.4), bei dem z.B. Ethernet und FDDI verbunden werden, kann es zu Schwierigkeiten kommen, da keine Fragmentierung vorgesehen ist, damit das Don`t-Fragment-Bit nicht ausgewertet wird.

Wenn der beschriebene Fehler vermutet wird, sollte über ein Kommando die PMTUD abgeschaltet werden, die MTU für das lokale System muss dann eingegeben werden in der Form der Angabe MSS (*maximal segment size*). Die MSS ist wegen der Header für TCP und IP 40 kleiner als die MTU, bei Ethernet also 1460. Im Kommando muss klargemacht werden, dass die PMTUD eine Einrichtung des IP (Ebene 3), die MSS aber die des TCP (Ebene 4) ist, die Kommandos lauten:

```
ndd -set /dev/ip ip_path_mtu_discovery 0
ndd -set /dev/tcp tcp_mss_max 1460.
```

Das Abschalten der PMTUD kann natürlich zu einer Leistungsminderung führen, schließt dafür aber die beschriebenen Fehlerfälle aus.

Zum Tuning gehören auch die Überlegungen zur Gestaltung und Dimensionierung von Domänen und Speichern. Diese Themen werden gesondert in Abschnitt 9.4 und 9.5 behandelt.

9.4 Schaffung von Domänen

Das Verhalten eines Netzwerks wird stark bestimmt von der Aufteilung des Netzwerks in Domänen. Während in vielen Fällen unter einer Domäne eine logische Gliederung der Netze und ihrer Systeme verstanden wird, geht es in diesem Kapitel auch um physikalisch bestimmte Domänen (domains).

a. **Namensdomänen**
Diese sind in Abschnitt 5.4.4.9 und unter 9.8 besprochen.

b. **Adressdomänen**
Sie beschreiben den Bereich, in dem eine Adresse Gültigkeit hat und damit einmalig sein muss. So würde ein Netzwerk in einem IP-Netz die Adressdomäne für die Stationsadressen darstellen. In einem Netzwerk mit der Adresse 193.22.85 darf die Stationsadresse 33 nur einmal vorkommen, sie dürfte aber auch im Netzwerk 193.23.86 auftreten.

Bei Systemen wie dem Telefonnetz ist es üblich, beim Verkehr innerhalb einer Domäne nur einen Teil der Adresse zu verwenden, z.B. bei Ortsgesprächen nur die Teilnehmernummer, bei Gesprächen im Inland nur die Teilnehmernummer und die Ortswahlnummer, nur bei internationalen Gesprächen müssen sowohl die Ländernummer, die Ortswahlnummer und die Telnehmernummer gewählt werden. Die in diesem Buch besprochenen Systeme haben diese Unterteilung in der Regel nicht, da in den Headern der Nachrichten für die Adressen ein einheitliches Format angegeben ist, werden alle Teile der Adresse angegeben, wie es bei IP, IPX, ATM besprochen wurde.

Wenn z.B. IP-Pakete vom System mit der Adresse 193.22.85.33 zum System 193.22.85.34 übertragen werden sollen, befinden sich beide Systeme im gleichen Netzwerk, trotzdem enthält das Paket die Absender- und Zieladresse in voller Länge (8 Oktette). Eine Ausnahme bilden die Nummern für die Leitungsvermittlung, wie sie z.B. bei ISDN oder bei der V.25bis vorkommen (siehe Abschnitt 3.4).

Sehr große Adressdomänen bilden insbesondere:

- Das Internet. Hier müssen die Adressen weltweit einmalig sein, dies gilt für viele Millionen Stationen, Vermittlungssysteme usw., so dass selbst eine Adresse von 32 Bit nicht auf Dauer ausreicht.

- LANs. Die MAC-Adressen sind für den Verkehr von Knoten zu Knoten bestimmt, damit würde es genügen, wenn die Adressen in der Lage sind, die maximal zulässige Anzahl von Stationen im LAN zu adressieren. Diese Zahl ist in der Regel festgelegt, bei Ethernet auf 1024. Dafür wäre eine Adresse von 10 Bits ausreichend. Bei der Spezifikation des Ethernet wurde aber festgelegt, dass alle MAC-Adressen weltweit einmalig zu sein haben. Dies führt zu Adressen von 6 Oktetten. Diese Regel wurde auch von den anderen LAN-Konzepten, z.B. FDDI übernommen. Der Vorteil dieser Regel liegt darin, dass die Vernetzung von Netzen auch über Geräte wie Bridges oder Switches, welche mit den MAC-Adressen arbeiten, nie zu Schwierigkeiten bei der Adressierung führt. Da man sicher sein kann, dass ein neu anzuschließendes Netz keine Adressen hat, die bereits im bestehenden Netz verwendet werden. Der Nachteil ist die Größe der Adressen, die einen Teil der Übertragungskapazität verbrauchen.

Wenn Nachrichten von einer Adressdomäne zu einer anderen übertragen werden sollen, können zwei unterschiedliche Fälle vorliegen:

- Die Adressierung in den Domänen beruht auf unterschiedlichen Vorschriften, Beispiele für diesen Fall wären:

- Verbindung eines LANs mit einem WAN (Adressen der Ebene 2)

- Verbindung eines IP-Netzwerks nach Version 4 mit einem der Version 6 (Ebene 3 Adressen).

- Die Adressierung beruht auf den gleichen Regeln, aber in jeder Domäne unabhängig von der anderen. Ein Beispiel dafür wäre die Verbindung eines privaten Netzwerks nach IP mit dem Internet.

In jedem der genannten Fälle muss die Adresse verändert werden, bei der Verwendung von WAN und LAN geschieht dies im Zusammenhang mit der Protokoll-Umsetzung.

Für die Verbindung von Internet nach Version 4 und Version 6 wird der Vorschlag gemacht, in die 16-Oktett-Adresse nach Version 6 die 4-Okett-Adresse nach Version 4 als niederwertige Oktette aufzunehmen.

Im Fall der Verbindung zweier unterschiedlicher Adressdomänen nach den Regeln von IP wird die Network-Adress-Translation (siehe Abschnitt 5.4.4.7) angewandt.

Ein Sonderfall liegt vor, wenn Netzwerke, die zu einer Adressdomäne gehören, durch Netze einer anderen Domäne verbunden werden.

Beispiele dazu wären (siehe Bild 9-8):

1. Eine Firma betreibt ihr Netz nach den IP-Regeln, sie hat ihre private Adressdomäne. Der Austausch zwischen den weltweit verbreiteten Niederlassungen geschieht über das Internet.
2. Netzwerkbereiche mit dem Protokoll IPv6 sind verbunden durch einen Netzwerkbereich mit dem Protokoll IPv4. Dieser Fall wird in der Übergangszeit zwischen den beiden Protokoll-Versionen wahrscheinlich häufig auftreten.

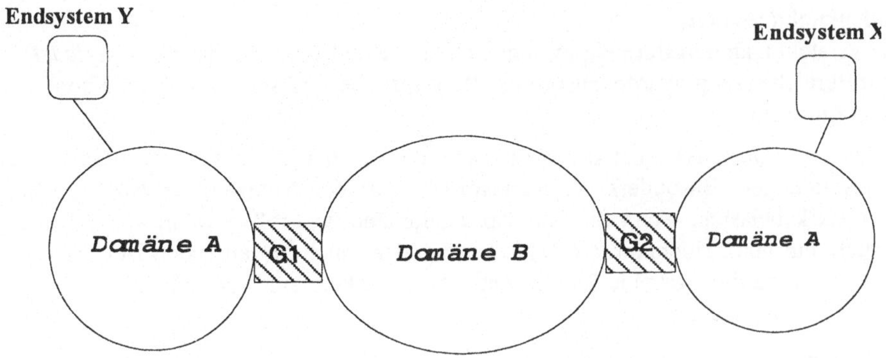

Bild 9-8 Verbindung von Stationen einer Adressdomäne über eine andere Adressdomäne (G1, G2 Gateways)

Die übliche Methode für das Übertragen von Nachrichten ist nicht die Umsetzung der Adressen in den Gateways, sondern das Tunneling. Es wird angenommen, dass beide Domänen nach dem IP Version 4 verwaltet werden. Wenn das Endsystem Y zum Endsystem X eine Nachricht senden will, so trägt es als Zieladresse die Adresse von X ein. Das Paket wird geroutet zum Gateway 1. Dieser übernimmt das ganze Paket einschließlich des Headers und betrachtet es als Inhalt eines neuen Pakets. Als Absenderadresse dieses Pakets erscheint G1, als Empfängeradresse G2. Im Protokollfeld des neuen Pakets muss eingetragen werden, dass es sich um ein Paket nach IP handelt, während im Protokollfeld des ursprünglichen Pakets z.B. der Wert 6 für TCP eingetragen ist. Gateway 2 empfängt das Paket, entfernt dessen Header und sendet das ursprüngliche Paket weiter.

Der Aufbau der Pakete ist in Tabelle 9-1 dargestellt. SZ bezeichnet die Länge des TCP-Segments ohne Header, also die Nachricht der Ebene 5). Die Header der Ebene 2 sind nicht berücksichtigt.

Tabelle 9-1 Tunneling von Paketen bei unterschiedlichen Adress-Domänen

Domäne A	Domäne B
Zieladresse: X	Zieladresse: G2
Quelladresse:Y	Quelladresse: G1
Gesamtlänge: SZ + 40 Oktette	Gesamtlänge: SZ + 60 Oktette
Protokoll: TCP	Protokoll: IP

Als Protokollnummern für das Tunneling von IP-Paketen in IP-Paketen ist u.a. vorgesehen:

4 IP in IP (*encapsulation*)

131 PIPE Private IP Encapsulation within IP

c. **Rundspruchdomänen**

Darunter versteht man den Bereich, in dem sich eine Rundspruchnachricht (*broadcast*), welche in diesem Bereich erzeugt wurde, ausbreitet. Rundsprüche sind sowohl auf der Ebene 2 wie der Ebene 3 vorgesehen.

Rundsprüche (*broadcasts*) entstehen hauptsächlich aus der Netzwerkverwaltung, aber auch durch Anwendungen. Besonders die Rundsprüche aus der Netzwerkverwaltung können das Netz sehr stark belasten, wenn die Rundspruchdomäne zu groß gewählt wird. Rundsprüche werden nicht nur beim Hochfahren des Netzes, sondern auch im laufenden Betrieb regelmäßig erzeugt; auch wenn dies für eine Station nur wenige Pakete sind, entsteht eine große Netzbelastung. So wird angegeben:

1.Beispiel: **ARP**

Für ARP (siehe Abschnitt 5.4.4.5) geht man davon aus, dass etwa 25 Aufrufe je Stunde von jeder Workstation erfolgen, jeder Aufruf führt zu zwei Paketen (*request* und *reply*). Wenn 1000 Stationen in der Rundspruchdomäne vorhanden sind, ergibt das je Sekunde

1000*25/3600 = 7 Pakete

Davon sind allerdings nur die Hälfte der Pakete der eigentliche Rundspruch (*request*), die Antwort wird gezielt an den Anfrager gegeben. Bild 9-9 zeigt eine Domäne, welche aus 4 Segmenten besteht, der Switch führt eine Adressfilterung durch, gibt aber Rundsprüche an alle Segmente weiter.

Wenn Station 77 eine Nachricht zu Station 12 Senden will, deren MAC-Adresse aber nicht gespeichert hat, sendet sie die ARP-Request mit der IP-Adresse von Station 12 als Rundspruch. Der Switch vermittelt den Rundspruch auf die Segmente B, C und D. Alle Stationen an allen Segmenten werden den Rundspruch aus, dann sendet Station 12 den Reply. Dieser ist aber mit der MAC-Adresse von Station 77 versehen, der Switch vermittelt ihn gezielt nach Segment A. Damit belastet also der Request alle 4 Segmente, der Reply aber nur 2 Segmente.

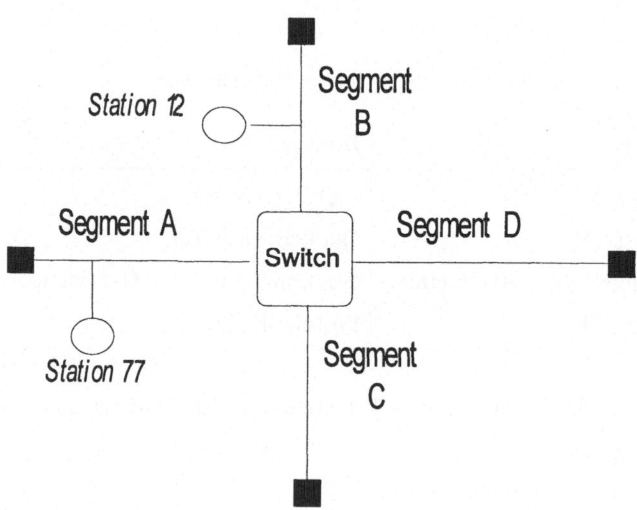

Bild 9-9 Aufbau einer Rundspruchdomäne

2. Beispiel: **RIP**
Bei RIP (*Routing Information Protocol*), vergl. Abschnitt 5.4.4.6) versendet jeder Router etwa alle 30 Sekunden per Rundspruch die RIP-Tabelle zu den anderen Routern. Grundsätzlich kann RIP in jeder Workstation laufen. Wenn für das Versenden der Tabelle 50 Pakete erforderlich sind, würden 10 Geräte, in denen RIP läuft, etwa 16 Rundsprüche je Sekunde erzeugen.

Bei beiden Beispielen muss beachtet werden, dass ein Rundspruch nicht nur alle Kabelsegmente einer Rundspruchdomäne belastet, sondern auch die Stationen stärker belastet werden als bei Einzelnachrichten. Bei diesen kann die Netzwerkkarte die Adresse auswerten, so dass Stationen, welche nicht Empfänger sind, ihre Zentraleinheit nicht belasten. Bei Rundsprüchen muss aber jede Station den Inhalt der Nachricht abprüfen.

Messungen haben ergeben, dass der Prozentsatz der CPU-Leitung bei Stationen in einem IP-Netzwerk, welches kein RIP verwendet, der für die Bearbeitung der Rundsprüche aufgewendet wird, beträgt bei

100 Stationen	0,14 %
1000 Stationen	0,96 %
10000 Stationen	9,15 %

Diese Werte stellen aber die Durchschnittswerte dar, die Spitzenwerte können bedeutend höher liegen. Wenn die Rundsprüche und deren Auswirkungen den Netzwerkbetrieb beeinträchtigen, bezeichnet man dies als Breitband-Sturm (*storm*). Dieser kann z.B. dadurch ausgelöst werden, dass ein Gerät eine Anfrage an alle anderen Geräte richtet, auf die alle Geräte antworten. Die Belastung tritt dabei nicht durch den Rundspruch auf, sondern durch die Antworten auf den Rundspruch. Besonders bei lokalen Netzen vom Typ Ethernet führt der gleichzeitig bei vielen Stationen auftretende Sendewunsch auch zu einer Vielzahl von Kollisionen, die nur langsam aufgelöst werden.

Wenn die Rundsprüche zu einer zu hohen Belastung werden, kann man:

- Switchs durch Router ersetzen. Router leiten Rundsprüche grundsätzlich nicht weiter. Die Nachteile, die mit dem Einsatz eines Routers anstelle eine Switchs entstehen, müssen dann in Kauf genommen werden.
- Die Switch so konfigurieren, dass sie Rundsprüche nicht weiterleiten. Dies muss allerdings selektiv geschehen. Wenn z.B. durch einen Switch mehrere Segmente so verbunden werden, dass sie ein Netzwerk mit einer IP-Netzwerkadresse bilden, muss innerhalb des Netzwerks das ARP arbeiten. Dies kann es aber nur, wenn die ARP-Rundspüche (*requests*) an alle Stationen gelangen. Diese Rundsprüche muss der Switch also auf alle Fälle vermitteln.

Auf die Auswirkungen von Rundsprüchen in vermaschten Netzen mit alternativen Routen wird unter Fehlertoleranz (Abschnitt 9.6) näher eingegangen.

d. **Kollisionsdomänen**
Eine Kollisionsdomäne ist der Bereich, in dem sich die Kollision in einem Netzwerk nach Ethernet ausbreitet. Kollisionen kommen nur im Ethernet vor. Je mehr Stationen an den Bereich, in dem sich die Kollision ausbreitet, an das Netz angeschlossen sind, umso häufiger kann es zu Kollisionen kommen und umso mehr Stationen werden an der Arbeit gehindert. Die Schaffung kleiner Kollisionsdomänen kann also das Netzwerkverhalten erheblich verbessern.

Hubs oder Repeater haben die Aufgabe, den Kollisionszustand an alle angeschlossenen Segmente zu übertragen. Ein Blockieren des Kollisionszustands wäre auch sinnlos, da während der Kollision alle Stationen an einer Sendung gehindert werden müssen. Eine Bridge oder ein

Switch führt nicht nur die Adressfilterung durch, was die Verkehrsbelastung der Segmente reduziert, sondern sendet in der Regel Frames, die eine Kollision erlitten haben, nicht weiter. Das Zugriffsverfahren wird für jedes Segment gesondert betrieben, an dem auch die Bridge teilnimmt.

Wenn ein Netzwerk aus 4 Segmenten besteht, an denen je 15 Stationen hängen und die durch einen Hub verbunden sind, so besteht die Kollisionsdomäne aus 60 Stationen. Wenn der Hub durch eine Bridge ersetzt wird, so bilden sich 4 Kollisionsdomänen mit je 16 Teilnehmern (15 Stationen und die Bridge).

Die Entwicklung geht zu immer kleineren Kollisionsdomänen. Während der ursprüngliche Ethernet-Entwurf ein maximales Netzwerk von 1024 Stationen vorsah, dessen Segmente mit Repeatern verbunden waren, also eine einzige Kollisionsdomäne bildete, wurden in den 90-er Jahren zunehmend Repeater durch Switchs ersetzt. Die durchschnittliche Kollisionsdomäne bestand aus etwa 40 Teilnehmern. Im Jahr 2000 geht man von durchschnittlich 10 Teilnehmern in einer Kollisonsdomäne aus. Man rechnet damit, dass die Entwicklung auf Netzwerke geht, welche die Segmente durch Switch verbinden und bei denen an jedem Segment ein Gerät angeschlossen ist (Mikrosegmentierung).

Zusammenfassen kann man:

- Kollisionsdomänen werden von Switchs, Routern und allen vergleichbaren Geräten, aber nicht durch Repeater oder Hubs getrennt.
- Rundspruchdomänen werden von Routern, aber nicht von Switchs oder Hubs getrennt, falls die Switchs nicht besonders konfiguriert sind.

9.5 Dimensionierung von Speichern

Vermittelnde Systeme, aber auch Endsysteme, verfügen über Pufferspeicher. Diese sind grundsätzlich notwendig, um:

1. Geschwindigkeiten auszugleichen:

In Endsystemen muss die Geschwindigkeit der Erarbeitung bzw. Verarbeitung der Daten im Computer mit der Geschwindigkeit der Datenübertragung angeglichen werden. Notwendig ist auch die Anpassung der Geschwindigkeit, mit der die Daten aus dem Hauptspeicher zur Netzwerkkarte übertragen werden bzw. umgekehrt mit der Geschwindigkeit der Datenübertragung.

In vermittelnden Systemen besteht oft ein Geschwindigkeitsunterschied zwischen den unterschiedlichen Netzwerken, an die das System angeschlossen ist. Dies gilt sowohl für Geräte der Ebene 2 (*bridges*), die z.B. Ethernet mit 10 und 100 Mbit/s verbinden; stärker noch für die Router der Ebene 3.

2. Verarbeitungen vornehmen zu können:

In den Routern werden die Header der Nachrichten verändert, dazu müssen die zu verändernden Bereiche im System zur Verfügung stehen. Fehlerkorrekturen können bei Verwendung eines fehlerkorrigierenden Codes allerdings auch während des Datenflusses (*on the fly*) vorgenommen werden.

3. Verkehrsbelastungen auszugleichen:

In paketvermittelnden Systemen muss eine Leitung für eine Vielzahl von Verbindungen zur Verfügung stehen. Die Daten fallen unregelmäßig an, Spitzenbelastungen müssen aufgefangen werden.

Aufbau und Dimensionierung der Speicher haben entscheidenden Einfluss auf die Leistungsfähigkeit der Geräte und das Verhalten des Netzwerks.

Eine andere Funktion haben die Cache-Speicher. Ihr Zweck ist immer die Beschleunigung des Zugriffs auf die Daten. Sie werden daher gesondert im zweiten Teil dieses Abschnitts beschrieben.

9.5.1 Speicher in vermittelnden Geräten und Endsystemen

Pufferspeicher können grundsätzlich nach der Art, wie die Daten aus dem Puffer entnommen werden, als

LIFO (*last in / first out*)

oder

FIFO (*first in / first out*) angelegt sein.

Während LIFO-Speicher in der Informatik, z.B. als Stacks, oft angewandt werden, sind die Pufferspeicher in vermittelnden Geräten als FIFO organisiert. Sie werden deshalb im Englischen auch als "Queue" (Warteschlange) bezeichnet.

Bei Pufferspeichern kann es immer zum Speicherüberlauf (*overrun*) kommen, wenn dem Speicher Daten zugeführt werden, dieser aber über keinen Speicherplatz mehr verfügt.

Möglich ist auch der umgekehrte Fall. Wenn Daten block- oder paketweise synchron übertragen werden, müssen während des Sendevorgangs die Daten zur Verfügung stehen. Wenn dies nicht Fall ist (Pufferspeicher leer), kommt es zum "Underrun" (wörtlich Unterlauf). Bei einigen synchronen Prozeduren können die Schnittstellentreiber dafür sorgen, dass dann vereinbarte Zeichen eingeschoben werden, z.B. das Synch-Zeichen.

Bei einem vermittelnden System können Speicher sowohl an den Eingängen (*input ports*) wie an den Ausgängen (*output port*) angeordnet sein (oder an beiden). Bei Speichern an den Eingängen kann es zu einem Blockierungseffekt kommen. Wenn z.B. in der Warteschlange des Ports 1 Pakete anstehen, die zu den anderen Ports vermittelt werden müssen, in der Reihenfolge

3 4 3 3 3 4 2

wobei das Paket nach 2 das erste in der Queue ist, und der Port 2 von anderen Paketen, die von den anderen Ports kommen, belegt ist, während die Ports 4 und 3 frei sind, blockiert dieses Paket die Weitervermittlung, da sich die Pakete in der Queue nicht überholen können.

In mehreren Protokollen der Paketvermittlung, z.B. bei ATM oder IP, ist eine Vorzugsbehandlung von Paketen bzw. Zellen in Bezug auf die Verluste vorgesehen. So enthält der Header einer ATM-Zelle das Bit für die Zell-Verlust-Priorität (CLP), vergl. Abschnitt 4.4.4). Die Vorzugsbehandlung der Zellen kann mit einem kaskadierbaren Speicher durchgeführt werden (siehe Bild 9-10).

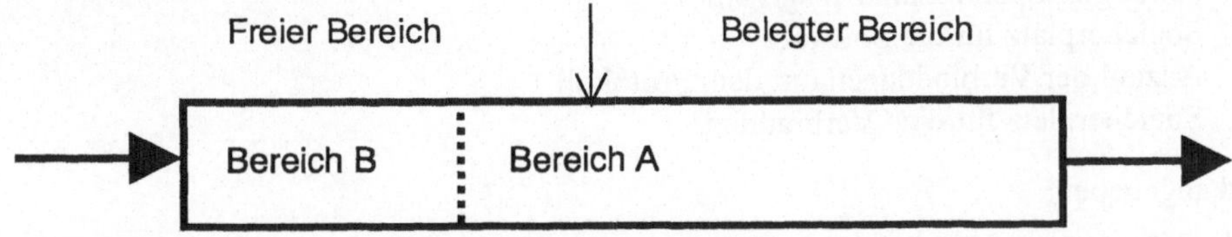

Bild 9-10 Kaskadierbarer Speicher

Der Speicher wird im einfachsten Fall in zwei Zonen geteilt. Dies gilt dann, wenn nur zwei Prioritätsstufen für den Verlust von Nachrichten vorliegen. Falls eine mehrstufige Priorität vorliegt, muss eine Teilung in mehr als zwei Bereiche durchgeführt werden. Das System muss überwachen, wie weit der Speicher gefüllt ist. Dann gilt:

- solange noch Platz im Bereich A vorliegt (wie im Bild 9-10), werden alle Arten von Pakete in den Pufferspeicher übernommen.
- wenn der Bereich A bereits gefüllt ist (Pfeil steht über Bereich B), werden nur noch bevorzugte Pakete übernommen.

Das System kann die Paketverluste nicht völlig verhindern, da auch der Bereich B begrenzt ist und überlaufen kann. Es kann aber die Verlustwahrscheinlichkeit bevorzugter Pakete erheblich mindern. Die Verlustwahrscheinlichkeit nicht bevorzugter Pakete wird grundsätzlich erhöht. Wenn der zweitgenannte Fall eintritt, wird das Paket vernichtet, obwohl noch Platz im Pufferspeicher vorhanden ist. Bei einem nicht kaskadierten Speicher käme dies nicht vor.

Beim Betrieb von TCP-Verbindungen muss für jede Verbindung eine Queue für den Sende- und den Empfangsvorgang angelegt werden. Selbstverständlich werden diese Pufferspeicher nicht als eigenen Hardware realisiert, sondern sie verwenden Bereiche innerhalb eines Hauptspeichers.

Beide Pufferspeicher bestehen aus zwei Teilen:

1. **Sende-Queue**:
   Pufferspeicher für die zu sendenden Daten
   Pufferspeicher für die Daten, die bereits gesendet wurden, aber noch nicht quittiert sind.
2. **Empfangs-Queue**:
   Pufferspeicher für die empfangenen Daten, die in der richtigen Sequenz angekommen sind und noch nicht der Verarbeitung zugeführt wurden.
   Pufferspeicher für Daten, die nicht in der richtigen Sequenz gekommen sind. Dieser Speicher wird auch als "spare queue" bezeichnet.

Verbindungsorientierte Protokolle benötigen neben den Queues weiteren Speicherplatz, um Parameter und Status-Informationen über die Verbindung zu speichern. Weiterhin wird die Software, also das Programm, welches die Prozedur betreibt, Speicherplatz belegen. Die Menge des Speicherplatzes für eine Verbindung ist von der Art der Verbindung und ihrer Verwendung abhängig. Wenn z.B. über eine TCP-Verbindung telnet gefahren wird, benötigt diese Verbindung wegen der begrenzten Datenmengen (*remote echo*) weniger Speicherplatz als eine tcp-Verbindung, welche von ftp (*File Transfer Protocol*) benutzt wird.

Die Formel zu Errechung des Speicherbedarfs ist:

$$S = P + n_1 * s_1 + n_2 * s_2 \ldots\ldots\ldots$$

S: benötigter Speicherplatz insgesamt
P: Speicherplatz für die Software
n_1: Anzahl der Verbindungen mit dem Protokoll 1
s_1: Speicherplatz für eine Verbindung

So wird angegeben:

Bedarf für eine tcp-Verbindung für telnet	6 kbyte
Bedarf für eine andere tcp-Verbindung	64 kbyte

Für ein System mit 512-Telnet-Sitzungen und 96 ftp-Sitzungen ergibt sich:

S = 2,5 Mbyte + 512*6 kbyte + 96*64 kbyte = 11,5 Mbyte

Auch die Routing-Protokolle benötigen Speicherplatz für die Routing-Tabellen und Informationen über die Topologie. Der Speicherplatzbedarf kann minimiert werden durch:

- Zusammenfassung (*summarization*) von Routing-Informationen
- Bildung kleiner Bereiche (*areas*) für die Wirksamkeit des Routing-Protokolls

Hauptspeicher werden wie Plattenspeicher nicht byteweise, sondern blockweise verwaltet. Es kann sinnvoll sein, eine Aufteilung des Pufferspeichers in verschiedene Pools vorzunehmen. Die Blockeinteilung in jedem Pool wird anders vorgenommen, die Blöcke werden als Buffer bezeichnet, sie dienen zur Abwicklung jeweils eines Sendevorgangs.

Ein Beispiel ist in Tabelle 9-2 dargestellt.

Tabelle 9-2 Pufferspeichergrößen

Bezeichnung	Größe des Buffers (bytes)
Small	104
Middle	600
Big	1524
Very big	4520
Large	5024
Huge	18024

Die Festlegung der Buffer-Größen geht offenbar von den MTU-Werten der LANs aus, 3 und 4 entsprechen den Werten für Ethernet und für Token-Ring.

Wenn der Interface-Prozessor Pufferspeicher benötigt, fragt er nach einem Buffer einer bestimmten Größe an. Wenn dieser vorhanden ist, erhält er ihn. Wenn er nicht vorhanden ist, wird eine neuer Buffer dieser Größe angelegt (*create*). Falls dies nicht möglich ist, wird die Meldung "failure" erzeugt, das Paket wird vernichtet. Es wird also nicht ein Buffer der nächsthöheren Größe benutzt.

Während der Einrichtung eines neuen Buffers kann es zu weiteren "Failures" kommen. Bei starkem Verkehraufkommen kann es dazu kommen, dass zwar genügend Buffer schnell genug erzeugt werden, aber keine CPU-Leistung mehr für die Verarbeitung der Pakete zur Verfügung steht. Die Einrichtung neuer Buffer kann auch dann nicht stattfinden, wenn kein Speicherplatz mehr zur Verfügung steht. Wenn angenommen wird, dass Buffer nicht mehr benötigt werden, können sie wieder aus dem Pool entfernt werden, der Vorgang wird als Trimmen (*trim away*) bezeichnet.

Der Zustand der Buffer kann mit einem Kommando abgefragt werden, die Beschreibung für eine Buffer-Art kann dann lauten:

Small Buffers, 104 bytes (total 16, permanent 10):

11 in free list (0 min, 10 max allowed)

1777 hits, 33 misses, 22 trims, 28 created

9 failures (0 no memory)

Dabei bedeuten:

total	Anzahl der Buffer im Pool (benutzte und unbenutzte)
permanent	Anzahl der Buffer, die immer im Pool sein müssen. Wenn diese Zahl erreicht wird, dürfen keine Buffer durch Trimmen entfernt werden.
in free list	Anzahl der Puffer, die gegenwärtig frei verfügbar sind
min	dieser Wert für die free-list soll nach dem erwarteten Verkehraufkommen eingerichtet werden, wenn dieser Wert unterschritten wird, wird versucht, neue Buffer einzurichten.
max	gibt die maximal zulässige Anzahl freier Buffer an. Dieser Wert soll nicht überschritten werden, damit nicht allowed-Speicherplatz unnötig blockiert wird. Wenn die Zahl der freien Buffer diesen Wert überschreitet, soll das System versuchen, diese zu entfernen (*trim away*). In diesem Beispiel wäre das der Fall, da 11 freie Buffer bei maximal erlaubten 10 vorhanden sind. Die Entfernung eines Buffers führt auch nicht zur Unterschreitung der unter permanent genannten Zahl.
hits	Zahl der Buffer, die aus dem Pool erfolgreich angefordert wurden. Die Zahl gibt einen Hinweis darauf, für welche Buffer-Größe der höchste Bedarf besteht.
misses	Bedeutet nicht, dass kein Buffer gefunden wurde, sondern gibt an, wie oft der Bedarf an zusätzlichen Buffern bestand, wie oft also die Aufforderung zur Schaffung neuer Buffer erfolgte, weil die Zahl der freien Buffer den Wert für min unterschritt.
trims	gibt an, wie oft Buffer entfernt wurden, weil die Zahl der freien Buffer den Wert von max-allowed überschritt.
created	Gibt die Zahl der neu geschaffenen Buffer an. Die Zahl muss nicht der Zahl von misses entsprechen, da es nicht immer möglich ist, einen neuen Buffer anzulegen.
failures	dies sind die Fälle, in denen es nicht möglich war, einen benötigten Buffer bereit zu stellen. Die Zahl entspricht der Anzahl der gelöschten Pakete wegen zu wenig Speicherplatz (*shortage*).
no memory	Zahl der Fälle, da kein Speicherplatz zur Einrichtung eines neuen Buffers zur Verfügung stand.

Zur Beobachtung des Systems und der Anzeige von Problemen sind besonders geeignet die Werte von:

- **misses** und **created**, wenn deren Rate bezogen auf die hits zu hoch wird.
- **in free list**, wenn die Zahl über einen längeren Zeitraum zu niedrig ist
- **failure** und **no memory**, wenn diese Zahlen ansteigen.

Mit Konfigurationskommandos können einige Zahlenwerte bestimmt werden:

- Initial-Wert: gibt für Hochfahren die Zahl der temporären Buffer an. Die hier angelegten Buffer können während des Betriebs wieder entfernt werden (*trim*).
- Maximal erlaubte frei Buffer: Der Wert sollte gleich oder größer eingestellt sein als der für die Zahl der permanenten Buffer. Mit dieser Angabe soll erreicht werden, dass zusätzlich geschaffene Buffer, die während einer Verkehrsspitze notwendig waren, auch wieder gelöscht werden.
- Auch die Zahl der permanenten Buffer kann durch Kommando festgelegt werden. Die permanent vorhandenen Buffer sollen zu einer Reduzierung der Schaffung neuer Buffer (*create*) und zur Vermeidung von misses und failures führen.

- Zahl der minimalen freien Buffer: auch die Festlegung dieser Zahl soll sichern, dass es nicht zum Verlust von Paketen kommt, weil kein freier Buffer zur Verfügung steht.

Ob es zu Verlusten von Paketen kommt, weil kein Speicher vorhanden war, kann mit Kommandos an den einzelnen Schnittstellen abgefragt werden.

Auch bei anderen Systemen ist es möglich, den Zustand der Pufferspeicher mit Kommandos abzufragen. Bei Unix-Systemen lassen sich die Speicher mit dem Kommando

netstat -m

abfragen.

Mit Statusabfragen kann der Zustand von Pufferspeichern abgefragt werden. Eine solche Abfrage könnten z.B. liefern:

Output queue 36/40, 67 drops

Input queue 0/75, 0 drops

Die beiden Zahlen zeigen die Belegung der Queues und die Größe der Queues (gemessen in Paketen).

Zur Auswertung der Zahlen wird vorgeschlagen:

- Wenn die Belegung der Queue außer in Ausnahmefällen 80 % erreicht oder überschreitet, sollte die Queue vergrößert werden.
- Wenn sich die Zahl für drops stark erhöht, sollte die Größe der Queue erhöht werden.
- Überläufe kann es auch geben, wenn die Zahlen nicht erreicht werden, da ein Bündel (*burst*) von Paketen die Ausgangs-Queue überfluten kann.

Das Kommando für die Vergrößerung der Ausgabe-Queue würde lauten:

- int ch 4/2 — definiert, welches Interface gemeint ist
- hold-queue 125 out — setzt die Ausgabe Queue auf die Größe von 125 Paketen, die Eingabe-Queue bleibt unverändert.

Die Veränderung der Größe von Pufferspeichern durch Kommandos kann nicht die Größe des vorhandenen Speichers verändern, sondern es wird aus einem gemeinsam nutzbaren Hauptspeicher ein bestimmter Bereich für diesen Zweck eingeräumt. Bei der Anwendung dieser Kommandos müssen zwei Auswirkungen besonders bei den vermittelnden Geräten berücksichtigt werden:

- wenn die Speicher zu klein werden, steigt die Verlustrate;
- wenn die Speicher zu groß werden, steigt die Verweildauer in den vermittelnden Geräten. Dies gilt besonders bei hohen Verkehrsbelastungen. Wegen des FIFO-Prinzips wird ein Paket erst dann abgefertigt, wenn die vor ihm liegenden Pakete bereits abgefertigt wurden.

Die letztgenannte Auswirkung ist besonders bei verbindungs-orientierten Protokollen bedeutsam. Die Teilnehmer erwarten eine Quittierung, diese muss innerhalb einer bestimmten Zeit erfolgen. Bei TCP ist festgelegt, dass es nur positive Quittierung gibt, hier weist die Überschreitung dieser Zeit auf einen Fehler bei der Übertragung hin. Wenn wegen der großen Verzögerungen in den Endgeräten die Quittierung nicht bis zur festgelegten Zeit eintrifft, wird also ein Fehler angenommen, auch wenn die Übertragung im Prinzip korrekt verläuft. Die Sendung wird dann (eigentlich unnötigerweise) wiederholt. Damit steigt die Netzbelastung weiter und die genannten Effekte verstärken sich.

9.5.2 Caching

Eine besonders Form von Speichern stellen die Cache-Speicher dar, die in der Informationsverarbeitung in vielfacher Weise eingesetzt werden. Die Prinzipien, auf denen das Caching beruht, sind:

- es gibt unterschiedliche Speicher mit unterschiedlichen Zugriffszeiten (und Kosten).
- entscheidend für die Leistungsfähigkeit des Speicherzugriffs ist nicht die Zugriffszeit für alle im System gespeicherten Informationen, sondern die Zugriffszeit auf die Daten, die aktuell benötigt werden.

Grundsätzlich ist der Cache ein schneller Speicher, der einen Auszug der Daten aus einem langsameren Speicher enthält und auf den zuerst zugegriffen wird. Da der Cache nicht sämtliche Daten enthalten kann, kann es vorkommen, dass Daten gesucht werden, die nicht im Cache vorhanden sind. Diesen Vorgang bezeichnet man als Miss, der Anteil dieser Zugriffe an der Gesamtzahl der Zugriffe wird als Miss-Rate bezeichnet. Die Miss-Rate muss natürlich so gering wie möglich sein.

Cache-Zugriffe erfolgen immer transparent, d.h. aus der Sicht des Anwenders bzw. des Anwenderprogramms gibt es keine Cache-Zugriffe, sondern nur Zugriffe auf den "normalen" Speicher. Ob der Zugriff im Cache ausgeführt wird, was als Hit bezeichnet wird, oder ob auf den "normalen" Speicher zugegriffen wird (*Miss*), kann in der Regel nur am Zeitverhalten festgestellt werden.

Cache-Systeme sind grundsätzlich redundant und damit fehlertolerant. Da der Zugriff für den Miss-Fall direkt zum "normalen" Speicher erfolgt, führt ein Ausfall des Cache-Systems nicht zu einem Ausfall der Speicherzugriffe, sondern nur zu einer langsameren Arbeitsweise.

Die unterschiedlichen Zugriffszeiten von Cache-Speichern verglichen mit dem "normalen" Speicher können durch die technische Realisierung des Speichermediums bedingt sein, z.B. kann ein Teil des Hauptspeichers (Halbleiterspeicher) als Cache für den Plattenspeicher gebraucht werden.

In Netzwerken wird der Cache-Effekt dadurch bewirkt, dass die benötigten Daten sich in räumlicher Nähe des Zugreifers befinden, nicht dadurch, dass die Zugriffsgeschwindigkeit auf das Speichermedium höher ist als auf das Medium des "normalen" Speichers.

Caching wird in Netzwerken bei mehreren Anwendungen verwendet, z.B. in Name-Server-Systemen. Es sei hier die Anwendung des Cachings für das World-Wide-Web (www) beschrieben. Dazu werden eigene Systemen angeboten, die als Cache-Engines bezeichnet werden.

Als Hauptziel des Cachings wird die Vermeidung der mehrfachen Übertragung der gleichen Information über WAN-Verbindungen genannt.

Die Cache-Engines werden Routern zugeordnet (siehe Bild 9-11). Wenn der Router eine Anforderung erhält, welche für das www bestimmt ist, erkennt er dies an der Portnummer des TCP- oder UDP-Segments für HTTP (80). Der Router leitet die Anfrage auf seine Cache-Engine und versucht, die benötigte Information dort zu finden. Wenn dies der Fall ist, wird die Information (Seite) dem Anwender übermittelt, dieser kann nicht unterscheiden, ob sie vom Web-Server oder aus der Cache-Engine kommt. Da kein eigentlicher Zugriff auf das Internet stattfindet, wird dies vom Verkehr entlastet, außerdem erfolgt der Zugriff schneller.

Wenn der Zugriff nicht über die Cache-Engine stattfindet, muss die Information über das Netz vom Web-Server geladen werden, gleichzeitig wird sie in die Cache-Engine aufgenommen.

Diese Vorgehensweise ist typisch für Cache-Systeme. Man geht davon aus, dass Information, die aktuell benötigt wird, auch später noch gebraucht wird.

Dem Router muss bekannt sein, ob eine Cache-Engine zur Verfügung steht. Dafür besteht ein Web-Cache-Control-Protokoll, welches dem Nachrichtenaustausch zwischen Router und Cache-Engine dient. Der Einsatz einer Cache-Engine ist natürlich sinnlos, wenn der Router nicht über das Protokoll verfügt.

Die Cache-Engines sind einem bestimmten Router fest zugeordnet, dieser wird als der Home-Router bezeichnet. Dabei kann gelten:

- ein Router ist Home-Router für eine Cache-Engine
- ein Router ist Home-Router für mehrere Cache-Engines, diese Cache-Engines bilden dann eine Cache-Farm
- ein Router nicht Home-Router für irgendeine Cache-Engine.

In Bild 9-11 bilden die Cache-Engines 1, 2, 3 und 4 eine Cache-Farm (Homerouter ist Router 1), die Cache-Engines 5 und 6 eine zweite Cache-Farm (Homerouter ist Router 3).

Die Zuordnung der Cache-Engines zu einem bestimmten Router macht sie unabhängig vom Gesamtnetz bzw. das Gesamtnetz von ihnen. Das Hinzufügen oder Abschalten von Cache-Engines wirkt sich nicht auf das gesamte Netzwerk aus, sondern nur auf einen Router und die über diesen Router bedienten Anwender.

Wenn der Router über eine Cache-Farm verfügt, muss er seinen Zugriff an eine bestimmte Cache-Engine richten, da es keine zentrale Kontrolle über alle Cache-Engines der Farm gibt. Damit er nach einer bestimmten Information nicht sequentiell als Systeme der Cache-Farm abfragen muss, was zeitaufwendig wäre, oder sie parallel abfragen muss, was zu einer hohen Netzbelastung führt, wird die Zuordnung an Hand der Internetadressen getroffen.

Alle relevanten Internetadressen werden in 256 Gruppen eingeteilt. Je nach Zahl der Cache-Engines in der Farm wird jeder Maschine eine Anzahl der Gruppen zugewiesen, z.B. bei

2 Cache-Engines	128 Gruppen je Maschine
3 Cache-Engines	85-86 Gruppen je Maschine
4 Cache-Engines	64 Gruppen je Maschine.

Es ist nicht zwingend erforderlich, dass sich Home-Router und Cache-Engine im gleichen Teilnetz befinden, selbstverständlich muss sich aber die Cache-Engine möglichst dicht am Home-Router befinden, damit sich eine deutliche Leistungsverbesserung ergibt.

Die Cache-Engines können eine Cache-Hierarchie bilden. Wenn der Zugriff auf den Web-Server über mehrere Router erfolgt, kann jeder dieser Router über eine oder mehrere Cache-Engines verfügen. Die Hierarchie liegt aus der Sicht eines Anwenders vor, nicht aus der Sicht des Gesamtsystems, siehe Bild 9-11.

Wenn eine Anfrage von Anwender auf PC-2 kommt, prüft der Router 3 zuerst seine Farm, ob die benötigte Seite bei ihm vorhanden ist. Wenn eine Cache-Engine in der zweiten Farm eine Kopie der Seite hat, wird sie zu PC-2 gesandt. Der Vorgang ist abgeschlossen.

Wenn dies nicht der Fall ist, sendet der Router 3 die Anfrage an Router 1, der seine Farm abprüft. Wenn er die Seite findet, sendet er sie an Router 3, dieser an PC-2. Außerdem wird sie in eine Cache-Engine der Farm 2 übernommen.

Wenn auch diese die Seite nicht enthält, wird die Anfrage an den Web-Server weitergeleitet. Die Seite, die über Router 1 das System des Anwenders erreicht, wird sowohl in eine Cache-Engine der ersten Farm übernommen wie in eine Cache-Engine der zweiten Farm.

Für den Anwender an PC-2 wäre also die Cache-Farm von Router 3 die erste Stufe der Hierarchie. Für den Anwender B an PC-3, der am Router 1 angeschlossen ist, ist die Cache-Farm von Router 1 die erste Stufe der Hierarchie.

Beim Zugriff auf weitere Stufen der Cache-Hierarchie wird so verfahren wie beim Zugriff auf den Web-Server. Wenn die Seite zum Anwender geschickt wird, wird sie in die Cache-Engine des Routers aufgenommen.

Ein Sonderfall tritt auf, wenn ein Anwender direkt ohne Router auf den Web-Server zugreifen kann. Da die Speichermedien in Web-Server und in den Cache-Engines ähnliches Zeitverhalten aufweisen, wäre es nicht sinnvoll, die entsprechende Seite in die Cache-Engine zu überführen.

In Cache-Systemen tritt immer das Problem der Inkonsistenz auf. Die Cache-Inhalte sind Kopien der Informationen in den "normalen" Speichern. Wenn sich diese ändern, kann in den Cache-Engines eine veraltete Version vorhanden sein. Wenn bekannt ist, dass dies für bestimmte Informationen zutrifft, also häufige Änderungen stattfinden, kann es sinnvoll sein, diese Information nicht zu cachen.

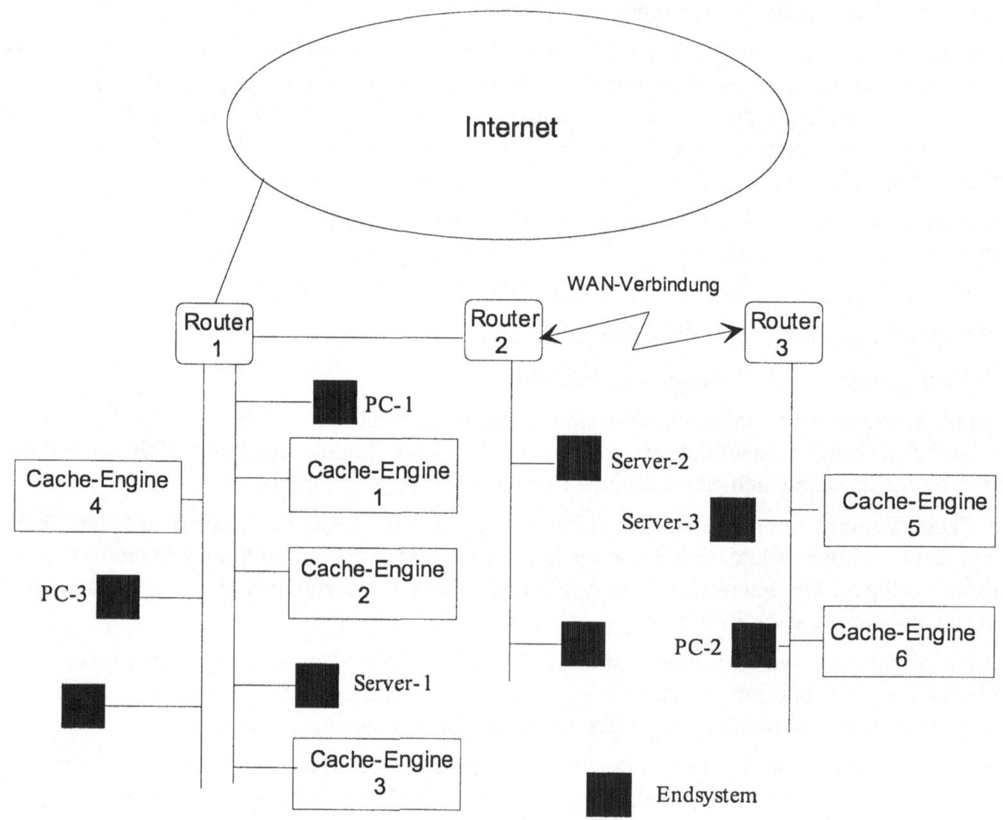

Bild 9-11 Konfiguration von Routern und Cache-Engines

Bei den Cache-Engines für das WWW werden alle Informationen, die im Netz übertragen werden, aber nicht das HTTP verwenden, also auch nicht die Portnummer 80, nicht gecacht. Dies gilt z.B. für das File-Transfer-Protocol. Ein Caching wäre hier grundsätzlich sinnlos, da die übertragene Datei im Zielsystem gespeichert wird, ein erneuter Zugriff auf diese Datei über das Netz also unwahrscheinlich ist.

Auch innerhalb des WWW ist es nicht sinnvoll, alle Informationen zu cachen. Man unterscheidet:

- statische Objekte, z.B. Graphiken oder Schaltflächen, die immer gleich auf den Web-Seiten angebracht sind
- dynamische Objekte, die sich schnell verändern, z. B. Börsenkurse.

Dynamische Objekte sollen nicht gecacht werden. Die Cache-Engines müssen über die Intelligenz verfügen, zu entscheiden, welche Information gecacht werden sollen und welche nicht. Dies kann durch den Netzwerkadministrator festgelegt werden und wird durch die HTTP-Header-Information bestimmt. Das Caching ist natürlich dann besonders effektiv, wenn der Anteil der statischen Information besonders hoch ist.

Bei vielen Web-Anwendungen ist es üblich, die Zugriffe auf die Web-Seite zu zählen, dies wird die Erfassung der Web-Page-Hits genannt. Dies geschieht grundsätzlich in dem Server, der die Web-Page bereitstellt. Wenn die Seite von vielen Anwendern aufgesucht wird, die sich im Bereich eines Routers mit seiner Cache-Farm befinden, würde im Web-Server nur ein Zugriff registriert, da nach dem ersten Zugriff, der zum Laden der Seite in den Cache führt, keine Zugriffe im Web-Server mehr stattfinden. Eine Methode zur Lösung des Problems wird als "single pixel GIF trick" bezeichnet. In jeder Seite befindet sich ein Graphikelement, das im Prinzip aus einem Pixel bestehen kann, welches nicht gecacht wird. Dieses Element muss bei jedem Zugriff auf die Seite vom Web-Server geladen werden, dieser registriert den Zugriff, während der überwiegende Teil der Information aus dem Cache geladen wird.

Für das Caching wurde ein spezielles Protokoll entwickelt, welches als

WCCP Web Cache Communication Protocol

bezeichnet wird. Es soll von der IETF als Norm übernommen werden.

Für das in 7.4 beschriebene Wireless Application Protocol liegt eine **Cache Model Specification** vor.

Für den Einsatz als Cache-Engines werden spezielle Systeme angeboten. Ein Beispiel ist in Abschnitt 8.8 beschrieben.

9.6 Fehlertoleranz

Unter Fehlertoleranz (*fault tolerance*) versteht man die Fähigkeit eines Systems, nach Ausfall der Funktion einzelner Teile die Systemfunktion weiter zur Verfügung zu stellen.

Dabei ist zu unterscheiden:

a. Die Systemleistung steht auch im Fehlerfalle uneingeschränkt zur Verfügung.
b. Die Systemleistung steht im Fehlerfalle nur eingeschränkt zur Verfügung.

Bei Computersystemen ist oft der Fall a. gegeben. Die Aufgaben eines Computers teilen sich oft in interaktive Aufgaben, die sofort erledigt werden müssen und von deren Funktionieren die Arbeit des gesamten Betriebs abhängig ist (*bussiness critical*), und Aufgaben, deren Erledigung nicht stark zeitabhängig ist. Bei einem Fehler werden die erstgenannten Aufgaben (Vordergrund, *foreground*) weitergeführt, die zweitgenannten (Hintergrund, *background*) bis nach Beseitigung des Fehlers aufgeschoben.

Bei nachrichtenvermittelnden Systemen ist eine solche Aufteilung der Aufgaben in der Regel nicht möglich. Deshalb wird verlangt, dass der volle Leistungsumfang auch nach Auftreten eines Fehlers zur Verfügung steht.

Die Bezeichnung der fehlertoleranten Systeme als "ausfallsichere Systeme" ist heute nicht mehr üblich, da sie sachlich falsch ist. Ein fehlertolerantes System kann nur eine begrenzte Anzahl von Fehlern vertragen. Wenn Fehler gleichzeitig auftreten, geht die Fehlertoleranz verloren. Da heute auch die Ausfallsicherheit einzelner Elemente und Geräte sehr hoch ist, wird der gleichzeitige Ausfall mit einer sehr geringen Wahrscheinlichkeit eintreten. Zu beachten ist aber, dass äußere Einflüsse, die auf mehrere Elemente einwirken, diese gleichzeitigen Ausfälle hervorrufen können. Wenn z.B. zwei Vermittlungsgeräte parallel geschaltet sind, um Fehlertoleranz hervorzurufen, beide aber nicht ausreichend gegen Blitzschlag geschützt sind, kann ein Blitzeinschlag das System ausfallen lassen. Die Einrichtungen der Fehlertoleranz schaffen also keine ausfallsichere System, sondern Systeme hoher Verfügbarkeit.

Fehlertoleranz setzt das Vorhandensein redundanter Einrichtungen voraus. Dies sind Einrichtungen, welche für den normalen Betrieb „überflüssig“ sind. Wenn in einem System eine Einrichtung nur einmal vorhanden ist, wird durch das redundante System die Zahl dieser Einrichtung verdoppelt. Wenn Einrichtungen mehrfach vorhanden sind, kann die Beschaffung eines weiteren Systems die Fehlertoleranz schaffen. Wenn z.B. ein System gegeben ist, welches aus einem Server und 20 Workstations besteht, so muss für die Schaffung von Fehlertoleranz angeschafft werden:

1 zusätzlicher Server (100 %)

1 zusätzliche Workstation (5 %).

In diesem Fall geht man allerdings oft von der Annahme aus, dass nicht alle 20 Workstations permanent benötigt werden, so dass als redundantes Teil nur das zusätzliche Serversystem angeschafft wird. Serversysteme, die der Schaffung der Fehlertoleranz dienen, werden als Backup-Server oder Standby-Server bezeichnet.

In dem geschilderten Fall müsste auch dafür gesorgt werden, dass die Netzwerkverbindung zwischen den Workstations und dem Server Redundanzen enthält.

Wenn in einem fehlertoleranten System eine Teil ausfällt, muss geschehen:

1. Erkennung des Ausfalls
2. Deaktivierung des ausgefallen Teils
3. Initialisierung des redundanten Teils
4. Aktivierung des redundanten Teils.

Für informationsverarbeitende Geräte und Netzwerke treten bei der Ausführung dieser Vorgänge einige Besonderheiten auf.

Die Erkennung eines Ausfalls kann längere Zeit in Anspruch nehmen. Dies hat mehrere Gründe:

1. Wie in Abschnitt 2.7 geschildert, wird die Fehlerkorrektur meist in der Form durchgeführt, dass fehlerhafte Vorgänge wiederholt werden. Wird z.B. eine Nachricht an einen Router gesandt, wird auf der Ebene 2 eine Quittierung erwartet. Wenn der Router ausgefallen ist, kann diese nicht gebildet werden. Nach Ablauf des Timeout-Wertes wird die Nachricht wiederholt, dieser Vorgang kann mehrfach durchgeführt werden. Erst nach mehreren Versuchen schließt man auf einen Ausfall des Routers. Da die Timeout-Werte in der Regel deutlich größer gewählt werden, als es eigentlich notwendig ist, kann dies lange dauern. Grundsätzlich stellen die in Abschnitt 2.7 genannten Verfahren der Fehlerkorrektur Fehlertoleranz her, allerdings nur gegenüber temporären Fehlern, nicht gegen Ausfälle von Systemkomponenten.
2. Es kann schwierig sein, einen Ausfall zu erkennen. Wenn z.B. bei der Übertragung von Nachrichten in einem paketvermittelnden System Pakete in der Sequenz fehlen, kann dies am Ausfall eines Routers liegen. Es kann aber auch eine Überlastung des Systems vorliegen, bei der die Pufferspeicher die Pakete nicht mehr aufnehmen können und vernichten müssen. Wenn ein Rechner falsche Ergebnisse liefert, kann das oft nicht sofort erkannt werden. Selbst wenn ein zweiter Rechner die gleichen Rechenvorgänge ausführt und die Ergebnisse fortlaufend verglichen werden, ist aus abweichenden Ergebnissen zwar der Ausfall eines Rechners zu schließen; es ist aber nicht bestimmt, welcher Rechner ausgefallen ist. Für diesen Fall wird sogar vorgeschlagen, 3 Rechner einzusetzen. Bei Abweichungen des Ergebnisses im Rechner X gegenüber den Ergebnissen in Y und Z würde angenommen, dass X ausgefallen ist.
3. Es kann schwierig sein, den Fehler zu lokalisieren, also einer bestimmten Systemkomponente zuzuweisen. Wenn auf eine Nachricht keine Bestätigung erfolgt, kann dies daran liegen, dass die Leitung zum nächsten System ausgefallen ist, es kann aber auch das System, welches die Bestätigung liefern soll, ausgefallen sein.

Die Initialisierung des redundanten Teils kann schwierig werden. Systeme der Informationsverarbeitung sind nur dann fähig, die Arbeit eines ausgefallenen Systems zu übernehmen, wenn sie über deren Software verfügen. Dies gilt sowohl für die Programme, aber auch für die Daten. Oft wird so verfahren, dass in regelmäßigen Abständen die Daten auf das redundante System übertragen werden.

Das Verfahren hat zwei Nachteile:

1. Die Übertragung erfordert zusätzliche Kapazität. Wenn für die Übertragung das Netzwerk genutzt wird, wird dieses zusätzlich belastet.
2. Wenn der Ausfall eintritt, ist seit der letzten Übertragung eine bestimmte Zeit vergangen. Da ein Zugriff auf das ausgefallene System nicht mehr möglich ist, sind die Daten, die seit der letzten Übertragung erarbeitet wurden, verloren. Das redundante Teil kann also die Arbeit des ausgefallenen Teils nicht direkt fortsetzen, sondern muss die Vorgänge, die seit der letzten Übertragung stattfanden, wiederholen.

Bei Netzwerken kann sich Ausfall eines Systems auf viele andere Systeme auswirken. Der Ausfall eines Routers wirkt sich auf die Routing-Tabellen mehrerer anderer Systeme aus. Um diese zu korrigieren, sind mehrere Übertragungsvorgänge notwendig.

Prinzipien der Fehlertoleranz finden sich in der Netzwerktechnik in vielen Bereichen, so dass nur einige Beispiele gegeben werden können.

1. **Automatische Fehlerkorrektur**. Die in Abschnitt 2.7 beschriebenen Maßnahmen der Fehlerkorrektur können nur wirksam werden, wenn die Fehler temporär sind. Dauernde Ausfälle von Teilen machen das System arbeitsunfähig. Auch wenn die Zahl der Fehler zu hoch wird, sind diese Maßnahmen nicht mehr anwendbar. So kann die Fehlerkorrektur mit Fehlerkorrigierenden Codes (FCC) nur angewandt werden, wenn die Zahl der falsch übertragenen Bits nicht zu hoch wird.
2. Das **Lokale Netzwerk FDDI** ist als fehlertolerantes System konzipiert. Die einzelnen Merkmale, die zur Fehlertoleranz beitragen, sind in Abschnitt 4.3.5.2 beschrieben.
3. Netzwerke mit **vermaschter Topologie**, die alternative Wege bieten, sind grundsätzlich fehlertolerant. Dabei ist aber zu beachten:
   - Die Routing-Protokolle müssen in der Lage sein, Ausfälle von Routern oder Leitungen zu erkennen und die Routing-Tabellen entsprechend zu korrigieren.
   - Auch bei vermaschten Strukturen stellt man oft fest, dass Teilbereiche nicht mehr am Netzwerkverkehr teilnehmen können, wenn Systemkomponenten ausfallen. Bild 9-12 zeigt eine Beispiel-Konfiguration.

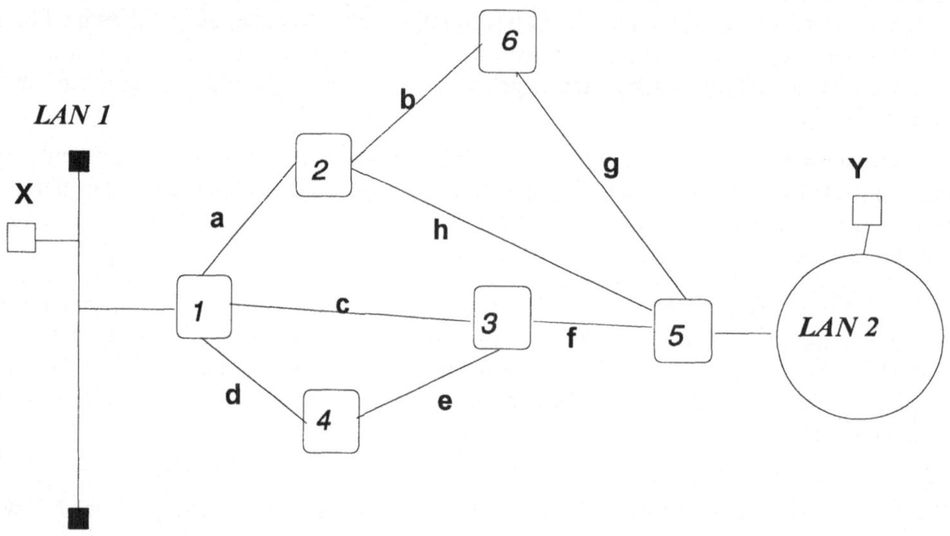

Bild 9-12 Vermaschtes Netz

Die möglichen Wege zwischen dem Endsystem X und dem Endsystem Y sind in Tabelle 9-3 dargestellt, dazu die für diesen Weg nicht benötigten Leitungen und Router. Aufgeführt wird immer der Weg von X nach Y, beim Weg zwischen Y und X würden die gleichen Betriebsmittel benötigt. Die Router 1 und 5 sind direkt an den LANs angeschlossen.

Die Betrachtung der nicht benötigten Betriebsmittel zeigt:
1. Die LANs (1 und 2) müssen bei jedem Weg betriebsbereit sein
2. Unter den nicht benötigten Leitungen treten alle Leitungen auf, der Ausfall einer Leitung kann die Verbindung zwischen X und Y nicht unterbrechen.
3. Unter den nicht benötigten Routern treten 1 und 5 nicht auf, ein Ausfall eines dieser beiden Router unterbricht die Kommunikation.

Tabelle 9-3 Wege im vermaschten Netz

	Weg von X nach Y	Nicht benötigte Router	Nicht benötigte Leitungen
1	LAN1 – 1 – 2 – 6 – 5 – LAN2	3, 4	c, d, e, f, h
2	LAN1 – 1 – 2 – 5 – LAN2	3, 4, 6	b, c, d, e, f, g
3	LAN1 – 1 - 3 – 5 – LAN2	2, 4, 6	a, b, d, e, g, h
4	LAN1 – 1 – 4 – 3 – 5 – LAN2	2, 6	a, b, c, g, h

Die Betrachtung geht vom Ausfall einer Komponente aus; es muss auch der Fall des Ausfalls mehrerer Komponenten betrachtet werden. Die Wahrscheinlichkeit eines solchen Falles ist

$w = w_1 * w_2$

Bei einer Ausfallwahrscheinlichkeit von 1 % bei beiden Komponenten wäre sie also

$w = 0{,}01 * 0{,}01 = 0{,}0001$

Die Formel geht allerdings davon aus, dass kein Zusammenhang zwischen dem Ausfall der Komponenten besteht. Wenn ein äußerer Einfluss, z.B. Blitzschlag, zwei Komponenten gleichzeitig schädigt, gilt die Formel nicht. Fehlertolerante Systeme sollten immer so konzipiert sein, dass äußere Einflüsse sich nicht auf mehrere Komponenten auswirken.

Auch wenn dies sichergestellt ist, muss die Auswirkung von Mehrfachausfällen untersucht werden. Eine Untersuchung der Ausfälle nur für die Leitungen bei zwei Ausfällen ergibt:

a b Weg 3 Weg 4
a c Weg 4
a d Weg 3
a e Weg 3
a f kein möglicher Weg
a g Weg 4 Weg 4
a h Weg 3 Weg 4
b c Weg 2 Weg 4
b d Weg 2 Weg 3
b e Weg 2 Weg 3
b f Weg 2
b g Weg 2 Weg 3 Weg 4
b h Weg 3 Weg 4
c d Weg 1 Weg 2
c e Weg 1 Weg 2
c f Weg 1 Weg 2
c g Weg 2 Weg 4
c h Weg 1 Weg 4
d e Weg 1 Weg 2 Weg 3

d	f	Weg 1	Weg 2
d	g	Weg 2	Weg 3
d	h	Weg 1	Weg 3
e	f	Weg 1	Weg 2
e	g	Weg 2	Weg 3
e	h	Weg 1	Weg 3
f	g	Weg 2	
f	h	Weg 1	
g	h	Weg 3	Weg 4

Nur in einem Fall würde also der Ausfall zweier Leitungen die Kommunikation verhindern. Eine ähnliche Untersuchung für den Ausfall zweier Router ergibt (da bereits festgestellt wurden, dass der Ausfall der Router 1 und 5 die Kommunikation verhindert, werden nur die übrigen Router untersucht):

2	3	kein Weg möglich	
2	4	Weg 3	
2	6	Weg 3	Weg 4
3	4	Weg 1	Weg 2
3	6	Weg 2	
4	6	Weg 2	Weg 3

Auch hier ergibt sich also nur ein Fall, der die Kommunikation verhindert. Weitere Untersuchungen müssten feststellen, wie sich der Ausfall von Routern und Leitungen auswirkt.

4. **Parallelschaltung**
Redundante Komponenten werden oft parallel zu den Original-Komponenten angeordnet, um die Ausfallwahrscheinlichkeit der Kommunikation zu verhindern. Bild 9-13 zeigt die Anordnung zweier Komponenten parallel und seriell.

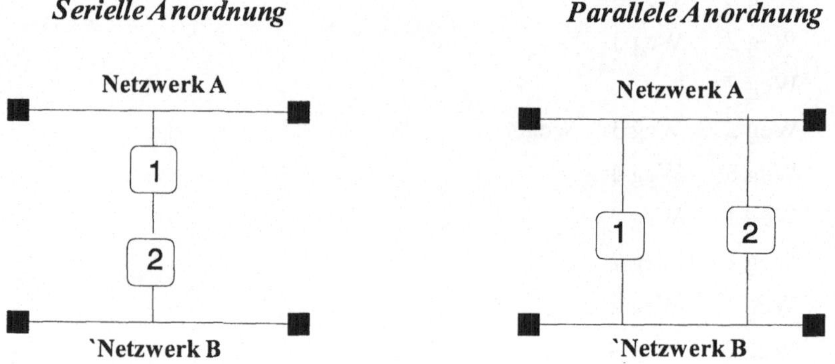

Bild 9-13 Anordnung von Komponenten

Bei der seriellen Anordnung ist die Ausfallwahrscheinlichkeit für die Kommunikation zwischen Netzwerk A und B

$w = w_1 + w_2 - w_1 * w_2$

Bei der parallelen Anordnung ist die Ausfallwahrscheinlichkeit für die Kommunikation zwischen Netzwerk A und B wie bereits angeführt

$w = w_1 * w_2$

Bei Ausfallwahrscheinlichkeit von 1 % für die einzelne Komponente ergibt sich also:

Serielle Anordnung	w = 1,9999 %
Parallele Anordnung	w = 0,0001 %

Die parallele Anordnung vermittelnder Systeme führt aber bei Netzwerken zu Problemen. Wenn die Systeme Bridges oder Layer 2-Switchs sind, lernen sie die Anordnung der Adressen durch die Nachrichten im Netz. Wenn eine Nachricht im Netzwerk A durch Station x erzeugt wird und von der Bridge 1 nach Netzwerk B vermittelt wird, wirkt sie auf Bridge 2 wie eine Nachricht aus Netzwerk B. Bridge 1 nimmt also die Anordnung der Station x im Netzwerk A, Bridge 2 die im Netzwerk B an.

Wenn im Netzwerk A eine weitere Nachricht erzeugt wird (Station y nach Station x), vermittelt Bridge 2 diese in Netzwerk B. Bridge 1 würde sie wieder nach Netzwerk A vermitteln. Da sie dort zeitlich verzögert auftritt, würde Bridge 2 sie wieder nach Netzwerk B vermitteln usw.

Es muss durch geeignete Algorithmen sichergestellt werden, dass diese Endlosschleife nicht auftritt, indem nur eine Bridge für das Vermitteln der Nachrichten von Station x verantwortlich ist.

Schwieriger wird die Behandlung von Rundsprüchen. Da durch die Bridge die Netzwerke A und B ein einheitliche LAN bilden, werden sie von jeder Bridge immer vermittelt. Die Bridges müssen so programmiert werden, dass Rundsprüche nicht weitergeleitet werden.

Wenn es sich bei den Geräten um Router handelt, treten die Probleme nicht auf. Damit Router verwendet werden, müssen sie in der Routing-Tabelle eingetragen sein. Selbst wenn in einer Routing-Tabelle aus den Netz in einer Station im Netzwerk A eingetragen ist:

Destination	Gateway	Interface	Flags
Netzwerk B	Router 2	lan0	UG
Netzwerk B	Router 1	lan0	UG

würde eine Nachricht nach einer Station in Netzwerk B nur vom Router 2 vermittelt, da dieser in der Liste oben steht. Wenn Router 2 ausfällt, wird die Flag U in der Routing-Tabelle gelöscht, damit erfolgt die Vermittlung über Router 1.

5. **Zuordnung der MAC-Adressen**

Der Anschluss eines Systems an ein Netzwerk erfolgt über Netzwerkkarten. Dabei wird für jedes Netzwerk in der Regel eine Karte verwendet. Der Einbau einer zweiten Karte führt nicht zur Leistungssteigerung, da die Übertragungskapazität vom Netzwerk her vorgegeben ist.

Der Einbau einer zweiten Karte kann aber zur Fehlertoleranz führen, bei Ausfall einer Karte übernimmt die zweite Karte, die als Standby-Karte konzipiert ist, deren Funktion. Den Karten sind die Adressen der Ebene 2 (MAC-Adressen) fest zugewiesen („eingebrannt“). Das System hat eine bestimmte IP-Adresse, unabhängig davon, mit welcher Netzwerkkarte es auf das Netzwerk zugreift. In der arp-Tabelle der anderen Systeme ist diese IP-Adresse und die MAC-Adresse der aktiven Netzwerkkarte gespeichert. Wenn die aktive Karte ausfällt, übernimmt die

Standby-Karte deren Funktion. Nachrichten an die Station werden aber mit der MAC-Adresse der ausgefallenen Karte gesendet, die Standby-Karte übernimmt diese Nachrichten nicht. Daher muss bei einem Ausfall dafür gesorgt werden, dass entweder:

die Standby-Karte auch auf Nachrichten reagiert, die an die aktive Karte gerichtet sind

oder

die arp-Tabellen der übrigen Systeme schnell angepasst werden.

6. **Überprüfung der redundanten Komponenten**
Standby-Komponenten sind oft über einen längeren Zeitraum nicht aktiv. Es kann aber auch in dieser Zeit zu Ausfällen kommen. Wenn während dieser Zeit keine Überprüfungen stattfinden, kann der Fall eintreten, dass die aktive Komponente ausfällt, die Standby-Komponente nicht arbeitsfähig ist. Die Funktionsfähigkeit der Standby-Komponenten muss also regelmäßig überprüft werden.

Dies kann dadurch erreicht werden, dass die aktive Komponente und die Standby-Komponenten in regelmäßigem zeitlichen Abständen einen Rollentausch vornehmen. Während der Phase, in der die Komponente im Standby-Betrieb arbeitet, werden Diagnose-Programme ausgeführt.

9.7 Netzwerkmanagement

Das Netzwerkmanagement muss sich mit der Aufgabe auseinandersetzen, im laufenden Betrieb auftretende Probleme von entfernten Systemen aus zu behandeln. Zu dieser Aufgabe gehören:

1. Initialisierung von Teilnetzen oder des Gesamtnetzes
2. Manipulation von Netzzuständen und Netzparametern
3. Beobachtung der ablaufenden Aktivitäten
4. Bearbeitung von abnormen Bedingungen, z.B. von Fehlern in einzelnen Netzwerk-Komponenten, aber auch von Überlastungen.

Für das Netzwerkmanagement sind mehrere Normen entwickelt worden, Beispiele sind:

- ISO 7498-4 OSI-Management Framwork
- ISO 9072 Remote Operation Service Elements (ROSE)
  Part 1: Model, Notation and Service Definitions
  Part 2: Protocol Specification
- X.700-Serie der ITU-T für die Verwaltung von Telekommunikations-Netzen
- IEEE802.1b System Management.

Im Bereich der LANs und des Internetworking wird bevorzugt das Simple Network Management Protocol angewandt. Es soll in diesem Abschnitt näher betrachtet werden.

SNMP ist das Protokoll über die Netzwerkverwaltung von der IETF, es ist in einem RFC 1157 "A Simple Network Management Protocol (SNMP)“ beschrieben. Mittlerweile gibt es auch eine verbesserte Version SNMPv2. Eine Version 3 (SNMPv3) ist in der Erarbeitung. Die Versionen schaffen erweiterte Möglichkeiten, in den älteren Versionen vorhandene Merkmale bleiben erhalten. Im OSI-Referenzmodell wird SNMP den anwendungsorientierten Schichten (5-7) zugeordnet.

Bei SNMP werden drei Komponenten unterschieden:

1. **Verwaltete Geräte** (*managed devices*):
Ein verwaltetes Gerät ist ein Netzwerkknoten, der über einen SNMP-Agenten verfügt und sich in einem verwalteten Netzwerk befindet. Es wird auch als Netzwerk-Element bezeichnet. Dabei kann es sich sowohl um Endgeräte wie um vermittelnde Systeme handeln. Um auf die Anforderungen reagieren zu können, müssen alle genannten Netzwerkelemente, auch wenn es sich z.B. um einen Hub oder Konzentrator handelt, eine Internet-Adresse haben.

Die verwalteten Geräte sammeln und speichern Informationen und machen diese den Netzwerk-Management-Systemen zugänglich.

2. **Agenten**:
Dies sind Software-Module, welche sich in den verwalteten Geräten finden. Der Agent hat lokale Kenntnis über die Management-Information und bereitet sie in eine Form auf, welche den Regeln des SNMP entspricht. Sie müssen auf die Anforderungen der Netzwerkverwaltung reagieren können.

3. **Netzwerk-Management-Systeme** (NMS):
Diese führen Anwendungen zum Beobachten und Steuern der verwalteten Geräte aus. Innerhalb eines verwalteten Netzwerks muss mindestens eine, es können aber auch mehrere NMS bestehen.

Bild 9-14 zeigt den grundsätzlichen Aufbau eines SNMP-Systems.

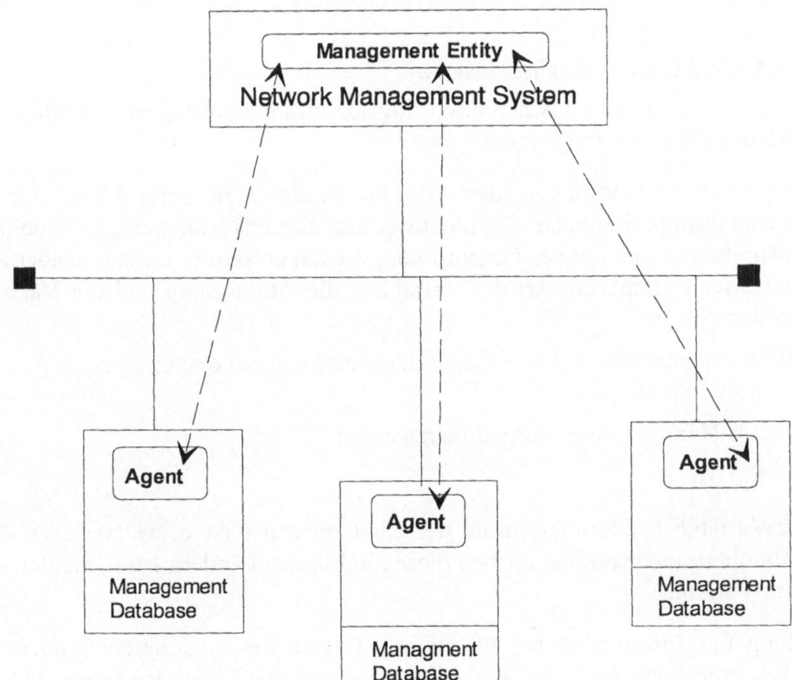

Bild 9-14 Aufbau des SNMP (Simple Network Managment Protocol)

Die Verwaltung erfolgt mit 4 Basis-Kommandos:

1. **READ** (lesen): wird vom NMS angewandt, um die verwalteten Geräte zu beobachten. Das Kommando wird mit Variablen ausgestattet, die die Art der gewünschten Information bestimmen.
2. **WRITE** (schreiben): wird von den NMS angewandt, um die verwalteten Geräte zu steuern. Durch das WRITE-Kommando ändert die NMS Werte, welche in den verwalteten Geräten gespeichert sind.
3. **TRAP** (Verfolgung): Bei den beiden erstgenannten Kommandos geht die Initiative von dem NMS aus. Das TRAP-Kommando soll dafür sorgen, dass das verwaltete Gerät Meldungen an das NMS sendet, wenn bestimmte Ereignisse eintreten. Da dies nicht in bestimmten Zeitabständen erfolgt, sondern bei Eintritt des Ereignissen, wird die Arbeitsweise als asynchron bezeichnet.
4. **Traversale Operationen** (*traversal operations*): Mit diesen Kommandos kann das NMS bestimmen, welche Variablen von einem verwalteten Gerät unterhalten werden und sequentiell Informationen sammeln für Tabellen von Variablen, z.B. eine Routing-Tabelle.

Die Sammlung von Nachrichten wird als MIB (*management information base*) bezeichnet. Sie ist hierarchisch aufgebaut und besteht aus Managed-Objects, welche durch Object-Indentifier identifiziert werden.

Ein Managed-Objekt, auch als MIB-Objekt bezeichnet umfasst ein oder mehrere Merkmale des verwalteten Gerätes. Die Variablen in dem MIB-Objekt werden auch als Instanzen bezeichnet. MIB-Objekte können sein:

- skalar: das Objekt besteht aus einer Instanz
- tabular: das Objekt besteht aus mehreren, logisch zusammenhängenden Instanzen, welche zu einer MIB-Tabelle zusammengefasst werden.

Die Objekte werden mit eindeutigen Identifiern beschrieben. Die obere Ebene der Hierarchie bilden die Normungsorganisationen. Die Identifier bestehen aus Nummern, so hätte die ISO die Nummer 1, dann kommt die Art der Organisation, die Organisation, welche wieder aus mehreren Hierarchiestufen besteht, die Art der Variablen, die Anwendung und die Variable selbst. Ein Beispiel wäre:

iso.identified-organization.dod.internet.private.enterprise.cisco.temporary-variables.AppleTalk.atInput;

dies kann auch als Nummernfolge ausgedrückt werden

1.3.6.1.4.1.9.3.3.1.

Die genannte Variable enthält die Anzahl der empfangenen Pakete, welche nach den Regeln von AppleTalk übertragen wurden, da sich diese Zahl laufend ändern kann, handelt es sich um eine temporäre Variable.

Die Darstellung der Information beruht auf den Regeln der Abstrakten Syntax-Notation 1 (ASN.1), vergl. Abschnitt 7.3.2. Es wird allerdings nur eine Untermenge der Möglichkeiten verwendet. Die Regeln für die Darstellung der Informationen werden als SMI (*Structure of Management Information*) bezeichnet. Sie ist für die Version 1 des SNMP im RFC 1155 festgelegt.

Unterschieden werden:

1. Datentypen nach SMNP1 bzw. ASN1
2. SMI-spezifische Datentypen
3. SNMP MIB-Tabellen

Grundsätzlich ist SNMP ein Request-Response-Protokoll. In der Regel gibt das NMS den Request (Anforderung) heraus und das verwaltete Gerät gibt eine Response (Antwort). Dies erfolgt bei SNMPv1 über vier Protokoll-Operationen:

1. Get: wird verwendet, um die Werte von ein oder mehreren Objekt-Instanzen von einem Agenten abzurufen. Manche Agenten sind nicht in der Lage, alle in einer Liste gespeicherten Werte zu übergeben.
2. GetNext: sorgt dafür, dass der Wert der nächsten Instanz in der Liste übergeben wird.
3. Set: Damit kann das NMS Instanzen in einem Agenten auf einen bestimmten Wert setzen.
4. Trap: Mit dieser Operation kann der Agent das NMS von einem signifikanten Ereignis unterrichten. Er muss dazu nicht von dem NMS aufgefordert werden, deshalb wird diese Operation als asynchron bezeichnet.

Die verbesserte Version wird in den RFCs 1441 bis 1452 beschrieben, diese umfassen mehrere hundert Seiten Text.

Durch die Verbesserungen soll vor allem die Leistungsfähigkeit des Systems erhöht werden

Weiterhin soll der Austausch von Informationen zwischen Netzwerkmanagern unterstützt werden.

Dazu wurden für die Version 2 einige neue Operationen und Datentypen eingeführt, z.B.:

Bitstring: bei Bitstring werden die Bits nicht als Zahl oder Zeichen interpretiert, sondern als eine Folge von mit Namen versehenen Bits. Auf diese Weise können bestimmte Merkmale, die nur zwei verschiedene Werte annehmen können, übertragen werden.

Netzwerk-Adressen (*network addresses*): SNMPv1 unterstützt nur die Adressen nach IP (32 Bit), in der Version 2 können auch andere Adressformate verwendet werden.

Counter (Zähler): Die Zähler, welche nach bestimmten Ereignissen inkrementiert werden, werden in beiden Versionen nach Erreichung des Maximalwerts wieder auf 0 gesetzt, in der Version 2 sind neben 32-Bit-Zählern auch 64-Bit-Zähler zulässig.

Die Protokoll-Operationen der Version 2 entsprechen denen der Version 1, sind allerdings in einigen Einzelheiten verändert. Zusätzlich eingeführt wurden:

GetBulk: Dient zum Abruf größerer Mengen von Information, z.B. einer Tabelle mit vielen Zeilen. Wenn ein Agent bei dieser Operation nicht die Werte aller Variablen ausgeben kann, schafft er Teilergebnisse.

Inform: Mit dieser Operation kann ein NMS Informationen an ein anderes NMS übertragen und eine Antwort erhalten.

SNMP schafft verteilte Systeme. Ein System im Netzwerk kann entweder als NMS arbeiten oder als Agent oder als beides. Wenn es als beides arbeitet, kann ein anderes NMS anfordern, dass es die von ihm verwalteten Geräte abfragt, eine Zusammenfassung der Ergebnisse vornimmt und lokal speichert. Es kann dann dem anfordernden NMS über die Ergebnisse berichten.

SNMP kennt keine Möglichkeiten der Authentifizierung, damit können Gefährdungen der wie Maskerade, Manipulation der Daten, Verändern von Zeiteinstellungen usw. vorkommen (vergl. Abschnitt 9.10). Wenn erhöhte Sicherheitsanforderungen vorliegen, kann es sinnvoll sein, SNMP nur zur Beobachtung, aber nicht zum Ändern von Netzwerkzuständen einzusetzen. Die beiden Versionen von SNMP sind nicht voll kompatibel. Sie unterscheiden sich in den Nachrichten-Formaten und Protokoll-Operationen. Wenn beide Versionen in einem Netzwerk eingesetzt werden, kann die Kompatibilität mit zwei Methoden hergestellt werden.

1. **Verwendung von Proxy-Agent**
Ein SNMPv2-Agent kann als Proxy-Agent für Geräte, die nach SNMPv1 arbeiten, wirken. Die Vorgehensweise ist dabei:

- Ein NMS der Version 2 gibt ein Kommando für einen Agenten der Version 1 heraus,
- die Nachricht wird an den Proxy-Agenten übertragen,
- dieser sendet die Nachrichten mit Get, GetNext und Set an den Agenten der Version 1 unverändert weiter, da die Operationen in beiden Versionen zulässig sind,
- GetBulk-Nachrichten werden in GetNext-Nachrichten umgesetzt und dann zum Agenten übertragen,
- Trap-Nachrichten, die vom Agenten der Version 1 kommen, werden in Trap-Nachrichten der Version 2 umgewandelt und dann zum NMS übertragen.

2. **Bilinguales System**
Ein bilinguales NMS der Version 2 unterstützt beide Versionen des Protokolls. Das NMS nimmt Kontakt mit den Agenten auf. Es untersucht die bei den Agenten in der Management-Datenbank gespeicherten Informationen, um festzustellen, welche Version des Protokolls unterstützt wird. Dann kommuniziert er mit dem Agenten nach den Regeln der richtigen Version.

Es liegt eine große Anzahl von RFCs vor, die sich mit dem Aufbau der Management-Information-Base (MIB) für SNMP befassen, z.B.

- RFC 2665 Definitions for Managed Objects for the Ehternet-like Interface Types
- RFC 2667 IP Tunnel MIB
- RFC 2670 Radio Frequency (RF) Interface Management Information Base for MCNS/DOCSIS compliant RF interfaces.
- RFC 1493 Definitions of Managed Objects for Bridges

Die RFCs sind teilweise umfangreich, der letztgenannte umfasst 34 Seiten. Der Begriff „Bridge“ wird darin präzisiert auf „MAC-Bridges, basierend auf IEEE802.1d zwischen LAN-Segmenten“. Die Objekte werden mit Hilfe der Abstrakten Syntax-Notation Eins (siehe Abschnitt 7.3.2) beschrieben). Jedes Objekt muss mit einem Objekt-Identifier versehen sein. Dieser spezifiziert einen Objekt-Typ, zusammen mit einer Objekt-Instanz muss er das Objekt indentifizieren.

Es werden einige Regeln gegeben, welche dafür sorgen sollen, dass die MIB möglichst einfach wird:

1. Beginne mit einer kleinen Gruppe wichtiger Objekte und füge weitere dann hinzu, wenn ein Bedarf besteht.
2. Die Objekte müssen eine Bedeutung für das Management von Fehlern und der Konfiguration haben.

3. Betrachte die Wichtigkeit unter Berücksichtigung der jetzigen Verwendung.
4. Begrenze die Anzahl der Objekte.
5. Schließe Objekte aus, die leicht aus anderen Objekten in dieser oder anderen MIBs ableitbar sind.
6. Vermeide, dass kritische Abteilungen zu stark der Verwaltung unterliegen. Die Richtlinie soll sein, dass ein Zähler für jede Ebene in jeder kritischen Abteilung vorhanden ist.

Die Objekte in der MIB sind in Gruppen angeordnet. Jede Gruppe ist ein Satz von aufeinander bezogenen Objekten.

Die Gruppen sind:

Dot1dBase. Die Gruppe enthält die Objekte, die in jeder Bridge relevant sind, z.B. Namen, Adresse, Anzahl der angeschlossenen Ports, Zahl der Löschungen wegen Zeitüberschreitung, Zahl der Löschungen wegen Überschreitung der MTU (*maximum transmission unit*).

Dot1dStp. Objekte, die in Bezug zum Spanning-Tree-Protokoll stehen. Dieses ist z.B. dafür verantwortlich, bei parallel geschalteten Bridges zu verhindern, dass Frames in einer Endlosschleife laufen (vergl. Abschnitt 9.6). Wenn das Protokoll nicht verwendet wird, entfällt diese Gruppe. Zu den Objekten gehören z.B. Angaben über Priorität und über die Zeitabstände, in denen die Bridge ihr Vorhandensein meldet (*helloTime*).

Dot1dSr. Objekte in Bezug auf das Source-Route-Bridging. Dieses ist im Buch nicht beschrieben. Bei Bridges, die das Source-Route-Bridging nicht anwenden, fehlt die Gruppe.

Dot1dTp. Objekte in Bezug auf Transparent-Bridging, also Bridging, dass dem Anwender nicht bewusst sein muss. Aus Sicht das Anwenders wirken Segmente, die über diese Bridges verbunden sind, wie ein einheitliches LAN. Objekte sind u.a. die maximale Anzahl der zu speichernden Adress-Informationen, die Zahl von empfangenen und weitervermittelten Frames.

Dot1dStatic. Objekte in Bezug auf die Filterung der Zieladressen. Sie enthält Angaben über die Zieladressen, über den Eingangsport und die Erlaubnis, die Frames weiter zu vermitteln.

Es gibt weiter in der MIB Angaben zu Beziehungen, diese können sein:

1. Beziehung zum System: diese haben Bedeutung, wenn in dem System nicht nur die Bridging-Funktionen, sondern auch andere Funktionen ausgeführt werden. Es müssen dann Objekte vorhanden sein, die sich auf das System als Ganzes beziehen.
2. Beziehung zu Interfaces. Es soll beschrieben werden, auf welche Art von Netzwerk die Ports führen. Die Port-Nummern sind in den oben beschriebenen Gruppen definiert. Ein Interface kann ein Ethernet-Segment, ein LAN mit Ringstruktur, aber auch eine virtuelle Verbindung nach X.25 sein. In der Regel gehört ein Port zu einem Interface; es kann aber auch sein, dass mehrere virtuelle Verbindungen über den gleichen Port geführt werden.

9.8 Directory-Systeme

Directories werden auch als Adressbücher bzw. Teilnehmerverzeichnisse bezeichnet. Ein Directory-Dienst ist ein logisch zentralisiertes System zur Speicherung von Daten, die sich relativ selten ändern, welche für die Verwaltung des Netzwerks notwendig sind. Der Directory-Dienst kann in einem verteilten System ebenfalls verteilt sein.

Üblicherweise muss der Directory-Dienst Methoden für die Lokalisierung und Identifizierung von Anwendern und den verfügbaren Betriebsmitteln schaffen. Änderungen im Directory-System, also Hinzufügungen, Löschungen, Umbenennungen müssen möglich sein, ohne dass das verteilte System in seiner Arbeit gestört wird.

Eine Directory muss folgende Anforderungen erfüllen:

1. Die Informationen müssen netzwerkweit verfügbar, aktuell und konsistent sein.
2. Es muss für den Anwender die komplexe Struktur des Systems verbergen.

Von heutigen Directory-Diensten wird verlangt:

- Die Information muss verteilt gespeichert werden. Die einfachste Organisationsform eines Directory-Systems ist die zentrale Speicherung; alle Informationen sind auf einem Server gespeichert, die Zugriffe erfolgen über die Netzwerke auf diesen Server. Solche Systeme sind leicht zu verwalten, Probleme der Inkonsistenz treten nicht auf. Wenn die Information verteilt gespeichert ist, werden Daten kopiert. Dies wird als Replizierung bezeichnet, die Kopien als Replicas. Dies ermöglicht es den Anwendungen, einen erheblichen Teil der Zugriffe lokal, also ohne Netzwerkzugriff oder mit dem Zugriff über ein lokales Netz durchzuführen. Replicas können zu Inkonsistenzen führen. Informationen über den gleichen Tatbestand sind in unterschiedlichen Replicas unterschiedlich. Dies tritt auf, wenn Aktualisierungen der Daten (*updates*) nicht in allen Replicas durchgeführt werden.
- Es müssen "weiße" und "gelbe" Seiten unterhalten werden. Betriebsmittel und auch Benutzer werden systemintern meist über Nummern (Adressen) verwaltet. Weiße Seiten gestatten es, diese unter Angaben anderer Attribute (Namen) aufzurufen.
- Gelbe Seiten gestatten es, Betriebsmittel über Klassifikationen aufzurufen, z.B. suche alle Drucker, die sich in der Abteilung Einkauf befinden.
- Erlaubt oder sperrt das Anloggen der Benutzer für Dienste, Anwendungen und Betriebsmittel.
- Es muss eine ortsunabhängige Verwaltung möglich sein, d.h. der Systemverwalter kann seine Aktivitäten von jedem Arbeitsplatz mit Netzwerkzugriff ausüben.
- Die Konsistenz muss gesichert sein. Modifikationen müssen sich so über die Netzwerke ausbreiten, dass sie in allen Replicas durchgeführt werden.

Als Aufgaben moderner Directory-Systeme gelten:

1. Die Netzwerk-Betriebsmittel (*network resources*) wie Geräte, Betriebssysteme, Anwendungen, Administrations-Werkzeuge usw.) sollen sich selbst bekannt machen, damit der Anwender über sie verfügen kann.
2. Es soll möglich sein, andere Betriebsmittel und die mit diesen verbundene Informationen zu entdecken.

Der Directory-Service wird damit der Angelpunkt des gesamten Netzwerkgeschehens.

Netzwerkelemente haben in der Regel einen dauernden und einen sich dynamisch verändernden Status. Die Netzwerk-Verwaltungs-Protokolle befassen sich in der Regel mit dem dynamischen Status. Weiterhin beschränkt sich die Information auf den Status der einzelnen Elemente, nicht auf die Beziehungen zwischen den Elementen und damit auf das gesamte Netzwerk. Es muss ein Informations-Modell für die Beziehungen zwischen Anwendern, Anwendungen, Netzwerk-Elementen und Netzwerk-Diensten vorhanden sein.

Als die wesentlichen Objekte, die beschrieben werden müssen, werden genannt:

1. Gerät (*device*)
2. Protokoll
3. Medium, z.B. Typ von Leitungen
4. Dienst (*service*)
5. Merkmale (*profil*)
6. Strategie (*policy*), z.B. in Bezug auf die Sicherheit
7. Anwender.

Eine bekannte Norm für Directory-Systeme ist X.500, es handelt sich um eine Serie von Empfehlungen der ITU-T.

Die Namensverwaltung bei X.500 beruht auf dem Client-Server-Prinzip. Bild 9-15 zeigt den Aufbau.

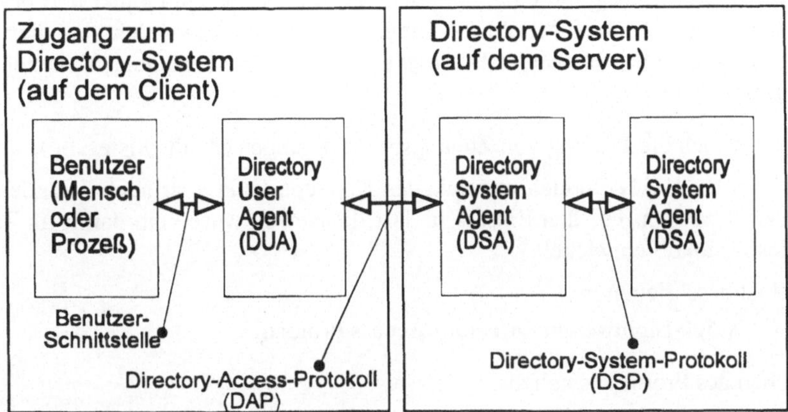

Bild 9-15 Directory-System nach X.500

Den Zugang zum Directory-System liefert der User-Agent (DUA), ein Client-Prozess auf dem System des Anwenders. Der System-Agent (DSA) ist der Server-Prozess auf dem System, welches die Directory verwaltet.

Nicht alle Informationen können auf einem Server gespeichert sein. Wenn der angesprochene DSA die gewünschte Information nicht liefern kann, kann er auf drei verschiedene Arten reagieren:

1. Er gibt die Anfrage an den DUA zurück, dazu Informationen darüber, welcher DSA alternativ anzusprechen ist. Die Methode wird als „Referral" bezeichnet.
2. Der DSA leitet die Anfrage an einen anderen DSA weiter, dies wird als Verkettung (*chaining*) bezeichnet.
3. Die Anfrage wird von dem DSA an mehrere andere DSAs weitergeleitet, dies wird als „Multicasting" bezeichnet.

Die Informationen werden in einer genormten Datenbank (*Directory Information Base*, DIB) gespeichert. Diese verwendet eine logische Baumstruktur (*Directory Information Tree*, DIT).

Als Elemente werden dabei unterschieden:

- Objekte. Personen, Geräte, Organisationseinheiten, Prozesse. Über die Objekte sollen Infomationen gespeichert werden.
- Einträge (*entries*). Sie bezeichnen die Objekte in der Baum-Struktur, sie bezeichnen den belegten Knoten in der Struktur.
- Attribute. Zu einem Eintrag gehörende Informationen über das Objekt. Attribute können grundsätzlich mehrfach für ein Objekt vorhanden sein, z.B. mehrere Telefonnummern für eine Person.
- Distinguished Names. Zusammengesetzte Positionsbezeichnungen der Baumstruktur, vergleichbar den Pfadnamen bei der Datei-Verwaltung, z.B.

  /de/poo/AP1/AP12/drucker

  Dabei folgt auf die Länderbezeichnung (*country*) eine Organisationsbezeichnung, AP1 und AP12 sind organisatorische Einheiten, drucker ist der Name des Objekts.
- Alias-Einträge. Ein Eintrag mit einem alternativen Namen für ein Objekt und dem Verweis auf den tatsächlichen Namen. Mit Alias-Einträgen kann erreicht werden, dass der Anwender mit immer dem gleichen Namen, z.B. drucker, auf das zur Verfügung stehende Betriebsmittel zugreifen kann.

X.500 unterstützt auch die Prüfung von Zugangsberechtigungen (Authentisierung).

X.500 ist ein für den WAN-Bereich entwickeltes Konzept, kann aber auch in anderen Umgebungen eingesetzt werden. Für den Einsatz in TCP/IP-Netzen wurde ein damit im Zusammenhang stehendes Protokoll entwickelt.

Das Protokoll ist beschrieben in

RFC 1487 X.500 Lightweight Directory Access Protocol.

Als Kennzeichen des Protokolls gelten:

Die Protokoll-Elemente werden direkt in den PDUs der Transportebene übertragen, es gibt keinen Overhead für die Ebenen 5-7. Daher stammt auch die Bezeichnung Lightweight, welche für Protokolle verwendet wird, die Ebenen des OSI-Referenzmodells „auslassen".

Viele Protokoll-Elemente können als einfache Strings (Zeichenketten) codiert werden. Die Codierung der Protokoll-Elemente soll mit einfachen Regeln erfolgen (*lightweight basic encoding rules*).

Das Protokoll verwendet ein Client-Server-Modell, der Client formuliert einen Protokoll-Request, welcher die auszuführende Operation enthält, der Server führt die Operation aus und gibt Ergebnisse (oder Fehlermeldungen) zurück.

Zur Übertragung der Informationen kann verwendet werden:

1. TCP die bekannte Port-Nummer (*well known port number*) ist 389
2. COTS Connection oriented Transport Service, ein „OSI-Protokoll".

Die LDAP-Nachricht besteht aus Angaben über die auszuführenden Operationen und einer ID-Nummer, welche als Integerzahl codiert wird. Die gleiche ID-Nummer muss auch in der Antwort des Servers auftreten.

Zwischen Client und Server muss eine Protokoll-Sitzung aufgebaut werden, dieser Vorgang wird als Binden (*bind operation*) bezeichnet.

Die Anforderung enthält eine Versions-Nummer und eine Authentikation für den Client, diese kann einfach (mit unverschlüsselten Passwörtern), aber auch mit komplizierteren Methoden erfolgen. Die verwendete Methode muss mit einer Kennzahl angegeben werden.

Die Anforderung der Bindung muss mit einer Antwort vom Server quittiert werden (*BindResponse*).

LDAP-Server enthalten Eintragungen über irgend welche Dinge, seien es Personen oder Organisationen. Jeder Eintrag bezieht sich auf eine oder mehrere Objekt-Klassen, wobei die Objekt-Klasse die Attribute und ihre aktuellen Werte enthält. Objekt-Klassen beziehen sich immer auf mehrere Objekte, so trifft das Attribut Geburtstag auf alle Personen zu, nicht aber z.B. auf Maschinen.

Mit dem Einsatz von X.500-Directories im Internet-Bereich befasst sich auch der

RFC 1491 A Survey of Advanced Usages of X.500.

9.9 Sicherstellung der QoS

QoS (*Quality of Service*) wird im Deutschen meist mit Dienstgüte übersetzt. Während im ersten Abschnitt allgemeine Merkmale für die Sicherstellung der QoS behandelt werden, geht es in den beiden nachfolgenden Abschnitten um zwei Protokolle zur Sicherstellung der QoS.

9.9.1 Merkmale der QoS

Zur Dienstgüte gehören mehrere Merkmale, die wichtigsten sind:

- Verlustwahrscheinlichkeit
- Fehlerwahrscheinlichkeit
- Zeitverhalten, dabei muss unterschieden werden zwischen:
  - Gesamtverzögerung der Nachricht auf dem Weg von Absender zum Empfänger
  - Schwankung (Variation) der Verzögerung bei der Übertragung der einzelnen Pakete.

Zur Sicherstellung der QoS gehört es auch, dass einer bestimmten Anwendung eine bestimmte Bandbreite (*dedicated bandwidth*) zur Verfügung steht, unabhängig von den anderen Anwendungen, die von den Netzwerken bedient werden müssen.

Während die Protokolle der Ebenen 2-4 das Fehlen von Nachrichten und das Vorhandensein von Fehlern in Nachrichten mit hoher Wahrscheinlichkeit entdecken und auch korrigieren können, ist das Zeitverhalten schwerer zu kontrollieren. Dies gilt besonders für die Informationsübertragung in paketvermittelnden Netzwerken mit unterschiedlicher Belastung. Der Schwerpunkt bei der Sicherstellung der QoS liegt daher meist bei der Kontrolle des Zeitverhaltens.

Die Gesamtverzögerung spielt eine Rolle, wenn die Informationsübertragung für einen menschlichen Dialog genutzt werden soll, z.B. ein Telefongespräch. Sie sollte dann nicht größer als 250 ms sein; wenn die Partner Blickkontakt haben, sollte sie erheblich geringer sein.

Schwankungen in der Zeitverzögerung machen sich bei Dateiübertragungen in der Regel nicht störend bemerkbar, entscheidend ist die Zeitdauer für die Übertragung der gesamten Datei. Sie stören sehr bei der Abwicklung kontinuierlicher Verkehrsströme, z.B. bei Telefongesprächen oder Videoübertragungen, da sie dort durch aufwendige Maßnahmen wieder ausgeglichen werden müssen. Schwankungen treten bei Leitungsvermittlung nicht auf; es wird aber zunehmend versucht, auch kontinuierliche Datenströme über paketvermittelnde Netze zu übertragen.

Die Architektur für die Sicherung der Dienstgüte gliedert sich in drei Ebenen:

1. Dienstgüte innerhalb des einzelnen Netzwerkelements, z.B. einem Vermittlungsknoten. Wie erfolgt die Pufferspeicherverwaltung, gleicht das System Spitzenbelastungen aus, kann es Prioritäten anwenden?
2. Signalisierungstechniken, die es netzwerkweit gestatten, die QoS-Anforderungen für die gesamte Übertragung von Endsystem zu Endsystem zu koordinieren.
3. Gesamtstrategie mit den Accounting-Funktionen für die Kontrolle und Verwaltung des Verkehrs von End-System zu End-System. Wenn Prioritäten gesetzt werden sollen, können nicht alle Anwendungen die höchste Priorität in Anspruch nehmen. Durch das Account-System muss kontrolliert werden, welche Rechte die einzelnen Anwendungen haben.

Bei der Sicherstellung der QoS kann unterschieden werden:

- Dienst mit der besten Anstrengung (*best effort service*). Dabei wird nicht garantiert als das Ankommen der Nachrichten beim Partner, ohne dass weitere Merkmale gesichert sind (*basic connectivity with no guaranties*).
- Differenzierter Service (*diffentiated service*): dieser wird auch als Weiche QoS (*soft QoS*) bezeichnet. Grundsätzlich werden die einzelnen Verkehrsströme unterschieden, ein Teil wird gegenüber anderen Teilen bevorzugt. Es liegt aber grundsätzlich ein statistisches Vorgehen vor; Merkmale können im Einzelfall nicht garantiert werden. Für den differenzierten Service liegen Konzepte der IETF vor, die in Abschnitt 9.9.3 behandelt werden.
- Garantierter Service (*guaranteed service*): dieser wird auch als Harte QoS bezeichnet. Es findet eine absolute Reservierung von Betriebsmitteln für einen bestimmten Verkehr statt.

Bei der Entscheidung für eine der drei Stufen muss berücksichtigt werden, welche Stufe die Anwendung erfordert, ob die gegebenen Netzwerkstrukturen die gewünschte Stufe überhaupt leisten können bzw. wie hoch der Aufwand ist, diese den Anforderungen anzupassen.

Zum QoS-Management können gehören:

Dienstgüteaushandlung (*QoS Negotiation*): Die Benutzer handeln untereinander und mit den Netzwerken aus, welche Qualitätsmerkmale die Übertragung eines bestimmten Datenstroms aufweisen soll. Das Ergebnis hängt nicht nur von den Anforderungen der Anwender, sondern auch von den zur Verfügung stehenden Betriebsmitteln (*resourcen*) ab.

Dienstgüteüberwachung (*QoS Monitoring*): Die aktuell erbrachte Dienstgüte muss vom Netzbetreiber, aber natürlich auch von den Anwendern überwacht werden und mit den ausgehandelten Werten verglichen werden.

Dienstgüteanpassung (*QoS Adaption*): Trotz vorheriger Aushandlung kann es vorkommen, dass die Netzwerke nicht mehr die für den Anwender notwendige Dienstgüte liefern können. Um die geforderte Qualität halten zu können, muss eine Anpassung vorgenommen werden, die kann z.B. bestehen aus:

1. Änderung des Weges. Dies setzt natürlich voraus, dass andere Wege zur Verfügung stehen, welche noch über ausreichende Betriebsmittel verfügen.
2. Ausnutzung von Toleranzgrenzen. Für andere Verkehrsströme werden die Toleranzgrenzen für den QoS schärfer eingehalten, um weitere Ressourcen zu gewinnen.
3. Anpassung der Anwendung. Diese kann z.B. darin bestehen, dass bei Videoinformationen eine höhere Kompression stattfindet. Damit wird die Bildqualität vermindert, dies wird aber in Kauf genommen, weil die Alternative die Unterbrechung der Übertragung wäre.

Dienstgüte-Neuaushandlung (*QoS Renegotiation*): Wenn Änderungen innerhalb des Netzwerks, aber auch beim Anwender auftreten, wird bei bestehender Verbindung eine Neuaushandlung durchgeführt.

Werkzeuge (*tools*) zur Sicherung der QoS können sein:

a. **Verstopfungs-Verwaltung** (*congestion management tools*)
In Paketvermittelnden Netzen kann es vorkommen, dass bei den Vermittlungsgeräten mehr Nachrichten ankommen, als abgeschickt werden können. Wenn dieser Zustand über einen längeren Zeitraum vorkommt, kann der Verkehr nicht mehr über die Pufferspeicher aufgefangen werden, es kommt zu Datenverlusten. Durch das Protokoll TCP kann zwar die Verstopfung der Endgeräte verhindert werden, da angezeigt wird, wie viele Oktette noch empfangen werden können, nicht aber die Verstopfung der vermittelnden Geräte.

Welche Nachrichten verloren gehen, hängt von der Verwaltung der Pufferspeicher ab, dabei kann z.B. unterschieden werden nach:

FIFO (*first in/first out*). Alle Pakete werden in der Reihenfolge ihrer Ankunft gespeichert und weitergeleitet. Diese Methode ist sehr einfach zu implementieren, hat aber den Nachteil, dass

- Verluste bei allen Arten von Paketen auftreten können, also keine Vorzugsbehandlung eingeführt werden kann
- bei vollen Pufferspeichern hohe Wartezeiten auftreten, was für alle Pakete gilt.

PQ (Prioritizing Traffic, Verkehr mit Prioritäten): Es soll gesichert werden, dass wichtiger Verkehr schneller behandelt wird als normaler Verkehr. Die Entscheidung darüber, wie wichtig der Verkehr ist, kann unter unterschiedlichen Kriterien getroffen werden, z.B. nach

- Protokoll der Ebene 3 (IP, IPX, AppleTalk)
- Port, auf dem der Verkehr ankommt, damit können bestimmte Netzwerke oder Geräte bevorzugt behandelt werden
- Paketgröße, z.B. kann es sinnvoll sein, kurze Pakete zu bevorzugen, da diese die Steuerinformationen, Rückmeldungen usw. enthalten.
- Ziel- und Quelladressen

Es werden mehrere, nach dem FIFO-Prinzip verwaltete Pufferspeicher parallel geschaltet, die eine feste Priorität haben. Die ankommenden Pakete werden nach den festgelegten Kriterien einem Pufferspeicher zugewiesen, solange Pakete in einem Pufferspeicher höherer Priorität sind, werden diese dem Pufferspeicher des Senders übergeben. Pakete in Speichern niedriger Priorität werden erst dann gesendet, wenn die Pufferspeicher höherer Priorität leer sind.

CQ (*custom queuing*, kundenorientierte Pufferspeicherverwaltung), auch als "Garantierte Bandbreite" bezeichnet. Es wurde entwickelt, um spezifische Anwendungen mit spezifizierter minimaler Übertragungskapazität und/oder Latenzzeit zu unterstützen. Die Übertragungs-Kapazität muss proportional zwischen den Anwendungen aufgeteilt werden. Es kann festgelegt werden, dass bestimmte Anwender eine festgelegte Bandbreite erhalten, der Rest unter den übrigen aufgeteilt wird. Jeder Klasse von Paketen wird ein bestimmter Bereich in den Warteschlangen zugewiesen. Die Warteschlangen werden der Reihe nach abgearbeitet (*round robin*); dabei werden allerdings Prioritäten berücksichtigt. Im Gegensatz zu Priority-Queuing wird aber eine Warteschlange hoher Priorität nicht erst voll abgearbeitet, ehe die niedrigerer Priorität bearbeitet wird.

WFQ (*weighted fair queuing*). Bei dieser Methode wird nach Anwendungen mit vielen und wenigen Daten unterschieden. Anwendungen mit wenig Datenverkehr, welche meist die häufigsten sind, werden bevorzugt. Da sie in der Warteschlange vorn eingereiht werden, ist ihre Latenzzeit gering. Mit der verbleibenden Bandbreite werden die Anwendungen mit großen Datenmengen bedient. Im Gegensatz zum reinen Zeitmultiplex (TDM) kann das System Bandbreite für die Anwender mit großen Datenmengen immer dann zur Verfügung stellen, wenn keine Anwendungen mit hoher Priorität aktiv sind. Das Verfahren nutzt den Header-Eintrag im Type-of-Service-Feld des IP aus, welche als Precedence bezeichnet wird. Darin befindet sich eine Zahl von 0 - 7, welche die Priorität verkörpert.

b. **Verstopfungs-Vermeidung** (*congestion avoidance tools*)
Zur Verstopfungsvermeidung kann z.B. die in 9.2.3 beschriebene RED (*Random Early Detection*) eingesetzt werden.

c. **Verkehrsgestaltung** (*traffic shaping*)
Bei Traffic-Shaping muss das Endgerät, welches den Verkehr erzeugt (*Outbound Traffic Flow*) dafür sorgen, dass der tatsächlich in das Netz abgegebene Verkehr keine starken Schwankungen hat. Die Zwischenspeicherung findet damit nicht in den vermittelnden Geräten, sondern im Endgerät statt. Der erzeugte Verkehr kann nach Prioritäten klassifiziert werden. Verkehr, der zu einer Überschreitung der vereinbarten Datenrate führt, wird einem Zwischenspeicher zugeführt, wobei die Prioritäten berücksichtigt werden.

d. **Optimierung der Leistungsauslastung** (*link efficiency mechanisms*)
Wenn zeitkritische Anwendungen übertragen werden, z.B. Telefongespräche oder Telnet-Dialoge, müssen sie sich die Übertragungswege mit anderen Anwendungen, die große Datenpakete verlangen, z.B. File-Transfer, teilen. Dies kann zu einer zu starken zeitlichen Verzögerung führen, da der Übertragungsweg durch ein großes Paket blockiert ist. Dem kann dadurch begegnet werden, dass große Pakete fragmentiert werden, obwohl sie die MTU des Übertragungswegs nicht überschreiten (vergl. Abschnitt 5.4.4.3). Damit können zwischen die Fragmente immer wieder zeitkritische Nachrichten eingeschoben werden. Die Methode wird als Link-Fragmentation and Interleaving (LFI) bezeichnet. Dabei wird zur Verbesserung des Zeitverhaltens die Leitungsausnutzung verschlechtert.

Eine Verbesserung der Leitungsausnutzung kann mit der Header-Kompression erreicht werden. Wenn TCP/IP verwendet wird, umfassen die Header 40 Oktette. Bei bestehenden TCP-Verbindungen ist der Inhalt dieser Header für alle Pakete in vielen Teilen gleich, enthält also redundante Informationen. Die Header können damit nach Aufbau der Verbindung komprimiert werden, es entsteht ein komprimierter Header von insgesamt 5 Oktetten.

Der Nachteil der Header-Kompression besteht darin, dass auch die vermittelnden Systeme Informationen über die bestehende TCP-Verbindung speichern müssen. Ohne Kompression besteht die TCP-Verbindung nur in den beiden Endgeräten; der Transport der Nachrichten erfolgt mit IP-Datagrammen.

Die Header-Kompression ist besonders lohnend bei kurzen Nachrichten. Tabelle 9-4 zeigt einige Zahlenbeispiele. Die errechnete Ersparnis bezieht sich auf die ursprüngliche Paketlänge einschließlich der Header.

e. **QoS Signalisierung**
Mit der QoS-Signalisierung kann ein Endgerät oder ein vermittelndes Gerät bestimmte Anforderungen an seine Nachbarn melden. QoS-Signalisierung wird auch innerhalb des anschließend beschriebenen Protokolls RSVP eingesetzt.

Tabelle 9-4 Ergebnis der Header-Kompression

Inhalt (Ebene 5-7)	Normale Paketlänge	Paketlänge nach Kompression	Ersparnis	Typische Anwendung
20	60	25	58,33 %	Voice over IP
256	296	261	11,88 %	SQL
1460	1500	1465	2,33 %	FTP

9.9.2 RSVP

Das Resource Reservation Protocol (RSVP) soll es Anwendungen erlauben, bestimmte Merkmale der QoS für ihren Datenfluss zu erhalten.

Das Protokoll ist besser für abgeschlossene Netzwerkbereich, die das IP verwenden, geeignet (Intranets) als für den Verkehr im weltweiten Internet, wenn die Nachrichten den Bereich mehrerer Service-Provider benutzen müssen.

RSVP ist kein Routing-Protokoll, es arbeitet aber Routing-Protokollen zusammen. Es ist der Transportebene (Ebene 4) zuzuordnen.

In RSVP ist der Datenfluss eine Sequenz von Nachrichten mit bestimmter Quelle, ein oder mehreren Empfängern und einer bestimmten QoS. Die Anforderungen an QoS werden den Netzwerk-Komponenten über eine Flow-Spezifikation mitgeteilt, welches eine Datenstruktur ist, die vom Internet-Endgerät erzeugt wird.

Es werden drei Arten von Verkehr unterschieden:

1. **best effort** (etwa beste Anstrengung) ist der traditionelle IP-Verkehr, wie er bei File-Transfer oder Electronic-Mail eingesetzt wird. Der Name kommt daher, dass dieser Dienst keine besonderen Leistungen vom Netzwerk verlangt.

2. **rate sensitive**. Es soll eine bestimmte Bandbreite zur Verfügung stellen. Diese muss dem System bekannt sein. Wenn eine Bandbreite von 100 kbit/s verlangt wird, das System aber kurzzeitig 200 kbit/s sendet, kommt es zu Verzögerungen. Der Rate-Sensitiv-Verkehr wird immer dann verlangt, wenn ein kontinuierlicher Datenstrom erforderlich ist, der nicht durch eine Leitungsvermittlung, sondern durch Paketvermittlung zustande kommen soll.

3. **delay sensitive**. Es wird eine zeitgerechte Auslieferung bei schwankenden Datenrate verlangt. Dies kann z.B. der Fall sein, wenn komprimierte Video-Filme übertragen werden. Da der Kompressions-Erfolg je nach Art des Bildaufbaus unterschiedlich ist, entstehen bei einer kontinuierlichen Übertragung von Bildern unterschiedliche Datenraten. Es werden Key-Frames, welche das ganze Bild beschreiben, und Delta-Frames, welche Änderungen im Bild beschreiben, gesendet. Delta-Frames enthalten weniger Daten als Key-Frames. Alle Arten von Frames müssen zeitgerecht ausgeliefert werden. Der Dienst, den RSVP dazu bereitstellt, wird auch als Controlled-Delay-Service oder Predictive-Service bezeichnet.

Der Datenverkehr wird in Sitzungen (*sessions*) durchgeführt. Bei einer Session liegt oder liegen immer die gleichen Zieladressen vor. Die Sitzungen sind unabhängig voneinander, aber jedes System kann zur gleichen Zeit an mehreren Sitzungen teilnehmen. Sie werden dann durch ihre Portnummern unterschieden. RSVP kann auch für Multicast, bei dem die Nachrichten an mehrere Empfänger ausgeliefert werden, verwendet werden.

Die Anforderungen an QoS inerhalb iner RSVP-Sitzung müssen natürlich nicht nur den beteiligten Endgeräten, sondern auch den Routern, die die Nachrichten vermitteln, bekannt sein. Die Router benutzen das Protokoll, um anderen Routern die Anforderungen mitzuteilen.

Bei Beginn der Sitzung sendet ein System, welches als Sender aktiv werden will, eine RSVP-Pfad-Nachricht zu dem Empfänger. Der Empfänger sendet eine Nachricht mit den Anforderungen an die QoS zurück. Wenn der Sender diese Anforderungen erhält, kann er mit der Sendung der Datenpakete beginnen.

Wenn während der Sitzung der Pfad gewechselt werden muss, muss eine neue Pfad-Nachricht den Status auf die neue Route übertragen. Der Status der Verbindung kann innerhalb einer Sitzung geändert werden. Die Änderungen müssen ohne Verzögerung innerhalb des Netzwerks übertragen werden. In den Routern wird der Status dann aktualisiert (*updated*).

RSVP regelt die QoS für einen Datenstrom in einer Richtung, nicht für einen Nachrichten-Austausch (*unidirectional data flow*). Es muss also feststehen, welche Anwendung als Sender und welche als Empfänger arbeitet. Es kann eine Anwendung allerdings auch als Sender und Empfänger arbeiten.

Bild 9-16 zeigt das Modell der RSVP-Operationen.

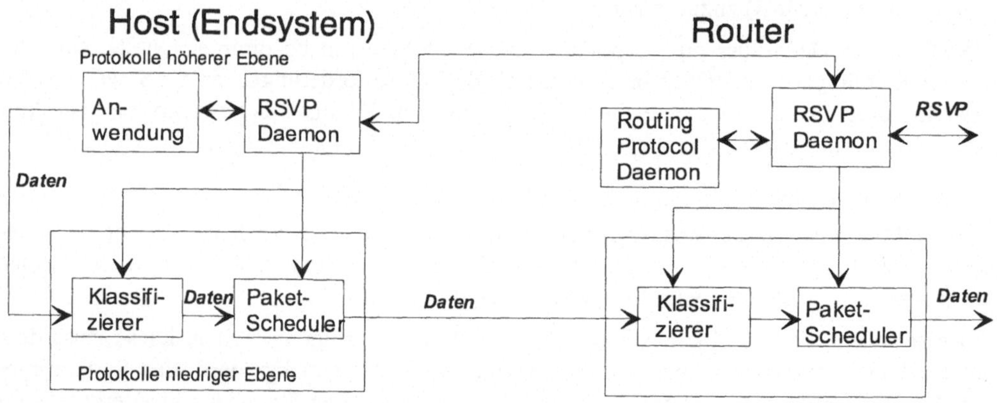

Bild 9-16 RSVP-Umgebung für Datenfluss in eine Richtung

Bei Beginn muss der RSVP-Daemon-Prozess die lokalen Routing-Protokolle wegen der Route abfragen. Die RSVP-Nachrichten müssen dann entlang der Route verteilt werden. Die RSVP-Anforderung (*request*) geht üblicherweise vom Empfänger der Nachrichten aus. Wenn der Router die Anforderung erfüllen kann, setzt er die entsprechenden Parameter in den Klassifizierer und den Scheduler. Wenn sie nicht erfüllt werden können, wird eine Fehlermeldung an den Erzeuger der Anforderung gesandt.

Jeder Router, der die Regeln des RSVP beherrscht, übergibt die einkommenden Pakete dem Klassifizierer. Der Klassifizierer bestimmt die Route und die QoS für jedes Paket. Der Scheduler (Planer) weist die Betriebsmittel für die Übertragung zu. Wenn das Protokoll der Ebene 2 eine eigene QoS-Verwaltung besteht, muss der Paket-Scheduler die QoS aushandeln, die für die Anforderungen des RSVP erforderlich ist.

Es kann nicht erwartet werden, dass ein Protokoll wie RSVP sofort in allen Systemen des Internet verfügbar ist. Wenn Teile des Netzwerks RSVP nicht unterstützen, muss eine Tunneling-Technik angewandt werden. Bild 9-17 zeigt die Anordnung.

Beim Tunneling kann nicht für die gesamte Verbindung die gewünschte QoS geboten werden, da die QoS-Merkmale innerhalb des Tunnels von RSVP nicht beeinflusst werden können. Das kann sich auf die QoS der gesamten Übertragung auswirken, besonders auf das Zeitverhalten.

Die Nachrichten, die für RSVP ausgetauscht werden, sind:

1. Pfad-Nachrichten. Sie werden vom Sender der Daten ausgesandt entlang der Route, die durch die Routing-Protokolle gegeben ist.
2. Reservierungs-Anforderungen (*Reservation-Request Messages*). Sie werden vom Empfänger der Daten ausgesandt in Richtung auf den Sender der Daten. Sie nehmen dabei den umgekehrten Weg wie die Datenpakete. Damit dieser Weg bekannt ist, muss vorher die Pfad-Nachricht übertragen worden sein. Die Reservierungs-Anforderung muss auch dem Sender der Daten zugestellt werden, damit dieser seine Parameter für den ersten Übertragungsvorgang der Pakete festlegen kann.
3. Fehlermeldungen und Bestätigungs-Nachrichten (*confirmation*).

Als Nachteil von RSVP wird gesehen, dass jeder Router für jeden Datenfluss die entsprechenden Parameter speichern muss. Bei großen Netzen und vielen Anwendungs-Datenflüssen sind die Router überfordert. Wie bereits erwähnt, eignet sich RSVP daher eher für abgeschlossene kleiner Netzwerke (Intranet).

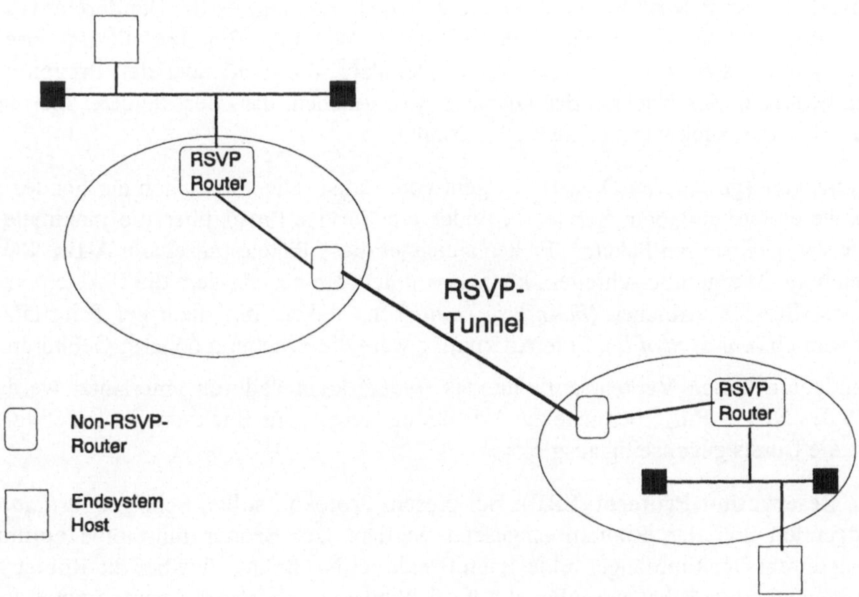

Bild 9-17 Tunneling bei RSVP

9.9.3 Differentiated Services

Das Differentiated Services-Konzept ist von einer Arbeitsgruppe der IETF entwickelt worden.

Das Differentiated-Services-Konzept unterscheidet sich von RSVP durch:

- Es wird nicht ein einzelner Datenfluss betrachtet, sondern eine Menge von Datenflüssen, zB. alle Datenflüsse zwischen zwei Subnetzen.
- Die Reservierungen sind eher statisch, also sie werden nicht dynamisch während einer Kommunikationsbeziehung durchgeführt.

Bei DS werden den einzelnen Paketen Prioritätsanforderungen mitgegeben, dies geschieht durch das DS-Oktett im Header des IP-Pakets. Diese werden bei der Version 4 im Feld TOS (*type of service*) des Headers untergebracht. In diesem sind zwei Bits für zukünftigen Gebrauch reserviert, welche auch bei DS frei bleiben. Die Codierung des Oktetts entspricht nicht der im IP vorgesehenen Codierung. Die verbleibenden 6 Bits werden mit einem DSCP (DS Codepoint) belegt.

Zur Realisierung von Differentiated Services gibt es eine Anzahl von Vorschlägen, die kurz aufgezählt werden sollen:

Premium-Service. Der Benutzer vereinbart mit dem Service-Provider eine maximale Bandbreite, mit der Pakete durch das Netz schicken kann. Weiterhin muss der aggregierte Fluss beschrieben werden durch Angabe von Quell- und Zieladressen der Pakete, welche den Dienst erhalten sollen. Die Pakete werden mit einem Premium-Service-Bit versehen. Sämtliche Router haben zwei Warteschlangen, eine für Pakete mit P-Bit, eine andere für alle anderen Pakete. Der Unterhalt von zwei Warteschlangen in allen Routern schafft ein virtuelles Netz für den Premium-Dienst. Der Dienst wirkt wie eine private gemietete Leitung, da die Bandbreite vorher ausgehandelt war, steht sie auf alle Fälle zur Verfügung. Wenn die Benutzer die Bandbreite nicht ausnutzen, kann das System diese für andere Benutzer, die nicht über den Premium-Service verfügen, benutzen. Als Nachteil des Dienstes wird gesehen, dass der Benutzer die reservierte Bandbreite bezahlt, auch wenn er sie nicht ausnutzt.

Assured Service (gesicherter Dienst) . Er geht vom statistischen Verhalten der Sender aus. Der Benutzer vereinbart mit dem Service-Provider ein Service-Profil über die maximale Menge oder Rate von gesicherten Paketen. Er kennzeichnet diese Pakete mit einem A-Bit. Pakete, die den vereinbarte Menge überschreiten, können von dem Router, an dem die Pakete den Bereich des Assured-Service erreichen (*boundary router*) als Pakete mit niedriger Priorität gekennzeichnet werden (*out of profile*). Eine Alternative wäre die Erhebung höherer Gebühren.

Eine Bündelung hohen Verkehrsaufkommens (*burst*) kann dadurch unterstützt werden, dass innerhalb des Netzes Pufferbereiche zur Verfügung stehen. Für Backbone-Netze erwartet man, dass sich die Bursts gegenseitig ausgleichen.

Scalable Reservation Protocol (SRP). Bei diesem Protokoll sollen Schätzer (*estimators*) bei den Endgeräten und den Routern eingesetzt werden. Der Sender führt eine optimisitische Schätzung durch. Der Empfänger bildet nach Erhalt der Nachricht, die über die Router gelaufen ist, eine konservative Schätzung über die tatsächlich vom Netzwerk reservierten Kapazitäten und schickt diese Informationen an den Sender zurück. Dies wird von einem Reservierungs-Protokoll und einem Rückmeldungs-Protokoll (*feedback protocol*) ausgeführt.

User Share Differentation (USD). Bei diesem Protokoll (etwa Aufteilung zwischen den Benutzern) werden keine bestimmten Bitraten vereinbart, sondern nur ein relativer Anteil der verfügbaren Kapazität. Eine garantierte Bandbreite kann nicht zur Verfügung gestellt werden.

Olympic Service: Im Netz werden drei Prioritäts-Stufen unterschieden, die mit Gold, Silber und Bronze bezeichnet werden. Die Pakete müssen entsprechend dieser Einteilung markiert sein. Dabei erhält jede Prioritäts-Stufe einen bestimmten Anteil der Übertragungs-Kapazität, z.B. Gold 60 %, Silber 30 % und Bronze 10 %. Wenn keine Datenflüsse für Gold oder Silber vorhanden sind, kann Bronze die gesamte Verbindung benutzen.

9.10 Sicherheit

Unter Sicherheit (*security*) wird hier die Sicherheit gegenüber schädlichen Eingriffen des Menschen verstanden, nicht die technische Zuverlässigkeit der Systeme; es geht dabei nicht nur um die Abhörsicherheit. Die Anforderungen an die Sicherheit sind in unterschiedlichen Systemen unterschiedlich. Sie richten sich nach:

1. Interessen des Betriebs. Das Netzwerk soll uneingeschränkt für die Zwecke des Betriebs zur Verfügung stehen. Betriebsgeheimnisse sollen nicht ausgespäht werden. Informationen sollen nicht von Unbefugten verändert werden können.
2. Gesetzliche Vorschriften, z.B. der Schutz personenbezogener Daten durch das Bundesdatenschutzgesetz.

Mit der Sicherheit befassen sich eine Vielzahl von Normen. Sicherheitsaspekte sind von der ITU-T besonders in der Serie X.500 erfasst. Mit Sicherheitsaspekten besonders im WAN-Bereich befasst sich u.a. auch:

ISO 7498-2 Information Processing Systems. OSI Basic Reference Model, Part 2: Security Architecture.

Die Sicherheit kann auf viele Arten gefährdet werden, z.B. werden in einer Empfehlung der ITU-T genannt:

- Abhorchen (Lauschangriff). Das Abhören von Leitungen kann durch technische Maßnahmen, z.B. den Einsatz von Glasfaserkabeln, verhindert werden. Bei lokalen Netzen muss jede Station jede Nachricht empfangen und darauf untersuchen, ob die Nachricht an sie adressiert ist. Eine Verhinderung des Abhorchens ist damit ausgeschlossen. Wenn Nachrichten vertraulich sein sollen, müssen sie verschlüsselt werden.
- Maskerade. Ein Benutzer täuscht vor, dass er ein anderer Benutzer ist. Damit will er sich unerlaubte Vorteile verschaffen. Diese Gefährdung kann bei allen Anwendungsarten auftreten. Dabei kann es zu hohen materiellen Schäden, wie beim Telebanking, kommen; auch zu immateriellen Schäden, z.B. bei Personenauskunftssystemen. Um die Maskerade zu verhindern, muss Vorsorge getroffen werden, sowohl das System, von dem aus ein Zugriff erfolgt, wie den einzelnen Benutzer identifizieren zu können.
- Identitätsausforschung. Die Identität eines Benutzers wird unberechtigterweise festgestellt. Bei den meisten Anwendungsformen der Datenfernverarbeitung tritt diese Gefährdung nicht auf. Sie gibt es ab er besonders in den Sprachdiensten, z.B. bei der Telefonseelsorge, welche sicherstellen soll, dass der Ratsuchende anonym bleibt.

- Wiederholung. Eine Nachricht wird aufgezeichnet und zu einer späteren Zeit unberechtigt wiederholt.
- Zurückweisung. Der Benutzer streitet ab, an einer Kommunikation oder Teilen einer Kommunikation teilgenommen zu haben. Durch die Verwendung von Quelladressen in den Nachrichten kann die Zurückweisung erschwert werden. Allerdings ist weder im LAN- noch im WAN-Bereich eine vollständige Protokollierung des Verkehrs üblich, so dass eine spätere Zurückweisung möglich wird. Besonders bei vertraulichen Systemen, bei denen die Gefahr des Missbrauchs durch grundsätzlich befugte Benutzer gegeben ist, z.B. polizeilichen Personenauskunftssystemen, muss die Möglichkeit der Zurückweisung durch Protokollierung verhindert werden.
- Verhinderung des Verkehrs (*denial of service*). Mit Verhinderung des Verkehrs ist nicht gemeint, dass technische Sabotage (Durchschneiden von Leitungen) zur Verhinderung des Verkehrs führt. Eine Denial-of-Service-Atacke führt zu einer solch hohen Verkehrsbelastung, dass kein sinnvoller Verkehr mehr stattfinden kann. Da ein einzelner Benutzer in der Regel nicht so viele Aktivitäten auslösen kann, um das Netzwerk zu blockieren, wird er allein oder in Verbindung mit anderen versuchen, dies von unterschiedlichen Anwendungen und Systemen aus zu machen. Diese Vorgehensweise wird als Distributed Denial of Service bezeichnet. Besonders im Internet ist es bereits zu einer Anzahl von Denial-of-Service-Attacken gekommen, die teilweise weltweite Auswirkungen hatten.
- Verkehrsflussanalyse, Verkehrsanalyse. Ein nichtautorisierter Benutzer sammelt Informationen über die Menge der ausgetauschten Informationen zwischen anderen Benutzern, ohne dass er den Inhalt der Kommunikation zur Kenntnis nimmt.
- Fehlleitung von Kommunikationsdaten. Die Daten werden nicht an den vorgesehenen Empfänger, sondern an einen anderen Empfänger durch Manipulation in den Vermittlungsgeräten gesendet.
- Leugnung des Verkehrs, auch als Zurückweisung bezeichnet. Ein Benutzer streitet ab, an einer Kommunikation oder Teilen der Kommunikation teilgenommen zu haben. Da Protokolle der Ebenen 2 und 3 grundsätzlich nicht nur Ziel- sondern auch Quelladressen verwenden, ist die Leugnung des Verkehrs erschwert. Allerdings ist eine Dokumentation des Datenverkehrs über einen längeren Zeitraum nicht möglich, so dass eine spätere Leugnung erfolgen kann.
- Verfälschung der Nachrichten, Manipulation. Ein nichtautorisierter Benutzer ersetzt während einer Kommunikation Daten durch andere.

Wie oft in der Technik kann bei der Verfolgung des Ziels, alle diese Gefährdungen zu verhindern, ein Zielkonflikt auftreten. Wie die Liste zeigt, kann besonders die Feststellung der Identität entweder verlangt werden oder verhindert werden. So kann die Identitätsausforschung zur Verhinderung oder Aufdeckung der Maskerade dienen, sie gilt aber auch als Gefährdung.

Als Gefährdung, die das meiste Aufsehen erregt hat und die die höchsten Schäden angerichtet hat, hat sich die Verhinderung des Dienstes (*denial of service*) erwiesen.

Keine Sicherheitsstrategie kann den unautorisierten Gebrauch des Netzwerks durch Benutzer oder Fremde völlig verhindern. Sie kann sie aber so erheblich erschweren, dass die Motivation für den Angreifer nicht mehr ausreicht Die Netzwerksicherheit muss auf einer höheren Ebene liegen als die Motivation des Angreifers.

Einige generelle Regeln sind:

Kenne deine Feinde!
Versuche zu erkennen, wer ein Interesse daran hat, deine Sicherheit zu gefährden. Während sich dies beim Lauschangriff wahrscheinlich relativ leicht feststellen lässt (Industriespionage), ist dies bei den Denial-Of-Service-Attacken schwer. Bei den bisher aufgetretenen Fällen war ein Motiv nicht zu erkennen. Oft ist sich der Störer auch nicht bewusst, wie stark sich seine Attacke im weltweiten Netz ausbreiten kann und welche Schäden damit verbunden sind.

Ermittle die Kosten!
Sicherheitsmaßnahmen erfordern Kosten nicht nur bei der Installation, sondern auch im laufenden Betrieb. Sie verzögern die Arbeit des Anwenders, belasten den Netzwerk-Administrator. Sie benötigen Betriebszeit der vorhandenen Hardware oder erfordern spezielle Hardware nur für die Sicherheit. Es muss überprüft werden, ob diese Kosten im Verhältnis zu den Gefahren stehen, die realistisch zu erwarten sind.

Kläre die Annahmen!
Jedes technische System, auch das Sicherheitssystem, unterliegt Annahmen. Diese können z.B. darin bestehen, dass Unberechtigte keinen Zugriff zu den Computer-Räumen haben. Es kann auch angenommen werden, dass Angreifer nur die vorhandene Standard-Software verwenden. Es muss in jedem Fall geklärt werden, ob solche Annahmen tatsächlich zutreffen.

Überblicke deine Geheimnisse!
Ein Teil der Informationen unterliegt der Geheimhaltung. Dies gilt besonders für Passwörter, Verschlüsselungs-Systeme, die Schlüssel dazu. Je mehr solche Informationen der Geheimhaltung unterliegen, umso schwerer ist es, sie tatsächlich zu schützen. Daher sollte die Menge der zu schützenden Information begrenzt sein.

Betrachte die menschlichen Faktoren!
Schutzmaßnahmen können ohne böse Absichten durch das Verhalten der Mitarbeiter unterlaufen werden. Dies gilt besonders dann, wenn sich die Mitarbeiter nicht über die Bedeutung der Schutzmaßnahmen klar sind. Besonders gefährdet sind die Passworte, die in vielen Systemen eine entscheidende Rolle bei der Identifizierung von Personen spielen. Passwörter können ausgespäht werden bei der Eingabe, aber auch wenn sie über Telefon weitergegeben werden oder notiert sind. Viele Systeme suchen dem vorzubeugen, in dem sie einen regelmäßigen Wechsel der Passworte vorschreiben. Passworte, die aus der Umgangssprache gebildet werden, lassen sich erraten; wenn sie aber als Zufallsfolgen gebildet werden, müssen sie schriftlich fixiert sein und lassen sich besser ausspähen.

Kenne deine Schwachpunkte!
Eine Sicherheits-Analyse muss feststellen, welche Bereiche am stärksten gefährdet sind, damit dort als erstes Sicherheitsmaßnahmen ergriffen werden können.

Begrenze die Zugriffsbereiche!
Ein System soll so aufgebaut sein, dass ein Eindringling nur einen Teil des Systems erreichen kann. Systeme wie Firewalls sollten Barrieren zwischen den Teilbereichen bilden. Dies gilt auch für den Zugriff von innen. Auch hier sollte nicht von jedem Arbeitsplatz aus jedes System innerhalb der Firma erreichbar sein.

Verstehe deine Umgebung!
Wenn man weiß, welches Verhalten normal ist, können abweichende Ereignisse registriert werden, die auf eine Gefährdung der Sicherheit schließen lassen. Werkzeuge zur Aufzeichnung

von Vorgängen können dabei hilfreich sein, wenn die Aufzeichnungen sinnvoll ausgewertet werden. Ein bekannter Fall von Computer-Spionage wurde aufgedeckt, nachdem es aufgefallen war, dass die Gebührenabrechnung der erbrachten Dienstleistungen nicht mit den durch die autorisierten Benutzer erbrachten Gebühren übereinstimmte.

Begrenze dein Vertrauen!
Auch die für die Sicherheit eingesetzte Hardware, besonders aber die Software, muss nicht fehlerfrei sein. Fehler in der Software zeigen sich oft erst, wenn diese bereits lange im Einsatz ist.

Überdenke die physikalische Sicherheit!
Der physikalische Zugriff auf den Computer kann alle Sicherheitsmaßnahmen unterlaufen. Ein direkter Zugriff auf eine Leitung ermöglicht das Abhören der Signale, das Stören der Übertragung oder das Einschleusen von falscher Information. Keine Software kann dann die Gefährdung der Sicherheit verhindern.

Schaffung von Sicherheit ist eine permanente Aufgabe!
Sicherheitsaspekte durchziehen das Netzwerkgeschehen. Mit jeder Änderung an der Hardware, aber auch mit Änderung der Software und der zu Verfügung gestellten Dienste ändert sich die Sicherheitslage.

In der Regel wird eine Gefährdung der Sicherheit nicht durch Einbau neuer, nicht zugelassener Geräte erfolgen, sondern durch die vorhandenen Geräte und Netzwerkverbindungen.

Dabei muss unterschieden werden:

1. Zugriff über LAN oder Standleitungen. Hierbei kann eine Kontrolle darüber ausgeübt werden, wer die angeschlossenen Geräte benutzt. Wenn einem Benutzer der Zugriff zum Gerät verwehrt wird, kann er die Sicherheit nicht gefährden.
2. Zugriff über Wählleitungen oder paketvermittelnde Netze. Da im Prinzip der Zugriff über jedes Gerät der Welt erfolgen kann, müssen besondere Vorkehrungen getroffen werden.

Die Überprüfung auf unerlaubten und erlaubten Zugriff muss in zwei Stufen erfolgen:

1. Identifizierung des Teilnehmers, auch als Authentifizierung bezeichnet.
2. Zuweisung der Möglichkeiten, die der Teilnehmer im System hat (Autorisierung).

Wer ein zugelassener Teilnehmer ist und welche Möglichkeiten er hat, muss vom Netzwerk-Administrator festgelegt werden (Benutzer-Verwaltung, *User-Management*). Bei komplexen großen Netzwerken kann die Benutzerverwaltung auf mehrere Instanzen verteilt werden.

Die Identifizierung der Teilnehmer ist besonders wichtig beim Zugriff auf die Systeme über Wählleitungen. Deshalb sind dafür in der Regel besondere Systeme entwickelt worden, z.B.

1. Beim System Windows NT wird dafür ein besonderer Dienst, der als Remote Service Access (RAS) bezeichnet wird, geschaffen.
2. Für den Gebrauch im Internet gibt es den Remote Access Dial Indentification and Authentification Service (RADIUS).

Die Identifizierung der Teilnehmer erfolgt in der Regel über Passworte. Die Informationen über die Benutzer einschließlich ihrer Passworte muss verschlüsselt gespeichert sein. Weiterhin sollten die Passworte verschlüsselt übertragen werden, was nicht bei allen Systemen gegeben ist.

Neben der Ausspähung der Passworte beim menschlichen Benutzer kann auch versucht werden, die Passworte aus dem System herauszulesen. Dies kann im Prinzip durch Entschlüsselung der gespeicherten Benutzerinformationen geschehen, aber auch durch „Probieren". Dabei kann auf zwei Arten vorgegangen werden:

1. Erprobung einer Liste von Passwörtern. Man geht von der Annahme aus, dass der Benutzer in der Regel einfache Worte, z.B. Vornamen wählt.
2. Erprobung aller denkbarer Kombinationen (*brute force*).

Beide Methoden arbeiten um so schneller,

1. je kürzer das Passwort ist
2. je geringer der im Passwort zugelassene Zeichenvorrat ist
3. je schneller der Verschlüsselungs-Algorithmus, der das eingegebene Passwort umsetzt, um es mit dem gespeicherten zu vergleichen, arbeitet.

Tabelle 9-5 gibt den Zeitaufwand für die Brute-Force-Methode vor. Z ist dabei die Anzahl der Zeichen im Zeichenvorrat; bei 26 sind nur Buchstaben zugelassen unter Vernachlässigung der Groß-Kleinschreibung, 95 entspricht der Zahl der druckbaren Zeichen im ASCII-Code.

Die Tabelle geht von 1000 Verschlüsselungen je Sekunde aus. Als Schutz gegen die Erprobung von Passworten kann die Verschlüsselung künstlich verlangsamt werden. Weiter ist es möglich, nach einer Anzahl vergeblicher Versuche den Zugriff für eine bestimmte Zeit zu sperren.

Tabelle 9-5 Zeitbedarf für Passwort-Ermittlung

Länge des Passworts	**Zeit bei Z = 26**	**Zeit bei Z= 95**
3	17 sec	14 min
4	7 min	22 h
5	3 h	89 Tage
6	3 Tage	23 Jahre
7	92 Tage	2214 Jahre

Ein Schutz gegen das Ausspähen der Passworte bei der Eingabe oder bei der unverschlüsselten Übertragung auf Leitungen ist das One-time-Passwort. Jedes Passwort kann nur einmal verwendet werden. Das Verfahren hat zwei Nachteile. Die Verwaltung der Passworte in den Systemen ist sehr aufwendig. Der Benutzer kann sich die Passworte nicht merken, muss sie also schriftlich vorliegen haben, was die Gefährdung wieder erhöht.

Die Sicherheit lässt sich durch die zusätzliche Verwendung von Chipkarten steigern.

Noch sicherer wäre die Verwendung von persönlichen Benutzereigenschaften, z.B. Fingerabdrücke, Gesichtsform, Stimmen-Identifizierung. Diese Verfahren befinden sich in der Entwicklung, sind aber nicht allgemein verbreitet, da sie einen sehr hohen Aufwand an Hard- und Software erfordern.

Eine Gefährdung der Sicherheit kann auch durch das Padding eintreten. Bei vielen Verfahren muss die PDU eine bestimmte Länge aufweisen. Wenn diese durch die zu übertragende Nachricht nicht erreicht wird, werden Füllzeichen eingeschoben. In den meisten Protokollen ist vermerkt, dass diese Füllzeichen aus Nullen bestehen sollen. Man kann aber immer wieder feststellen, dass für das Padding Daten aus dem Speicher geladen werden. Es liege der Fall vor, dass über das gleiche Interface zuerst ein Datenblock von 800 Oktetten nach System A, dann ein Datenblock von 30 Oktetten nach B zu senden ist. Als Mindestlänge sei 100 Oktette vorgeben. Der Ablauf ist dann:

1. Der Sendepuffer wird mit 800 Oktetten gefüllt.
2. Die Daten werden nach A gesendet.
3. A bestätigt den korrekten Empfang der Daten.
4. Die Daten werden (logisch) aus dem Sendepuffer gelöscht, d.h. der Sendepuffer kann neu belegt werden, die bisherigen Daten bleiben aber gespeichert.
5. Es werden 30 Oktette in den Sendepuffer geladen, damit die ersten 30 Oktette der Nachricht für A überschrieben.
6. Es werden 100 Oktette nach B gesendet, diese bestehen aus den 30 Oktetten der Nachricht für B, aus weiteren 70, die eigentlich für A bestimmt waren. Diese können in B ausgewertet werden.

Die Gefährdung ist umso größer, je mehr Padding-Zeichen verwendet werden. In der Regel handelt es sich beim Padding um wenige Zeichen (maximal 45 Oktette bei Ethernet, 47 Oktette bei ATM). Es kann aber festgestellt werden, dass einige Systeme bei Ethernet grundsätzlich nicht die minimale, sondern die maximale Frame-Länge (1500 Oktette) versenden, bei einer Nachricht von 40 Oktetten also nicht 6 Oktette, sondern 1460 Oktette auffüllen, die dem Sendepuffer entnommen werden.

In UNIX-Systemen kann eine Zugriffskontrolle über die Dateien hosts.allow und hosts.deny durchgeführt werden. Geregelt wird der Zugriff:

- auf einen bestimmten Dienst über TCP,
- durch ein bestimmtes System (nicht einen bestimmten Anwender).

Die Festlegungen erfolgen in der Weise

Dienst:System.

Für den Dienst muss der Name des Prozesses angegeben werden, der den Dienst bietet, z.B. telnetd für die Benutzung von telnet.

Zur Vereinfachung gilt:

Systeme können über die Host-Adresse, aber auch über die Netzwerk-Nummer angegeben werden, z.B. bedeutet:

telnetd:194.12.12.

in der Datei hosts.allow, dass alle Stationen im Netzwerk 194.12.13 den Dienst benutzen dürfen.

Sowohl Dienste wie Systeme können mit dem Begriff ALL beschrieben werden. Die Anweisung

ALL:ALL

in der Datei hosts.deny verbietet die Benutzung aller Dienste für jeden.

Bei der Prüfung auf Berechtigung wird vorgegangen:

1. In der Datei hosts.allow wird geprüft, ob eine Erlaubnis vorliegt. Wenn diese vorliegt, wird der Dienst ausgeführt. Hosts.deny wird nicht gelesen.
2. In der Datei hosts.deny wird geprüft, ob der Dienst verboten ist. Wenn dies nicht festgelegt ist, wird der Dienst ausgeführt.

Es seien zwei einfache Bespiele dargestellt.

Beispiel 1:

hosts.allow	telnetd:ALL
	fingerd:194.12.12.
hosts.deny	ALL:ALL

In diesem Fall darf jeder den Dienst telnet benutzen, die Stationen des Netzwerks 194.12.12 dürfen den Dienst finger benutzen. Alle anderen Dienste dürfen von niemand benutzt werden.

Beispiel 2:

host.allow	telnet:ALL
	ftp:194.12.12.
hosts.deny	finger:ALL

Niemand darf den Dienst finger benutzen, alle anderen Dienste (einschließlich ftp) können von allen Systemen benutzt werden.

Auf die Bedeutung der Firewalls und der Verschlüsselungs-Systeme wurde bereits in vorigen Abschnitten eingegangen.

Bei allen Überlegungen zur Sicherheit müssen zwei miteinander verbundene Fragen einbezogen werden:

1. Kann man den Technikern vertrauen?
2. Wer kontrolliert die Kontrolleure?

Techniker müssen in der Lage sein, unter Umgehung aller Sicherheits-Maßnahmen direkt auf die Systemkomponenten, damit auch auf die gespeicherten Informationen zuzugreifen. Sicherheitsrisiken entstehen besonders durch:

- Beobachtung der Leitungen mit besonderen Messgeräten, die die Nachricht Bit für Bit aufnehmen und darstellen. Zwar wird es mit immer komplexeren Netzen und immer höheren Datenübertragungsraten immer schwieriger, tatsächlich einen sinnvollen Zusammenhang in die erfassten Daten zu bringen, da die Daten einer Anwendung über viele PDUs verteilt sind, die zwischen den PDUs anderer Anwendungen auf den Leitungen übertragen werden. Andererseits bieten moderne Messgeräte eine Vielzahl von Möglichkeiten, Filterungen und Analysen der erfassten Daten vorzunehmen, die eine Auswertung erleichtern. Messgeräte können allerdings auch so programmiert werden, dass sie nur die Steuerinformationen der Protokolle, nicht aber die Inhalte der PDUs zeigen. Solche Programmierungen können nicht ohne weiteres aufgehoben werden.
- Es können Dumps aus Hauptspeichern und Plattenspeichern angefertigt werden, die physikalisch adressiert werden und damit nicht den Schutzmechanismen unterliegen. Dieser Zugriff kann beschränkt werden durch Einschränkung auf bestimmte Partitionen des Speichers oder Auslagerung der Daten auf Wechseldatenträger.

Trotz der genannten Einschränkungen muss ein persönliches Vertrauen zum Techniker vorhanden sein, mit technischen Maßnahmen allein ist die Sicherheit nicht zu gewährleisten.

Zu jedem Netzwerk gehört ein Verwalter mit besonderen Rechten (Netzwerk-Administrator, *Super-User*), der auch für die Sicherheit zuständig ist und grundsätzlich „alle" Rechte besitzt. Diese Rechte können sinnvoller weise nicht begrenzt werden. Die Überwachung kann nur dadurch erfolgen, dass alle Aktivitäten des Verwalters aufgezeichnet werden, dann kann er hinterher zur Verantwortung gezogen werden. Dabei besteht die Gefahr, dass er wiederum diese Aufzeichnungen manipulieren kann. Dies kann dadurch beschränkt werden, dass die Aufzeichnungen verschlüsselt vorliegen. Wenn sie entschlüsselt werden, können die Klartexte (*plain text*) natürlich manipuliert werden. Das Original kann aber durch neues Auslesen und Entschlüsseln leicht wieder hergestellt werden. Eine Manipulation der verschlüsselten Daten ist praktisch unmöglich, ohne Spuren zu hinterlassen.

Ähnlich muss vorgegangen werden, wenn zwischen erlaubten und unerlaubten Zugriffen nicht klar getrennt werden kann. Z.B. muss ein Beamter der Polizei auf Personen-Auskunftssysteme zugreifen können, in denen auch Vorstrafen gespeichert sind. Er soll dies aber nicht aus persönlichem Interesse tun. Eine Negativ-Liste lässt sich nicht sinnvoll festlegen (Verwandte, Bekannte, Nachbarn, Sportkameraden, Vereinskameraden...?). Ein Aufzeichnungs-System (Audit-System) kann aber alle Zugriffe, auch die rein lesenden festhalten. Damit kann der Missbrauch eingeschränkt werden, weil der Betreffende damit rechnen muss, den Zugriff begründen zu müssen.

Bei diesen Aufzeichnungen besteht die Gefahr, zu vieles zu erfassen. So gilt etwa im Bankenbereich eine Aufzeichnung auch der lesenden Zugriffe in der Regel als überzogen, auch weil die Menge der aufgezeichneten Informationen gar nicht mehr auswertbar ist (Datenfriedhof).

10 Messen und Prüfen in Netzwerken

Wie bei jedem technischen System müssen auch bei Systemen der Datenübertragung Möglichkeiten vorhanden sein, das Funktionieren des Systems zu überprüfen und auftretende Fehler zu lokalisieren und zu beseitigen. Fehler in einem System oder Komponenten des Systems, die zu einem Ausfall der Systemfunktion oder Teilen der Systemfunktion führen, verursachen immer Schäden. Diese können bestehen in:

- **Entgangene Amortisation**. Da die Kapitalkosten jeder technischen Einrichtung auf den Benutzungszeitraum umgelegt werden müssen, ein ausgefallenes System aber keinen Nutzen bringt, entstehen Kosten ohne Nutzen. Während der Schadenszeit kann keine Amortisation stattfinden.
- **Reparaturkosten**. Diese bestehen aus den Kosten für die eigentlichen Reparaturarbeiten, den Wegekosten des Personals und den Kosten für die Ersatzteile. Diese Kosten werden in der EDV teilweise nicht direkt, sondern über die Kosten für Wartungsverträge erhoben. Je öfter es aber bei einem System zu Reparaturen kommt und je aufwendiger diese verlaufen, umso höher liegen die Kosten für diese Wartungsverträge.
- **Folgekosten**. Ein System der EDV ist kein Selbstzweck, sondern ein Teilsystem in einem größeren System, z.B. in einem Industriebetrieb, einem Handelsunternehmen oder einer Lagerverwaltung. Anwendungen der Informationsverarbeitung, von denen der übrige betriebliche Ablauf stark abhängig ist, werden als *mission critical* oder *business critical* bezeichnet. Der Ausfall der Informationsverarbeitung kann die Arbeit in den anderen Betriebsteilen stark behindern oder sogar verhindern. Die Folgekosten eines Ausfalls der Informationsverarbeitung sind in diesen Systemen meist viel höher als die bereits genannten Kosten. Diese Systeme stellen den Hauptanteil der eingestzten EDV-Systeme dar.
- **Gefährdung von Material**. Diese wird in der Regel nur dann eintreten, wenn die EDV zur Prozesssteuerung verwendet wird.
- **Gefährdung von Menschen**. Eine direkte Gefährdung von Menschen durch defekte Maschinen wird in der Informationsverarbeitung im Gegensatz zu anderen Industriezweigen eher die Ausnahme sein. Durch die Abhängigkeit des Menschen von Versorgungssystemen, Kommunikationssystemen, medizinischen Einrichtung usw., die durch informationsverarbeitende Systeme gesteuert werden, kann es bei defekten Systemen zu einer indirekten Gefährdung von Menschen kommen. Besonders groß ist diese Gefahr bei medizinischen Anwendungen.

Neben der Erkennung von Fehlern gehört zu den Aufgaben der Messtechnik auch das Erfassen von Betriebsparametern im laufenden, ungestörten Betrieb, um Engpässe in den Netzwerken zu erkennen und Verbesserungen vornehmen zu können (siehe Tuning Kapitel 9.3). Dazu gehören insbesondere Messungen über die Auslastung der Netzwerkkomponanten und über Verzögerungszeiten bei der Nachrichtenübertragung. Die laufende Überwachung von Netzwerken, die Lokalisierung von Fehlern und deren Beseitigung setzt das Vorhandensein von Mess- und Prüfmitteln und Methoden zu deren Einsatz voraus. In diesem Kapitel wird im ersten Abschnitt auf die besondere Problematik beim Messen und Prüfen in Datennetzwerken und die Einteilung der verwendeten Methoden eingegangen. In den nächsten beiden Abschnitten geht es um die Untersuchung der Übertragungsstrecken. Im letzten Abschnitt geht es um Software-Hilfsmittel, welche die Abprüfung von Netzfunktionen ermöglichen.

10.1 Probleme und Lösungsansätze

Ein besonderes Problem beim Überprüfen eines Datennetzes und bei der Fehlersuche besteht in der geteilten Verantwortung. Dieses Problem wird auch als "Finger-Point-Problem" bezeichnet. Es ist oftmals schwierig, besonders bei umfangreichen Netzen, auf den zeigen zu können, der für den Fehler verantwortlich ist. Es kann zwar schnell festgestellt werden, dass eine Übertragung oder andere Funktion nicht funktioniert, aber es ist schwierig, mit "dem Finger auf den Schuldigen zu zeigen". Dies trifft natürlich besonders dann zu, wenn viele Lieferanten und Betreiber an Aufbau und Betrieb des Netzwerks beteiligt sind, wobei diese sowohl aus dem privaten wie dem öffentlichen Bereich kommen können.

- Fehler können in der Hardware der beteiligten EDV-Anlagen auftreten, hervorgerufen werden durch Einstreuen von Störungen in die Leitungen, durch unkorrekte Software für die Abwicklung der Prozeduren oder in der Anwendersoftware und an vielen anderen Punkten. Eine Lösung des "Finger-Point-Problems" kann durch eine Unterteilung des Systems in Untersysteme (*subsystems*) erzielt werden. Jedes Untersystem (siehe Bild 10-1) muss in der Lage sein, nachzuweisen, ob es die Nachrichten sauber empfängt oder nicht, weiterhin, ob es seine Nachrichten sauber abgibt oder nicht. Verfügt das Untersystem nicht selbst über Einrichtungen zum Nachweis dieser Tatsachen, so kann dies durch zusätzliche Messeinrichtungen geschehen. Dann ist es möglich, den Ort des Fehlers zu lokalisieren (*pinpointing*).
- Testen der digitalen Daten (*digital data testing*)
- Testen des analogen Kanals (*analog channel testing*)

Dabei können die Funktionen mehrerer Ebenen in einem Gerät vereinigt sein.

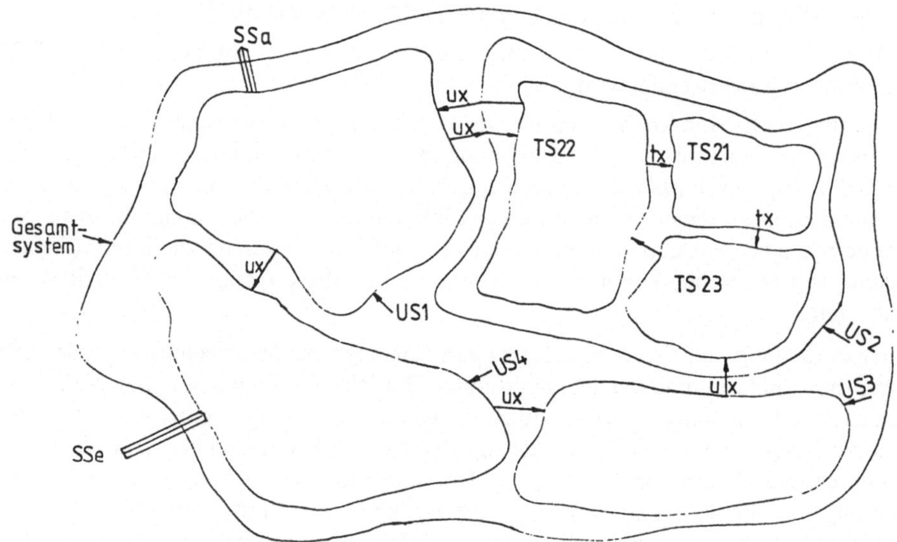

Bild 10-1 Zerlegung eines Systems in Untersysteme

Eine weitere Einteilung kann man treffen nach Geräten, die

- beobachtend arbeiten (*monitoring*),
- simulierend arbeiten (*simulating*).

Werden simulierende Geräte, also Geräte, die selbst Aktivitäten im Netzwerk auslösen, eingesetzt, so müssen natürlich auch beobachtende Geräte, welche die Reaktion des Netzwerks aufnehmen und analysieren, eingesetzt werden. Die Verwendung simulierender Geräte hat mehrere Vorteile.

a. Die gewünschte Aktivität kann zur gewünschten Zeit ausgelöst und beliebig oft wiederholt werden. Dies ist besonders zur Fehlererkennung bei intermittierenden Fehlern, die nicht regelmäßig auftreten, wichtig.

b. Ersetzt ein simulierendes Gerät eine Systemkomponente, so kann aus dem Verhalten des Systems geschlossen werden, ob diese Systemkomponente defekt war oder nicht.

c. Zuverlässigkeitsbetrachtungen und Fehlerquotenmessungen lassen sich leichter durchführen, wenn ein Simulationsgerät Nachrichten bestimmten Formats abgibt, als wenn man sich auf den tatsächlichen Datenverkehr mit immer wechselnden Informationsmustern stützen muss.

d. Bei Neuinstallation von Systemen kann durch ein simulierendes Gerät eine Systemkomponente, welche noch nicht installiert ist, ersetzt werden.

Viele Geräte verfügen über zwei Betriebsarten (*modes of operation*), so dass sie sowohl als beobachtende Geräte (*monitor mode*) wie als simulierende Geräte (*simulation mode*) arbeiten können.

Messgeräte können von ihrem Einsatzbereich her unterschieden werden:

- Hersteller von informationstechnischen Geräten: Diese benötigen Geräte zum Messen und Prüfen für zwei verschiedenen Anwendungen, einmal zum Entwickeln und Testen neuer Systeme, aber auch für den technischen Kundendienst. Geräte, die bei der Entwicklung neuer Systeme eingesetzt werden, müssen stets über die Möglichkeit der Simulation verfügen. Sie müssen sich verschiedenen Prozeduren, z.B. bit- oder zeichenorientierten Prozeduren, anpassen können. Um sich den verschiedenen Mess- und Simulationsaufgaben anpassen zu können, müssen sie programmierbar sein. Erforderlich ist auch die Speicherung von Mess- und Simulationsergebnissen. Geräte für den Kundendienst müssen meist nicht programmierbar sein, d.h. sie verfügen nur über eine begrenzte Anzahl von Funktionen. Sie dienen der funktionalen Überprüfung eines Systems nach der Installation sowie bei bestehenden Systemen dem Nachweis, welcher Teil der Anlagen evt. ausgefallen ist. Im Gegensatz zu den Geräten in der Entwicklung spielt bei Geräten des technischen Kundendienstes die Handhabbarkeit (Gewicht, mechanische Festigkeit, leichte Bedienbarkeit) eine große Rolle.

- Betreiber von Netzwerken, welche auch Dienstleistungen bieten: Diese Netze werden meist unter dem Begriff der VAN (*value added network*) zusammengefasst. Bei den Betreibern solcher Netzwerke treten ähnliche Aufgaben auf wie bei den Herstellern von informationstechnischen Geräten. Dabei liegt der Schwerpunkt natürlich stärker auf den Systemkomponenten, welche ausschließlich der Datenkommunikation dienen, z.B. Multiplexern. Betreiber von Netzwerken, welche ausschließlich der Datenkommunikation dienen, müssen sich stark der analogen Messtechnik bedienen, um die Qualität der Übertragungswege zu überwachen.

- EDV-Anwender mit Netzwerken, die sich nicht auf die öffentlichen Netze stützen (lokale Netze, Inhouse-Netze, *Customer Premised Equipment* (CPE)). Bei diesen Betreibern werden keine Entwicklungsaufgaben anfallen, sondern im Vordergrund steht die Betriebssicherheit. Wegen der Verwendung bestimmter Prozeduren werden meist nicht universelle und programmierbare Geräte gesucht, sondern es genügen Spezialgeräte für eine bestimmte Prozedur.

Zu unterscheiden sind Messungen, die beim laufenden Betrieb durchgeführt werden, und Messungen, die nur außerhalb des laufenden Betriebs durchgeführt werden können. Die letztgenannten werden auch als Installationstest bezeichnet, da in der Regel ein Abschalten eines Netzwerks zur Durchführung von Messungen nicht möglich ist, diese Messungen also nur unmittelbar nach Aufbau des Systems und vor seiner Inbetriebnahme durchgeführt werden können. Dies gilt insbesondere für den WAN-Bereich.

Alle Bitfehlermessungen sind nicht während des laufenden Betriebs durchführbar. Da Bit-Fehler nur dann exakt ermittelt werden können, wenn bekannte Texte übertragen werden, ist diese Messung während der eigentlichen Informationsübertragung nicht möglich.

Zu den Aufgaben des Messens und Prüfens in der DÜ gehört nicht nur das Lokalisieren von Fehlern, sondern auch das Erfassen der Übertragungsqualität von Datenleitungen (analog/digital). Bei der Ausführung von Messungen können zwei Methoden unterschieden werden.

a. **Punkt-zu-Punkt-Messung** (Bild 10-2)
Das Messgerät, das an einem Punkt des Systems eingesetzt ist, misst Informationen oder Signale, die an einem anderen Punkt des Systems erzeugt werden. Die Signalerzeugung kann dabei von einem speziell für die Messung angeschlossenen Gerät, z.B. einem Bitmuster-Generator, erfolgen. Es kann aber auch eine normale Systemkomponente, die als Sender arbeitet, verwendet werden. Das Verfahren hat den Vorteil, dass außer dem Einbau des Messgeräts und evt. des Signalerzeugers keine weiteren Veränderungen im Netzwerk mehr durchgeführt werden müssen. Es kann auch im laufenden Betrieb angewandt werden.

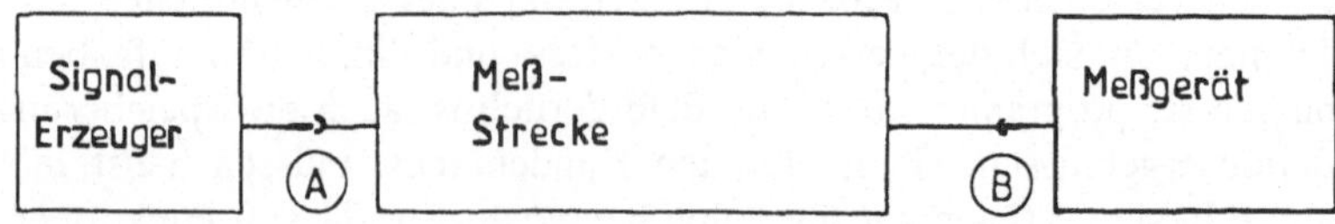

Bild 10-2 Punkt-zu-Punkt-Messung (A,B Schnittstellen zum zu untersuchenden System)

Es hat den Nachteil, dass die Geräte von mindestens zwei Personen bedient werden müssen, welche sich in größerer räumlicher Entfernung voneinander befinden und sich manchmal nur schwer miteinander verständigen können. Ein weiterer Nachteil liegt darin, dass eine Lokalisierung der Fehler bei einer längeren Strecke, die aus mehreren Segmenten besteht, nur schwer möglich ist.

b. **Messung mit Schleifenrückführung** (loop back)
Bei dieser Messmethode (Bild 10-3) bildet die Messstrecke eine Schleife. Es werden vom Punkt A aus Nachrichten ausgesendet, diese werden am Punkt B zurückgesendet. Bei diesem Vorgang kann es sich sowohl um ein rein physikalisches Rücksenden der Signale handeln, aber auch um ein Empfangen der Daten und ihre Rücksendung, wobei eine Zwischenspeicherung

möglich ist. Am Punkt A wird durch Vergleich mit der ausgesendeten Nachricht festgestellt, ob die Übertragungsstrecke korrekt arbeitet. Bei dieser Methode müssen im Netzwerk Vorrichtungen vorhanden sein, die die Schleifenbildung ermöglichen.

Sind solche Vorrichtungen automatisch ansprechbar, kann die Messung von einer Stelle aus durchgeführt werden. Der Hauptvorzug dieser Methode liegt in der leichten Lokalisierbarkeit der Fehler. Ist in der Anordnung nach Bild 10-3 eine Loop-Back-Messung zwischen A und B nicht erfolgreich, aber zwischen A und B′ erfolgreich, so muss sich der Fehler im Segment zwischen B und B′ befinden.

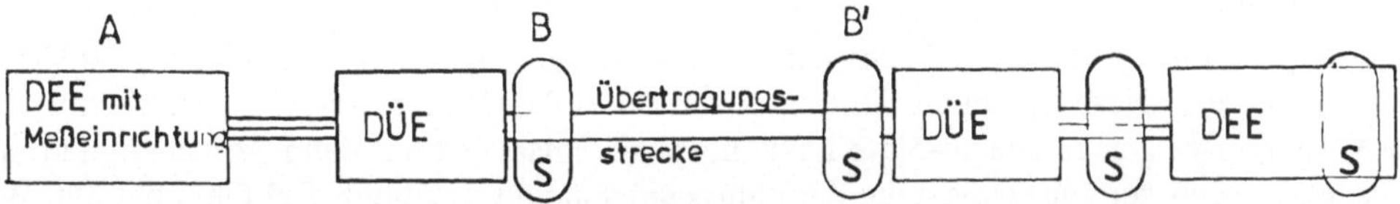

Bild 10-3 Loop-Back-Messung (Messung mit Schleifenrückführung)

10.2 Messung an analogen Kanälen

Die Messung an analogen Kanälen sucht die elektrischen Eigenschaften einer Leitung in ihren Auswirkungen auf die Signalübertragung zu erfassen, dazu gehören u.a. die Spannungs- und Pegelmesstechnik, Messung von Gruppenlaufzeiten, Dämpfungsverzerrung. Phasenjitter.

10.2.1 Pegelmesser

Ein Pegel ist grundsätzlich das Verhältnis zweier Größen, z.B. das Verhältnis von Eingangsspannung zur Ausgangsspannung an den Klemmen einer Leitung. Unterschieden wird dabei der

- Spannungspegel (*voltage level*) und der
- Leistungspegel (*power level*).

Das Verhältnis wird bei der Pegelbestimmung in einem logarithmischen Maßstab ausgedrückt. Der Grund dafür liegt in der Tatsache, dass bei Übertragung über elektrische Leitungen eine exponentielle Abnahme von Spannung und Leistung eintritt. Wird durch den Pegel das Verhältnis von Spannungen und Leistungen ausgedrückt, bezeichnet man ihn als relativen Pegel. Durch den Bezug auf eine angenommene Bezugsgröße (*zero level*) kann ein absoluter Pegel bestimmt werden.

Das heute übliche Maß zur Bestimmung von Pegeln ist Dezibel (dB). Der relative Spannungspegel in dB berechnet sich (siehe Bild 10-4):

$$P_{urel} = 20 * \lg(U_x/U_{Bez}) \text{ dB}$$

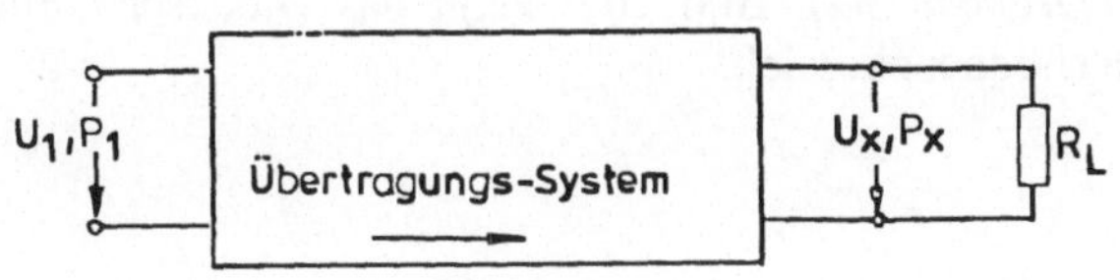

Bild 10-4
Prinzip der Pegelmessung (R_L Belastungswiderstand; U_1 Spannung des Eingangssignals; U_x Spannung des Ausgangssignals; P_1 Leistung des Eingangssignals; P_x Leistung des Ausgangssignals)

Der relative Leistungspegel wird berechnet:

$$P_{rel} = 10*lg(P_x/P_{Bez})\ dB$$

Zur Bestimmung eines absoluten Pegels müssen die Bezugsgrößen einen vereinbarten Wert erhalten. Für P_{Bez} wird dabei ein Milliwatt (mW) angenommen. Die so entstandenen Pegelwerte für die Leistungspegel werden mit der Maßeinheit dBm gekennzeichnet.

$$P_{abs} = 10*lg(P_x/1\ mW)\ dBm$$

Wird z.B. eine Leistung von 1 W gemessen, so entspricht dies dem absoluten Leistungspegel von + 30 dBm; bei Messung von 1 µW beträgt der absolute Leistungpegel – 30 dBm.

Bei der Bestimmung absoluter Pegel kann als Nullpegel für die Spannung 774,6 mV angenommen werden. Diese Spannung fällt an einem 600 Ohm-Widerstand ab, wenn 1 mW Leistung vorliegt. Der gemessene absolute Leistungspegel entspricht nur dann dem absoluten Spannungspegel, wenn der angeschlossene Abschlusswiderstand tatsächlich 600 Ohm beträgt. Wenn dies nicht der Fall ist, kann aus dem gemessenen absoluten Spannungspegel der absolute Leistungspegel errechnet werden nach

$$P = p_u + 10*lg(600\ Ohm/Z)$$

wobei Z die Größe des Abschlusswiderstands darstellt.

Bei den Pegelmessern werden unterschieden:

- Breitbandige Pegelmesser. Diese bestimmen den Summenpegel innerhalb des gesamten Frequenzbandes, z.B. von 15 Hz bis 100 MHz.
- Selektive Pegelmesser. Diese untersuchen nur ein bestimmtes Frequenzband innerhalb des gesamten Frequenzbereichs. Bild 10-5 zeigt eine Selektionskurve für einen selektiven Pegelmesser.

Die breitbandigen Pegelmesser haben den Nachteil, dass das Eigenrauschen die Ermittlung des kleinstmöglichen Messwerts begrenzt. Mit breitbandigen Pegelmessern lassen sich Pegel bis zu etwa –50 dBm ermitteln. Dagegen wird das Eigenrauschen bei selektiven Pegelmessern von der Selektionsbandbreite mitbestimmt. Es gilt

$$P_n = -174\ dBm + 10*lg(B) + 10*lg(F)$$

P_n Eigenrauschen in dBm
B Selektrionsbandbreite in Hz
F Rauschzahl

Der Wert –174 dBm entsteht als der Leistungspegel des kT_0-Werts, dieser beträgt bei 20° C und 1 Hz $4{,}1 * 10^{-18}$ mW.

Die Einrichtung zur Pegelmessung (Bild 10-6) besteht grundsätzlich aus einem Pegelsender (*level oscillator, level generator*) und dem Pegelmesser (*level meter*). Der Pegelsender erzeugt ein definiertes Signal, welches am Ende der Leitung vom Pegelmesser empfangen und ausgewertet wird. Pegelsender und Pegelmesser müssen aufeinander abgestimmt sein und bilden eine Pegel-Messeinrichtung (*transmission measurement set*). Bild 10-7 zeigt das Blockschaltbild eines einfachen Pegelsenders für den Niederfrequenzbereich.

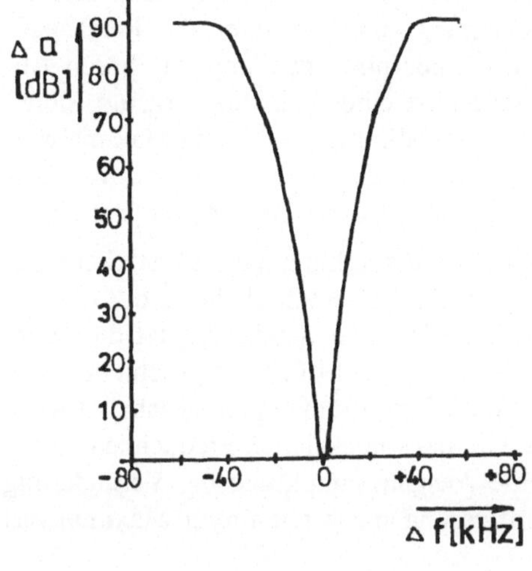

Bild 10-5
Selektionskurve eines selektiven Pegelmessers

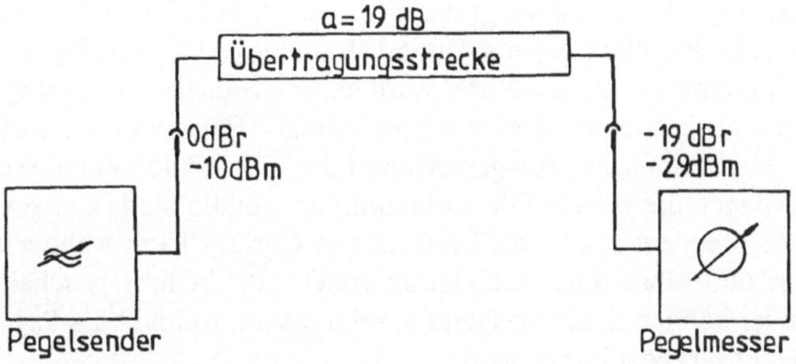

Bild 10-6
Pegelmessstrecke

Bild 10-7 Blockschaltbild eines Pegelsenders für den Niederfrequenzbereich

Der Pegelsender ist mit dem Funktionsgenerator ausgestattet, der eine Frequenz als Funktion der zugeführten Steuerspannung erzeugt. Die Steuerspannung kann entweder als Gleichspannung über Schalter oder beim Wobbelbetrieb als sich verändernde Spannung durch den Ablenkgenerator zugeführt werden. Im Wobbelbetrieb wird also eine Spannung erzeugt, deren Frequenz sich innerhalb einer bestimmten Periode von einem Minimal- auf einen Maximalwert ändert, wobei der Verlauf dieser Änderung linear oder exponentiell sein kann. Der Wobbelbetrieb dient der Feststellung der frequenzabhängigen Eigenschaften der Übertragungsleitung.

Die Amplitude des Ausgangssignals kann mit stufenweiser Einstellung von Verstärkern bestimmt werden. Die Halteschaltung am Ausgang sorgt für die Aufrechtherhaltung der Gleichstromschleife, wenn an einer Teilnehmerleitung gearbeitet wird. Der Sender besitzt die Möglichkeit der Umschaltung des Ausgangswiderstands von 600 Ohm auf 0. Dies geschieht durch Überbrückung der Widerstände im Ausgangskreis. Wenn die Überbrückung eingeschaltet wird, wird die Verstärkung im Signalweg um 6 dB reduziert. Um bei wechselnden Frequenzen aussagekräftige Messungen zu erhalten, ist es notwendig, die Ausgangsamplitude bei Veränderung der Frequenz stabil zu halten. Die tatsächliche Beeinflussung muss mit ihrem Maximalwert angegeben werden, z.B. ±0,1 dB/kHz.

Pegelmesser, die auch als Handgeräte mit Batterie-Spannungsversorgung angeboten werden, verfügen meist über eine digitale Anzeige. Bild 10-8 zeigt das Blockschaltbild eines Pegelmessers. Dem für die digitale Anzeige erforderlichen Analog-Digital-Wandler (ADC, *analog digital converter*) muss das Signal als Gleichspannung zugeführt werden. Das Signal wird gleichgerichtet, zur Erzeugung einer Pegelmessung muss es in einem Logarithmier-Baustein umgeformt werden. Der Baustein hat eine logarithmische Ausgangskennlinie. Die Filter/Verstärker-Baugruppe sorgt für die Spannungspegel, die für die Gleichrichtung notwendig sind, und sorgt für die obere und untere Grenze im Frequenzband. Der Eingang des Gerätes kann wahlweise auf einen Eingangswiderstand von 600 Ohm oder hochohmig (etwa 100 kOhm) geschaltet werden. Pegelsender und Pegelmesser können in einem Gerät vereinigt sein, welches als Pegel-Messgerät (*transmission measurement set*) bezeichnet wird.

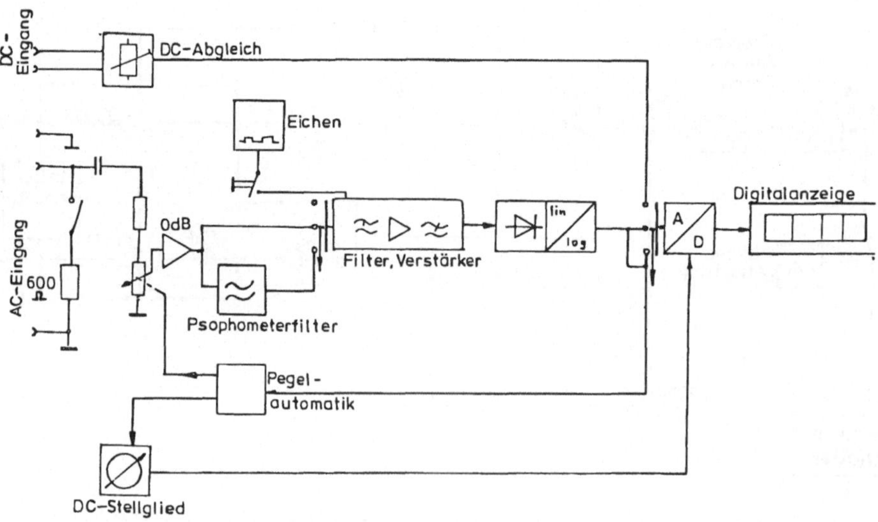

Bild 10-8 Blockschaltbild eines Pegelmessers

Selektive Pegelmesser setzen die Empfangsfrequenz in einem Mischer mit Hilfe einer variablen Trägerfrequenz in eine konstante Zwischenfrequenz um.

$$f_z = f_t - f_e$$

f_z Zwischenfrequenz
f_t Trägerfrequenz
f_e Empfangsfrequenz

Diese Mischung kann mehrfach wiederholt werden, so dass ein Signal im Bereich von 10 kHz entsteht. Dieses wird einem Bandpassfilter zugeführt, gleichgerichtet und zur Anzeige gebracht.

10.2.2 Messung von Gruppenlaufzeit und Dämpfung

Die Signalübertragung wird nicht nur von der Dämpfung, welche mit Pegelmesseinrichtungen erfasst werden kann, beeinflusst, sondern auch von der Gruppenlaufzeit der Signale und der Dämpfungsverzerrung. Beide Effekte sind auf die frequenzabhängigen Eigenschaften der Leitung zurückzuführen.

Zur Ermittlung der Gruppenlaufzeit wäre ein Vergleich der Phasenlage von Sende- und Empfangssignal bei unterschiedlichen Frequenzen notwendig. Dieses Verfahren hat den Nachteil, dass Sender und Empfänger nicht an unterschiedlichen Orten sein können. Weiter können sich mehrdeutige Ergebnisse zeigen, da eine Phasenverschiebung von 0° nicht von Phasenverschiebung von 360°, 720° usw. zu unterscheiden ist. Das Nyquist-Verfahren vermeidet diese Nachteile. Als Messsignal wird ein amplitudenmoduliertes Signal verwendet, welches als Trägerfrequenz abwechselnd die Messfrequenz und eine Vergleichsfrequenz hat, die von der Messfrequenz unterschiedlich sein muss.

Eine Dämpfungsverzerrung macht sich im Empfangssignal als ein Sprung in der Amplitude bemerkbar (Dämpfungssprung). Die Messung der Gruppenlaufzeit erfolgt mit Messung der Phasenverschiebung der Hüllkurve eines mit der Spaltfrequenz amplitudenmodulierten Signals.

Nach der ITU-T sind für den Verlauf der Gruppenlaufzeit und der Dämpfung über der Frequenz bestimmte Toleranzbereiche definiert. Durch Messung dieser Größen für unterschiedliche Frequenzen muss überprüft werden, ob eine Übertragungsstrecke die Anforderungen der ITU-T-Empfehlungen erfüllt.

10.2.3 Datenleitungsmessgeräte

Sind die bisher genannten Geräte nicht speziell für Messungen an Datenübertragungsleitungen geschaffen, sondern allgemein für Messungen an Signalleitungen, so werden auch Messgeräte angeboten, die speziell für die Belange der Datenübertragung ausgerichtet sind. Sie werden als Datenleitungsmessgerät (*data line test set, data circuit test set*) bezeichnet. Bild 10-9 zeigt das Blockschaltbild eines solchen Gerätes. Neben den Größen Dämpfungsfrequenzband, Pegel, Frequenz können gemessen werden:

- **Frequenzversatz**. Er beschreibt die Abweichung der Trägerfrequenzen in Sender und Empfänger. Er soll bei Datenleitungen nach ITU-T M.1020 nicht mehr als ± 5 Hz betragen.
- **Phasenjitter**. Dabei handelt es sich um eine ständige Schwankung der Phasenlage des Leitungssignals. Die Ursache kann z.B. die Überlagerung mit einem Störsignal sein. Die Phasenjitter führen bei Phasenmodulation zu bogenförmigen Abweichungen im Signalzustanddiagramm, wird dabei die Winkelabweichung zu groß, so werden die Entscheidungsgrenzen

überschritten, es entstehen Bitfehler. Es wird gefordert, dass der Störspannungshub nicht größer als 10° werden darf.

- **Störgeräusche**. Störspannungen auf der Leitung können sowohl durch Eigenrauschen wie durch Nebensprechen (*crosstalk*) entstehen. Die Messung des Störgeräuschs kann dabei breitbandig erfolgen; es kann eine psophometrische Messung durchgeführt werden; der Geräuschpegel mit Kanalfiltern bewertet werden; das Außerband-Kanal-Geräusch (ober- oder unterhalb des Kanals) erfasst werden. Die psophometrische Messung, die die Frequenzbewertung nach den Höreigenschaften des menschlichen Ohrs festlegt, ist allerdings für den Test einer Datenübertragungsstrecke nicht relevant.

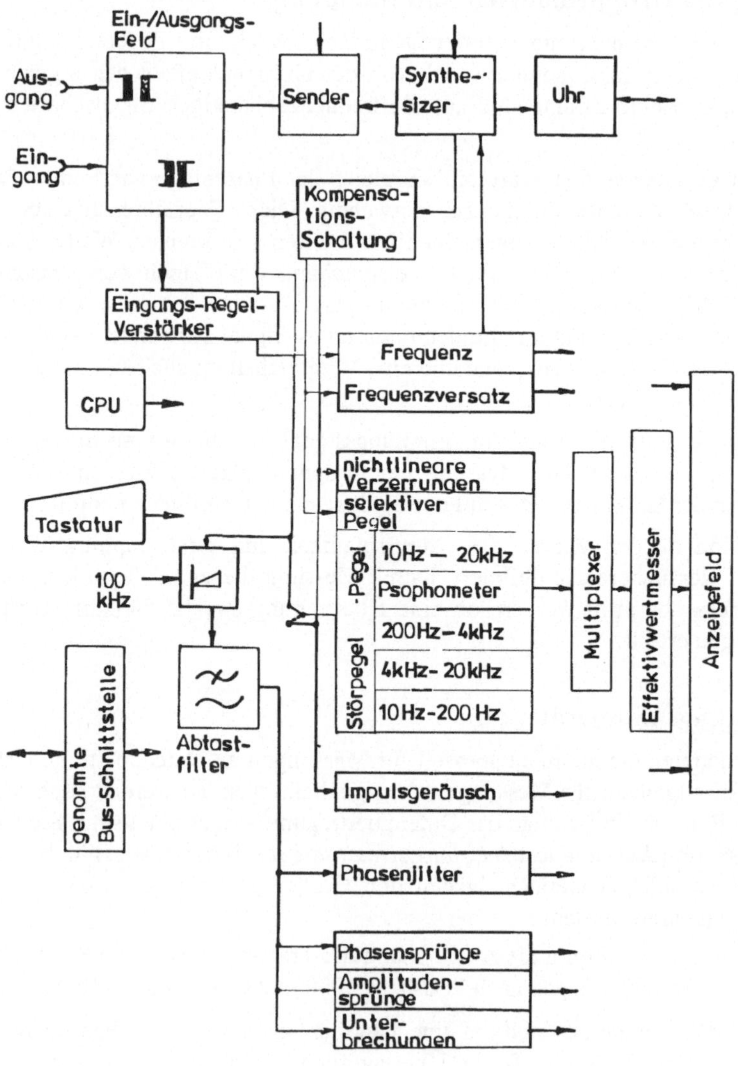

Bild 10-9 Blockschaltbild eines Datenleitungs-Messgeräts

- **Unterbrechungen.** Als Unterbrechungen werden plötzliche Pegelsenkungen des Datenkanals bezeichnet, die 10 dB und mehr umfassen. Nach der ITU-T-Empfehlung M.1020 darf innerhalb des Beobachtungszeitraums von 15 Minuten keine Unterbrechung vorkommen, die länger als 3 ms dauert. Werden in diesen 15 Minuten Unterbrechungen beobachtet, so wird die Beobachtungszeit auf eine Stunde verlängert, es dürfen in diesem Zeitraum nicht mehr als 2 Unterbrechungen auftreten.
- **Impulsgeräusch.** Es handelt sich um kurzfristig auftretende Störspannungen auf der Leitung. Die ITU-T-Empfehlung M.1020 nennt als Kriterium -21dBm0, das innerhalb von 15 Minuten nicht mehr als 18mal überschritten werden soll. Die Erfassung geschieht immer zählend.

Datenleitungsmessgeräte können auch zur Ereigniszählung eingesetzt werden. Für Ereigniszählungen müssen bestimmte Schwellwerte eingegeben werden, welche das Ereignis definieren. So kann z.B. für die Zählung von Phasensprüngen ein Schwellbereich von 5 – 45° eingestellt werden. Bei der Zählung der Störimpulse wird eine Schwelle eingegeben, z.B. –21 dBm0, es werden drei Zählungen durchgeführt getrennt für Impulse:

> -18 dBm0

> -21 dBm0

> -24 dBm0

Die 3 dB von der eingestellten Schwelle entfernten Zusatzschwellen werden vom Gerät gebildet und sind vom Bediener nicht änderbar.

Für jedes Ereignis kann eine Ansprechzeit eingestellt werden (*guard interval*). Das Ereignis wird nur registriert, wenn es länger als die Ansprechzeit ist. Bei der Phasenjittermessung ist die Definition einer Ansprechzeit nicht sinnvoll.

Ebenso wie die Ansprechzeit kann eine Totzeit definiert werden. Tritt das Ereignis während der Totzeit mehrfach ein, wird es nur einmal registriert. Bild 10-10 zeigt die Anwendung dieser Zeiten für die Messung des Impulsgeräuschs. Der Zeitraum für die Ereigniszählung kann durch eine Start-Stop-Tasten-Betätigung oder durch Verwendung der im Gerät vorhandenen Uhr festgelegt werden.

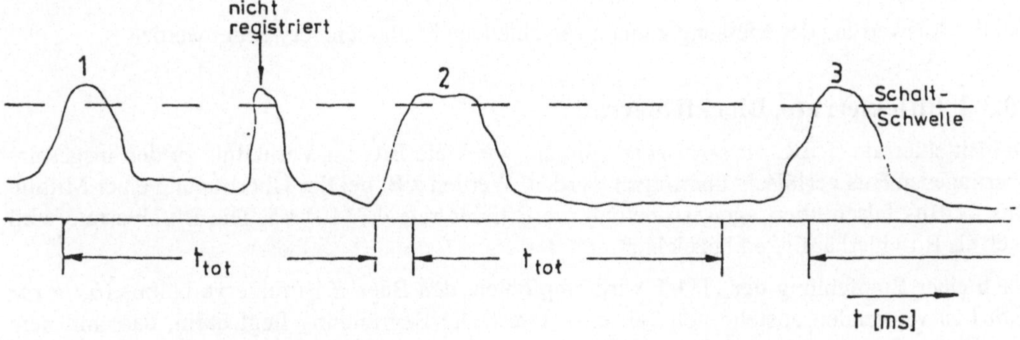

Bild 10-10 Zählung von Impulsgeräuschen

10.3 Messung an digitalen Kanälen

Bei Messungen am digitalen Kanal werden nicht die Verzerrungen der Signalform untersucht, sondern es wird festgestellt, in welchem Grad die binäre Information falsch übertragen wurde. Das kann bedeuten, dass Übertragungsstrecken, die bei analoger Betrachtung starke Verzerrungen aufweisen, bei digitaler Betrachtung fehlerfrei übertragen. Die Wahrscheinlichkeit, dass digitale Information verfälscht wird, steigt aber natürlich mit der Verzerrung der analogen Signale.

10.3.1 Prinzip der Messung an digitalen Kanälen

Das Prinzip der Messung besteht darin, dass von einem Sender ein auch dem Empfänger bekannter Text (Zeichenfolge, Bitmuster, *pattern*) ausgesendet wird, der Empfänger vergleicht den empfangenen Text mit dem bekannten Text und stellt fest, ob Fehler aufgetreten sind. Da sich Verzerrungen auf der Leitung bei der Demodulation bei verschiedenen Bitmustern unterschiedlich auswirken (*pattern sensivity*), könnten bei verschiedenen Bitmustern unterschiedliche Werte gemessen werden. Um vergleichbare Ergebnisse zu erhalten, müssen gleiche Bitmuster verwendet werden, diese sind z.T. von der ITU-T genormt (V.52, V.57 und andere). Sie werden in Bitmustergeneratoren erzeugt, sie unterscheiden sich in ihrer Länge, z.B. 511-Bit-Test, 2047-Bit-Test. Die Zahl gibt an, ab welcher Bitmenge sich die Bitmuster wiederholen. An Stelle der genormten Bitmuster sind auch andere Texte im Gebrauch, ein Beispiel ist der Fox-Text:

the quick brown fox jumps over the lazy dog 1234567890

Der Text enthält alle Buchstaben des Alphabets und die Dezimal-Ziffern.

Mit dem 2047-Bit-Text werden besonders die Fehler erfasst, die durch eine mangelhafte Synchronisierung entstehen. Es werden zuerst alle Zeichen des ASCII-Codes gesendet, dann 64 mal die Hexziffern 55, welche einen laufenden Wechsel zwischen 0- und 1-Signalen bringt. Dann folgt 64 mal die Hexzahl 40, welche aus 7 mal 0 und einem 1-Bit besteht. Danach werden viele fortlaufende 1-Bits, gefolgt von vielen 0-Bits gesendet, unterbrochen von der Hexzahl 55. Durch diese Bitfolge werden die Anforderungen an die Synchronisation schrittweise gesteigert, bei der Verfolgung des empfangenen Textes kann festgestellt werden, wann die Synchronisation verloren geht.

Bei der Auswertung der Messung können verschiedene Methoden verwendet werden.

10.3.2 Bitfehlerrate, Blockfehlerrate

Die Bitfehlerrate (BER, *bit error rate*) gibt an, wie viele Bits im Verhältnis zu den insgesamt übertragenen Bits verfälscht übertragen wurden. Werden z.B. bei der Übertragung einer Million Bits 47 Bits falsch übertragen, so beträgt die Bitfehlerrate 4,7*10**-5. Die Bitfehlerrate wird auch als Bitfehlerhäufigkeit bezeichnet.

Nach einer Empfehlung der ITU-T wird empfohlen, den Begriff Bitfehlerverhältnis (*bit error ratio*) zu verwenden anstelle von "bit error rate". Die Begründung liegt darin, dass mit dem Begriff "rate" meist ein Zeitbezug verbunden ist, wie etwa bei Datenübertragungsrate, während das Bitfehler-Verhältnis eine dimensionslose Zahl ist. Auch DIN 5476 schreibt vor, den Begriff "Fehlerrate" für das zeitliche Fehlermaß (Fehler/Sekunde) zu verwenden.

Ähnlich wie das Bitfehler-Verhältnis wird das Blockfehler-Verhältnis (*block error ratio*) bestimmt.

Blockfehlerverhältnis = Anzahl der gestörten Blöcke/Anzahl der gesendeten Blöcke

Dabei wird nicht festgestellt, wie der Block gestört ist, ob im Block ein oder mehrere Fehler aufgetreten sind. Das Blockfehlerverhältnis ist für die Beurteilung der Übertragungsstrecke oft aussagekräftiger als das Bitfehlerverhältnis, da die Übertragung blockweise erfolgt und durch Wiederholung der Blöcke korrigiert wird.

Die Bitfehlerrate ist relativ leicht zu ermitteln, die Messungen liefern vergleichbare Ergebnisse. Aus dem Messergebnis lässt sich aber nicht ohne weiteres auf das Verhalten der Übertragungsstrecke bei einer tatsächlichen Übertragung schließen, da die Verteilung der Fehler nicht erfasst wird. Bei der synchronen Übertragung erfolgt die Rückweisung von Blöcken dann, wenn mindestens ein Bitfehler aufgetreten ist. Je nach ihrer zeitlichen Verteilung können mehrere Bitfehler einen oder mehrere Blöcke stören. Die Effektivität der Übertragung ist also direkt von der Blockfehlerrate abhängig.

Eine direkte Ableitung der Blockfehlerrate aus der Bitfehlerrate ist nur dann möglich, wenn die Länge der Blöcke und die Verteilung der Fehler bekannt ist. Da die Größe der Blöcke bei den üblichen Prozeduren variabel ist, können bei gleicher Bitfehlermenge und -verteilung unterschiedliche Blockfehlerverhältnisse entstehen.

Die Messung der Bitfehlerrate wird als BERT (*Bit Error Rate Test*) bezeichnet.

10.3.3 Fehlersekunden, Fehlerminuten

Bei vielen Verfahren erfolgt eine blockweise Übertragung mit Wiederholung des gesamten Blocks, auch wenn in diesem nur ein Bit gestört war. Treten Fehler gleichmäßig verteilt auf, kann jeder Fehler zur Störung eines Blocks führen. Treten sie aber gebündelt auf, so ist die Wahrscheinlichkeit groß, dass ein Block mehrere Fehler hat, ein nachfolgender Block dafür aber ungestört ist. Wichtiger als die Betrachtung der Bitfehler-Rate ist daher die Feststellung, ob das System über einen bestimmten Zeitraum ungestört zur Verfügung steht. Für diese Feststellung wurde die Messung von fehlerfreien Sekunden (*error free seconds*) bzw. von Fehlersekunden (*error seconds*) eingeführt. Dabei wird nicht unterschieden, ob innerhalb der Sekunde ein oder mehrere Fehler auftreten. Beim Einsatz digitaler Übertragungsstrecken zur Sprachübertragung wird allerdings auch nach leicht und schwer gestörten Sekunden unterschieden (vergl. Abschnitt 2.1.6). Für die Datenübertragung ist nur die Bestimmung der Fehlersekunden üblich.

Das Ergebnis bei der Bestimmung der Fehlersekunden ist vom Messverfahren abhängig. Bild 10-11 zeigt, wie bei einer gleichen Fehlerverteilung bei der Bestimmung der Fehlersekunden starke Abweichungen auftreten können. Dabei erfolgen die Messungen a. und b. asynchron. Es liegt ein starres Zeitraster vor, welches vom Auftreten der Fehler unabhängig ist. Wie bei digitalen Messungen üblich, entsteht eine zufallsbedingte Abweichung zwischen den Messwerten bei a. und b. Diese beruht darauf, dass die Fehler nicht gleichmäßig über die Zeit verteilt sind.

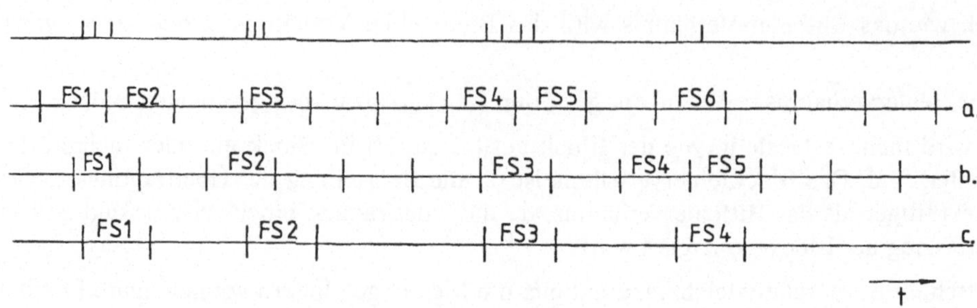

Bild 10-11 Bestimmung der Fehlersekunden (a. und b. asynchrone Messung; c. synchrone Messung)

Messung c. erfolgt nach der synchronen Methode. Das Zeitraster für die Messung wird durch die auftretenden Fehler synchronisiert. Die Fehlersekunde beginnt mit dem ersten Fehler. Ein Fehlerbüschel von unter einer Sekunde Dauer wird dann immer als eine Fehlersekunde registriert, während es bei der asynchronen Methode mit großer Wahrscheinlichkeit als 2 Fehlersekunden registriert wird. Die synchrone Methode ergibt immer das kleinstmögliche Ergebnis; die Ergebnisse der asynchronen Methode weichen meist voneinander ab und sind höher als bei der synchronen Methode. Wie groß die Abweichungen sind, hängt von der Verteilung der Fehler und der Dauer der Fehlerbündel ab. Bild 10-12 zeigt die Abhängigkeit der Differenz des Ergebnisses bei beiden Messmethoden von der Länge der Bündelungsperioden (*burst periods*). Es handelt sich um einen statistischen Zusammenhang, zufällig kann auch eine asynchrone Messung das gleiche Ergebnis wie die synchrone Messung haben.

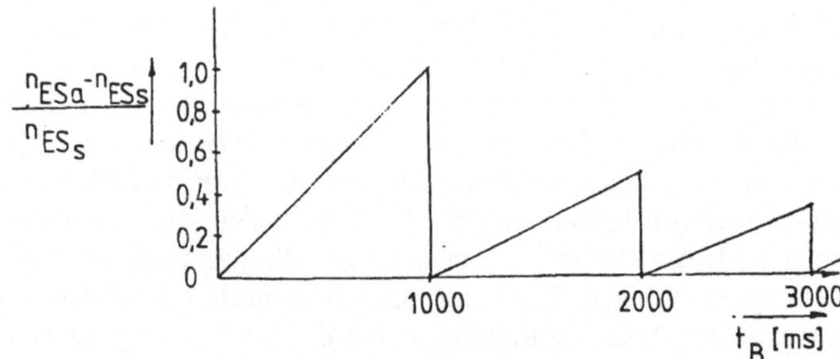

Bild 10-12 Abweichung von Ergebnissen bei Bestimmung der Fehlersekunden in Abhängigkeit von der Länge der Fehlerbündel

n_{ESa} Häufigkeit der Fehlersekunden, asynchron bestimmt

n_{ESs} Häufigkeit der Fehlersekunden, synchron bestimmt

t_B Länge der Fehlerbündel

Der scharfe Abfall der Kurve an den Sekundenmarken ist leicht erklärbar:

- Wenn das Bündel knapp unter einer (oder dem mehrfachen einer) Sekunde liegt, wird es bei der asynchronen Methode mit sehr hoher Wahrscheinlichkeit als 2 Fehlersekunden erfasst, bei der synchronen Methode mit Sicherheit als 1 Fehlersekunde.

- Wenn das Bündel knapp über einer Sekunde liegt, wird es bei der asynchronen Methode mit hoher Wahrscheinlichkeit als 2 Fehlersekunde erfasst (mit entsprechend niedriger Wahrscheinlichkeit als 3 Fehlersekunden), bei der synchronen Methode mit Sicherheit als 2 Fehlersekunden. Das Messergebnis ist also bei beiden Methoden mit hoher Wahrscheinlichkeit gleich.

Die Bestimmung der Fehlersekunden ist sinnvoll für Strecken mit relativ niedrigen Übertragungsraten, wie sie in WANs vorliegen können und blockweiser Übertragung. Es wird davon ausgegangen, dass die Übertragungsdauer etwa 1 Sekunde je Block beträgt. So könnten in einer Sekunde bei einer Datenübertragungsrate von 9600 bit/s 1200 Oktette übertragen werden. Für LANs ist die Fehlersekundenmessung wenig sinnvoll, da innerhalb einer Sekunde viele Blöcke bzw. Frames übertragen werden. So würden bei einem Netzwerk mit 10 Mbit/s nach IEEE802.3 in der Sekunde übertragbar sein (bei Vernachlässigung der einzuhaltenden Pausen):

19500 Frames der Mindestlänge (Datenteil 46 Oktette)
818 Frames der Maximallänge (Datenfeld 1500 Oktette).

Eine Fehlersekundenmessung würde kein sinnvolles Ergebnis liefern, da auch in der Fehlersekunde viele Frames korrekt übertragen werden können. Es werden auch Geräte angeboten, die zwar das Prinzip der Fehlersekundenmessung beibehalten, bei denen aber auch kürzere Zeiträume eingestellt werden können.

10.3.4 Geräte zur Beobachtung des digitalen Kanals

Schnittstellentestgerät (*interface test equipment*)
Es handelt sich um kleine Geräte, die für eine bestimmte Schnittstelle, z.B. V.24 entworfen sind. Sie sind besonders geeignet für Schnittstellen mit niedrigen Datenübertragungsraten, da die Signalzustände direkt dem Anwender angezeigt werden. Sie werden in die Leitung, welche DEE und DÜE verbindet, eingeschoben. Der Zustand der Signale an den Schnittstellen wird durch Anzeigelampen oder Flüssigkristall-Anzeigen sichtbar gemacht. Angezeigt wird der Zustand von Datenleitungen und wichtigen Steuersignalen. Die Signalleitungen sind außerdem meist durch Buchsen o.ä. abgreifbar, so dass ein schneller Anschluss von Messgeräten, z.B. Oszilloskop oder Logik-Analysator möglich ist.

Eine genaue Beobachtung des Signalverhaltens ist mit diesen Geräten nicht möglich. Es kann aber z.B. festgestellt werden, ob bei einer fehlenden Quittierung überhaupt das M5-Signal (Empfangssignalpegel) von der DÜE gebildet wird. Wenn dies der Fall ist, kann der Fehler in der DEE, die die Quittung nicht richtig auswertet, liegen. Sie können auch zur Simulation verwendet werden, indem bestimmte Steuersignale simuliert werden, um das Erscheinen der betreffenden Quittungssignale zu beobachten.

Es werden nicht alle Signale einer V.24-Schnittstelle angezeigt, sondern nur eine Auswahl, z.B.

- D1, D2 Sende- und Empfangsdaten
- S1, S2 DEE betriebsbereit, Sendeteil einschalten
- M1, M2 DÜE betriebsbereit, Sendebereit
- M5 Empfangssignalpegel
- T2, T4 Sendetakt und Empfangstakt von DÜE.

Bitfehlermessplatz

Der Bitfehlermessplatz besteht aus einem Sender, der die zu übertragende Nachricht erzeugt (*pattern generator*) und dem Bitfehlermesser (*digital error rate meter*). Bild 10-13 zeigt das Blockschaltbild des Bitfehlermessers. Ihm muss das Informationsmuster des empfangenen Bitstroms bekannt sein. Für diese Bitmuster bestehen Empfehlungen der ITU-T (siehe Abschnitt 10.3.1).

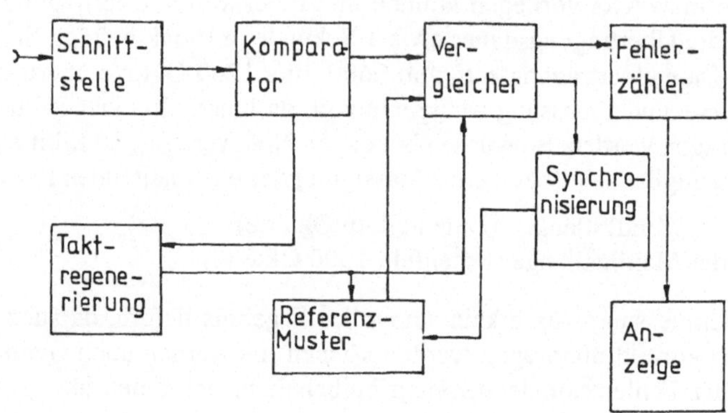

Bild 10-13 Blockschaltbild eines Bitfehlermessers

Anzeigen lässt sich sowohl die Gesamtzahl der aufgetretenen Fehler wie die Fehlerhäufigkeit (*bit error rate*). Wenn bei einem Übertragungssystem mit sehr kleinen Fehlerraten gerechnet wird, ist entweder eine sehr lange Messzeit erforderlich oder die Zählung der Fehleranzahl sinnvoller. Die Einstellung der Bitmuster an Sender und Empfänger kann über Schalter erfolgen. Bei einigen Geräten können nicht nur die von der ITU-T genormten Texte abgerufen werden, sondern beliebige 16-Bit-Worte einprogrammiert werden, die dann fortlaufend gesendet und ausgewertet werden. Zum Testen der Bitfehleranzeige kann in den Sendestrom das Einblenden von Fehlern mit einer bestimmten Häufigkeit erfolgen (*error injection*).

Neben der digitalen Anzeige verfügen Bitfehlermesser über einen Schreibausgang, welcher die gemessene Fehlerhäufigkeit als Analogspannung einem Aufzeichnungsgerät zuführen kann. Diese Aufzeichnungsmethode wird bei Langzeitmessungen angewandt. Dabei werden Spannungen geliefert, welcher der Zehnerpotenz der Fehlerhäufigkeit entsprechen. Bei einem Bitfehlermesser für PCM-Systeme werden gebildet (Messumfang 10^7 Bit):

Fehlerhäufigkeit	Anzahl Fehler	Ausgangsspannung
$< 10^{-6}$	<10	0 V
$< 10^{-5}$	<100	1 V
$< 10^{-4}$	<1000	2 V
$< 10^{-3}$	<10 000	3 V
$< 10^{-2}$-	< 100 000	4 V
Kein Signal feststellbar		5 V

Die Ausgabe der Ergebnisse kann auch über Digitalausgänge im BCD-Code (*binary coded decimal*) erfolgen.

Protokoll-Analysator, Datenkommunikationstestgerät *(protocol analyzer)*
Diese Geräte kombinieren meist beobachtende und simulierende Funktionen. Oft sind in den Geräten auch Untersuchungen des digitalen Kanals (Bitfehlermessungen) möglich. Bild 10-14 zeigt einige Anordnungen eines Protokollanalysators. Wie Bild 10-14 zeigt, wird er in diesem Fall an die physikalische Schnittstelle, welche die Datenendeinrichtung und die Datenübertragungseinrichtung verbindet, angeschlossen.

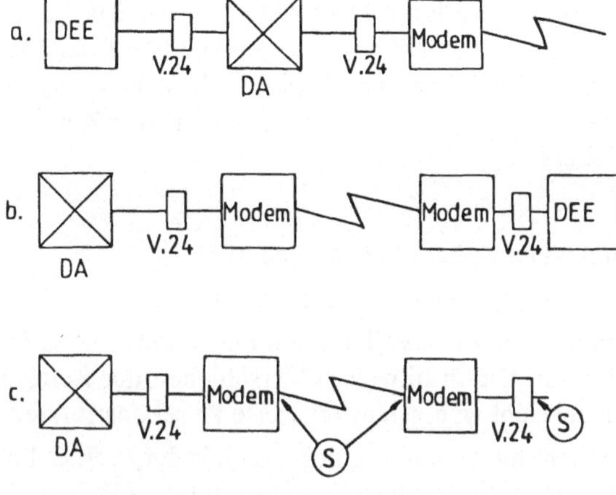

Bild 10-14
Einsatz eines Datenanalysators
a) Monitorbetrieb zur Protokollanalyse
b) Simulation einer Datenendeinrichtung
c) Schleifenmessung zur Überprüfung der Übertragungsstrecke (S mögliche Punkte der Schleifenbildung)

In diesem Abschnitt soll auf die eigentliche Protokoll-Analyse eingegangen werden. Die dabei auftretenden Grundfunktionen sind:

1. **Aufnahme** des Datenverkehrs und **Darstellung** auf dem Bildschirm.

Dies ist in mehreren Variationen möglich, z.B.:

- Datenverkehr nur in einer Richtung
- Beiderseitiger Datenverkehr mit Kennzeichnung der Richtung
- Einfrieren der Bildschirminhalte auf Tastendruck
- Darstellung der übertragenen binären Zeichen in verschiedenen Codes
- Darstellung des Informationsflusses auf Rahmen- und Paketebene. Die Informationen werden so interpretiert, dass nur Kontrollfelder der Prozedur, Adressen, Pakettypen mit Paketzählern usw. dargestellt werden.
- Kennzeichnung des Zustands bestimmter Steuersignale parallel zur Datenübertragung
- Darstellung der Steuerzeichen unter Ausblendung der Datenzeichen (Datenschutz)
- Triggerung auf bestimmte Steuerzeichen oder Steuersignale
- Darstellung der Leerzeiten (besonders bei Halbduplexverkehr) oder Ausblendung der Leerzeiten.

2. **Speicherung**.

Datenverkehr läuft so schnell ab, dass ein „Mitlesen“ nicht möglich ist. Durch Unterdrückung von Daten, inaktiven Zeiten (*idle suppression*) usw. kann das zu beobachtende Bild zwar komprimiert werden, zu einer gründlichen Auswertung ist aber eine Speicherung notwendig. Diese kann erfolgen durch:

- Aufnahme in einen Halbleiterspeicher (RAM), Darstellung auf Anforderung auf dem Bildschirm (*roll down*). Diese Möglichkeit ist durch die Kapazität des Halbleiterspeichers begrenzt.
- Übernahme in Halbleiterspeicher, Erzeugung eines Ausdrucks. Der Ausdruck beginnt sofort nach Beginn der Messung. Da er langsamer verläuft als die Messung, erfolgt er aus dem Speicher. Das Verfahren ist nur für zeitlich begrenzte Messungen möglich.
- Übernahme auf externe Speicher (Magnetband, Festplatte, Diskette). Dies ist das übliche Verfahren der Speicherung. Der Inhalt des externen Speichers kann nach Ablauf der Messung auf dem Bildschirm dargestellt oder ausgedruckt werden. Auch hier besteht wegen der begrenzten Kapazität des Speichers eine zeitliche Begrenzung der Messung. Die Kapazität ist aber größer als die eines Halbleiterspeichers.

3. **Datenanalyse** (*data examination*).

Die im Speicher befindlichen Daten werden untersucht. Dazu können gehören:

- Wechsel des Codes bei der Darstellung der binär gespeicherten Information
- Bitverschiebung (*bit shift*). Bei zeichenorientierten Protokollen kann der Verlust eines Bits zu einer völlig unsinnigen Decodierung führen. Durch bitweises Verschieben der Zeichengrenzen wird versucht, die ursprüngliche Nachricht wenigstens teilweise zu rekonstruieren.
- Analyse von Frames und Paketen. Es wird nicht die Codierung der Steuerfelder, z.B. C-Feld bei HDLC, Paket-Kopf bei IP oder X.25) dargestellt, sondern ihre Bedeutung, z.B. Typ des Frames, Namen des Protokolls, Stand der Zähler.

4. **Fehlerhäufigkeitsmessung**.

Diese sind häufig auch mit Protokoll-Analyse-Geräten möglich, die auszuführenden Funktionen sind bereits bei den Bitfehlermessungen beschrieben.

5. **Zeitmessungen**.

An Schnittstellen, z.B. V.24, muss ein Steuersignal durch ein Meldesignal quittiert werden, z.B. das Signal S2 (Sendeteil einschalten) soll zur Bildung des Signals M2 (Sendebereitschaft) führen. Eine Zeitmessung kann bestimmen, mit welcher Zeitverzögerung S2 gebildet wird. Das Ergebnis wird in digitaler Form angezeigt. Die Messungen können wiederholt ausgeführt werden und ein Durchschnittswert kann gebildet werden.

Einige Protokollanalysatoren können auch Verzerrungen am digitalen Signal aufnehmen, dies wäre aber der Messung am analogen Kanal zuzurechnen.

Bild 10-15 zeigt das Blockschaltbild eines Protokoll-Analysators. Er ist ähnlich wie ein Minicomputer aufgebaut und verfügt über einen oder mehrere Mikroprozessoren. Der Lese-Schreibspeicher (RAM) dient zur Speicherung von Daten, Systemparametern und Programmen, die der Benutzer selbst erstellt hat. Arbeitet der Analysator auf Grund von Programmen des Benutzers, wird dies als „User-Mode" bezeichnet. Der Festwertspeicher (ROM) enthält die Programme, welche für die verschiedenen Funktionen des Analysators vorgesehen sind. Sein Inhalt kann vom Benutzer nicht verändert werden. Bedienfeld und Tastatur dienen der Einstellung der Funktionen des Gerätes. Dazu werden heute meist graphische Oberflächen gebildet (GUI, *graphic user interface*).

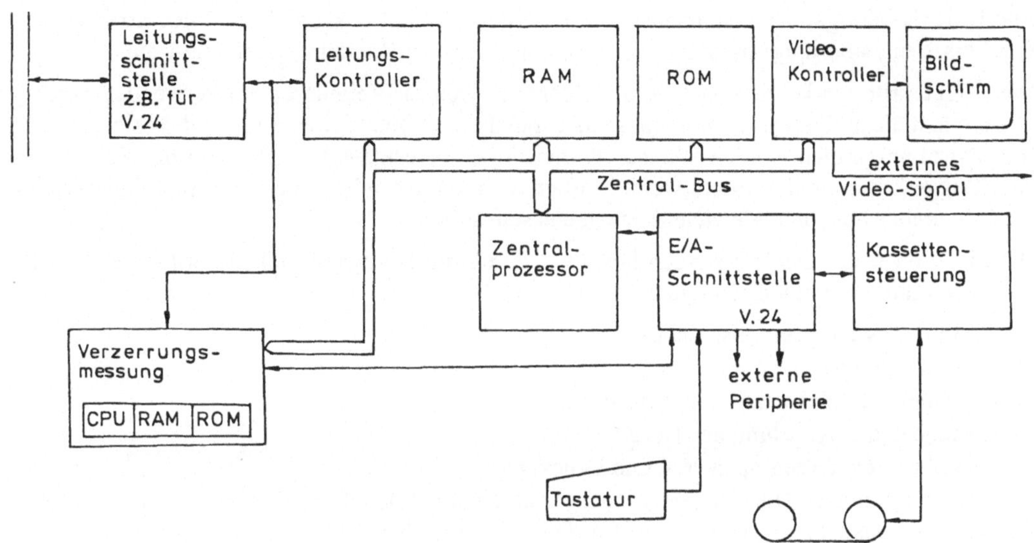

Bild 10-15 Blockschaltbild eines Protokoll-Analysators (ROM Festwertspeicher, RAM Lese-Schreib-Speicher)

Durch eine zweite Schnittstelle nach V.24 können externe Geräte an den Datenanalysator angeschlossen werden, z.B. Drucker oder Fernsteuerung.

Vor der Beobachtung des Datenstromes müssen dem Gerät die Parameter der Datenübertragung eingegeben werden (*set up*). Dazu gehören z.B. die Datenübertragungsrate und die Zeichenlänge. Einige Geräte verfügen über eine Autokonfiguration, welche die benötigten Werte aus dem Datenstrom ableitet. Dazu muss ein Datenverkehr von ausreichender zeitlicher Länge vor der eigentlichen Messung vorhanden sein.

Ein wichtiges Kriterium eines Datenanalysators für beobachtenden Betrieb sind die Triggerkriterien, d.h. die Kriterien, die zu einem Festhalten des Bildschirminhalts führen. Solche Kriterien können sein:

- Überschreiten einer Time-Out-Grenze. Darunter wie das Zeitlimit zwischen zwei Ereignissen, z.B. einer Anfrage und der Bestätigung, verstanden.
- Auftreten eines Paritäts- oder CRC-Zeichenfehlers.
- Auftreten einer bestimmten Folge von Daten oder Steuerzeichen, die Länge dieser Folge ist begrenzt, z.B. auf 3 Zeichen.
- Datenspeicherüberlauf.
- Zuführung eines externen Signals. Bei den Analysatoren ist es möglich, die Schnittstellensignale zu Messzwecken nach außen zu führen. Damit ist es auch möglich, diese Signale durch Kurzschließen mit dem Eingang für die externe Triggerung als Triggersignale zu verwenden.

Oft ist es möglich, die Triggerung nicht nur bei einem der oben angegebenen Ereignisse auszulösen, sondern erst nach einer vorprogrammierten Anzahl dieser Ereignisse. So wird die Triggerung beispielsweise nicht bei jedem Paritätsfehler ausgelöst, sondern nur nach jedem hundersten. Durch Zählung von Übertragungsblöcken und Bestimmung der Blocklänge kann so eine Bitfehlerhäufigkeitsmessung ausgeführt werden, die mit tatsächlichen Daten arbeitet. Die Ergebnisse sind allerdings nicht korrekt, wenn die Fehler in Bündeln (*bursts*) auftreten.

Die Triggerkriterien können auch zum Weiterzählen eines Ereigniszählers verwendet werden. Dieser zählt die aufgetretenen Ereignisse und speichert die Zahlenwerte ab, so dass sie über den Bildschirm aufgerufen werden können. Weiterhin kann festgelegt werden, ob die Zeichen ab dem Triggerkriterium dargestellt werden sollen oder auch Zeichen, die vor dem Triggerkriterium aufgetreten sind, und wie viele Zeichen das sein sollen.

Die Funktionen des Gerätes werden bestimmt durch die Hardware und die Software. Bei der Software kann unterschieden werden:

1. **Grundsoftware** (Betriebssystem)

- Codewandlungen
- Ausgabe von Zeichen auf dem Bildschirm
- Abfrage und Auswertung der Tastatur
- Umgang mit externen Speichern und Drucker
- Uhrenprogramme. Diese arbeiten meist mit einem Taktgeber (Hardware), welcher über Interrupts das Uhrenprogramm aufruft. Die Frequenz des Taktgebers bestimmt die Zeitauflösung, so ist bei einer Frequenz von 1 kHz eine Auflösung von 1 ms möglich.
- Selbsttest. Nach Einschalten des Geräts oder Aufforderung durch den Bediener überprüft das Gerät seine Funktionen, nach korrektem Ablauf geht es in den Benutzerbetrieb über.
- Menü-Technik. Vorgabe der Funktionen für die Auswahl durch den Benutzer.

Die aufgezählten Aufgaben des Betriebssystems sind nur ein Beispiel. Bei bestimmten Geräten können weitere Funktionen hinzukommen.

2. **Messprogramme**

Programme für die Ausführung der einzelnen Messungen. Diese können sich im Festwertspeicher befinden, oder besonders bei selten angewandten Programmen, über den externen Speicher in den Lese-Schreib-Speicher geladen werden. Die Programme sind meist mit Parametern versehen, die vom Anwender bestimmt werden können, z.B. Art der Darstellung auf dem Bildschirm (Hexacode, Klartext). In der Menü-Technik werden die möglichen Parameter vorgegeben.

3. **Anwenderprogramme**

Diese Programme werden vom Anwender geschrieben. Dazu muss ein Erfassungs- und Übersetzungsprogramm (Editor, Compiler) vorhanden sein. Die Programmierung kann in Maschinensprache mit Verwendung eines Assemblers erfolgen. Es kann aber auch eine Kommandosprache verwendet werden. Kommandos sind Aufrufe für bestimmte Operationen, die im Betriebssystem programmiert sind. Sie werden in der Art von Befehlen verwendet, es können Schleifen gebildet werden, bedingte Sprünge nach Abfragen stattfinden usw.

Auf die Aufgaben des Analysators bei der Simulation wird im nächsten Abschnitt eingegangen.

Die Weiterentwicklung der Netzwerktechnik führt auch zu neuen Anforderungen an die Messgeräte. Einige der dabei zu beobachtenden Tendenzen sind:

1. Fähigkeit, gleichzeitig an mehreren Schnittstellen mit unterschiedlichen Protokollen zu messen.

Heterogene Netzwerke enthalten Geräte, welche den Übergang von einem Netzwerk zum anderen schaffen sollen, z.B. Gateways. Soll die Arbeit eines solchen Gerätes beobachtet werden, so genügt es nicht, mit einem Gerät, welches eine Schnittstelle beobachtet, zu messen. Wenig sinnvoll wäre es auch, mit zwei getrennten Geräten zu messen, da dann eine sorgfältige Synchronisation der Geräte während der Messung durchgeführt werden muss. Außerdem müssten die anfallenden Messergebnisse nach der Messung aufwendig korreliert und analysiert werden.

Es müssen daher Geräte geschaffen werden, die in der Lage sind, mehrere Schnittstellen unterschiedlicher Art gleichzeitig in einer Messung zu beobachten. Der Aufbau solcher Messgeräte erfolgt in der Weise, dass

- ein Grundgerät geschaffen wird, welches die Verwaltung der Speicher, Aufbereitung und Ausgabe der Messergebnisse auf dem Bildschirm und Drucker, Dialog mit dem Benutzer usw. ausführt;
- Einschübe unterschiedlicher Art zur Verfügung gestellt werden, die auf bestimmte physikalische Schnittstellen zugeschnitten sind und die eigentliche Datenerfassung durchführen.

Bei der Datenerfassung müssen Triggerkriterien, Filterbedingungen usw. beachtet werden. Bei schnellen Übertragungsstrecken ist ein Prozessor dazu nicht mehr in der Lage. Es muss ein Mehr-Prozessor-System eingesetzt werden. Im Grundgerät zur Auswertung der Messergebnisse genügt ein Prozessor.

2. Filterung.

Darunter versteht man die Fähigkeit des Gerätes, nur ausgewählte Teile der gesamten Datenmenge in die Messergebnisse zu übernehmen. Die Filterung kann auf zwei Arten erfolgen.

- Alle Daten, die über die Leitung gehen, werden in den Speicher des Geräts übernommen. Anzeige und Ausdruck der Daten erfolgt auf Grund der Filterkriterien (*display mode*).
- Bereits vor Übernahme der Daten in den Speicher werden sie nach den Filterkriterien ausselektiert. Nur ein bestimmter Teil der Daten wird in den Speicher übernommen. Bei Übertragungsnetzen, die mit hoher Geschwindigkeit arbeiten, ist dies unbedingt notwendig, da kein Speicher in der Lage wäre, die Daten über einen sinnvollen Zeitraum vollständig zu speichern.

3. Analyse auch der oberen Schichten.

Eine Analyse von Protokollen ist dann möglich, wenn diese genormt sind. Wenn z.B. bei einem System nach X.25 die Ebenen 1-3 genormt sind, so kann das Gerät die Steuerinformationen dieser Ebenen analysieren.

Durch Normung auch auf den darüber liegenden Schichten kann auch hier eine Protokoll-Analyse durchgeführt werden. Bei der Analyse einer TCP/IP-Anwendung könnte ausgegeben werden:

	Angaben über die Ebenen 1 + 2
3	IP: Ver = 4, IHL = 5, TOS = 00h, Len = 47, ID = 2560h IP: Flg/frg = 0000h, TTL = 30, Prct = TCP, Chksum = 588Bh IP: Srce = 134.22.22.12, Dest = 134.22.22.17
4	TCP: SrcePort = TELNET, DestPort = 14897, Seq = 004561FFh TCP: AckNo = 024EF123h, DataOffset = 5, Flags: ACK, PSH TCP: Window = 4096, Chksum = 203Fh, Zrg = 0000h
6,7	TELNET: <ESC> 13.61h

Die Bedeutung der Informationen ist in den Abschnitten über IP und TCP erläutert (5.4.4 und 6.2.1).

10.4 Simulationsgeräte

Simulierende Geräte dienen dazu, andere Geräte zu erproben, indem sie die Signale oder Nachrichten erzeugen, auf die die zu prüfenden Geräte reagieren sollen, oder indem sie bestimmte Komponenten des Systems darstellen. Es werden einige Beispiele genannt.

10.4.1 Leitungsnachbildung

Bild 10-16 zeigt den Einsatz einer Leitungsnachbildung. Sie ist für einen bestimmten Leitungstyp vorgesehen, z.B. Telefonleitung. Einzelne Merkmale wie Gruppenlaufzeit oder Dämpfung können über Schalter eingestellt werden. Es werden mehrere Frequenzverläufe dieser Merkmale vorgegeben, die durch Schalter ausgewählt werden können. Dabei werden Hinweise gegeben, welchem Leitungstyp mit welcher Leitungslänge eine bestimmte Schalterstellung entspricht.

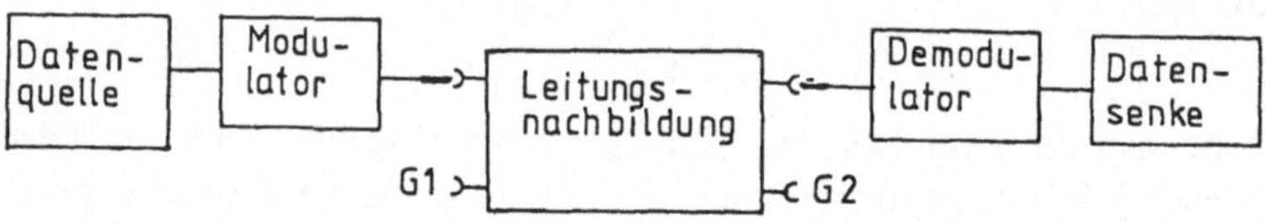

Bild 10-16 Anordnung einer Leitungsnachbildung (G1, G2 Geräuscheingänge)

10.4.2 Schleifenschalter

Bei der Schleifenmessung (siehe Bild 10-3) muss das Signal umgelenkt und dem sendenden Gerät wieder zum Empfang zugeführt werden. Eine solche Messung setzt aber voraus, dass entweder spezielle Sende- und Messgeräte (einzeln oder in einem Gerät integriert) vorhanden sind, oder dass bei Verwendung einer DEE Vollduplexverkehr angewendet werden kann. Bild 10-17 zeigt den Aufbau eines digitalen Schleifenschalters mit Prozessor-Steuerung. Der Festwertspeicher (ROM) dient als Programmspeicher, der Lese-Schreib-Speicher (RAM) hauptsächlich als Pufferspeicher für den Halbduplexbetrieb. Er kann aber auch zur Anwendungs-Programmierung verwendet werden. Die Adress-Eingabe über Codierschalter kann als Adressvorgabe für den Aufruf-Betrieb (*polling*) eingesetzt werden.

Der Schleifenschalter kann so in das System eingebaut werden, dass Signale, die von der DEE zur DÜE laufen und umgekehrt, nicht gestört werden (Terminalbetrieb) Das Gerät kann also im laufenden Betrieb eingebaut werden. Anwendungsbeispiele sind:

Beschleunigung des Poll-Betriebs. Die beim Poll-Betrieb angeschlossenen Terminals erhalten gradzahlige Adressen, die zugehörigen Schleifenschalter ungradzahlige. Ist das Terminal nicht betriebsbereit, sendet es keine Rückmeldung auf das Pollen. Die Zentralstation muss dann das Ablaufen der „Time-out"-Schaltung abwarten, ehe sie im Poll-Verfahren weitergeht. Das abgeschaltete Terminal veranlasst seinen Schleifenschalter, auf die Nachricht zu reagieren, z.B. mit dem Steuerzeichen EOT (*end of transmission*). Damit weiß die Zentralstation, dass kein Wunsch auf Datenverkehr vorliegt und kann ohne Verzögerung im Poll-Verfahren weiterarbeiten. Wird das Terminal aktiviert, so wird der Schleifenschalter wieder umgeschaltet.

Überprüfung der Leitung. Bei der oben geschilderten Adressierung werden die Terminals über die gradzahligen Adressen angesprochen. Lässt ein Terminal sich nicht ansprechen, wird die

Adresse um 1 erhöht und damit der Schleifenschalter angesprochen. Dies kann automatisch oder durch einen Bediener geschehen. Reagiert der Schleifenschalter mit einer gültigen Rückmeldung, so ist der Fehler in der DEE zu suchen, Leitung und Datenübertragungs-Prozedur sind korrekt.

Leitungsprüfung für den Halbduplexbetrieb. Eine Station sendet eine Nachricht aus, diese wird im Schleifenschalter zwischengespeichert. Nach Beendigung des Empfangs wird die Nachricht zurückgesendet. Eine DEE muss nicht vorhanden sein,. Der Schleifenschalter simuliert diese auf der physikalischen Ebene. Der Schleifenschalter muss in der Lage sein, das Verhalten der für ein Schnittstelle vorgesehenen Steuer- und Meldesignale zu erzeugen bzw. auszuwerten. Ist der Schleifenschalter nicht aktiviert, werden die Signale durchgeschleift.

Aktivierung und Deaktivierung können nicht nur durch Hardware-Umstellungen, sondern auch durch Nachrichten (*select messages*) erreicht werden.

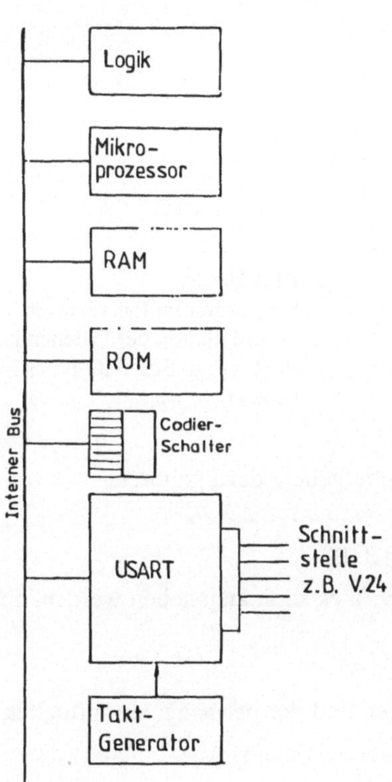

Bild 10-17
Blockschaltbild eines Schleifenschalters

10.4.3 Datenanalysator als Simulationsgerät

Wie im Bild 10-14 dargestellt, kann ein Datenanalysator auch als Simulator eingesetzt werden. Dabei kann er grundsätzlich die Rolle der DEE oder die der DÜE übernehmen. Die Simulation kann sich dabei auch auf die Paketebene erstrecken. Für die Simulation müssen Programme vorhanden sein, die auch vom Anwender selbst erarbeitet sein können.

Bei einer Simulation auf der Paketebene kann das Gerät entweder einen Teilnehmer des Netzwerkes oder das Netzwerk selbst simulieren (Bild 10-18). Das Bild bezieht sich auf ein Paketnetz nach X.25 (Abschnitt 5.2). Die Simulation muss sich dann auf die drei unteren Ebenen des OSI-Referenzmodells erstrecken. Auf der Sicherungsebene muss das LAP-B-Protokoll eröffnet, unterahlten und beendet werden. Dazu gehört die Erzeugung und Interpretation der Rahmen für den Datenverkehr (I-Frames), aber auch die zur Steuerung der Prozedur (S-Frames, U-Frames). Auf der Vermittlungsebene kann eine bestimmte Anzahl von virtuellen Verbindungen aufgebaut, unterhalten und abgebaut werden.

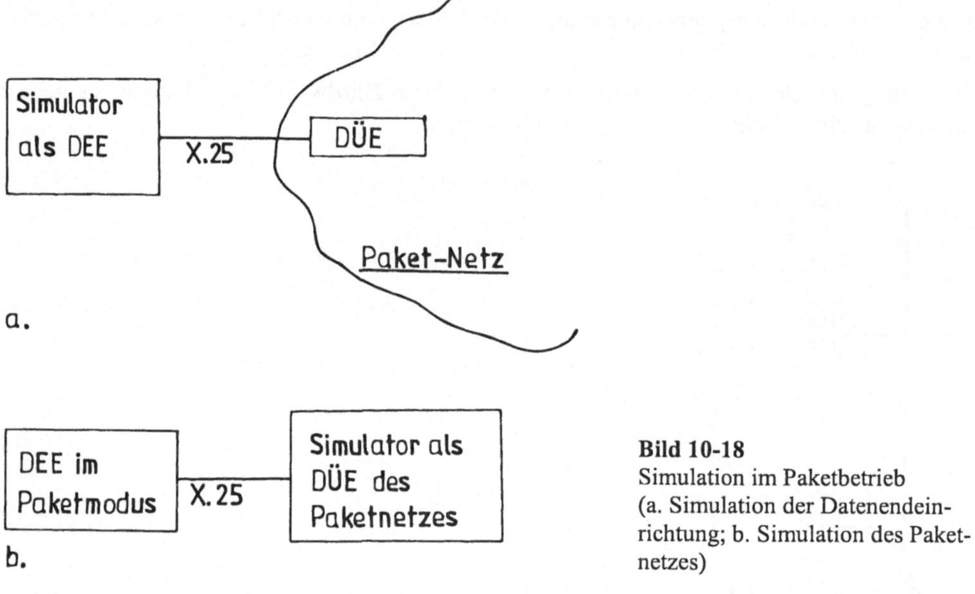

Bild 10-18
Simulation im Paketbetrieb
(a. Simulation der Datenendeinrichtung; b. Simulation des Paketnetzes)

Im Dialog muss der Operator Parameter an das System übergeben, dazu gehören:

- Datenübertragungsrate
- Entscheidung, wer simuliert werden soll (DEE oder DÜE)
- Entscheidung über Fehlereinschub (*injection of errors*); es kann angegeben werden, auf wie viele Oktette ein Fehler einzubauen ist
- Fenstergröße auf Frame- und Paket-Level
- Anzahl der zu unterhaltenden virtuellen Verbindungen und der permanenten virtuellen Verbindungen
- Die verwendeten „Rufnummern" für die Endgeräte.

Die Simulation kann permanent erfolgen oder durch Kommandos gesteuert sein, die der Anwender eingeben muss. Es seien drei Kommandos genannt:

- PC *request for connection*: es wird die Verbindung auf dem Frame-Level angefordert.
- PE *request for disconnection*: Die Verbindung auf dem Frame-Level soll aufgelöst werden. Dieses Kommando führt zum Senden eines Frames vom Typ DISCONNECT.
- PA(X): Aufbau einer virtuellen Verbindung mit dem Teilnehmer X. Dieses Kommando führt zur Bildung und Sendung eines Pakets vom Typ *Call Request* mit der Teilnehmernummer X.

Während der Simulation wird der Verkehr auf dem Bildschirm des Analyse-Geräts angezeigt. Er kann aber auch abgespeichert werden, wenn der Anwender dies wünscht. Nach der Simulation kann der Speicherinhalt durch Kommandos angezeigt werden, wobei die Darstellung und Analyse der übertragenen Daten wie im Monitor-Betrieb durchgeführt wird. Ist ein Drucker vorhanden, kann auch ein Ausdruck angefertigt werden.

10.5 Abfrage- und Testkommandos

Für eine Reihe von Systemen gibt es Kommandos, welche vom Netzwerk-Administrator eingegeben werden können, um das Verhalten des Systems überprüfen zu können.

Im Betriebssystem Unix befasst sich eine Reihe von Kommandos mit dem Verhalten der Stationen als Teilnehmer in TCP/IP-Netzwerken. Es werden einige Beispiele für bekannte Kommandos aus der Unix-Umgebung dargestellt.

Ping

ping (da Unix Groß- und Kleinschreibung unterscheidet, muss das Kommando klein geschrieben werden) ist ein Kommando zum Aufruf von Echos von der angegebenen Station. Es benutzt ICMP-Nachrichten (vergl. Kapitel 9). Angegeben wird

ping adresse [paketgröße] [paketanzahl]

Wenn keine Paketgröße angegeben wird, wird ein Defaultwert von 64 Oktetten gewählt, wenn die Paketanzahl nicht angegeben wird, läuft das Kommando "ewig", ehe es nicht vom Anwender abgebrochen wird.

Bei der Paketgröße ist der Anwender nicht an die MTU seines Systems gebunden, wenn er eine höhere Zahl eingibt, tritt eine Fragmentierung ein, die evt. im Zeitverhalten beobachtbar ist.

Das Ergebnis des Kommandos besteht in der Meldung, welches Paket in welcher Zeit geechot wurde. Dabei werden Sequenznummern gebildet, so dass zu erkennen ist, ob die Pakete sich innerhalb der Netze "überholt" haben. Nach Abarbeitung des Kommandos wird eine Zusammenfassung gegeben, diese beschreibt die Verlustrate und die Übertragungszeiten (*round trip time*) durch Angaben von Minimalwert, Durchschnittswert und Maximalwert.

Beim Ping-Kommando ist zu beachten, dass es in den Einzelheiten bei unterschiedlichen Systemen stark von der beschriebenen Form abweichen kann; bei einigen Systemen wird nur gemeldet, ob eine erfolgreiche Übertragung und Rückübertragung stattfinden kann, die oben beschriebenen Werte müssen über spezielle Optionen angefordert werden. Ping kann auch in einer Form angewendet werden, welche den Übertragungsweg der Pakete angibt; diese Information kann aber besser mit dem unten beschriebenen Kommando **traceroute** erlangt werden.

Wird die Rundspruchadresse für das Ping-Kommando verwendet, so fühlen sich alle Stationen im Netzwerk angeschlossen, dies führt dazu, dass mehr Pakete zum Absender zurückkommen, als gesendet wurden. Dies wird dann als negativer Verlust angezeigt, wenn z.B. auf ein gesendetes Paket 5 Pakete geechot werden, wird gemeldet:

loss = -400 %

Mit dem Ping-Kommando kann der Einfluss der Netzwerkbelastung ermittelt werden, eine Messung in einem System, in welchem als LAN Netze nach 802.3 eingesetzt wurden, ergab:

Verkehr	kurzes Paket (50 Oktette) min/avg/max	Relation	langes Paket (1500 Oktette) min/avg/max	Relation	Größenfaktor
gering	5/5/7	1,4	12/12/15	1,25	2,4
mittel	5/6/42	7,0	12/15/89	5,93	2,4
stark	5/11/84	7,45	12/17/136	8,0	2,4

Die Relation zeigt das Verhältnis der maximalen zur mittleren Round-Trip-Time. Der Größenfaktor vergleicht die minimalen Übertragungszeiten zwischen kleinen und großen Paketen. Die minimalen Übertragungszeiten wurden gewählt, weil diese am ehesten die Zeit der Leitungsübertragung enthalten, während bei maximalen Zeiten Wartezeiten, Kollisionen usw. die Zeit stark beeinflussen.

Aus dieser Messung, deren Ergebnisse stark vom Verhalten der Netzwerke nach 802.3 beeinflusst sind, lassen sich einige Schlussfolgerungen ziehen.

- Die minimale Übertragungszeit ist bei allen Belastungen in dieser Messung gleich. Wenn die Anzahl der Pakete groß genug ist, findet sich auch bei starker Belastung immer wieder ein Paket und sein Echo, welche in der kürzest möglichen Zeit übertragen werden.
- Der Größenfaktor spiegelt nicht die reine Datenübertragungszeit. Zwar dauert die kürzest mögliche Übertragung beim langen Paket länger als beim kurzen, von der Zahl der Oktette und damit der Leitungsbelegung müsste sich aber ein Verhältnis von etwa 1 : 30 ergeben. Andere Faktoren wie Erlangung des Senderechts, Reaktionszeit der CPUs von Endsystemen, Verarbeitungszeit im Router spielen offenbar eine größere Rolle.

Traceroute

Zu dem Kommando wird die Zieladresse angegeben, z.B.

traceroute whitehouse.gov

Sie kann auch in der Form der IP-Adresse angegeben werden.

Das Kommando nutzt den Eintrag "Time to Live" im IP-Header. Dieser wird bei jedem Hop rückgezählt, wenn er auf 0 steht, wird das Paket vernichtet. ICMP bildet aber eine Rückmeldung an den Absender, der auch die Adresse des Routers enthält, in dem die Vernichtung stattgefunden hat.

Für Traceroute wird ein Paket gebildet, dessen TTL-Wert auf 1 steht; der erste Router vernichtet das Paket und macht eine Rückmeldung. Dann wird ein Paket mit TTL = 2 gebildet und der Vorgang wiederholt. Dies geschieht so lange, bis das Paket sein Ziel erreicht. Registriert und angezeigt wird auch die Zeit, bis die Rückmeldung beim System eintrifft (*round trip time*). Es werden mit jedem TTL-Wert drei Versuche ausgeführt. Der Aufwand an Paketen hängt also von der Zahl der Router auf dem Weg zum Ziel (*hops*) ab, er beträgt:

Zahl der Hops * 2 * 3

3 = Zahl der Versuche
2 = Paket und Rückmeldung

Die Tabelle zeigt das Ergebnis eines Traceroute-Kommandos.

Tabelle 10-1 Ergebnis von Traceroute

1.	isdn.prolo.de	2	2	3
2.	netcore.de	4	4	4
3.	usys.v1.de	7	6	8
4.	hano.com	14	16	13
5.	viella.nl	27	30	26
6.	x.ranu.nl	33	33	34
7.	xx1.ny.us	120	90	122
8.	xcore.com	345	130	170
9.	rzpalo.us	140	136	155
10.	v02.netst.com	150		
	v07.netst.com	156	158	
11.	palo.us	180	167	190
12.	xlink.com	200	210	220

Beim Ergebnis von Traceroute können zwei Besonderheiten auftreten, die mit dem Prinzip des Paketverkehrs zusammenhängen.

1. In der Regel nehmen die Round-Trip-Times (die in Millisekunden gemessen werden) mit der Zahl der Hops zu. Es kann aber auch vorkommen, dass die Zeit bis zum Hop x erheblich größer ist als die Zeit zum Hop x+1, wie es in der Tabelle bei der ersten Messung für Hop 8 (xcore.com) und Hop 9 (rzpalo.us) zu erkennen ist. Diese Erscheinung, die sehr häufig zu beobachten ist, liegt an einer Stausituation zwischen Hop 7 und Hop 8, die nur einmal auftritt.
2. Es kann vorkommen, dass die Pakete nicht immer den gleichen Weg nehmen, also auf unterschiedlichen Routen ihr Ziel erreichen. Dies wird vom Kommando in der Art angezeigt, dass bei der gleichen Nummer des Hops unterschiedliche Systemnamen oder -adressen angezeigt werden, wie in der Tabelle bei Hop 10. Diese Situation wird relativ selten beobachtet.

Grundsätzlich muss darauf hingewiesen werden, dass es trotz erfolgreicher Ausführung von **ping** und/oder **traceroute** beim tatsächlichen Datenverkehr zu Schwierigkeiten kommen kann. Dies wird damit begründet, dass bei den Kommandos Pakete eingesetzt werden, die kleiner sind als die im tatsächlichen Datenverkehr verwendeten Pakete. Wenn die Fragmentierung nicht korrekt arbeitet, treten Fehler auf, die bei der Kommandoausführung nicht auftreten konnten. Dies muss aber nicht sein, da bei den meisten Versionen des Ping-Kommandos die Angabe der Paketgröße möglich ist. Bei Traceroute hat der Anwender allerdings keinen Einfluss auf die Größe der Pakete.

Bei den Kommandos ping unt traceroute ist zu beachten, dass die Ausführung der Kommandos das Verschicken von Paketen erfordert, die die Netzwerke zusätzlich belasten. Dies widerspricht der Regel der Messtechnik, dass die Messung das Messobjekt nicht beeinflussen soll. Beim Ping-Kommando versucht man diesen Einfluss klein zu halten, in dem man nur einen Vorgang je Sekunde auslöst. Damit wird das Netz durch zwei zusätzliche Pakete belastet. Ähnliche Verzögerungen treten auch beim Kommando traceroute auf.

Das Ping-Kommando kann ein LAN damit nur relativ gering belasten, so dass der Einfluss der durch ping ausgelösten Pakete auf die Gesamtbelastung der Netzwerke gering ist. Wenn Ping ausgeführt wird mit einer Grösse von 1000 Oktetten, so beträgt die Gesamtmenge von Bits mit einem üblichen LAN-Header 16 416 für das Paket und das Echopaket. Bei einem 10 MBit/s-Netz wären dies

0,082 % der Gesamtkapazität des Netzes, bei 100 MBit/s 0,0082 %.

Dabei ist aber zu beachten:

- Internetworking findet nicht nur auf LANs statt, sondern auch auf WAN-Verbindungen. Ein Paket der oben genannten Größe würde auf einer ISDN-Verbindung von 64 000 Bit/s eine Belastung von 12,8 % darstellen. Bei der Rechnung wurde nur ein Paket berücksichtigt, da der ISDN-Kanal vollduplex arbeitet, das Echopaket also einen anderen Kanal benutzt.
- Ein Ping-Kommando mit einer Rundspruchadresse führt dazu, dass alle Stationen des Teilnetzes ein Echo-Paket erzeugen. Bei einem Klasse-C-Netzwerk können dies bis zu 254 Pakete sein. Grundsätzlich wird der Rundspruch nicht über die Netzwerkgrenze hinaus verbreitet. Es lassen sich auch Switches so konfigurieren, dass sie Rundsprüche nicht verbreiten, so dass die tatsächliche Zahl der Echopakete in der Regel geringer ist. Es bleibt aber die Tatsache, dass ein Echo-Kommando mehr als 2 Pakete je Sekunde auslösen kann.
- Es können gleichzeitig von mehreren Arbeitsstationen oder von einer Arbeitsstation im Multiprogramm-Betrieb mehrere Ping-Kommandos aktiviert werden. Diese Möglichkeit ist bereits für Netzwerkattacken genutzt worden, die Vielzahl der Ping-Kommandos beeinträchtigt in starkem Maße die Arbeitsweise der Stationen und verhindert den normalen Netzwerkbetrieb.

Netstat

netstat führt im Gegensatz zu den bisher beschriebenen Kommandos nicht zu Aktivitäten im Netzwerk, sondern nur an dem System, an dem das Kommando ausgeführt wird. Es gibt Auskunft über Parameter, die mit dem Netzwerk zusammenhängen. Zu beachten ist dabei, dass immer nur Parameter abgefragt werden können, die sich in dem betreffenden System befinden. Der Anwender erhält also keine Auskünfte über das Netzwerk, sondern nur über die Netzwerkaktivitäten eines Systems.

Ein Kommando, mit dem eine Reihe von Zuständen über die Netzwerkaktivität abgefragt werden kann, wird mit unterschiedlichen Optionen versehen. Die angezeigten Werte sind zum Teil Augenblickswerte über den gegenwärtigen Zustand des Systems, z.T. statistische Werte, die über einen längeren Zeitraum gesammelt sind.

Zu beachten ist:

- Trotz der Bezeichnung, die auch als „show network status“ angegeben wird, zeigt das Kommando nicht den Zustand eines Netzwerks, sondern den Zustand eines Systems mit seinen Netzwerkaktivitäten.
- Das Kommando kann mit der Option n versehen werden. Wenn diese nicht vorhanden ist, werden alle Angaben über Namen gemacht. Wenn kein Name vorhanden ist, z.B. für ein Netzwerk, wird der numerische Wert angegeben. Wenn die Option vorhanden ist, wird immer der numerische Wert angegeben.

Die Wirkungsweise des Kommandos wird in 4 Beispielen dargestellt. Die Ergebnisse sind in der Regel gekürzt.

1. Beispiel

dozwel@ux-01(0):~>netstat -a
Active Internet connections (including servers)

Proto	Recv-Q	Send-Q	Local Address	Foreign Address	(state)
Tcp	0	0	ux-01.time	nbpik.1028	TIME_WAIT
tcp	0	125	ux-01.telnet	lpc1.1856	ESTABLISHED
tcp	0	0	ux-01.telnet	i04.1050	ESTABLISHED
tcp	0	0	ux-01.telnet	seoks.2028	ESTABLISHED
tcp	0	0	ux-01.976	ux-02.49159	ESTABLISHED
tcp	0	0	ux-01.http	b06.1327	FIN_WAIT_2
tcp	0	0	*.674	*.*	LISTEN
tcp	0	0	*.1526	*.*	LISTEN
tcp	0	0	*.135	*.*	LISTEN

1. Beispiel (numerische Darstellung)

dozwel@ux-01(0):~>netstat -an
Active Internet connections (including servers)

Proto	Recv-Q	Send-Q	Local Address	Foreign Address	(state)
Tcp	0	0	193.22.72.36.37	193.22.71.62.1037	TIME_WAIT
tcp	0	0	193.22.72.36.25	194.221.183.55.9968	TIME_WAIT
tcp	0	0	193.22.72.36.25	193.22.71.34.1312	TIME_WAIT
tcp	0	0	193.22.72.36.25	194.156.135.1.51127	TIME_WAIT
tcp	0	240	193.22.72.36.23	193.22.71.61.1856	ESTABLISHED
tcp	0	0	193.22.72.36.23	193.22.72.197.1050	ESTABLISHED
tcp	0	0	193.22.72.36.23	193.22.71.11.2028	ESTABLISHED
tcp	0	0	193.22.72.36.976	193.22.72.40.49159	ESTABLISHED
tcp	0	0	193.22.72.36.80	193.22.72.100.1327	FIN_WAIT_2
tcp	0	0	*.674	*.*	LISTEN
tcp	0	0	*.1526	*.*	LISTEN
tcp	0	0	*.135	*.*	LISTEN

Angezeigt wird der Zustand der Verbindung über dem Internet-Protokoll, in diesem Falle der TCP-Verbindungen. Die beiden Messungen sind zu unterschiedlichen Zeiten erfolgt; zwischen den Kommandoausführungen sind offenbar eine Reihe von TCP-Verbindungen aufgelöst und neu errichtet worden. Die Spalten von links nach rechts zeigen an:

- **Proto**: gemeint ist das Protokoll der Ebene 4, welches im IP-Header als „Protocol" bezeichnet wird.
- **Recv-Q, Send-Q**: Empfangs- und Sendepuffer. Angezeigt wird die Anzahl von Oktetten. Ein Wert über 0 im Empfangspuffer zeigt an, dass Daten empfangen wurden, aber noch nicht der Verarbeitung zugeführt wurden. Ein Wert über 0 im Sendepuffer zeigt an, dass ein Sendeauftrag vorliegt, der noch nicht ausgeführt wurde. Hohe Zahlenwerte weisen auf Störungen im Betrieb hin, z.B. auf den Ausfall einer Workstation, mit der eine TCP-Verbindung besteht.
- **Local Address**: Adresse des Systems, in dem das Kommando läuft. Die Adresse besteht aus der IP-Adresse des Systems und der Source-Port-Nummer, die im Header des TCP-

Segments eingetragen ist. Unterschiedliche IP-Adressen können auftreten, wenn mehrere Netzwerkkarten vorhanden sind. Im Beispiel treten unter Portnummer Zahlen unter 1024 auf (well known port numbers). Das System, auf dem das Kommando läuft, stellt die Serverprozesse zur Verfügung. In der numerischen Darstellung tritt neben den mit Namen bezeichneten Diensten der nichtnumerischen Darstellung auch der Dienst SMTP mit der Port-Nummer 25 auf. Der Port-Nummer 976 konnte keine Bezeichnung zugeordnet werden.

- **Foreign Address**: Adresse des Systems, mit dem die TCP-Verbindung besteht. Sie setzt sich wie die Foreign Address aus der IP-Adresse und der Source-Port-Nummer der empfangenen Segmente, die im TCP-Header eingetragen ist, zusammen. In diesem Beispiel treten nur dynamische Portnummern auf. Auf den entfernten Systemen laufen ausschließlich Client-Prozesse.
- **State**: Zustand der TCP-Verbindung (vergl. Abschnitt 6.2.1). Eine Besonderheit ist der Zustand „Listen“. Server-Prozesse müssen auf den Aufruf durch einen Client vorbereitet sein, damit muss für jeden Dienst, der aufgerufen werden soll, eine Verbindung im Zustand „Listen“ gehalten werden. Dies gilt auch für Dienste, auf die bereits mit Clients zugegriffen wird.

2. Beispiel

dozwel@ux-01(0):~>netstat -i

Name	Mtu	Network	Address	Ipkts	Ierrs	Opkts	Oerrs	Coll
lo0	4608	loopback	localhost	38903	0	38903	0	0
lan0	1500	193.22.71	ux01gw.pb.bib.de	13113	0	11268	0	0
ife1	1500	193.22.72	ux-01.pb.bib.de	358978	0	311997	0	687
ife1	1500	193.22.72	www.fhdw.de	358978	0	311997	0	687
ife1	1500	193.22.72	www.bildung.com	358978	0	311997	0	687
ife1	1500	193.22.72	www.sav.bib.de	358978	0	311997	0	687

2. Beispiel (numerisch)

dozwel@ux-01(0):~>netstat -in

Name	Mtu	Network	Address	Ipkts	Ierrs	Opkts	Oerrs	Coll
lo0	4608	127	127.0.0.1	38895	0	38895	0	0
lan0	1500	193.22.71	193.22.71.2	13108	0	11252	0	0
ife1	1500	193.22.72	193.22.72.36	358839	0	311937	0	687
ife1	1500	193.22.72	193.22.72.50	358839	0	311937	0	687
ife1	1500	193.22.72	193.22.72.51	358839	0	311937	0	687
ife1	1500	193.22.72	193.22.72.52	358839	0	311937	0	687

Mit diesem Kommando wird der Zustand der Netzwerkkarten (interfaces) abgefragt. Dabei stellt die erste Zeile den Anschluss für einen Selbsttest dar (Schleifentest). Dies ist zu erkennen an:

- Name des Interface = lo0 (*loop 0*). Dieser Name wird in allen Systemen verwendet.
- Internetadresse = 127.0.0.1, Name = localhost. Diese Bezeichnungen werden in allen Systemen verwendet.
- Die Zahl der empfangenen „Pakete“ ist gleich der Zahl der gesendeten Pakete, was auf ein funktionierendes System schließen lässt. Wie die beiden Messungen zeigen, läuft der

Schleifentest kontinuierlich, die Zahlen erhöhen sich (die numerische Messung wurde vor der nichtnumerischen ausgeführt).

Die Spalten von links nach rechts geben an:

- **Name**: Name der Netzwerkkarte. Es handelt sich um einen logischen Namen, nicht um die Hardware-Nummer innerhalb des Systems (Select-Code)
- **Mtu**: Maximale Transmission Unit. Der Wert 1500 weist auf Ethernet hin.
- **Network**: Nummer des angeschlossenen Netzwerks, bei einer Klasse-C-Adresse aus 3 Oktetten gebildet. Mit einer bestimmten Option kann auch die verwendete Maske abgefragt werden. Bei zwei verschiedenen Interfaces müssen auch zwei verschiedene Netzwerknummern auftreten. In diesem System sind die Netzwerke nicht mit Namen versehen, so dass auch in der nicht numerischen Darstellung die Nummer angezeigt wird.
- **Address**: IP-Adresse des Systems an der Netzwerkkarte. Hier ist eine Netzwerkkarte mit vier verschiedenen Adressen bzw. Namen versehen. Dies weist auf unteerschiedliche Verwendungszwecke des Systems hin. Die ermittelten Zahlenwerte für gesendete und empfangene Pakete sowie für die Kollisionen machen klar, dass es sich nur um eine Schnittstelle handelt.
- **Ipkts, Ierrs**: Zahl der empfangenen Pakete und der dabei aufgetretenen Fehler.
- **Opkts, Oerrs**: Zahl der gesendeten Pakete und der dabei aufgetretenen Fehler
- **Coll**: Zahl der aufgetretenen Kollisionen. Kollisionen treten nur im lokalen Netzwerk Ethernet auf, da diese weit verbreitet ist, wird der Wert angezeigt.

3. Beispiel

dozwel@ux-01(0):~>netstat -r

Routing tables

Destination	Gateway	Flags	Refs	Use	Interface	Pmtu PmtuTime
Localhost	localhost	UH	0	7036	lo0	4608
ux01gw.pb.bib.de	localhost	UH	0	24	lo0	4608
ux-01.pb.bib.de	localhost	UH	1	32391	lo0	4608
default	firewall.pb.bib.de	UG	2	36327	ifel	1500
193.22.71	ux01gw.pb.bib.de	U	3	11340	Lan0	1500
193.22.72	ux01.pb.bib.de	U	15	265823	ifel	1500

3. Beispiel (numerisch)

dozwel@ux-01(0):~>netstat -rn

Routing tables

Destination	Gateway	Flags	Refs	Use	Interface	Pmtu PmtuTime
127.0.0.1	127.0.0.1	UH	0	7036	lo0	4608
193.22.71.2	127.0.0.1	UH	0	24	lo0	4608
193.22.72.36	127.0.0.1	UH	1	32411	lo0	4608
default	193.22.72.39	UG	2	36336	Ifel	1500
193.22.71	193.22.71.2	U	3	11358	Lan0	1500
193.22.72	193.22.72.36	U	15	265857	ifel	1500

Es wird die im System vorhandene Routing-Tabelle angezeigt (vergl. Abschnitt 5.4.4.6).

- Die ersten drei Einträge dienen dem Schleifentest, das System wird unter 127.0.0.1, aber auch unter seinen beiden „echten" IP-Adressen registriert. Es sind drei Routing-Einträge vorhanden.
- Zugriff nach außen über das vermittelnde System „firewall"
- Zugriff auf die beiden Netzwerke, auf die das System direkten Zugriff hat (2 Einträge)

Die Bedeutung von Destination, Gateway, Flags und Interface wurde bereits in Abschnitt 5.4.4.3 erläutert. Weitere Einträge sind:

- **Refs**: zeigt die aktive Benutzung der Route an, bei verbindungsorientierten Protokollen wie TCP liegt die aktive Benutzung für die Dauer der Verbindung vor, bei verbindungslosen Protokollen wie UDP nur für die Dauer einer Sendung.
- **Use**: zeigt die Zahl der gesendeten Pakete für diese Route. Da die Routing-Tabelle nur für die gesendeten Pakete zuständig ist, werden hier wie bei Refs nur Sendevorgänge berücksichtigt.
- **Pmtu**: Im Gegensatz zu dem bei netstat -i angegebenen MTU-Wert der Netzwerkkarte handelt es sich hier um die Pfad-MTU. Es gilt allerdings:
  - wenn die PMTU-Discovery nicht aktiv ist, wird * angegeben
  - wenn kein Wert für PmtuTime vorhanden ist, entspricht der Wert dem MTU-Wert des Interfaces
  - wenn das Ziel ein Netzwerk oder Default ist, entspricht der Wert dem MTU-Wert des Interfaces
- **PmtuTime**: wenn die PMTU-Discovery dynamisch durchgeführt wird, ist hier die Zeit in Minuten bis zur nächsten Durchführung eingetragen.

4. Beispiel

dozwel@ux-01(0):~>netstat -s

tcp:

```
        125469   packets sent
                 76958 data packets (22750145 bytes)
                 256 data packets (103563 bytes) retransmitted
                 28340 ack-only packets (7741 delayed)
                 0 URG only packets
                 6 window probe packets
                 490 window update packets
                 19419 control packets
        123935   packets received
                 63392 acks (for 10697063 bytes)
                 6556 duplicate acks
                 0 acks for unsent data
                 42106 packets (4233710 bytes) received in-sequence:
                 390 completely duplicate packets (7039 bytes)
                 2 packets with some dup. data (66 bytes duped)
                 1265 out-of-order packets (258137 bytes)
                 0 packets (0 bytes) of data after window
                 0 window probes
```

```
            181 window update packets
            11 packets received after close
            2 discarded for bad checksums
            0 discarded for bad header offset fields
            0 discarded because packet too short
    7721 connection requests
    7421 connection accepts
    13036 connections established (including accepts)
    15196 connections closed (including 6540 drops)
    1990 embryonic connections dropped
    65134 segments updated rtt (of 73990 attempts)
    455 retransmit timeouts
            3 connections dropped by rexmit timeout
    7 persist timeouts
    2 keepalive timeouts
    1 keepalive probe sent
            1 connection dropped by keepalive
udp:
   0 incomplete headers
   0 bad data length fields
   0 bad checksums
   0 socket overflows
   0 data discards
ip:
   370829 total packets received
   0 bad header checksums
   0 with size smaller than minimum
   0 with data size < data length
   0 with header length < data size
   0 with data length < header length
   0 illegal ip source address
   0 ip version unsupported
   21079 fragments received
   0 fragments dropped (dup or out of space)
   0 fragments dropped after timeout
   366 packets forwarded
   656 packets not forwardable
   0 redirects sent
```

Dargestellt sind nur die Meldungen für IP, TCP und UDP, das Kommando gibt Auskunft auch über die Protokolle ICMP, ARP und IGMP.

An der Anzahl der erfassten Werte für TCP und UDP ist der Unterschied zwischen der verbindungsorientierten Arbeitsweise und der verbindungslosen zu erkennen.

In der Statistik für IP lässt sich feststellen:

- Es werden nur die empfangenen Pakete erfasst. Da es besonders um die Erfassung von Fehlern geht, ist dies verständlich, da Fehler, die beim Senden von Paketen auftreten, von der sendenden Station nicht erfasst werden.
- Das System arbeitet sowohl als Endsystem wie als vermittelndes System, die Zahl der vermittelten Pakete (*forwarded*) ist verglichen mit der Zahl der empfangenen Pakete sehr gering.
- Die Zahl der Fragmente ist verglichen mit der Zahl der Pakete sehr gering, es fand also nur selten eine Fragmentierung statt.

Literaturverzeichnis

Informationen über die in diesem Buch beschriebenen Fachgebiete stehen heute auch im Internet zur Verfügung. Sowohl die Normungsorganisationen wie Firmen haben ein teilweise sehr reichhaltiges Angebot von Informationen über die Ergebnisse ihrer Arbeit, ihre Geräte und Software-Werkzeuge, aber auch über allgemeine Zusammenhänge. Für dieses Buch wurden Internet-Dokumente insbesondere herangezogen von:

Organisationen:	ietf.org	
	icann.org	
	iana.org	
	itu.int	
	etsi.org	
	adsl.com	(DSL-Forum)
	atmforum.com	
Firmen:	cisco.com	
	rad.com	
	synapse.de	
	3com.com	

Kapitel 1

Brüning, Ulrich: Trends und Entwicklungen der Kommunikationstechnik für den Aufbau von Rechnerclustern. PIK 22 (1999), Seite 221

Schüßler, Isabell/Ungerer, Bert: Kosten sparen mit Virtual Private Networks. IX Dezember 1999, Seite 114

Kapitel 2

Thomas, Alex: Modulare Verkabelungssysteme. Auf Veränderungen reagieren können. Lan line August 2000

Westphal, F.-Joachim: Licht in Dunkle. Grundzüge der WDM-Technik und der optischen Netze. DFN Mitteilungen, Heft 53 (Juni 2000)

Kapitel 3

Endres, Johannes/ Fremerey, Frank: Volles Rohr. T-DSL in Theorie und Praxis. c't 1999, Heft 16, Seite 120

Endres, Johannes: DSL – Die Schnelle Leitung. Die Technik hinter T-DSL. c't 1999, Heft 16, Seite 126

Wiesner, Peer: T-DSL praktisch. Von der Bestellung bis zum Betrieb. LAN line August 2000, Seite 66

Kapitel 4

Davids, Peter u.a.: Kopplung lokaler Kommunikationssysteme mit Satelliten. PIK 16 (1993), Seite 4

Kuri, Jürgen: Wellenlänge. Drahtlose Netze erobern den Massenmarkt. c't 1999, Heft 6, Seite 216

Kuri, Jürgen: Wellensalat. 11 Lösungen für drahtlose Netze im Test. c't 1999, Heft 6, Seite 240

Prinoth, R.: Architekturen für ISDN-basierte Multimedia-Endgeräte und Programmschnittstellen. PIK 16 (1993), Seite 203

Rech, Jörg: Jetzt klappt's auch mit Kupfer. 1000Base-T: Gigabit Ethernet über Twisted-Pair-Kabel auf Kupferbasis. C't 2000, Heft 14, Seite 208

Schulte, Gerrit: Wellenreiter. Technik und Standardisierung von drahtlosen Netzen. c't 1999, Heft 6, Seite 222

Ungerer, Bert: Ende nicht in Sicht. Ethernet vom Arbeitsplatz bis zum Backbone. iX 2000, Heft 0, Seite 90

Zivadinovic, Dusan: Drahtlos anknüpfen. GPRS: schneller mobil surfen. c't 1999, Heft 7, Seite 186

Kapitel 5

Ebbinghaus, Nikolaus: Wachsende Inseln. Internet-Protokoll der nächsten Generation. IX 2000, Heft 2, Seite 90

Ermert, Monika: DNSkalation. Suche nach neuen Top Level Domains. ix 2000, Heft 9, Seite 99

Hunt, Craig: TCP/IP Network Administration. A Nutshell Handbook. Sebastepol, CA 1994

Lohner, Martin: Einheitszeichen. Stand der Unicode-Entwicklung. IX 2000, Heft 10, Seite 126

Kapitel 7

Dulz, Winfried : WAP Wireless Application Protocol. Informatik Spektrum 23 August 2000, Seite 271

Röwekamp, Lars: Drahtlos die Dritte. Wireless Application Protocol 1.2 verabschiedet. IX 2000, Heft 5, Seite 104

Sietmann, Richard: Mobil ins Internet. Wireless Application Protocol adaptiert Mobiltelefone für das WWW. C't 1998, Heft 4, Seite 203

Weber, R.: Von Electronic-Mail zu multimedialer Post. Informatik Spektrum 1994, Seite 222

Kapitel 8

Blum, Joachim/Warschko, Thomas: Schnelle Boten. Kommunikationshardware in Hochleistungsnetzen. ix 2000, Heft 7, Seite 78

Kapitel 9

Abeck, Sebastian: SNMPv2. PIK 16 (1993), Seite 172

Beck, Ulf: Sicherheitscheck. Schwächen im Unternehmensnetz aufzeigen und beseitigen. IX 2000, Heft 7, Seite 84

Bolch, Gunter: Analytische Leistungsbewertung – Methoden und Erfolge. PIK 14 (1991), Seite 231

Braun, T./Hebegger, P.: Differentiated Services: Ein neuer Ansatz für Dienstgüte im Internet. PIK 21 (1998), Seite 202

Gialouris, Evangelos/Schmeh, Klaus: Schlüsselgewalt. Public Key Infrastrukturen. IX 2000, Heft 2, Seite 93

Heidtmann, K.: Methoden zur Zuverlässigkeitsanalyse von Rechnernetztopologien. Informatik Spektrum 1994, Seite 232

Kehr, Roger: Spontane Vernetzung. Infrastrukturkonzepte für die Post-PC-Ära. Informatik Spektrum 23, Heft 3, Seite 161 (Juni 2000)

Makris, Niko: Internet-Zugangskontrolle. Sicherheitslücken schließen. LAN line spezial, Mai 2000 Seite 30

Michl,. Joseph: Netwerk-Management in einem Wide-Area-Network. PIK 16 (1993), Seite 78

Schill, Alexander: Namensverwaltung in verteilten Systemen: Ein Überblick. PIK 15 (1992), Seite 11

Strobel, Stefan: Untergründiges. Distributed Denial of Service-Angriffe. ix 2000, Heft 8, Seite 102

Topf, Jochen: Einwahlbeschränkung. RADIUS; Authentifizierung bei temporärem Netzzugang. IX 2000, Heft 0, Seite 122

Török, Elmar: Spiegelkabinett. Von der Netzwerkkarte bis zum Cluster: Ausfallsicherheiheit und Lastausgleich bei Internet-Anwendungen. c't 1999, Heft 6, Seite 302

Weismantel, Oliver: Verzeichnisdienste im Sicherheitsumfeld. Das Zentrum des Wissens. LANline spezial III (2000), Seite 85

Kapitel 10

Fish, Dan E.: Welche Anforderungen muss ein Kabeltester wirklich erfüllen. bits 85 (2000), Seite 30)

Sachwortverzeichnis

C

D

E

Q

R

Ü

V

W

X

Z